第三届国际稠(重)油勘探开发技术论坛论文集

国家能源稠(重)油开采研发中心
辽宁省石油石化学会 编

石油工业出版社

内 容 提 要

本书收录"第三届国际稠（重）油勘探开发技术论坛"优秀论文 81 篇，内容涵盖稠油油藏精细勘探、油田开发、钻采工艺和地面工程等领域，重点展示了气体辅助蒸汽吞吐、多介质蒸汽驱、多介质 SAGD、多层火驱以及高压注空气试验等方面取得的新技术、新思路、新方法和新成果。

本书可供从事稠油勘探开发的科研及管理人员阅读，也可供高等院校相关专业师生参考。

图书在版编目（CIP）数据

第三届国际稠（重）油勘探开发技术论坛论文集／
国家能源稠（重）油开采研发中心，辽宁省石油石化学会
编 . —北京：石油工业出版社，2022.8
　ISBN 978-7-5183-5530-3

　Ⅰ.①第… Ⅱ.①国… ②辽… Ⅲ.①高粘度油气田
-油气勘探-文集②高粘度油气田-油气田开发-文集
Ⅳ.①P618.130.8-53②TE345-53

中国版本图书馆 CIP 数据核字（2022）第 141007 号

出版发行：石油工业出版社
　　　　　（北京安定门外安华里 2 区 1 号　100011）
　　　　　网　　址：www.petropub.com
　　　　　编辑部：（010）64523825　图书营销中心：（010）64523633
经　　销：全国新华书店
印　　刷：北京中石油彩色印刷有限责任公司

2022 年 8 月第 1 版　2022 年 8 月第 1 次印刷
787×1092 毫米　开本：1/16　印张：31.5
字数：750 千字

定价：240.00 元
（如出现印装质量问题，我社图书营销中心负责调换）

前　言

　　世界上已发现的原油资源中，稠（重）油储量占比超过 2/3。由于稠（重）油黏度高、流动性差，开采难度大，对技术要求高。破解稠油勘探开发技术难题，特别是提高采收率、实现经济有效开发、清洁高效开发是石油行业持续发展的重大课题。多年来，国内外石油人孜孜以求，攻克了一座座技术堡垒，稠（重）油勘探开发新理论、新工艺、新方法得到了不断发展和完善，不但在蒸汽吞吐、蒸汽驱、蒸汽辅助重力泄油（SAGD）和火烧油层等稠（重）油提高采收率技术方面已形成较为成熟的技术系列，在原位改质、气化和制氢等稠（重）油开发的前沿技术方面也在进行着积极的探索，有些技术已由室内研究进入现场试验阶段，在降低蒸汽消耗量、温室气体排放和生产成本等方面具有广阔的应用前景。

　　为了更好地促进技术交流与合作，继 2017 年 6 月"第一届国际稠（重）油勘探开发技术论坛"举办之后，2019 年 9 月，国家能源稠（重）油开采研发中心、中加石油技术交流培训中心和辽宁省石油石化学会联合，再次成功举办了"第二届国际稠（重）油勘探开发技术论坛"。2022 年 9 月，又成功举办了"第三届国际稠（重）油勘探开发技术论坛"。论坛围绕稠（重）油资源勘探、油藏开发、钻采工艺、地面工程、炼化装备等领域，交流研讨国内外稠（重）油勘探开发的新技术、新方法、新思路，助推稠（重）油技术更好更快发展。

征稿启事下发后，得到了国内外稠油界的广泛关注，截至2022年5月底，征集到会议论文120余篇。为了更好地促进稠(重)油勘探开发技术的进步，从来稿中优选81篇论文，集结出版《第三届国际稠(重)油勘探开发技术论坛论文集》。本书涵盖了稠油油藏精细勘探、油田开发、钻采工艺和地面工程等领域的最新技术进展，尤其是超稠油原位催化改质降黏、超稠油污水达标外排、海上稠油油田化学驱等技术，更是契合了本次论坛的主题——"打造科技创新联合体，谱写稠油低碳清洁发展新篇章"。

　　由于时间紧、工作量大，在论文编辑过程中难免有疏漏和不足之处，敬请作者和读者指正。

目　录

SAGD 超稠油采出水预处理工艺研究 ……………… 乔　明　高晓鹏　霍佳瑶　裴　格(1)

边底水油藏水平井堵水技术研究与实践
　………… 黄　腾　郭斌建　沈文敏　刘江玲　刘　恒　张　晨　朱铁民　郭英刚(4)

超稠油伴生气分离回用技术研究与应用 ……………… 苏　哲　孟　强　王建波(10)

超稠油污水达标外排处理技术研究与工程应用 ……………………… 孙绳昆(18)

超稠油蒸汽吞吐井多元辅助增产技术研究与应用 ………………… 郭英刚(25)

稠油储层精细预测技术的研究与应用 ……… 李子华　张利宏　陈树勇(31)

稠油及超稠油污水生物处理工艺研究 ………………………………… 乔　明(40)

稠油热采蒸汽吞吐井筛管防砂评价试验研究
　………………… 匡韶华　吕　民　胡　祎　佟姗姗　严　蕾(44)

稠油油泥无害化处理工艺研究 ………………………………………… 乔　明(51)

大口径保温管道定向钻穿越案例分析 …………………… 崔　欣　张琳燕(55)

低效稠油油藏开采工艺技术研究 …………………………………… 孔祥玲(61)

定量解释技术在综合地质研究中的应用
　………………… 聂凯杰　杨晓强　张利宏　陈晓东　官春艳(64)

杜 84 超稠油油藏强化采油技术 …………………………………… 沈文敏(68)

多层火驱尾气调堵技术研究与应用
　………………… 匡旭光　郭斌建　沈文敏　谢嘉溪　席　新　谭宏亮(72)

废弃钻井液处理技术探索研究 …………………… 尹志成　王璐璐(77)

高分辨率地质统计学反演在渤海中深层三角洲薄互储层建模中的应用
　………………… 舒　晓　邓　猛　金宝强　何　康　周军良(81)

馆陶组稠油油藏储层预测技术及水平井应用 …… 梁　旦　杨晓强　张利宏　赵　鹏(86)

海上稠油热采井高温蒸汽注入对井壁稳定的影响研究
　………………… 贾立新　陈　毅　肖　遥　李　进　刘　鹏(90)

海相三角洲沉积演化中水动力作用研究 ……… 李雅南　杨彦东　薛尚义(100)

化学驱聚合物溶液地面管道输送沿程黏度损失的实验研究 …………… 孙绳昆(106)

火驱树脂防砂技术研究及实践 ………… 殷　伟　刘　恒　刘　伟　毕　圣　苏　洁(112)

火山岩稠油油藏储层精细表征研究 ……… 黄金富　王啊丽　张海霞　衡　亮(116)

降低 D 站回注水中硫酸盐还原菌含量研究与实践 ……………………… 李　莹(122)

冷西地区沙三中亚段Ⅲ油组储层四性关系研究 …………………… 马满兴(133)

利用 SAGD 伴生气顶开展自压输油研究与试验 ………………… 高忠敏(138)

辽河稠油油藏精细描述技术及进展 …… 李　蔓　姚　睿　林中阔　邱树立　史海涛(144)

辽河西部凹陷稠油及伴生菌解气浅析 … 杨一鸣　徐　锐　白东昆　宁海翔　李珊珊（148）

辽河油田聚—表二元驱母液和注入液配制水源筛选实验研究 ………………………… 孙绳昆（155）

论超稠油长输管道的应急处理方法 ………………………………………………… 代超奇（160）

泥岩夹层密集段对 SAGD 开发效果的影响

………………………………… 袁清秋　陈东明　郝　鹏　武凡浩　丁怀宇（164）

浅谈湿地水面管道施工和试压水无害化处理技术在稠油集输发展中的应用前景

……………………………………………………………… 谭永亮　韩佩君（168）

三维地质建模技术有效支撑稠油油藏精细开发 ……………………………………… 许　卉（173）

曙光油田提高固井质量技术研究与应用 …………………………………………… 王广顺（177）

应用大数据分析的玛湖油田参数提速方法研究

………………………………… 田　龙　徐生江　蒋振新　钟尹明　杨　凯（184）

底水稠油油藏高含水期剩余油认识 …… 谭　捷　牟松茹　张文童　杨东东　权　勃（188）

普通稠油油藏不规则井网均衡水驱调整方法

………………………………… 孙　强　周海燕　王记俊　潘　杰　凌浩川（199）

海上大井距水平井稠油热采高温堵调技术研究与应用

………………………………… 吴春洲　王少华　苏　毅　肖　洒　蔡　俊（206）

海上稠油油田热采井 H_2S 生成机制探究

………………………………… 肖　洒　刘　东　孙玉豹　王少华　朱　琴（213）

渤海稠油油田注 CO_2 膨胀实验研究及软件开发

………………………………… 韩　东　李宝刚　唐　磊　张　露　张旭东（221）

二氧化碳吞吐技术在大港油田中浅层稠油油藏的适应性分析 …………………… 吕　琳（231）

Data-driven Performance Indicators for SAGD Process of Oil Sands Using Support Vector

Regression Machine with Parameter Optimization Algorithm

………………………… Yu Yang　Liu Shangqi　Liang Guangyue　Liu Yang　Xie Jia（237）

蒸汽驱后期变干度注汽技术探索 …………………………………………………… 郑利民（242）

大民屯凹陷荣胜堡洼陷深层风险勘探目标研究 …………………………………… 鲍丹丹（249）

辽河滩海东部断裂、构造转换带与油气成藏

………………………………… 杨光达　杜庆国　解宝国　何浩瑄　颜新林（255）

辽河探区地震数据挖潜处理关键技术研究与应用 ………………………………… 袁安龙（259）

深层火成岩识别刻画技术在辽河东部凹陷的应用 ………………………………… 王明超（263）

渤海湾盆地渤中凹陷西环带浅层复杂断块油气富集机理与大中型油田发现

………………………………… 李慧勇　许　鹏　张　鑫　刘庆顺（267）

黄河口凹陷渤中 29 构造区浅层原油差异稠化主控因素分析

………………………………… 陈容涛　燕　歌　汤国民　叶　涛　王广源（275）

渤中凹陷西部洼陷区新近系油气控藏模式与勘探实践

………………………………… 李　龙　张新涛　刘　腾　徐春强　张　震（283）

普通稠油油藏聚合物/表面活性剂复合驱配方体系实验研究

………………………………… 倪　晨　侯力嘉　张艳娟（293）

中深层薄互层超稠油蒸汽驱技术研究与试验 ……………………………………… 杨依峰（300）

蒸汽驱后期增加有效热能循环对策实践 ………… 郑利民　刘　影　杨晓强　段强国（306）

超稠油不同开发方式经济界限研究——以辽河油田杜84块特种油辖区为例

　　…………………………………………………………………………李玉君（312）

超稠油蒸汽吞吐效益稳产对策探究 ……　王　磊　韩树柏　林　静　王　秀　王　诗（317）

杜84块馆陶西部油藏双水平SAGD井组调控技术研究与应用…………………………沈　群（324）

基于FCD技术的超稠油提高采收率对策研究 ……………………………………何璐璐（328）

分层开发技术在超稠油油藏中的应用 ……………………………………………董　婉（334）

SAGD产量公式的改进与应用 ……………………………………………刘　涛　李　君（338）

浅层油砂双水平井SAGD开发数值模拟研究

　　………………………………陈东明　杨彦东　曹光胜　鲁振国　郗　鹏（347）

PM油田"泡沫油"油藏水平井蒸汽吞吐参数影响规律研究

　　……………………………………………………战常武　武凡皓　陈东明（352）

稠油火驱氧化机理与燃烧状态判识实验研究 ………………………………………程海清（356）

注蒸汽热采用泡沫剂的实验研究

　　……………………潘　攀　杨兴超　蔡庆华　庞树斌　刘　鑫　胡　军（364）

油层厚度对火驱效果影响实验研究 ………………………张　勇　赵庆辉　程海清（370）

蒸汽驱后期转热水驱室内实验研究 …………………杨兴超　潘　攀　刘　鑫　蔡庆华（374）

超稠油油藏火驱辅助重力泄油物理模拟实验研究

　　…………………………赵庆辉　刘其成　程海清　王伟伟　贾大雷（378）

超稠油双水平井SAGD暂堵调剖技术研究与应用 ……………………………………张洋洋（385）

超稠油原位催化改质降黏技术研究与应用

　　……………马　鹏　董森森　宋祥健　罗晓静　赵慧龙　陈　超

　　　　　　　黄　纯　薛梦楠　刘春兰　李群星　鲜　菊（390）

电加热辅助提高蒸汽吞吐水平井水平段动用技术

　　……………胡鹏程　卢迎波　马　鹏　赵慧龙　洪　锋　罗晓静

　　　　　　　宋祥健　董森森　邢向荣　李庭强　佟　娟（395）

浅层超稠油VHSD开发蒸汽腔扩展规律研究

　　……………吕柏林　卢迎波　薛梦楠　黄　纯　胡鹏程　陈　超

　　　　　　　梁　珊　洪　锋　王桂庆　王　利　方雪莲（402）

风城油田SAGD水平井剖面动用程度改善技术研究

　　……………………………王美成　康承满　禄红新　万宏宾　王建国（408）

英2井深层稠油油藏注气实验中几个特殊现象的讨论

　　……………………………………………周　伟　妥　宏　王　蓓　许　宁（413）

辫状河砂质储层夹层识别及对SAGD开发的影响——以风城油田重45井区为例

　　……………………………………孟祥兵　邱子瑶　罗池辉　祁丽莎（418）

基于原油酸值分析的干式火驱燃烧前缘描述方法

　　………………展宏洋　高成国　杨　智　施小荣　杨凤祥　木合塔尔（426）

稠油火驱间歇产液影响因素分析及对策研究

　　………………………孙江河　陈　森　苏日古　陈　龙　李　丽　乔　娜（433）

高黏油藏火驱点火及稳定燃烧关键因素分析研究

　　………………陈莉娟　苏日古　王若凡　陈　龙　孙江河　向　红（438）

稠油老区 VHSD 井组储层改造技术物理模拟研究及应用
………………………………… 张莉伟　潘竞军　黄　勇　刘　欢　陈　勇（444）
新疆油田稠油 CO_2 辅助蒸汽驱油套管材腐蚀行为研究
………………………………………… 熊启勇　易勇刚　邓伟兵　潘竞军（449）
渤海稠油油田"双高"开发阶段驱油效率研究及挖潜实践
………………………………… 张俊廷　刘英宪　葛丽珍　王公昌　王立垒（454）
渤海 A 油田多元热流体吞吐后转蒸汽驱可行性研究
………………………………… 潘广明　张　雷　别旭伟　黄建廷　李　浩（463）
渤海稠油油藏聚驱配套体系优化设计研究
………………………………… 苑玉静　韩玉贵　赵　鹏　张晓冉　黎　慧（468）
海上稠油油田化学驱后期增效体系性能及驱油效果研究
………………………………… 苑玉静　韩玉贵　赵　鹏　张晓冉　宋　鑫（480）

SAGD 超稠油采出水预处理工艺研究

乔 明 高晓鹏 霍佳瑶 裴 格

(中油辽河工程有限公司)

摘 要：SAGD 超稠油采出水具有水温高、成分复杂、原油物性差、乳化严重、悬浮物含量高、水质和水量波动大的特点，常规采出水处理工艺无法满足 SAGD 超稠油采出水处理的需要。针对 SAGD 超稠油采出水的特点，采用调节+除油+两级气浮装置串联工艺对 SAGD 超稠油采出水进行预处理，满足 SAGD 超稠油采出水处理要求，同时提高采出水处理效率，减少占地面积，降低工程投资，缩短工程建设周期。

关键词：稠油；超稠油；SAGD；采出水处理；调节水罐；斜板除油罐；溶气气浮装置

辽河油田曙一区为稠油及超稠油区块，随着曙一区进行蒸汽辅助重力泄油工艺(Steam Assisted Gravity Drainage，简称 SAGD)工业化开发后，SAGD 高温采出液进入曙五联合站及特一联合站脱水，脱出 SAGD 超稠油采出水进入曙光污水处理厂后，对该厂采出水处理系统造成了较大冲击，来水水质指标已超过曙光采出水厂设计处理能力 4~8 倍，处理后污水无法达标。

SAGD 超稠油采出水具有水温高、原油物性差、乳化严重、悬浮物含量高、成分复杂、水质和水量波动大的特点，常规含油采出水处理工艺无法满足 SAGD 超稠油采出水处理的需要。SAGD 超稠油采出水特点具体如下：

(1) 采出水温度高，进站温度达到 75~80℃；

(2) 原油密度大，密度在 0.9826~0.9954g/cm³ 之间，油水密度差小；

(3) 原油黏度大，沥青质和胶质含量高(42%~48%)，流动性差，污染程度高；

(4) 采出水乳化严重，呈水包油乳状液，污水稳定性强；

(5) 悬浮物含量高(6000~9000mg/L)，采出水呈黑褐色泥浆状液体；

(6) SAGD 采油工艺和原油脱水工艺过程中投加了大量化学助剂，水质成分复杂，通过 GC-MS 分析，SAGD 超稠油采出水中共检测出 66 种主要化学物质，除烷烃类、醇类、酮类物质以外，大部分为化学助剂，多达 44 种。

1 SAGD 超稠油采出水处理工艺

曙光污水处理厂接收的采出水是来自曙五联合站及特一联合站混合而成的 SAGD 超稠油采出水。由于采出水分别来自两个不同联合站外排水，因此来水水量、水质波动大，需要对采出水来水进行均质、均量调节，同时对原油和悬浮物等污染物进行初步去除，减少对后续处理工艺的水力、水质冲击，为后续采出水处理工艺平稳运行提供保障[1]。

SAGD 超稠油采出水中所含油品密度大，油水密度差小，仅依靠自然沉降很难进行分离，需要载体降低原油的密度，增大油水密度差，实现油和水的高效分离。采用溶气气浮装置提供大量的微气泡（30~50μm）作为载体，通过投加浮选剂，使其与含油采出水中密度接近于水的固体或液体微粒黏附，形成密度小于水的"油—悬浮物—药剂联合絮体"，絮体与溶气气浮装置提供大量的微气泡充分混合、碰撞、黏附后，在浮力的作用下上浮至水面，进行固—液或液—液分离[2]。通过采出水处理室内实验及现场中试验证，该处理工艺对 SAGD 超稠油采出水处理效果较好，运行管理方便，是目前 SAGD 超稠油采出水处理的核心处理工艺。结合类似工程实际运行情况及室内采出水除油、除悬浮物试验结果，采用"调节+除油+两级气浮装置串联工艺"。

1.1 调节及除油工艺

华油曙光污水处理厂采出水分别来自曙光采油厂和特油公司，组成复杂，包括原油脱水（采用热化学沉降工艺间断排水）、酸碱再生废水、污泥压滤水、SAGD 注汽站高温废水，上述采出水间断排放，水量波动大，对采出水处理站水力负荷冲击大。同时，SAGD 超稠油采出水原油物性差、乳化严重、温度高，生产措施频繁，药剂含量复杂；酸碱再生废水、污泥压滤水水质恶劣，间断排放，对采出水处理站水质负荷冲击大，为保证后段气浮平稳运行，保证出水水质，需要对原水进行均质、均量调节。针对该工程 SAGD 超稠油采出水，设计调节时间为 4h，满足 GB 50428—2015《油田采出水处理设计规范》调节罐采出水停留时间要求。

由于来水含油量较高，为保证后续两级气浮装置处理效果，需要进行初步除油、除悬浮物处理。根据采出水室内实验结论，加入除油剂 6~8h 沉降后除油效果好，设计采用 8h，满足《油田采出水处理设计规范》除油罐采出水停留时间要求。

污水调节工艺：调节水罐液位可在一定范围内动态变化，可以同时实现对 SAGD 超稠油采出水的调节和缓冲、初步除油和除悬浮物 4 项功能。

斜板除油工艺：SAGD 超稠油采出水经化学药剂投加阀组投加除油剂后，通过配水阀组进入中心反应桶，化学药剂在中心反应桶充分反应后形成絮体，经过配水装置进入斜板除油罐，比水重的絮体和悬浮物重力沉降至斜板除油罐底部，经排泥装置收集排出；比水轻的絮体和原油上浮至斜板除油罐顶部，经浮动收油装置收集排出，实现原油、悬浮物和水分离，分离出的合格污水通过集水装置收集排出斜板除油罐。

1.2 两级气浮装置串联工艺

由于 SAGD 超稠油采出水污染物含量高，处理难度大，常规处理工艺的一级溶气气浮装置无法满足处理指标要求，因此需要采取两级溶气气浮装置串联工艺进行处理[3]。

浮选机进水段设有管道式药剂混合反应器，一级气浮投加除油剂，初步去除 SAGD 超稠油采出水中大部分的浮油和乳化油，大幅降低二级气浮的污染物处理负荷；二级气浮投加混凝剂和助凝剂，精细去除 SAGD 超稠油采出水中剩余的少量乳化油和悬浮物。溶气气浮装置设有排油装置和排泥装置，排油和排泥均采用重力流方式。

根据现场试验结果及实际运行经验，一级气浮出水若采用重力流方式进入二级气浮装置，一级气浮出水携带气泡会影响二级气浮处理效果，为保证二级气浮处理效果，一级气浮装置出水需去除水中携带气泡。一级、二级气浮装置串联运行，斜板除油罐出水经一级提升泵提升后进入一级气浮装置，出水重力流至采出水提升池（消气池），经二级提升泵提升后进入二级气浮装置，二级气浮装置出水重力流至后续生化单元。

2 采出水处理效果

经过对 SAGD 超稠油采出水处理工艺的现场取样化验分析，该工艺可以满足采出水处理要求（原油含量≤20mg/L，悬浮物含量≤20mg/L），具体运行数据见表 1。

表 1 SAGD 超稠油采出水处理工艺运行数据统计表

序号	原水		斜板除油罐出水		一级气浮装置出水		二级气浮装置出水	
	原油含量 mg/L	悬浮物含量 mg/L	原油含量 mg/L	悬浮物含量 mg/L	原油含量 mg/L	悬浮物含量 mg/L	原油含量 mg/L	悬浮物含量 mg/L
1	2842	6785	1246	2821	146.9	235.3	14.3	18.3
2	2635	6725	1385	2312	150.2	182.0	15.7	18.6
3	2060	6543	1130	2423	161.2	163.4	15.4	18.3
4	2236	7632	1285	2323	142.6	120.1	13.6	15.5
5	2537	6568	1345	2456	145.8	156.2	13.6	18.0
6	2523	7684	1458	2543	154.6	110.8	20.6	12.2
7	2964	7826	1145	2421	101.9	122.0	15.7	19.4
8	3097	7564	1012	2675	171.2	122.8	14.3	19.6
9	2523	6875	1566	2345	178.3	106.5	20.6	4.0
10	2632	6745	1648	2480	164.0	120.0	12.6	2.9

3 结语

通过对曙光污水处理厂 SAGD 超稠油采出水处理工艺改造，可以验证"调节+除油+两级气浮装置串联工艺"可以满足 SAGD 超稠油采出水处理要求，从实际运行情况可以看出，整个系统出水水质稳定，达到了预期的效果。

综上，该次 SAGD 超稠油采出水处理工艺改造积累了大量基础数据和实际运行经验，为将来的推广应用打下了坚实基础。从长远看，符合国家的节能减排政策的要求，有较好的环境效益和社会效益。

参 考 文 献

[1] 谢加才，王正江，刘喜林，等．稠油产出水深度处理回用于热采锅炉的中试研究[J]．石油学报，2003，24(5)：93-98.

[2] 金胜男．喇嘛甸油田采出水处理新技术[J]．油气田地面工程，2012，31(7)：58-59.

[3] 张晓云．孤四联合站采出水深度处理先导试验工程[J]．中国给水排水，2011，27(2)：77-81.

边底水油藏水平井堵水技术研究与实践

黄　腾　郭斌建　沈文敏　刘江玲　刘　恒　张　晨　朱铁民　郭英刚

（中国石油辽河油田公司曙光采油厂）

摘　要：稠油水平井以具有生产井段长、泄油面积大、控制储量高等优势，为辽河油田千万吨稳产起到关键作用。但受油品性质、完井方式、井身结构等因素影响，易于造成过早"水淹"，严重影响了开发效果，且呈现出比率高、影响大、治理难等特点。因油稠，测试找水无法实现；筛管完井，要求堵剂"注得进、堵得住"；井段长，对"定点定位"堵水工艺要求高。为此，从出水原因分析出发，开展了氮气泡沫凝胶堵剂、液相暂堵剂、选择性耐高温堵剂等核心配方的研究，同时配套研发了管内管外复合堵水、化学分段堵水及多段塞选择性堵水等工艺技术。现场试验 49 井次，累计增油 6.32×10^4 t，降水 4.11×10^4 t，为稠油水平井堵水提供了有力的技术支撑。

关键词：边底水；稠油；水平井；堵水技术

辽河油田为保持油田千万吨稳产规模，扩大了水平井的部署实施规模，尤其在蒸汽吞吐稠油油藏上，为了加大井间剩余油挖潜力度，实施了水平井二次开发战略并取得了较好的规模产量。然而受油藏边底水影响，出水问题逐步凸显；特别是稠油水平井，由于控制储量高，见水后严重制约了产能发挥，且呈现出比率高、影响大、治理难等特点，影响周边邻井正产生产的情况频繁出现。此外，受完井方式、油品性质、井身结构等因素制约，较常规堵水技术难度大幅度增加。出水初期，采用机械堵水即利用井下封隔管柱实施选注选采措施，避开出水层段吞吐见到一定效果；但随着水平井应用规模的扩大和采出程度的提高，出水问题逐渐加剧，单纯地依靠机械堵水措施已很难奏效。因此，有必要开展稠油水平井堵水技术研究，从出水原因分析入手，加大药剂配方的筛选与研制，并在堵水工艺上进行改进，符合稠油水平井蒸汽吞吐开发需求[1]。

1　技术思路

从出水情况分析入手，结合油藏静动态分析、选注选采效果、井温测试等资料，综合分析判断水平井出水位置。具体判断方法如下：首先通过地质分析预判出水方向；再通过选注选采效果进行现场验证，如选注脚跟效果好，则判断脚尖出水；最后对比井温测试曲线明确出水位置，若井温曲线连续测试显示脚尖温度高，则判断脚尖出水，且可通过温度变化确定具体出水井段。采用相应的方法也可判定脚跟或中间部位出水。在此基础上，针对不同出水程度及出水位置采取相应的堵水技术。一是对于出水程度较低、周期内平均含水率在 80% 以上但不超过 90% 的且能够准确判断出水位置的水平井，研究管内管外复合堵水技术，利用机械封隔管柱向出水部位注入化学药剂，再实施选注选采措施，避开出水层段吞吐，实现堵水目的。二是对于出水程度较高、周期内平均含水率在90%以上且能够准确判断出水位置的水平井，研究化学分段堵水技术，采用氮气泡沫凝胶堵剂+新型双激发无机堵剂封堵，对于脚尖出水，在挤入封口剂段塞钻磨时对脚尖出水部位"留塞"；对于脚跟出水，采用液相暂堵剂"屏蔽"脚尖，将堵剂准确作用于脚跟出水段，提高了堵水的针对性和有效性。三是对于出水程度较高、周期内平均含水率在90%以上但无法准确判断出水位置的水平井，研究多段塞选择性堵水技术，通过研制一种选择性耐高温堵剂，采用氮气+凝胶堵剂+选择性耐高温堵剂+二氧化碳的多段塞封堵工艺，实现稳油控水[2]。

2 稳油控水技术研究

2.1 管内管外复合堵水技术

该技术采用化学堵水工艺，封堵管外油层水窜通道；采用机械堵水技术，实现管内封隔。进行两者的组合应用，有效阻断出水通道，恢复水平井产能。

2.1.1 管外封堵部分

管外封堵部分研制采用氮气泡沫凝胶堵剂，该堵剂主要由氮气、发泡剂、驱油剂、部分水解聚丙烯酰胺等组成。一方面，具有较好的流动性，确保堵剂在筛管处不堆积；另一方面，具有较高的封堵强度，封堵率≥95.4%。同时为保证堵剂封堵强度，在氮气泡沫凝胶堵剂中添加树脂颗粒，提高堵剂的耐温性及封堵强度，有效封堵水窜通道[3]。

2.1.2 管内封堵部分

管内采用选注选采管柱进行机械封隔，以冷热双作用封隔器和爆破阀为核心，对出水层段避注避采。双作用封隔器外径为145mm，配用了两套不同材质的密封胶筒，分别可以实现低温、高温两种状态下的封隔器的密封要求。爆破阀在双作用封隔器通过打压坐封时，起到憋压作用，使封隔器坐封。当油管压力达到开启压力时，限压片开启，管柱形成进液通道[4]。

2.1.3 施工工艺

脚尖出水：多功能管柱封隔器打压坐封，爆破阀打开，挤注药剂进入脚尖；投球，打开分配器，注脚跟；下杆式泵，采脚跟。

中间出水：多功能管柱前后两个封隔器坐封，中间爆破阀打开，挤注药剂进入中间；起出多功能管柱，下分段注汽管柱，采用同注阀同时注脚尖+脚跟；直接下杆式泵采两段。

脚跟出水：多功能管柱，爆破阀位于脚跟，打压坐封，挤注药剂至脚跟；起出多功能管柱，再下入多功能管柱，注脚尖；杆式泵采脚尖。

2.2 化学分段堵水技术

针对机械封隔管柱管外存在绕流的弊端，研究开发了化学分段堵水工艺。对于脚尖出水，在挤入氮气泡沫凝胶预封堵段塞、封口剂段塞后，钻磨过程中对脚尖出水部位"留塞"，即留有一段封口剂段塞不钻磨，增加了出水段管外、管内双重封堵的可靠性；对于脚跟出水，采用液相暂堵剂"屏蔽"脚尖，即将不出水的脚尖段暂堵保护起来，避免后续堵剂封堵油层，将液相暂堵段塞、封口剂段塞准确作用于脚跟出水段，提高了堵水技术的针对性和有效性。

2.2.1 堵剂研制

主段塞：通过筛选添加多种固相颗粒（图1），研制了适用于筛管完井稠油水平井的氮气泡沫凝胶堵剂，封堵率可达 97.5% 以上。现场通过控制颗粒粒径在 0.12mm 以下[5]，现场配制浓度在 2%~5% 范围内，且伴随氮气 1000m³/h 同步注入，确保堵剂在筛管处不堆积，保障施工的安全性。

图 1　固相颗粒添加剂

封口段塞：为提高封堵强度，避免堵剂反吐，研制了新型双激发无机凝胶堵剂作为封口剂保护段塞，保证堵剂固化时间可控，保障了作业的安全性。双激发无机凝胶堵剂配制黏度小于 100mPa·s；固化温度大于 45℃；固化时间（50℃）在 8~48h 之间可调；抗压强度为 12~15MPa；封堵率大于 90%；耐温达 300℃。

液相暂堵剂：针对部分脚跟出水井，研制了一种液相暂堵剂，措施中屏蔽保护脚尖产油层段。其性能特点是成胶快、强度高、可降解、无污染。成胶温度为 35~55℃，成胶时间为 4~10h 可调，凝胶黏度为 $(60~230)×10^4$mPa·s，破胶温度在 180℃ 完全降解，降解后完全水化，不污染地层。

2.2.2 优化施工工艺

脚尖出水：对脚尖实施封堵，强化脚跟段生产。采用氮气泡沫凝胶堵剂推水、压水锥；采用新型双激发无机堵剂作为封口剂，钻磨过程中在井筒内留塞，提高脚尖段的封堵效果；利用氮气泡沫凝胶的调剖增能助排作用，提高脚跟段的产能。

脚跟出水：对脚跟实施封堵，强化脚尖段的生产。采用液相暂堵剂对脚尖段实施暂堵；

采用氮气泡沫凝胶、双激发无机堵剂封堵脚跟；冲出井筒残留堵剂和液体桥塞[6]。

2.3 多段塞选择性堵水技术

该工艺集气体压锥、深部复合封堵及气体辅助吞吐等多种优势于一体，实现了整体工艺的创新，有效解决了出水层段无法准确判断油井的堵水问题[7-8]。

2.3.1 研制选择性耐高温堵剂

耐高温堵剂以铝盐等无机材料作为主剂，有机材料作为诱发剂，外加促进剂反应而成。在室温下形成溶液，黏度为3mPa·s，以液体状态进入出水通道。80℃以上开始固化，根据现场要求固化时间可调，凝固后初始强度为1~3MPa，与地层孔道壁胶结，随着反应时间的延长，固结体不断增强，最高抗压强度可达15MPa，耐温能力达300℃不衰减，同时具有较好的选择性，能够实现"堵水不堵油"，达到堵水目的。

2.3.1.1 固化时间测试

考察了耐高温堵剂在80~290℃之间的固化时间(图2)，使用浓度为50%。同时分析了堵剂浓度对固化时间的影响(图3)。

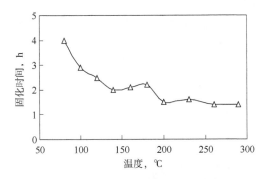

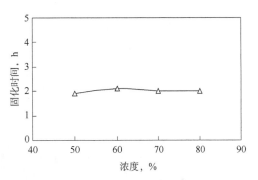

图2　固化时间随温度的变化曲线　　　　图3　固化时间随浓度的变化曲线

实验结果表明，固化时间与温度有关，在80℃以上固化时间在1~4h之间，浓度对固化时间基本没有影响。

2.3.1.2 耐温性评价

热失重仪测定了耐高温堵剂自100℃至600℃的质量保留率，分析堵剂的耐温能力。温度在200℃左右时，质量保有率基本稳定，保有率在70%左右，表明堵剂具有较好的耐温性。

2.3.1.3 选择性封堵能力

含油饱和度增大，堵剂的封堵能力降低，表明堵剂具有一定选择封堵能力(图4)。

2.3.1.4 耐冲刷性能

采用一维管式流动模型考察蒸汽驱替压差随注入孔隙体积倍数变化，填砂管岩心渗透率为820mD，蒸汽注入速度为3mL/min。经40PV冲刷后堵剂残余阻力系数与初始残余阻力系数相差不大(图5)，表明堵剂具有一定耐冲刷性能。

2.3.2 多段塞封堵工艺

首先注入一定量氮气，作为惰性气体，可有效占据储集空间，起到压水锥作用；凝胶堵剂大剂量注入，可有效暂堵出水通道，将地层水推至远端；选择性耐高温堵剂有效封堵近井地带，隔绝后续蒸汽对前置凝胶堵剂的高温冲刷；二氧化碳可有效溶解于稠油中，降低原油黏度及不利的油水流度比，大幅度延长油井低含水生产周期。

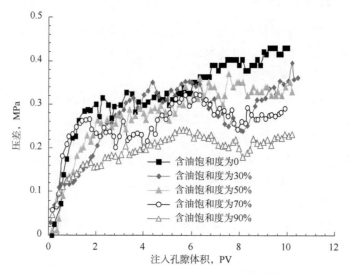

图4　不同含油饱和度下蒸汽驱替压差与注入孔隙体积的关系

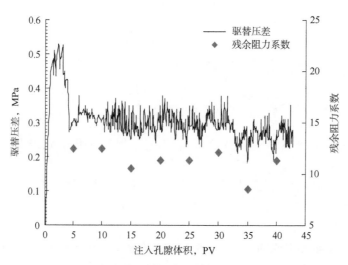

图5　驱替压差和残余阻力系数随注入孔隙体积的变化

3　现场推广应用情况

研究技术在辽河油田稠油区块已累计实施49井次，措施有效率为90.1%，增油 $6.32×10^4$ t，降水 $4.11×10^4$ t，平均单井增油1289.8t，平均单井降水838.8t，取得了较好的稳油控水效果。

以杜813-兴平2井为例，该井是杜813兴隆台东2010年投产的一口下水平井，生产初期就高含水出水，第4周期出水量10769t，于第2周期开始实施选注选采等措施，治水效果不明显。第6周期生产420天，产水量7185t，产油量913t，日产液18.9t，日产油7.6t，含水率为60%。通过井温测试曲线无法明确判断其出水位置，第7周期决定对该井实施多段塞选择性堵水工艺，先后注入氮气 $18.5×10^4m^3$，凝胶堵剂 560m³，耐高温堵剂 200m³，二氧化碳 150t，施工压力达到 12MPa。杜 813-兴平 2 井第 6 周期末日产液 21.8t，日产油 2.2t，含水率为 90%，第 7 周期实施多段塞选择性堵水工艺后，周期生产 1148.6 天，产液量 22573t，产油量 8208t，平均日产液 19.7t，日产油 7.1t，平均含水率为 63.6%，对比增油 5628.1t，含水率下降 26.4%。

4 结论与认识

（1）通过研究、攻关，形成了管内管外复合堵水、化学分段堵水、多段塞选择性堵水等系列堵水技术，有效解决了辽河油田稠油水平井出水问题。

（2）与当前国内外同类技术对比，主要技术性能指标达到了国际先进水平。

（3）从应用效果来看，该技术累计创效 4208.9 万元，实现了出水水平井的高效开发，预计"十四五"期间，辽河油田将实施该技术 100 口井，创效 1 亿元，将有力支撑稠油水平井的增储上产，具有广阔的应用前景。

参 考 文 献

[1] 孟凡勤，张宝龙，温庆志，等. 曙一区超稠油出水原因分析及对策研究[J]. 特种油气藏，2007，14（1）：96-98.

[2] 陈续琴，郭新磊，张煜. 对水平井水淹动态产生重要影响的因素分析与水淹动态模拟[J]. 中国石油和化工标准与质量，2012，32(2)：163.

[3] 白宝君，周佳，印鸣飞. 聚丙烯酰胺类聚合物凝胶改善水驱波及技术现状及展望[J]. 石油勘探与开发，2015，42(4)：481-487.

[4] 张晓东，张丽，王波. 多级可调控机械找堵水技术在兴隆台采油厂的应用[J]. 科技传播，2011(12)：130-131.

[5] 杜忠磊. 陆梁油田水平井堵水配方的研制与性能评价 [D]. 成都：西南石油大学，2014.

[6] 杨松. 复杂产出水平井堵水技术研究[J]. 中国石油和化工标准与质量，2014(3)：107-108.

[7] 肖立新. 低渗裂缝性高凝稠油油藏油井选择性堵水技术[J] 特种油气藏，2012，4(2)：126-127.

[8] 白宝君，周佳，印鸣飞. 聚丙烯酰胺类聚合物凝胶改善水驱波及技术现状及展望[J]. 石油勘探与开发，2015，42(4)：481-487.

超稠油伴生气分离回用技术研究与应用

苏 哲 孟 强 王建波

(中国石油辽河油田特种油开发公司)

摘 要：辽河油田特种油开发公司日产伴生气量$(15\sim18)\times10^4m^3$，主要成分为CO_2和CH_4(CO_2含量为68%，CH_4含量为31%)，伴生气经过脱除H_2S后直接对空排放。伴生气直接外排，不但造成CO_2和CH_4等可回收利用资源的浪费，同时造成严重的环境污染。通过对伴生气进行预处理、变压吸附分离、CO_2气态回注和CH_4回掺等一系列技术，成功实现了伴生气零排放和油田可持续效益发展。

关键词：变压吸附分离；CO_2回注；CH_4回掺

辽河油田特种油开发公司担负着曙一区杜84块、杜229块超稠油的开发生产任务，针对不同油层的特点，形成了以蒸汽吞吐、SAGD、蒸汽驱三种热采开发方式为基础的多元化分层开发模式，在热采过程中，原油与高温蒸汽发生水热裂解反应，产生大量的伴生气。

特种油开发公司地面集输工艺一直采用开放式的管输系统。伴生气和油井采出液一同进入密闭集输单元，之后，伴生气通过管输进入脱硫塔进行H_2S脱除，然后直接对空排放。根据监测计算，伴生气产量为$(15\sim18)\times10^4m^3/d$，主要成分为$CO_2$和$CH_4$，其中$CO_2$含量为68%，$CH_4$含量为31%。这种开放式的地面集输工艺虽然满足生产要求，但是带来了极大的环保和资源浪费问题。在环保方面，大量的温室气体被排放到大气中，造成大气环境污染；此外，在油田开发过程中，大量CO_2被应用到辅助油田开发，成为提高采收率的一项重要措施，CH_4可以直接用作油田注汽锅炉的燃料，伴生气的直接排放造成了极大的资源浪费。对伴生气的处理与分离回用，既可以解决外排带来的环保问题，同时也可以作为稠油开发过程中的增产气体，提高油田开发效果，从而实现伴生气零排放和油田可持续效益发展。

1 超稠油伴生气分离回用技术

特种油开发公司日产伴生气量$(15\sim18)\times10^4m^3$，分别从3个采油作业区共33个密闭集输单元汇集到脱硫站进行H_2S集中脱除，脱除H_2S后伴生气主要成分见表1。在油田开发过程中，大量CO_2被应用到混相驱替中，成为提高采收率的一项重要措施，而CH_4可以作为注汽锅炉的燃料。

表1 特种油开发公司脱H_2S后伴生气成分

组分	浓度,%	组分	浓度,%
O_2	0.13	iC_4	0.04
N_2	7.79	nC_4	0.11
CO_2	59.5	iC_5	0.06

组分	浓度，%	组分	浓度，%
CH_4	30.05	nC_5	0.06
C_2	0.44	C_{6+}	0.04
C_3	0.43	H_2	1.33

根据脱硫后伴生气的成分及其性质，为了实现伴生气分离，并回用于油田开发，设计了4个工艺单元：脱有机硫单元，脱水脱重烃单元，伴生气分离单元，CO_2回注、CH_4回掺单元。

图1为超稠油伴生气分离回注工艺流程示意图。

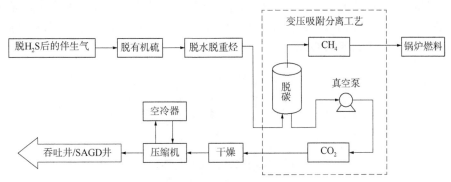

图1　超稠油伴生气分离回注工艺流程示意图

1.1　脱有机硫技术

伴生气经过脱硫塔集中脱除 H_2S 后，进入伴生气分离回注站。脱硫塔脱硫工艺虽然能有效脱除 H_2S，但不能脱除伴生气中的有机硫，伴生气中各有机硫含量见表2，含有机硫的气体在分离处理和储运的过程中会造成吸附材料的中毒失效、设备和管线的腐蚀，并且会污染环境。因此，处理伴生气第一步要脱除伴生气中的有机硫。

表2　伴生气脱 H_2S 后有机硫含量表

组分	甲硫醇	乙硫醇	甲硫醚	未知物	总有机硫
含量，mg/L	36.80	8.76	9.60	3.31	58.47

1.1.1　有机硫脱除技术优选

目前，国际上常用的脱有机硫方法主要有吸附法脱有机硫和加氢吸附法脱有机硫，通过对这两种工艺进行调研分析(表3)，吸附法工艺简单，并与特种油开发公司生产实际相结合，最终选择吸附法进行脱有机硫。

表3　伴生气脱有机硫适应性分析表

项目	吸附法	加氢吸附法
主要工艺设备	吸附塔	换热器、冷却器、分离器、吸附塔、导热油、反应器(蒸汽)辅助系统等
工艺	简单	复杂(需制氢、加热300℃左右、催化剂)
投资	低	高

项目	吸附法	加氢吸附法
运行费用	低	高
维护管理	容易	复杂
处理效果	脱除60%的有机硫 （硫醚很难脱除）	几乎能脱除全部硫化物
结论	推荐	不推荐

1.1.2 伴生气脱有机硫工艺设计

伴生气脱有机硫单元由1台伴生气缓冲罐、3台压缩机及2台脱有机硫塔组成，伴生气脱有机硫工艺流程如图2所示。伴生气首先进入伴生气缓冲罐，分离物理液滴和缓冲稳定压力，然后进入压缩机，经两级压缩升压至0.5MPa。压缩机两级出口设冷却器和气液分离器，之后进入脱有机硫塔进行吸附脱硫。

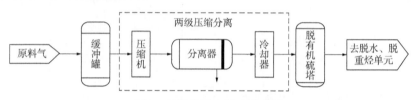

图2 吸附法脱有机硫流程图

1.2 脱水脱重烃技术

重烃（C_5以上）具有熔点、沸点低，容易发生液化的特点，伴生气中重烃如果处理不干净，会发生凝固，甚至造成冰堵，堵塞管道造成事故。伴生气中的水分会使设备发生腐蚀，因此必须对伴生气进行脱水脱重烃处理。脱水脱重烃采用吸附法工艺，吸附塔自下而上选用活性炭、分子筛分层装填，当原料气通过吸附塔时，活性炭及分子筛选择性吸附原料气中的重烃和水。图3为脱水脱重烃工艺流程图。

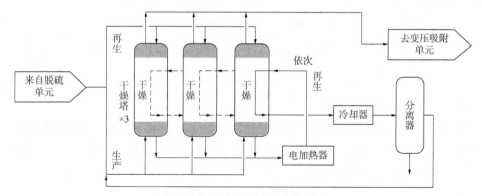

图3 脱水脱重烃工艺流程图

伴生气进入脱水脱重烃单元，采用变温吸附工艺。三个塔分别进行吸附、加热、冷却。

吸附：一部分来气中重烃直接被吸附，进入变压吸附单元。

加热：另一部分来气被吸附后，加热到180~200℃，对已吸附过重烃的吸附塔进行加热解吸。

冷却：加热后的气体通过冷却器冷却至常温，之后将重烃分离出来，冷却后的气体进入被加热的吸附塔进行冷却，实现再生。

1.3 伴生气分离技术

1.3.1 伴生气分离技术优选

伴生气中 CH_4 和 CO_2 的分离是整套伴生气分离回用工艺的核心。目前，国际上 CH_4 和 CO_2 分离技术主要有变压吸附法、低温液化法和膜分离法 3 种。

（1）变压吸附工艺是利用吸附剂对不同气体的吸附特性来实现不同气体的分离。不同气体在同一吸附剂上的吸附量、吸附速度、吸附力等存在差异，同时，吸附能力也随压力的变化而变化，加压时完成混合气体的吸附分离，降压时吸附剂实现再生。

（2）MDEA 法脱碳工艺是利用活化 MDEA 水溶液在高压常温条件下将天然气或合成气中的 CO_2 吸收，并在降压和升温的情况下，CO_2 又从溶液中解吸出来，同时溶液得到再生。

（3）膜分离工艺是指气体通过高分子膜时，由于不同种类的气体在膜中具有不同的溶解度和扩散系数，导致相对渗透速率不同。原料气在膜两侧压差作用下，渗透速率相对较快的气体在渗透侧被富集，而渗透速率相对较慢的气体在滞留侧被富集。

经过对技术适应性分析对比，最终选择了变压吸附法进行 CH_4、CO_2 分离，CH_4、CO_2 分离回收工艺适应性分析见表 4。

表 4 伴生气分离技术适应性分析表

项目	变压吸附法	MDEA 法	膜分离法
适应性分析	1. 工艺简单，装置实现自动化管理控制，操作方便； 2. 装置操作弹性大，能适应原料气量和组分较大波动； 3. 吸附剂更换周期 10 年以上，吸附剂寿命长； 4. 变压吸附运行压力为 0.3~0.6MPa，增压能耗低	1. 溶液对 CO_2 的负载量大； 2. MDEA 稳定性较好，对碳钢设备几乎无腐蚀； 3. CO_2 回收率高	1. 膜的价格昂贵且容易受到污染，更换周期为 3~5 年； 2. 需要次生气有一定压力（3.0MPa 以上），增压能耗高
结论	适应工程次生气 CH_4 提浓、CO_2 提浓，运行能耗低	工艺装置复杂，运行能耗高	膜分离需要有一定压力，价格昂贵，运行能耗高
推荐	是	否	否

1.3.2 变压吸附分离工艺设计

变压吸附脱碳单元由 6 台变压吸附塔、1 台均压缓冲罐、1 台富甲烷缓冲罐、1 台真空缓冲罐及 3 台真空泵组成，选用改性硅胶为吸附剂，在硅胶吸附剂中，CO_2 相对于 CH_4 的分离因子接近 10，能够吸附大部分 CO_2。

变压吸附法工艺流程如图 4 所示。

脱除重烃后的伴生气进入变压吸附脱碳系统，首先升压吸附，将混合气体中的 CO_2 选择性吸附下来，之后降压释放，将没有被吸附的 CH_4 气体通过顶部输送至燃料气系统，然后将压力降至常压，解吸 CO_2，最后通过真空泵负压彻底解吸，进入 CO_2 压缩单元进行回注。变压吸附塔工作原理如图 5 所示。

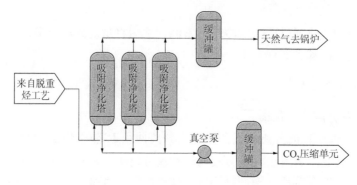

图 4　变压吸附法工艺流程示意图

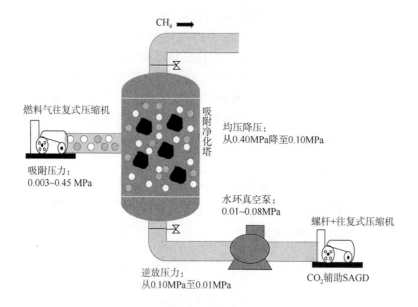

图 5　变压吸附塔工作原理图

1.4　伴生气回掺回注技术

伴生气在分离回注站内经过一系列处理之后，将 CO_2 和 CH_4 在变压吸附单元分离开，CH_4 产品直接供给燃料气系统，CO_2 经过压缩回注油井。

1.4.1　CH_4 回掺工艺

经过变压吸附单元分离出的 CH_4 产品气通过管输进入到杜 84 燃料气干网用于注汽锅炉燃烧，平均日回收富 CH_4 产品 $4.5×10^4 m^3$，其中产品气中 CH_4 含量≥72%，O_2 含量≤0.3%，N_2 含量为14.986%，二氧化碳含量为 12.758%，乙烷含量为 0.074%。

天然气干网气量为 $(80～90)×10^4 m^3/d$，其中 CH_4 含量≥90%，O_2 含量≤0.1%。

掺入 CH_4 后 CH_4 含量 =（800000×0.9+45000×0.72）÷（800000+45000）×100% = 89%。

掺入 CH_4 后 O_2 含量 =（800000×0.001+45000×0.003）÷（800000+45000）×100% = 0.1%。

掺入 CH_4 产品后对原干网中天然气成分基本没有影响，符合天然气长输管道气质要求。

1.4.2 CO₂ 回注工艺

1.4.2.1 CO₂ 回注方式优选

从 CO_2 相态变化图(图6)中可以看出,随着温度和压力的变化,CO_2 的相态也发生变化。特种油开发公司油井注汽压力通常为 4~7MPa,在这一压力区间内,CO_2 以气态和液态存在,均可用于生产。特种油开发公司开发方式以热采为主,如果注入液态 CO_2,进入井底发生汽化,会吸收热量,对环境存在冷伤害,并且,液态 CO_2 注入工艺流程复杂,投资费用高,存在一定的危险性。经过对比与优选,最终采用 CO_2 气态注入方式。

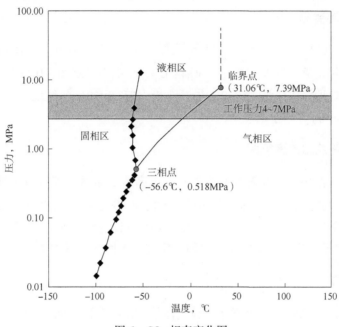

图6 CO_2 相态变化图

1.4.2.2 CO₂ 回注工艺流程

CO_2 回注工艺流程设计为螺杆式压缩机和往复式压缩机组合的二级压缩工艺。螺杆式压缩机起到稳定供气的作用,确保往复式压缩机工况平稳,并分担往复式压缩机的工作压力,减少设备故障率;CO_2 经螺杆式压缩机初步压缩后,促进水蒸气凝结,提高干燥脱水效果。

CO_2 回注工艺流程如图7所示。

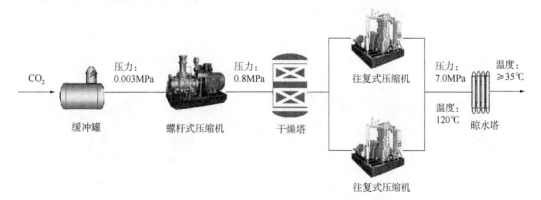

图7 CO_2 回注工艺流程示意图

1.4.2.3　CO_2 回注管网建设

为实现 CO_2 回注油藏，共建成了 CO_2 回注管网 21.4km，耐压 10MPa，注气端点 70 个（杜 84 块 46 个注气端点，杜 229 块 24 个注气端点），实现了特种油开发公司 CO_2 回注管网全面覆盖。

2　现场应用情况及效果

2.1　现场实施情况

伴生气分离回注站于 2016 年 1 月 27 日投产运行，同年 3 月开始回注 CO_2。截至 2020 年底，累计处理伴生气量 $26635×10^4 m^3$，回收 CH_4 产品气 $12500×10^4 m^3$，回注 CO_2 $8255×10^4 m^3$。目前，日处理伴生气量 $17×10^4 m^3$，日回收 CH_4 $8×10^4 m^3$（纯度为 73%），日回注 CO_2 $9×10^4 m^3$（纯度为 96%）。

2.2　CO_2 回注油藏措施机理

CO_2 具有降黏、溶解气驱、补充底层能量、提高地层渗透率等作用。对于特种油开发公司，随着采出程度的提高，油藏压力低成为制约吞吐开发效果的主要因素。依靠 CO_2 气体"分压、增能、调剖"三大主要作用机理，注入 CO_2 可以起到降低蒸汽压力、提高潜热、补充地层压力、扩大蒸汽波及体积的作用，因此实施 CO_2 回注可以大幅提高开发效果。

2.3　效果分析

以 2020 年为例，2020 年全年累计实施气体辅助 140 井次，回注 CO_2 $1100×10^4 m^3$，实现平均单井增油 280t，年累计增油 $4×10^4 t$，油汽比提高 0.08（图 8）。

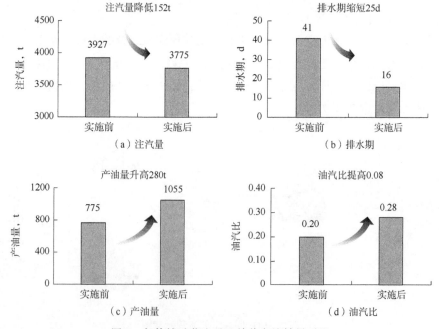

图 8　气体辅助蒸汽吞吐单井实施效果对比

3 结论

（1）超稠油伴生气分离回注工程，通过脱有机硫、脱水脱重烃、变压吸附分离、回掺回注等技术，实现了资源再利用，减少了环境污染，创造了良好的经济效益和社会效益。

（2）科学设计伴生气变压吸附工艺，并配套了一系列伴生气预处理技术，成功实现伴生气分离，分离出的 CO_2 纯度达到 96%，甲烷纯度为 73%，实现了伴生气全部回用。

（3）实现了稠油热采中气态 CO_2 的注入方式，避免了地层冷伤害，减少了系统因相态变化带来的能量损失。

（4）利用 CO_2 的分压、溶解等作用，规模应用 CO_2 辅助蒸汽吞吐和 CO_2 辅助 SAGD 技术，改善了开发效果，提高了采收率，为改善超稠油蒸汽吞吐后期开发效果提供了技术保障。

参 考 文 献

[1] 艾云超. 大庆油田天然气放空治理措施 [J]. 天然气工业，2011，31(2)：1-4.

[2] 崔翔宇，刘亚峰，代静，等. 我国油田伴生气回收与利用技术状况分析 [J]. 石油石化节能与减排，2013，3(5)：31-33.

[3] 辜敏. 变压吸附技术的应用研究进展 [J]. 广州化学，2006，31(2)：60-64.

[4] 宁平，唐晓龙，易红宏. 变压吸附工艺的研究与进展[J]. 云南化工，2003，30(3)：28-31.

[5] 董福国. 二氧化碳单井吞吐增油技术的应用研究 [J]. 中国石油和化工标准与质量，33(11)：109.

[6] 张大勇. 伴生气分离回注技术在超稠油开发中的应用[J]. 石化技术，2017，24(6)：257.

超稠油污水达标外排处理技术研究与工程应用

孙绳昆

（中油辽河工程有限公司）

摘　要：超稠油污水与普通稠油污水相比，除水中原油具有更高的黏度和密度以外，由于SAGD开采方式，使其水质成分更加复杂、COD和温度更高，外排难度更大。在分析超稠油污水外排技术难点的基础上，总结了油水分离技术、降温技术、除COD技术以及处理工艺研究成果，为稠油、超稠油污水外排处理技术的进一步发展提供参考。

关键词：稠油污水；超稠油污水；SAGD；除油；除COD；外排处理

根据GB 50350—2015《油田油气集输设计规范》[1]，将温度为50℃时动力黏度大于400mPa·s且温度为20℃时密度大于0.9161g/cm³的原油定义为稠油。稠油按黏度大小分为普通稠油、特稠油和超稠油，其中动力黏度大于50000mPa·s的稠油为超稠油。

超稠油属于特种油藏，目前我国主要分布于辽河油田和新疆油田。按油藏埋深划分，辽河超稠油属于中深层超稠油，新疆超稠油属于浅层超稠油。辽河和新疆超稠油主要采用蒸汽辅助重力泄油（SAGD）技术开采。超稠油污水除深度处理回用SAGD注汽锅炉以外，尚有部分需外排处置，其中辽河油田有10000m³/d超稠油污水需达标外排。

2008年辽宁省颁布了新的DB 21/1627-2008《污水综合排放标准》[2]，新标准比旧标准（DB 21-60-89）[3]水质指标有较大提高，尤其是COD、石油类、氨氮、总氮、总磷指标。因此，超稠油污水达标外排技术成为制约超稠油生产环保瓶颈难题，急需解决。

为此，辽河油田历经10余年探索与研究，开展了物化、生化、高级氧化、吸附等多项技术试验。

1　超稠油开采技术及超稠油污水外排难点

超稠油SAGD开采技术是通过向油藏注入高温（340℃）、高压（14.6MPa）、高干度（大于95%）或过热蒸汽，降低原油黏度，通过油井举升设备，将140～160℃采出液提升至地面，经脱水工艺分离出超稠油及其污水。在采出液集输、脱水及油井各类作业过程中，需人为投加各类化学药剂，这些药剂不同程度进入超稠油污水。

超稠油污水达标外排存在以下难点：

（1）外排指标要求高。提标前COD、BOD、石油类、氨氮、总磷含量分别为200mg/L、80mg/L、10mg/L、35mg/L、2mg/L，提标后为50mg/L、10mg/L、3mg/L、8mg/L、0.5mg/L，技术难度大。

（2）原水具有高温、高COD，油水密度差小、乳化严重、易结垢特点，预处理难度大。原水COD含量为3000～5000mg/L，含油2000～5000mg/L，悬浮物含量为5000～10000mg/L，水温 70~80℃，硅含量为 200~300mg/L，油水密度差<0.01g/cm³。

（3）原水属于难生物降解工业废水[4]，B/C 值< 0.15，生化效率低。

（4）原水含大量化学药剂，成分复杂多变，工艺适应性要求高。经检测，来水含有 60 类化合物，COD 主要构成为原油，难生物降解 COD 主要是环烷烃类、芳烃类及高分子化学药剂[5]。

（5）国内外尚无成熟技术可借鉴，工艺确定难[6]。

其中，生化性差和成分复杂多变是两大关键核心难题，是技术成败的关键。

2 处理技术研究

超稠油污水外排处理技术分为两大部分。一是常规预处理，主要是油水分离，去除原水中的大部分石油类和悬浮物，除油的同时也就去除由油贡献的大部分 COD；除油、除悬浮物后，为后续工艺奠定基础。二是深度处理部分，主要是去除 COD，其次为氮、磷等。如果深度处理采用生化技术，常规预处理后一般还要考虑降温工艺。

2.1 油水分离技术

2.1.1 重力沉降

重力沉降是油水分离常规处理方法，在超稠油污水处理应用较多。该方法主要靠油水密度差进行分离。由于超稠油污水油水密度差较小（0.005~0.01g/cm³），且乳化严重，重力沉降分离时间较长，一般要 12h 以上。为减少沉降分离时间，一般投加一定量的化学药剂进行破乳和絮凝。

2.1.2 离心分离

离心分离是利用离心力场加速油水分离。由于超稠油污水油水密度差较小，分离效率较低，一般需要提高离心设备的分离因数以及投加一定数量的破乳剂，提高油水分离效果。离心分离技术在曙光超稠油污水开展过试验研究[7]，但大规模应用较少。

2.1.3 气浮选

气浮选技术是稠油污水油水分离常用技术[8]，在超稠油污水处理应用较多。为提高油、悬浮物以及 COD 去除率，气浮进水一般投加各类化学药剂，如除油剂、混凝剂和助凝剂、COD 去除剂等。气浮选设备常用类型有溶气浮选和诱导浮选，气浮工艺有一级气浮和两级气浮。

2.1.4 过滤

过滤一般是油水分离最后一道工艺，主要是进一步去除污水中油和悬浮物，为后续工艺提供水质保障。是否需要过滤工艺主要由后续工艺水质要求决定。过滤一般采用压力过滤器，滤料一般为石英砂、核桃壳等。

2.2 去除 COD 技术

油田采出水去除 COD 技术主要包括生物法、化学法、物理吸附法三种。生物法又分为活性污泥法和生物膜法，其中生物接触氧化法研究和应用较多，氧化塘也有研究和应用。化学法中臭氧氧化、臭氧催化氧化、Fe—C 微电解、Fenton 氧化、湿式空气氧化等开展过试验研究和部分应用。物理吸附法中活性炭吸附开展过研究和应用。

2.2.1 生物法

生物法是污水去除 COD 使用最多的一种技术。稠油污水生物处理采用浸没式生物接触氧化法较多[9]，活性污泥法[10]、MBR 等也有研究和应用。

辽河油田曙光超稠油污水气浮后生化进水 COD 含量一般为 500~700mg/L，活性污泥法生物处理后 COD 去除率为 60%~70%；MBR 技术在某公司开展过现场中试。生化工艺存在的一个问题是水质引起的曝气器、膜表面结垢，导致曝气器堵塞、膜通量降低，甚至膜丝断裂。

2.2.2 高级氧化法

2.2.2.1 臭氧氧化[11]

臭氧氧化主要用于超稠油污水中难降解 COD 的开环和断链，提高可生化性。臭氧接触反应设备主要有气泡式、水膜式和水滴式三种。超稠油污水一般选择受化学反应控制的气—液接触反应设备。该技术单独使用处理超稠油污水，COD 去除效率不高。

2.2.2.2 臭氧催化氧化

臭氧催化氧化是在反应器内增加催化剂，提高臭氧氧化效率和效果。增加催化剂带来的问题是来水悬浮物含量不能过高，否则易造成催化剂层堵塞，影响催化效果。某公司在辽河油田某稠油污水外排厂应用该技术，催化剂为活性炭和金属陶粒，存在主要问题是臭氧布气系统结垢及催化剂污染尚未很好解决。

2.2.2.3 Fe—C 微电解+H_2O_2[12]

该技术是利用低 pH 值条件下，Fe—C 形成原电池电解出铁离子，与 H_2O_2 形成 Fenton 试剂溶液，开环、断链水中难降解 COD。某公司在辽河油田超稠油污水开展现场中试，存在主要问题是产生大量危废铁泥，给后续处置带来较多问题。

2.2.2.4 臭氧+光催化氧化

该技术利用紫外光催化臭氧氧化，提高臭氧氧化效率和效果。某公司在辽河油田超稠油污水开展现场小试，存在主要问题是紫外灯管外表面的聚污和结垢，影响光催化效果。

2.2.2.5 电解催化氧化

该技术主要通过催化电极电解污水，通过电化学反应，催化氧化污水中的 COD。某公司在辽河油田超稠油污水开展现场中试，存在的主要问题是电极的钝化，影响处理效果。

2.2.3 吸附法

2.2.3.1 活性焦吸附[13]

某公司在辽河油田超稠油污水开展现场中试。活性焦吸附的主要优势是活性焦价格便宜，主要劣势是吸附容量较低，产生的废焦量多，后续处置难度大。

2.2.3.2 AS-PACT

"活性污泥+粉末活性炭"（AS-PACT）技术特点是活性污泥生物降解与粉末活性炭吸附及再生三效耦合，协同增强。某公司在辽河油田超稠油污水开展现场工业化试验。该技术最大的优势是去除 COD 效率高，主体工艺简单；存在的主要问题是目前国内尚不掌握饱和废炭泥的湿式氧化再生技术（WAR）。

2.2.3.3 颗粒活性炭吸附

该技术是污水去除 COD，特别是难降解 COD 的常用把关技术。活性炭吸附塔主要有固定床和移动床两种。某公司在辽河油田稠油污水开展现场小试，采用三塔串联固定床吸附工艺，存在主要问题是当进水 COD 较高时，活性炭饱和周期较短，需要较多吸附剂及设备，工程应用需配套炭再生设施。

2.3 脱氮除磷技术

超稠油污水中氨氮、总氮、总磷含量不高，一般低于排放标准。当超稠油生产过程中投加了含氮、含磷化学药剂，或油井生产措施(洗井、酸化、压裂以及油管、油罐清洗等)产生的高含氮磷废水混入时，才会导致原水氮磷超标。

脱氮除磷常用的方法有化学法和生物法。由于超稠油污水氮磷超标为非正常状态，一般采用化学法作为脱氮除磷应急措施。

2.4 降温技术

超稠油污水温度较高，当采用生化技术处理时，一般需采用降温工艺；也有采用高温菌种的不降温生化工艺，但由于外排水体对溶解氧指标有要求，也需要将外排水温度降至要求值。

根据原水温度，降温工艺有直接冷却法和间接冷却法。直接冷却法通常采用开式冷却塔，间接冷却法通常采用空冷器。两种冷却工艺存在的主要问题是，冷却塔填料容易污堵，需定期清理。为了减轻污堵，对来水含油、含悬浮物指标要求较高；此外，冷却塔存在VOC排放问题需要解决。空冷器管内壁容易黏泥，影响冷却效果。通过黏泥成分分析，主要原因是上游来水中残余的助凝剂聚丙烯酰胺随着水温的降低析出，伴随水中悬浮物吸附到冷却管内壁上。

3 工艺试验研究

上述技术各有特点和适用范围，单独使用很难解决超稠油污水外排问题，需要根据每种技术的特点、经济适用范围，合理匹配、有机组合。

工艺流程一般分为油水分离及降温预处理和COD深度处理两段，以下就辽河油田曙光超稠油污水达标外排处理，2013—2016年开展的第二段现场工艺试验研究进行总结。

3.1 絮凝+超声微电解+两级化学氧化

该工艺中试规模为10m³/h。工艺流程如下：二浮来水→絮凝池→砂滤→酸曝气罐→超声微电解池→一级氧化罐→二级氧化罐→斜板沉淀器→一级过滤器→二级过滤器→出水。

絮凝池中投加铝盐和铁盐混凝剂和助凝剂，在酸曝气罐加酸，一级氧化罐加氧化剂A，二级氧化罐加氧化剂B，斜板沉淀器中加碱。5天中试标定，来水COD含量平均为614mg/L的条件下，出水COD含量平均为20mg/L。

3.2 MBR

该工艺中试规模为10m³/h。工艺流程如下：二浮来水→絮凝池→砂滤→曝气罐→MBR→出水。

絮凝池中投加铝盐、铁盐混凝剂和助凝剂，在MBR中投加生物活性剂。10天中试标定，来水COD含量平均为385mg/L的条件下，出水COD含量平均为26mg/L。

3.3 生化+臭氧催化氧化+活性焦吸附

该工艺中试规模为 5m³/h。工艺流程如下：二浮来水→水解酸化→接触氧化→臭氧催化氧化→活性焦吸附→出水。

9 天中试标定，来水 COD 含量平均为 485mg/L 的条件下，出水 COD 含量平均为 63mg/L。

3.4 生化+臭氧催化氧化

该工艺中试规模为 3m³/h。工艺流程如下：二浮来水—生物接触氧化→气浮→SODO 臭氧催化氧化→出水。

气浮前投加混凝剂和助凝剂。10 天中试标定，来水 COD 含量平均为 390mg/L 的条件下，出水 COD 含量平均为 43mg/L。

3.5 活性焦吸附+生化

该工艺中试规模为 5m³/h，工艺流程如下：二浮来水→活性焦吸附池→混凝罐→沉淀池→水解酸化池→接触氧化池→活性焦吸附池→混凝罐→沉淀池→砂滤→出水。

10 天中试标定，来水 COD 含量平均为 425mg/L 的条件下，出水 COD 含量平均为 43mg/L。

3.6 絮凝+Fe—C 微电解+H_2O_2+生化

该工艺中试规模为 5m³/h，工艺流程如下：二浮来水→絮凝池→砂滤→Fe→C 微电解罐→沉淀池 1→生化池→沉淀池 2→出水。

絮凝池中投加铁盐混凝剂和助凝剂，在 Fe—C 微电解罐中加酸和 H_2O_2，在沉淀池 1 中加 NaOH。20 天中试标定，来水 COD 含量平均为 510mg/L 的条件下，出水 COD 含量平均为 38mg/L。

3.7 生化+光催化氧化

该工艺小试规模为 1m³/h，工艺流程如下：二浮来水→生物接触氧化→预氧化→光催化臭氧氧化→活性炭生物滤池→出水。

预氧化投加药剂。5 天小试标定，来水 COD 含量平均为 410mg/L 的条件下，出水 COD 含量小于 50mg/L。

3.8 催化氧化+生化+催化电解

该工艺中试规模为 3m³/h，工艺流程如下：二浮来水→多相催化氧化→沉淀→活性污泥生化+BAF→催化电解→出水。

5 天中试标定，出水 COD 含量小于 50mg/L。

3.9 生化+物化氧化+芬顿氧化+生化

该工艺小试规模为 0.5m³/h，工艺流程如下：二浮来水→生化→沉淀→原位吸附→反应沉淀→芬顿氧化→絮凝沉淀→生物滤池→出水。

5 天小试标定，出水 COD 含量小于 50mg/L。

3.10 AS-PACT

该工艺工业化试验规模为 200m³/h，工艺流程如下：二浮来水→AS-PACT 生化池→沉淀池→砂滤器→出水。

在生化池前投加粉末活性炭，沉淀池前投加助凝剂，5 天工业化试验标定，出水 COD 含量小于 50mg/L。

4　工程应用

根据工艺试验研究，通过技术经济综合对比，结合超稠油污水外排处理难点及关键核心难题，二段采用两级 AS-PACT 工艺，建成行业首座出水 COD 含量小于 50mg/L 曙光超稠油污水外排示范工程。工程设计规模为 10000m³/d，2017 年底建成投产，已累计达标外排污水超 $1000×10^4$ t，取得良好效果。

曙光外排厂污水处理流程如下：污水站来水→调节罐→除油罐→一级溶气浮选机→二级溶气浮选机→核桃壳过滤器→冷却塔→一级 AS-PACT→一级澄清池→二级 AS-PACT→二级澄清池→砂滤器→出水。

在除油罐前加除油剂，浮选机前加混凝剂和助凝剂，二级 PACT 前加粉末活性炭，一、二级澄清前加助凝剂。一级 PACT 污泥回流，剩余污泥排出去压滤；二级 PACT 污泥回流，剩余污泥去一级 PACT 前。

5　结论

稠油、超稠油污水外排处理，油水分离预处理是基础、前提和保障。预处理工艺应结合后续 COD 处理工艺及水质要求匹配选择。

超稠油污水 COD 处理工艺选择应高度重视原水生化性差的针对性及成分复杂多变的适应性，保证水质高效稳定达标。

生化处理是去除污水 COD 最常用、最基础、运行成本较低的方法，高级氧化和吸附等是难降解 COD 去除必不可少技术。如何将高级氧化、吸附技术与生化技术有机结合、高效耦合、协同增强，优化简化工艺流程，降低工程投资及运行成本，环境友好（低碳、低 VOC 排放、废物循环利用零排放），是稠油、超稠油污水外排处理重点研究和发展的方向。

参 考 文 献

[1] 中华人民共和国住房和城乡建设部，中华人民共和国国家质量监督检验检疫总局.油田油气集输设计规范：GB 50350—2015[S].北京：中国计划出版社，2015.

[2] 辽宁省质量技术监督局，辽宁省环境保护局.辽宁省地方标准　污水综合排放标准：DB 21/1627-2008[S].沈阳：辽宁科学技术出版社，2008.

[3] 辽宁省技术监督局.辽宁省地方标准　辽宁省污水与废气排放标准：DB 21-60-89[S].沈阳：辽宁科学技术出版社，1990.

［4］柏松林，丁雷．水解酸化工艺改善油田采出水生物降解性[J]．哈尔滨商业大学学报：自然科学版，2006，22(5)：5-7.

［5］冯永训．油田采出水处理设计手册[M]．北京：中国石化出版社，2005.

［6］高明霞，张劲，王敏捷．油田采出水达标外排处理技术[J]．国外油田工程，2005，21(1)：39-41.

［7］韩帅．水力旋流分离技术处理稠油采出水现场试验[J]．油气田地面工程，2020，39(9)：45-47.

［8］关小虎，陈建华，廖礼栋．石油工业含油污水处理中气浮技术的应用[J]．石油矿场机械，2003，32(1)：27-29.

［9］曹宗仑，陈进富，冯英明，等．水解酸化—接触氧化工艺处理稠油污水[J]．工业水处理，2007，27(1)：6-8.

［10］Tellez G T, Nirmalakhandan N, Gardea-Torresdey J L. Evaluation of biokinetic coefficients in degradation of oilfield produced water under varying salt concentrations[J]. Water Research, 1995, 29(7)：1711-1718.

［11］谢康．油田采出水臭氧氧化处理试验研究[D]．青岛：青岛理工大学，2008.

［12］杨丹丹，王乒．催化铁内电解和 Fenton 试剂处理油田废水的研究[J]．石油地质与工程，2007，21(4)：101-103.

［13］徐静莉，梁莉，王军，等．活性炭去除稠油污水中的 COD[J]．油气田地面工程，2012，31(4)：17-18.

超稠油蒸汽吞吐井多元辅助增产技术研究与应用

郭英刚

（中国石油辽河油田公司曙光采油厂）

摘　要： 随着超稠油开发时间的延长，井间汽窜愈加严重，汽窜导致层间矛盾加剧，非主力层得不到动用，周期产油大幅下滑。同时，曙一区超稠油具有黏度高的特点，因此，调剖、助排技术成为超稠油开发过程中的关键配套技术，在抑制井间汽窜、降低原油黏度等方面发挥了重要作用。但随着蒸汽吞吐进入高周期，单独依靠助排、调剖或增能等措施仍存在一定局限，化学助排剂易沿高渗透层发生漏失，N_2 或 CO_2 也要先进入高渗透层发生井见"气窜"，调剖措施虽然能够缓解层间矛盾，但中、低渗透层启动后，作为新开采层位存在原油黏度高、流动性差等问题。为此，在曙一区开展超稠油吞吐井多元增产技术研究与试验，筛选化学助剂，优化施工工艺，进一步提升超稠油开发效果。现场试验 25 井次，累计增油 $1.35×10^4t$，减少汽窜影响产量 $0.15×10^4t$，取得了较好的控窜增油效果，为超稠油后续稳定开发提供了有力的技术支撑。

关键词： 超稠油；蒸汽吞吐井；多元；调剖；助排；曙一区

蒸汽吞吐、蒸汽驱、SAGD 等热力采油技术，作为相对成熟的稠油开采方式，目前仍在国内外多个重点稠油产区广泛应用。辽河油田曙一区超稠油区块的蒸汽吞吐基本进入了中后期、高轮次开采阶段，曙光油田在"十三五"期间，结合成熟的暂堵封窜、化学助排、非烃类气体采油等系列技术，形成了超稠油吞吐井多元增产技术，利用封窜剂有效解决了井间汽窜问题，改善高轮次吞吐井层内间吸汽不均的状况，提高蒸汽波及体积，利用助排剂和非烃类气体提高稠油返排能力，极大地改善了曙光油田超稠油油藏的开发效果[1]。

1　曙一区超稠油吞吐井开发存在的问题

曙一区超稠油 2002 年正式投入开发，2008 年产量规模突破 $100×10^4t$，占到油田总产量的 50%，对曙光油田持续稳产 $200×10^4t$ 始终起着支撑性作用。但经过 10 多年的持续高效开发，超稠油平均吞吐 15.6 个周期，采出程度为 7.4%，可采储量采出程度为 75%。随着开发时间延长，油藏平面、纵向动用不均，井间汽窜干扰严重等矛盾逐渐凸显，区块综合递减达到 10% 以上[2]。

1.1　油藏动用不均严重

一方面，吞吐直井纵向油层层间吸汽差异较大，易导致注入蒸汽沿渗流阻力较低的高渗透层突进。根据吸汽剖面监测显示，兴隆台油层单层吸汽百分比达 50% 以上，根据统计结果，油层纵向动用程度为 68.6%（表 1）。

表 1　兴隆台油藏纵向动用程度统计表

项目	强吸汽 $R \geqslant 2$	较强吸汽 $1<R<2$	中等吸汽 $0<R \leqslant 1$	不吸汽 $R=0$	合计
厚度，m	201.2	658.2	390.5	573.4	1823.3
层数	63	134	75	168	440
单层厚度，m	3.2	4.9	5.2	3.4	4.1
渗透率，mD	2522	1911	1629	1768	1873
百分比，%	11	36.1	21.4	31.4	68.6

注：R 为强度系数，等于单层吸汽强度/油井平均注汽强度。

另一方面，水平井水平段动用不均矛盾较为突出。根据水平井井温、压力监测资料，兴隆台油藏水平井普遍存在油藏动用不均的问题，井温大于 120℃ 动用好井段仅占总井段长度的 38.3%，井温处于 80~120℃ 的动用中等井段占 34.6%，井温低于 80℃ 动用差井段占 27.1%。其中，动用好的井段达到 45% 以上的只有曙 1104205 块、杜 813 块的水平井，杜 84、杜 212 区块水平井动用好的井段占比均低于 40%。

1.2　井间汽窜现象普遍

超稠油油藏层间非均质性较强，开发井网井距较小，基础井网井距杜 84 兴隆台只有 70m，加之井间水平井部署后，部分区域直井与水平井井距只有 35m，井间汽窜较为严重，随着油井吞吐周期的增加，汽窜频率增加、汽窜程度严重，汽窜通道逐渐形成，严重影响区域注采效果。

1.3　曙一区超稠油具有黏度高的特点

杜 84—杜 212 块 50℃ 时地面脱气原油黏度一般为 $(9~25)×10^4$ mPa·s，平均为 $14.66×10^4$ mPa·s。

2　超稠油吞吐井多元辅助增产技术对策

针对上述影响超稠油高周期产量递减的几大因素，通过多年的现场实践，调剖、助排、非烃类气体采油技术已成为超稠油开发过程中的关键配套技术，在抑制井间汽窜、降低原油黏度、补充地层能量等方面发挥了重要作用，对降低生产管理难度、改善油井吞吐效果提供了技术支持。但随着蒸汽吞吐进入高周期，单独依靠助排、调剖或增能等措施仍存在一定局限，化学助排剂易沿高渗透层发生漏失，N_2 或 CO_2 也要先进入高渗透层发生井见"气窜"，调剖措施虽然能够缓解层间矛盾，但中、低渗透层启动后，作为新开采层位存在原油黏度高、流动性差等问题。

为此，通过对油藏和油井进行分析分类，确定了适用范围，通过多年实验攻关与技术研发，使高温调剖和高温助排、非烃类气体等工艺有机结合，配合注蒸汽，能有效地改善超稠油吞吐井层内间吸汽不均的状况，提高蒸汽波及体积，增加油层返排能力，挖掘出油层深部的剩余油，提高区块的整体开发效果。

3 超稠油吞吐井多元辅助增产技术研究

3.1 单一助剂与多元助剂封堵率驱替效率对比实验

3.1.1 岩心制作

实验选取不同粒径的压裂砂与固化剂进行多种比例的复配筛选，最终确定符合后续实验要求的比例，再将优选比例填料填充入长岩心管中，制作出渗透率在 500~1000mD、1500~2000mD、2500~3000mD 之间的岩心。

3.1.2 模拟岩心管组合

将 3 个渗透率不同的岩心管通过一个主管并连起来，形成一个模拟非均质地层的多管岩心装置，每管岩心分别代表不同的地层，三管岩心按渗透率高低进行排列(图 1 和图 2)，渗透率 K_1 管>K_2 管>K_3 管，形成模拟不同地层渗透率的岩心组合[5]。

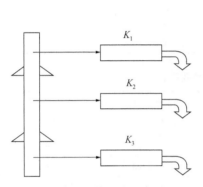

图 1 岩心管组合示意图

图 2 实验室现场实物图

3.1.3 单一助剂与多元助剂封堵率驱油效率实验结果

表 2 至表 4 分别为单一助剂封堵率表、单一助剂驱替效率表、多元助剂封堵率表、多元助剂驱替效率表。

表 2 单一助剂封堵率表

项目	直径，cm	压差，MPa	长度，cm	流量，cm³/s	渗透率，mD	渗透率均值，mD	封堵率，%
封堵前	2.43	0.0315	35	0.117	2845.495	2829.936	90.553
	2.43	0.0295	35	0.108	2804.764		
	2.43	0.027	35	0.1	2839.548		
封堵后	2.43	0.58	35	0.204	269.094	267.336	
	2.43	0.58	35	0.195	257.223		
	2.43	0.58	35	0.209	275.690		

表 3　单一助剂驱替效率表

编号	孔隙体积 cm³	孔隙度 %	饱和柴油体积 cm³	一次水驱驱油体积, cm³	封堵后水驱驱油体积, cm³	单一助剂实验	
						驱油体积, cm³	总驱替效率,%
1	60	36.98	49.56	41.169	3.783	44.952	90.701
2	66	39.43	26.43	17.578	4.153	21.731	82.222
3	45	29.76	32.09	0.349	19.458	19.807	61.724
合计	171	35.56	108.08	59.096	27.394	86.49	80.024

表 4　多元助剂封堵率表

项目	直径, cm	压差, MPa	长度, cm	流量, cm³/s	渗透率, mD	渗透率均值, mD	封堵率,%
封堵前	2.43	0.0337	35	0.123	2791.115		
	2.43	0.0300	35	0.116	2955.892	2864.080	
	2.43	0.0296	35	0.11	2845.232		91.010
封堵后	2.43	0.62	35	0.204	264.073		
	2.43	0.62	35	0.195	233.224	257.492	
	2.43	0.62	35	0.209	275.179		

表 5　多元助剂驱替效率表

编号	孔隙体积 cm³	孔隙度 %	饱和柴油体积 cm³	一次水驱驱油体积, cm³	封堵后表面活性剂驱驱油体积, cm³	单一助剂实验	
						驱油体积, cm³	总驱替效率,%
1	59	36.367	49.17	40.914	5.78	48.694	94.201
2	65	38.833	25.92	17.564	6.23	52.794	92.246
3	45	29.799	32.21	0.358	28.34	33.698	83.523
合计	169	35.147	107.3	58.836	40.35	99.186	92.438

　　通过室内实验研究，采用动态驱替实验评价，分别采用单管模型、并联三管模型，模拟单一化学助剂与多元辅助吞吐状态下的蒸汽波及效率及驱替效果，结果显示：（1）单一助剂封堵率≥90%，驱替效率≥80%；（2）多元助剂封堵率≥90%，驱替效率≥90%。

　　实验结果表明，多元辅助增产技术原油驱替效率好于单一助剂辅助增产技术，提高驱替效率约 10 个百分点。

3.2　优选多元助剂

　　（1）优选了聚丙烯酰胺有机凝胶堵剂作为暂堵调剖剂，该堵剂组成如下：0.4%~0.5%聚丙烯酰胺+0.15%交联剂 A+0.2%的交联剂 B+0.15 的稳定剂[4]。该堵剂配制黏度为 35~60mPa·s，易于泵注，在 50℃下，反应 10~24h 成胶，胶体最高黏度可达 2×10⁴mPa·s，能够有效封堵高渗透低压层，迫使蒸汽进入未动用或动用程度较差的低渗透层段，从而达到改善吸汽剖面、提高油层动用程度的目的。选择高周期井调剖，高渗透层得到封堵，吸汽量降低，而原不吸汽或吸汽较少的低渗透层吸汽量有所提高，油井吸汽剖面得到改善[5]。

　　（2）优选了薄膜扩展剂对叔丁基苯酚作为助排剂，薄膜扩展剂的发泡性能、半衰期、阻力因子及驱油性能能适应蒸汽吞吐的温度条件。

其制备过程如下：取约 0.2g 无水三氯化铝放在带塞的干燥试管中备用。在一个干燥的 50mL 锥形瓶中加入 2.5mL(2.1g, 0.02mol) 叔丁基氯和 1.6g 苯酚。摇动使苯酚完全或几乎完全溶解。在反应瓶上安装氯化钙干燥管和气体吸收装置，以吸收反应中产生的 HCl，向反应瓶中加入无水三氯化铝，不断摇动反应瓶，立刻有 HCl 放出，如果反应混合物发热，产生大量气泡时可以用冷水浴降温。约 0.5h 后，反应瓶中的混合物全部结成固体，再放置 10min 使反应完全，向锥形瓶中加入 8mL 水以及 2mL 浓盐酸组成的溶液水解反应物，即有白色固体析出，加入 15mL 乙醚，待固体溶解后将溶液转移至分液漏斗，锥形瓶用 5mL 乙醚洗涤，倒入分液漏斗中，分去酸层，有机层分别用 10mL 饱和食盐水和水洗涤(洗至 pH 值为 5~6)，无水硫酸钠干燥。水浴加热蒸除乙醚，残留物用石油醚(90~120℃)重结晶(5mL 石油醚/g 粗品)，得白色对叔丁基苯酚约 2.3g(产率为 93%)[6]。

3.3 优化现场施工工艺

对于采出程度较高油井，按照体积法计算堵剂用量，同时增加处理半径，将施工压力调整至 8~10MPa，考虑到启动中低渗透层，降低原油黏度，注汽之前挤入薄膜扩展剂对叔丁基苯酚；对于采出程度较低的油井，则适当减少处理半径，以单独调剖为主，施工压力控制在 5~8MPa。通过上述药剂段塞的设计、堵剂用量的调整及施工压力的控制，有效发挥多元辅助增产技术的作用，提高措施效果。

4 现场应用情况

该技术在曙一区超稠油区块已实施 25 井次，增油 $1.35×10^4$t，减少汽窜影响产量 $0.15×10^4$t，措施有效率达 92.6%，平均单井增油 540t，取得了较好的控窜增油效果。

杜 813-45-K52 井，采出程度高，地层亏空严重，21 轮注汽压力由 13.2MPa 下降到 11.1MPa，周期产量由 1569t 下降到 484t，同时与周边直井汽窜严重。措施后该井注汽压力提升 2.8MPa，阶段生产 121.3 天，增油 758.8t，降低汽窜影响产量，油井峰值产量由上周期的 6.7t/d，提高到 12.4t/d，目前该井增油能力达到 6.9t/d，措施效果显著。

5 结论与认识

(1) 通过研究、攻关，形成了超稠油吞吐井多元辅助增产技术，解决了超稠油吞吐井吸汽剖面不均、汽窜严重、返排能力差等问题，提高了稠油热采效率，实现了低产低效难动用储量的高效开发。

(2) 该技术具有成本低、效率高的优点，近 3 年来累计实施 25 井次，累计增油 $1.35×10^4$t，产生了一定的经济效益，为油田持续稳产提供了可靠的技术支持，在国内外同类油田均可推广，具有广阔的应用前景。

参 考 文 献

[1] 陈小凯. 辽河油田稠油油藏高轮次吞吐井化学调剖封窜技术应用[J]. 精细石油化工进展, 2017, 18 (6): 1-5.

[2] 周明升. 辽河油田曙一区互层状超稠油油藏改善吞吐效果技术研究[J]. 石油地质与工程, 2007, 21

（3）：64-66.

［3］朱宽亮，卢淑芹，徐同台．岩心封堵率与返排解堵率影响因素的试验研究［J］．石油钻探技术，2009，37（4）：61-64.

［4］白宝君，周佳，印鸣飞．聚丙烯酰胺类聚合物凝胶改善水驱波及技术现状及展望［J］．石油勘探与开发，2015，42（4）：481-487.

［5］张恩臣．高温凝胶调剖剂的研制及应用［J］．钻采工艺，2011，34（5）：107-109.

［6］赵忠彦，朱龙江，王紫旭．薄膜扩展剂与微球高温深部调驱技术［J］，大庆石油地质与开发，2017，36（2）：102-106.

稠油储层精细预测技术的研究与应用

李子华　张利宏　陈树勇

（中国石油辽河油田公司欢喜岭采油厂）

摘　要：欢东油田经过近40年的勘探开发，已进入产能中后期递减阶段，随着油田开发的深入，产能建设研究目标已由大的整装区块逐步向区块边缘的复杂小断块转变。但该类断块一般为研究难度较大的薄互层、厚层互层、块状储层及特殊物性油层，小层划分及油层厚度精细预测难度大、沉积类型多样、油水关系复杂、产能规律认识不清等问题日益突出，在当前形势下，迫切需要新方法、新技术来指导这类区块的高效开发。为此，开展了精细油层识别技术的研究与实践。综合利用测井资料纵向上分辨率高、地震资料横向上连续性清晰、属性丰富及地质资料的规律性强的优势，形成了地震、测井、地质相结合的精细油层识别技术。最终实现定量预测薄互层储层油层厚度及精细刻画沉积微相、定性评价不同储层产能效果、块状油藏分层开发、定性预测馆陶油层特殊储层含油界线及范围等多个目标，进而提高新井部署成功率，确保新井的实施效果，有利于提高油田开发成效，为稳产提供坚实的基础。

关键词：地震属性；储层特征；砂体追踪；井震结合；井位部署

1　研究背景

1.1　欢东油田勘探开发现状

欢东—双油田位于辽河盆地西部凹陷西斜坡南端，主要包括欢东、双台子、双南3个油田，从构造上划分为上台阶、高垒带和下台阶3个含油气条带，发育了古潜山、杜家台、莲花、大凌河、热河台、兴隆台、于楼7套主要含油（气）层系。欢东—双油田已探明含油面积192.4km²，石油地质储量28191×10⁴t。动用含油面积158.06km²，动用石油地质储量24399.65×10⁴t。其中，稠油动用含油面积20.3km²，石油地质储量9748.3×10⁴t，占动用储量的40%。

欢东—双油田经过多年的勘探开发，资源探明率达到81.3%，储量动用率为83.1%，可采储量采出程度已达到86.5%，目前整体处于勘探开发中后期递减阶段。油田年产量缓慢递减，采油速度为0.50%，剩余可采储量采油速度为9.08%；采油速度年递减率为1.49%～7.53%，自然递减率在15%左右，综合递减率在5%左右（图1）。

目前，油田共有稠油油井1881口，开井906口，井口日产液12937m³，日产油1675t，综合含水率为87%，采油速度为0.44%，采出程度为28.62%，可采储量采出程度为87.84%。

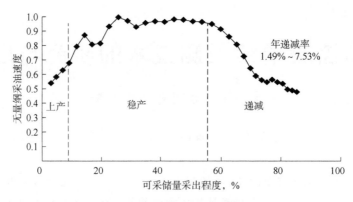

图 1　欢东—双油田开发模式图

1.2　产能建设研究空间小，部署难度大

产能建设作为弥补产量递减的重要组成部分，面临着已探明可供开发的整装优质储量甚少，新增后备资源接替不足，新增及未动用储量多为地质条件复杂的小断块；老区井网完善，进一步加密调整难度大、建产区块地质条件复杂、研究技术手段单一及环保区地理位置影响等诸多困难，产能井部署难度逐年增大，极大地动摇了欢喜岭采油厂原油稳产的基础，亟待寻找新的产能井规模部署潜力点。

针对这一情况，只有调整产能建设思路，不断创新和完善产能建设研究的技术方法，尽可能将认识程度较低、研究难度较大的薄互层油藏、沉积变化快的厚层状油藏，特别是作为难采储量的特殊岩性油藏作为主攻点，将剩余低效区块储量尽快建成产能，才能使采油厂的产能建设注入生机和活力。

2　油藏研究技术难点

2.1　砂体厚度薄，储层预测难度大

伴随油田开发的深入，井网不断完善、新增储量逐年减少，产能井部署难度逐渐增大，井位部署研究思路急需转变，如今，勘探开发目标已由大的整装区块逐步向区块边缘、厚度薄、复杂的小断块转变。

薄储层具有砂体薄、层数多、横向变化快等特点，由于薄储层砂体厚度低于地震极限分辨率，导致砂体追踪困难，砂体厚度及分布范围落实程度低，利用常规对比手段及地震解释技术不能有效预测砂体厚度。

2.2　储层相变快，沉积预测难度大

受保护区影响，欢喜岭采油厂目前可部署实施的区块大部分都是零散小断块或者受地质条件影响认识不清、采出程度较低的区块，油层发育差，薄储层具有砂体薄、层数多、横向变化快等特点，由于薄储层砂体厚度低于地震极限分辨率，导致砂体追踪困难，砂体厚度及分布范围落实程度低，利用常规对比手段及地震解释技术不能有效预测砂体厚度。

2.3 油藏类型多，油水关系复杂，油层识别难度大

欢东—双油田沉积类型多样，沉积相和沉积层序决定了储层砂体的发育及分布，沉积相带的变化，导致储层砂体变化明显，体现在纵向上韵律特征突出，横向上变薄增厚、分叉尖灭频繁变化，引起平面及垂向上高低渗透区（段）相间，油水饱和度交替变化，形成复杂的油水关系，导致油层分布范围难以落实，石油地质储量难以动用，急需寻求新的技术方法精细落实含油砂体分布范围。

3 研究思路及技术路线

针对上述研究任务及技术难点，转变研究理念，深化测录井、地震及地质资料的综合应用，加强技术创新研究，实现技术突破，开展精细储层识别研究。

一是创新建立杜家台薄互层储层沉积微相与地震属性匹配关系，解决了扇三角洲前缘沉积相砂体变化快、有效油层识别难度大的问题，实现了 150～200m 窄沉积相带的精准预测，为井网调整提供良好依据。

二是创新提出浊流沉积环境下厚层状突变型油层预测技术，解决了受沉积特征影响的砂体突变、油层对比困难的问题，实现了复杂沉积背景下浊流沉积砂体的准确预测，为厚层状油藏调整井位部署提供了物质基础。

三是创新提出井震结合研究块状油藏分层开发技术，解决了块状油藏水淹后期剩余油分布研究难度大、挖潜见效差的难题，实现了块状油藏分层开发，有效地提高了区块采收率。

四是创新建立馆陶厚层互层储层在物性圈闭条件下含油储层与地震属性匹配关系，解决了湿地冲积扇环境下砂体厚度大、隔层不发育，油水关系复杂，有利储层识别难度大的问题，实现了馆陶油层含油储层的精准预测，指导了区块高效开发。

4 技术方法研究与应用

4.1 建立地震属性与储层特征定量关系，准确识别厚层状储层

从地震波振幅与厚层状储层厚度的理论关系可知，在某沉积区域地层结构特征及储层物性特征较稳定的情况下，由于储层厚度位于某区间内而使储层信息与地震振幅属性的数学关系可近似为简单的线性关系。而序列谱频率特征也可以反映储层厚度的变化信息，即储层厚度越大，第一极大值频率越小。因此，在一定厚度范围内，频率信息与储层厚度具有负相关性。由上述理论分析可知，在具有相似储层结构的某个沉积区域内（储层厚度位于特定区间内），储层厚度与地震振幅、频率、相位有着较好的对应关系，并可进一步近似为线性关系。建立地震属性与储层特征定量关系。

4.1.1 区块概况及存在问题

欢喜岭油田应用区块 1 大凌河油藏位于辽河盆地西部凹陷西斜坡中段北部，2011 年上报含油面积 0.9km²，石油地质储量 82.6×10⁴t。该块大凌河储层是在沙三深陷中期深水条件下沉积的一套浊积体，按照早期认识，存在低油高水现象。以往采用局部井间地层等时性对比，地层对比依据的测井曲线分层标志有时并不清楚，通过测井曲线的相似性，一段地层内，曲线形态相似，就认为是等时沉积，而实际上不同时期相似沉积环境中的沉积物的测井

响应具有相似性，而沉积环境的多变性又使砂层尖灭或被剥蚀的情况经常出现，小层对比稍有不慎就会对错层位，而且很难发现。

4.1.2 井震结合精细刻画储层展布

目标井区储层展布主要受沉积控制，含油气储层的地震波速度会发生改变，导致反射界面反射系数的变化，在地震剖面上表现为反射波振幅的变化。反之，从地震振幅的变化可以预测储层的展布情况。因此，通过对应用区块1地震振幅特征分析，定性预测目标区域储层展布形态。

通过提取应用区块1地震振幅属性，发现均方根振幅属性对该区的储层展布变化反映最为明显。利用该区地震均方根振幅属性图，同时配合老区至目标区域的地震剖面，根据波形的连续性，确定目标井区储层与相邻块储层具有同期、同源的特征，均为沙三段沉积时期来自区块北部的齐家物源。因此，利用主测线与联络测线的地震剖面，追踪目标区域储层展布形态，预测砂体分布。

4.1.3 归纳总结地震振幅特征预测产能

统计分析应用区块1油井地震振幅与产能规律，总结出三种定性关系（图2）：

（1）强振幅—高产能：地震波形为饱满型，振幅填充程度大于80%，同向轴连续性好，储层有效厚度一般大于20m，平均单井累计产油大于10000t。

（2）中强振幅—较高产能：地震波形为充实型，振幅填充程度在40%~80%之间，同向轴连续性较好，储层有效厚度在10~20m之间，平均单井累计产油4000~8000t。

（3）弱振幅—低产能：地震波形为扁平型，振幅填充程度一般小于40%，同向轴连续性差，储层有效厚度一般小于10m，平均单井累计产油小于4000t。

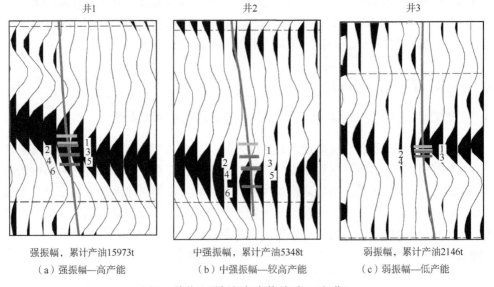

（a）强振幅—高产能　　　　　（b）中强振幅—较高产能　　　　　（c）弱振幅—低产能

图2　单井地震振幅与产能关系（正相位）

利用这种定性关系能够比较准确地预测目标区域产能效果，实现由已知区域到未知区域的预测。

利用多条目标区域主测线与联络测线地震剖面，分析该区域地震振幅特征，发现目的储层靠近断层位置局部为中强振幅或弱振幅，其他85%以上区域均为连续性强振幅，因此预测该区域井位部署能获得高产能效果。

4.1.4 应用结果

通过对区域沉积环境的精细刻画，证实该区域大凌河油层为多物源多期沉积，纵向上沉积具有叠加性，针对这种沉积特性，实施分层研究、分层开采，部署并实施新井6口，其中4口油井初期日产量均在15t以上，取得了良好的开发效果。

4.2 建立块状油藏分层沉积模式，实现块状油藏分层开发

欢东—双油田主力块状油藏为深湖浊流沉积，具有沉积相变快、同一个微相下沉积的砂体延伸不远、岩性相近、电性特征相似、标志层不明显、隔夹层不发育、层序组合多样化等沉积特点。针对这些问题，创新提出了基于沉积特征的块状油藏分层开发研究，主要是利用层内的非均质性，细分层系，将无明显泥岩隔的层块状油藏按其内部多期沉积规律精细划分小层。这种依靠储层内非均质性划分的块状油藏为布置注采井网、划分开发层系、选择射孔井段和提高注水开发效果的重要依据。该技术在应用区块2进行实际应用。

4.2.1 区块概况及难点分析

应用区块2开发目的层之一为大凌河油层，含油面积2.2km^2，地质储量为648×10^{4}t，其中东部欢喜岭采油厂范围含油面积0.65km^2，地质储量为174.8×10^{4}t。区块采出程度为23%，标定采收率为36.1%，剩余可采储量为24.472×10^{4}t，按目前生产情况来看，区块达不到标定采收率。目前仅1口井生产(欢17C)，其余油井均由于高含水关井、侧钻或上返其他层系(如果为单一的单斜构造，构造高部位已全部水淹，剩余油分布不清楚)。按照地层沉积的规律，浊流沉积也不是一次性坍塌沉积，相反沉积分期次，每个期次有层次，多期叠合，每期都有内扇、中扇、外扇一套完整的沉积体系，如果把两期沉积砂体对成一期，在测井曲线上可能没有明显的变化，但是通过地震属性分析就会发现存在多波叠加现象，从而可以判断不是同一时期沉积结果，存在不等时性。该次研究区块岩性单一，多数为不同粗细的砂岩，沉积相研究难度大，非均质性不清，使油藏开发带有很大的盲目性，严重阻碍采收率的提高。

4.2.2 综合分析，建立该区沉积叠加模式

应用区块2大凌河油层为块状砂岩油藏。为了提高采收率，通过细分砂岩岩性，查清岩电关系和分析物性资料，建立了沉积相模式、非均质性模式和液体流态模式。该区块大凌河油层以冲积扇相为主，岩性粗，由多期正韵律层叠置而成，且垂向变化幅度小。

该区块大凌河油层是厚层块状砂岩，正确建立沉积相模式的关键是细分砂岩岩性。通过录、测井资料划分岩性韵律，建立了测井资料岩性解释的数学模型。全面收集渗透率、孔隙度、含油饱和度等资料，并按沉积相模式整理和分析这些资料，建立与沉积相配套的非均质性模式，为预测砂体中的油水流态提供依据。由于受沉积影响，该区块块状油藏单纯依靠测井曲线对比难以进行细分层系研究，需结合三维地震资料进行储层划分及对比。针对区块构造特征，优选锦2-2-4、锦89、锦2-5-4上三口不同井位进行合成记录标定，消除由于储层变化造成的时深关系变化的影响，实现区块层位标定的准确性及统一性(防止窜轴)。

通过井震结合将大Ⅱ油层组进一步划分为大Ⅱ1、大Ⅱ2、大Ⅱ3三个砂岩组(原认识为两个砂岩组)，并利用地震振幅变化规律重新进行统层对比。

图3为应用区块2典型地震剖面图。

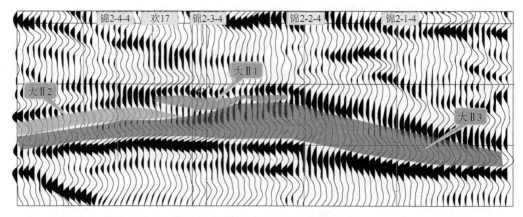

图 3　应用区块 2 典型地震剖面图

4.2.3　确定叠加模式，依据剩余油分布情况分层开发

针对不同砂岩组，通过已知井利用多方向地震剖面进行储层追踪，落实砂体展布及微构造。通过砂体追踪，大Ⅱ1 砂体由锦 2-3-4 井向东西两侧尖灭，构造为向斜构造，构造高点位于 3-4 井南侧，预计高点埋深 1410m，比 3-4 井高 20m，而且高点位置储层发育稳定。大Ⅱ2 砂体由锦 2-5-4—4-4 井为中线向东西两侧尖灭，构造为向斜构造，西北、东南高，欢喜岭采油厂辖区构造高点位于 5-304 井南侧，预计高点埋深 1440m，比原构造高 10m，而且高点位置储层发育稳定。大Ⅱ3 砂体西南被断层切割，向东北尖灭，构造为背斜构造（原构造为单斜构造），构造高点位于锦 2-3-4—2-4 井之间，预计高点埋深 1430m，较 2-4 井高 18m，较 3-4 井高 30m，而且高点位置储层发育稳定。通过以上细分层系研究，进行分层储量计算，应用区块 2 大凌河油层储量为 166×10⁴t。结合分层开发现状，落实区块剩余油主要富集在大Ⅱ1 和大Ⅱ3 构造高部位。

4.2.4　应用结果

通过细分层系研究，以小层（或单砂体）为研究对象，可为调整井位部署以及调整注采井网、实现精细注水提供依据。2020 年在该区块部署新井 2 口，其中锦 2-2-03C 井初期日产油 20t，阶段累产油 2350t，取得了良好的开发效果。

4.3　建立振幅与油水分布匹配关系，准确预测特殊物性储层

原油物性的变化是原油运移和聚集的重要影响因素。原油在运移过程中由于降解作用，使原油黏度增大、密度升高、凝固点增大。原油黏度的增大使原油流动性能降低，因此不利于原油的运移而有利于原油聚集。原油密度增高降低了原油运移的动力，馆陶组原油密度平均值接近 1.0g/cm³，与地层水密度相差较小，因此浮力对原油产生的运移动力大大降低，原油与水的分异现象不明显，同时由于馆陶组岩层均具有很好的物性，因此原油聚集区由于原油表面张力作用而形成圆至椭圆形分布形状。在应用区块 3 建立振幅与油水分布匹配关系。

4.3.1　区块概况及存在问题

水动力作用和水洗作用使油藏自我封闭。西斜坡带地层向东南倾，供水源头一般为西部凸起带地层出露区，地层水总体上由西北向东南顺层流动，因此水压力阻碍了目标区块原油顺层向上（向西）运移，同时地层水流动过程中使顶部原油发生水洗作用，使原油黏度进一

步增大，凝固点进一步下降，利于原油的自我封闭。

应用区块 3 馆陶组油藏是由下部地层原油通过断裂和剥蚀窗向馆陶组砂砾岩储层运移，运移过程中由于水压力阻碍作用、地温下降及水洗作用形成自我封闭，因此在物性很好的馆陶组砂砾岩中下部聚集原油，最终形成顶、底、边部均被水体包围的椭圆形油藏。

4.3.2　通过振幅特征确定储层平面边界

在相同的激发条件、接收条件、噪声干扰情况下，反射系数越大，振幅越强，其中反射系数取决于岩石的波速 v 和密度 ρ，而波速 v 和密度 ρ 又与岩石的孔隙度和孔隙中流体有密切关系。当 ρ_2（相邻介质下面介质密度）大于 ρ_1（相邻介质上面介质密度）时，反射系数是正的，反射波振幅与入射波极性一样；反之，当 ρ_2 小于 ρ_1 时，反射系数为负，反射波振幅与入射波极性相反。

对于目标区块，油的密度平均为 0.9945g/cm³，与水接近，但是水的传播速度为1680m/s，而油仅为 1080m/s。反射波系数为负，地震振幅显示为负相位强振幅，砂体含油饱和度越高，振幅越强。馆陶组分四套，其中主力产油层为馆Ⅲ2油层组，含油砂体在地震波反射为方形波，而不含油砂体（油浸—不含油）的为圆形波，或者为尖形波。其中，方形波为强振幅，波形长，在地震资料处理过程中剪切掉过长的波峰，处理成方形波；而圆形波和尖形对比方形波，能量弱，振幅弱。

根据应用区块 3 油井完钻及投产情况与地震资料匹配关系分析，目的层馆Ⅲ2油层地震资料振幅显示为方形波区域的油井产能好，显示为圆形或尖形波区域的油井产能差或不出油。32-28 井目的层馆Ⅲ2油层，生产井段 560~565m，5m/层，共生产 1 个周期，累计产油12t，累计产水 1450m³；欢 623-36-34 井目的层馆Ⅲ2油层，生产井段 562~574m，12m/层，共生产 3 个周期，累计产油 2179t，累计产水 7300m³；H9 井 2015 年 5 月投产馆Ⅲ2油层，生产 6 个周期时，累计注汽 11447t，累计产油 6068t，累计产水 17123m³。

因此，针对馆Ⅲ2油层，利用 15 条主测线、联络测线及多条任意线地震剖面，落实馆Ⅲ2油层顶面构造形态及有利储层（方形波）分布范围。

4.3.3　优选水平井井型合理开发

目标区块 2007 年实施 2 口水平井（馆 H1、馆 H2），2008 年实施 3 口水平井（馆 H5、馆H6、馆 H7），2015 年实施 5 口水平井（馆 H8、馆 H9、馆 H0、馆 H11、馆 H12）和 1 口侧钻水平井（馆 H7CH）。

表 1　应用区块 3 水平井累产数据表

投产时间	井号	层位	注汽轮次	累计注汽 10⁴t	累计产油 10⁴t	累计产水 10⁴t	油汽比	返水率 %
	馆 H1	馆Ⅲ2	15	2.12	0.90	3.97	0.42	187
	馆 H2	馆Ⅲ2	13	1.96	1.76	5.09	0.90	260
	馆 H5	馆Ⅲ2	11	1.53	1.48	4.54	0.97	297
2007—2008 年	馆 H6	馆Ⅲ2	11	1.57	0.49	2.61	0.31	166
	馆 H7	馆Ⅲ2	3	0.34	0.17	1.16	0.50	341
	合计 5 口		53	7.52	4.80	17.37	0.64	231
	平均单井		10.6	1.50	0.96	3.47		

投产时间	井号	层位	注汽轮次	累计注汽 10⁴t	累计产油 10⁴t	累计产水 10⁴t	油汽比	返水率 %
	馆 H7CH	馆Ⅲ₂	6	0.75	0.49	1.39	0.65	185
	馆 H8	馆Ⅲ₂	6	1.09	0.46	1.34	0.42	123
	馆 H9	馆Ⅲ₂	6	1.11	0.61	1.71	0.55	154
2015 年	馆 H10	馆Ⅲ₂	6	1.02	0.53	1.57	0.52	154
	馆 H11	馆Ⅲ₂	7	1.09	0.63	1.50	0.58	138
	馆 H12	馆Ⅲ₂	9	1.19	0.34	1.32	0.29	111
	合计 6 口		40	6.25	3.06	8.83	0.49	141
	平均单井		6.7	1.04	0.51	1.47		

根据应用区块 3 水平井累产数据表，结合水平井地震剖面分析，水平段位于目的层馆Ⅲ2 油层中部(地震方形波中部)的水平井开发效果较好，馆 H1、馆 H2、馆 H5 三口井目前日产油 15.8t，累计注汽 5.61×10⁴t，累计产油 4.14×10⁴t，平均单井产油 1.38×10⁴t，油汽比为 0.74；水平段位于目的层馆Ⅲ2 油层上部或下部(地震方形波上部或下部)的水平井开发效果相对较差，馆 H6、馆 H7 两口井累计注汽 1.91×10⁴t，累计产油 0.66×10⁴t，平均单井产油 0.33×10⁴t。

其中，馆 H7 井，2008 年 10 月投产馆Ⅲ2 油层(地震方形波下部)，水平段长度 149.9m，共生产 3 个周期，累计注汽 3410t，累计产油 1739t，累计产水 11651t，2014 年 4 月高含水关井，关井前日产油 0.4t，日产水 20t；2015 年 10 月实施侧钻水平井，目的层馆Ⅲ2 油层，新井水平段平面位移 10m，纵向提高 6m(地震方形波中部)，水平段长度 96.26m，生产 6 个周期时，累计注汽 7453t，累计产油 4898t，油汽比为 0.66，效果明显好于老井。

4.3.4 应用结果

通过对应用区块 3 水平井优化研究，落实馆陶油层成藏模式及油水分布规律。2019 年 1 月，以挖潜应用区块 3 馆陶组目的层馆Ⅲ2 油层剩余油、提高油藏储量动用程度、改善区块开发效果为目的，对该区块进行了开发调整，在油层有效厚度大于 15m 的区域，馆Ⅲ2 油层中部(地震方形波中部)，按照 70~80m 排距，部署水平井 15 口，平均单井日产油 5t，达到预期效果。

5 应用效果

5.1 增加动用储量

近几年来，通过精细油层预测研究，在欢喜岭采油厂多个稠油区块成功部署新井 31 口，动用地质储量 172.7×10⁴t(表 2)。

表 2　增加动用储量区块统计表

计算单元	层位	油品	部署井数口	动用面积, km²	动用储量, 10⁴t
区块 1	大凌河	稀油	10	0.73	42.5
区块 2	馆陶	稠油	15	0.28	100
区块 3	莲花	稠油	5	0.11	30.2
合计			30	1.12	172.7

5.2　改善开发效果

2019 年以来，通过优化薄互层、厚层状、块状、特殊储层区块井位部署，累计部署新井 31 口，目前已实施 31 口，阶段累计产油 6.7059×10^4 t，累计产气 477×10^4 m³，取得了良好的效果，为油田的稳产奠定了坚实的基础。

5.3　获得良好的经济效益

通过该项研究，增加原油产量 6.7059×10^4 t，创效益 1917.2 万元（其中稠油 1.1444×10^4 t，未算经济效益）。

6　结论及认识

（1）以精细储层识别为产能建设主攻点，开展优化井位部署研究，在实际应用后取得了预期效果，并实现了井震结合等一系列技术突破，有效指导了新区开发及老区调整井位部署工作，对其他类似区块的整体研究具有借鉴意义。

（2）通过建立地震振幅与沉积相的匹配关系，能够有效追踪沉积相带的发育范围，准确刻画窄河道薄互层，实现沉积相带的准确预测，为井位部署提供良好依据。

（3）通过建立地震属性与储层特征定量关系，准确识别厚层状储层，能够有效落实油层分布，准确预测含油砂体分布范围，促进油藏精细有效开发。

（4）通过建立地震振幅与产能的关系，建立了振幅与油水分布匹配关系，准确预测特殊物性储层，能够有效解决产能规律认识不清的问题，实现新井产能预测，优化井位部署。

参 考 文 献

[1] 廖兴明，张占文. 辽河盆地构造演化与油气[M]. 北京：石油工业出版社，1996.

[2] 曾允孚，夏文杰. 沉积岩石学[M]. 北京：地质出版社，1989.

[3] 李彦芳，王文广. 沉积岩与沉积相[M]. 北京：石油工业出版社，1998.

[4] 张厚福. 石油地质学[M]. 北京：石油工业出版社，2003.

[5] 胡明姣，邓军强. 普光气田主体须家河组储层特征研究 [J]. 内蒙古石油化工，2011(16)：141-142.

[6] 詹书超. 下二门油田沉积物源方向探讨 [J]. 石油地质与工程，2011，25(6)：23-25.

稠油及超稠油污水生物处理工艺研究

乔 明

（中油辽河工程有限公司）

摘 要： 稠油及超稠油污水达辽宁省地方标准外排是目前国内工业废水外排处理最严环保要求。稠油及超稠油污水具有黏度大、油水密度差小、乳化严重、水温高、水质水量变化大、成分复杂等特点，该废水的 B/C 值小于 0.3，属于难生物降解污水。通过试验表明，采用预处理工艺先除油、除悬浮物，再进行生物处理工艺去除可生化降解 COD，最后经过深度处理工艺去除残余的难生化降解 COD，可保证处理后水质全面达标。

关键词： 稠油；超稠油；COD；水解酸化；接触氧化

辽河油田位于辽宁省，地处辽河下游、渤海湾畔，由于渤海湾地区污染严重、水环境容量小，辽宁省制定了更加严格的污水综合排放标准，主要污染指标 COD 含量从 100mg/L 调整为 50mg/L，石油类含量从 8mg/L 调整为 3mg/L。

根据统计，辽河油田 2013 年含油污水产量约 $19.44×10^4 m^3/d$，回注污水 $13.37×10^4 m^3/d$（其中，用于开发注水 $7.08×10^4 m^3/d$，污水回用热注锅炉 $5.04×10^4 m^3/d$，无效注水 $1.21×10^4 m^3/d$）；掺水、洗井等 $2.05×10^4 m^3/d$，达标外排污水 $4.26×10^4 m^3/d$。随着油田的持续开发，含油污水量将逐年增加，稠油及超稠油污水除深度处理回用于油田开发以外，剩余污水面临达标外排。

稠油及超稠油污水达辽宁省地方标准外排是目前国内工业废水外排处理最严环保要求，是行业内公认的技术难题，国内外都相继开展了这方面的研究工作。稠油及超稠油污水具有黏度大、油水密度差小、乳化严重、水温高、水质水量变化大、成分复杂等特点，该废水的 B/C 值小于 0.3，属于难生物降解污水，目前尚无成熟的稠油及超稠油污水外排稳定达标处理工艺。

辽河油田自 2008 年起开展了相关技术调研和试验研究，开展了稠油及超稠油污水预处理、生物处理以及深度处理技术研究。研究表明，单一的预处理技术和常规生物处理技术不能使稠油及超稠油污水达标外排，必须将强化常规处理技术和深度处理技术相结合，形成组合工艺，才能实现污水达标外排技术可行、经济合理[1]。

1 稠油及超稠油污水水质特点

污水水质特点是确定处理工艺与技术的基础，对稠油及超稠油污水的常规水质与有机物组分进行分析，不仅可深入了解稠油及超稠油污水的 COD 组成，对选择污水的处理工艺也可提供一定的理论指导。

图 1 显示了辽河油田稠油及超稠油污水含油量与 COD 含量的关系。从图中可以看出，

含油量与 COD 含量呈线性关系，但由于原油性质不同、组成有差异，单位质量的石油类对 COD 的贡献各不相同。

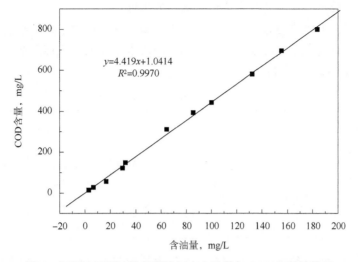

图 1 辽河油田稠油及超稠油污水含油量与 COD 含量的关系

从稠油及超稠油污水 GC-MS 分析结果可知，污水中的有机物组成是极其复杂的，主要由酚类、烃类（主要为烷烃）、酯类、醇类和酮类组成。检测出水中的有机物碳原子分布非常广泛，最少碳原子数为 4，最多碳原子数为 30，而且主要集中在 C_8—C_9，有机物的分子量分布也非常广泛（70~400）。

从稠油及超稠油污水 COD 贡献模型和 GC-MS 分析结果来看，为保证污水达标外排，需要采用预处理工艺去除水中含有的大部分石油类，再进行生物处理工艺去除水中可生化降解 COD，最后经深度处理工艺去除水中残留的难生化降解的 COD。

2 生物处理工艺

2.1 生物处理工艺试验

常规生物处理采用了 3 种工艺进行试验，包括水解酸化—接触氧化工艺[2]、固定化微生物—曝气生物滤池工艺、内循环曝气生物滤池工艺，生物处理工艺试验结果见表 1。

表 1 生物处理工艺试验结果对比表

序号	处理工艺	污水停留时间（HRT），h	气水比	进水 COD 均值 mg/L	出水 COD 均值 mg/L	生物处理效率，%
1	水解酸化—接触氧化	65.0	7:1	419.3	123.0	70.7
2	固定化微生物—曝气生物滤池	48.5	48:1	419.3	133.9	68.1
3	内循环曝气生物滤池	32.7	26:1	419.3	134.0	68.0
4	水解酸化—接触氧化	46.0	9:1	423.0	144.9	65.7
5	固定化微生物—曝气生物滤池	28.5	48:1	423.0	149.6	64.4
6	内循环曝气生物滤池	32.7	26:1	423.0	161.2	61.9

从表 1 中可以看出，参与试验的各生物反应器对稠油及超稠油污水处理效果影响不大，效率均在 60%~70% 之间。HRT 是试验效果的主要影响因素，HRT 较大的水解酸化—接触氧化工艺处理效果较好，该工艺气水比低，运行成本低。

根据表 2 分析，生化停留时间的增加有助于提高生物处理效果，但超过 30h 后处理效果增加不明显，从节省投资角度考虑，稠油及超稠油污水生物处理最佳停留时间如下：厌氧段 10~15h，好氧段 20~25h，总停留时间 30~40h。

表 2　生物处理工艺停留时间与去除率关系

处理工艺	水解酸化—接触氧化				固定化微生物—曝气生物滤池			内循环曝气生物滤池			
工艺设施	一级水解	一级氧化	二级水解	二级氧化	固定化微生物厌氧生物滤池	一级固定化微生物曝气生物滤池	二级固定化微生物曝气生物滤池	缺氧段	好氧1段	好氧2段	好氧3段
停留时间, h	16.6	12.6	8.7	7.7	9.9	9.5	9.1	8.7	8	8	8
去除率, %	7.7	61.7	—	65.7	11.5	56.5	64.4	8.9	41.8	—	61.9

根据表 3 分析，水解酸化—接触氧化工艺气水比超过 9∶1 以后去除率增加不明显，气水比控制在 7∶1~9∶1 较为经济合理。

表 3　生物处理工艺气水比与去除率关系

序号	气水比	停留时间, h	溶解氧含量 mg/L	进水 COD 均值 mg/L	出水 COD 均值 mg/L	生物处理工艺去除率, %
1	5∶1	65	一级氧化：2.0；二级氧化：2.0	344.5	149.0	56.7
2	7∶1	65	一级氧化：4.7；二级氧化：6.2	419.3	123.0	70.7
3	9∶1	46	一级氧化：5.0；二级氧化：6.4	423.0	144.9	65.7
4	15∶1	65	一级氧化：5.5；二级氧化：6.5	352.5	127.4	63.9

2.2　生物处理工艺理论分析

从原油微生物作用前后的 GC-MS 总离子流图（图 2 和图 3）可知，原油组分发生了较大的改变。与降解前相比，中间碳数（C_{16}—C_{25}）的检测占多数而形成峰值的优势，而后面的较重组分的扫描峰明显降低或消失。同时也看到，检出的较轻质的烃类有所减少。从两个谱图的对比可以看出，微生物对原油降解、改变组分分配比例起到了一定的作用，细菌能够利用其轻质烃类，这是微生物的代谢特点决定的。而更为重要的是，在较短的时间内，微生物对原油较重的组分也起到了降解作用，有利于污水处理达标排放。微生物对轻、重烃类均具有降解作用，对较长碳链烷烃的降解导致链长变短，长链烃被降解为较短碳链，这与微生物降解烷烃的末端氧化机理是一致的。

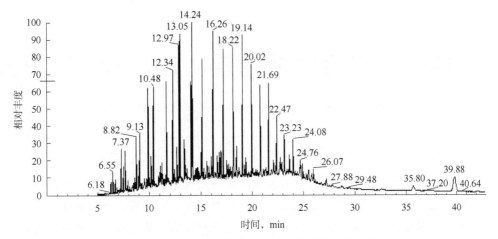

图 2 稠油及超稠油污水色谱质谱扫描总离子流图

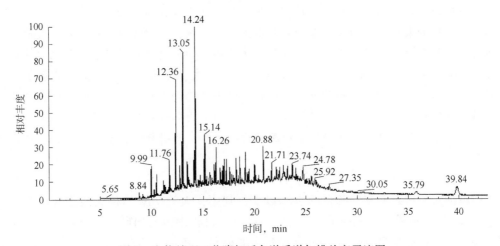

图 3 生物处理工艺降解后色谱质谱扫描总离子流图

3 结语

综上所述，采用成熟可靠的预处理工艺对稠油油田和油田采出水进行预处理，处理后的废水经冷却，温度降至 40℃ 后进入水解酸化池，利用水解产酸的厌氧反应，将部分有机物水解为可溶性物质，将大分子降解为小分子，提高可生化性。水解酸化后的污水进入接触氧化池，池内装有填料，并进行鼓风曝气，利用微生物的代谢作用，可对水中的 COD 进行生化降解去除。采用生物处理工艺可以降低后续深度处理工艺的 COD 负荷，降低稠油和超稠油废水达标排放处理的运行成本。

参 考 文 献

[1] 唐善法，张瑞成，田春香，等．欢四联稠油污水处理达标外排技术研究[J]．石油与天然气化工，2003，32(2)：115-120.
[2] 焦向民，李凯双，周东月，等．冀东油田采油废水生化处理工艺[J]．油气田地面工程，2012，31(12)：51-52.

稠油热采蒸汽吞吐井筛管防砂评价试验研究

匡韶华　吕　民　胡　祎　佟姗姗　严　蕾

（中国石油辽河油田公司）

摘　要： 疏松砂岩稠油油藏蒸汽吞吐井在开采过程中容易出砂，筛管防砂是主要治理手段。蒸汽吞吐井井下工况恶劣，对防砂筛管的性能提出严苛要求。为了测试不同防砂筛管在稠油热采蒸汽吞吐条件下的防砂性能，研制出一套大型蒸汽吞吐井筛管防砂模拟试验装置。该装置具有高温高压蒸汽注入、高压流体放喷冲蚀、高温流体回采等试验功能，能够模拟稠油热采井的注汽、放喷、回采等生产环节。依据试验获取的采出液平均含砂量和筛管压差变化曲线，可以评价出筛管在特定油藏条件下的挡砂效果和抗堵塞效果，从而指导防砂筛管的选型和设计。根据辽河油田W区块地层砂特征、注汽参数、产液量、井下温度、原油黏度等参数，开展了多种筛管在蒸汽吞吐条件下的防砂评价试验，依据试验评价结果优选出适合该区块蒸汽吞吐井防砂的筛管类型和挡砂精度，并在现场应用取得良好的效果。

关键词： 蒸汽吞吐；防砂筛管；防砂模拟试验；筛管评价；挡砂性能；抗堵塞性能

中国稠油资源占石油总资源量的 20% 以上，其中，大约 78% 的稠油油藏采用蒸汽吞吐的开采方式[1-2]。疏松砂岩稠油油藏在蒸汽吞吐开采过程中极易出砂，导致井下和地面设备磨损、井筒砂堵或储层砂埋，使得油井产量大幅降低，不能正常生产[3]。筛管防砂是解决稠油蒸汽吞吐井出砂问题的重要手段。

随着防砂技术的发展，形成了类型繁多、产品多样、性能各异的防砂筛管，包括缝隙类筛管、滤网类筛管、金属棉类筛管、金属网筛管、颗粒充填类筛管、可膨胀筛管及其他新型筛管等 50 余种。由于各筛管的结构和性能不同，在特定的油气藏条件和开采方式下表现出不同的适用性[4]。因此，选择合适的筛管类型和筛管参数是防砂成功的关键。在过去，筛管的选择方法主要是依据经验和计算，存在很大的局限性[5-6]。近些年，挡砂测试和模拟试验已经成为选择合适筛管的有效方法。Ballard 等[7]研究出一种室内测试方法，采用小型测试装置评价不同筛管挡砂介质的性能。该方法经过十几年的改进，已经成为筛管选择的一种常用方法。Asadi 等[8]研制出大型试验装置，通过模拟井下筛管挡砂过程，评价大尺寸筛管的挡砂性能以及筛管的解堵效果。Jin 等[9]研制出大型挡砂试验装置，模拟气井筛管防砂过程，并研究了不同筛管在气井中的挡砂性能。朱春明[10]研制出一套热采筛管防砂模拟试验装置，通过注入热油的方式来模拟热采过程，可以进行大尺寸筛管防砂模拟试验，测试筛管的性能。此外，前人利用现有的防砂试验装置在筛管防砂试验方面做了大量工作[11-14]。

但是，针对稠油热采蒸汽吞吐井筛管防砂，目前尚无专业的试验装置和评价方法。在蒸汽吞吐井中，筛管工作环境恶劣，高温、高压及高流速作用下，防砂筛管过滤介质容易发生变形和破坏，严重影响防砂效果[15]。因此，本文利用自主研制的大型蒸汽吞吐井筛管防砂模拟试验装置,以辽河油田 W 区块为目标区块,开展了不同筛管在蒸汽吞吐条件下的防砂效果评价试验,优选出适合该区块蒸汽吞吐井的防砂筛管。

1 试验装置及流程

根据蒸汽吞吐原理及筛管防砂原理,研制出蒸汽吞吐井筛管防砂模拟试验装置,用于评价蒸汽吞吐条件下的筛管防砂效果。该模拟试验装置由高压试验釜、保温加热系统、蒸汽注入系统、热流体注入系统、砂样收集系统和数据采集系统组成(图 1)。高压试验釜能够承受20MPa 的工作压力。釜中安装待测试的防砂筛管以及渗流筒。筛管两端连接密封帽,其中上端作为蒸汽入口,下端作为采出流体出口。筛管与渗流筒之间的环空中填满模拟地层砂。模拟地层与目标区块储层岩石粒度分布和黏土含量相同或接近。渗流筒上设置许多微孔,使流体能够均匀进入砂体,从而模拟近井地层径向流动过程。保温加热系统包裹在高压试验釜外,防止釜体内温度降低。筛管内外两侧设置压力传感器,监测试验过程中筛管压差的变化。砂体中设置温度传感器,监测釜体内温度变化。蒸汽注入系统能够提供最大排量为0.8kg/min、最高温度为 350℃、最大压力为 17MPa 的高温高压蒸汽。热流体注入系统能够提供最大排量为 15L/min、最高压力为 20MPa、最高温度为 95℃、最高黏度为 500mPa·s 的模拟液。正向注蒸汽,模拟油井蒸汽注入过程;反向注热流体,模拟油井回采过程。

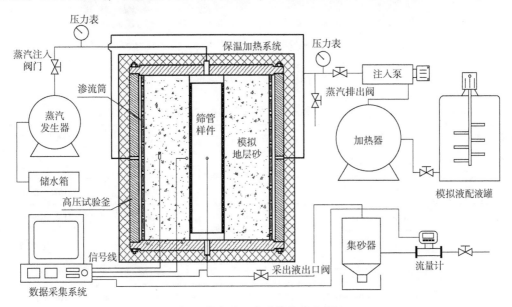

图 1 蒸汽吞吐防砂模拟试验装置

2 试验条件

试验以辽河油田 W 区块为目标区块。该区块属于疏松砂岩稠油油藏,主要采用蒸汽吞吐开采方式,出砂严重。为了优选出最合适该区块的防砂筛管类型和技术参数,通过模拟该区块出砂砂样特征和生产参数,对油田常用的几种防砂筛管进行了评价试验。

2.1 测试筛管选择

油田常用的筛管类型包括金属棉筛管、金属网筛管、镶嵌式金属网筛管和烧结滤网筛管。因此，选取这四种筛管作为试验的测试对象，并加工成测试样件(图2)。测试筛管样件的编号、类型和技术参数见表1。金属网筛管和烧结滤网筛管都是采用相同的金属编织网作为过滤介质，但是金属网筛管具有导流槽的外保护罩。

（a）金属棉筛管　　（b）金属网筛管　　（c）镶嵌式　　（d）烧结滤网筛管
金属网筛管

图2　四种不同类型筛管测试样件

表1　四种不同类型筛管样件主要参数

筛管编号	筛管类型	规格尺寸，mm	有效长度，mm	过滤介质材质
1	150μm 金属棉筛管	139.7	500	434 不锈钢
2	120μm 金属网筛管	139.7	500	316L 不锈钢
3	150μm 金属网筛管	139.7	500	316L 不锈钢
4	200μm 金属网筛管	139.7	500	316L 不锈钢
5	200μm 镶嵌式金属网筛管	139.7	500	316L 不锈钢
6	160μm 烧结滤网筛管	139.7	350	316L 不锈钢

2.2 模拟地层砂配制

目标区块主力油层储层泥质含量为 10%~15%，膨润土含量约占泥质含量的 16%。储层岩石粒度特征参数见表2。根据目标区块储层岩石粒度参数和泥质含量，采用不同粒径的石英砂、膨润土和伊利石按照一定的比例混合，配制成模拟地层砂。模拟地层砂的配比和组成见表3。

表 2　目标区块储层岩石粒度参数

特性参数	D10	D40	D50	D75	D90	SC	UC
参数值	214.1	336.59	220.85	143	81.72	4.15	2.7

表 3　模拟地层砂的配比及组成

砂粒(黏土)	0.25~0.5mm 砂	0.15mm 砂	0.1 mm 砂	膨润土	伊利石
质量分数,%	12.7	51	21.3	2.5	12.5

2.3　试验参数

目标区块注蒸汽后回采过程中,井下温度为 90~110℃,原油黏度为 180mPa·s。根据油井实际注汽参数、产液量、井下温度、原油黏度等,确定出模拟试验的关键参数(表4)。理想的试验参数应该尽可能接近油井注汽和生产的实际情况,但是由于试验装置的条件限制,在注汽速率和回采流量方面不能达到理想的要求。然而,这并不妨碍不同筛管之间的对比优选。

表 4　蒸汽吞吐筛管防砂模拟试验参数

试验参数	注汽速率, kg/min	回采流量, L/min	模拟液温度,℃	模拟液黏度(95℃), mPa·s
参数值	0.8	2	95	180

3　试验步骤

蒸汽吞吐井筛管防砂评价试验步骤如下:

(1)将测试筛管安装在高压试验釜中,并填充模拟地层砂,利用注入泵往高压试验釜中小排量注入清水,将砂体润湿。

(2)启动蒸汽注入系统往高压试验釜内注入高温高压蒸汽。蒸汽从筛管内部进入,穿过筛管过滤介质和砂体,从蒸汽出口排出。观察釜体内温度变化,当温度稳定时,持续注入蒸汽 3h 后,关闭蒸汽出口阀。继续注蒸汽,观察釜体内压力变化,直到压力上升至 15MPa后,关闭蒸汽入口阀,停止注蒸汽。这个试验过程模拟了现场油井的蒸汽注入过程。

(3)打开采出液出口阀,快速卸掉釜体内的压力,模拟注蒸汽后的放喷过程。在放喷泄压过程中,由于压力高、流速快,有可能会对筛管过滤介质造成冲蚀破坏。

(4)启动热流体注入系统以恒定的流量往高压试验釜内注入高温模拟液。模拟液采用清水与高分子增黏剂在配液罐中配制而成,经过加热器加热到 95℃,再由注入泵注入高压试验釜。高温模拟液均匀进入砂体,并驱替部分砂粒通过筛管过滤介质,进入砂样收集器。砂样收集器对采出液中的砂粒进行分离和收集。采出液经过流量计计量后,排出。持续注入热流体,监测筛管内外压差的变化。持续注热流体 1~3h 后,停止试验。该试验过程模拟了现场油井放喷后的回采过程。

(5)从砂样收集系统中取出采出砂样,烘干后,测量砂样体积。

4　试验结果分析

筛管的防砂性能通常采用挡砂效果和抗堵塞效果进行表征,既反映出筛管挡砂能力,又能反映出筛管防砂后对产能的影响。筛管挡砂效果以试验过程中采出液平均含砂量作为评价指标；筛管抗堵塞效果以试验过程中筛管两侧压差变化来作为评价指标[16]。根据试验获得的这两个参数就可以对比评价出不同筛管对目标区块的适应性。

4.1 挡砂效果分析

在油田现场，通常采用产出液含砂量来评价筛管的挡砂性能，为了使试验结果更加接近现场实际情况，并考虑回采试验过程中流体驱替时间的影响，试验采用采出液平均含砂量来评价筛管挡砂性能。采出液平均含砂量 η 计算公式见式(1)。η 值越高，挡砂性能越差。通常油田要求采出液含砂量控制在 0.03% 以内。

$$\eta = \frac{m}{V} \times 100\% \qquad (1)$$

式中，η 为采出液平均含砂量，%；m 为通过筛管的总出砂量，L；V 为通过筛管的采出液体积，L。

表 5 中列出了模拟液驱替过程中的出砂试验数据。根据出砂量和采出液总体积计算出每一种筛管的采出液平均含砂量(图 3)。从图 3 中可以看出，150μm 金属棉筛管(1 号筛管)的采出液平均含砂量最高，大于 0.03%。这种筛管在蒸汽吞吐条件下挡砂效果很差，油田通常不能接受如此高的出砂量。其余几种筛管的采出液平均含砂量均小于 0.03%，都能满足油田防砂的要求。150μm 金属棉筛管(1 号筛管)和 150μm 金属网筛管(3 号筛管)具有相同的过滤网孔尺寸，但是采出液平均含砂量相差很大。434 不锈钢金属棉相对于 316L 不锈钢金属网，在蒸汽高温和高速含砂流体冲蚀作用下，容易发生变形和破坏[17]，导致出砂量大幅增加。

表5 模拟液驱替过程中的出砂试验数据

筛管编号	回采时间，min	回采流量，L/min	采出液总体积，L	出砂量，mL
1	150	2	300	235
2	145	2	290	29
3	150	2	300	35.7
4	145	2	290	84.1
5	95	2	190	34.2
6	150	2	300	13.3

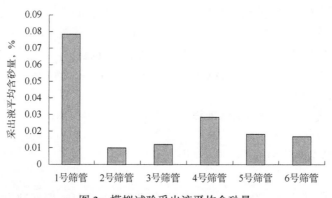

图3 模拟试验采出液平均含砂量

4.2 抗堵塞效果分析

图 4 显示了模拟液驱替过程中的筛管压差随时间变化曲线。模拟液携带砂粒和泥质逐步在筛管表面和过滤介质内部堆积，导致筛管压差增大，反映了筛管堵塞过程。从图 4 中可以看出，不同筛管的压差增加速率不同。筛管压差增加越快，表示筛管的抗堵塞性能越差。200μm 镶嵌式金属网筛管（5 号筛管）压差增加最快，抗堵塞性能最差。该筛管的过流面积远小于其他筛管，是造成其抗堵塞性能差的原因。120μm、150μm 和 200μm 金属网筛管（2号、3 号和 5 号筛管）的过滤网孔尺寸增大，抗堵塞性能变好。从图 4 中可以看出，150μm 金属棉筛管（1 号筛管）、200μm 金属网筛管（4 号筛管）和 160μm 烧结滤网筛管（6 号筛管）的压差增加平稳缓慢，抗堵塞性能优良，且明显好于其他筛管。

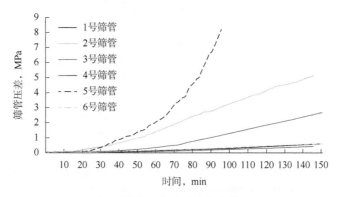

图 4　筛管压差随时间变化曲线

4.3 防砂筛管推荐

通过上述分析可知，150μm 金属棉筛管（1 号筛管）、200μm 金属网筛管（4 号筛管）和 160μm 烧结滤网筛管（6 号筛管）的抗堵塞性能优良，但是 150μm 金属棉筛管（1 号筛管）的挡砂性能差，200μm 金属网筛管（4 号筛管）和 160μm 烧结滤网筛管（6 号筛管）的挡砂性能接近。根据 Procyk 等的研究成果[18]，带有导流槽保护罩的筛管，当导流槽堵塞后容易形成射流，对金属编织网造成冲蚀破坏。因此，推荐辽河油田 W 井区蒸汽吞吐井采用 160μm 烧结滤网筛管（6 号筛管）防砂。

5　现场应用情况

辽河油田 W 区块共有 21 口蒸汽吞吐井采用了 160μm 烧结滤网筛管（6 号筛管）进行防砂，经历 1~4 个蒸汽吞吐轮次，生产稳定，防砂有效期超过 840 天，采出液含砂量基本小于 0.03%，筛管没有发生明显的堵塞和损坏现象。

6　结论

（1）研制出大型蒸汽吞吐井筛管防砂模拟试验装置，能够评价高温高压蒸汽注入、高压流体放喷冲蚀、高温流体回采对筛管性能的影响，对比不同筛管在蒸汽吞吐条件下的防砂效果，为筛管的选择和设计提供依据。

（2）采用试验中的产出液平均含砂量和筛管压差分别作为评价筛管挡砂性能和抗堵塞性能的参数，并且将挡砂性能和抗堵塞性能作为选择筛管的依据。产出液平均含砂量小于0.03%，表示筛管的挡砂性能满足油田现场要求；筛管压差增长越缓慢、越平稳，表示筛管的抗堵塞性能越好。

（3）针对辽河油田 W 区块，开展了多种筛管在蒸汽吞吐条件下的防砂效果评价试验，试验结果表明：金属棉筛管在高温高压以及高速流体冲蚀条件下，筛管过滤介质容易发生变形和破坏，导致出砂量大幅增加，因此不适合蒸汽吞吐井防砂；160μm 烧结滤网筛管挡砂性能和抗堵塞性能优良，推荐作为该区块蒸汽吞吐井的防砂筛管。

（4）蒸汽吞吐筛管防砂模拟试验装置需要进一步改进，一方面是要提高蒸汽注入速率；另一方面是要防止蒸汽注入过程中模拟地层砂随蒸汽穿过渗流筒流出。

参 考 文 献

[1] 廖泽文，耿安松. 油藏开发中沥青质的研究进展[J]. 科学通报，1999(19)：2018-2024.

[2] 曾玉强，刘蜀知，王琴，等. 稠油蒸汽吞吐开采技术研究概述[J]. 特种油气藏，2006, 13(6)：5-9.

[3] 李成军，邵先杰，胡景双，等. 浅层稠油油藏蒸汽吞吐出砂机理及影响因素分析[J]. 特种油气藏，2008, 15(4)：90-93.

[4] 王晓彬，唐庆，牛艳花，等. 水平井防砂筛管评价试验[J]. 石油钻采工艺，2011, 33(5)：49-52.

[5] Coberly C J. Selection of screen openings for unconsolidated sands[C]//Drilling and Production Practice. OnePetro, 1937.

[6] Markestad P, Christie O, Espedal A, et al. Selection of screen slot width to prevent plugging and sand production[C]//SPE Formation Damage Control Symposium. OnePetro, 1996.

[7] Ballard T, Kageson-Loe N, Mathisen A M. The development and application of a method for the evaluation of sand screens[C]//SPE European Formation Damage Conference. OnePetro, 1999.

[8] Asadi M, Penny G S. Sand control screen plugging and cleanup[C]//SPE Asia Pacific Oil and Gas Conference and Exhibition. OnePetro, 2000.

[9] Jin Y, Chen J, Chen M, et al. Experimental study on the performance of sand control screens for gas wells [J]. Journal of petroleum exploration and production technology, 2012, 2(1)：37-47.

[10] 朱春明. 热采筛管防砂模拟试验装置的研制与应用[J]. 海洋石油，2015, 35(4)：35-39.

[11] Tiffin D L, King G E, Larese R E, et al. New criteria for gravel and screen selection for sand control[C]// SPE Formation Damage Control Conference. OnePetro, 1998.

[12] Gillespie G, Deem C K, Malbrel C. Screen selection for sand control based on laboratory tests[C]//SPE Asia Pacific Oil and Gas Conference and Exhibition. OnePetro, 2000.

[13] Hodge R M, Burton R C, Constien V, et al. An evaluation method for screen-only and gravel-pack completions[C]//International Symposium and Exhibition on Formation Damage Control. OnePetro, 2002.

[14] Ballard T, Beare S. Media sizing for premium sand screens: Dutch twill weaves[C]//SPE European Formation Damage Conference. OnePetro, 2003.

[15] 车强. 超稠油油藏水平井筛管损坏研究与保护对策[D]. 青岛：中国石油大学(华东)，2009.

[16] Williams C F, Richard B M, Horner D. A new sizing criterion for conformable and nonconformable sand screens based on uniform pore structures[C]//SPE International Symposium and Exhibition on Formation Damage Control. OnePetro, 2006.

[17] 刘新锋，王新根，刘正伟，等. 热采防砂筛管冲蚀试验研究与应用[J]. 长江大学学报（自科版），2016, 13(6)：58-62.

[18] Procyk A, Whitlock M, Ali S. Plugging-induced screen erosion difficult to prevent[J]. Oil & gas journal, 1998, 96(29)：80-90.

稠油油泥无害化处理工艺研究

乔 明

（中油辽河工程有限公司）

摘 要：油田含油污泥种类繁多、性质复杂，采用"分选预处理+化学精细热洗"对油泥进行逐级处理，可以实现油、泥、水三相有效分离，在实现油泥达标处理的前提下，对油泥中含有的石油进行了回收再利用，对分离出的合格泥进行资源化处理，将危险废物经过处理后重新变成资源进行回收再利用。

关键词：油田含油污泥；预处理；化学精细热洗；危险固体废物

在油田开发过程中，钻井及油井维修会产生落地油泥；在原油脱水及污水处理过程中，原油储罐会产生清罐底泥，污水处理站会产生含油浮渣及除油罐底泥。上述油田开发、生产过程中产生的含原油的泥、砂、水混合物简称含油污泥。根据《国家危险废物名录》和《危险废物鉴别标准》，将油田开发过程中产生的含油污泥归类为危险固体废物[1]。近年来石油天然气行业针对含油污泥处理制定了 SY/T 7301—2016《陆上石油天然气开采含油污泥资源化综合利用及污染控制技术要求》[2]，对处理后含油污泥中石油类含量进行了量化，要求污泥含油量不大于2%，可用于井场路铺设等进行资源化利用。

1 油田含油污泥处理工艺现状

油田含油污泥种类繁多、物性复杂，其中落地油泥、清罐底泥、含油浮渣在含油量、含水率、杂质含量等多方面差异较大。落地油泥：外观与沙土类似，棕黄色偏黑，含油量较少，有明显油味，无机杂质较多。清罐底泥：外观为黑色黏稠液体，含水率较低，含油量较高，温度降低时呈块状，温度升高逐渐软化，具有一定的挥发性。含油浮渣：污水处理站产生的浮渣含水率为98%~99%；含油量为0.5%~1.0%，含泥量为0.5%~1.0%，与其他含油污泥相比，物性特点是含水率非常高，含泥量、含油量低。由于含油污泥理化性质不同，相应的含油污泥处理工艺和处理设备也不尽相同。目前，含油污泥处理技术包括流化—调质—离心工艺、热处理工艺，化学热洗工艺、化学焚烧工艺、生物处理工艺、溶剂萃取工艺[3]及对含油污泥的综合利用等[4]。

辽河油田自2007年起采用化学焚烧工艺处理含油污泥，以焚烧无害化处理为核心处理工艺，针对不同的含油污泥，采取不同的预处理工艺。其中，落地油泥采用热洗预处理工艺，清罐油泥采用萃取预处理工艺，浮渣底泥采用干燥预处理工艺。由于各种不同来源油泥及采油生产过程中的各种工业垃圾（石头、瓦块、编织袋、手套、棉纱、建筑垃圾等）掺混在一起形成混合油泥，需要人工分检，劳动强度大、劳动效率低，处理成本高。热洗预处理后的泥沙含油量为5%~10%，原油资源化利用率低。萃取预处理运行过程中萃取剂无法回收循环利用。由于预处理效果较差，导致焚烧物料含油量高，一方面，造成资源浪费；另一方面，使烟气污染物含量高，后续净化处理困难，处理成本高。

国外油田含油污泥处理工艺多是采用机械脱水工艺，同时联用生物处理工艺、热解析[5-6]工艺、焚烧工艺、固化填埋等工艺。目前，含油污泥的减量化、无害化、资源化处理仍然是含油污泥处理的目标和趋势。

2 "分选预处理—化学精细热洗"技术处理油田含油污泥

2.1 分选预处理工艺

含油污泥来源广，大类包括落地油泥和清罐油泥，不同油泥含水率不同、流动性差异大、所含杂质不尽相同，具体组分见表1。

表1 含油污泥组分构成表

项目	平均含油量 %	含水率 %	含泥量 （粒径≤0.5mm），%	含砂量 （0.5mm<粒径<20mm），%	杂质含量 （粒径≥20mm），%
清罐油泥	15	75	10	—	—
落地油泥	10	50	5	30	5

针对不同来源的含油污泥，采用分选预处理工艺对油泥进行处理。分选预处理工艺包括破碎单元、均质流化单元、筛分单元等。落地油泥与清罐油泥进场后，先分别置于落地油泥储池和清罐油泥储池内。正式生产时，落地油泥先通过桁吊抓斗送至破碎机内，将物料破碎，破碎后物料由无轴螺旋输送机输送至预热池内预热，而清罐油泥则直接由罗茨油泵管输送至预热储池内(不需破碎)。经预热后的物料由门吊抓斗转入流化罐，通过投加药剂、蒸汽加热、搅拌进行水力冲洗和热力清洗，改变油泥的流动性，流化后的油泥采用筛分装置进行喷洗初分，将粒径大于1cm的杂质分离出来，并转送至水洗浮选装置，利用重力及浮选作用把轻、重杂质分离开来，轻相杂质晾晒后送去焚烧，重相进行资源化利用；经筛分装置分离的滤液进入洗砂罐，在加药、搅拌、曝气的二次清洗作用下，粗砂可被清洗干净并沉落，再由螺旋输送器转输进行资源化利用。洗砂罐中上层泥浆水由泵打入双层振动筛再次细分，将丝状物与细砂分别从上层筛网与下层筛网分离出来，丝状物晾晒后送去焚烧，细砂进行资源化利用。经双层振动筛过滤后的油泥浆转运至化学精细热洗工艺。分选预处理工艺流程如图1所示。

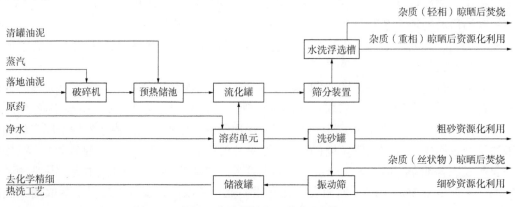

图1 分选预处理工艺流程图

2.2 化学精细热洗工艺

化学精细热洗工艺包括三相分离单元、收油单元、收泥单元、收水单元等。来自分选预处理工艺处理后的油泥浆通过泵提升至三相离心机进行油、水、泥三相分离。分离的污油进入储油罐，进行资源化利用；分离的污水连续进入一级与二级油水分离罐，分离出的浮油收至储油罐，剩余污水进入污水初级处理装置进行净化处理；三相离心机分离出的油泥由螺旋输送器输送至洗泥罐，投加药剂、加热、充分搅拌反应后，泵输至二次离心机(两相)进行泥水分离，分离出泥含油量可达到2%以下，进行资源化利用，离心机分离出水进入一级油水分离罐。最终，经污水初级处理装置净化后的水部分储存于回用水罐回用油泥处理系统，其余污水排至污水处理厂(达到污水处理厂接收的相应指标要求)达标处理后外排。化学精细热洗工艺流程如图2所示。

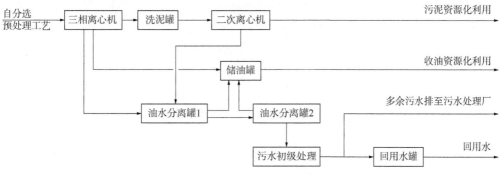

图2　化学精细热洗工艺流程图

化学精细热洗技术主要是利用投加化学助剂、热水和含油污泥混合，通过流化作用和药剂协同作用，降低油泥流化液的界面张力，低界面张力液体渗入油泥内部，在产生含油污泥溶胀的同时，削弱油、泥之间的作用力。同时，化学药剂中的亲油基团与油结合，亲水基团与水或者润湿的泥砂结合，从而使原油乳化、分散到油泥流化液体中，最终原油从固相表面脱附。通过对油泥流化液搅拌、气浮、离心分离，来实现油、泥、水三相分离，最终回收含油污泥中的原油，同时使处理后的泥砂含油量不大于2%，实现井场铺路等资源化利用。

3　结语

采用两段处理新工艺"分选预处理+化学精细热洗"对油泥进行分段处理，通过组合多种处理设备，使含油污泥中的杂质逐级分离，通过专有设备进行单相回收，实现了油、泥、水三相有效分离。在实现油泥达标处理的前提下，对油泥中含有的石油进行了回收再利用，分离出的合格泥进行资源化处理，将危险废物经过处理后重新变成资源进行回收再利用。"分选预处理+化学精细热洗"处理含油污泥工艺实现了处理后的泥砂含油量经实测不大于2%，满足SY/T 7301—2016《陆上石油天然气开采含油污泥资源化综合利用及污染控制技术要求》指标要求。

油田含油污泥的处理，不仅可消除污染，避免危险废物带来的安全、环保隐患，同时可以改善油区环境，回收大量的原油，具有十分重要的经济、社会、环保、安全效益，对油田的可持续发展具有重要意义。

参 考 文 献

[1] 陈红硕，刘佳驹，林俊岭，等.“球磨+浮选”联合工艺处理罐底油泥的效果[J]. 环境工程学报，2019，13(5)：1186-1193.

[2] 国家能源局. 陆上石油天然气开采稠油污泥资源化综合利用及污染控制技术要求：SY/T 7301—2016 [S]. 北京：中国标准出版社，2016.

[3] 李文岐，李艳芳，李丹东，等. 稠油污泥脱水萃取工艺研究[J]. 应用化工，2017，46(7)：1263 -1265.

[4] 唐景春，袁倩，林大明，等. 油田油泥(砂)废弃物排放状况及处理技术[J]. 油气田环境保护，2012，37(8)：25-29.

[5] Gong Z Q, Du A X, Wang Z B, et al. Experimental study on pyrolysis characteristics of oil sludge with a tube furnace reactor[J]. Energy & Fuels, 2017, 31(8)：8102-8108.

[6] Jia H Z, Zhao S, Zhou X H, et al. Low-temperature pyrolysis of oily sludge：Roles of Fe/Al-pillared bentonites[J]. Archives of Environmental Protection, 2017, 43(3)：82-90.

大口径保温管道定向钻穿越案例分析

崔 欣 张琳燕

（中油辽河工程有限公司）

摘 要：定向钻穿越技术是一种成熟的穿越人工、天然障碍物技术，在输油气管线、电光缆、市政工程穿越障碍物和滑坡治理等方面得到了广泛应用[1-2]。对于输油气穿越管道，一般采用三层 PE 防腐结构[3]，采用聚氨酯泡沫复合防腐保温结构的管道应用于定向钻穿越技术相对较少，仅在热油输送条件下部分管道有部分应用，且口径较小。本文介绍案例在实施过程中经历第一次管道回拖失败，根据现场反向回拖后的管线情况，对管道保温层外部防护结构材料性能、钻井液配比、管道配重、钻孔扩孔等制约定线钻穿越条件进行综合分析。通过调整管线配重、光敏固化玻璃钢性能现场测试等手段，重新制订设计施工方案，管道第二次穿越回拖顺利完成。通过该河流定向钻穿越工程的实施，从设计角度分析了制约大口径、长距离保温管道定向钻穿越成功的因素，为大口径、长距离保温管道定向钻穿越提供了成功案例。

关键词：大口径；长距离；保温管道；定向钻；补口技术；配重；光敏固化材料

目前，国内最大口径定向钻穿越纪录为 1422mm，穿越全长 1289.93m；最长定向钻穿越纪录是湛江—北海成品油管道，管径 508mm，穿越长度 4071m。两条管道定向钻穿越段均采用三层 PE 防腐结构。本文介绍工程案例属于热力输油管线设计，通过热力、水力数值模型模拟计算分析，考虑到管道水力、热力输送条件、停输再启动等因素，设计中采用聚氨酯泡沫黑夹克复合防腐保温结构。而目前国内对于大口径、长距离定向钻穿越管段，聚氨酯保温复合结构应用还比较少。该案例历经两次穿越取得成功，对大口径、长距离保温管道定向钻穿越具有借鉴意义。

1 穿越工程设计

1.1 工程概况

某热力输送原油管道全长 140km，管径 711mm，设计压力 6.3MPa，设计输量 $1000 \times 10^4 t/a$，管道全线采用聚氨酯泡沫黑夹克保温防护复合结构，保温层厚 50mm，黑夹克防护层厚 11.1mm。管道工程涉及一处河流穿越，河流堤防之间宽 1980m，穿越工程等级为大型穿越，两侧地势平坦，钻机进场方便，管线预制场地充足，适宜定向钻穿越。

1.2 场地条件

穿越场地属于冲积平原地貌，大堤外侧地势平坦、开阔，主要为农田、养鱼池、灌溉沟渠, 局部为人工鱼塘。河床内有 3 条河道, 主河道位于两大堤中间, 东侧近左岸处为运河总干水道, 西侧为沟渠, 现场场地条件适合定向钻穿越。

1.3 工程地质

2020 年 2 月, 根据穿越技术要求对该河流穿越位置开展地质勘查, 共钻孔 27 个, 平均钻孔深度 30m, 穿越处地质条件自上而下依次为人工填土、耕土、淤泥质粉质黏土、黏土、粉质黏土、细砂, 穿越处地质条件良好, 适宜定向钻穿越。

1.4 管道穿越设计

根据《输油管道工程设计规范》《油气输送管道工程水平定向钻穿越设计规范》计算并校核, 穿越段原油管道采用 $D711mm \times 12.5mm$ L450M 直缝埋弧焊钢管。入土点距离河道西岸堤防外 211m, 入土角为 8°; 出土点距离河道东岸堤防外 224m, 出土角为 6°, 穿越管段的曲率半径为 1500 倍钢管外径; 穿越段选择在细砂层中通过, 管顶距离绕阳河底部最深处为 20.89m, 总穿越长度 2329m。

1.5 管道回拖力计算和钻机选型

水平定向钻回拖时的最大拉力按式(1)计算数值的 1.5~3 倍选取[4]。

$$F = Lf\left(\frac{\pi D^2}{4}\gamma_m - \pi\delta D\gamma_s - W_f\right) + \pi KDL \tag{1}$$

式中, F 为计算回拖力, kN; L 为穿越长度, m; f 为摩擦系数, 取 0.3; D 为钢管外径, m; γ_m 为钻井液重度, kN/m³, 取 12.0kN/m³; γ_s 为钢管重度, kN/m³, 取 78.5kN/m³; δ 为钢管壁厚, m; W_f 为回拖管道配重, kN/m, 取 0; K 为黏滞系数, 取 0.18。

按照穿越段管线无配重设计, 在 2329m 的管线全部一次回拖时, 原油管道回拖力为 2935.1kN, 结合穿越工程实际情况, 取 2.5 的安全系数, 实际最大回拖力约 7337.8kN。

1.6 穿越管道配重设计

对于大口径、长距离保温管道穿越, 由于保温层厚度大、密度小, 导致管道在钻井液中净水浮力远大于管道自重, 处于漂浮状态。711 管线保温与非保温, 以及保温后同等外径钢管自重与净水浮力计算见表 1。

表 1　管径 711 保温与非保温管线自重与净水浮力对比

项目	管线规格 mm	防腐层厚度 mm	保温层厚度 mm	防护层厚度 mm	管线自重 kN/m	净水浮力 kN/m
保温管线	711	0.4	50	11.1	2.55	6.8
非保温管线	711	3	0	0	2.20	4.44

由表 1 可见, 711 管线采用保温结构后, 净水浮力远大于管线自重, 管线处于漂浮状态, 一方面, 回拖过程中管壁与导向孔孔壁摩擦力过大, 损坏保温防护层及环缝补口, 影响防腐保温层性能; 另一方面, 增大回拖阻力, 限制钻机选型范围。

1.7　防腐保温设计

1.7.1　管线防腐保温设计

对于防护层的选用开展了大量关于制管工艺、技术性能参数标准市场调研和文献查询，目前聚乙烯外护层制管工艺主要有"一步法""管中管工艺""缠绕预制工艺"。"一步法"预制大口径保温管道防护层技术尚存在缺陷，不能有效保证防护性能，经过分析和调研，最终确定选用高密度聚乙烯"管中管"制管工艺。管线整体防腐保温结构如下：加强级环氧粉末防腐层 400μm+聚氨酯泡沫保温层 50mm+聚乙烯防护层 11.1mm。

1.7.2　管线补口

环缝补口是保温管线设计施工重点，是质量薄弱环节，是关系到管道腐蚀控制的关键部位。由于定向钻穿越管段的不可维护性，设计中考虑各种复杂地下情况极可能发生的风险，制订复杂的补口方案。根据某油田热油管线腐蚀情况统计，定向钻穿越段管道腐蚀速率明显高于普通直埋段管道，且腐蚀位置大多位于管线环缝补口处，分析原因如下：管道定向钻穿越过程中，补口处出现缺陷，导致保温层进水，在热油高温作用下，加速了管线腐蚀。

案例工程穿越段管道环缝采用管道补口结构为防腐层补口+保温层补口+防护层补口。

防腐层补口采用辐射交联聚乙烯热收缩带；保温层补口采用聚氨酯泡沫现场发泡；防护层补口采用电热熔套+光敏固化玻璃钢补口工艺。在电热熔套袖焊接处采用黏弹体胶带二次密封，然后在密封接口处采用聚乙烯热收缩带（补伤片）固定，最后在补口处整体采用耐磨性能和抗剪切性能较好的光敏玻璃钢固化防护层[5]，光敏固化玻璃钢整体厚度不小于1.2mm。补口结构如图 1 所示。

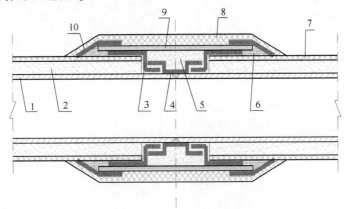

图 1　定向钻穿越补口结构示意图

1—钢管；2—保温层；3—防水帽；4—防腐层补口带；5—现场发泡补口；6—黏弹体填充；
7—管线高密度聚乙烯防护层；8—光敏固化玻璃钢整体防护层；9—电热熔补口套；10—聚乙烯环向封口带

2　定向钻穿越实施

实施导向孔成功后，共进行 4 次扩孔，最终孔径 1150mm。采用环保钻井液，钻井液密度为 1280kg/m³；管段充水配重 500m；实际采用 500t 钻机。管道预制、探伤、补口、试压合格后开始回拖，回拖力 150~160tf，扭矩 60000~70000N·m。

管道回拖进孔约 770m 后，回拖力达到 230tf，扭矩达到 70000N·m，无法顺利完成管段回拖。施工现场在管道末端采用气动夯锤助力回拖，回拖至 1300m 后，回拖力达到 380tf，扭矩最大达到90000N·m，无法顺利完成管线回拖工作，标志着定向钻穿越回拖失败。随后采用滑轮组反向回拖[6]，将1300m管线全部回拖出预制场地，抢险工作完成。

3 问题分析及解决方案

3.1 问题分析

对抢险反向回拖管线现场检查发现如下问题：

（1）局部管线本体聚乙烯防护层严重变形，需要割管重新保温防护（图2）；

（2）管道补口光敏玻璃钢防护层全部损坏、脱落（图3和图4）；

（3）穿越补口处牺牲带在前进方向和反向方向全部存在损坏情况（图5），但热熔补口套完好无损；

（4）以上三种损坏情况全部位于管顶部方位。

图2 管段聚乙烯防护层变形严重

图3 已经回拖管线补口处防护层全部损坏

图4 现场检测光敏玻璃钢防护层情况

图5 补口牺牲带双向损坏

根据抢险回拖管线状况分析，造成本次穿越失败主要有以下原因：

（1）管道充水配重不合理。

设计计算在无配重情况下，管线自重与净水浮力相差3590N/m，穿越段管线完全漂浮于钻井液中。施工阶段管段充水500m配重，在定向钻造斜段回拖过程中，管体内充水完全处于管头段，充水配重很好地克服了净水浮力，回拖顺利。但管线在返平段回拖过程中，配重充水逐渐在管体内平均分布，且随着返平段越长，平衡能力越小，造成管线充水配重不能满足平衡净水浮力的需求，导致管道漂浮在钻井液上部，管线上部与孔洞摩擦力过大，增大回拖阻力，造成管线本体防护层变形严重，补口处光敏固化玻璃钢破损、牺牲带损坏。现场照片显示，牺牲带在回拖前进方向和反向回拖方向均出现破损情况，充分说明这一问题。

（2）光敏固化玻璃钢性能。

现场对未实施回拖的管线补口防护层进行性能检测，玻璃钢对于管体聚乙烯防护层和电热熔补口套黏结强度为 0，远小于标准规定的不小于 3.5MPa 要求。由于补口处玻璃钢防护层与管道本体聚乙烯层基本没有黏结力，导致补口处防护层逐渐脱落，并最终全部卡在距定向钻入口 500~770m 之间，回拖孔洞直径缩小，又进一步加剧外防护层脱落，最终导致穿越失败。

（3）电热熔补口套补口工艺。

采用电热熔补口套补口工艺，由于补口套与管体防护层为环向搭接连接，补口套本体为轴向搭接，在补口套与管体连接位置形成一个最高为 28mm 凸起，补口处管径达到 847mm，增加了管线回拖阻力，进而损坏防护层。

3.2 解决方案

3.2.1 钢管力学性能检测

对采用夯锤夯进管线随机抽检两道焊口割管进行性能检测，主要包括拉伸力学检测、弯曲性能检测、冲击试验、金相检测，全部符合要求。

3.2.2 光敏玻璃钢重新防护

原有管段光敏玻璃钢防护层全部拆除，重新开展光敏固化玻璃钢防护施工，并进行黏结力和强度性能检测。经过现场试验，重新选定的防护层与管体聚乙烯防护层最大黏结强度为 6.16~6.67MPa，与补口热熔套防护层黏结强度为 3.47~5.71MPa，邵氏硬度为 91HD，符合相关规范要求。

3.2.3 确定管线充水配重方案

二次回拖对全部管段充水配重，配重后管线自重 6.24kN/m，静水浮力 6.8kN/m，管线基本处于悬浮在钻井液中的状态，降低了回拖力，减小管体与钻孔孔壁摩擦。

3.2.4 重新扩孔

在原有钻孔基础上洗孔两遍、扩孔三次，最终扩孔孔径为 1270mm。

经过上述处理措施，仍采用 500t 钻机回拖，回拖力为 150tf，扭矩为 55000~60000N·m，回拖速度为 7.2m/min，拆卸钻杆 3min/根。2021 年 5 月 23 日 7：10 开始入孔回拖，5 月 24 日凌晨 1：39 结束，仅耗时 18.5h 完成 2329m 管道回拖。管道全部回拖完成后，对第一根管管体、补口防护层进行外观检查，全部完好无损，标志着第二次回拖顺利完成。

4 结论

（1）在地质条件良好情况下，大口径长距离保温管道采用定向钻穿越技术是可行的。

（2）针对大口径保温管道回拖过程中管线配重设计，可以有效降低回拖阻力，对定向钻穿越成败关键作用。

（3）光敏环氧固化玻璃钢材料应具有良好的黏结力、强度和耐磨性能，进场前要严格检测各项性能指标是否符合设计规范要求，严格按照产品说明书进行安装，严格控制现场施工质量。

（4）保温管线防腐补口性能将影响管道工程长期安全稳定运行。

（5）河流大中型定向钻穿越对于地下环境经常是人力不可控，设计、施工每一个环节都应该得到足够的重视，避免河流穿越成为工程建设阶段的控制性工程，影响整个工程进度。

参 考 文 献

[1] 冯耀荣，张劲军，赵丽英，等．油气输送管道工程技术进展[M]．北京：石油工业出版社，2006.

[2] 张宝强，江勇，曹永利，等．水平定向钻管道穿越技术的最新进展[J]．油气储运，2017，36(5)：558-562.

[3] 唐勇，梁桂海，张晓鹏，等．大型江河定向钻玻璃钢防护层技术应用[J]．油气储运，2015，34(10)：1115-1118.

[4] 肖守金，刘永生，武尚．水平定向钻铺管过程中回拖力计算方法的改进[J]．油气储运，2013，32(3)：309-312.

[5] 文豪，谭力文，蒋怡．FB 光固化套在管道定向钻穿越中的应用[J]．油气储运，2017，36(4)：443-448.

[6] 王磊，张超，贾世民，等．气动夯锤和滑轮组在定向钻回拖中的应用[J]．油气储运，2013，32(6)：669-671.

低效稠油油藏开采工艺技术研究

孔祥玲

（中国石油辽河油田公司欢喜岭采油厂）

摘　要：欢喜岭稠油油藏构造上位于欢喜岭油田上台阶，相对高垒带和下台阶含油层系较少，主要发育莲花油层、大凌河油层、兴隆台油层及馆陶组油层4套含油层系。随着开发的推进，部分油井普遍面临着进入吞吐高周期、低产低效、地层压力低、层系混乱井距小、井况较差、油水关系复杂、方式转换前景不明朗的难题。如果继续采用常规的方式生产，其注汽生产成本较高，完全处于负效益状态。通过对稠油热采井吞吐极限油汽比研究，创新采用蒸汽降黏技术处理井筒稠油硬壳，清除井壁异物，降低原油黏度，提高近井地带油层的渗透率，重新构建油流通道，进而有效实现了盘活油井产能，从而可进一步应用于该类稠油油藏的有效开发。

关键词：蒸汽降黏；稠油油藏；提捞采油

辽河油田欢喜岭采油厂经历45年勘探开发，已经进入中后期采油阶段，受开发历程、地质特征及油井井况等因素影响，部分油井抽油机无法正常工作而被迫长期关井，长停井复产工作存在措施风险大、地面恢复工作量大、井内流体复杂等困难，即使勉强恢复后，又存在油井泵效低、作业风险高、经济效益差等问题。提捞采油有效盘活了部分低产低效井和零散油井，可大幅度降低投资和成本，提高经济效益，而且使常规开采无效的储量能够得以经济有效地动用。但对于高密度、高含胶等油井，采用常规的捞油手段还无法实现捞油作业，捞油工具在井筒内卡阻和地面管线堵塞、罐车无法泄油是制约高黏度油藏捞油的主要因素。针对这一情况，开发了高黏度稠油油藏捞油技术，可经济高效地开采这部分稠油油藏。

1　研究背景

欢东—双油田是在复杂基底古地貌背景下，经过多期次、多种性质断裂活动和断块运动，形成复杂的断裂系统和构造格局，平面上形成4个油气聚集带，上台阶油藏埋深较浅，为主要稠油分布区，动用含油面积$17.5km^2$，石油地质储量$8986×10^4t$。

欢东吞吐稠油（除齐40以外）于1984年最早投入开发（欢17块），后期随着欢127和齐108陆续投入开发（1987—1991年），吞吐稠油平均年产量占欢喜岭采油厂原油产量的30%左右（1994年最高，占48%），因此稠油产量的稳定与上产对采油厂产量的稳定与上产起到重要作用。

2　研究内容

2.1　机理研究

捞油采油工艺是用钢丝绳将捞油泵从套管内下入井下套管或油管内，在下井过程中水力密封装置接触液面后因套管与密封件间摩擦及受水力作用，使密封装置沿中心管向上滑动，中心管底部侧孔道露出，随着装置下行，下部液体经侧孔道过中心管从密封装置上部溢出，当下行到预定深度后，即可上提中心管，由于液压作用，密封装备下行至中心管底部，封闭中心管底部侧孔，密封件内部由于受水力作用而与套管间密封，随着装置的上行，即可将上部液体举升到地面，当举升装置下入液面过深，超过预定抽汲液面，定量举升装置即可自动卸载荷，实现定量抽汲举升。

因稠油在常温下具有黏度高、流动性差的特点，致使现有捞油工具入井困难，捞油设备提升负荷达不到要求，因此，要对稠油实施捞油就必须降低黏度。降低原油黏度的方法主要有两种，即添加降黏剂及升高原油温度。对于井筒内原油加降黏剂降黏，一方面成本高，另一方面很难在短时间内将降黏剂与原油充分混合，因此这种降黏方法适用性不强。由于稠油、高凝油黏度对温度特别敏感，且对井筒原油加热易于实现，成本低、效率高，因此对稠油井捞油主要采取快速加热降低原油黏度，然后再捞油的方法。

2.2 配套工艺

2.2.1 蒸汽加热

通过持续下入的钢质空心短节将多功能超导蒸汽车产生的高温蒸汽注入井筒，经由喷嘴向稠油硬壳及井壁异物进行喷射冲刷，并使用双极的高压转换井口密封器等部件建立密闭的温热场，熔化的原油通过空心短节与套管的环空进入油罐车内，从而恢复捞油抽子行进通道。死油帽及井筒蜡垢完全处理完毕后，起出工具组合转捞油车强排生产，实现了可带压连续施工打通捞油行进通道的技术突破。

图 1 为注蒸汽建立捞油井通道施工流程示意图。

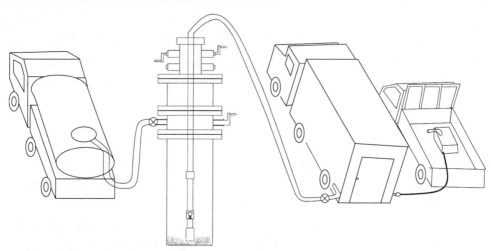

图 1　注蒸汽建立捞油井通道施工流程示意图

2.2.2 电加热

该捞油车主要有发电、加热和提升三项功能，比普通捞油车多了发电和加热两大功能。该车组能将加热和捞油同时进行，即下放工具时加热，上提工具时捞油，具有操作简便，投入、运行成本较低的优点。

图 2 为电加热捞油作业流程示意图。

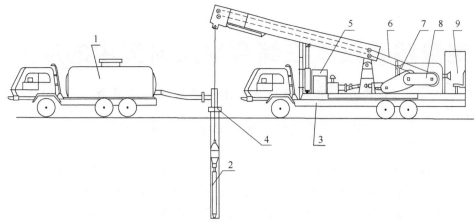

图 2　电加热捞油作业流程示意图

1—油罐车；2—加热及捞油工具；3—多功能捞油车；4—捞油井口；
5—发电机组；6—高强度电缆；7—钢丝绳；8—提升系统；9—操作控制室

利用蒸汽循环加热需要下入油管或空心杆，要求具有相应的作业设备，如修井井架和修井机等；电加热降黏方式效率较高，成本较低，技术上也较易实现，但由于柔性抽油杆车组投入较大，捞油成本相对较高，因此现场实施情况应根据捞油井情况具体操作。

3　结论与建议

（1）蒸汽降黏恢复油井捞油生产技术可以解决长停井和稠油井捞油复产瓶颈难题，具有简单、有效、低成本的特点。

（2）在长停潜力井恢复捞油行进通道施工中，极大地拓展了捞油井源，有效盘活油田长停潜力井的闲置资产。

（3）打破了业内只能在稀油领域捞油的历史，填补了稠油捞油领域的多项技术空白。

参 考 文 献

［1］白玉，孙庆友，李青．提捞采油工艺技术［M］.北京：石油工业出版社，2002.

［2］孟庆武，刘树林，王春华，等．油田捞油设备述评［J］.石油矿场机械，2006，35(4)：44-46.

［3］卜忠宇．高一区深层稠油油藏开发方式优选研究［D］.大庆：大庆石油学院，2009.

定量解释技术在综合地质研究中的应用

聂凯杰　杨晓强　张利宏　陈晓东　官春艳

（中国石油辽河油田公司欢喜岭采油厂）

摘　要：研究目标油藏构造复杂、地层厚度变化快，多年以来一直处于勘探评价阶段，急需全面的综合地质研究，为油藏规模开发提供依据。由于油藏钻遇井少，首次采用最新的地震综合解释软件，应用定量解释技术，主要进行三维构造解释、沿层属性分析、储层建模反演等研究，得出油藏地质模型，促进油藏全面投入开发。通过已实施井的钻遇和投产情况，证实了该技术的适应性和准确性，具有推广应用价值。

关键词：定量解释；断层组合；储层预测；地质模型

目标油藏油品性质为普通稠油，其中一个断块 1988 年投入开发，其他断块以试油为主，2.3km² 范围内仅 5 口井，储层展布情况完全未知。井区底部潜山基底起伏很大，由此引起错综复杂的断裂系统和变化多端的构造形态，断层和构造形态落实难度大。目前已有钻遇井全在构造高部位，虽然生产过程中未见水，但无法判断是否存在边底水，如果存在，油水边界无从知晓。井区主要开发目的层为沙四段杜家台油层，但东营、兴隆台、大Ⅰ、大Ⅱ、大Ⅲ、古生界均有油气显示，大Ⅱ和大Ⅲ生产证实为油层，但其他层系含油与否无法确定。

基于以上地质情况，常规研究方法难以开展，于是引进地震处理解释一体化软件，该软件集构造解释、储层预测和油气检测为一体，具有完备的时深域、二/三维多工区联合解释能力，拥有高效精细构造解释、储层预测、油气检测、三维可视化地质体检测等系列技术。

鉴于软件全面的功能和井区特点，优先将软件地震解释模块应用于目标油藏，通过技术攻关，勇敢实践，多项技术首次应用就获得显著效果。

1　研究内容

1.1　三维构造解释完成复杂断层组合

在准确层位标定的基础上，以 4 道的步长逐道解释断层和层位，包括馆陶底、东营底、兴隆台底、大Ⅱ顶、大凌河底、杜家台顶、杜Ⅰ1底、杜Ⅰ2底、杜Ⅰ3底、古潜山顶，生成杜家台顶面 T_0 图。

充分利用软件功能，自动生成断层多边形和断层要素表，其中包括延伸长度、走向、方位、倾向、倾角、垂直断距、水平断距等断层参数。

通过构造定量解释结果，可见目标井区杜家台油层断层组合的复杂性。井区共发育 4 条南北走向和 4 条东西走向的断层，其中，1 号断层为三级断层，断失层位东营组至沙河街组沙四段，延伸长度超过 10km，其他近东西向断层延伸长度 0.8~1km，近南北向断层延伸距离较长，均大于 2km。

井区 8 条断层将井区分隔成了 6 个断块。杜家台顶面整体为西北高东南低的单斜构造，构造高点位于西部 3 号断块，高点埋深 1150m，井区构造面积 6.0km²，地层倾角 10°～30°，构造幅度 650m。

1.2　地震属性分析实现空白区域储层预测

在定量解释油层顶底的基础上，提取目的油层 9 类 77 种地震属性，制作地震属性交会图，优选地震属性预测储层厚度。

1 号断块主要出油层位为杜 I 油层组，在地震剖面上为正相位—负相位—正相位的一套组合，通过交会图分析和已有的两口钻遇井资料，认为均方根振幅和振幅峰态属性与储层厚度匹配度最高，于是选取这两种地震属性来预测 1 号断块杜 I 油层组储层厚度。

已知断块的两口钻遇井中，其中一口井砂体厚度大，另一口井砂体厚度小。从均方根振幅属性图上看，砂体厚度大的井处属性值较大，显示为红色—黄色；砂体厚度小的井处属性值较小，显示为绿色。以此为依据，属性图上红色区域砂体较厚，黄色区域次之，绿色区域较薄。

从振幅峰态属性图上看，砂体厚度大的井处属性值较大，显示为红色；砂体厚度小的井处属性值较小，显示为绿色。以此为依据，属性图上红色区域砂体较厚，绿色区域较薄。

1 号断块有两口截然不同的钻遇井，但 2 号断块两口钻遇井距离 200m，位于东北角落两条断层夹角处，地震反射特征没有代表性，无法利用 1 号断块的方法预测。但这个断块的特点是，只发育杜 I 3 小层，且反射特征明显，为一套连续的正相位反射轴。根据地震属性原理，单个反射同相轴反映砂体变化最为明显的属性是最大波峰振幅和均方根振幅。

均方根振幅属性图上可以明显地看到属性的变化，相当于把肉眼观察的同相轴微小变化放大到平面图上，更加直观和准确。

最大波峰振幅属性，就是提取同相轴每个采集点的同相轴波峰值，根据提取的代表性的振幅属性，完成各个断块各个小层的沉积微相分析和砂体厚度预测。

目标井区杜家台油层沉积时受古地貌影响形成了向潜山超覆的充填式沉积，并与下伏中生界地层呈不整合接触。沉积类型为扇三角洲相沉积，主要沉积了扇三角洲前缘亚相。根据该区岩性组合、沉积构造、古生物特征、砂体性质及测井曲线形态等综合划相标志，将扇三角洲前缘亚相进一步划分为分流河道微相、河道侧缘微相、河口砂坝微相、前缘薄层砂微相。

杜 I1 时期北东方向物源能量继续减弱，西北方向物源能量有所增强，河道宽 200～300m。

杜 I 2 时期北东方向物源能量减弱，分流河道变窄，主要发育在欢 2-46-046 井区域，宽度约 300m，河道周围为大面积的前缘薄层砂砂体，其余则为大片的湖泥。

杜 I 3 时期北东方向物源快速充填，发育 3 条河道，分流河道宽 200～400m，欢古 3 井一带为地层尖灭区，没有接受沉积，欢 153 井附近为河道间微相。

目标井区杜 I 油层组砂体整体上受沉积控制，在主河道区域发育较厚，厚度为 15～37m，与西部邻块之间被潜山隆起带分隔。其中，杜 I 1 砂岩组发育较薄，分布范围小，最厚仅 11.1m，平均砂体厚度为 5.1m。

杜 I 2 砂岩组砂体厚度变化快，欢 2-46-046 井最厚，厚度为 15.2m。

杜 I 3 砂岩组砂体范围大，在局部区域砂体厚度大于 15m。

1.3 三维属性建模反演描绘多套含油层系

利用定量解释数据建立层面交切框架模型，按照不同沉积模式划分小层模型，利用框架模型和小层模型约束对测井曲线插值，生成反演地质模型。首先利用解释结果建立重点界面反演模型框架。

根据区域地层特点，选用宽带约束反演方法，宽带约束反演是一种经典的波阻抗反演算法。以初始模型（纵波阻抗模型）和子波褶积，计算模型合成记录与实际地震数据之间的残差，根据一定规则对模型进行迭代修改，使模型合成记录与实际地震数据之间的残差达到允许范围，修改后的波阻抗模型即反演结果。

BCI反演适用于钻井资料较多、井分布均匀且相带横向变化不大的地区，正好适合目标井区。通过叠后反演，生成反演数据体。

综合各个重点界面的地震解释成果、储层反演成果及钻遇井电测解释，就可以描绘出各套含油层系的含油情况。

以主要目的层杜家台油层为例，根据目标井区油井电测解释、生产情况、试油结果及地震解释和反演结果，分圈闭确定油藏类型及油水界面，3号断块杜Ⅰ油层组为构造岩性油藏，东南方向有边水，油水界面-1356m；1号断块、4号断块杜Ⅰ油层组为构造油藏、纯油藏，无油水界面；5号断块、6号断块杜Ⅰ油层组为构造油藏，东部有边水，油水界面-1700m；2号断块杜Ⅰ油层组为构造油藏，东南部有边水，油水界面-1500m。杜Ⅱ油层组油藏类型有待探明。

目标井区杜家台油层受沉积及构造双重因素控制，主河道且构造高部位油层发育。其中，杜Ⅱ油层发育情况有待探明；杜Ⅰ1油层分布1号和5号断块，厚度在2m左右。

杜Ⅰ2在各个断块均发育油层，在1号和5号断块较厚，最厚9m左右。

杜Ⅰ3主要在1号、2号和3号断块发育最好，钻遇井最厚达13.9m。

1.4 完钻投产情况验证定量解释结果

针对1号断块已投入开发，但井网不完善，根据定量解释结果，部署2口挖潜井，目前已投产1口，日产油8.1t。2号断块已上报储量，但未投入开发，以200m井距排状井网部署新井10口，已投产1口，日产油4.2t。3号断块未上报储量，为探明区域和层位含油性，部署开发控制井1口，开发井13口，目前已投产1口开发控制井，日产油8.5t。从目前已完钻5口井、投产3口井的情况来看，目标井区规模开发取得成功。

2 结论及建议

一是对于目标井区钻遇井少、地质体复杂、含油层系多的油藏，应用定量解释技术是一种非常适合的研究手段。

二是根据已完钻和投产井，已经基本证实了研究结果的正确性，验证了定量解释技术的可行性和准确度。

三是其他的区块也可以部分或全部应用定量解释技术，在地质体研究等方面取得突破。

参 考 文 献

[1] 傅才芳. 地震解释系统的技术发展[J]. 中国海上油气(地质), 1990, 4(5): 53-57.

[2] J. L. Larsonneur, 石殿祥. 小波与地震解释[J]. 国外油气勘探, 1994, 6(6): 727-728.

[3] 陈炳文. 模型模拟有助于存在严重时间问题地区的地震解释[J]. 国外油气勘探, 1996, 8(6): 739-743.

[4] 裴红艳. 浅谈地震解释技术在石油勘探领域的应用[J]. 企业技术开发: 下, 2011 (12): 26.

[5] 赵士华, 胡朝元, 程增庆. 断层显微分辨率及其地震解释方法[J]. 煤田地质与勘探, 2004, 32(4): 47-49.

[6] 王西文. 精细地震解释技术在油田开发中后期的应用[J]. 石油勘探与开发, 2004, 31(6): 2.

杜84超稠油油藏强化采油技术

沈文敏

（中国石油辽河油田公司曙光采油厂）

摘　要：针对杜84兴隆台边部超稠油油藏及原油物性特点，对原有化学复合吞吐工艺进行改进，形成解堵降压疏通与强化回采一体化技术。通过室内优选复配，确定了适用于杜84兴隆台边部区块油层处理及强化回采配方体系；解堵部分为3%HF+12%HCl+10%HBF，添加2%的黏土稳定剂，强化回采部分以解堵部分为基础，优选非离子表面活性剂、乳化剂、互溶剂等形成复配体系，并进行整体性能评价，岩心溶蚀率为52%，重质成分分散率为85.7%，降黏率为99%，黏土稳定率为87%，单一体系能够满足解堵降压与强化回采的需要。现场应用，措施后吞吐压力降低1.4MPa，同期对比回采率提高0.2以上，有效提高边部区块油井吞吐效果。

关键词：超稠油；油层堵塞；强化采油；回采率

杜84兴隆台区块为曙光油田超稠油主力开发区块，自2000年规模开发以来，开发规模不断扩大，至2017年底，区块产量规模占到整体超稠油产量规模的30%左右。经过多年开发，区块主体部位已进入快速递减阶段，为实现区块稳产，2010年后进行区块扩边勘探开发，边部区块油藏物性与主体部位对比较差，油层中伊蒙矿物含量占到88%，对比主体部位增加23%，原油"四高一低"特征更加明显（20℃时密度为1.05g/cm³，地面脱气原油黏度为15×10⁴mPa·s左右，平均凝固点为33℃，胶质+沥青质平均含量为61%；平均含蜡量低于2.5%）。根据稠油分类标准，杜84兴隆台区块属于重质超稠油油藏，在常规吞吐开发过程中具有较大影响：一是新井吞吐前期注汽压力超高，普遍超过16MPa，注汽干度低于50%，蒸汽加热半径有限；二是吞吐初期回采能力较差，回采率普遍低于0.3，对后续吞吐造成不利影响；三是受超高的原油黏度影响，生产时间短，部分油井仅能维持30天正常生产，温度降低后，地层原油快速变为不可流动，生产被迫结束，而常规采用的表面活性剂复合吞吐技术，受到原油及地层物性影响，措施效果与主体区块对比不尽理想。

1　存在的问题

超稠油油藏具有较高的原油黏度、原油密度、胶质和沥青质含量以及较低的含蜡量，同时油层胶结相对疏松，给生产工作带来许多难题。注汽压力高、原油黏度高、吞吐周期短、油井出砂、黏土膨胀和运移、回采水率低、地层存水多和油层纵向动用不均等是超稠油井投产效果差的主要原因[1-2]。已往的油层处理剂采用无机酸+有机溶剂，虽然能够较好地解除油井的无机物堵塞、有机物堵塞[3]和溶解地层中的胶质、沥青质，从而降低油井注汽压力和原油黏度，但随着油层物性和原油物性的变差，对于黏土膨胀和颗粒运移、回采水率低、油层纵向动用不均和地层流体导流能力低等矛盾有待进一步解决。

2 改进技术思路

常规提高超稠油吞吐初期回采率的方法主要依靠解堵及助排等措施，通过对常规油层处理工艺[2-3]的总结，提出将解堵及强化回采有机结合形成一体化技术，以注汽过程中油层伤害为基础，首先优选体系中解堵部分，抑制黏土矿物水化膨胀，溶解分散残留近井地带死油（沥青质、胶质、蜡等有机物），最大限度地降低吞吐注汽压力，保障注汽效果；另外，以解堵部分为基础进行强化回采部分化学剂优选，大幅降低采出液流动阻力，提高油井吞吐周期回采能力，在满足储层配伍性要求基础上，研制开发一种新型的解堵与强化回采一体化体系[4-8]，从而达到一剂多用的效果，有效实现超稠油边部油井吞吐初期降压提液的需要。

3 体系配方的确定

3.1 基础配方确定

超稠油区块边部新井低周期注汽伤害主要为黏土矿物水化膨胀，对此以黏土矿物溶蚀率为基础确定体系基础配方。试验方法：取 100 目以下岩粉 5g，在温度为 60℃ 条件下溶于 20mL 酸液中，4h 后过滤，烘干，称量，计算溶蚀率，数据见表 1 和图 1。选取土酸进行溶蚀性能评价，通过优选在 3%HF+12%HCl 浓度下，岩心溶蚀率可达到 36.8%，另复配 10% HBF，岩心溶蚀率可达到 52.1%，在保证成本的前提下，具有较好的溶蚀性能。

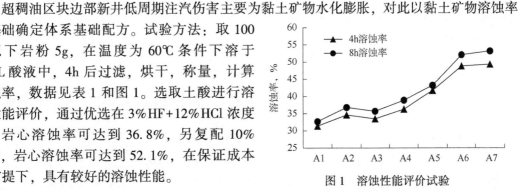

图 1 溶蚀性能评价试验

表 1 土酸溶蚀性能评价试验

项目	配方
A1	3%HF+10%HCl
A2	3%HF+12%HCl
A3	5%HF+10%HCl
A4	5%HF+12%HCl
A5	3%HF+12%HCl+8%HBF
A6	3%HF+12%HCl+10%HBF
A7	3%HF+12%HCl+13%HBF

3.2 添加剂复配试验

取超稠油区块原油，按油、水比 7∶3 的比例，在 80℃ 的水浴中恒温 30min 后快速搅拌，使其乳化，形成的乳状液分散细腻均匀，实验室内用 RS600 旋转黏度计分别测定乳化前后的原油黏度，对比其降黏率达到 99.1%。

利用超稠油区块的原油，按 Q/SY LH 0168—2004 标准测定药剂的洗油性能，复配后洗油率达到 87.6%。

另取超稠油区块原油与药剂混合后静置 8h，于比色管中对比复配前后油样分散情况，对比可知复配后比色管中油样基本全部分散，分散率达到 85.7%(表 2)。

表 2　酸液的洗油能力和脱胶能力的测定

项目	降黏率,%	洗油率,%	分散率,%
复配前	11.2	35.5	30.7
复配后	99.1	87.6	85.7

在基础配方中添加非离子表面活性剂、乳化剂、互溶剂，通过降低岩石表面张力和原油黏度，提高采出液流动能力，从而达到强化回采的目的。

3.3　其他助剂复配试验

称取 0.50g 膨润土粉，精确至 0.01g，装入 50mL 量筒中，加入 5mL 黏土稳定剂溶液，用蒸馏水稀释至 50mL，充分摇匀，在室温下存放 24h，读出膨润土膨胀后的体积 V_1。用 5mL 蒸馏水取代黏土稳定剂溶液，测定膨润上在水中的膨胀体积 V_2。用煤油取代黏土稳定剂溶液，测定膨润土在煤油中的体积 V_0。

防膨率按式(1)计算：

$$B_1 = \frac{V_2 - V_1}{V_2 - V_0} \times 100 \tag{1}$$

式中，B_1 为防膨率，%；V_1 为膨润土在黏土稳定剂溶液中的膨胀体积，mL；V_2 为膨润土在水中的膨胀体积.mL；V 为膨润土在煤油中的体积，mL。

通过添加黏土防膨剂，体系整体黏土防膨率可达到 87%。

从上述试验结果可以看出，优化药剂配方后，体系岩心溶蚀率达到 52.1%，降黏率达到 99.1%，洗油率达到 87.6%，重质成分分散率达到 85.7%，黏土防膨率达到 87%，达到了解除无机及有机堵塞、抑制黏土矿物膨胀、降低回采阻力的综合作用，保障了整体措施效果及经济有效率。

3.4　药剂的配伍性评价

为验证体系对后续联合站脱水的影响，针对性考察体系与破乳剂配伍性，结果表明，药剂对曙四、曙五联合站原油的破乳脱水及后续的水处理不产生任何不良影响。

4　现场实施效果

在杜 84 兴隆台边部应用 12 井次，与未实施的临井对比，在平均单层厚度基本相同的情况下，注汽压力均有所降低，平均单井降低 1.4MPa，注汽干度提高 4%；有效生产时间延长 36 天，采注比提高 0.16，油汽比提高 0.11，有效改善了油井的生产效果。

5　结论

(1) 室内试验表明，复配体系具有"一剂多用"特点，对改善超稠油边部新井低周期开发具有积极作用。

（2）该技术能够有效降低超稠油区块边部新井注汽压力，保障注汽质量。

（3）该技术对于提高油井回采能力具有积极作用。

（4）现场应用效果明显，在超稠油边部区块具有较强的推广价值。

参 考 文 献

[1] 宋福军. 曙一区杜813兴隆台油藏地质特征及开发规律研究[D]. 大庆：东北石油大学，2006.

[2] 郎宝山. 曙光油田应用化学技术的现状与展望[J]. 中外能源，2010，15（11）：46-49.

[3] 祝明华. KQTP解堵工艺技术[J]. 石油钻采工艺，1995（6）：85-88.

[4] 唐孝芬，刘戈辉，李宇乡，等. 油层解堵剂CY-3的性能与应用[J]. 油田化学，1998，15（2）：109-112.

[5] 陶德伦，张继勇，汪绪刚，等. 冀东油田稠油井酸化解堵技术研究与应用[J]. 石油钻采工艺，1998（3）：76-80.

[6] 苏春霞，孙立群，彭丽英. 多功能解堵剂ACM-1的研究与应用[J]. 钻采工艺，2001，24（2）：53-54.

[7] 董艾青，贺建华，汪正勇，等. 疏松砂岩油藏伤害因素及解堵工艺技术[J]. 钻采工艺，2003（4）：46-50.

[8] 舒勇，鄢捷年，李国栋. 复合表面活性剂酸液助排剂FOC及其应用[J]. 油田化学，2008，25（4）：320-324.

多层火驱尾气调堵技术研究与应用

匡旭光　郭斌建　沈文敏　谢嘉溪　席　新　谭宏亮

（中国石油辽河油田公司曙光采油厂）

摘　要： 针对薄互层稠油火驱油藏杜 66 块存在的火驱受效不均、生产井气窜等问题，开展了多层火驱生产井堵窜技术研究与试验，研制出火驱生产井选择性封窜剂以及耐高温封口剂，并对其进行性能评价实验和现场施工工艺优化。该封窜技术指标如下：耐温 ≥450℃，封堵率为 76%~96%。通过现场试验表明，多层火驱生产井堵窜技术能够有效解决吸气不均、气窜问题，提高火烧波及体积，提高火驱开发效果。同时按照"注得进、堵得住、解得开"的技术思路，研究一种全液相凝胶类暂堵剂，利用其高黏度特性，对地层中尾气通道实施暂堵，保证作业过程尾气不溢出，提高作业有效率。现场试验 55 井次，累计增油 $2.5×10^4t$，为多层火驱开发提供了有力的技术支撑。

关键词： 火驱；气窜；堵剂；堵窜技术

杜 66 块自 2015 年开展火驱试验以来，年产油由 $13.3×10^4t$ 上升到 $24.3×10^4t$，增幅近一倍，阶段增油 $67.5×10^4t$。实践表明，火驱是稠油稳产的有效接替方式，应用前景广阔。然而随着火驱开发的不断深入，受油藏非均质性及蒸汽吞吐阶段汽窜通道的影响，薄互层稠油火驱开发过程中动用不均矛盾凸显。一是吸气剖面资料表明：火驱整体纵向动用程度达 70%，但纵向上动用程度存在较大差异，其中杜 Ⅰ 1—2 动用程度最高，达到 89% 以上，杜 Ⅱ 1—4 动用程度只有 44% 左右。二是平面非均质性导致生产井平面上见效程度、火线推进速度都存在较大差异，尾气推进速度不一。为提高火驱动用程度，有必要开展多层火驱尾气调堵技术研究，加大药剂配方的筛选与研制，并在工艺上进行改进，改善火驱开发效果。

1　技术思路

多层火驱生产井堵窜技术由选择性封窜剂和耐高温封口剂等组成，选择性封窜剂体系包括 CO_2 吸收剂、沉淀剂以及添加剂，其中，CO_2 吸收剂主要由 NaOH 和发泡剂组成，沉淀剂是一种富含 Ca^{2+} 的化学剂。该选择性封窜剂注入地层后，能吸收火驱尾气中 CO_2，然后与沉淀剂发生化学反应，在气窜通道中产生沉淀并形成封堵，从而减少该井的尾气量。针对火驱作业方面，研究一种全液相凝胶类暂堵剂，利用其高黏度特性，对地层中尾气通道实施暂堵，保证作业过程尾气不溢出。作业后一定时间内，凝胶体系能够降解水化为低黏度液体，油井投产后随地层流体一同采出，使地层渗透性得到恢复。

2 火驱尾气调堵技术研究

2.1 选择性堵窜技术

2.1.1 选择性封窜剂技术指标

选择性封窜剂注入地层后，能吸收火驱尾气中 CO_2，然后与沉淀剂发生化学反应，在气窜通道中产生沉淀并形成封堵，从而减少该井的尾气量。这种封窜剂的特点是强度大（因沉淀是固体物质）、稳定性好［包括对剪切稳定（不像聚合物液会剪切降解）、对热稳定（可用在任何高温地层）、化学稳定（单独存在时大多数是很稳定的物质）和生物稳定（不受微生物影响）］。

技术指标：（1）耐温 450℃；（2）封堵率为 76%~96%。

2.1.2 选择性封窜剂主要组分的物理化学性质及沉淀量测试

目前，能快速吸收 CO_2 的化学药剂主要为石灰乳、NaOH、硅酸盐等，其中石灰乳微溶于水，现场注入时存在一定难度；NaOH 溶解度较高，并且能快速吸收 CO_2，生成 Na_2CO_3 溶液；硅酸盐也能吸收 CO_2，但是速率相对较慢，生成硅酸凝胶。因此，后续实验 CO_2 吸收剂确定为 NaOH，选用 $CaCl_2$ 为沉淀剂。

氢氧化钠，化学式为 NaOH，俗称烧碱、火碱、苛性钠，为一种具有强腐蚀性的强碱，一般为片状或块状形态，易溶于水（溶于水时放热）并形成碱性溶液，另有潮解性，易吸取空气中的水蒸气（潮解）和 CO_2（变质），可加入盐酸检验是否变质。

NaOH 是化学实验室中一种必备的化学品，也是常见的化工品之一。纯品是无色透明的晶体，密度为 2.130g/cm³，熔点为 318.4℃，沸点为 1390℃。工业品含有少量的 NaCl 和 Na_2CO_3，是白色不透明的晶体，有块状、片状、粒状和棒状等，分子量为 39.997。

氯化钙，一种由氯元素和钙元素组成的盐，化学式为 $CaCl_2$。微苦，无味。它是典型的离子型卤化物，室温下为白色、硬质碎块或颗粒。常见应用包括制冷设备所用的盐水、道路融冰剂和干燥剂。密度为 2.15g/cm³，熔点为 782℃，沸点为 1600℃，分子量为 111。

沉淀量是一个重要标准，因地层是靠沉淀堵塞的，沉淀量越大，堵塞能力就越大。沉淀量的测定方法如下：取两种反应液各 5g 放入塑料瓶中，保持 60℃反应 30min，加入 40mL 蒸馏水并转移至 50mL 离心管内，用高速离心机离心 15min，取出清液，再加水 50~100mL 洗涤沉淀，然后用真空抽滤装置抽滤（滤液预先烘干、称重，保存在干燥器内待用），带滤饼的滤纸放在 105~110℃烘箱中烘 4h，在干燥器中冷却至室温，称重，得沉淀量。

实验时先将不同浓度的 NaOH 水溶液与适量的 CO_2 反应，再取 5g 反应后的溶液与 5g 50%的 $CaCl_2$ 水溶液反应，实验结果如图 1 所示。

从实验结果可以看出，随着 NaOH 浓度的增加，反应沉淀量也随之增加，当 NaOH 浓度达到 35%以后，反应沉淀量增长放缓。

2.1.3 耐高温封口剂

耐高温封口剂主要由水玻璃和黏土及添加剂等组成，水玻璃黏土胶堵剂在地层条件下形成难溶于水的硅酸钙和网状结构的碱性硅酸凝胶，具有较好的耐温性能和耐蒸汽冲刷性能。

耐高温封口剂技术性能指标如下：密度为 1.25~1.35g/cm³；黏度为 40~60mPa·s；固

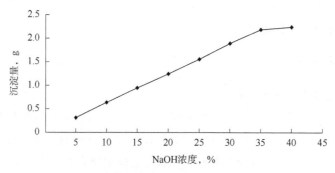

图 1   不同浓度 NaOH 的反应沉淀量

结时间为 8~10h(50℃)；封堵率≥90%；固结抗压强度为 5~6MPa；使用温度为 50~400℃。

2.1.4   施工工艺

（1）分段塞注入。

现场实施时，分两个段塞进行注入。段塞 1：封窜剂（NaOH 和 CaCl$_2$）（现场注入时分两次交替注入）。段塞 2：耐高温封口剂。

（2）注入时机优选。

① 在周期结束时，注入上述两个段塞，施工后注蒸汽。

② 在周期快结束时，注入上述两个段塞，生产一段时间后（让火驱中产生的气体充分与封窜剂反应生成沉淀，时间在 10~15 天），然后结束周期生产，再进行注蒸汽。该方法可以避免注蒸汽时将封窜剂稀释，减弱封窜剂反应生成的沉淀量。

（3）针对火驱油藏生产井不同的生产矛盾，设计了相应的火驱生产井封窜工艺，提高了施工措施的有效率，为火驱封窜的现场工艺实施提供技术指导。

对于封窜工艺选择，针对井况条件差的，不能填砂、不能作业的采用笼统封窜工艺；针对井况条件较好的，由于火驱主要是上层受效，因此可以对下层进行填砂保护起来，对上层实施分层封窜工艺。

2.2   火驱作业暂堵技术

常用的胶凝剂体系有天然和人工合成两大类。天然胶凝剂包括植物胶、动物胶、微生物胶等；人工合成剂有聚丙烯酰胺、羧甲基纤维素等。按照暂堵剂使用过程中的技术要求，对初始黏度、成胶速度、成胶强度、破胶性能、残渣率等指标进行对比，选取适宜的胶凝材料作为主剂。考虑货源、使用成本等因素，选择了改性瓜尔胶（一级）、改性瓜尔胶（超级）、魔芋胶、聚丙烯酰胺（HPAM，分子量为 1900×10^4）、羧甲基纤维素（CMC，高黏）进行对比实验。

针对上述胶凝主剂，选用不同的交联剂与之配对，并加入破胶剂，测定其成胶时间、成胶强度及破胶时间和破胶后黏度。

改性瓜尔胶和魔芋胶的交联剂为无机硼酸盐类交联剂，其中胶凝主剂的浓度为 0.7%；水解聚丙烯酰胺的交联剂为酚醛类交联剂，其中胶凝主剂的浓度为 0.3%；羧甲基纤维素主要用作增稠剂、乳化剂和悬浮剂等，目前没有与之配对的交联剂，因此这里不做对比实验。实验温度为 60℃，各胶凝主剂的成胶实验和破胶实验的结果见表 1。

表 1 各胶凝主剂成胶、破胶情况

样品名称	成胶时间	成胶强度，mPa·s	破胶时间	破胶后黏度，mPa·s	备注
改性瓜尔胶（一级）	<15s	60000~100000	<12h	<20	成胶以后可挑挂；破胶后残渣低，破胶液清澈透明
改性瓜尔胶（超级）	<15s	60000~100000	<12h	<20	
魔芋胶	<15s	30000~80000	<8h	<50	成胶以后可挑挂；破胶后残渣较多
HPAM	8~16h	5000~10000	>10d	<200	破胶后仍有一定的黏度，以及含有块状碎片

从上述实验可以看出，植物胶类的暂堵剂成胶都比较快，且成胶后的强度较大，可以挑挂，破胶的时间也较快，破胶液黏度也较低，其中改性瓜尔胶破胶后残渣低，并且破胶液清澈透明，而魔芋胶破胶后残渣较高，有卡泵的风险，并且其货源也不如改性瓜尔胶广泛；聚丙烯酰胺凝胶体系类型的暂堵剂属于刚性网格结构，不易降解，并且破胶剂对聚丙烯酰胺凝胶成胶性能、成胶强度都有较大影响，浓度大会延长聚丙烯酰胺成胶时间或导致其难以成胶，破胶时间也较长，破胶后仍有一定的黏度，以及含有块状碎片，对地层损害较大，导致地层渗透率下降，并且极易卡泵而影响油井的正常生产；羧甲基纤维素目前没有与之配对的交联剂，其溶液的强度较弱，不能有效封堵地层，不适合用作暂堵剂。

因此，暂堵剂的胶凝主剂以改性瓜尔胶为最佳，确定其使用浓度最佳范围为 0.5%~0.8%；从表 2 可以看出，改性瓜尔胶成胶时间过短，影响了现场施工时的泵注性能，破胶时间也短，不利于作业施工，为此，按照"注得进、堵得住、解得开"的指导思想，还要对配方进行深度研究，筛选交联剂、破胶剂、稳定剂、延缓剂等，延长成胶时间，利于现场泵注，在作业过程中不能破胶，破胶时间大于 24h。

表 2 瓜尔胶硼砂、瓜尔胶有机硼交联情况

改性瓜尔胶浓度,%	硼砂浓度,%	成胶时间，s	成胶状态
0.7	0.02	15	成胶，较弱
0.7	0.03	10	成胶，可挑挂
0.7	0.04	立即	成胶，较脆，易断
0.7	0.05	不成胶	不成胶
0.7	0.1	260	成胶，可挑挂
0.7	0.2	200	成胶，可挑挂
0.7	0.5	70	成胶，较脆，易断

2 交联剂体系研究

考虑货源、使用成本等因素，交联剂选用常用的硼砂和有机硼进行对比实验。实验中，改性瓜尔胶的浓度为 0.7%，实验温度为 60℃，实验用水为自来水。

实验方法：称取一定量的改性瓜尔胶溶解于去离子水中，用搅拌器搅拌 10min，使其成为均匀的胶液；称取一定量的硼砂或有机硼，加入胶液中，观察其成胶时间、成胶状态。

从上述实验可以看出，改性瓜尔胶与硼砂的成胶时间较短，而改性瓜尔胶与有机硼的成

胶时间较长，成胶性能较好。因此，有机硼有延迟交联性能，选取有机硼为交联剂，使用浓度为 0.1%~0.2%。

3 现场推广应用情况

现场试验 55 井次，累计增油 2.5×10^4 t，为多层火驱开发提供了有力的技术支撑。

曙 1-43-048 井于 1995 年 12 月投产，2012 年成为火驱 14 井组一口生产井，受两口注气井影响，目前井段 866.9~1001.5m，44m/17 层。该井上周期尾气量高达 12000m³ 左右。因此，决定对该井实施火驱分层调堵措施。

从连通图可以看出，该井与两口注气井连通性较好，两口注气井纵向上吸气严重不均，因此施工时采取分层调剖。方案设计上，将 13 号层以下进行卡封，单独对 13 号层注入调剖剂。施工后注蒸汽时，将整个下层系(非火驱井段)进行卡封，对上层系(火驱井段)进行选注。该井于 2017 年 8 月 12 日施工，2017 年 9 月 4 日下泵，周期生产 333.9 天，累产液 6207.7t，累产油 868.1t，措施增油 701.2t，日产气量由措施前最高 12000m³ 降至 8000m³ 左右，对应井组两口生产井尾气量上升，增油 960.6t，措施效果显著。

4 结论与认识

(1)针对火驱开发过程中存在的问题及难点，创新研发了各项技术，且取得了较好的现场应用效果。

(2)研究的新型火驱暂堵技术可保证火驱生产井的正常作业，堵剂配方采用全液相体系，适应性较强，符合火驱现场要求。

(3)该技术的成功应用有效缓解了火驱动用不均的矛盾，为火驱持续开发提供有力的技术支撑。

参 考 文 献

[1] 张敬华，杨双虎，王庆林. 火烧油层采油[M]. 北京：石油工业出版社，2000.
[2] 张方礼，刘其成，刘宝良，等. 稠油开发实验技术与应用[M]. 北京：石油工业出版社，2007.
[3] 门福信. 薄互层稠油油藏火驱开发动态调控技术研究[M]. 化工管理，2014(20)：118.
[4] 于浩. 杜 66 火驱生产井气窜封堵技术研究[J]. 石油化工应用，2014，33(4)：28-31.
[5] 曲占庆，吴婷，王丽，等. 稠油火驱调剖暂堵机理实验研究[J]. 内蒙古石油化工，2011，37(22)：154-156.

废弃钻井液处理技术探索研究

尹志成　王璐璐

（中国石油辽河油田公司）

摘　要：废弃钻井液是油田企业钻井过程中的主要污染源之一。本文通过对废弃钻井液的来源、组成及危害的分析，了解废弃钻井液的潜在污染状况，结合油田废弃钻井液特点，对钻井液压滤废液中悬浮物进行处理，采用"混凝—氧化—过滤"工艺，悬浮固体去除率达到92.4%以上，满足油田回注水质要求，达到保护环境的目的。同时，该技术具有一定借鉴意义。

关键词：废弃钻井液；压滤液；环境；悬浮物；试验

新井是油田开发中的新鲜血液，每年通过大批新井开发，可有效弥补油田递减。在新井钻井过程中加入大量的钻井液，这些钻井液起着非常重要的作用，它可以保持井眼稳定、保护油气层，在开钻至完井过程中会产生大量的钻井废液，这些废弃钻井液不及时处理会引起土壤、地表水和地下水的污染[1-2]。早期废弃钻井液处理方式以自然蒸发后填埋为主，但由于废液中含有多种添加剂，导致这种处理方式会带来很大的安全环保隐患，随着最新环保法规的颁布实施，各油田环保要求日益严格，对废弃钻井液处理技术也越来越重视，油田系统颁布的相关规定要求废弃钻井液实施不落地，实现无害化处理[3-4]。如何处理废弃钻井液已经成为油气勘探与开发工业中人们最关注的问题之一，本文针对废弃钻井液进行处理研究，探索了适合油田钻井液无害化处置的对策。

1　废弃钻井液对环境的影响

钻井过程中产生的废弃钻井液是一种含黏土、加重材料、材料添加剂、污水、污油及钻屑的多相稳定胶悬浮体，成分复杂。钻井过程中使用的钻井液体系还随着区块和井深的不同而变化，不同钻井液体系中含有不同的成分[4-5]，因此产生的钻井液中的污染物成分和数量也会发生变化。钻井实施区域周围多为苇田和稻田所覆盖，区内地势低洼，一般海拔在3m左右，年平均降雨量605mm，雷雨多发月份6—9月，在降雨期如不及时处理废弃钻井液，易因洪涝灾害对周围的苇田、农田、河塘、土地和水资源造成极大污染[6-7]。因此，通过钻井液车将这些废弃钻井液运输到采油厂联合站进行处理，废弃钻井液主要利用化学絮凝剂沉降和机械分离等强化措施，使其中的固液两相得以分离，分离后的废液每年达到$23×10^4m^3$。近年来，国家环保政策和地区监管日趋严格，对油田开发中回注水和外排水管控力度加大，部分废弃钻井液无法进入联合站污水处理系统。目前，采用钻井液压滤废液处理工艺，使处理后出水满足相应的水质标准，降低污水处理压力，达到安全环保要求。

2 油田废弃钻井液处理现状

通过对某油田钻井废弃液处理现状进行调研，每年产生废弃钻井液 $60 \times 10^4 \mathrm{m}^3$，废弃钻井液很难利用物理方法直接从中分离出水，又由于各钻井液废液产生的区块和地层各不相同，造成废液特性不同，因此，钻井液处理站根据废液特性，投加不同药剂。经过钻井液处理站"筛选—加药—脱稳—压滤"工艺处理后，破坏钻井液的胶体结构，使其失去稳定性，才能实现固液分离，分离出固相 $37 \times 10^4 \mathrm{m}^3$，剩余压滤废液 $23 \times 10^4 \mathrm{m}^3$。然后将这些剩余废液进入联合站污水系统进行处理，根据检测数据，对比《碎屑岩油藏注水水质推荐指标》限制要求，各区块的废弃钻井液含油量指标符合要求，悬浮固体含量较高[8]。统计调查结果表明：大部分区块的废弃钻井液污染物超标严重，只有部分区块的废弃钻井液水质相对较好，除总有机碳外，其他指标均符合要求。

3 废弃钻井液压滤废液处理试验

3.1 降低悬浮物含量烧杯试验

按照《碎屑岩油藏注水水质推荐指标》规定，结合联合站回注用水要求和钻井液处理站压滤废液主要成分[9]，确定试验目标为含油量 $\leqslant 10 \mathrm{mg/L}$、悬浮固体含量 $\leqslant 10 \mathrm{mg/L}$；试验内容包括絮凝试验、氧化试验、pH 值调节试验；试验仪器和试剂包括分析天平、浊度仪、氧化剂、絮凝剂。

3.1.1 混凝烧杯试验

该试验取压滤液静置沉淀 16h，原水浊度由 92.7NTU 降为 8.14NTU，取定量上清液，分别向烧杯中加入聚合氯化铝、氯化铁、硫酸铝、聚合硫酸铁溶液进行搅拌，静置沉降，150min 后取上清液检测。根据试验结果和经济性，初步确定混凝剂为聚合氯化铝和聚合硫酸铁。

3.1.2 氧化烧杯试验

该试验取定量压滤液自然沉降 24h，取定量上清液，在不同 pH 值下，分别向烧杯中加入次氯酸钠、高锰酸钾、双氧水溶液，试验氧化效果。随着氧化时间延长，水中沉淀物体积先增加后减少，一定时间后沉淀物体积不再变化，氧化反应结束，沉淀物被压实。综合考虑氧化效果和安全环保因素，确定氧化剂为高锰酸钾和次氯酸钠。

3.1.3 氧化絮凝烧杯试验

根据前期烧杯试验结果，进行聚合硫酸铁、次氯酸钠和高锰酸钾、聚合硫酸铁不同剂量的投加试验，观察絮凝效果，确定药剂投加量。试验结果表明：采用"絮凝—氧化"工艺，聚合硫酸铁作为絮凝剂、次氯酸钠作为氧化剂，钻井液压滤废液絮凝效果较好。采用"氧化—絮凝"工艺，高锰酸钾作为氧化剂、聚合硫酸铁作为絮凝剂，钻井液压滤废液絮凝效果较好。

3.2 降低悬浮物含量小试试验

按照《碎屑岩油藏注水水质推荐指标》规定，结合废弃钻井液主要成分和联合站回注用水要求，开展"原水直接过滤""混凝—气浮—过滤""混凝—氧化—过滤"三组试验研究。

3.2.1 "直接过滤"试验

"直接过滤"现场试验选用1组重力式直径为26cm玻璃滤柱，填装高度为100cm石英砂滤料，采用dn20PP-R管线连接工艺流程，进行过滤试验。钻井废液在该装置中自然沉降24h后，取上清液进入石英砂滤柱过滤，观察不同滤速下的悬浮物去除效果。试验结果表明：在试验液量和水质不稳定情况下，会对废液过滤效果造成一定影响，对比废液滤速在0.5m/s和1m/s条件下，悬浮物去除率变化不大，悬浮物去除率整体高于90%。但处理后的液体在自然环境中放置一段时间后，经过光照、沉降后，有返色现象。因此，直接过滤并不能有效去除废液中的悬浮固体，不能达到废弃钻井液处理回注水标准。

3.2.2 "混凝—气浮—过滤"试验

该试验将废弃钻井液的压滤废水静置24h后，取上清液投加聚合硫酸铁和聚丙烯酰胺，进行气浮，然后气浮出水采用石英砂滤柱和核桃壳滤柱进入二级过滤。试验结果表明：在不同气水比条件下，气浮对于去除悬浮物有一定效果，但是气浮出水经过过滤后悬浮物含量明显上升。然而，气浮出水直接静置日照后，有明显返色现象，悬浮物含量上升，也不能达到回注标准。

3.2.3 "混凝—氧化—过滤"试验

该试验将废弃钻井液的压滤废水静置24h后，取上清液投加聚合硫酸铁，混凝沉淀150min后，投加次氯酸钠，氧化沉淀24h后，抽取上层清液以滤速1m/h进入石英砂滤柱再进入锰砂滤柱二级过滤。试验结果表明：钻井液压滤废液经过自然沉降、混凝沉淀后，上清液经过石英砂滤料一级过滤后，悬浮固体去除率达到92.4%以上，出水悬浮物含量小于5mg/L，符合油田回注水质要求。经过核桃壳滤料二次过滤后，悬浮固体含量明显上升，去除率有所降低，因此采用一级过滤即可满足处理后的水质要求[10-11]。对比前两组试验结果，废弃钻井液回注水处理技术采用"混凝—氧化—过滤"工艺效果会更好，处理后出水可满足《碎屑岩油藏注水水质推荐指标》规定的"含油量≤10mg/L，悬浮固体含量≤10mg/L"技术指标要求。

4 结论

（1）钻井过程中会产生大量的废弃钻井液，对废弃钻井液不落地处理，满足《中华人民共和国环境保护法》要求，减少对环境的污染。

（2）通过一系列试验，采用"混凝—氧化—过滤"工艺，处理后出水达到相应的回注用水标准，实现废弃钻井液压滤废液再利用，对降低生产成本、减少污染、改善环境有积极意义。

（3）该技术实现了废弃钻井液处理回注，解决了废弃钻井液不能进行环保处理的行业性难题，为处理废弃钻井液提供了新思路。

参 考 文 献

[1] 钱孟海，董强，朱仁发. 废弃钻井泥浆处理工艺研究[J]. 安徽化工，2009，35(5)：28-30.

[2] 范江峰. 浅谈废弃钻井泥浆处理对策分析[J]. 引文版：工程技术，2016(5)：244.

[3] Ozumba C I, Benebo T E T. Waste recycling initiatives in an exploration company in Nigerial[J]. SPE 73841，2002.

［4］田永岗．浅谈废弃钻井泥浆处理技术分析研究［J］．中国石油和化工标准与质量，2018，38（19）：189-190.

［5］苏勤，何青水，张辉，等．国外陆上钻井废弃物处理技术［J］．石油钻探技术，2010，38（5）：106-110.

［6］张兴儒，吴振烈．油气田环境保护［M］．北京：石油工业出版社，1994.

［7］李爱英．废钻井液污染分析及处理方法的探讨［J］．油气田环境保护，1998，8（2）：15-17.

［8］Getliff J M, Silverstone M P, Shearman A K, et al. Wast management and disposal of cuttings and drilling fluid waste resulting from the drilling and compleetion of wells to produce orinoco vevy heavy oil Eastern Venezuela［J］. SPE 46600, 1998.

［9］董林林．国内废弃钻井泥浆处理技术综述［J］．引文版：工程技术，2015（12）：97.

［10］林仲，李雪凝．油田废弃钻井泥浆处理技术研究进展［J］．广州化工，2010，38（5）：47-48.

［11］赵雄虎，王风春．废弃钻井液处理研究进展［J］．钻井液与完井液，2004，21（2）：43-48.

高分辨率地质统计学反演在渤海中深层三角洲薄互储层建模中的应用

舒　晓　邓　猛　金宝强　何　康　周军良

[中海石油(中国)有限公司天津分公司]

摘　要：常规地质统计学建模方法以井数据为条件数据，利用随机模拟算法进行插值建模。但在海上油田大井距、少井情况下，难以对井间储层变化进行真实反映。渤海 M 油田为中深层三角洲沉积，储层埋藏深，纵向砂泥岩薄互层，横向变化快。为实现其精细储层地质建模，综合地震、测井、地质信息开展了高分辨率地质统计学反演研究，提高了井间储层预测精度，实现了三角洲薄互储层的精细刻画，据此建立了精细的三角洲薄互储层地质模型，成功指导了该油田的井位设计，取得了良好的开发效果。研究证实了地质统计学反演方法在构建中深层薄互储层地质模型中的有效性和可靠性。

关键词：地质统计学反演；储层建模；海上油田；三角洲；储层预测

三维储层建模是指建立反映储层结构及其特征空间分布的三维数字模型。三维地质建模是储层描述由定性向定量化发展的必然趋势，是储层表征的最终结果。储层建模不是数据的简单三维显示，而是地震、地质、测井、油藏、工程各专业的现代化桥梁。其不是单一学科的研究，而是一个综合各专业的研究过程。一般而言，储层建模是在地质认识的引领下，充分利用岩心的高精度实验数据、测井资料的垂向高分辨率、地震资料的横向高分辨率，利用动态资料验证，在地质定量知识库的指导下，选择合理的建模方法，在三维空间中描述储层特征的空间及时间变化，并评价表征不确定性，为油田开发生产服务。

目前储层建模方法集中在：(1)确定性建模，即基于密集的井数据绘制小层或者单砂层的砂体分布图、砂体厚度图和沉积相图等，通过数字化的方式建立确定性的储层模型；(2)储层随机建模，即利用插值算法如克里金算法、序贯高斯模拟算法等对储层进行井间内插和井外推测；(3)地震约束建模，主要是指利用地震数据或者 90°相移地震数据约束储层建模[1-2]。但是第 1 种和第 2 种方法仅适用于密井网且井分布较为均匀的条件下，在井数据较少的情况下，井间的变化情况难以准确反映。第 3 种方法在储层建模中效果较好，但是仅能建立与地震分辨率同等精度的储层模型。例如，在地震资料分辨率低难以识别单砂体时，则难以建立单砂体级别的地质模型。

渤海 M 油田位于渤海湾盆地渤中凹陷边部，主要含油层段为古近系沙河街组。由于油田井数少、井距大、储层横向变化快，中深层地震资料分辨率低，井间薄互层难以预测，精细地质建模工作难以开展。为解决上述问题，通过开展地质统计学反演研究，实现了三角洲薄互储层的精细预测，建立了高精度的地质模型，成功指导了该油田调整井井位设计和实施，取得了良好的开发效果。

1 研究区地质概况

渤海 M 油田位于渤海湾盆地渤中生油凹陷边部，整体为受边界断层控制的断裂背斜构造，是渤海储量最大、埋藏最深的在生产中深层低渗透油田[3-4]。

该次研究目的层为古近系沙河街组二段，为盆地断坳过渡阶段发育的浅水辫状河三角洲前缘沉积，埋藏深度在 3200~3500m 之间，发育 1~4 期单砂体的薄互层沉积，单期砂体厚度一般在 2~8m 之间。

基于岩心实验分析，沙二段平均渗透率 30mD 储层主要分为孔隙砂岩、致密砂岩、泥岩三种岩相。其中，孔隙砂岩为低自然伽马、高电阻率、低密度、中孔隙度，为主要储油单元，致密砂岩和泥岩为非储油单元。

2 基于地质统计学反演的中深层薄互储层建模方法

2.1 中深层三角洲薄互储层建模方法

地质统计学反演方法是在地质统计学基础上发展起来的一种建模方法，能充分融合地质、测井、地震等多尺度信息[5-11]。根据本文高精度建模需求，形成建模流程。首先建立复合砂体精度的层位格架模型，并开展精细变差函数分析。在层位格架模型约束下，利用地质统计学反演算法得到波阻抗模型。开展岩相概率分析，将波阻抗模型转换为最终的岩相概率模型。

2.2 三角洲复合砂体层位格架模型建立

统计分析显示，研究区沙二段储层厚度在 20~50m 之间，而地震资料在沙二段频带范围为 10~30Hz，主频约 16Hz。根据沙二段平均地层速度 3600m/s 计算，原始地震纵向分辨能力在 18~70m 之间，因此地震能够识别沙二段砂体的顶、底界面。

因此，基于 90°相移三维地震数据利用地震解释软件通过追踪地震剖面下的零相位精细解释了沙二段储层的顶、底界面，建立起中深层三角洲复合砂体的层位格架模型，该模型的建立为反演工作的开展奠定了基础。

2.3 精细变差函数分析

地质统计学反演在进行井间插值时主要利用变差函数，变差函数是描述地质变量空间相关性的统计量，被定义为空间内两点之差的方差，通过求取变差函数，可以确定储层的空间各向异性和相关性，因此准确求取变差函数是提高地质统计学反演准确度和精度的重要前提。

但对于海上油田，由于井数少、井距大，因此无法直接利用密集的井数据求取平面变差函数。考虑中深层下地震资料垂向分辨率低，但横向分辨率高（达到 25m），符合研究精度要求，因此基于 90°相移地震体提取沙二段层间平均振幅，基于振幅属性图计算水平变差函数平面图，该图能够反映储层的平面各向异性和空间相关性。由图可知，水平变差函数主变程方向近似为西南—北东方向，与沉积时期的主流线方向一致，反映在该方向储层具有更好的连续性和相关性；次变程方向近似西北—东南方向，垂直于主流线方向，在该方向储层连续性和相关性最低。

由于储层的垂向尺度远小于平面维度，需要利用测井数据计算储层垂向变差函数以确定垂向变异性。从垂向变差函数图(图1)可以看出，由于沙二段储层内部具有多期砂泥互层组合，变差函数值在达到基台值后仍然上下波动。拟合得到的变程值为2m，与井上钻遇最薄的单砂体厚度一致。

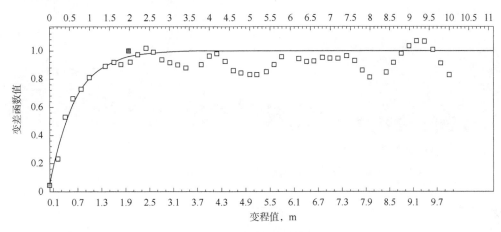

图1 垂向变差函数图

2.4 储层岩相概率分析

地质统计学反演得到的是波阻抗模型，并非岩相模型。因此，需要开展岩相概率分析确定不同岩相的波阻抗值概率分布函数，最后利用概率分布函数将波阻抗模型转换为岩相模型。

通过岩相概率分析拟合了各岩相的波阻抗值概率分布函数，其中致密砂岩波阻抗值最高，孔隙砂岩波阻抗值中等，泥岩波阻抗值最低。尽管三种岩相有值域重叠区，但波阻抗依然能够较好地区分不同岩相。

2.5 建立三维储层地质模型

在沙二段层位格架模型约束下通过地质统计学反演方法得到了反演波阻抗模型，在岩相概率分析的基础上进一步把波阻抗模型转换为岩相模型。将时间域模型通过时深转换到深度域中，得到深度域地质模型。与原始地震剖面相比，反演波阻抗剖面纵向分辨率明显提高，在转换为岩相模型后，不仅能够区分孔隙砂岩、致密砂岩和泥岩三种不同岩相、刻画储层纵向薄互层结构，还能反映储层横向变化。预测结果与新钻井解释岩相吻合度高，证明了该方法的可靠性。

图2显示了原始地震剖面、反演波阻抗模型剖面和岩相模型剖面对比情况。

基于M油田沙二段高精度地质模型(图3)，实施了开发井，实钻井与预测结果吻合率超过80%，开发生产效果良好。

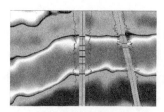

（a）原始地震剖面

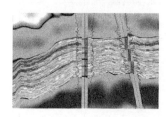

（b）反演波阻抗模型剖面

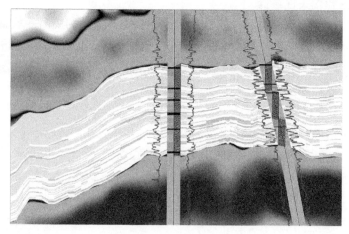

（c）岩相模型剖面

图 2　原始地震剖面、反演波阻抗模型剖面和岩相模型剖面对比

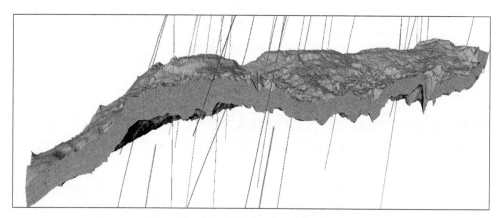

图 3　沙二段三角洲薄互层三维地质模型

3　结论

（1）建立了一套基于地质统计学反演的中深层三角洲薄互储层建模方法，该技术在 M 油田的成功应用，证实该技术能够有效解决中深层薄互层三角洲储层建模难题。

（2）该方法适用于海上油田少井、大井距情况下的中深层三角洲储层地质建模，特别是在薄互储层的预测方面更为明显。

参 考 文 献

[1] 张立安，张岚，李超，等．基于地质模式约束中深层井震一体化储层预测方法与应用[J]．地质找矿论丛，2020，35(4)：424-432.

[2] 严皓，李宾，李久．基于地震属性的中深层薄砂层厚度定量预测——以渤海 B 油田为例[J]．地球物理学进展，2019，34(1)：401-404.

[3] 周军良，胡勇，李超，等．渤海典型低孔渗油藏储层预测及效果——以渤海 B 油田沙河街组二段为例

［J］．海相油气地质，2016，21（4）：73-77.

［4］邓猛，金宝强，周军良，等．精细古地貌恢复在海上油田中-深层储层预测中的应用——以渤海 X 油田沙二段为例［J］．地质找矿论丛，2018，33（3）：399-407.

［5］贺东阳，李海山，何润，等．基于混合高斯先验分布的地质统计学反演［J］．岩性油气藏，2021，33（3）：113-119.

［6］曹思佳，孙增玖，党虎强，等．致密油薄砂体储层预测技术及应用实效——以松辽盆地敖南区块下白垩统泉头组为例［J］．岩性油气藏，2021，33（1）：239-247.

［7］袁成，苏明军，倪长宽．基于稀疏贝叶斯学习的薄储层预测方法及应用［J］．岩性油气藏，2021，33（1）：229-238.

［8］罗泽，谢明英，涂志勇，等．一套针对高泥质疏松砂岩薄储层的识别技术——以珠江口盆地 X 油田为例［J］．岩性油气藏，2019，31（6）：95-101.

［9］张义，尹艳树．约束稀疏脉冲反演在杜坡油田核三段中的应用［J］．岩性油气藏，2015，27（3）：103-107.

［10］Haas A，Dubrule O. Geostatistical inversion：a sequential method for stochastic reservoir modeling constrained by seismic data［J］．First Break，1994，12（11）：561-569.

［11］Dubrule O，Thibaut M，Lamy P，et al. Geostatistical reservoir characterization constrained by 3D seismic data［J］．Petroleum Geoscience，1998，4（2）：121-128.

馆陶组稠油油藏储层预测技术及水平井应用

梁 旦　杨晓强　张利宏　赵 鹏

（中国石油辽河油田公司欢喜岭采油厂）

摘　要： 由于馆陶组稠油油藏特殊的成藏模式，导致油水关系极其复杂、有效油层识别难度大，开发过程中存在直井产能低、水平井产能差异大等问题。通过成藏模式、地震属性、油井产能与地震资料规律、油层有效厚度与地震波形匹配规律等分析，可有效识别该类稠油油藏储层，并利用地震振幅变化规律指导水平井部署及实施，实现无导眼情况下直接实施水平井，减少投资及钻井周期，改善油藏开发效果。

关键词： 馆陶；稠油；地震波形；水平井

辽河盆地西部凹陷西斜坡稠油资源尤其丰富，主要含油层系有馆陶组、沙河街组。其中，沙河街组稠油油藏广泛分布且勘探与开发程度均较高，而馆陶组稠油油藏相对分布较为局限且勘探与开发程度较低。因此，对上台阶馆陶组稠油油藏开展综合评价，针对油藏特殊的成藏模式，寻找目标潜力区，部署水平井进行开发，形成一套针对馆陶组稠油油藏的储层预测技术及水平井开发实践。

1　成藏模式

辽河盆地是中、新生代发育起来的陆相断陷盆地。由于表层水及地下水氧化、生物降解作用的影响，在西部凹陷西斜坡形成了大面积的稠油油藏，资源量尤其丰富。西斜坡上台阶馆陶组地层广泛分布，完钻井录井解释馆陶组有含油显示的井段主要集中在 $500\sim800m$。

馆陶组稠油油藏的形成是由下部地层原油通过断裂和剥蚀窗向馆陶组砂砾岩储层运移，运移过程中由于水压力阻碍、地温下降及水洗作用形成自我封闭，在物性很好的馆陶组砂砾岩中下部聚集原油，最终形成顶、底、边部均被氧化壳及油水过渡带包围的稠油自封闭油藏。

2　开发矛盾

由于馆陶组稠油油藏特殊的成藏模式而形成的复杂地质特征，油藏周围氧化壳及油水过渡带的存在，导致油水关系极其复杂、有效油层识别难度大。主要归纳为两点：一是纵向上解释厚度大，有效出油层位及油层厚度难以确定；二是平面上控制程度低，有效油层边界范围难以落实。同时在实际开发过程中存在着直井产能低、水平井产能差异大的问题，造成新井实施风险大、整体开发效果不理想。

3 研究内容

针对馆陶组稠油油藏在地质体研究及开发过程中存在的主要问题，以上台阶某馆陶组稠油区块为例，通过成藏模式指导分层、直井产能论证油层，从纵向上确定馆陶组油层有效出油层位；利用油井产能与地震资料规律、油层有效厚度与地震波形匹配规律，从平面上确定馆陶组油层有效油层边界范围；根据水平井轨迹及开发效果与地震波形规律分析，研究水平井轨迹在油层中的位置对油井产能的影响。利用地震振幅变化规律指导水平井部署及实施，提高该类油藏的储量动用程度，改善油藏开发效果。

3.1 纵向出油层位确定

根据馆陶组油藏成藏模式，以及馆陶组砂砾岩中下部聚集原油的规律，将该区块馆陶组纵向上自底部向顶部依次划分为油水过渡带、原油富集区、油水过渡带、水层4个部分，同时采取以沉积旋回为基础，对比标志层作控制的原则，参考地震解释及开发动态资料，将该块馆陶组油层划分为4个油层组（馆Ⅰ、馆Ⅱ、馆Ⅲ、馆Ⅳ），其中馆Ⅲ油层组为原油富集区，又进一步划分为3个小层（馆Ⅲ$_1$、馆Ⅲ$_2$、馆Ⅲ$_3$）。

当储层中存在油气时，会降低地层中各种导电离子的浓度，进而影响地层的电阻率值。馆陶组油层属于中等饱和度油藏，油层和水层的电阻率由于储层岩性与物性综合影响，差别较小，使得电性与含油性关系较为复杂。根据该区块馆陶组储层电性图版分析，馆陶组有效油层 $Rt>120\Omega\cdot m$，$AC>400\mu s/m$；差油层 $100\Omega\cdot m<Rt<120\Omega\cdot m$，$360\mu s/m<AC<400\mu s/m$；水层 $Rt<100\Omega\cdot m$，$AC<360\mu s/m$。利用电性图版成果，对完钻油井做二次测井解释，重新确定单井油水关系。

从区块投产直井试油、试采的生产周期、累产油、油汽比等动态数据分析，单独生产馆Ⅲ$_2$油层的油井，平均单井生产5个周期，单井累产油3000t左右，油汽比接近0.5；而生产其他层位或与馆Ⅲ$_2$油层合采的油井，平均单井生产仅1.5个周期，单井累产油400t左右，油汽比不到0.2。馆Ⅲ$_2$油层产能效果明显好于其余层位。

根据馆陶组砂砾岩中下部聚集原油的规律，以及油井二次解释结果，同时结合投产直井开发效果，综合确定该区块馆陶组油层纵向有效出油层位为馆Ⅲ$_2$油层。

3.2 平面油层边界确定

地震振幅属性能直接反映反射系数（波阻抗界面）、储层孔隙流体不同的变化、地层厚度、岩石成分、地层压力等。在区块馆Ⅲ$_2$储层中，当其余参数相当的条件下，储层孔隙流体的变化对地震振幅属性变化影响最大，且砂体含油饱和度越高，振幅越强。

地震强振幅的后期处理最主要是动校正拉伸，剪切过长振幅美化效果。强振幅剪切掉过长的波峰，处理后的波形几何形态近似为梯形，中、弱振幅则不需要剪切波峰，把强振幅处理后形成的波形形态称为方形波，而未被处理的中、弱振幅所形成的波形形态称为圆形波。根据区块馆陶组油层油井产能与地震资料规律分析，目的层馆Ⅲ$_2$油层地震资料振幅显示为方形波区域的油井产能好，显示为圆形波区域的油井产能差或不出油。

为了更好地落实地震方形波与油井产能之间的匹配关系，统计两种数据：（1）利用馆陶组油层电性图版成果，逐井次划分单井馆Ⅲ$_2$油层有效厚度；（2）单井地震方形波被剪切掉的部分时间差与该井馆III$_2$储层地震波形时间差的比值。寻找两种数据之间的规律，建立油井有效厚度与地震方形波之间的纽带。

从区块选取两口完钻井举例：完钻井 1 划分馆III$_2$油层有效厚度为 17.5m，该井所处地震方形波被剪切掉的波长时间差为 600－592＝8ms，馆III$_2$油层总波长时间差为 604－589＝15ms，两者比值为 53%；完钻井 2 划分馆III$_2$油层有效厚度为 5.0m，该井所处地震方形波被剪切掉的波长时间差为 584－580＝4ms，馆III$_2$油层总波长时间差为 591－572＝19ms，两者比值为 21%。

利用以上方法，将电性图版成果划分的油井馆III$_2$油层有效厚度与该井所处地震方形波时间差比值做线性回归图，利用该回归图所得成果预测区块完钻程度低区域的有效油层厚度及区块整体的有效油层分布范围。

3.3 水平井开发效果评价

区块早期实施水平井 5 口，从单井生产效果看，5 口水平井中有 2 口水平井累产油量相对较少，效果不如其余 3 口水平井，且单井产能差异较大。据统计，各水平井水平段岩性相同、物性相当、长度相近、排距相等，对油井产能影响均不大。因此，重点分析水平井产能与电性、含油性及水平段在油层中纵向位置的关系。

统计区块水平井测井解释含油饱和度和电阻率，总体上表现为由区块中部向边部，含油饱和度和电阻率均呈下降趋势，符合馆陶组成藏模式。其中，含油饱和度下降趋势较小，电阻率下降趋势较大。根据水平井含油饱和度、电阻率与油井产量分析，总体上表现为随着含油饱和度、电阻率增大，累产油量升高，油汽比升高。

从水平井水平段地震剖面分析，水平段位于馆III$_2$油层中部，即地震方形波中部的水平井开发效果较好，平均单井产油可达 1.5×10^{4}t，油汽比接近 0.7；水平段位于馆III$_2$油层下部，即地震方形波下部的水平井开发效果相对较差，平均单井产油不到 0.5×10^{4}t，油汽比仅0.3 左右。结合水平段含油饱和度、电阻率统计分析，产能效果较差的两口井的两项参数均比产能效果较好的三口井低，证实馆III$_2$油层中部，即地震方形波中部含油饱和度高、电阻率高，油井生产效果好，也符合馆陶组成藏模式。

同时，结合区块水平井周期数、周期产油、周期平均日产油、累产油等变化曲线规律，可以看出，自首周期开始，水平段处于馆III$_2$油层中部的井各项参数均高于水平段处于馆III$_2$油层下部的井，进一步证明水平段保持在馆III$_2$油层中部，即地震方形波中部的水平井开发效果更理想。

4 应用效果

通过馆陶组稠油油藏储层预测技术及水平井开发效果评价，在示例区块馆陶组油藏馆III$_2$油层有效厚度大于 15m 的区域，馆III$_2$油层中部（地震方形波中部），累计部署水平井 21口，极大提高了区块的储量动用程度。新井投产初期日产油 15t，阶段增油 3.0×10^{4}t，改善了区块的开发效果。

根据研究成果中水平段部署在方形波中部的原则，同时考虑"一导多用"的方法，实施新井仅在区块边部设计导眼井，预探油藏边部储层发育情况，累计减少 17 口导眼井投资。同时采用地质工程一体化思路，实现缩短钻井周期，一钻到底。已实施无导眼井的水平井，均一次性入靶，钻井成功率、油层钻遇率、设计符合率均达到100%。平均单井钻井周期由18天缩短为7天，实现安全、高效、环保钻井。

5　结论

（1）通过成藏模式、地震属性分析，寻找油井产能、油层有效厚度与地震波形匹配规律，可有效认识馆陶组稠油油藏储层特性，指导水平井位部署及实施。

（2）水平井开发实践在区块的成功应用，进一步证明了该分析成果是开发馆陶组稠油油藏行之有效的手段。

（3）该分析成果也为剩余油挖潜、维持油田长期稳产提供了新的思路和方法，对同类油藏增储上产具有较强的指导意义和借鉴价值。

参 考 文 献

［1］万仁薄．水平井开采技术［M］．北京：石油工业出版社，1995.
［2］范子菲．水平井水平段最优长度设计方法研究［J］．石油学报，1997，18（1）：55-62.
［3］姚继峰，廖兴明，于天欣．辽河盆地构造分析［J］．断块油气田，1995，2（5）：21-26.

海上稠油热采井高温蒸汽注入对井壁稳定的影响研究

贾立新　陈　毅　肖　遥　李　进　刘　鹏

［中海石油(中国)有限公司天津分公司］

摘　要：稠油热采过程中，注入地层的蒸汽使地层温度升高，可能使储层岩石力学性质发生改变，对井壁稳定性、地层出砂可能性带来影响。为研究高温高压蒸汽对井壁稳定的影响，利用有限元分析方法，建立了稠油注蒸汽热采开发的热—流—变形耦合分析模型，采用有限元数值模拟技术并开发相应程序对耦合模型求解，定量分析近井壁区域储层温度、压力、岩层骨架变形等参数变化。计算结果表明：随着注汽速度增加，注汽压力升高，导致近井地带孔隙压力升高，引起地层剪切破坏，潜在出砂区域面积随着注汽速度增加而增加；注汽过程中，向外扩散的蒸汽对砾石层有反向拖曳力，导致筛管与地层之间的环空面积增加，会使井眼扩大明显，造成砾石层充填密度降低。

关键词：稠油热采；高温蒸汽；井壁稳定；有限元分析；注热参数

稠油油藏开发过程中高温蒸汽注入引起储层内温度、压力大幅度增加，原油黏度降低，孔隙流体和岩石骨架受热发生膨胀。储层内的温度变化、流体渗流、骨架变形处于相互影响并随时间、空间不断变化的状态之中，为典型的热—流—变形耦合系统[1]。国内外学者在稠油热采数值模拟[2-4]、油藏热流固耦合效应[5-7]及其对井壁稳定的影响评价[8-11]等方面做了大量工作。本文在前人研究的基础上，综合热采开发过程中储层温度、流体渗流、骨架变形等影响因素，建立考虑热—流—变形耦合效应的地层稳定分析模型。

1　稠油热采井井壁稳定预测模型的建立

渤海稠油油田稠油黏度较大，需要进行注入蒸汽进行有效开发，因此油藏温度波动较大，储层段地应力与流体孔隙压力也相应发生显著的变化，油藏岩体会表现出复杂的变形特征，加之经常性的注采扰动，导致油藏的渗流、变形、温度处于一种复杂的相互影响、相互作用并随时间、空间不断变化的状态之中。因此，温度场波动大的油藏特别是实施注入蒸汽开采的油藏是典型的流—固—热耦合系统。为了准确地模拟油藏中流体渗流、岩石变形、温度场变化，对目标油田开采过程中提供准确的孔隙压力、有效应力场和温度的分布，应该将渗流力学、岩石力学、热力学结合起来，建立油藏流—固—热耦合热采井井壁稳定预测模型。

1.1　质量守恒方程

地层岩石的主要组成包含岩石骨架及孔隙空间的流体，对于含油储层，流体主要组成为油水两相物质。在代表性微元内包含有固体相、油相和水相三相物质，记 η 为不同物质的体积分数。固相体积分数 $\eta^s = 1-n$，孔隙度 $n = (dv^w + dv^g)/dv$；水相体积分数 $\eta^w = nS_w$，水相饱和度 $S_w = dv^w/(dv^w + dv^o)$；

油相体积分数 $\eta^o = nS_o$，油相饱和度 $S_o = dv^o/(dv^w + dv^o)$。油相和水相饱和度满足：

$$S_w + S_o = 1 \tag{1}$$

依据固相质量守恒可得：

$$\frac{D^s}{Dt}[(1-n)\rho^s] + (1-n)\rho^s \mathrm{div}(v_s) = 0 \tag{2}$$

依据水相质量守恒可得：

$$\frac{D^w}{Dt}(nS_w\rho^w) + nS_w\rho^w \mathrm{div}(v_w) = -\dot{m} \tag{3}$$

油相质量守恒：

$$\frac{D^o}{Dt}(nS_o\rho^o) + nS_o\rho^o \mathrm{div}(v_o) = \dot{m} \tag{4}$$

1.2　动量平衡方程

固相平衡方程：

$$-\rho a^s - \rho^w nS_w a^{ws} - \rho^o nS_o a^{os} + \mathrm{div}(\boldsymbol{\sigma}) + \rho g = 0 \tag{5}$$

不考虑动态效应的情况下，式(5)退化为

$$\mathrm{div}(\boldsymbol{\sigma}) + \rho g = 0 \tag{6}$$

根据 Terzaghi 有效应力原理：

$$\boldsymbol{\sigma}'' = \boldsymbol{\sigma} + \alpha p \boldsymbol{I} \tag{7}$$

对于多相流，使用 Bishop 等效孔隙压力 $p = S_w p^w + S_o p^o$ 可以得到有效应力为

$$\boldsymbol{\sigma}'' = \boldsymbol{\sigma} + \alpha(S_w p^w + S_o p^o)\boldsymbol{I} \tag{8}$$

将式(8)代入式(5)可以得到：

$$\mathrm{div}(\boldsymbol{\sigma}'') - \mathrm{grad}(\alpha p^w) - \mathrm{grad}(\alpha S_o p^c) + \rho g = 0 \tag{9}$$

油水两相的动量守恒方程则体现为达西定律：

$$nS_w v^{ws} = \frac{K^{rw}\boldsymbol{K}}{\mu^w}[-\mathrm{grad}(p^w) + \rho^w(g - a^s - a^{ws})] \tag{10}$$

$$nS_o v^{os} = \frac{K^{ro}\boldsymbol{K}}{\mu^o}[-\mathrm{grad}(p^o) + \rho^o(g - a^s - a^{os})] \tag{11}$$

其中，水相相对渗透率 $K^{rw} = K^{rw}(S_w)$，油相相对渗透率 $K^{ro} = K^{ro}(S_o)$。

1.3 能量守恒方程

由于储层岩体与固体介质不同，内部存在一定的渗流，因此导热方式除了热传导，还有热对流。建立瞬态热平衡方程如下：

$$(\rho C_p)_{eff}\frac{\partial T}{\partial t}+(\rho^w C_p^w v^w+\rho^o C_p^o v^o)\cdot \text{grad}T-\text{div}(\chi_{eff}\text{grad}T)=0 \tag{12}$$

其中，$(\rho C_p)_{eff}=\rho_s C_p^s+\rho_w C_p^w+\rho_o C_p^o$，为有效热容；$\chi_{eff}=\chi^s+\chi^w+\chi^o$，为有效热传导率。

以固体位移、水相压力、油相压力和温度作为基本未知量，对控制方程进行化简，最终可以得到：

$$C_{ww}\frac{D^s p^w}{Dt}+C_{wo}\frac{D^s p^c}{Dt}+\alpha S_w\text{div}(\dot{\boldsymbol{u}}_s)-\beta_w\frac{D^s T}{Dt}-\text{div}[\boldsymbol{K}_w\cdot\text{grad}(p^w)]+\text{div}(\boldsymbol{K}_w\rho^w\boldsymbol{g})=0 \tag{13}$$

$$C_{oo}\frac{D^s p^w}{Dt}+C_{ow}\frac{D^s p^c}{Dt}+\alpha S_o\text{div}(\dot{\boldsymbol{u}}_s)-\beta_o\frac{D^s T}{Dt}-\text{div}[\boldsymbol{K}_o\cdot\text{grad}(p^w)]-$$
$$\text{div}[\boldsymbol{K}_o\cdot\text{grad}(p^c)]+\text{div}(\boldsymbol{K}_o\cdot\rho^o\boldsymbol{g})=0 \tag{14}$$

以上方程的系数分别为

$$C_{ww}=\frac{\alpha-n}{K_s}S_w+\frac{nS_w}{K_w};\quad C_{wo}=\frac{(\alpha-n)S_w}{K_s}\left(S_o-p^c\frac{\partial S_w}{\partial p^c}\right)+n\frac{\partial S_w}{\partial p^c};$$

$$\beta_w=S_w[(\alpha-n)\beta_s+n\beta_w];\quad \boldsymbol{K}_w=\frac{K^{rw}\boldsymbol{K}}{\mu^w};$$

$$C_{oo}=\frac{(\alpha-n)S_o}{K_s}+\frac{nS_o}{K_o};\quad C_{ow}=\frac{(\alpha-n)S_o}{K_s}\left(S_o-p^c\frac{\partial S_w}{\partial p^c}\right)-n\frac{\partial S_w}{\partial p^c}+\frac{nS_o}{K_o};$$

$$\beta_o=S_o[(\alpha-n)\beta_s+n\beta_o];\quad \boldsymbol{K}_o=\frac{k^{ro}\boldsymbol{K}}{\mu^o}$$

$$\tag{15}$$

1.4 水和蒸汽状态方程

蒸汽吞吐过程中，孔隙流体为三相两组分物质，包含油、液态水和水蒸气。为简化计算模型，研究将水/水蒸气的混合物作为一种特殊的孔隙流体进行考虑，采用统一的状态方程来描述其性质。

水/水蒸气混合物的干度可以表示为

$$Q_s=0.5+\frac{1}{\pi}\text{atan}\frac{T-T_B(p)}{T_\Delta} \tag{16}$$

式中，Q_s 为混合物的干度；T_B 为混合物的沸点温度，与压力之间存在如下关系，$T_B(p)=42.833\ln(p)-390.38$。

水/水蒸气混合物具有的总内能 E_f 可以表示为

$$E_f=C_w T+LQ_s \tag{17}$$

式中，C_w 为水的比热容；L 为水蒸气的潜热常数。

根据水/水蒸气混合物干度的不同，水/水蒸气混合物的密度可以表示为

$$\rho = \frac{\rho_s \rho_w}{\rho_w Q_s + \rho_s (1-Q_s)} \tag{18}$$

水/水蒸气混合物的体积模量可以表示为

$$K = \frac{K_s K_w}{K_w Q_s + K_s (1-Q_s)} \tag{19}$$

水/水蒸气混合物的黏度可以表示为

$$\mu = \frac{1}{Q_s / \mu_s + (1-Q_s) / \mu_w} \tag{20}$$

2 流—固—热耦合有限元计算模型及其验证

热流固耦合的微分方程已经建立，现在通过确定边界条件就可以建立等效积分形式，该模型计算需要使用两类边界条件。

Direchlet 边界条件：

$$
\begin{aligned}
\boldsymbol{u} &= \bar{\boldsymbol{u}} && \text{on} \Gamma_u \\
p_w &= \bar{p}_w && \text{on} \Gamma_{p_w} \\
p_c &= \bar{p}_c && \text{on} \Gamma_{S_o} \\
T &= \bar{T} && \text{on} \Gamma_T
\end{aligned}
\tag{21}
$$

Neumann 边界条件：

$$
\begin{aligned}
\bar{\boldsymbol{t}} &= \boldsymbol{\sigma n} && \text{on} \Gamma_t \\
\bar{\boldsymbol{q}}_w &= (-\boldsymbol{c}_1 \nabla p_w + \boldsymbol{G}_1) \boldsymbol{n} && \text{on} \Gamma_{q_w} \\
\bar{\boldsymbol{q}}_o &= (-\boldsymbol{c}_2 \nabla p_w - \boldsymbol{c}_3 \nabla p_c + \boldsymbol{G}_2) \boldsymbol{n} && \text{on} \Gamma_{q_o} \\
\bar{Q}_{\text{cond}} &= (-\boldsymbol{c}_4 \nabla T) \boldsymbol{n} && \text{on} \Gamma_{Q_{\text{cond}}} \\
\bar{Q}_{\text{adv}} &= (-\boldsymbol{\beta}_2 \nabla p_w T - \boldsymbol{\beta}_3 \nabla p_c T + \boldsymbol{\beta}_1 T) \boldsymbol{n} && \text{on} \Gamma_{Q_{\text{adv}}}
\end{aligned}
\tag{22}
$$

动量平衡的等效积分形式：

$$\int_\Omega \delta \boldsymbol{u} \cdot [\operatorname{div}(\boldsymbol{\sigma}) + \rho \boldsymbol{g}] \mathrm{d}V - \int_{\Gamma_t} \delta u (\boldsymbol{\sigma n} - \bar{\boldsymbol{t}}) \mathrm{d}S = 0 \tag{23}$$

利用分部积分和高斯散度定理可以得到动量平衡方程的弱形式：

$$\int_{\Omega} \delta\boldsymbol{\varepsilon} : \boldsymbol{\sigma} \mathrm{d}V - \int_{\Omega} \delta\boldsymbol{u} \cdot \rho\boldsymbol{g} \mathrm{d}V - \int_{\Gamma_t} \delta\boldsymbol{u} \cdot \bar{\boldsymbol{t}} \mathrm{d}S = 0 \tag{24}$$

水相和固相质量守恒方程的弱形式为

$$\int_{\Omega} \delta p^{\mathrm{w}} \left[C_{\mathrm{ww}} \frac{\partial p^{\mathrm{w}}}{\partial t} + C_{\mathrm{wo}} \frac{\partial p^{\mathrm{c}}}{\partial t} + \alpha S_{\mathrm{w}} \mathrm{div}(\dot{\boldsymbol{u}}_{\mathrm{s}}) \right] \mathrm{d}V + \int_{\Omega} \delta p^{\mathrm{w}} \mathrm{div}(\boldsymbol{K}_{\mathrm{w}} \cdot \rho^{\mathrm{w}} \boldsymbol{g}) \, \mathrm{d}V$$

$$- \int_{\Omega} \delta p^{\mathrm{w}} \mathrm{div}[\boldsymbol{K}_{\mathrm{w}} \cdot \mathrm{grad}(p^{\mathrm{w}})] \mathrm{d}V \tag{25}$$

$$- \int_{\Gamma_{q_{\mathrm{w}}}} \delta p^{\mathrm{w}} \{ \boldsymbol{K}_{\mathrm{w}} \cdot [- \mathrm{grad}(p^{\mathrm{w}}) + \rho^{\mathrm{w}} \boldsymbol{g}] - \bar{\boldsymbol{q}}_{\mathrm{w}} \} \cdot \boldsymbol{n} \mathrm{d}S = 0$$

油相与固相质量守恒方程的弱形式为

$$\int_{\Omega} \delta p^{\mathrm{c}} \left[C_{\mathrm{oo}} \frac{\partial p^{\mathrm{w}}}{\partial t} + C_{\mathrm{ow}} \frac{\partial p^{\mathrm{c}}}{\partial t} + \alpha S_{\mathrm{o}} \mathrm{div}(\dot{\boldsymbol{u}}_{\mathrm{s}}) \right] \mathrm{d}V$$

$$- \int_{\Omega} \delta p^{\mathrm{c}} \mathrm{div}[\boldsymbol{K}_{\mathrm{o}} \cdot \mathrm{grad}(p^{\mathrm{w}})] \mathrm{d}V$$

$$- \int_{\Omega} \delta p^{\mathrm{c}} \mathrm{div}[\boldsymbol{K}_{\mathrm{o}} \cdot \mathrm{grad}(p^{\mathrm{c}})] \mathrm{d}V + \int_{\Omega} \delta p^{\mathrm{c}} \mathrm{div}(\boldsymbol{K}_{\mathrm{o}} \cdot \rho^{\mathrm{o}} \boldsymbol{g}) \mathrm{d}V \tag{26}$$

$$- \int_{\Gamma_{q_{\mathrm{o}}}} \delta p^{\mathrm{c}} \{ \boldsymbol{K}_{\mathrm{o}} \cdot [- \mathrm{grad}(p^{\mathrm{o}}) + \rho^{\mathrm{o}} \boldsymbol{g}] - \bar{\boldsymbol{q}}_{\mathrm{o}} \} \cdot \boldsymbol{n} \mathrm{d}S = 0$$

能量守恒方程的弱形式可以表示为

$$\int_{\Omega} \delta T (\rho C_{\mathrm{p}})_{\mathrm{eff}} \frac{\partial T}{\partial t} + (\rho^{\mathrm{w}} C_{\mathrm{p}}^{\mathrm{w}} \boldsymbol{v}^{\mathrm{w}} + \rho^{\mathrm{o}} C_{\mathrm{p}}^{\mathrm{o}} \boldsymbol{v}^{\mathrm{o}}) \cdot \mathrm{grad} T - (\mathrm{div} \delta T)(X_{\mathrm{eff}} \mathrm{grad} T) \mathrm{d}\Omega$$

$$+ \int_{\Gamma 2} \delta T (- \bar{Q}_{\mathrm{cond}} - \bar{Q}_{\mathrm{adv}}) \mathrm{d}\Gamma = 0 \tag{27}$$

上述方程的有限元离散格式为

$$
\begin{bmatrix}
\boldsymbol{K}_{\mathrm{uu}} & -\boldsymbol{K}_{\mathrm{uw}} & -\boldsymbol{K}_{\mathrm{uo}} & -\boldsymbol{K}_{\mathrm{ut}} \\
\boldsymbol{C}_{\mathrm{wu}} & \boldsymbol{C}_{\mathrm{ww}} + \Delta t \boldsymbol{K}_{\mathrm{ww}} & \boldsymbol{C}_{\mathrm{wo}} & \boldsymbol{C}_{\mathrm{wt}} \\
\boldsymbol{C}_{\mathrm{ou}} & \boldsymbol{C}_{\mathrm{ow}} + \Delta t \boldsymbol{K}_{\mathrm{ow}} & \boldsymbol{C}_{\mathrm{oo}} + \Delta t \boldsymbol{K}_{\mathrm{oo}} & \boldsymbol{C}_{\mathrm{ot}} \\
0 & \boldsymbol{C}_{\mathrm{tw}} & \boldsymbol{C}_{\mathrm{to}} & \boldsymbol{C}_{\mathrm{tt}} + \Delta t \boldsymbol{K}_{\mathrm{tt}}
\end{bmatrix}
\begin{Bmatrix}
\boldsymbol{U} \\
\boldsymbol{p}_{\mathrm{w}} \\
\boldsymbol{p}_{\mathrm{c}} \\
\boldsymbol{T}
\end{Bmatrix}
$$

$$
- \begin{Bmatrix}
0 \\
\boldsymbol{C}_{\mathrm{wu}} \boldsymbol{U}_{\mathrm{t}} + \boldsymbol{C}_{\mathrm{ww}} \boldsymbol{p}_{\mathrm{t}}^{\mathrm{w}} + \boldsymbol{C}_{\mathrm{wo}} \boldsymbol{p}_{\mathrm{t}}^{\mathrm{c}} + \boldsymbol{C}_{\mathrm{wt}} \boldsymbol{T}_{\mathrm{t}} \\
\boldsymbol{C}_{\mathrm{ou}} \boldsymbol{U}_{\mathrm{t}} + \boldsymbol{C}_{\mathrm{ow}} \boldsymbol{p}_{\mathrm{t}}^{\mathrm{w}} + \boldsymbol{C}_{\mathrm{oo}} \boldsymbol{p}_{\mathrm{t}}^{\mathrm{c}} + \boldsymbol{C}_{\mathrm{ot}} \boldsymbol{T}_{\mathrm{t}} \\
\boldsymbol{C}_{\mathrm{tw}} \boldsymbol{p}_{\mathrm{t}}^{\mathrm{w}} + \boldsymbol{C}_{\mathrm{to}} \boldsymbol{p}_{\mathrm{t}}^{\mathrm{c}} + \boldsymbol{C}_{\mathrm{tt}} \boldsymbol{T}_{\mathrm{t}}
\end{Bmatrix}
= \begin{Bmatrix}
\boldsymbol{F}_{\mathrm{u}} \\
\Delta t \boldsymbol{F}_{\mathrm{w}} \\
\Delta t \boldsymbol{F}_{\mathrm{o}} \\
\Delta t \boldsymbol{F}_{\mathrm{t}}
\end{Bmatrix} \tag{28}
$$

其中：

$$\boldsymbol{K}_{\mathrm{uu}} = \int_{\Omega} \boldsymbol{B}_u^T \boldsymbol{D} \boldsymbol{B}_u \mathrm{d}V \quad \boldsymbol{K}_{\mathrm{uw}} = \int_{\Omega} \boldsymbol{B}_u^T \boldsymbol{I} \alpha \boldsymbol{N}_{\mathrm{p}} \mathrm{d}V$$

$$\boldsymbol{K}_{\mathrm{uo}} = \int_{\Omega} \boldsymbol{B}_u^T \boldsymbol{I} \alpha S_o \boldsymbol{N}_{\mathrm{p}} \mathrm{d}V \quad \boldsymbol{K}_{\mathrm{ut}} = \int_{\Omega} \boldsymbol{B}_u^T \boldsymbol{D} \boldsymbol{I} \frac{1}{3} \beta_s \boldsymbol{N}_{\mathrm{p}} \mathrm{d}V$$

$$\boldsymbol{F}_{\mathrm{u}} = \int_{\Omega} \rho \boldsymbol{N}_u^T \boldsymbol{g} \mathrm{d}V + \int_{\Gamma_t} \boldsymbol{N}_u^T \boldsymbol{t} \mathrm{d}\Gamma$$

$$\boldsymbol{C}_{\mathrm{wu}} = \int_{\Omega} \boldsymbol{N}_{\mathrm{p}}^T d_4 \boldsymbol{A}^T \boldsymbol{N}_u \mathrm{d}V \quad \boldsymbol{C}_{\mathrm{ww}} = \int_{\Omega} \boldsymbol{N}_{\mathrm{p}}^T d_1 \boldsymbol{N}_{\mathrm{p}} \mathrm{d}V$$

$$\boldsymbol{C}_{\mathrm{wo}} = \int_{\Omega} \boldsymbol{N}_{\mathrm{p}}^T d_2 \boldsymbol{N}_{\mathrm{p}} \mathrm{d}V \quad \boldsymbol{C}_{\mathrm{wt}} = \int_{\Omega} \boldsymbol{N}_{\mathrm{p}}^T d_3 \boldsymbol{N}_{\mathrm{p}} \mathrm{d}V \qquad (29)$$

$$\boldsymbol{K}_{\mathrm{ww}} = \int_{\Omega} \boldsymbol{N}_{\mathrm{p}}^T \boldsymbol{A}^T c_1 \boldsymbol{A} \boldsymbol{N}_{\mathrm{p}} \mathrm{d}V$$

$$\boldsymbol{F}_{\mathrm{w}} = \int_{\Omega} \boldsymbol{N}_{\mathrm{p}}^T \boldsymbol{A}^T \boldsymbol{G}_1 \mathrm{d}V - \int_{\Gamma_{q_{\mathrm{w}}}} \boldsymbol{N}_{\mathrm{p}}^T \bar{\boldsymbol{q}}_{\mathrm{w}} \mathrm{d}\Gamma = 0$$

$$\boldsymbol{C}_{\mathrm{ou}} = \int_{\Omega} \boldsymbol{N}_{\mathrm{p}}^T d_8 \boldsymbol{A}^T \boldsymbol{N}_u \mathrm{d}V \quad \boldsymbol{C}_{\mathrm{ow}} = \int_{\Omega} \boldsymbol{N}_{\mathrm{p}}^T d_5 \boldsymbol{N}_{\mathrm{p}} \mathrm{d}V$$

$$\boldsymbol{C}_{\mathrm{oo}} = \int_{\Omega} \boldsymbol{N}_{\mathrm{p}}^T d_6 \boldsymbol{N}_{\mathrm{p}} \mathrm{d}V \quad \boldsymbol{C}_{\mathrm{ot}} = \int_{\Omega} \boldsymbol{N}_{\mathrm{p}}^T d_7 \boldsymbol{N}_{\mathrm{p}} \mathrm{d}V$$

$$\boldsymbol{K}_{\mathrm{ow}} = \int_{\Omega} \boldsymbol{N}_{\mathrm{p}}^T \boldsymbol{A}^T c_2 \boldsymbol{A} \boldsymbol{N}_{\mathrm{p}} \mathrm{d}V \quad \boldsymbol{K}_{\mathrm{oo}} = \int_{\Omega} \boldsymbol{N}_{\mathrm{p}}^T \boldsymbol{A}^T c_3 \boldsymbol{A} \boldsymbol{N}_{\mathrm{p}} \mathrm{d}V$$

$$\boldsymbol{F}_{\mathrm{o}} = \int_{\Omega} \boldsymbol{N}_{\mathrm{p}}^T \boldsymbol{A}^T \boldsymbol{G}_2 \mathrm{d}V - \int_{\Gamma_{q_{\mathrm{o}}}} \boldsymbol{N}_{\mathrm{p}}^T \bar{\boldsymbol{q}}_{\mathrm{o}} \mathrm{d}\Gamma$$

$$\boldsymbol{C}_{\mathrm{tw}} = \int_{\Omega} \boldsymbol{N}_{\mathrm{p}}^T d_{10} \boldsymbol{N}_{\mathrm{p}} \mathrm{d}V \quad \boldsymbol{C}_{\mathrm{to}} = \int_{\Omega} \boldsymbol{N}_{\mathrm{p}}^T d_{11} \boldsymbol{N}_{\mathrm{p}} \mathrm{d}V$$

$$\boldsymbol{C}_{\mathrm{tt}} = \int_{\Omega} \boldsymbol{N}_{\mathrm{p}}^T d_9 \boldsymbol{N}_{\mathrm{p}} \mathrm{d}V$$

$$\boldsymbol{K}_{\mathrm{tt}} = \int_{\Omega} \boldsymbol{N}_{\mathrm{p}}^T \boldsymbol{A}^T (c_4 \boldsymbol{A} - \boldsymbol{\beta}_1 + \boldsymbol{\beta}_2 \boldsymbol{A} \boldsymbol{N}_{\mathrm{p}} \boldsymbol{P}_{\mathrm{w}} + \boldsymbol{\beta}_3 \boldsymbol{A} \boldsymbol{N}_{\mathrm{p}} \boldsymbol{P}_{\mathrm{c}}) \boldsymbol{N}_{\mathrm{p}} \mathrm{d}V \qquad (30)$$

$$\boldsymbol{F}_{\mathrm{t}} = - \int_{\Gamma_{Q_{\mathrm{cond}}}} \boldsymbol{N}_{\mathrm{p}}^T \bar{Q}_{\mathrm{cond}} \mathrm{d}\Gamma - \int_{\Gamma_{Q_{\mathrm{adv}}}} \boldsymbol{N}_{\mathrm{p}}^T \bar{Q}_{\mathrm{adv}} \mathrm{d}\Gamma$$

根据以上建立的有限元方程，基于通用有限元软件 ABAQUS 平台编写用户子单元程序，从而实现热采井注采过程中的井周孔隙压力场、温度场、应力场以及储层岩石变形破坏的分析。

图 1 显示了常规三轴实验条件下岩心的弹塑性应力应变曲线计算结果，与解析解高度吻合，说明发展的程序能够准确描述储层岩石的弹塑性力学特性。

一维固结问题是测试流固耦合计算程序的著名算例。考虑一个长方形立柱，立柱上端与大气连通，而两侧面与底面皆为隔水条件。该结构顶面施加一个力载荷，由此产生随时间变

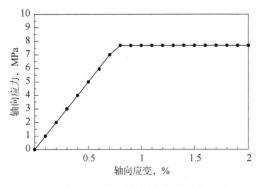

图 1 常规三轴实验条件下岩心
应力应变曲线计算结果

化的超孔隙水压力以及顶面沉降位移，用所发展的模型对该问题进行了分析计算并与解析解进行了对比，结果如图 2 所示。

对于一维固结问题，所发展的程序计算结果与解析解的计算结果吻合较好，说明发展的计算方法能够准确刻画岩石骨架变形与孔隙渗流相耦合的问题。

考虑一个 2.5m 长的一维杆，在一端瞬间施加 100℃，另一端绝热，计算不同时刻杆内温度的分布情况。图 3 显示了不同时刻温度分布的解析解与数值解对比情况，两者之间高度吻合，说明发展的计算模型与程序能够准确刻画蒸汽吞吐过程中的热传导过程。

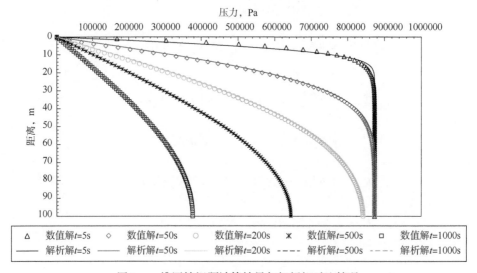

图 2 一维固结问题计算结果与解析解对比情况

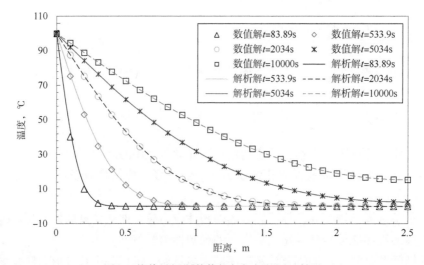

图 3 热传导问题数值解与解析解对比情况

3 高温蒸汽注入对井壁稳定的影响规律

以渤海某稠油油田为例,该油田采用水平井进行开发,水平段采用裸眼下筛管加砾石充填完井,随后进行蒸汽吞吐。蒸汽吞吐过程中,井周地层温度、孔隙压力与应力发生变化,可能导致井周地层发生变形破坏,带来系列问题。考虑到该油田在蒸汽吞吐过程中井筒中存在砾石层以及优质筛管,地层的变形破坏不至于造成大规模坍塌而失去井眼,但可能导致地层大量出砂,加剧冲蚀的风险。另外注汽过程中,注汽量太高可能导致地层孔隙压力快速升高而压裂地层发生汽窜,降低蒸汽波及效率。考虑到这两方面在蒸汽吞吐生产过程中可能带来的问题,利用热采井井周温度、压力、应力计算的流—固—热耦合计算模型和程序,针对目标油田目标储层在设计参数条件下的井壁稳定性进行分析计算,并开展参数敏感性分析,得到临界注采参数。

3.1 热采井井壁稳定分析计算模型

目标油田明下段热采井井壁稳定分析计算的有限元计算模型如图4所示,为平面应变模型,计算模型尺寸为 1000×200m,根据现场资料确定明下段储层厚度为 41m,根据现场资料,井眼尺寸为 8½in,井周地层的计算分析是考虑的重点,因此需要对此区域进行加密计算,模型如图5所示。

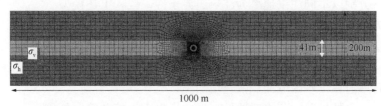

图 4　明下段热采井有限元模型

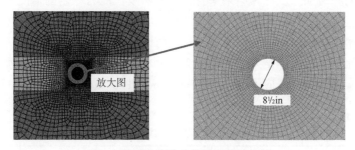

图 5　明下段热采井井周局部放大图

为对明下段储层蒸汽注采过程中井壁稳定性进行分析,通过现场油田资料及相关手册对所需计算参数进行整理(表1)。

表 1　明下段井壁稳定分析计算参数

参数	取值	参数	取值
油层深度,m	895.00	岩石骨架比热容,J/(kg·℃)	766
油层厚度,m	41.00	水比热容,J/(kg·℃)	4200
上覆地应力,MPa	17.9	油比热容,J/(kg·℃)	2500
最大水平地应力,MPa	15.2	水压缩系数,MPa^{-1}	$4.5×10^{-10}$

参数	取值	参数	取值
最小水平地应力，MPa	13.9	油压缩系数，MPa^{-1}	$5.0×10^{-10}$
油层压力，MPa	8.8	水的黏度，$mPa \cdot s$	1.0
弹性模量，GPa	0.40	孔隙度	0.32
泊松比	0.15	岩石骨架密度，g/cm^3	2.6
黏聚力，MPa	0.65	水密度，g/cm^3	1.0
内摩擦角，(°)	27.0	油密度，g/cm^3	1.0
竖直方向渗透率，mD	1496	50℃地面原油黏度，$mPa \cdot s$	36427
水平方向渗透率，mD	2992	岩石骨架导热系数，$W/(m \cdot ℃)$	1.89
地层温度，℃	40.275	油导热系数，$W/(m \cdot ℃)$	0.12
热膨胀系数，$℃^{-1}$	$9.72×10^{-5}$	水导热系数，$W/(m \cdot ℃)$	0.69

3.2 注热参数对井壁稳定的影响规律研究

为了探究注采参数对出砂的影响规律，借助上述二维有限元数值模拟计算模型，以渤海某稠油油田明下段为例，开展了不同注汽速率下注汽流量、注汽压力对稠油储层井壁稳定的影响规律研究。分别以不同注汽速率为注热边界条件，代入上述模型。

结合岩石力学实验结果，认为等效塑性应变大于4%的区域为潜在出砂区域。从计算结果来看，在地层吸汽能力一定的情况下，随着注汽速率增加，注汽压力升高，导致近井地带孔隙压力升高，引起地层剪切破坏，潜在出砂区域面积随着注汽速率增加而增加，超过$2.10m^3/(m \cdot d)$后潜在出砂区域面积快速增加。

注汽过程中，向外扩散的蒸汽对地层有反向拖曳力，使井筒向外扩张变形，导致筛管与地层之间的环空面积增加。从计算结果来看，在地层吸汽能力一定的情况下，随着注汽速率增加到某一较大值[如$3.15m^3/(m \cdot d)$]，反向拖曳力达到一定程度，可能使井眼扩大明显，造成砾石层充填密实程度严重降低，不利于长效防砂。

将不同注入流量下的计算结果统计成表2，从统计结果可以看出，以渤海某稠油油田明下段为例，建议实际注汽速率应不超过$1.75m^3/(m \cdot d)$，或者严格监控注汽过程的注汽压力，不超过18.54MPa。

表2 不同注入流量下的计算结果统计

序号	井筒注汽速率，$m^3/(m \cdot d)$	注汽压力，MPa	塑性区波及范围，m^2	环空增大比例，%
1	0.70	12.81	0.06	0
2	1.05	14.72	0.07	0
3	1.40	16.63	0.10	0.90
4	1.75	18.54	0.16	0.90
5	2.10	20.43	4.68	3.64
6	2.45	22.32	21.95	3.64
7	2.80	24.17	25.18	8.27
8	3.15	25.99	41.81	25.80
9	3.50	27.80	55.48	63.66

4 结论

考虑到稠油热采井壁稳定问题涉及岩石骨架受力与弹塑性变形、油水(蒸汽)三相两组分渗流、热量传导与扩散等多因素的相互影响与相互耦合作用，建立了一套基于流—固—热耦合的稠油热采井井壁稳定性预测模型，实现热采井注采过程中的井周孔隙压力场、温度场、应力场以及储层岩石变形破坏的分析，得到的认识与结论如下：

（1）在地层吸汽能力一定的情况下，随着注汽速率增加，近井地带孔隙压力升高，引起地层剪切破坏，潜在出砂区域面积随着注汽速率增加而增加，以渤海某稠油油田为例，注汽速率达到或超过 $2.10m^3/(m \cdot d)$ 后潜在出砂区域面积快速增加。

（2）注汽过程中，向外扩散的蒸汽对地层有反向拖曳力，使井筒向外扩张变形，导致筛管与地层之间的环空面积增加，从计算结果来看，在地层吸汽能力一定的情况下，反向拖曳力达到一定程度，可能使井眼扩大明显，造成砾石层充填密度降低，不利于长效防砂。

（3）以渤海某稠油油田明下段为例，建议实际注汽速率应不超过 $1.75m^3/(m \cdot d)$，或者严格监控注汽过程的注汽压力，不超过 18.54MPa。

参 考 文 献

[1] 刘建军，冯夏庭．我国油藏渗流-温度-应力耦合的研究进展[J]．岩土力学，2003 (S2)：645-650.

[2] 陈月明．注蒸汽热力采油[M]．东营：石油大学出版社，1996.

[3] 高学仕，张立新，潘迪超，等．热采井筒瞬态温度场的数值模拟分析[J]．石油大学学报：自然科学版，2001，25(2)：67-69.

[4] 杨立强，陈月明，王宏远，等．超稠油直井-水平井组合蒸汽辅助重力泄油物理和数值模拟[J]．中国石油大学学报：自然科学版，2007，31(4)：64-69.

[5] Vaziri H H. Theory and application of a fully coupled thermo-hydro-mechanical finite element model[J]. Computers & Structures, 1996, 61(1)：131-146.

[6] Settari A, Walters D A. Advances in coupled geomechanical and reservoir modeling with applications to reservoir compaction[J]. SPE Journal, 2001, 6(3)：334-342.

[7] 孔祥言，李道伦，徐献芝，等．热-流-固耦合参数的数学模型研究[J]．水动力学研究与进展，2006，20(2)：269-275.

[8] Wang Y, Dusseault M B. A coupled conductive-convective thermo-poroelastic solution and implications for wellbore stability[J]. Journal of Petroleum Science and Engineering, 2003, 38(3-4)：187-198.

[9] Shahabadi H, Yu M, Miska S Z, et al. Modeling transient thermo-poroelastic effects on 3D wellbore stability [C]//SPE annual technical conference and exhibition. OnePetro, 2006.

[10] Fung L S K, Buchanan L, Wan R G. Coupled geomechanical thermal simulation for deforming heavy oil reservoirs[J]. Journal of Canadian Petroleum Technology, 1994, 33(4)：22-28.

[11] 余中红，陈延，杨平阁．注蒸汽吞吐井井筒应力的数值计算方法[J]．石油大学学报：自然科学版，2004，28(4)：86-88.

海相三角洲沉积演化中水动力作用研究

李雅南 杨彦东 薛尚义

（中国石油辽河油田公司勘探开发研究院）

摘　要：三角洲是油气藏发育的最有利区域，其沉积发育过程中受多种地质营力控制，砂体分布复杂。平面上，主要受河流、波浪、潮汐、沿岸流等影响；纵向上，主要受沉积基准面变迁的影响。此外，在地质历史时期，一些极端的地质事件导致水动力条件变化，对砂体分布特征影响很大。多种因素共同作用形成现今钻孔所看到三角洲沉积体系。本文以哈萨克斯坦 K 油田侏罗系储层为例，通过区域沉积演化特征研究，结合岩心分析、测井、录井、地震以及生产动态资料，分析不同水动力对沉积的控制作用以及再沉积作用。结果表明：研究区目的层中上侏罗统地层为残余陆表海背景下的浅水网状河三角洲沉积，平面上包括以河流作用为主的上平原沉积和以河流和海洋水动力共同作用的下平原沉积和以海洋水动力为主的三角洲前缘沉积。由于水动力变化导致的再沉积作用，致使部分沉积微相不完整，改造后的砂体多呈连片状分布；纵向上，由于各种地质事件导致的沉积基准面或浪基面的变迁，不同亚相垂向叠置发育，各油组骨架砂体沉积微相类型及砂体分布特征存在明显差异。储层砂体沉积特征精细认识，为注水开发油田预测井间砂体展布以及动态调控提供理论依据。

关键词：三角洲；地质营力；再沉积；沿岸流；波浪；潮汐；沉积演化

对于三角洲沉积体系的动力学理论，已有大量学者进行相关的研究[1-8]，其中不乏各类大中型室内试验等[9-10]。20 世纪 90 年代，对于三角洲的研究主要关注砂体形态及控制因素，研究认为三角洲前缘主要砂体形态可分为坨状、枝状、过渡状及席状，而水平面升降变化、古气候、古地形、河流作用等对浅水三角洲的沉积具有重要控制作用。近年来，三角洲的研究焦点集中于形成动力学、有利形成地质背景、形成机制及沉积模式等，三角洲通常形成于构造相对稳定、地形平缓、盆地整体缓慢沉降、水体较浅、古气候适宜、水平面频繁多变、物源充足的环境，分流河道砂体广泛分布，湖盆具有敞流特征[11-16]。大型三角洲砂体是油气藏勘探的重要目标，系统地研究三角洲的形成背景、水动力特征等对油气藏的深入勘探具有重要意义。本文在前人研究基础上[17-21]，结合 K 油田密井网以及高精度三维地震资料，细化地质营力的作用机理，在地质营力理论基础上，进一步总结砂体平面、纵向接触关系的水动力学原因。分析三角洲砂体特征，可对同类型油藏的砂体展布预测提供理论指导。

1　地质概况

里海与咸海、地中海、黑海、亚速海等，原来都是古地中海的一部分，经过海陆演变，古地中海逐渐缩小，上述各海也多次改变它们的轮廓、面积和深度。因此，今天的里海是古地中海残存的一部分，地理学家称之为"海迹湖"。乌斯丘尔特盆地位于里海和滨里海之间，近三角形，呈北西—南东向延伸，西北端尖灭于布扎奇半岛及海域，东北部与滨里海盆地相邻，西南部以深大断裂为界与南曼格什拉克盆地相连，总勘探面积为 $25×10^4 km^2$，其中大部分为陆上。盆地基底为碳酸盐岩，晚石炭世—早二叠世的乌拉尔造山运动期发生形变，晚二叠世—早侏罗世盆地南部抬升，陆相沉积普遍发育。侏罗纪末期，微型陆块缝合导致裂谷系倒转以及北乌拉尔盆地的褶皱和侵蚀，在后续的热沉降期，早—中侏罗世沉积了河流相、湖泊相和浅海相碎屑岩，并被上侏罗统海相碳酸盐岩覆盖，早白垩世局部隆起产生大范围不整合，并被浅海碎屑岩和上白垩统碳酸盐岩覆盖，浅海沉积一直延续到早第三纪。但在晚始新世，阿拉伯板块和欧亚大陆开始碰撞，产生局部断层复活和隆起，始新世再次隆起和形变，影响了该区。工业油气主要分布在中、下侏罗统和古近系，油气藏均属短轴背斜型。含油气远景层系为古生界、上三叠统和侏罗系[22-24]。

K 油田位于乌斯丘尔特盆地内北布扎奇隆起的东北部，北部为里海海域，东部为库尔图克凹陷，南部为南布扎奇凹陷，受侏罗纪末—白垩纪早期构造运动影响，形成沿纬度方向伸展的 26.7km×9.5km 的背斜构造，北陡南缓。发育北东、北西和近东西向三组断裂，共 21条断层，将褶皱背斜切割成 20 个断块。总体上，侏罗纪中、晚期构造活动稳定，为主要沉积阶段，为浅水网状河三角洲沉积，形成了三角洲平原和前缘平面上过度、纵向上交互的格局，自下而上分为 ю-7 至 ю-1 以及 ю-1C 至 ю-5C 层共 12 个砂岩组，在不同规模地质事件背景下，地质营力不同，沉积特征差异较大。储层岩性主要为粉砂岩和细砂岩，主要的胶结类型是孔隙胶结和接触孔隙胶结，碎屑岩储层中各小层砂岩厚度最大为 10.3m，一般为 4~8m。孔隙度平均为 25%~30%，渗透率平均为 400~1000mD。

2 沉积演化

K 油田侏罗系储层为该油田主力储层，通过 85 口取心井段岩石颜色、沉积构造和遗迹化石等特征表明，研究区中上侏罗统地层为一套相对典型的浅水网状河三角洲沉积，物源为北偏西方向，沉积物相对较细。纵向上沉积基准面变迁导致不同地质营力产生作用，自下而上发育三角洲平原、三角洲前缘再过渡到三角洲平原亚相。

4C、3C、2C 以及下部的 V、VI 层为三角洲平原沉积，主要发育中粗砂岩和泥炭沼泽沉积，夹有薄层煤层或煤线，包括分流河道、河道间和泛滥平原沼泽 3 种微相类型。最为典型的分流河道是浅水网状河三角洲平原的骨架砂体；河道间沉积物粒度相对较细，多为泥岩沉积；泛滥平原沼泽为地势低洼处相对稳定浅水环境沉积产物，以互层的暗色泥岩、炭质泥岩或薄煤层为特征，整体垂向上表现为向上粒度变细的间断沉积序列。

Ю-1C-IV 层为三角洲前缘沉积，包括水下分流河道、支流间湾、河口坝、远砂坝及席状砂等微相。可见复合韵律、正韵律，具冲刷面，粒度较分流河道细（中粗砂、细砂岩），沉积构造丰富，有槽状交错层理、平行层理、斜层理等；砂体向海推进过程中，受波浪、沿岸流、潮汐作用的改造，发生不同程度的席状化，横向迁移形成的连片砂体，粉细砂岩与泥岩互层，分选较好。支流间湾沉积较细，多为粉砂质泥岩、泥质粉砂岩、泥岩等，反映静水沉积。河口坝易受改造，难保存，以细、粉砂岩为主，反粒序，发育平行层理、槽状交错层理、透镜状层理及包卷层理。沉积水体较为稳定，岩性主要为含较深水化石的暗色泥岩，见水平层理。

2.1 平面特征

K油田不同层位平面上分布有三角洲平原亚相和三角洲前缘亚相。相带之间分界不明显，主要受上覆沉积埋藏前的改造再沉积作用影响。K油田中侏罗统地层自下而上ю-3、ю-2、ю-1、ю-1C层为典型的网状河三角洲前缘亚相，上部ю-2C、3C、4C层为三角洲平原亚相。

三角洲平原亚相分为以陆上河流沉积为主的平均高水位以上的上平原沉积和以河流和海洋共同作用的平均高水位与低水位之间的下平原沉积，是与河流有关的沉积体系在滨海区的延伸[25-26]。

上平原部分，河流携带物源进入沉积区，其沉积期内，构造稳定，地形坡度较平缓，气候适宜，河道间植被丰富。表现为几条弯度多变的、相互连通的河道组成的低能复合体，水动力较弱，平流为主，沉积物搬运方式主要为悬浮负载，泥沙搬运能力较差。河道砂体较窄，冲积岛和泛滥平原或湿地占据了大部分面积，分支河道砂岩主要与河道间暗色植物化石丰富的泥岩和煤互层伴生，厚的高含泥质的粉砂和黏土是网状河流占优势的沉积物，局部夹薄层煤层或者煤线。

下平原部分，属于潮间带环境，水动力复杂。下平原的宽度与海底坡度有关，坡降越小，其宽度越大。K油田入海方向坡度较缓，河流携带泥沙进入浅海区域，在向海延伸过程中，沉积初期表现为河道分散，深度减小，分叉增多，流速减缓，堆积速度增大，长度为50~200m。后期在地质营力作用下，发生改造、再沉积作用，河流水体在海洋水体的阻力下作用力逐渐减弱，直至消失；最终形成泥岩与粉砂岩、细砂岩薄互层的沉积模式。

南部前缘亚相位于平原相外侧的向海方向。从沉积特征上分析，该区属于浅海区域，水动力作用强烈，主要包括波浪、沿岸流、潮汐等，形成薄层砂沉积微相[27-29]。在浪基面水深范围内，波浪对砂体产生扰动和分选，从而形成改造；浅海沉积在潮汐作用下，发生海底沉积物向岸和向海的改造、搬运作用，近岸浅海地区向海的作用较为显著。大的沉积背景下，有向海砂体变厚、粒度更均质的趋势，局部呈现砂体向海方向砂地比增加、粒度变细的形态；此外，沿岸流对浅海地区沉积有很强的改造、再分配作用，沿着海（湖）岸搬运、沉积，砂体呈现明显的侧向堆积特征，横向连续性变好。不同层位其沉积时期地质营力不同，形成薄层砂特征略有差异，且局部发育残余河道以及河口坝等砂体。

2.2 纵向特征

研究区目的层中侏罗统地层为残余陆表海背景下的浅水网状河三角洲沉积，受多种地质营力作用，在漫长地质历史时期，各种地质事件对沉积特征产生影响，纵向上储层特征差异较大。

整体上，各砂岩组、小层之间地层厚度有一定的差异，以三角洲前缘沉积的Ⅰa层、Ⅰc层以及Ⅱa层厚度最小，以三角洲平原沉积的Va、Vb等层厚度较大。分析认为主要受地质事件的影响，导致沉积基准面的变迁，如Ⅰa层、Ⅰc层位于水下沉积，可容空间较小，沉积物厚度较小。Va、Vb等层属于陆上部分，可容空间较大，地层厚度较大。

研究区目的层沉积环境比较复杂，下部ю-3、ю-2、ю-1、ю-1C层的微相类型是三角洲平原亚相，向上过渡到ю-2C、ю-3C、ю-4C层的三角洲平原亚相，各微相砂体类型差异较大。

研究区砂体垂向特征差异较大，三角洲前缘以海洋水动力为主，砂体分选好，粒度均匀，横向连续性好。三角洲平原以河流水动力为主，河道以及河口坝砂体粒度稍粗，且发育大片河道间的泥质粉砂岩以及泥岩等，砂体接触关系类型丰富[30-31]。

由于沉积基准面的变化，纵向上砂体特征复杂。结合测井曲线特征，以及地震属性识别，认识K油田储层砂体交接关系。水下沉积的薄层砂在水退阶段，上覆沉积不同粒度的河道砂体；也存在陆上的河道沉积在水进阶段，上覆沉积薄层砂等(图1)。

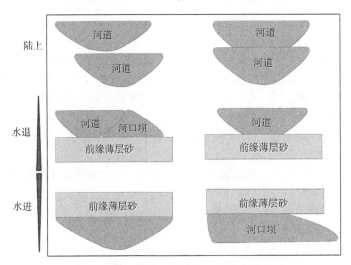

图1　K油田不同亚相纵向上砂体组合模式

3　结论

(1) K油田中侏罗统储层为海相网状河三角洲沉积，工区内主要发育三角洲平原亚相和三角洲前缘亚相沉积。

(2) 三角洲沉积体系在平面上，平原亚相主要受河流影响，前缘亚相主要受河流、波浪、潮汐、沿岸流等影响；纵向上，由于沉积基准面变迁，形成各油组内部砂体组合特征的不同，河道与河道之间、河道与薄层砂之间、河道与泥质粉砂岩以及泥岩之间的接触关系复杂，且纵向上地层厚度差异较大。此外，在地质历史时期，一些极端的地质事件导致水动力条件变化，形成不规律的事件沉积，对砂体分布特征影响很大。

(3) 目前关于三角洲沉积的水动力理论研究有重要进展，但是不同水动力条件对于沉积砂体的动力学过程研究及其与勘探开发之间的关系等还需要进一步深入开展研究。今后可考虑应用三角洲经典露头分析、典型油气储集层研究、现代沉积解剖及室内沉积水槽模拟试验等研究方法，结合地球物理资料和地震沉积学理论方法进一步解决上述理论问题。

参 考 文 献

[1] 赵澄林，朱晓敏. 沉积岩石学[M]. 3版. 北京：石油工业出版社，2006.

[2] 金振奎，齐聪伟，薛建勤，等. 柴达木盆地北缘侏罗系沉积相[J]. 古地理学报，2006，8(2)：199-210.

[3] 朱伟林，李建平，周心怀，等. 渤海新近系浅水三角洲沉积体系与大型油气田勘探[J]. 沉积学报，

2008, 26(4): 575-582.

[4] 吕晓光, 李长山, 蔡希源, 等. 松辽大型浅水湖盆三角洲积特征及前缘相储层结构模型[J]. 沉积学报, 1999, 17(4): 572-576.

[5] 王家豪, 陈红汉, 江涛, 等. 松辽盆地新立地区浅水三角洲水下分流河道砂体结构解剖[J]. 地球科学, 2012, 37(3): 556-564.

[6] 万赘来, 胡明毅, 胡忠贵, 等. 盐湖盆地浅水三角洲沉积模式——以江汉盆地潜江凹陷新沟咀组为例[J]. 沉积与特提斯地质, 2011, 31(2): 55-60.

[7] 李顺明, 宋新民, 刘日强, 等. 退积型与进积型浅水辫状河三角洲沉积模式[J]. 吉林大学学报: 地球科学版, 2011, 41(3): 665-672.

[8] 张昌民, 尹太举, 朱永进, 等. 浅水三角洲沉积模式[J]. 沉积学报, 2010, 28(5): 933-944.

[9] 陈茂雯, 潘军宁. 波浪与潮汐耦合模拟技术研究[J]. 水运工程, 2019, 551(1): 29-34.

[10] 徐国辉, 贾永刚, 郑建国, 等. 黄河水下三角洲塌陷凹坑构造形成的水槽试验研究[J]. 海洋地质与第四纪地质, 2004, 24(3): 37-40.

[11] 邹才能, 赵文智, 张兴阳, 等. 大型敞流坳陷湖盆浅水三角洲与湖盆中心砂体的形成与分布[J]. 地质学报, 2008, 82(6): 813-824.

[12] 张新涛, 周心怀, 李建平, 等, 敞流沉积环境中"浅水三角洲前缘砂体体系"研究[J]. 沉积学报, 2014, 32(2): 260-269.

[13] 李洋, 朱筱敏, 宋英琦, 等. 松辽盆地榆树林油田下白垩统泉头组扶余油层浅水三角洲沉积特征及其演化[J]. 高校地质学报, 2013, 19(1): 23-31.

[14] 尹太举, 张昌民, 朱永进, 等. 叠覆式三角洲: 一种特殊的浅水三角洲[J]. 地质学报, 2014, 88(2): 264-272.

[15] 施辉, 刘震, 连良达, 等. 柴西南红柳泉地区古近系下干柴沟组下段浅水三角洲控砂特征[J]. 地球科学与环境学报, 2013, 35(3): 66-74.

[16] 李维, 朱筱敏, 陈刚, 等. 基于等时界面识别的浅水三角洲-河流沉积体系研究: 以高邮凹陷黄珏地区古近系垛一段为例[J]. 沉积学报, 2018, 36(1): 110-119.

[17] 张庆国, 鲍志东, 郭雅君, 等. 扶余油田扶余油层的浅水三角洲沉积特征及模式[J]. 大庆石油地质与开发, 2007, 31(3): 4-7.

[18] 吕晓光, 李长山, 蔡希源, 等. 松辽大型浅水湖盆三角洲沉积特征及前缘相储层结构模型[J]. 沉积学报, 1999, 17(4): 572-576.

[19] 刘君龙, 孙冬胜, 纪友亮, 等. 川西晚侏罗世前陆盆地浅水三角洲砂体分布特征与叠置模式[J]. 石油与天然气地质, 2018, 39(6): 1165-1178.

[20] 刘自亮, 沈芳, 朱筱敏, 等. 浅水三角洲研究进展与陆相湖盆实例分析[J]. 石油与天然气地质, 2015, 36(4): 596-604.

[21] 李存磊, 刘婷, 夏连军. 高邮凹陷黄珏地区戴二段扇三角洲沉积特征[J]. 中国海洋大学学报(自然科学版), 2010, 40(4): 66-71.

[22] 韩雷. 北乌斯丘尔特盆地构造及沉积演化规律研究[J]. 科学技术与工程 2011, 11(28): 6946-6951.

[23] 陈学海, 卢双舫, 陈学洋, 等. 北乌斯丘尔特盆地含油气系统及勘探前景分析[J]. 特种油气藏 2017, 24(3): 31-36.

[24] 郑俊章, 周海燕, 黄先雄. 哈萨克斯坦地区石油地质基本特征及勘探潜力分析[J]. 中国石油勘探, 2009, 14(2): 80-86.

[25] 金振奎, 何苗. 三角洲沉积模式的新认识[J]. 新疆石油地质, 2011, 32(5): 443-446.

[26] 金振奎, 高白水, 李桂仔, 等. 三角洲沉积模式存在的问题与讨论[J]. 古地理学报, 2014, 16(5): 569-580.

[27] 杨亚迪, 郑建国, 岳帅, 等. 海滩沙在波浪作用下的垂向分异试验研究[J]. 中国海洋大学学报(自然

科学版)，2018，7(48)：123-130.

[28] 崔雷，唐军，沈永明.近岸波浪及沿岸流数值模拟研究[J].水利学报，2008，39(12)：1340-1345.

[29] 蔡足铭，沈良朵，蒋高枫.缓坡平均沿岸流速度分布拟合研究[J].浙江大学学报，2018，37(6)：542-545.

[30] 赵仑，王进才，陈礼，等.砂体叠置结构及构型特征对水驱规律的影响——以哈萨克斯坦南图尔盖盆地 Kumkol 油田为例[J].石油勘探与开发，2014，41(1)：86-94.

[31] 金振奎，李燕，高白水，等.现代缓坡三角洲沉积模式——以鄱阳湖赣江三角洲为例[J].沉积学报，2014，32(4)：710-723.

化学驱聚合物溶液地面管道输送沿程黏度损失的实验研究

孙绳昆

(中油辽河工程有限公司)

摘　要： 本文模拟辽河油田锦 16 块聚—表二元驱地面配注液配方体系，通过室内管道输送模拟实验，研究一定化学驱配方体系条件下的母液和目的液管道输送过程中的沿程黏度损失，可供化学驱地面配注系统工程设计参数的确定提供参考。由于化学驱聚合物溶液黏度受多重因素影响，条件复杂，目前尚无可供工程设计使用的聚合物溶液管道输送的黏度损失计算公式或计算模型，一般参考类似工程估算。该实验提供一种通过室内模拟一定配方体系条件下的聚合物溶液管道输送实验，确定其沿程黏度损失的方法。该方法可为其他配方体系化学驱聚合物溶液管道输送黏度损失的确定提供参考。

关键词： 油田；化学驱；聚合物溶液；管道输送；黏度损失

1　实验背景及目的

油田三次采油中的聚合物驱、聚—表二元驱、聚—表—碱三元驱已成为国内油田提高采收率的重要手段，已在大庆、胜利、辽河等陆上油田以及海上油田大规模推广应用。根据辽河油田锦 16 聚—表二元驱项目经济评价分析，该项目中化学驱聚合物药剂成本占整个油田开采成本的比例较大。根据化学驱提高采收率原理，聚合物的功效主要是利用其水溶液增加黏度的驱替效应。为此，化学驱地面工程中的聚合物溶液配制和注入过程中，管道输送的黏度损失指标既是技术控制要求，又是重要经济控制指标。

由于化学驱聚合物溶液黏度受聚合物种类、物性、配注水源水质、输送管道特性、管道输送距离、输送溶液水力条件、输送过程中溶液介质物性变化等众多因素影响，目前尚无可供工程设计使用的聚合物溶液管道输送的黏度损失计算公式或计算模型，一般参考类似工程估算，给工程设计和生产运行管理带来不确定性。

为此，模拟辽河油田锦 16 块聚—表二元驱地面配注液配方体系，通过室内管道输送模拟实验，研究一定化学驱配方体系条件下的母液和目的液管道输送过程中的沿程黏度损失。

2　实验准备

2.1　实验装置组成及流程

装置主要由聚合物溶液箱、计量泵、管汇和阀门等组成一个橇，室内安装。模拟实验装置工艺原理流程如图 1 所示。图 2 为实验装置照片。

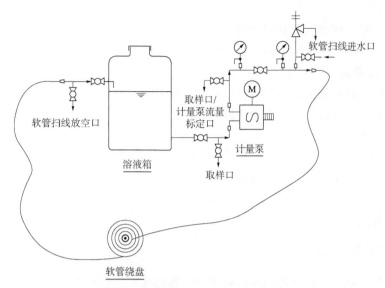

图 1　实验装置工艺原理流程图

图 2　实验装置照片

2.2　实验条件及设备材料

2.2.1　实验条件
实验输送介质为室内常温。

2.2.2　主要设备材料

（1）聚合物溶液箱：$\phi400mm \times 600mm$（H）、材质为白色塑料，上部敞口，储存介质为 $2000 \sim 5000mg/L$ 的 PAM 溶液。

（2）计量泵：泵型为柱塞式，输送介质为 $2000 \sim 5000mg/L$ 的 PAM 溶液（液体黏度为 $1000 \sim 2500mPa \cdot s$，密度为 $1.0 \sim 1.05g/cm^3$），泵最小实际输出流量为 100L/h、扬程小于 60m，泵配电动机电压为 220V/380V。

计量泵工作流程分别为 40L/h（母液）、60L/h（母液）、80L/h（目的液）、100L/h（目的液）。

（3）连接管道。连接硬管采用塑料管，管道直径为 15mm，设计压力为 1.0MPa，热熔连接；连接软管采用非金属管材，管道直径为 6mm，设计压力不小于 0.6MPa，长度不小于 50m。

（4）阀门：塑料球阀、钢制安全阀。

（5）压力表：钢制小盘压力表，量程为 0~0.8MPa。

2.2.3 实验原料

（1）聚合物母液和表面活性剂取自辽河油田锦 16 化学驱地面配制站。

（2）目的液由聚合物母液、表面活性剂和污水配制，污水取自辽河油田锦 16 化学驱现场目的液配制用水。

2.2.4 黏度分析设备

布氏黏度计，转速为 0.6~12r/min。

3 实验结果

3.1 黏度损失数据及曲线

相同浓度聚合物母液在两种流速条件下的沿程黏度损失数据见表 1。

表 1 相同浓度不同流速条件下母液沿程黏度损失数据表

流经距离，m	母液 1 沿程黏度损失 A (C_{PAM} =4800mg/L，v =0.28m/s)	母液 1 沿程黏度损失 B (C_{PAM} =4800mg/L，v =0.14m/s)
335	1.12%	1.04%
670	2.23%	1.95%
1005	2.42%	2.15%
1340	2.98%	2.72%
1675	3.24%	3.12%
2010	3.46%	3.36%
2345	4.46%	4.03%

相同浓度聚合物目的液在两种流速条件下的沿程黏度损失数据见表 2。

表 2 相同浓度不同流速条件下目的液沿程黏度损失表

流经距离，m	目的液 1 沿程黏度损失 (C_{PAM} =2400mg/L，v =0.78m/s)	目的液 2 沿程黏度损失 (C_{PAM} =2400mg/L，v =0.65m/s)
335	1.55%	1.49%
670	2.71%	2.48%
1005	3.48%	3.22%
1340	4.06%	3.71%
1675	4.26%	3.96%
2010	4.64%	4.46%
2345	5.42%	5.20%

4 种聚合物与表面活性剂浓度组合的目的液在相同流速条件下的沿程黏度损失数据见表 3。

表 3　4 种聚合物与表面活性剂浓度组合的目的液在相同流速条件下沿程黏度损失数据表

流经距离 m	目的液 2 沿程黏度损失（$C_{PAM}=2400mg/L$，$C_{表面活性剂}=2000mg/L$，$v=0.65m/s$）	目的液 3 沿程黏度损失（$C_{PAM}=2200mg/L$，$C_{表面活性剂}=1830mg/L$，$v=0.65m/s$）	目的液 4 沿程黏度损失（$C_{PAM}=2000mg/L$，$C_{表面活性剂}=1670mg/L$，$v=0.65m/s$）	目的液 5 沿程黏度损失（$C_{PAM}=1800mg/L$，$C_{表面活性剂}=1500mg/L$，$v=0.65m/s$）
325	1.49%	1.65%	1.62%	1.58%
650	2.48%	2.47%	2.59%	2.77%
975	3.22%	3.02%	3.24%	3.56%
1300	3.71%	3.57%	3.56%	4.74%
1625	3.96%	3.85%	3.88%	4.74%
1950	5.20%	4.67%	4.53%	5.14%
2275	5.45%	5.22%	5.18%	5.53%

3.2　沿程黏度损失数学模型

母液沿程黏度损失数学模型如图 3 和图 4 所示。

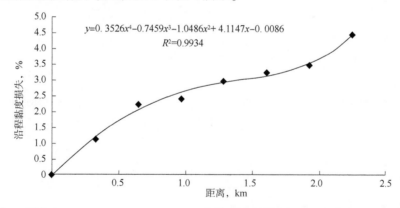

图 3　母液 $C_{PAM}=4800mg/L$、$v=0.28m/s$ 条件下沿程黏度损失回归曲线及回归方程

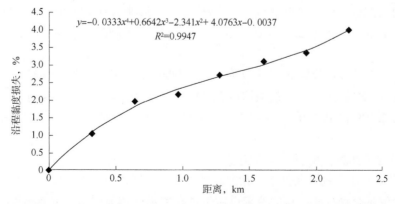

图 4　母液 $C_{PAM}=4800mg/L$、$v=0.14m/s$ 条件下沿程黏度损失回归曲线及回归方程

目的液沿程黏度损失数学模型如图 5 和图 6 所示。

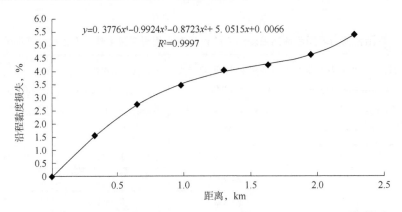

图 5　目的液 $C_{PAM}=2400\text{mg/L}$、$C_{表面活性剂}=2000\text{mg/L}$、$v=0.78\text{m/s}$ 条件下
沿程黏度损失回归曲线及回归方程

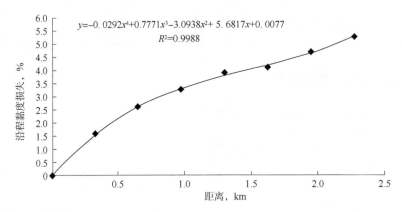

图 6　目的液 $C_{PAM}=1800\sim2400\text{mg/L}$、$C_{表面活性剂}=1500\sim2000\text{mg/L}$、$v=0.65\text{m/s}$
条件下沿程黏度损失回归曲线及回归方程

4　结语

（1）根据表 1 计算：聚合物母液浓度为 4800mg/L、流速为 0.28m/s 时，1000m 平均沿程黏度损失为 2.41%；聚合物母液浓度为 4800mg/L、流速为 0.14m/s 时，1000m 平均沿程黏度损失为 2.21%。流速 0.28m/s 比流速 0.14m/s 提高 100%，1000m 平均黏度损失增加 0.2 个百分点。

（2）根据表 2 计算：聚合物目的液浓度为 2400mg/L、流速 0.78m/s 时，1000m 平均沿程黏度损失为 3.19%；聚合物目的液浓度为 2400mg/L、流速为 0.65m/s 时，1000m 平均沿程黏度损失为 2.99%。流速 0.78m/s 比流速 0.65m/s 提高 20%，1000m 平均黏度损失增加 0.2 个百分点。

（3）根据表 3 计算：聚合物母液浓度为 1800～2400mg/L、表面活性剂浓度为 1500～2000mg/L、流速为 0.65m/s 条件下，1000m 平均沿程黏度损失为 3.22%。

由于化学驱聚合物母液、目的液管道输送过程中黏度损失受聚合物、表面活性剂性质、配制浓度、配制水源、输送管道材质、输送流速、输送温度等多重因素相互影响，因此建立广泛适用的数学模型难度较大。建议化学驱油田根据各自实际条件，分析总结已建工程实际运行数据，结合实验研究，确定化学驱母液、目的液管道输送黏度损失设计参数。

参 考 文 献

[1] 中华人民共和国住房和城乡建设部，中华人民共和国国家质量监督检验检疫总局. 油田注水工程设计规范：GB 50391—2014[S]. 北京：中国计划出版社，2015.

[2] 卢祥国，闫文华，王克亮，等. 聚合物驱产出水配制聚合物溶液的粘度损失及影响因素研究[J]. 油气采收率技术，1997，4(1)：28-32.

火驱树脂防砂技术研究及实践

殷　伟　刘　恒　刘　伟　毕　圣　苏　洁

(中国石油辽河油田公司曙光采油厂工艺研究所)

摘　要： 曙光油田火驱开发始于 2005 年，历经先导试验、扩大试验、规模实施三个阶段，目前已建成 117 个火驱井组，年产油 $23×10^4$t。随着油井见效程度的不断提高和日排尾气量的明显增加，油井出砂问题日益严重，出砂井数由转驱前的 86 口增加至目前的 259 口，砂卡井数由转驱前的 22 口增加至目前的 75 口，严重影响火驱高效开发。针对火驱出砂矛盾，研究实施火驱树脂防砂工艺，现场实施后，降低了出砂井砂卡频次，提高了出砂井周期生产天数和周期产量，解决了火驱出砂问题。

关键词： 火驱出砂；树脂固砂；固砂剂用量和浓度；防砂有效期

杜 66 断块区位于辽河断陷西部凹陷西斜坡中段，目的层为新生界古近系沙河街组沙四上段杜家台油层。纵向上划分为杜零、杜Ⅰ、杜Ⅱ、杜Ⅲ 4 个油层组，10 个砂岩组，30 个小层。杜 66 块单井砂岩厚度一般为 40~80m，平均厚度为 61.7m；孔隙度一般为 10%~25%，平均为 19.3%；渗透率一般为 100~1300mD，平均为 774mD，属中孔隙度、高渗透储层。2005 年在杜 66 块中部上层系开展了火驱先导试验，先后经历了先导试验、扩大试验、规模实施三个阶段，目前转驱规模已达 117 个(面积 101 个，线性 16 个)火驱井组，年产油规模达到 $23×10^4$t。随着火驱规模的不断扩大，油井见效程度不断提高，油井出砂问题日益严峻，成为制约火驱高效开发的重要因素之一。其中，出砂井数由转驱前的 86 口增加至目前的 259 口，增长了 2 倍；砂卡井数由转驱前的 22 口增加至目前的 75 口。其中，轻微出砂井 207 口，全区分布，年出砂量 0.2m³ 左右；严重出砂井 52 口，主要分布在先导试验 7 井组，年出砂量 1m³ 以上。砂埋油层、频繁砂卡、泵挂被迫上提等因素，每年影响产量超过 3000t。

1　新型稠油固砂剂的研制

大部分耐高温树脂及相关的添加剂都可用于制造耐高温固砂剂。通过室内试验，筛选出以下几种材料作为研究的重点：树脂材料(酚醛树脂、糠醛树脂)、充填剂(二氧化硅、碳酸钙)、耦合剂(三氨基丙氧基三乙氧基硅)、助剂(酒精，用于助溶、稀释)。在固化温度为 150℃、固化时间为 8h、地层砂粒度中值为 0.23mm(杜 813-44-74 井地层砂样)的试验条件下，通过一系列组合试验，筛选出酚醛树脂+有机硅+碳酸钙的固砂体系。该稠油固砂剂外观为乳白色粉末，主要成分为碳酸钙、有机硅和酚醛树脂。采用碳酸钙粉末作为支撑剂，先涂抹酚醛树脂，挥发干燥后再涂抹有机硅，形成新型稠油固砂剂。实验数据(表 1)表明，该固砂剂体系抗压强度为 5.9MPa、渗透率为 612mD，综合性能优于其他 3 个样本。

表1 不同固砂剂体系实验数据表

固砂剂体系	抗压强度，MPa	渗透率，mD	耐温，℃
酚醛树脂+二氧化硅	6.1	599	350
酚醛树脂+有机硅+碳酸钙	5.9	612	350
糠醛树脂+二氧化硅	4.3	556	350
糠醛树脂+碳酸钙	4.1	530	350

2 固砂机理及主要技术指标

2.1 固砂机理

机理一：地层砂表面的有机化处理。有机硅在进行反应时，烷氧基（—X）与水形成硅醇，硅醇与砂子表面的羟基作用形成氢键并继续反应形成共价键，使砂子表面有机化，大大地增加了砂子与有机树脂的亲和力。

机理二：酚醛树脂固化胶结地层砂。经反应的地层砂表面带有三氨基丙基基团（—R），它与酚醛树脂有强烈的亲和性，在加热条件下，酚醛树脂的羟甲基活性基团（—CH$_2$OH）可继续反应，固化为不溶的三维体型结构，将原来松散的地层砂彼此胶结在一起，形成具有一定强度和渗透率的人工井壁，从而达到防砂的目的。

2.2 主要技术指标

外观为乳白色固体粉末。280目过筛率大于95%（粒径小于0.05mm）；pH值为13~14；强碱性苯抽提物≥8%；固体含量≥82%；固化温度为150℃（8h）；耐温350℃。配液浓度为10%条件下，抗压强度为5.8MPa，渗透率为612mD，渗透率损失13.9%。

3 室内评价试验

3.1 配液浓度对固结体抗压强度和渗透率的影响试验

按不同溶度的固砂剂与地层砂制成岩心，测定其抗压强度和渗透率，为使用溶度提供参考依据。实验结果（表2）表明，抗压强度随配液浓度增加而增大，渗透率随配液浓度增加而减小，综合考虑抗压强度和渗透率损失，使用溶度控制在6%左右。如果使用浓度为6%，抗压强度为3.5MPa，大于一般油井的生产压差，基本满足现场需求，关键在于渗透率损失仅为5%。

表2 不同配液浓度试验数据表

项目		配液浓度							
		3%	4%	5%	6%	7%	8%	9%	10%
固结前渗透率 K_1，mD		711	711	711	711	711	711	711	711
固结后	渗透率 K_2，mD	704	697	688	675	667	643	620	612
	抗压强度，MPa	2.3	2.8	3.2	3.5	4.2	4.9	5.5	5.9
渗透率损失$(K_1-K_2)/K_1$，%		1.0	2.0	3.2	5.1	6.2	9.6	12.8	13.9

3.2　固结强度与温度的关系试验

用固砂剂与地层砂制成岩心，放到高温高压水热合成反应釜中，考察不同温度下岩心的固结强度，分析固砂剂固化与温度的关系。实验结果表明，固砂剂80℃开始固化，固结强度迅速增加；150℃时，固结强度达到5.7MPa；当温度继续升高至320℃，固结强度缓慢增加至5.9MPa。

3.3　固砂剂耐温性能评价

将岩心恒温350℃，每隔一天取出，测定抗压强度，评价其高温稳定性。实验结果表明，岩心抗压强度6天内稳定在5.6~5.9MPa之间，耐温性能可靠。

4　现场实施效果分析

4.1　现场施工工艺

由于稠油固砂剂固化需要150℃温度条件，固砂工艺在注汽即将结束时施工，预留50~60m³顶替量，停炉施工，施工结束后继续注汽至设计注汽量。施工过程中，按照设计浓度，现场配液。

4.2　现场实施效果分析

近两年共计实施15井次，措施周期一泵到底率达到93%，对比防砂前提高了60%，有效生产时率增加565天，增油0.3×10⁴t，创效268.6万元。该技术有效提高了出砂井一泵到底率，降低了冲检频次，提高了生产时率，避免了因冲检导致井底热能损失，提高了油井周期产量。

4.3　典型井例分析

该井位于杜66南，第25周期内因严重出砂砂卡4次，第26轮实施固砂工艺，固砂剂用量60kg/m，配液浓度为4%，防砂周期内实现一泵到底，周期生产396天，产油1775t。

5　结论

（1）结合火驱出砂特征，研究实施火驱树脂防砂工艺，现场实施后，大幅度提高了出砂井一泵到底率，出砂速度得到有效控制，防砂增产效果显著。

（2）及时有效治理火驱出砂问题，保证火驱高效开发，对稠油老区开发末期转换开发方式、推广应用新技术具有较大意义。

（3）随着火驱规模不断扩大，新矛盾、新问题不断出现，相关技术的提升和改进对改善火驱开发效果尤为重要。

参　考　文　献

[1] 贾选红，刘玉. 辽河油田稠油井套管损坏原因分析与治理措施[J]. 特种油气藏，2003，10（2）：69-71.

［2］罗跃，杨欢，苏高申．低渗透油田采油化学新技术及其应用［M］．北京：石油工业出版社，2016.

［3］张春光，任延鹏，李芳，等．胜坨油田二区油井出砂规律及治理措施［J］．油气地质与采收率，2009，12(3)：64-66.

［4］延玉臻，段有智，高斌，等．糠醇低聚物复合固砂剂的研究与应用［J］．油田化学，2004，21(1)：8-13.

［5］吴建平，杨天海．临盘油田曲堤地区防砂工艺及配套技术［J］．油气采收率技术，1997，4(3)：51-56.

火山岩稠油油藏储层精细表征研究

黄金富[1]　王啊丽[2]　张海霞[1]　衡　亮[1]

(1. 中国石油大港油田公司勘探开发研究院；
2. 中国石油大港油田公司采油工艺研究院)

摘　要：火山岩储层精细表征反映了储层特征及其非均质性在三维空间上的分布和变化。针对 Z35 断块火山岩稠油油藏岩性复杂，岩性、岩相变化快，裂缝、孔洞发育，储集渗流空间复杂的特点，以火山岩岩相和地层格架模型为控制条件，在岩性的控制下对变差函数分析，采用序贯高斯模拟方法建立三维基质模型。协同地震属性蚂蚁体，根据经验公式计算裂缝开度和裂缝渗透率，运用 Oda 方法对离散裂缝网络模型进行粗化生成裂缝参数模型，形成了火山岩油藏期次岩性双控的储层精细表征方法。实现了对该地区火山岩油藏的进一步认识，明确了裂缝发育带及剩余油富集区，为后期开发调整提供了地质依据。

关键词：火山岩；岩相；储层精细表征；裂缝参数模型

火山岩是火山多中心多期次喷发的产物，是多种岩性的复合体；在形态上具有多期次岩体相互叠置、厚度变化大、层位难以细分的特点；受火山喷发类型、喷发方式等多种因素影响，具有非均质性强、岩性变化快、储集空间多样的特点。由于火山岩油藏的复杂性，其储层物性分布特征难以准确描述，因此火山岩体的地质研究往往难度很大[1-4]。

火山岩油气藏具有孔隙和裂缝两种储集空间，储层地质模型的精度直接影响到开发方案的编制。以 Z35 断块沙三段火山岩稠油油藏为例开展储层精细表征工作。针对岩性、岩相分布特征，建立了火山岩双重介质储层三维岩相和属性建模并在构造模型框架内进一步精细模拟出储层内部属性参数的发育和分布特征，精细表征储层平面和垂向非均质性，对油藏的高效开发具有重要意义。

1　火山岩储层特征研究

1.1　岩石类型划分

Z35 断块是枣北地区沙三段火山岩稠油油藏的典型代表，火山岩顶面构造总体上呈东高西低、南北向平缓，整体呈现一个鞍部构造。基于区块 4 口取心井揭示了该区岩石类型，岩性类型有气孔玄武岩、杏仁玄武岩、致密玄武岩、火山角砾岩、凝灰岩、泥岩。根据 4 口取心井的岩心观察、录井、薄片分析等综合资料。将研究区岩性分为熔岩、火山角砾岩、沉积岩 3 个大类，进一步细分为 5 个小类(表 1)。

表 1　火山岩岩石类型划分

大类	熔岩	火山碎屑岩	沉积岩
小类	气孔玄武岩；致密玄武岩	火山角砾岩；凝灰岩	泥岩

孔玄武岩为灰绿色或灰黑色，气孔构造发育，分布于玄武岩层的顶、底，由岩浆溢流后压力降低、气体逸出而形成（J21-23 井，1591m）；致密玄武岩为灰黑色，致密块状，分布于玄武岩层中间部位（J21-23 井，1600m）；杏仁玄武岩发育杏仁体构造，气孔玄武岩中的气孔被方解石或绿泥石充填形成杏仁体（J21-23 井，1602m）；凝灰岩主要由粒级小于 2mm 的火山喷发的火山灰降落而成（Z78 井，1508m）；火山角砾岩为灰绿色、灰色，主要由粒级大于 2mm 的火山喷发物质（次棱—次圆状的火山角砾）组成，角砾含量为75%，距火山口相对较近（Z78 井，1519.22m）；沉积岩以灰色湖相泥岩为主（Z66 井，1537.49m）。

基于岩屑录井测井曲线特征，统计各岩性测井响应。气孔玄武岩测井特征呈低自然伽马，中声波时差，中低中子以及中声波时差；致密玄武岩测井特征呈低自然伽马，低中子，低声波时差，高密度测井响应；火山角砾岩测井特征呈中自然伽马，低声波时差，低密度、中高电阻率测井响应；凝灰岩测井特征呈中自然伽马，中低声波时差，高中子、高声波时差测井响应。

1.2　火山岩岩性识别

根据岩石的特征、结构、构造，通过薄片鉴定和岩心直接观察描述，确定取心井纵向上的岩性划分[2]。对于非取心井，通过建立岩性与电性的相关关系，采用多参数图版交汇法[3]，根据电性曲线、利用岩性识别模式[4]，识别非取心井的岩性（图 1）。

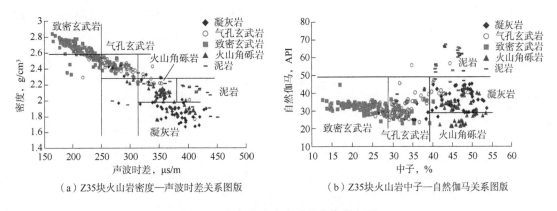

（a）Z35 块火山岩密度—声波时差关系图版　　　（b）Z35 块火山岩中子—自然伽马关系图版

图 1　Z35 断块火成岩测井曲线交会图

通过多参数图版得出岩性识别判别标准，气孔玄武岩自然伽马小于 50API，声波时差介于 220~317μs/m，中子介于 28%~39%，密度介于 2.3~2.6g/cm³；致密玄武岩自然伽马小于 50API，声波时差小于 250μs/m，中子小于 28%，密度大于 2.6g/cm³；火山角砾岩自然伽马小于 30API，密度为 1.8~2.4g/cm³；凝灰岩声波时差大于 317μs/m，密度介于 2.0~2.3g/cm³；泥岩自然伽马大于 50API，声波时差大于 320μs/m（表 2）。

表 2 岩性识别判别标准

岩性	自然伽马, API	密度, g/cm³	中子,%	声波时差, μs/m
气孔玄武岩	21~47	2.2~2.5	30~45	250~355
致密玄武岩	<39	>2.3	<36	<250
火山角砾岩	45~58	1.8~2.25	45~60	320~420
凝灰岩	30~45	1.9~2.3	40~60	290~430
泥岩	>58	<2.4	42~52	>320

通过岩性识别标准，利用测井曲线对全区 43 口井进行岩性识别[4]，最小泥岩厚度为 0.15m，识别 0.2m 以上泥质隔夹层。

2 火山岩模式及期次划分

2.1 火山岩模式

火山岩模式研究是指导地层对比、岩相划分、储层预测评价重要的理论基础之一。Z35 断块火成岩整体喷发和分布形态具有以下特点：（1）垂向上岩性变化大，成岩性明显；（2）横向上突变明显，火成岩厚度、岩性变化大；（3）爆发相的火山角砾岩集中分布在 J25-23、J27-25 井区附近，这些井可能靠近火山口；（4）边部有些井火山岩厚度已经减薄，向湖相沉积岩过渡。Z35 断块火成岩喷发方式属于裂隙式与中心式喷发的混合，所在区域断裂发育、火山岩体中熔岩发育，即一系列火山口沿断裂呈条带状分布。从火山岩的空间展布来看，既有泛流玄武岩的特征，又具有火山锥的特征，总体更符合层火山模式[5-8]。

火山岩岩相纵向上分为双层结构，下部为溢流相，上部为爆发相（表 3）。爆发相分布受火山口距离控制，火山角砾岩分布在火山口周围，凝灰岩距离火山口较远。溢流相内部构造横纵向均为三分，纵向上顶、底气孔发育，中间致密；横向上中间气孔发育，靠近火山口和末端致密[9]。

表 3 喷出岩岩相划分表

相　组		产状形态	备　注
喷发沉积相		层状、似层状、透镜状，有陆相和海相的喷发沉积	在火山作用过程中形成，一般是在火山作用间隙期
喷发相组	爆发相	坠落火山碎屑堆积、炽热气石流堆积和浮石流、火山灰流、熔渣流等堆积	火山爆发产物
	溢流相	绳状岩流、块状岩流、自碎角砾岩流、枕状岩流，可能还有熔结凝灰岩	熔浆流出地表
	侵出相	岩针、岩钟、岩塞等	岩浆靠机械力挤出地表
次火山岩相		岩株、岩盘、岩盖、岩盆、岩脉、岩墙	火山浅成、火山超浅成和火山岩脉
火山通道相		圆形、裂隙型火山口、单一岩颈、复合岩颈、喇叭形和筒状岩颈	

2.2　火成岩期次划分

根据标志层、岩性序列、测井曲线特征，对火成岩形成期次进行了判别[8-9]。一个火山岩大期代表一个喷发阶段，两个大期之间有一个比较长时间的喷发间断期，期间有稳定的泥岩分布。按照期次划分原则和依据，沙三段火成岩由下而上划分为Ⅰ期、Ⅱ期、Ⅲ期。Ⅰ期只在个别井发育，Ⅱ期、Ⅲ期为主要储层发育段，Ⅲ期厚度较大，以泥岩夹层和火成岩旋回韵律特征进一步划分为两个亚期Ⅲ1、Ⅲ2。

3　双重介质储层地质建模

3.1　岩体分布模型

研究区域内沙三段地层发育气孔玄武岩、致密玄武岩、火山角砾岩、凝灰岩以及泥岩5种岩性，气孔玄武岩与致密玄武岩的岩性物性属性及演变规律不一样，因此相控建模很有必要，即首先建立岩性分布模型，然后根据不同的岩性参数定量分布规律，分岩性进行井间插值或随机模拟，从而建立储层参数分布模型[10]。

基于单井岩性识别结果以及测井曲线粗化，对变差函数分析，平面上岩性约束，采用序贯指示模拟方法建立岩性分布模型(图2)。

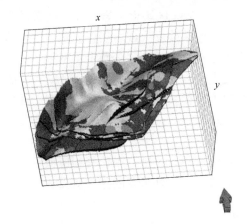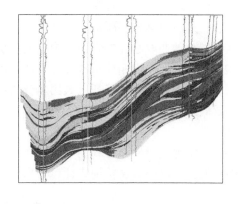

图2　火山岩三维岩性模型剖面

3.2　三维基质模型

由单井孔隙度测井曲线、渗透率曲线以及含油饱和度曲线进行粗化，在岩性的控制下依据离散数据进行变差函数分析，确定主变程、次变程及物源方向；在变差函数分析基础上再以地震属性面、趋势面作为协同条件，采用序贯高斯模拟方法建立基质模型，多次模拟以避免单次模拟过程的随机性，有效提高模型质量[11-12]。

3.3　三维裂缝模型

裂缝模型可以反映裂缝的非均质性、不连续性和多尺度性，更逼近真实的裂缝系统。研究区主要发育一组小尺度裂缝，走向为50°和230°；倾角主要分布在50°~60°，为中高角度缝。以裂缝产状统计数据为基础，在裂缝密度分布模型的约束下，结合退火模拟和基于目标的示性点过程随机模拟算法，分组系生成裂缝片，根据经验公式计算裂缝开度和裂缝渗透率，运用 Oda 方法对离散裂缝网络模型进行粗化生成裂缝参数模型(图3)。

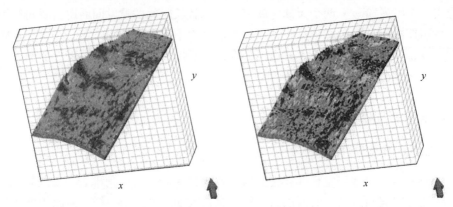

图3　火山岩三维裂缝模型图

4　结论

（1）根据取心井岩心观察、录井、薄片资料分析，Z35区块火山岩划分气孔玄武岩、致密玄武岩、火山角砾岩和凝灰岩。利用多参数图版交汇法建立火成岩岩性识别标准，从而通过电性识别其他非取心井的岩性，为喷发期次、小层对比、岩相划分奠定了基础。

（2）根据岩性、岩相分布特征，该地区沙三段火山岩为多期次反复喷发，既有裂隙式喷发特征，也有中心式喷发特征，火山岩分布符合层火山模式，火山岩划分为Ⅰ期、Ⅱ期、Ⅲ期，主要储层在Ⅱ期、Ⅲ期，为后期开发层系划分、开发方式优选和地质建模提供了地质依据。

（3）三维地质建模充分利用了测井、录井等资料，建立三维可视化岩相模型、基质模型及裂缝模型，对储层开展精细表征，为指导后期油藏开发起到重要的指导意义。

参 考 文 献

［1］董冬．火山岩储层中的一种重要储集空间——气孔［J］．石油勘探与开发，1991，18(1)：89-93.

［2］裘亦楠．中国陆相油气储集层［M］．北京：石油工业出版社，1997.

［3］张新荣，王东坡．火山岩油气储层特征浅析［J］，世界地质，2001，20(3)：272-278.

［4］王璞珺，吴河勇，庞颜明，等．松辽盆地火山岩相与火山岩储层的关系［J］．石油与天然气地质，2003，24(1)：18-23.

［5］江怀友，鞠斌山，江良冀，等．世界火成岩油气勘探开发现状与展望［J］．特种油气藏，2011，18(2)：1-6.

［6］赵建，高福红．测井资料交会图法在火山岩岩性识别中的应用［J］．世界地质，2003，22(2)：136-140.

［7］张剑，谯晓容，曹云安，等．火山岩储集层岩性识别及应用［J］．中外能源，2016，1(11)：46-48.

［8］冉启全，胡永乐，任宝生．火成岩岩性识别方法及其应用研究——以大港枣园油田枣35块火成岩油藏为例［J］．中国海上油气，2005，17(1)：25-30.

［9］肖敦清，王桂芝，韦阿娟，等．黄骅坳陷火成岩成藏特征研究［J］．特种油气藏，2003，10(1)：

59-61.

[10] 马乾，鄂俊杰，李文华，等．黄骅坳陷北堡地区深层火成岩储层评价[J]．石油与天然气地质，2000，21(4)：337-340．

[11] 王宏斌，王璞珺，陈弘，等．中国东部中新生代火山-碎屑-凝灰岩储层研究综述[J]．世界地质，1997，16(3)：34-41．

[12] 罗静兰，邵红梅，张成立．火成岩油气藏研究方法与勘探技术综述[J]．石油学报，2003，24(1)：31-33．

降低 D 站回注水中硫酸盐还原菌含量研究与实践

李 莹

（中国石油大港油田公司采油工艺研究院）

摘 要：D 注水站是大港油田的一级注水站，长期以来一直受到回注水中硫酸盐还原菌(SRB)含量过高的困扰。不仅造成对环境的污染，也造成了下游管线的过快腐蚀。本文主要介绍为降低 D 注水站回注水中 SRB 的含量，通过对站内回注水中 SRB 含量的跟踪调查找到的 7 点原因分析，分别采用实验室细菌逐级稀释培养测试分析和使用药剂现场实践的方法找到主要原因，筛选出合适的药剂，采用合理的加药间隔和加药量，从而降低了该站回注水中 SRB 的含量。

关键词：硫酸盐还原菌(SRB)；采出水；水质指标；逐级稀释法

硫酸盐还原菌(SRB)在地球上分布很广泛，尤其在微生物的代谢等活动中造成的缺氧的水陆环境，如土壤、海水、河水、地下管道以及油气井、淹水稻田土壤、河流和湖泊沉积物、沼泥等富含有机质和硫酸盐的厌氧环境和某些极端环境。SRB 在一定条件下能够将硫酸根离子还原成二价硫离子，进而形成副产物硫化氢，对金属有很大腐蚀作用，也会造成人员中毒事故。降低 SRB 的含量一直是笔者从源头预防管线腐蚀的重要方法。

1 大港油田回注水标准要求

SRB 含量是大港油田判断回注水是否达标的重要指标。根据 Q/SY DG 2022—2017《注水水质指标》要求，大港油田各采油厂的 SRB 含量要控制在≤110 个/mL。

统计了 2019 年大港油田 D 注水站 SRB 含量情况(表 1)，平均值达到 1658 个/mL。

表 1　2019 年 D 注水站 SRB 含量测量跟踪表

取样时间	SRB 含量，个/mL	取样时间	SRB 含量，个/mL
2019-01-10	1300	2019-07-10	600
2019-01-22	1300	2019-07-29	600
2019-02-01	2500	2019-08-14	1300
2019-02-27	1300	2019-08-30	600
2019-03-07	600	2019-09-02	1300
2019-03-21	500	2019-09-26	1300
2019-04-10	1300	2019-10-15	1300
2019-04-24	2500	2019-10-28	2500

取样时间	SRB 含量，个/mL	取样时间	SRB 含量，个/mL
2019-05-08	7000	2019-11-06	2500
2019-05-22	2500	2019-11-22	1300
2019-06-05	2500	2019-12-09	1300
2019-06-26	1300	2019-12-26	600

从上述统计数据不难看出，大港油田 D 站回注水中的 SRB 含量超标较为严重。

2　现场调研

首先对 D 注水站的现场杀菌情况进行分析，处理站杀菌方式有化学和物理两种。化学方法是在提升泵前加入杀菌剂；物理方法是使用多功能一体化过滤器自带的电杀菌装置。

D 站采出水处理主要工艺流程如下：500m³ 污水沉降罐→700m³ 隔油罐→提升泵（泵前可加入杀菌剂）→多功能一体化过滤器（自带电杀菌装置）（2 具）→500m³ 滤后罐（1 具）（图 1）。

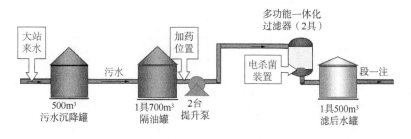

图 1　D 站采出水工艺流程图

图 2 为 D 站现场装置图。

图 2　D 站现场装置图

为了对比杀菌效果，分别对大站来水、加药后、电杀菌后各个节点的水质进行了取样化验。通过实验室测定结果与现场工艺流程综合分析，找到 SRB 含量高的主要影响因素。表 2 为 D 站各节点 SRB 含量调查表。

表2　D站各节点SRB含量调查表

调查项目	调查各流程节点SRB含量
调查目的	明确各流程节点影响SRB含量因素
调查方式	在各流程节点前后取样，测定SRB含量
调查时间	2020-03-10—2020-03-26
调查地点	实验室、D处理站现场
调查过程	1. 取大站来水水样检测SRB含量； 2. 取站内加入杀菌剂处理后的水样检测SRB含量，可确定杀菌剂对SRB含量的影响； 3. 取站内经过电杀菌装置后的水样检测SRB含量，可确定电杀菌装置对SRB含量的影响

首先，统计了站内现用杀菌剂在现有加药制度下的杀菌率和电杀菌的杀菌率。表3列出了使用站内现有杀菌剂和电杀菌前后水中SRB含量变化情况（杀菌率为0表示电杀菌未开）。

表3　使用站内现有杀菌剂和电杀菌前后水中SRB含量统计

取样时间	来水SRB含量 个/mL	使用站内现有杀菌剂后水中SRB含量，个/mL	使用站内现有杀菌剂杀菌率,%	电杀菌后水中SRB含量 个/mL	电杀菌杀菌率,%
2020-03-10	11000	1300	88.18	600	53.85
2020-03-11	11000	2000	81.82	1300	35.00
2020-03-12	7000	2000	71.43	2000	0.00
2020-03-13	11000	1300	88.18	1300	0.00
2020-03-14	11000	1300	88.18	600	53.85
2020-03-15	11000	2000	81.82	1300	35.00
2020-03-16	7000	1300	81.43	600	53.85
2020-03-17	11000	2500	77.27	1300	48.00
2020-03-18	11000	2000	81.82	1300	35.00
2020-03-19	11000	1300	88.18	600	53.85
平均值			82.83		36.84

从表中数据可以看出，现有杀菌剂的杀菌率较高但是处理后的水中SRB含量仍然距离标准要求（≤110个/mL）差距很大。站内电杀菌装置的杀菌率平均在36.8%左右，通过厂家调研了解，一般电杀菌装置实际杀菌率也只有30%~50%。因此，化学杀菌剂起主要杀菌作用。从现场杀菌剂效果不佳开展室内和现场试验，从而找到与现场水配伍、杀菌效果好的杀菌剂。

3　分析造成D站杀菌剂效果不佳的主要原因

3.1　操作人员未按操作规程执行

站内操作人员未按操作规程执行，使加药方法和加药量出现偏差，从而降低了杀菌剂的杀菌效果。为了提高站内操作人员对加药流程的熟练掌握和操作达标，进行了化学杀菌剂专业理论知识和实际加药操作标准等内容培训，并组织了考试，保证培训的效果。

确认结果：通过培训考试后现场操作人员的理论知识和操作技能都得到了提高，并且考试合格，因此小组成员确定操作人员未按操作规程执行为非要因。

3.2 滤后水罐未按规定清淤

经过杀菌处理的回注水进入滤后水罐。滤后水罐比较陈旧，存油积砂，没有及时清理可能造成处理后的回注水中 SRB 含量高。

站内管理作业文件规定当滤后水罐内的泥砂高度达到 20cm 时，进行清淤作业。

确认结果：小组成员查询清淤记录发现滤后水罐均按规定清淤。因此，小组成员确定滤后水罐未按规定清淤为非要因。

3.3 回注水温度过高

按照 SY/T 5329—2012《碎屑岩油藏注水水质指标及分析方法》规定 SRB 的培养温度为现场水温±5℃，这时的 SRB 生长最快，使得杀菌剂效果不佳。

为了判定在 D 站 SRB 最适宜生长的温度，用现场水在不同温度下培养 SRB，取得实验数据结果如图 3 所示。

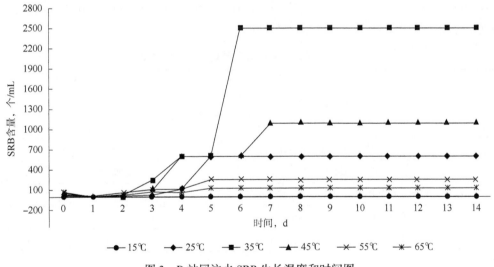

图 3　D 站回注水 SRB 生长温度和时间图

确认结果：从图 3 可知，35℃是 SRB 适合生长的温度。回注水温度为 43℃，不是最适宜 SRB 生长的温度，因此确定回注水温度过高为非要因。

3.4 杀菌剂与现场水配伍性差

通过查阅 2019 年第 4 季度大港油田部分回注水站杀菌剂型号及 SRB 含量（表 4），发现不同的回注水适应不同的杀菌剂，即使相同的杀菌剂，在不同的站杀菌效果也大不相同。

确认结果：在加药方法相同的 1 月、2 月、4 月、5 月、6 月、8 月、9 月、10 月、11月、12 月，虽然采用的药剂不同，但杀菌效果均不明显，说明杀菌药剂与现场水配伍性差，这是杀菌剂效果不佳的主要原因。

表 4 2019 年第 4 季度大港油田部分回注水站杀菌剂型号及 SRB 含量

取样站/点	取样日期	杀菌剂型号	SRB 含量，个/mL
自一污/外输泵出口	2019-10-17	KYSJ-3	0
自六注水站/注水泵进口	2019-10-17	KYSJ-3	2.5
枣一污/外输泵出口	2019-10-17	BPS-01	2.5
枣二污/外输泵出口	2019-10-17	BPS-01	0
家五注水站/注水泵进口	2019-10-17	KYSJ-3	0
官一污/外输泵出口	2019-10-17	KYSJ-3	0
女一污/外输泵出口	2019-10-17	KYSJ-3	0
官二污/外输泵出口	2019-10-17	KYSJ-3	0
周一注水站/注水泵进口	2019-10-23	KYSJ-4	0
埕海 1-1 人工岛/注水泵进口	2019-11-12	KYSJ-1	2.5
埕海联合站/注水泵进口	2019-11-12	KYSJ-1	2
埕海 2-2 井场/注水泵进口	2019-11-12	KYSJ-1	2500

3.5 杀菌剂产品质量不合格

分别对站内使用过的 5 个批次、型号的杀菌剂按照 Q/SY DG1180—2013 标准技术指标要求进行检测，技术要求及检测结果见表 5 和表 6。

表 5 油田注入水杀菌剂室内评价技术要求

项目	技术指标	
腐蚀性	不增加腐蚀性	
溶解性	均匀无沉淀	
空白水样 SRB 含量，个/mL	≤1000	>1000
杀菌剂加量，mg/L	50	80
杀菌后水中腐生菌(TGB)含量，个/mL	≤25	
杀菌后水中 SRB 含量，个/mL	0	
杀菌后水中铁细菌(FB)含量，个/mL	≤25	

表 6 2019 年不同批次、不同型号的产品质量检测结果

产品批次	产品型号	腐蚀性	溶解性	杀菌剂加量，mg/L	杀菌后水中SRB含量个/mL	杀菌后水中TGB含量个/mL	杀菌后水中FB含量个/mL
2019-01-21	BPS-01	不增加腐蚀性	均匀无沉淀	80	0	13	2.5
2019-03-05	KYSJ-1	不增加腐蚀性	均匀无沉淀	80	0	6	5
2019-06-27	KYSJ-2	不增加腐蚀性	均匀无沉淀	80	0	2.5	6
2019-10-10	KYSJ-3	不增加腐蚀性	均匀无沉淀	80	0	5	13
2019-12-06	HHSJ-3B	不增加腐蚀性	均匀无沉淀	80	0	0	0

站内来水中的 SRB 含量均大于 1000 个/mL，因此实验室采用杀菌剂的浓度为 80mg/L。

确认结果：从表 6 可知，按照 Q/SY DG1180—2013 标准要求，现场使用的杀菌剂都是合格的。因此，确定杀菌剂产品质量不合格为非要因。

3.6 每月加药次数少，加药量大

通过查阅 2019 年 D 站各月抽检的 SRB 含量并绘制柱状图（图 4），发现 3 月和 7 月 SRB 含量较少。结合 2019 年杀菌剂加药制定，发现这两个月采用的是每月 4 次每次 50kg 的加药方式。其他 SRB 含量较高月份采用的是每月 2 次每次 100kg 的冲击式加药方式。

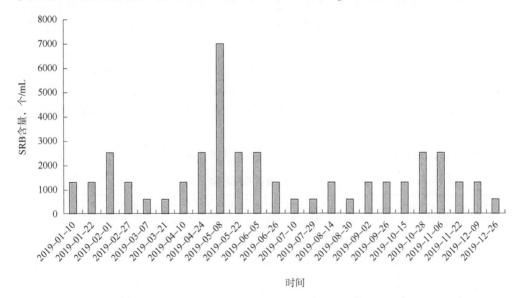

图 4　2019 年 D 站回注水 SRB 含量柱状图

确认结果：通过查阅 2019 年 D 站处理系统杀菌剂加药制度和 2019 年 D 站回注水 SRB 含量柱状图，确定每月加药次数少、加药量大是导致杀菌剂效果不佳的要因。

经过对以上 6 个末端因素逐一确认，导致 D 站杀菌剂效果不佳的要因共有两项：（1）杀菌剂与现场水匹配性差；（2）每月加药次数少、加药量大。

4　制定对策

针对查找出的两项要因，分别对每项要因提出了对策，并进行了综合评价，从有效性、可实施性、经济性、可靠性等多方面进行分析，以优选出最佳方案。

4.1　针对"杀菌剂与现场水配伍性差"制定对策

本着节约成本和选择最佳配伍性的目的，有针对性检测 6 个型号杀菌剂分别在 20mg/L、30mg/L、50mg/L 3 种浓度下的杀菌情况。用现场水在实验室进行了杀菌试验，试验步骤如下：

（1）称取杀菌剂产品，用蒸馏水配制成质量分数为 1% 的溶液，并做好标识。

（2）取一组 150mL 具塞三角瓶，分别用 100mL 量筒量取 100mL 现场水样置于其中，

根据现场水样的细菌含量确定杀菌剂的加入浓度，用移液管分别加入配制的杀菌剂溶液，浓度分别为 20mg/L、30mg/L、50mg/L，做好标识，盖上塞子摇匀，在 35℃下放置 1h 后接种。

（3）采用逐级稀释法二次重复，将细菌测试瓶排成一组，三个一列，两列为一组，依次编上序号标明 1 号、2 号、3 号瓶，一组可测试一个浓度的杀菌效果。开启铝盖，用酒精棉将每个测试瓶瓶口擦拭两次消毒。

（4）用一次性无菌注射器吸取杀菌培养后的水样 1mL 注入 1 号瓶中，充分振荡；更换一次性无菌注射器从 1 号瓶中吸取 1mL 水样注入 2 号瓶中，充分振荡；更换一次性无菌注射器从 2 号瓶中吸取 1mL 水样注入 3 号瓶中，充分振荡；其他各列进行同样的操作，并做好浓度标记，将接种好的细菌测试瓶放入恒温培养箱中，培养温度控制在 35℃内。

（5）SRB 菌 7 天读数，SRB 菌以测试瓶中液体变黑或有黑色沉淀，即表示有菌。

（6）生长指标及系数的确定。读数的起始级数就是生长指标所乘系数的次方数；起始读数测试瓶往后的三列测试瓶中的两个平行细菌测试瓶中呈阳性反应的个数排列成三位数就是生长指标。

（7）细菌生长指标及菌量计算。细菌生长指标及菌量计算由表 7 和表 8 查出。

表 7　菌量计数示例表

示例	1 号瓶 0 级	2 号瓶 1 级	3 号瓶 2 级	生长指标	菌量，个/mL
1	+-	--	--	100	0.6
2	+-	-+	--	110	1.3
3	++	--	--	200	2.5
4	++	+-	--	210	6.0
5	++	++	+-	221	70

注："+"表示细菌测试瓶长菌，"-"表示细菌测试瓶未长菌。

表 8　稀释法二次重复菌量计算表

生长指标	菌量，个/mL	生长指标	菌量，个/mL	生长指标	菌量，个/mL
0	0	110	1.3	211	13
1	0.5	111	2	212	20
10	0.5	120	2	220	25
11	0.9	121	3	221	70
20	0.9	200	2.5	222	110
100	0.6	201	5		
101	1.2	210	6		

按照上述试验步骤，分别试验了 6 种产品，试验结果如图 5 所示。

在加药浓度为 20mg/L 时，6 个杀菌剂都不合格；在加药浓度为 30mg/L 时，6 个产品只有 KYSJ-2、KYSJ-3、KYSJ-4 3 个产品杀菌合格，KYSJ-4 效果明显；在加药浓度为 50mg/L 时，只有 KYSJ-1 不合格（表 9）。

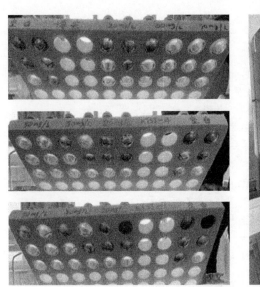

图 5　试验结果图片

表 9　杀菌效果表

序号	型号	SRB 含量，个/mL			价格 元/t
		杀菌剂浓度为 20mg/L	杀菌剂浓度为 30mg/L	杀菌剂浓度为 50mg/L	
1	BPS-01	1300	1300	0	14850
2	KYSJ-1	2500	700	250	6940
3	KYSJ-2	1300	110	0	6940
4	KYSJ-3	2500	110	110	6940
5	HHSJ-3B	1300	600	0	8400
6	KYSJ-4	1300	0	0	6940

　　运用逐级稀释法杀菌试验对比分析，检验出杀菌剂 KYSJ-4 杀菌效果最好，在 30mg/L 浓度下杀菌效果为 0，且单价成本低。

　　基于以上分析，对不同型号、不同浓度下杀菌剂的有效性、可实施性、经济性、可靠性进行了综合评价(表 10)。

表 10　对策一评价选择表

序号	要因	对策	评价	结论
1	杀菌剂与现场水配伍性	KYSJ-4	有效性：浓度 30mg/L 细菌个数为 0； 可实施性：操作简单； 经济性：全年药费 1.66 万元； 可靠性：可靠	采用
		KYSJ-3	有效性：浓度 30mg/L 细菌个数为 110 个/mL； 可实施性：操作简单； 经济性：全年药费 1.66 万元； 可靠性：可靠	不采用

序号	要因	对策	评价	结论
1	杀菌剂与现场水配伍性	KYSJ-2	有效性：浓度 30mg/L 细菌个数为 110 个/mL； 可实施性：操作简单； 经济性：全年药费 1.66 万元； 可靠性：可靠	不采用
		KYSJ-1	有效性：浓度 30mg/L 细菌个数为 250 个/mL； 可实施性：操作简单； 经济性：全年药费 1.66 万元； 可靠性：可靠	不采用
		BPS-01	有效性：浓度 30mg/L 细菌个数为 1300 个/mL； 可实施性：操作简单； 经济性：全年药费 3.56 万元； 可靠性：可靠	不采用
		HHSJ-3B	有效性：浓度 30mg/L 细菌个数为 600 个/mL； 可实施性：操作简单； 经济性：全年药费 2.02 万元； 可靠性：可靠	不采用

确定采用与 D 站现场水配伍性好、浓度为 30mg/L 的 KYSJ-4 作为 D 站的杀菌药剂。

4.2 针对"每月加药次数少，加药量大"制定对策

根据 D 站的注水量 220m³/d、加药浓度 30mg/L 的条件下，对不同加药次数、加药量的有效性、可实施性、经济性、可靠性进行了综合评价。对比 2019 年 D 站回注水 SRB 含量数值分析，确定采用每月 4 次每次 50kg 的加药方式(表 11)。

表 11　对策二评价选择表

序号	要因	对策	评价	结论
2	每月加药次数、加药量的确定	每月 4 次每次 50kg	有效性：效果明显，2019 年 3 月和 7 月细菌含量降至全年最低点 600 个/mL； 可实施性：操作简单； 经济性：全年 1.66 万元； 可靠性：可靠	采用
		每月 2 次每次 100kg	有效性：效果不明显，细菌含量超标； 可实施性：操作简单； 经济性：全年 1.66 万元； 可靠性：可靠	不采用

5 对策实施

对策实施一，选择配伍性好的杀菌药剂。从 2020 年 6 月开始使用 KYSJ-4 杀菌剂，每月 2 次，每次 100kg 开始加药。站内加入杀菌剂后，SRB 含量下降到 91 个/mL，达到了对策目标要求≤110 个/mL。说明 KYSJ-4 杀菌剂适合 D 站使用，杀菌剂与现场水配伍性好。

对策实施二，增加加药次数、减少每次加药量。从 7 月开始将原来的加药次数更改为每月 4 次，每次 50kg。8 月加药次数更改为每月 6 次，每次 30kg。9 月加药次数更改为每月 8 次，每次 25kg。经过现场试验发现，每月 4 次的加药频次可以实现 SRB 含量相对稳定，进一步增大加药频次 SRB 含量降低效果不明显且增加了加药工作量。在加药总量未变情况下，2020 年 7 月每月 4 次的加药方法综合效果更好。于是从 10 月开始改为每月 4 次，每次 50kg（每月总加药量不变），回注水中 SRB 含量下降超过每月 2 次、每次 100kg 加药方法的 SRB 含量 10%，达到对策目标要求。

6 效果检查

6.1 目标检查

措施对策实施完成后，2020 年 6 月对站内回注水 SRB 含量开展了每月 2 次的跟踪检测，检测结果如图 6 所示，目标实现。

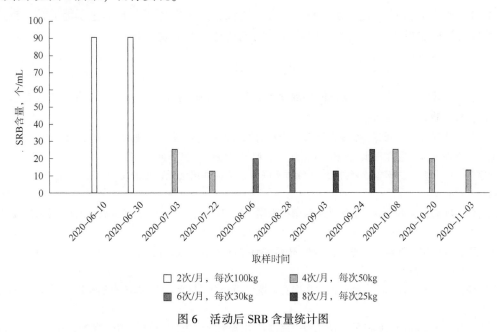

图 6 活动后 SRB 含量统计图

6.2 对策实施前后对比

通过更换杀菌剂和加药方法对站内回注水 SRB 含量进行了检测，检测平均值 32 个/mL，均达到目标值≤110 个/mL，症结问题已得到有效解决。

7 巩固措施

2020年6—11月，选择了适合的杀菌剂及加药方法；制定了《D处理站杀菌剂配伍性优选及加药方法操作规程》并纳入了管理作业文件，并报主管部门批准；对岗位员工进行培训让技术人员和普通员工熟悉加药流程方法并按要求实施。

对巩固期内回注水的SRB含量进行了连续17天检测。巩固期内回注水连续抽检SRB含量平均值为30个/mL，均≤110个/mL。

8 结语

我们通过调研分析成功筛选出适合D站的杀菌剂和加药方法，降低了SRB含量，达到了水质标准要求的SRB含量（≤110个/mL）。

专业技术方面：在原因分析、制定对策的过程中。对D站流程各节点的取样及SRB的特性和检测手段等专业技术得到了提高；积累了关于SRB的生长条件和产生因素的相关知识，以及通过杀菌药剂降低含量的经验。

管理方法方面：在目标可行性分析阶段，学会通过多层分析法找到了D站回注水中SRB含量高的症结问题——杀菌剂效果欠佳。在要因确认环节学会利用图表分析进行要因的验证。

综合素质方面：研究成员分工协作，各展所长，充分发挥了各自的主观能动性，提高了团队解决现场问题的能力；增强了团队成员的创新意识和质量意识。

参 考 文 献

[1] 齐飞，陈忠林，李学艳，等. O_3氧化去除饮用水中嗅味物质MIB的研究[J]. 哈尔滨工业大学学报，2007，39(10)：1583-1586.

[2] 刘佳乐，罗汉金，郑刘春. 臭氧对阳离子染料的脱色研究[J]. 水处理技术，2007，33(10)：31-34.

[3] 赵星. 物理杀菌装置在污水处理中的应用[J]. 油气田地面工程，2007，26(7)：21.

[4] 刘德俊，申龙涉，刘雨丰. 紫外线-变频技术联合杀菌在油田水处理中的应用[J]. 水处理技术，2007，33(4)：46-49.

[5] 赵昕铭，项勇，陈忻，等. 电解盐水杀菌技术用于油田污水处理[J]. 油气田地面工程，2007，26(3)：33-34.

[6] 徐亚军，刘衡川，谷素英，等. 高浓度臭氧水稳定性及杀菌效果的试验观察[J]. 中国消毒学杂志，2007，24(1)：29-32.

[7] 孙雪娜，刘安芳，任弘一，等. 油田水中有害微生物分析及防治[J]. 大庆石油地质与开发，2006，25(B08)：107-108.

[8] 刘涛，马海乐. 脉冲电磁场的杀菌实验研究[J]. 南开大学学报：自然科学版，2006，39(4)：54-57.

[9] 王亭沂，周海刚. 含油污水电化学绿色处理技术应用与评价[J]. 中国科技信息，2006(15)：49-51.

[10] 柳建平，余晓东. 氧化电位水杀菌效果的初步评价[J]. 重庆师范大学学报：自然科学版，2006，23(3)：79-81.

冷西地区沙三中亚段Ⅲ油组储层四性关系研究

马满兴

（中国石油辽河油田公司）

摘　要：通过对冷西地区沙三中亚段Ⅲ油组储层测井、录井、岩心、岩屑、试油、试采、生产等资料的收集整理、比较分析，研究储层特征、电性特征、油水层解释标准。通过薄片、压汞、常规物性分析数据，分析储层岩性、物性、含油性特征及相互关系。通过岩心刻度测井，建立岩性测井识别标准、物性计算方法等。由试油、试采、生产资料，与物性参数、岩电参数，确定油层下限，并据此开展老井试油选层工作。

关键词：储层特征；岩性；物性；含油性；电性；解释图版

辽河盆地西部凹陷冷西地区，构造上位于西部凹陷东部陡坡带中段，是受西部凹陷东侧长期发育的控凹断裂台安—大洼断层控制形成的西倾陡坡。沙三中亚段沉积时期，受台安—大洼断层的持续强烈活动影响，陈家断层下降盘不断下降和陷落，水体迅速加深，发育扇三角洲—湖底扇沉积体系[1]。砂砾岩是该区主要储层，形成构造—岩性油藏，Ⅱ油组是该区主力产层。随着勘探开发持续深入，发现沙三中亚段Ⅲ油组储层物性、含油性较好，有较大的成熟探区挖潜能力。借鉴油层"四性关系"研究[2-3]，有必要进一步研究Ⅲ油组储层"四性关系"，建立识别图版，力争发现更多油藏。

1　岩性特征

该区Ⅲ油组，利用岩心开展系统岩石学特征研究，根据岩心宏观、微观特征将岩石划分为砾岩类、砂岩类、泥岩类3个亚类。储层基本包括砾岩类和砂岩类。砾岩类包括含砂砾岩、砂质砾岩，其中砾石含量大于50%，砾石最大为30mm×45mm，一般大小为2mm×2mm至10mm×10mm，砾石磨圆度中等，次棱角状、次圆状为主，点—线接触、线接触为主。砾石成分以花岗岩岩屑为主，其次为火山岩岩屑、石英和长石矿物，少量沉积岩岩屑。砾石间填隙物为砂质细碎屑和泥质杂基，偶见方解石胶结；砂岩类包括砾质不等粒长石岩屑砂岩、含砾不等粒长石岩屑砂岩、含泥不等粒岩屑长石砂岩、含泥不等粒长石岩屑砂岩、含碳酸盐粗粒长石—岩屑砂岩、含碳酸盐粗—中粒岩屑长石砂岩、中—粗粒岩屑长石砂岩、中—细粒岩屑长石砂岩、细粒岩屑长石砂岩。岩石分选中等，颗粒次棱—次圆状，点—线接触，填隙物以泥质杂基和碳酸盐为主。岩屑成分以花岗岩、石英岩、动力变质岩为主，其次为中、酸性喷出岩、浅成岩，硅质岩，砂岩等。储层岩石全岩X衍射分析结果，主要矿物石英、斜长石、钾长石、黏土等差别不大。

2　物性特征

根据铸体薄片鉴定，储集空间包括孔隙和裂缝。孔隙以粒间孔、粒内溶孔、铸模孔、杂基微孔、残余粒间孔为主，少量填隙物晶间孔。裂缝多为颗粒裂缝、粒缘缝、构造微裂缝。砾岩类储层铸体薄片面孔率为 0.64% ~ 3.35%，平均为 1.42%；孔隙直径为 40 ~ 500μm，主频介于 100 ~ 200μm；喉道宽度为 2.15 ~ 60.54μm，主频介于 5 ~ 10μm，含裂缝时喉道宽度变大。砂岩类储层铸体薄片面孔率为 0.71% ~ 8.07%，平均为 2.36%；孔隙直径为 40 ~ 700μm，主频介于 100 ~ 200μm；喉道宽度为 1.07 ~ 73.34μm，主频介于 5 ~ 10μm。其中，含泥砂岩面孔率为 0.86% ~ 3.07%，喉道宽度主频为 2.5 ~ 5.0μm；含碳酸盐砂岩面孔率为 0.75% ~ 2.52%，喉道宽度一般小于 7.5μm。

据Ⅲ油组 50 个孔隙度、50 个渗透率物性资料，孔隙度分布在 3.5% ~ 18.2%，平均孔隙度为 10.2%，渗透率分布在 0.037 ~ 3.820mD。砾岩类储层孔隙度主要分布在 5.9% ~ 11.2%，平均孔隙度为 9.1%；渗透率分布在 0.165 ~ 3.820mD，平均渗透率为 1.101mD，属于特低孔—低孔超低渗透—特低渗透储层。砂岩类储层孔隙度主要分布在 5.2% ~ 15.1%，平均孔隙度为 10.3%；渗透率分布在 0.058 ~ 2.890mD，平均渗透率为 0.538mD，属于特低孔—低孔超低渗透—特低渗透储层。

综上所述，含泥、含碳酸盐降低储层物性，裂缝提高储层渗流能力。

3　含油性

Ⅲ油组岩心录井油气显示级别包含饱含油、富含油、油浸、油斑、油迹、荧光。兴北 3 井在 2522.8 ~ 2546.5m（53 ~ 56 层）进行压裂试油，射开 4 层 11.6m，压后日产油 6.53t，试油结论为油层。该井 2531.80 ~ 2535.95m 钻井取心进尺 4.15m，取心长 4.10m，包含砂岩、砾岩，其中富含油 0.05m，油浸 3.16m，以油浸为主。说明油浸级别砂岩、砾岩储层能获得工业油流，西部凹陷砂岩油藏一般以油浸作为油层岩心含油级别下限。

油浸及以上级别油气显示的砂岩类、砾岩类储层，孔隙度为 9.1% ~ 18.2%，平均孔隙度为 13.5%；渗透率为 0.059 ~ 1.940mD，平均渗透率为 0.558mD；X 衍射黏土含量为 2.5% ~ 10.7%，平均为 7.6%；碳酸盐含量为 0.9% ~ 7.5%，平均为 4.1%。油斑及以下级别油气显示的砂岩类、砾岩类储层，孔隙度为 3.8% ~ 11.1%，平均孔隙度为 7.8%；渗透率为 0.058 ~ 0.950mD，平均渗透率为 0.292mD；X 衍射黏土含量为 3.6% ~ 13.6%，平均为 9.2%；碳酸盐含量为 1.7% ~ 21.9%，平均为 6.8%。综上所述，黏土、碳酸盐含量增加降低了储层物性，从而降低了储层含油性。

4　电性特征及四性关系

本文采用岩心刻度测井方法，研究电性与岩性、物性、含油性关系。由于钻井取心记录的深度与测井曲线深度有差异，为此要将钻井取心、实测岩心样品深度进行归位，实现与测井曲线深度对应一致。该区Ⅲ油组录井岩性主要为砂砾岩、砂岩、泥岩。在砂泥岩钻井剖面中自然伽马、电阻率、补偿中子曲线能够较好区分砂岩、泥岩，该次研究利用泥岩高自然伽马、低电阻率、大中子特征和砂岩低自然伽马、高电阻率、小中子特征进行岩心归位，之后再根据实测岩心孔隙度与密度、时差的关系进行深度微调。

考虑测井资料分辨率及后续储层整体研究评价的需要，根据岩石矿物组分及岩石结构将沙三中亚段Ⅲ油组碎屑岩归纳为测井可识别的砾岩类、砂岩类、泥质砂岩类及泥岩类。利用补偿中子—自然伽马交会图和自然伽马—深侧向电阻率交会图，结合岩屑录井等资料综合建立了测井岩性分类以及识别标准（表1）。砾岩类表现为低中子、低自然伽马、高电阻率的测井响应特征；砂岩类呈现出低自然伽马、中补偿中子、中电阻率的特点；泥质砂岩类表现为中自然伽马、中补偿中子、低电阻率的测井响应特征；泥岩类具有高自然伽马、高中子、低电阻率的测井响应特征。

表1　测井岩性分类方案及识别标准

测井岩类	电阻率，$\Omega \cdot m$	自然伽马，API	中子，%	包含岩石类型
砂砾岩类	>15	60~73	10~20	砂质砾岩、含砂砾岩、砾岩
砂岩类	7~15	62~76	12~25	含砾砂岩、不等粒砂岩、粗砂岩、中砂岩、细砂岩
泥质砂岩类	4~7	75~82	20~30	泥质砂岩、泥质砾岩
泥岩类	<4	75~95	>25	泥岩、粉砂岩、泥质粉砂岩

通过对该区冷35、冷94、冷95、冷616、兴北3、兴北9共6口取心井的岩心岩性、含油性描述，建立岩性、含油性统计关系图（图1），砂岩含油性最好，砾岩含油性次之，泥质砂岩含油性最差。以油浸为油层含油性下限，认为砾岩、砂岩为油层主要岩性。

同样以油浸作为油层含油性下限，采用含油性与物性交会方法，确定物性下限。根据冷35、冷94、冷95、冷616、兴北3、兴北9共6口取心井Ⅲ油组岩心分析物性与含油性的关系图（图2），确定物性下限如下：孔隙度≥11%，渗透率≥0.5mD。

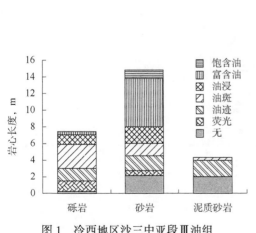

图1　冷西地区沙三中亚段Ⅲ油组
岩石含油性柱状图

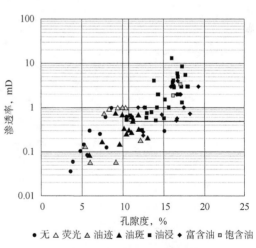

图2　冷西地区沙三中Ⅲ油组
含油性—物性交会图

对冷35、冷94、冷95、冷616、兴北3、兴北9共6口取心井的实测岩心孔隙度进行筛选，选用岩性均匀、岩电对应关系好的97个样品点14层实测岩心孔隙度与声波时差进行统计回归，求取计算孔隙度方法[式(1)]。

$$\phi = 1 - (54.63/\Delta t)^{0.4239} \tag{1}$$

式中，ϕ 为孔隙度；Δt 为声波时差，$\mu s/ft$。

为了更好计算岩石物性，可以采用 Elan 多矿物模型进行测井评价。Elan 多矿物模型主要输入包括测井曲线、岩石矿物组成、地层温度、地层压力、地层水电阻率、岩电参数等，主要输出包括地层矿物组分剖面、泥质含量、孔隙度、渗透率、饱和度等参数。该方法方便快捷。

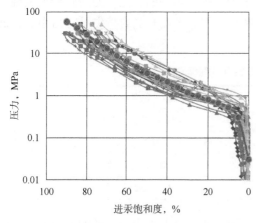

图 3　冷西地区沙三中亚段Ⅲ油组岩石进汞曲线

岩心含油性受孔隙结构影响较大，采用压汞实验方法研究储层孔隙结构[4-5]。由该区 22 块岩石样品的压汞实验进汞曲线（图 3）看出，砾岩、砂岩的孔隙结构差异不大。利用 26 块岩石样品岩电实验分析数据建立了地层因素与孔隙度关系以及电阻增大率与含水饱和度关系。根据该区试油、试采、生产数据，读取油层、差油层、含油水层、油水同层数据点，以及孔隙度与时差关系、岩电参数，按照阿尔奇公式进行饱和度计算[6-7]，并投点成图（图 4），认为油层电阻率下限为 $9\Omega\cdot m$，声波时差下限为 $72\mu s/ft$，含油饱和度下限为 45%。

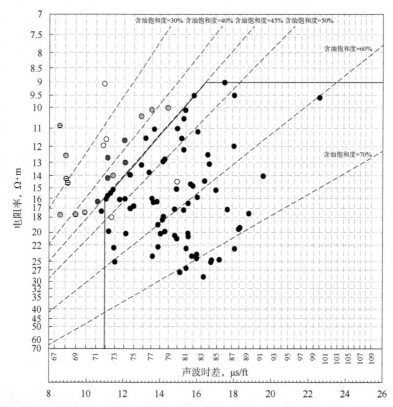

图 4　冷西地区沙三中亚段Ⅲ油组储层油水识别图版

依据上述标准，开展老井试油选层工作。首期实施了冷 95 井，该井深 3164.5 ~ 3188.8m，17.3m/2 层，录井为油斑砂岩，测井电阻率为 9 ~ 13Ω·m，声波时差为 73 ~ 83μs/ft。1992 年，地层测试，平均液面 2978.39m，流压 1.95MPa，静压 38.5MPa，折日产液 0.305m³，累计产油 0.84m³，累计产水 0.052m³。压裂后，平均液面 1371.43m，折算日产液 1.194m³，累计产油 24.1m³，试油结论为低产油层。依据本文研究，认为该层为油层。2020 年 6 月重新试油，最高日产油 12.7t。

5 结论

(1) 冷西地区沙三中亚段Ⅲ油组储层岩石依据测井特征可分为砾岩类、砂岩类、泥质砂岩类，其中，砂岩类含油性最好，砾岩类次之，泥质砂岩含油性最差。泥质、碳酸盐矿物含量增高会降低储层物性、含油性，微裂缝能够提供储层物性、含油性。

(2) 通过铸体薄片、岩石压汞曲线、岩电实验分析，认为该区沙三中亚段Ⅲ油组砂岩类、砾岩类储层孔隙结构类似，以粒间孔、粒内溶孔、铸模孔、杂基微孔、残余粒间孔为主，少量填隙物晶间孔，可见少量微裂缝，物性差别不大，属于特低孔隙度—低孔隙度超低渗透—特低渗透储层。

(3) 根据该区试油、试采、生产情况，确定该区沙三中亚段Ⅲ油组油层物性下限为孔隙度 11%、渗透率 0.5mD，电性下限为电阻率 9Ω·m，声波时差 72μs/ft。据此标准指导了老井试油工作，并取得了成功，有望提高成熟探区挖潜能力。

参 考 文 献

[1] 赖生华，余谦，麻建明．辽河盆地冷家油田沙三段沉积体系[J]．石油实验地质，2004，26(5)：469-473．

[2] 王全，章成广，刘兴礼．塔中 4 油田 CⅢ油组含砾砂岩段储层四性关系研究[J]．石油天然气学报，2009，31(5)：86-89．

[3] 孟蕾，王敏，关丽，等．莫西庄油田侏罗系三工河组储层四性关系研究[J]．地质论评，2019(s1)：167-168．

[4] 马世忠，张宇鹏．应用压汞实验方法研究致密储层孔隙结构——以准噶尔盆地吉木萨尔凹陷芦草沟组为例[J]．油气地质与采收率，2017，24(1)：26-33．

[5] 惠威，薛宇泽，白晓路，等．致密砂岩储层微观孔隙结构对可动流体赋存特征的影响[J]．特种油气藏，2020，27(2)：87-92．

[6] Archie G E. The electrical resistivity log as an aid in determining some reservoir characteristics[J]. Transactions of the AIME, 1942, 146(1)：54-62．

[7] 张洁，罗健，夏瑜，等．阿尔奇公式的适用性分析及其拓展[J]．地球物理学报，2018，61(1)：311-322．

利用 SAGD 伴生气顶
开展自压输油研究与试验

高忠敏

（中国石油辽河油田公司）

摘　要：曙光油田杜84馆陶油藏早期采用热采吞吐生产，后期开展方式转换进行 SAGD 开发，自2009年工业化试验以来，伴随蒸汽腔的不断拓展，开发效果持续向好。与此同时，地面处理系统的主要参数也随之发生变化，以 SAGD 1 号计量结转站为例，进站液量逐步升高，伴生气量逐步加大，加之外输温度在180℃左右，采用传统的密闭泵输工艺，工人劳动强度大，安全隐患高，能耗长期居高不下。为此，开展 SAGD 集输系统伴生气综合利用研究与试验，利用缓冲罐气顶压力，探索合理的操作压力，结合地面工艺流程优化改造，继而实现了传统输油工艺的技术升级，现场应用成效显著。

关键词：馆陶油藏；SAGD；伴生气；自压输油；降本增效

作为一种新的开发方式，SAGD 开发单井产量高，可以大幅度提高采收率。该技术最早由加拿大引进，国内在辽河油田和新疆油田进行了工业化推广。

SAGD 开发产出液普遍具有高温、高压、高汽油比的特点，地面集油的过程中全程采用密闭集输，同时因为产出液 H_2S 含量高，传统泵输工艺经常因为密封圈刺漏而发生生产事故，严重时导致关井，给正常的集输带来诸多不便。为改变这一状况，依托辽河油田公司"超稠油提效关键技术研究"重点科技项目，分析原有集输工艺的弊端及产生原因，针对性地进行工艺技术流程改造，探索合理的运行参数，经过近3年试验后，成功实现无动力自压（直输工艺）输油，综合成效显著，实现了示范+推广的预期目标。

1　原有集油工艺

1.1　概况

曙光油田的 SAGD 地面集油系统共有2个计量结转站，其中 SAGD 1 号站归采油七区，产出液进入曙五联，SAGD 6 号站隶属采油六区，产出液进入曙四联，主要工艺流程如图1所示（以 SAGD 1 号站为例）。

单井进站流体经过计量后，进入缓冲罐，其中集气系统通过电磁调节阀的压力控制，维持合理的产出气量，经除湿降温后进入脱硫塔处理后高空外排，到2020年底日外排量达到18000m³。

集油系统通过离心泵外输至联合站，后期液量攀升至4000m³/d。同时站上具有换热采暖、掺水降温等辅助工艺设施，相比普通计量结转站工艺更复杂、技术含量更高。主要外输

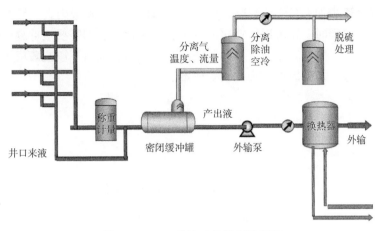

图 1　SAGD 1 号站工艺流程示意图

参数经过传感器无线上传至中控室，自动化程度较高。

1.2　存在的主要问题

理论上 SAGD 开发经过吞吐预热阶段、汽腔拓展、稳定泄油及汽腔下降四个阶段，其中在汽腔拓展和稳定泄油阶段产量呈上升到稳定的生产特点[1]，这一时期产出液温度高，伴生气量大，由此给传统集油工艺带来诸多问题。

一是能耗高：SAGD 1 号站外输泵电动机为 200kW 功率的大型电动机，即便利用变频技术也存在大量耗电的现象，全天 24h 不间断运行。

二是损耗大：由于输送介质多属于高温高压介质，易导致外输泵机械密封装置损耗加剧，更换频次逐年增加。

同时由于输送介质温度过高，需要在外输泵的高压及低压两端安装冷却用的计量泵，并不断向内供水，达到冷却外输泵机械密封的目的，从而防止外输泵机械密封汽化，每天所需用水量可达到近 $20 \times 10^4 m^3$。

三是隐患多：外输泵易出现故障问题。如叶轮磨损、机械密封处泄漏等，严重时需要关井配合维修。

四是风险高：外输泵房属于高危区域，包括机械伤害、烫伤、泄漏、触电、中毒等危害因素存在，工作环境恶劣，一旦刺漏，极易发生 H_2S 中毒事件，据监测，产出液/气最高 H_2S 浓度近 $20000 \mu L/L$。

2　自压输油技术

2.1　可行性分析

近年来围绕能否停用外输泵进行自压输油的问题，进行了系列技术研讨，系统地开展了自压集输的可行性分析。

关于输油的能量来源。由于 SAGD 集输工艺是密闭集输的过程，前段压力高，联合站末端压力低，只要是前后两段形成足够且稳定的压力差，就可以尝试停泵输送液量。

关于压力的稳定输入。近年来随着开发效果的逐步改善，油井液量逐步升高，油压持续攀升，最高升至 1.5MPa，经过压力损耗，进入计量接转站的压力也随之升高。

关于伴生气量逐步加大(图2)情况。可以成为自压输油的积极因素。缓冲罐处气顶压作为外输主要动力源的同时，还可以保持缓冲罐混合液不汽化，即需要缓冲罐内的气顶压力高于罐内液体对应温度下的饱和压力，从而防止混合液闪蒸；同时下游脱硫塔不会因为气体湿度过大导致淹塔，延长换药周期，降低脱硫成本。

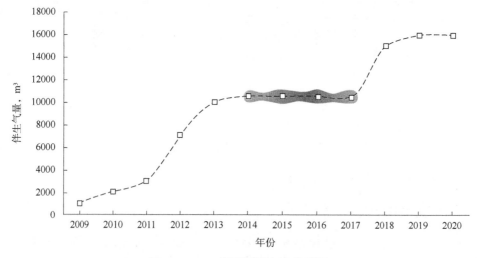

图2　SAGD 1号站伴生气变化趋势

关于进站温度高的问题。外输无须二次加热升温的情况下可以实现远距离输入曙五联。

综合以上分析，SAGD 1号站可以充分利用 SAGD 生产压力充足的优势，以缓冲罐压力作为外输原油的动力，停掉外输泵，尝试进行自压输油的技术路线。

2.2　先期现场试验

2018 年夏季开始在 SAGD 1号站进行测试，将缓冲罐的气顶压力维持在 0.8MPa(图3，高于对应温度下的饱和压力)，防止闪蒸的同时，根据系统的压力变化规律，动态调控缓冲罐气顶压力，结合外输流量控制，在稳定外输罐位的前提下，利用站内缓冲罐系统压力高于外输干线压力的特点，尝试进行停泵，启用冷输流程，实现自压输油，试验进展顺利，初步确定可以实现 24h 不间断自压输油。

2.3　工艺改进设计

2.3.1　前期存在问题

进入冬季采暖前测试时，发现换热用的介质无法循环。针对这一问题，经过多次现场调研，分析工艺流程。发现原来泵输的工艺流程中，在外输表前安装一个闸门作为换热器进口，在换热器内完成换热后再流回缓冲罐内，这样就要求表前压力高于缓冲罐内压力，从而实现换热器内热源流动，而实现这一条件的方法就是启动外输泵，停泵后的流程无法保证冬季采暖循环。

2.3.2　技术整改路线

针对上述问题，计划将 SAGD 1号站采暖换热器热源(外输液)流程进行改造，将采暖换热器出口移到外输干线上(图4)。利用管线内自然压降建立采暖循环，从而实现在自压输油模式下也可以进行冬季采暖换热。

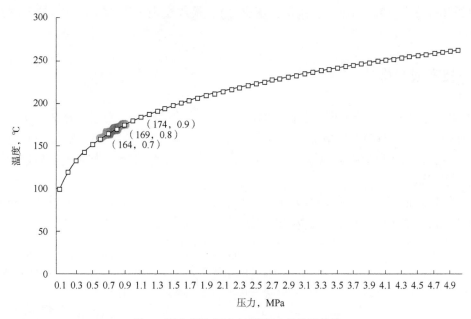

图 3　饱和蒸汽压力与温度对应关系曲线

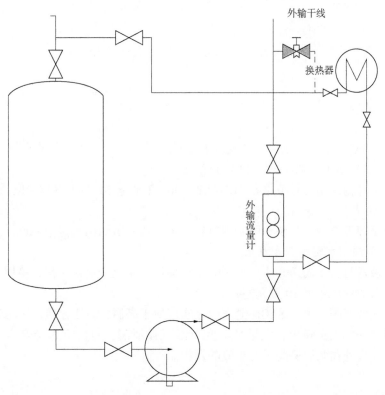

图 4　改造后 SAGD 1 号站工艺流程示意图

2.3.3　冬季测试

现场流程改造完成之后，经安全评估后一次投运成功实现 24h 连续停泵输油，站上换热系统运行正常，自压集输技术在现场试验取得初步成功，通过夏季与冬季的综合测试，不断完善现场调控技术参数(如压差、流量、罐位等)，最终实现全天24h自压输油至曙五联稳定运行。

3 技术成果推广

SAGD 1号站成功运行，证明了自压输油技术路线的可行性。由同样是SAGD开发条件下的采油作业六区SAGD 6号站推广应用成为检验成果能否推广的关键，在仔细研究该站的工艺流程后，分析了原有地面集输状况，结合曙四联进站压力情况，技术论证后进行了相应的实地考察测试。

一是停掉采油作业六区的SAGD单井掺水降温流程；二是工艺改造，对进联合站外输越过换热器直接入罐降低干线回压。顺利实现自压输油技术的推广应用(图5)。

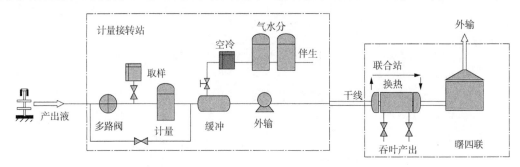

图5 改造后SAGD 6号站工艺流程示意图

4 综合效益分析

阶段投入：SAGD 1号站流程工艺改造1万元。

直接效益：SAGD 1号站年创效110万元。

其中，停用外输泵实现月节电 6.2×10^4 kW·h，年节电 74.4×10^4 kW·h，用电费用年节约可达92万元左右。

停用外输泵即可停用冷却泵，即实现节约用水，每月节约用水量达 $600m^3$，年节约用水量 $7200m^3$，年节约用水费用2.4万元。

外输泵机械密封由于输送介质高温影响常规输油，年至少更换4次，停用外输泵从而避免更换机械密封的费用年近10万元左右。

安全环保成效显著，由于SAGD输送的介质多属于高温、高压介质，泵输情况下机械密封处造成泄漏，油气大量喷出，大量高浓度 H_2S 气体泄漏，对员工人身安全造成伤害，也会污染环境。停用外输泵后避免了此事故的发生。

5 结论及建议

(1) SAGD伴生气可以进行综合利用。高温、高压、高汽油比等不利因素通过合理的技术路线转化，实现资源利用的最大化，此举无疑是提质增效的成功范例。

(2) 现场推进要遵循合理且科学的程序。论证充分试验先行，坚持问题导向，紧贴生产需求，小技改同样可以有大作为。

（3）地质工程一体化。油藏发生变化，地面集输也应开展适应性评价，通过分析问题产生的原因，或许就能发现解决矛盾的钥匙。

（4）方式转换类型多样，技术储备至关重要。相比吞吐开发(蒸发驱、火驱)伴生气组分发生系列变化，环保要求更高，有必要进一步开展前瞻性的研究及试验。

参 考 文 献

[1] 武毅，张丽萍，李晓漫，等. 超稠油SAGD开发蒸汽腔形成及扩展规律研究[J]. 特种油气藏，2007，14(6)：40-43.

辽河稠油油藏精细描述技术及进展

李　蔓　姚　睿　林中阔　邱树立　史海涛

（中国石油辽河油田公司勘探开发研究院）

摘　要： 辽河热采稠油年产油占据辽河油田半壁江山，历经多年开发，蒸汽吞吐及方式转换区块均已进入开发中后期，储层非均质矛盾加剧，扩边潜力有限，为进一步改善开发效果，确定了辽河稠油油藏精细描述研究思路，细化开发单元，开展储层内部构型及质量差异表征、巨厚块状油藏内部低物性段识别、井震结合有利储层精细预测等，有针对性地提出调整措施，有效提升稠油开发水平，推动稠油老区稳产。

关键词： 热采稠油；精细描述；储层构型；低物性段；有利储层预测

精细油藏描述是经济有效开发油气藏和提高采收率的基础。在很大程度上，稠油油藏开发的成败在于油藏描述的研究程度[1-2]。"八五"期间，中国石油在大港油田组织了"油藏精细描述"的科技攻关，先后引进了许多理论、方法和技术，辽河、胜利、新疆等各油田均开展了稠油油藏攻关研究及大规模推广应用，针对不同的油藏特征，形成各具特色的油藏描述技术，油藏描述研究已成为油田开发领域的关键研究工作之一[3-4]。

1　基本情况

辽河稠油油藏主要分布在西部凹陷西部斜坡带及中央凸起南部倾没带，是国内陆上稠油资源最为丰富的油田，目前开发方式由蒸汽吞吐逐步转入方式转换，吞吐开发油藏储层动用程度差异较大，蒸汽驱油藏条件更加复杂，无效蒸汽循环加剧。SAGD汽腔发育不均，面临边、顶水侵入。火驱油藏火线波及不均，燃烧状态差异大，急需通过精细油藏描述，有针对性地提出调整对策，改善开发效果。

2　精细油藏描述技术进展

2.1　储层内部构型及质量差异表征

老油田内部采出程度高，受限于储层构型特征认识不清，面对"普遍分布，局部富集"的剩余油，方式转换目标需要进一步精准刻画，才能保证生产效果[5-7]。为有效满足老区内部精细开发需求，开展重力流砂体储层构型研究，明确厚层内不同微相砂体叠置关系及组合样式。

2.1.1　单井单砂层叠置样式

沉积环境、水流能量、地形及物源供给量的情况均对砂体的叠置模式产生影响，近岸水下扇砂体单井上可见3种叠置样式，即叠加式、切叠式和孤立式。叠加式单井可见在两期砂体叠置处,视电阻率曲线上显示为两个阶梯状的箱形特征,后期形成的单砂体对早期形成的单砂体没有明显的侵蚀、冲刷等作用。切叠式单井可见两河道砂体中间部分砂体测井曲线呈现明显的回返,显示出两期河道砂体的叠加。孤立式单井可见两个明显分离的箱形特征,单砂体分离处曲线回返明显,两期单砂体之间主要被泥岩等细粒沉积物分隔。

2.1.2 空间上单砂层组合样式

针对砂体空间展布特征进行研究,识别不同期次河道,划分总结了4种空间上的砂体叠置关系(包括分布稳定型、侧向分叉型、假连通型和横向尖灭型)。

(1)分布稳定型,即单砂体全区发育,砂体连片性好。

(2)侧向分叉型,即厚层砂体向前延伸,单砂体与下伏两单砂体为泥岩沉积相隔,砂体厚度变薄。

(3)假连通型为不同单砂体区域发育的结果。在小层内部发育两个单砂体,这两个单砂体在空间上互相尖灭,平面上表现为假连通。

(4)横向尖灭型是小层内发育的多个厚层被一定厚度的隔夹层分隔,单砂体局部发育。

2.1.3 储层质量差异表征

根据连续油层厚度、渗透率、夹层频率等参数建立单井分类标准,分析火驱储层主要地质影响因素关系。在单井评价中,储层构型为叠加式,连续油层厚度大于30m,渗透率大于1000mD,夹层频率小于10为Ⅰ类;储层构型为切叠式,连续油层厚度15~30m,渗透率500~1000mD,夹层频率小于10~20为Ⅱ类。基于砂体叠置模式多信息耦合响应特征,解析地震反射特征、沉积微相及连通系数建立注采关系评价标准。连通性分级为好的标准为连续性地震反射,沉积微相为同一河道主体,空间砂层组合为分布稳定型或侧向分叉型,连通系数大于0.8;连通性分级为中等的标准为振幅差异型地震反射,沉积微相为河道主体—河道边部,空间砂层组合为侧向分叉型或假连通型,连通系数为0.5~0.8。

2.2 巨厚块状油藏内部低物性段识别

2.2.1 馆陶组内部岩性差异形成层状地震反射界面

储层岩性可以分为砾岩、砂砾岩、砂岩三大类,厚度一般为5~10m,岩心观察泥岩含量极低,基本未见到大套发育泥岩夹层,仅存有极少量的泥质粉砂岩,含油性差异较明显。砂岩含油性好、声波时差值大,砾岩含油性差、声波时差值小。地震反射特征表现为6套较为连续的地震反射界面,从正演模型可以看出,从明化镇组的泥岩相到馆陶组顶界的砂砾岩相,波阻抗为正,地震反射特征表现为强振幅连续反射。进入馆陶组内部,由砂岩到砂砾岩,由砂砾岩到砾岩,其波阻抗为正,形成相对较强连续反射特征。

2.2.2 不同岩性储层物性差异明显,砾岩物性最差

不同岩性物性表明,砂岩含量越高,储层物性越好,相对来说,砂岩物性最好,平均渗透率为7350mD,砂砾岩为3670mD,砾岩为1050mD。在 NgⅠ—Ⅴ组中,NgⅣ组砂岩含量最高,蒸汽易沿砂岩层外溢突进。结合井温监测资料建立低物性段定量识别标准(表1),追踪4套连片发育低物性段,泥质砾岩类低物性段往往发育在次级旋回底部,为突发性事件最底层的沉积物,泥质粉砂岩为两期河道间剥蚀残留的细粒组分。

分析认为,原来认识的巨厚块状油藏均质体实际上是由层状油藏非均质体组成。油层受低物性段及储层非均质性影响,主体区蒸汽腔压力过高,受上部低物性段遮挡,蒸汽腔横向

扩展，先后 18 口井存在温度异常，蒸汽外溢距离边水最近仅为 30～40m，造成边水侵入汽腔风险。

表 1　84 块馆陶组油层低物性段分类标准

低物性段类型	岩性	电性					物性		含油性
		电阻率 Ω·m	微电极幅度差 Ω·m	声波时差 μs/m	中子 %	密度 g/cm³	孔隙度 %	渗透率 mD	
泥质粉砂岩类	泥质粉砂岩，粉砂质泥岩	<70	0～1	>430	35～55	1.5～2.0	5～15	50～200	不含油
砾岩类	泥质砾岩，泥砾岩	<120	1～2	<380	20～30	1.8～2.5	10～20	50～300	油斑—不含油

2.3　井震结合有利储层精细预测

Q12 块莲花时期盆地普遍深陷接受北部及北西部山区陆源碎屑沉积，形成近源扇三角洲前缘沉积，储层为一套薄—中厚层砂泥岩互层沉积，主要发育水下分流河道、水下分流河道间砂体，莲 I 油组砂岩厚度一般为 20～38m，平均为 29m，主力层莲 I_1 和莲 I_2 砂岩厚度大于 15m，由北向南呈条带状展布。

随着产能建设目标由油藏主体向边部转移，研究对象由厚层向薄层推进，有利储层精准预测难度更大。通过地震属性如均方根振幅、平均绝对振幅、绝对振幅和平均能量等多属性进行分析，优选属性进行"震控"预测有利相带范围，同时波形反演及变差函数优化设置，实现"震控"＋"相控"储层精准预测，最终落实 3 个有利条带储集砂体(图 1 和图 2)。

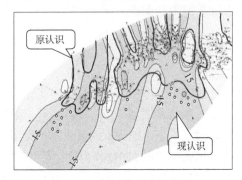
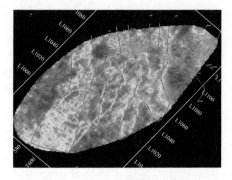

图 1　莲 I_1 砂体厚度等值图　　　　图 2　莲 I_1 均方根振幅平面图

针对薄层砂体在地震上有响应、可辨识的特点，在有效频带范围内提升垂向分辨率，对目标单油层精细刻画，指导薄层水平井整体部署，同时紧密跟踪，及时调整，保证薄层水平井油层钻遇率，攻关形成了薄砂层有效识别和预测技术，识别砂体厚度由 10m 提升至 3m，符合率达 80% 以上。

3　调整效果

通过开展厚层内部构型及储层质量差异表征，建立了厚层火驱储层的分类评价标准，为认识火线波及主控因素及规律提供了依据。通过开展岩性细分和低物性段追踪，优化边顶底水油藏 SAGD 操控界限，按照"疏、堵结合"思路治理蒸汽外溢，采取低物性段上部补孔注汽、补孔改造、生产井更新、侧钻等措施，效果明显改善，保持 $80×10^4t$ 规模稳产。通过井震结合有利储层预测，典型区块 Q12 块莲花油层整体外扩投产 33 口，阶段累计产油 35253t，新增探明含油面积 $0.81km^2$，地质储量 $107.05×10^4t$。薄层水平井 W60-H185 针对小于 3m 的单油层进行轨迹优选和跟踪调整，水平段长度 334m，油层钻遇率 85.9%，初期日产油 12.6t，目前日产油 10.9t，累计产油 $1.7×10^4t$，为下步井位部署工作提供强有力支撑。

4 结语

辽河油田稠油油藏砂体横向变化快，非均质性强，通过生产中遇到的关键瓶颈问题，开展有针对性的油藏描述，在指导老区滚动扩边、精细开发和方式转换中，起到了至关重要的作用。与国外相比，油藏埋藏较深，油层多为薄互层、厚度小，油水关系复杂，开采难度大，近年来通过转换方式的基础研究和配套技术攻关取得显著效果，但高能耗、高成本等影响稠油油田效益开发的问题依然存在，进一步提高热效率和转变开发方式是技术关键。随着油气田开发在深层、薄层、超稠油等领域的扩展和边底水油藏、复杂断块等开发难度的增大，需要进一步发展精细油藏描述技术，以更好地支撑油田高质量可持续发展。

参 考 文 献

[1] 裘亦楠. 石油开发地质方法论(一)[J]. 石油勘探与开发，1996，(2)：43-47.

[2] 李阳，刘建民. 油藏开发地质学[M]. 北京：石油工业出版社，2007.

[3] 穆龙新，裘怿楠. 不同开发阶段的油藏描述[M]. 北京：石油工业出版社，1999.

[4] 穆龙新. 油藏描述技术的一些发展动向[J]. 石油勘探与开发，1999，26(6)：42-46.

[5] 李云海，吴胜和，李艳平，等. 三角洲前缘河口坝储层构型界面层次表征[J]. 石油天然气学报，2007，29(6)：49-52.

[6] 赵翰卿. 储层非均质体系，砂体内部建筑结构和流动单元研究思路探讨[J]. 大庆石油地质与开发，2002，21(6)：16-18.

[7] 李阳，吴胜和，侯加根，等. 油气藏开发地质研究进展与展望[J]. 石油勘探与开发，2017，44(4)：569-579.

辽河西部凹陷稠油及伴生菌解气浅析

杨一鸣　徐　锐　白东昆　宁海翔　李珊珊

（中国石油辽河油田公司勘探开发研究院）

摘　要：辽河油田为全国最大的稠油、超稠油生产基地，西部凹陷为稠油主要发育区。由于水洗作用、氧化作用、微生物降解作用等导致原油稠化。原油稠化过程中形成的生物气又称原油菌解气，作为非常规气之一，原油菌解气近年来受到了极大的关注，而相关研究在我国才刚刚起步。本文针对辽河西部凹陷天然气分布广、稠油伴生气发育的特点，首先分析了稠油分布及特点，然后分析了天然气地球化学特征和稠油伴生菌解气特征，认为西部凹陷原油菌解气具有相对较轻的甲烷碳同位素、乙烷碳同位素和较轻的甲烷氢同位素，干燥系数基本达 0.99。西部凹陷原油菌解气埋藏深度一般小于 1700m，主要分布在 600~1200m 之间。还发现原油菌解气对应的生物降解原油成熟度一般为中—低等成熟度。最后指出西部凹陷的原油菌解气主要集中分布在高升、冷家和小洼地区。

关键词：稠油；菌解气；成因；分布；降解

稠油是指在油层条件下原油黏度大于 50mPa·s、相对密度大于 0.92 的原油，国际上称为重油。稠油资源是世界上的重要能源，随着常规石油的可供利用量日益减少，稠油资源的开发已越来越受到各国的重视。辽河油田为全国最大的稠油、超稠油生产基地，而西部凹陷为稠油主要发育区[1-3]。微生物降解作用等致使重烃遭受生物降解，轻组分散失，最终导致原油稠化。原油稠化过程中，微生物降解作用致使重烃遭受生物降解，轻组分散失，形成稠油和伴生菌解气[4]。与稠油伴生的菌解气主要是下部原油稠化后在垂向上以气相渗滤运移的天然气，也有以扩散方式运移而来的。因此，可以在 600~1700m 稠油分布区域，寻找通过这种方式聚集的菌解气藏，并且研究菌解气的识别和分布，这在辽河西部凹陷具有一定的现实意义。

1　辽河油田稠油分布

辽河稠油资源比较丰富，截至 2020 年底，探明稠油石油地质储量 10.4×10^8t，其中热采动用储量 8.9×10^8t。平面上集中分布在辽河断陷西部凹陷西斜坡、东部陡坡带和中央隆起南部倾没带。由北向南为牛心坨油田、高升油田、冷家堡油田、小洼油田、海外河油田、曙光油田、欢喜岭油田，西部凹陷稠油占探明储量的 98.4%，东部凹陷的茨榆坨油田和外围马家铺地区局部零星分布，仅占探明储量的 1.6%。

纵向上发育 12 套含油层系，自下而上依次为太古界变质岩潜山、中上元古界大红峪组、古近系沙四上段牛心坨油层、高升油层、杜家台油层、沙三段莲花油层、大凌河油层、热河台油层、沙一下亚段—沙二段兴隆台油层、沙一中亚段于楼油层、东营组马圈子油层和新近系馆陶组绕阳河油层。其中，兴隆台、莲花、杜家台油层为主力含油层系，占探明总储量的 65%。

2 西部凹陷稠油特点

根据原油的成熟度、生物降解程度及生物降解后油气的注入情况，辽河西部凹陷的稠油可以分为原生稠油、降解型稠油和降解—混合型稠油三种类型[5]。原生稠油主要是未成熟烃源岩(镜质组反射率小于0.5%)生成的胶质和沥青质含量较高的原油经过短距离运移、聚集的产物，分布较为局限；降解型稠油是指油气聚集后经过不同程度的生物降解作用而形成的稠油，这类稠油为西部凹陷稠油的主要成因，原油稠化后没有新的油气注入，包括未熟—降解系列、低熟—降解系列和成熟—降解系列，前两种主要分布在东部陡坡带，后一种主要分布在西斜坡；降解—混合型是指原油遭受生物降解后，新的油气注入形成的混合型稠油，主要分布在高升、冷家地区。

按原油黏度的标准(表1)，稠油分为普通稠油、特稠油和超稠油。西部稠油以普通稠油为主，探明储量中，普通稠油占69.4%，特稠油占12.7%，超稠油占17.9%。

表1 稠油分类标准

稠油分类		主要指标	辅助指标	占总储量
		黏度，mPa·s	相对密度(20℃)	%
普通稠油	A	50*~100*	>0.9(<25°API)	69.4
	B	100*~10000	>0.92(<22°API)	
特稠油		10000~50000	>0.95(<17°API)	12.7
超稠油		>50000	>0.98(<13°API)	17.9

* 指油藏条件下的原油黏度。

无* 指油藏温度下脱气油的黏度。

西部稠油油藏体现出以下四大特点：

(1)原油黏度跨度大。按成因分类可分为边缘氧化、次生运移、底水稠变三种类型。按原油黏度的标准，分为普通稠油、特稠油和超稠油。脱气原油黏度最高达670000mPa·s；稠油组分中胶质、沥青质含量一般高达40%~55%。

(2)油藏埋藏深。既有中深层(600~900m)、深层(900~1300m)，又有特深层(1300~1700m)、超深层(大于1700m)。辽河油田稠油油藏埋深以中—深层为主，前三种类型油藏的探明储量分别占总探明储量的24.7%、44.6%和23.6%，超深层油藏仅占探明储量的7.1%。

(3)储层类型以碎屑岩为主，非均质性较严重。沉积类型一般为扇三角洲相，岩性以砂岩、砂砾岩为主，胶结疏松，泥质含量一般为6%~15%，孔隙度为17%~35%，渗透率为0.5~5.25D，具有高孔隙度、高渗透特征；储层层间渗透率级差20~40倍，渗透率变异系数为0.5~0.8；油层产状有块状、中—厚互层状、中—薄互层状，其中以中—厚互层状为主。

(4)含油井段长，油水关系复杂。层状油藏含油井段长达150~350m，一般发育30~50个小层，具有多套油水组合；块状油藏油层厚度达35~190m，水体体积一般为含油体积的8~15倍；部分油藏内部发育有透镜状夹层水，也有四周被水包围的特殊类型油藏(如杜84块馆陶油层超稠油油藏)。

因此，西部凹陷稠油主要发育在西斜坡及东部陡坡带。在平面上这些地区及周边是寻找稠油伴生菌解气的主要部位。

3 西部凹陷天然气地球化学特征

3.1 西部凹陷天然气组分特征

西部凹陷天然气以烃类气体为主，烃类气体含量在 68%~100% 之间，绝大部分样品烃类气体含量大于 96%，占样品总数的 94%。非烃气体含量在 0~32% 之间，大部分样品含量较低，一般含量较低，小于 4%。西部凹陷天然气的甲烷含量分布范围较广，在 44%~100% 之间。大部分样品的甲烷含量高于 80%，这部分样品占样品总数的 76.5%。西部凹陷天然气的乙烷含量分布在 0~22% 之间，分布范围较广，主峰在 0~3% 之间。西部凹陷天然气的丙烷含量在 0~20% 之间，大部分样品的丙烷含量小于 1%。天然气的干燥系数分布在 0.4~1.0 之间。干燥系数小于 0.8 的样品 16 个，占样品总数的 20% 左右，这部分样品干燥系数相对较小，属于成熟度相对不高的热成因天然气的特征；干燥系数在 0.8~0.95 之间的样品总数为 22 个，占样品总数的 27% 左右，这部分天然气应该同样属于有机热成因天然气的特征，但是成熟度要高于前者；干燥系数大于 0.95 的样品较多，共计 43 个，占样品总数的 53%，这部分天然气一般为生物成因气或者高过成熟天然气，也可能是早期形成的天然气经过了后期的微生物改造作用或者次生蚀变作用等[6-7]。

3.2 西部凹陷天然气碳同位素组成特征

西部凹陷甲烷碳同位素组成数据分布在 -53‰~-30‰ 之间，主峰在 -45‰~-42‰ 之间，没有低于 -55‰ 的数据，说明西部凹陷不存在典型的原生生物成因气。西部凹陷天然气乙烷碳同位素组成分布在 -35‰~-17‰ 之间，主峰在 -28‰~-25‰ 之间。乙烷碳同位素组成低于 -29‰ 的样品 18 个，占样品总数的 28.5%。西部凹陷丙烷碳同位素组成分布在 -37‰~-6‰ 之间，分布范围较广，主峰在 -27‰~-23‰ 之间，丙烷碳同位素组成高于 -20‰ 的样品 19 个，占样品总数的 48.7%(图 1)。这些丙烷同位素组成较重的样品主要来自西部凹陷兴隆台地区浅层东营组的天然气，根据目前的资料分析，这些天然气可能是早期形成的天然气后期经过微生物的改造作用造成的，丙烷最容易被微生物改造，改造作用造成天然气的丙烷含量降低，丙烷的碳同位素组成变重。

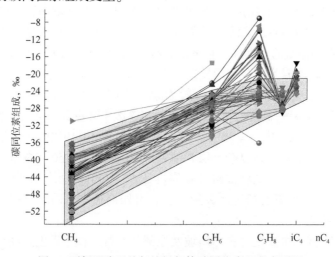

图 1 西部凹陷天然气烷烃气体碳同位素组成序列图

从西部凹陷天然气烷烃气体的碳同位素组成序列可以看出，西部凹陷天然气烷烃气体碳同位素组成整体仍然体现了正碳同位素序列的特征，但是局部碳同位素倒转现象明显，主要体现在 $\delta^{13}C_1 < \delta^{13}C_2 < \delta^{13}C_3 > \delta^{13}iC_4 < \delta^{13}nC_4$，即丙烷和正丁烷的同位素组成异常重的现象，这些样品主要为西部凹陷兴隆台地区浅层东营组的天然气。这种现象仍然是微生物改造天然气产生的。由于丙烷和正丁烷最先被细菌微生物改造，造成了剩余的这两种组分的碳同位素组成变重。

总体而言，西部凹陷天然气成因类型比较复杂，既存在油型气，也存在煤型气（包括低成熟煤型气和成熟煤型气），同时还有原油菌解气类型，此外，还存在经过微生物后生改造作用的天然气类型。

4　原油菌解气特征

近年来，随着我国天然气勘探力度的加强和勘探工作的深化，相继发现一批大中型天然气田，同时，天然气的勘探难度也呈现出增大的势头，由原来的中层寻找大型天然气藏的勘探方向已逐渐转移到深层—超深层和浅层，特别是近年来一些浅层稠油分布区天然气的发现，将可能带动浅层天然气的勘探，浅层天然气也将成为新的研究领域和勘探热点[8-9]。

原油菌解气主要分布在浅层，属于次生成因型生物气，是指原油在微生物降解（原油稠化）过程中形成的生物气。作为非常规气藏之一，原油菌解气近年来受到了极大的关注，而相关研究在我国才刚刚起步。由于原油菌解气是微生物降解原油的过程中形成的生物气，因此原油菌解气形成的基础是原油降解稠化。生物在降解原油的过程中，一方面，消耗了原油中的低碳数烃类，使原油密度、黏度、含硫量升高；另一方面，原油被微生物降解成简单化合物后，产甲烷菌可利用其生成甲烷，并导致甲烷碳同位素变轻。全球已发现的大量浅层重质油田（藏）大部分是细菌降解的结果。

原油进入储层后通常会遭受一系列的次生蚀变和调整改造，特别是随油藏埋深的变浅，原油通常会遭受水洗氧化或生物降解等作用，形成稠油和天然气。前人对原油原地微生物降解作用的研究表明，50%以上的油藏中原油都曾发生过微生物作用，并生成了甲烷[8-9]。

原油厌氧降解后生成的烃类气体主要是甲烷。生物在降解原油的过程中，一方面形成重油和沥青砂，同时另一方面原油被厌氧微生物降解成氢/二氧化碳和乙酸（醋酸）等简单代谢物后，最后产甲烷菌利用这些代谢产物生成甲烷。甲烷的生成可能主要有两种途径，一种是通过乙酸发酵生成，另一种是通过氢/二氧化碳还原。油层产甲烷菌主要通过二氧化碳还原生成甲烷，很少有产甲烷菌通过乙酸发酵生成甲烷的报道。而且发现在产水层中乙酸浓度较高，这也进一步说明产甲烷菌主要通过二氧化碳还原生成甲烷。因此，在地下原油生物降解过程中，原油降解生成甲烷可能以二氧化碳还原途径为主。但发现在高浓度硫酸根离子存在的地方，很难形成原油菌解气气藏，这是因为当油层地层水为高浓度硫酸根离子时，原油优先与硫酸盐还原菌作用生成硫化物甚至硫化氢和二氧化碳而抑制了原油与产甲烷菌作用。因此可以推测，在地下生物降解原油的过程中，通过二氧化碳还原生成甲烷是主要终端过程，而硫酸盐还原生成硫化物不明显。由于产甲烷菌不具备直接分解有机质的能力，在与硫酸盐还原菌相竞争的同时，形成一条细菌活动的食物链。在链的终端，产甲烷菌得以生存主要依赖发酵菌和硫酸盐还原菌分解石油烃产生 CO_2、H_2 和乙酸等代谢物获得碳源与能源。在原油生物降解生成甲烷的过程中，产甲烷菌生成甲烷的氢主要来源于水—

烃破坏产生的氢。剩余的二氧化碳次生还原需要额外的氢源可以通过矿物水解和干酪根熟化提供，或来源于石油烃中脂环族或环烷—芳香环化合物芳构化。此外，油层微生物在降解原油生成甲烷过程中，氮、磷、钾和钴、镍等微量元素为微生物生存和繁殖提供营养物并促进微生物活动[10-12]。

一般来说，遭受微生物降解的油层一般埋藏较浅，主要分布在2500m以浅范围。这就决定了生物降解原油形成的原油菌解气多分布在中、浅层，一般分布在浅于2500m或更浅的储层。在西部凹陷原油菌解气埋藏深度一般小于1700m，主要分布在600~1200m之间。还发现原油菌解气对应的生物降解原油成熟度一般为中—低等成熟度，镜质组反射率在0.5%~0.9%都有分布，而镜质组反射率大于0.9%时几乎没有生物降解原油。

对于原油菌解气的甲烷碳同位素组成分布范围，其分布范围与原生生物气的甲烷碳同位素组成并不完全一致。原油生物降解生成甲烷的过程是一个独特的厌氧过程，通常甲烷同位素相当较轻，一般小于-45‰，并且随着深度增加，甲烷碳同位素变重。稠油降解气中甲烷碳同位素轻是因为微生物对石油烃的作用会优先消耗^{12}C导致同位素分馏，并有随着生物降解程度的增加，分馏逐渐变小，即随着产甲烷菌利用CO_2/H_2的进行，生成的甲烷碳同位素逐渐变重。因此，稠油降解气中甲烷含有较少的^{13}C同位素，导致地层水中溶解态无机碳的^{13}C同位素呈富集态，即^{13}C更多地保留到残留的CO_2中。因此，稠油降解气中甲烷的碳同位素值一般呈高负值特征（-70‰~-45‰）。甲烷及其同系物的碳同位素比正常天然气明显富集^{12}C，一般要偏轻5‰~7‰左右，其中$\delta^{13}C_1$值主要为-75‰~-45‰，$\delta^{13}C_2$值为-53‰~-40‰，$\delta^{13}C_3$值为-42‰~-30‰；CO_2的$\delta^{13}C$值一般大于-25‰，最重可以达到+15‰左右。我国稠油降解气$\delta^{13}C_1$值范围一般分布在-65‰~-45‰。

西部凹陷探明的菌解气主要分布在高升油田浅层和兴隆台油田的浅层。兴隆台地区天然气类型比较复杂，总的来说，既存在低成熟煤型气、成熟煤型气，还存在高成熟煤型气，另外还存在原油菌解气和早期的低成熟煤型气经受细菌微生物的改造后的天然气。从兴隆台地区油气藏剖面中可以明显地看出，浅层东营组兴191区块天然气的甲烷碳同位素组成为-52‰左右，乙烷碳同位素组成为-31‰，天然气干燥系数达0.98。这种气体属于典型原油菌解气的地球化学特征，该天然气属于下部原油经受细菌微生物改造形成的稠油伴生菌解气。

从西部凹陷不同地区原油菌解气地球化学数据表（表2）可以看出，西部凹陷的原油菌解气有以下几个方面的总体特征：

（1）具有相对较轻的甲烷碳同位素组成。

（2）具有非常高的天然气干燥系数，西部凹陷原油菌解气的干燥系数基本全部达0.99，其值高于兴隆台浅层天然气。

（3）具有相对较轻的乙烷碳同位素组成，这一特征是原油菌解气和兴隆台浅层天然气经受微生物改造型天然气的一个重要区别。对于微生物改造型天然气，如果干燥系数达0.99，说明天然气烃类气体组分中乙烷等较重气体已经消耗殆尽，那么其剩余微量的乙烷碳同位素组成肯定异常重。

（4）具有相对较轻的甲烷氢同位素组成，这一特征也是生物成因气的重要特征。

根据前人的研究，西部凹陷很多地区的原油均遭受了不同程度的生物降解作用，使得原油变稠，这些区域的浅层应该是原油菌解气非常值得重视的勘探地区。

表 2 西部凹陷不同地区原油菌解气地球化学数据表

地区	井号	层位	深度，m	干燥系数	$\delta^{13}C_1$，‰	$\delta^{13}C_2$，‰	δDCH_4，‰
西部	高 3-4-42		1400~1448	0.986	-45.8	-34.2	-237
西部	高 18		1483.8~1497	0.990	-45.1	-33.5	-240
西部	高气 1	S3	1414.8~1436.4	0.995	-45.3	—	-214
西部	高 3-5-051	S3	1531~1586.2	0.987	-44.8		-243
西部	冷 111	S3	1555.6~1566.0	0.996	-44.3	-32.2	-228
西部	洼 36-20	D	1186.4~1120.9	0.995	-43.0	-24.6	—
西部	曙 4-8-3		1016.6~1081.6	0.98	-52.4	—	-263

西部凹陷目前探明的天然气主要有低成熟煤型气、成熟煤型气、菌解气几种类型，还有少量的油型气，其中菌解气主要分布在西部凹陷的高升油田浅层和隆台油田的浅层，其中高升地区的原油菌解气探明储量为 $31.5\times10^8 m^3$，兴隆台浅层的天然气中的原油菌解气量大约为 $16.03\times10^8 m^3$。

5 结语

辽河油田为全国最大的稠油、超稠油生产基地。而西部凹陷稠油发育地区，由于埋藏浅，成岩作用弱，保存条件差，后期的地表水水洗作用、氧化作用、微生物降解作用等致使重烃遭受生物降解，导致原油稠化及伴生菌解气。西部凹陷天然气类型和成因比较复杂，其中以高升油田为主发现的浅层天然气以原油菌解气为主，其气体组分和碳同位素组成特征可以说是非常典型的原油菌解气的个例，该气藏探明储量超 $30\times10^{12} m^3$，表明在西部凹陷原油菌解气至少可以形成中小型气田，而这一生物地球化学作用在该区较发育，因此，菌解气藏应给予一定关注，对稠油伴生菌解气的成因、特点及勘探潜力应进行深入的研究，有望成为辽河天然气新的接替类型。

参 考 文 献

[1] 单俊峰，高险峰，李玉金，等.辽河油区油气资源潜力及重点区带选择[J].特种油气藏，2007，14（2）：18-24.

[2] 鲁卫华，谷团，鞠俊成.辽河盆地深层油气成藏条件与勘探前景[J].油气地质与采收率，2007，14（6）：26-29.

[3] 冷济高，庞雄奇，李晓光，等.辽河断陷西部凹陷油气成藏主控因素[J].古地理学报，2008，10（5）：473-481.

[4] 赵苗，张忠义，杨彦东.辽河油区稠油分布规律及控制因素解析[J].内蒙古石油化工，2008，5：60-63.

[5] 黄耀华，许小勇.辽河油田西部凹陷油气藏分布规律及控制因素[J].资源与产业，2007，9（6）：56-59.

[6] 谷团，马德胜，陈淑凤，等.辽河油区天然气勘探开发现状及对策[J].中国石油勘探，2005，10（4）：78-82.

[7] 康志勇，吕滨，韩云.辽河油区凝析气藏特征及天然气类型识别[J].特种油气藏，2008，15（6）：31-34.

［8］李军生，郭克园，张占文，等．辽河盆地浅层气藏特征［J］．天然气工业，1997，17(3)：76-77.

［9］李琳，任作伟，孙洪斌．辽河盆地西部凹陷深层石油地质综合评价［J］．石油学报，1999，20(6)：9-17.

［10］吴铁生，徐永昌，王万春，等．辽河盆地天然气的形成与演化［M］．北京：科学出版社，1993.

［11］Peters K E，Moldowan J M. The biomarker guide：interpreting molecular fossils in petroleum and ancient sediments［M］. New Jersey：Prentice Hall，1992.

［12］王铁冠，钟宁宁，侯读杰，等．细菌在板桥凹陷生烃机制中的作用［J］．中国科学：化学，1995，25(8)：882-889.

辽河油田聚—表二元驱母液和注入液
配制水源筛选实验研究

孙绳昆

(中油辽河工程有限公司)

摘　要：辽河油田锦 16 块大规模实施聚合物与表面活性剂(聚—表)二元化学驱采油。由于二元驱母液和注入液的黏度是地下驱油效果的重要控制指标，并且对项目运行成本具有重大影响，因此对于影响母液和注入液黏度的因素高度重视。本文从影响母液和注入液黏度的配制水源因素入手，通过不同水源组合配制母液和注入液，经实验检测其黏度差异，为工程设计优化母液和注入液配制水源提供技术支持。

关键词：聚—表二元驱；母液；注入液；水源

1　实验背景及目的

目前我国大部分油田已进入三次采油阶段，聚驱、聚—表二元驱、聚—表—碱三元驱是重要的三次采油技术之一，辽河油田锦 16 块正大规模实施聚—表二元驱。聚—表二元驱是利用注入液中聚合物的流度控制能力和黏弹性作用以及注入液中表面活性剂大幅降低油水界面张力的特性，既提高波及系数，又提高洗油效率，进而提高采收率。因此，注入液以及配制注入液的母液黏度是十分重要的技术指标和经济指标。根据已有研究成果，聚合物种类、物性、配制水源水质、储存与输送设备、材质、方式、温度等均对母液和注入液黏度有影响。本文实验关注配制水源对其黏度影响，通过不同水源组合配制母液和注入液，经实验检测其黏度差异，为工程设计优化母液和注入液配制水源提供技术支持。

2　实验方法

2.1　设备材料

2.1.1　配制水源
配制水源选择 4 种，分别是软化污水、二元驱净化污水、软化清水、除铁除锰清水，它们分别取自锦 16 块二元驱配制站和特一联供水站、清水软化站。

2.1.2　聚合物和表面活性剂
取自锦 16 块二元驱配制站。

2.1.3　黏度分析设备
布氏黏度计，转速为 $0.6 \sim 12 \text{r/min}$。

2.2 母液和注入液配制

2.2.1 母液配制

分别用软化污水、二元驱净化污水、软化清水、除铁除锰清水 4 种水源配制 4000mg/L 聚合物母液，分别记作母液 A、母液 B、母液 C 和母液 D。

2.2.2 注入液配制

用不同的水源配制 8 种聚合物浓度为 2000mg/L、表面活性剂浓度为 1600mg/L 的注入液。

（1）除铁除锰清水配制的母液+除铁除锰清水+表面活性剂（记作 Z1）；

（2）除铁除锰清水配制的母液+软化污水+表面活性剂（记作 Z2）；

（3）除铁除锰清水配制的母液+二元驱净化污水+表面活性剂（记作 Z3）；

（4）软化清水配制的母液+软化清水+表面活性剂（记作 Z4）；

（5）软化清水配制的母液+软化污水+表面活性剂（记作 Z5）；

（6）软化清水配制的母液+二元驱净化污水+表面活性剂（记作 Z6）；

（7）锦 16 块滤后污水配制的母液+二元驱净化污水+表面活性剂（记作 Z7）；

（8）软化污水配制的母液+软化污水+表面活性剂（记作 Z8）。

3 结果与讨论

3.1 水质分析

表 1 为配制水源水质分析表。

表 1 配制水源水质分析表

序号	检测项目	除锰除铁清水	软化清水	软化污水	二元驱净化污水
1	Na^++K^+含量，mg/L	154.7	207.8	583.3	1265.8
2	Mg^{2+}含量，mg/L	11.1	未检出	未检出	13.7
3	Ca^{2+}含量，mg/L	34.4	未检出	未检出	15.0
4	Cl^-含量，mg/L	71.7	75.2	240.1	293.8
5	SO_4^{2-}含量，mg/L	149.3	126.1	82.4	110.7
6	HCO_3^-含量，mg/L	259.1	262.1	1030.3	2768.5
7	CO_3^{2-}含量，mg/L	未检出	未检出	未检出	29.6
8	OH^-含量，mg/L	未检出	未检出	未检出	未检出
9	总矿化度，mg/L	680.3	671.2	1936.1	4497.1
10	总硬度（以 $CaCO_3$ 计），mg/L	132.1	未检出	未检出	94.1
11	总碱度（以 $CaCO_3$ 计），mg/L	212.7	215.2	844.8	2319.6
12	pH 值	7.88	7.94	8.06	8.16
13	总铁含量，mg/L	未检出	未检出	未检出	0.3
14	Fe^{3+}含量，mg/L	未检出	未检出	未检出	0.3

序号	检测项目	除锰除铁清水	软化清水	软化污水	二元驱净化污水
15	Fe^{2+}含量，mg/L	未检出	未检出	未检出	未检出
16	悬浮物含量，mg/L	—	—	—	63
17	含油量，mg/L	—	—	—	7.4

从表1中可以看出，软化清水总矿化度最低，为671.2mg/L；二元驱净化污水总矿化度最高，为4497.1mg/L。二元驱净化污水 Fe^{3+} 含量为0.3mg/L，其余水均不含有 Fe^{3+}。

3.2 黏度测定

3.2.1 母液

4种母液黏度检测值见表2。

表2　4种母液黏度检测值

母液聚合物浓度，mg/L	转子转速 r/min	母液黏度，mPa·s			
		母液A (40℃)	母液B (40℃)	母液C (20℃)	母液D (20℃)
4000	0.6	20596	9598	31393	28394
	1.5	9758	4559	13517	10718
	3	5599	2639	7718	5719
	6	3279	1600	4519	3359
	12	2000	990	2809	2230
	30	1224	680	1740	1268

图1显示了4种母液黏度检测仪转子转速—黏度关系曲线。

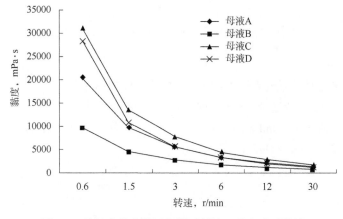

图1　4种母液黏度检测仪转子转速—黏度关系曲线

从表2和图1可以看出：

（1）随着黏度检测仪转子转速的增加，检测的黏度值减小。

（2）黏度检测仪转子转速为6r/min时，母液A黏度最高，母液B黏度最低，母液C和母液 D 黏度接近。母液 A 的黏度是母液 B 的 2.8 倍，约为母液 C 和母液 D 的 1.3 倍。

3.2.2　注入液

注入液黏度检测值见表 3。

表 3　注入液黏度检测值

转子转速 r/min	注入液黏度，mPa·s							
	Z1(20℃)	Z2(30℃)	Z3(30℃)	Z4(20℃)	Z5(30℃)	Z6(30℃)	Z7(40℃)	Z8(40℃)
0.6	5999	4399	2000	7598	6399	2799	1000	4199
1.5	2479	2000	1040	3359	2719	1440	640	2080
3	1440	1240	680	1960	1480	880	440	1240
6	880	720	420	1180	860	540	300	740
12	590	480	300	740	550	370	200	470
30	340	280	196	432	336	228	140	288

图 2 显示了 8 种注入液黏度检测仪转子转速—黏度关系曲线。

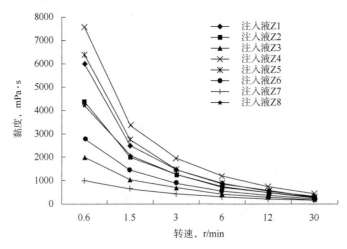

图 2　8 种注入液黏度检测仪转子转速—黏度关系曲线

从表 3 和图 2 可以看出：

（1）随着黏度检测仪转子转速的增加，检测的黏度值减小。

（2）黏度检测仪转子转速为 6r/min 时，注入液 Z4（软化清水母液+软化清水配制注入液）黏度最高，黏度值为 1180mPa·s；注入液 Z7（二元驱净化污水配母液+二元驱净化配注入液）黏度最低，黏度值为 300mPa·s。

4　结语

（1）通过 4 种母液和 8 种注入液黏度实验分析，得出配制水源的总硬度和总矿化度（TDS）水质指标对母液和注入液黏度有较大影响。

（2）在确定化学驱母液和注入液配制水源时，除考虑配制水源水质对其黏度的影响以外，尚应考虑水源处理技术现状及成本以及化学驱采出水的去向及水量平衡，通过整个系统的技术经济比较确定。

参 考 文 献

[1] 何江川，王元基，廖广志，等．油田开发战略性接替技术[M]．北京：石油工业出版社，2013．

[2] 樊剑，韦莉，罗文利，等．污水配制聚合物溶液黏度降低的影响因素研究[J]．油田化学，2011，28（3）：250-253．

[3] 韩玉贵．解决污水配制聚合物溶液粘度问题的方法探讨[J]．油气地质与采收率，2008，15（6）：68-70．

[4] 辛丽宏．聚合物配制系统母液粘度影响分析[J]．油气田地面工程，2007，26（3）：26-27．

[5] 姜维东，张可，徐新霞，等．曝氧和厌氧污水聚合物溶液粘度差异及机理分析[J]．油气地质与采收率，2007，14（6）：69-71．

[6] 赵劲毅．污水聚合物驱油效果评价及机理分析[J]．油气田地面工程，2006，25（8）：17-18．

[7] 苏延昌，高峰，舒方春，等．污水配制聚合物研究[J]．大庆石油地质与开发，2003，22（6）：44-47．

论超稠油长输管道的应急处理方法

代超奇

(辽河油田石油化工技术服务分公司)

摘　要: 超稠油是指黏度大于 50000mPa·s 的石油。稠油,顾名思义,是一种比较黏稠的石油。超稠油长距离管输曾经是世界性难题,而在管输过程中如何进行应急处理更是需要人们在实践中长期进行摸索,一旦处理不当,超稠油长输管线可能全部凝堵,导致管线停输、报废,造成巨大的经济损失和一些环境问题。本文从不同角度分析了超稠油多种应急处理方法及停输复产方法。

关键词: 超稠油;长距离;管输;复产

超稠油具有黏度大、密度高等特点,被业内人士称为"愁油"。该油品不只是开采、炼化难度大,与一般原油相比更是难以运输。稠油和稀油的直观对比,稀油可以像水一样流动,而稠油却很难流动,可用铁锹铲,用手抓起,这是稠油黏度大造成的。稠油的流动性太差,自然很难进行长距离管输。超稠油长距离管输曾经是世界性难题,而在管输过程中如何进行应急处理更是需要人们在实践中长期进行摸索,一旦处理不当,超稠油长输管线可能全部凝堵,导致管线停输、报废,造成巨大的经济损失和一些环境问题。

1　超稠油长输管道简介

超稠油长输管道是指输送原油介质黏度(20℃)大于 50000mPa·s 的长距离输油管道。超稠油长输管道由于介质的特殊性,需要特定的高温高压输送。还必须有相配套的加热系统,同时按照相关规范要求定期进行内检测,并按照内检测结果进行修复,管线利用牺牲阳极阴极保护作为防腐措施。由于长距离输送,管线中间还设置加热加压中间站,站内设备有机泵和缓冲罐以及加热系统。超稠油具有可燃、有毒等特性。管线在运行过程中可能发生的风险有腐蚀泄漏、超压泄漏、机械损伤泄漏、管线凝堵等,一旦发生泄漏或凝堵,管线就会停输,导致产量降低、管线报废、运输费用增大,造成巨大的经济损失,同时带来环境、交通等方面的隐患,会对途径的土地、河流造成严重污染,易造成中毒事故,造成严重的社会影响。因此,超稠油长输管道不同于普通输油管道,一旦发生泄漏,管道被迫停输,管道内的超稠油会造成严重的凝堵,管线修复复产难度极大。

2　应急处理方法

超稠油长输管道在发生泄漏后的应急处理方法有三类:

一是立即停输后进行双封双堵,在 8h 内建立临时旁通管线,降量降压输送,恢复生产,然后建立新的输油管线。该方案的特点是可以解决大部分类型的泄漏,不受地理环境影响,但是施工难度大，成本较高。

二是打卡子，降量输送，然后建立新管线。该方案优点是投资小，时间短；缺点是只能满足在泄漏点较小、施工环境良好的情况下进行，在河流、高速路、大坝下等不能实施。

三是管线全线停输，漏点处打加强板，待施工完毕后再进行复产。该方案成本小，易于操作，但是停输时间长，会造成复产难度大。

3 停输复产方法

在应急处理完毕后，管线需要进行复产，而此时管线内介质由于温度低，黏度大，北方地下气温20℃时，管线内介质黏度大于50000mPa·s，无法输送。因此，进行超稠油长输管线复产是一项关键技术，目前可采用的方案有两大类：第一类是降低超稠油油品黏度，从而降低管输过程中的摩阻，避免凝管等事故的发生，然后加压、加热输送，进行复产。第二类是介质替换，用水、稀油等在常温下不会凝管的介质替换超稠油，从而达到停输后能够顺利复产的目的。目前这一类方法有热水正向替换法、稀油正向替换法、热油反向替换法和热水反向替换法4种方法。

3.1 超稠油降黏技术

3.1.1 稠油改质降黏

建立一套稠油改质的装置，使稠油的大分子裂化、减黏，便于输送。这是一种浅度原油加工方法，以除碳或加氢使大分子烃分解为小分子烃来降低稠油的黏度。除碳过程可分为热加工和催化加工。这种方式能够从根本上降低稠油的黏度，其最重要的反应是分解反应（如断侧链、断环、脱氢裂化反应等），影响反应的主要因素有反应温度（一般要求达200℃以上）、反应时间、催化剂与抽油量之比以及反应压力。该方法打破了以往采用传统的单纯物理降黏法，可节省各种降黏措施费，方便生产。这种方法可使稠油黏度（40℃）从6000mPa·s降低至100mPa·s。

该方法存在的缺点是需要建立相应的炼化装置，硬件条件要求太高。对管输业务来说，投资成本太大。

3.1.2 定点加热降黏

超稠油加热输送是通过在首站、中间加压站等关键部位加热的方法来提高稠油的流动温度，以降低超稠油黏度，从而减少管道摩阻损失的一种稠油输送方法。加热方式上，主要有蒸汽热水加热法和导热油加热法。我国目前绝大部分稠油管输采用换热器，通过加热介质与油品进行热量交换后，将稠油温度上升至预定目标，然后再进行加压输送。若输送管线较长，温度降低范围大，那么可以在中间站再设置加热站，二次升温，达到预定温度后再次进行加压输送。这种方式不需要沿着管线两侧部署长距离的加热管，加热温度可以通过加热炉进行调节，热效率高，适应性强，容易实现自动化。

该方法存在的缺点是能耗高（加热温度大于90℃），经济损失大。当管线温度下降至环境温度时，会发生凝管事故。因此，操作要求较高。

3.1.3 电伴热降黏法

电伴热是沿着管线两侧设置电伴热管，然后用钢管保护，在管线输送过程中不断提供热量，从而达到降低黏度和减少管线输送摩阻的目的。该方法的优点是可以在较大的范围内调节温度，可以间歇性加热，沿着管线可以有不同的加热温度，热效率高，适应性强，惯性小，可实现自动化运行。该方法在印度尼西亚苏门答腊岛的扎穆鲁得油田已经成功应用多年，国内多将该方法用于干线解堵、管道附件和长输管线复产临时加热。

该方法存在的缺点是能耗高，对于地下长输管线后期维修费用成倍增加，使用寿命较短。

3.1.4 管线集肤效应伴热技术

集肤效应电缆伴热系统是基于集肤效应和临近效应两种物理现象，电流在绝缘导线和铁磁性碳钢热管中往返，电流产生交互感应作用，使热管产生热量，而外壁表面没有可测的电流。在停输复产时，利用集肤效应电缆连续加热，可使管线温度达到70℃，介质黏度降低，可进行复产。

该方法存在的缺点是后期维修成本较大，能耗高，使用寿命较短，伴热钢管焊接在主管线上，对其腐蚀影响大。

3.1.5 掺稀油降黏技术

掺稀油降黏技术是将一定比例的低黏度、流动性好的稀油掺入超稠油，使混合原油的凝点、黏度大幅度降低。常规的稀释方法是，在稠油进入管道前，先将稠油与一些低黏液态碳氢化合物混合在一起，这样就可以降低超稠油的输送黏度。掺入轻质油（包括天然气凝析液、原油的馏分油、石脑油等）稀释一直是稠油降黏减阻输送的主要方法。轻质油来源方便并且充足时，稀释降黏减阻是最简单且最有效的。

在进行应急处理时，可在管线停输之前采用该技术将介质黏度降低，然后暂时性地停输进行应急施工。在管线应急处理施工完成后，根据管线温度情况可选择直接进行复产。掺稀油适用范围广、技术可行、降黏效果好、易于实施，油田一般还常用自产的凝析油、稀原油，操作简便。

掺稀油降黏也存在缺点。稀油比超稠油单价高，每吨差价一般达到1000元左右，大混合原油价格未能按掺稀比例上涨。掺稀油比例不是越大越好，还须考虑经济性，需选择降黏效果与经济性之间的最佳边界比例。油田稀油资源有限，目前掺稀原油比较普遍，因不能回收循环使用，稀原油量远不能满足掺稀的需求。辽河稀原油一般是石蜡基原油，与环烷基原油超稠油混合以后，石脑油、柴油、蜡油重金属含量增大，沥青含蜡量上升，各自的产品特性发挥不出来，影响油田和炼油厂的效益。

因此，掺稀油降黏最好选择对原油性质影响不大的凝析油、石脑油，能循环使用更好。

3.2 介质替换技术

在热水或稀油充足的情况下，利用介质进行替换，具有效率高、成本低的优点，同时不需要对管线进行较大改动。

3.2.1 热水正向替换法和稀油正向替换法

管线升温至75℃左右，预计10h，调配热水（稀油）从首站发球筒注入，在发球筒内放入隔离球，在发球的同时用稀油泵加压提供动力，外输泵停泵。这样开始扫线，沿线主要观察隔离球的位置，10h左右能到达中间站，在中间站经过转球工艺，10h后到达末站，从末站取出隔离球，然后让热水（稀油）继续输送至储罐，介质替换完成。接下来管线可以停输，并等待随时复产。

复产时，热水（稀油）需要每间隔2h，利用首站稀油泵对管线输送80℃的热水（稀油），对外输管线进行升温操作，建立管线温度场，热水温度≥75℃时，可以转投超稠油；稀油需要将温度一直加热至≥80℃，然后转投超稠油。在升温过程中，必须严格按照2℃/h进行升温，并且管线压力不得超过4MPa，若超过4MPa，立即停泵，待压力降低后继续输送升温。

这种方法的优点是不需要特殊对管线进行改造，操作较为方便；缺点是热水或稀油在复产时全部进入末站成品储罐，对末站成品储罐造成污染，同时由于量比较大，罐容也存在压力。

3.2.2 热水反向替换法和稀油反向替换法

反向替换法是调配热水(稀油)从末站发球筒注入，在发球筒内放入隔离球，在发球的同时用稀油泵加压提供动力，外输泵停泵。这样开始反向扫线，沿线主要观察隔离球的位置，10h左右能到达中间站，在中间站经过转球工艺，10h后到达首站，从末站取出隔离球，然后让热水(稀油)继续输送至原油储罐，介质替换完成。

在复产时，管线达到一定温度，每间隔2h左右，利用中间站外输泵向首站输送高温混合油或用蒸汽车输送高温高压热水，对外输管线系统进行升温，建立管线温场，外输油温度控制在90~92℃，当外输压力接近4MPa时，停止输油或水，如此反复直至将管线扫通，然后用高温大混油或热水分别对前后两段管线进行暖管，直到首站进站温度和末站出站温度≥75℃，稀油温度≥80℃，转入投超稠油阶段。进行复产操作。

这种方法的优点是管内热水或稀油全部回到原油储罐，不会对下游成品储罐造成污染和罐容的压力；缺点是需要对管线进行较大的改造，投资成本高。

综上所述，超稠油管线应急处置和停输复产可利用上述几种方案选择性采纳。

参 考 文 献

[1] 杨筱衡. 输油管道设计与管理[M]. 东营：中国石油大学出版社，2006.

[2] Anhorn J L, Badakhshan A. MTBE: a carrier for heavy oil transportation and viscosity mixing rule applicability [J]. Journal of Canadian Petroleum Technology, 1994, 33(4).

[3] Stockwell A, Sit S P, Hardy W A. Transoil technology for heavy oil transportation: results of field trials at Wolf Lake[C]//European Petroleum Conference. OnePetro, 1988.

[4] Svetgoff J. Paraffin problems can be resolved with chemicals[J]. Oil&Gas Journal, 1984, 82(9).

[5] 王建成，傅绍斌. 稠油集输降粘方法概述[J]. 安徽化工，2005，31(2)：15-18.

[6] 敬加强，孟江，秦文婷，等. KD18稠油W/O型乳状液特性及其降粘方法[J]. 油气储运，2003，22(6)：23-26.

[7] 吴本芳，沈本贤，杨允明，等. 辽河超稠油乳化降粘研究[J]. 油田化学，2003，20(4)：377-379.

泥岩夹层密集段对 SAGD 开发效果的影响

袁清秋　陈东明　郗　鹏　武凡浩　丁怀宇

（中国石油辽河油田公司勘探开发研究院）

摘　要： 针对加拿大 M 区块油砂 SAGD 井组开发效果差异大，通过观察井温度剖面和取心井岩心观察，发现油砂内部的夹层密集段对温度纵向发育影响较大，因此将夹层密集段作为一个整体建立了三维地质模型，根据 SAGD 水平井轨迹与夹层密集段的分布关系，将 SAGD 井组分成 6 类，结合开发动态分析认为，夹层密集段与注采井位置关系、厚度及横向连续性影响 SAGD 井组开发效果，在后期开发调整中要把夹层密集段分布作为重点考虑因素。

关键词： 油砂；温度剖面；夹层密集段；SAGD 井组分类；开发效果

1　研究区概况

M 区块位于加拿大艾伯塔省 Athabasca 油砂矿区东部，地面海拔 450~530m，油砂产层为中生界下白垩统 Manniville 群 McMurray（MCMR）组，油藏埋深 165~195m。储层岩性主要为未固结或弱固结中—细砂岩夹薄层泥岩或粉砂质泥岩，其次为中粒砂岩、粉砂岩与泥岩互层，为一套潮控河口湾相沉积。油层厚度为 7.9~23.5m，平均厚度为 18.4m，平面上呈北西—南东向长条形展布，分别向北东和南西方向减薄，储层孔隙度平均为 33.9%、渗透率平均为 3560mD。沿油层展布方向部署了 8 个 SAGD 开发平台，自北西向南东依次为 AF、AC、AA、AB、AJ、AD、AE 和 AH 平台，每个平台 4~6 对水平井，共 42 对 SAGD 井组，水平井段 900m，井组之间排距均为 126m，采取上水平井注汽、下水平井采油的方式，采油井位于注汽井正下方，注采井距 4.5~6.0m，于 2016 年 12 月 7 日开始实施循环预热，并于 2017 年 5 月陆续实施双水平井 SAGD 开发。单井产油量最高为 120m³/d，一般为 10~40m³/d，最低日产油 2m³，累计油汽比最高为 0.24，一般为 0.05~0.2，井组产量差异较大，开发效果不理想。

2　"夹层密集段"概念的提出

理想的 SAGD 油藏的模型是均质的，但实际油藏都是非均质的，油藏内部往往会发育许多夹层，这些夹层会影响蒸汽腔的发育及泄油效率[1-2]。从岩心观察结合测井曲线分析来看，油砂内部普遍发育泥岩夹层，夹层厚度薄，纵向上分布不均，局部富集形成夹层密集段。如 AF06E 井区夹层较少或不发育，温度剖面显示自下而上温度均匀上升；AD05E 井的 185~188m 井段夹层零散分布，单层厚度薄，单层厚度为 1~3mm，夹层间距为 5~15mm，横向连续性差，在岩心上可以看到夹层的横向尖灭，前人研究表明，蒸汽可以绕过纵向上零散分布、横向上延伸短的夹层向上扩散，从而形成蒸汽腔[3-4]，该井温度剖面显示温度在186m附近停止一段时间后，再次向上升，说明初期蒸汽腔扩展受到阻碍，之后绕过不连续的夹层继续向上扩展；AB04B井的187.25～188.5m井段夹层较多形成夹层密集段，夹层密度大于30%，单层厚度一般为1～5mm，个别厚度较大，达15mm，温度剖面显示注采井间温度逐渐升高，而密集夹层段以上温度基本不变，说明蒸汽腔扩展受到了夹层密集段的遮挡，由此可见夹层密集段会大大降低储层纵向渗透性，从而影响蒸汽腔向上扩展，从岩电关系来看，密集夹层段自然伽马值介于30～50API之间，电阻率值较低，一般为30～40Ω·m，通过岩心观察结合电性特征，可以识别油砂内部的夹层密集段，因此提出将夹层密集段作为一个整体，研究其分布对SAGD开发效果的影响。

利用三维建模软件建立储层三维地质模型，突出油层中夹层密集段的分布，从模型来看：东北部夹层密集段主要发育在上部，如AJ平台；西南部夹层密集段主要发育在下部，如AD平台；其他局部地区集中在中部，如AH平台；西北部较少，仅局部发育，连续性差，如AA平台。

3 夹层密集段对开发效果影响

根据SAGD水平井与夹层密集段分布关系，将SAGD井组分为六大类（图1）。

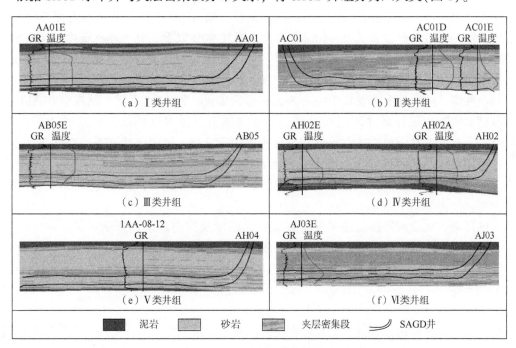

图1 SAGD水平井组与夹层密集段分布关系图

Ⅰ类井组：注汽井上部及注、采井间夹层密集段较少，且不连续。如AA01井区油砂内部仅局部发育薄层不连续的夹层密集段，观察井AA01E井温度剖面显示蒸汽腔的扩展基本上不受夹层密集段的影响。随着蒸汽腔的扩展，注汽量逐渐增多，单井产量稳步抬升，目前日产油71t、含水率为74%、汽油比为3.4，开发效果好。

Ⅱ类井组：注汽井上部及注、采井间局部发育夹层密集段。如AC01井区在水平段的前半段夹层密集段较多，后半段夹层密集段较少，末端紧邻注汽井上部发育一套 1m 左右的夹层密集段，观察井 AC01D 井区无夹层密集段，蒸汽腔均匀向上扩展，观察井 AC01E 井的 189m 以下井段油层温度逐渐升高，而 189m 以上井段温度较低，说明局部受夹层密集段的遮挡，蒸汽在横向上推进。目前日产油 74t、含水率为 77.6%、汽油比为 3.67，开发效果好，说明局部不连续的夹层密集段对开发效果影响较小。

Ⅲ类井组：注汽井上部及注、采井间夹层密集段较多，但厚度薄，连续性差。如 AB05 井水平段入口端和末端的注采井间均发育夹层密集段，从观察井 AB05E 井的温度剖面来看，注汽井上部温度较高，注汽井下部夹层密集段以下温度下降较快，说明夹层密集段阻碍了该区域加热流体向下流动，采油井有效泄油段主要在中部夹层较少的区域，容易局部汽窜，该井初期产量 40t/d、含水率为 80%~85%，一年以后含水率快速上升，最高达 96%，局部汽窜。降低注汽量，控制产液量，之后含水率逐渐下降，产油量逐渐回升，维持在 40~50t/d，含水率为 70%~80%，汽油比为 5.13。这种井在生产过程中通过精准调控会取得较好效果。

Ⅳ类井组：油砂的中下部夹层密集段较多，如 AH02 井组的注汽井前半段位于中部夹层密集段之上，后半段位于该夹层密集段之下，采油井部分井段位于底部的夹层密集段内。AH02E 井温度剖面显示上部油层已被加热，但该井产量较低，日产油 10t 左右，汽油比为 16.84，开发效果较差，说明加热的原油向下渗流的难度大。

Ⅴ类井组：注汽井上部发育连续的夹层密集段。如 AH04 井注汽井上部发育 2m 左右的夹层密集段，采油井产液量低（5~10t/d），含水率在 90% 以上，且与注汽强度的关系密切。该井周围没有温度观察井，从生产动态来看，蒸汽仅在夹层密集段以下循环，动用范围小，受夹层密集段的遮挡，上部油层很难动用，汽油比为 10.75，开发效果差。

Ⅵ类井组：注汽井上部发育 10m 左右的夹层密集段。如 AJ03 井区，从观察井 AJ03E 井的温度剖面来看，仅注采井间温度升高，上部夹层密集段温度较低，AJ03 井初期产油量 20~30t/d，含水率在 80% 左右，一年以后含水率快速升高，最高可达 93%，产油量在 10t/d 左右，后期通过调整注汽量和产液量，控制 SUBCOOL，含水率控制在 85%~90%，产油量略有上升，但产量不稳定，说明蒸汽扩展范围较小，动用范围小，汽油比为 10.46，开发效果差。

由此可见，夹层密集段与注采井位置关系、厚度及横向连续性影响 SAGD 井组开发效果，在后期开发调整中要把夹层密集段分布作为重点考虑因素，尤其是Ⅳ—Ⅵ类井组。

4　结论

（1）M 区块油砂内部普遍发育泥岩夹层，纵向上分布不均，局部富集形成夹层密集段。

（2）M 区块油砂内部夹层密集段东北部主要发育在上部，西南部主要发育在下部，东南部集中在中部，西北部较少，仅局部发育，连续性差。

（3）SAGD 井开发效果与夹层密集段的分布息息相关，连续分布的夹层密集段阻碍蒸汽在纵向上的扩展及加热流体的流动，对 SAGD 开发效果影响较大，尤其是Ⅳ—Ⅵ类井组。

（4）将夹层密集段作为一个整体，评价对 SAGD 开发效果的影响，因藏施策制定相应的调控措施，为类似油藏的开发设计及效果评价提供了一种新的思路和方法。

参 考 文 献

[1] 张洪源，李婷，解阳波，等 . 夹层对蒸汽辅助重力泄油的影响[J]. 特种油气藏，2017，24(5)：120-125.

[2] 何万军，王延杰，王涛，等 . 储集层非均质性对蒸汽辅助重力泄油开发效果的影响[J]. 新疆石油地质，2014，35(5)：574-577.

[3] 石兰香，李秀峦，马德胜，等 . SAGD 开发中突破夹层技术对策研究[J]. 现代地质，2017，31(5)：1079-1087.

[4] 唐帅，吴永彬，刘鹏程，等 . 泥页岩夹层对 SAGD 开发效果的影响[J]. 西南石油大学学报(自然科学版)，2017，39(1)：140-147.

浅谈湿地水面管道施工和试压水无害化处理技术在稠油集输发展中的应用前景

谭永亮　韩佩君

（辽河油田建设有限公司）

摘　要：习近平总书记在第 75 届联合国大会上宣布中国将增加自主减排贡献，力争二氧化碳排放 2030 年前达到峰值，2060 年前实现碳中和。辽河油田区块为高稠油开采区块，目前采用的开采施工技术为 SAGD，稠油经过蒸汽驱动后从采油树中开采，通过集输管线将油品运输至联合站，再通过汽车运输或外输管道运至炼油厂。辽河油田采油区块位于湿地保护区内，保护区内集中分部在苇田内，集输管道常采用水面架空敷设，经过试压暖管后，进行投产使用，如何降低集输管线施工对芦苇田生态保护的影响，是高稠油管道施工的一大技术难题。结合辽河油田建设有限公司自身苇田施工的经验，研制出一套水面集输管线施工新技术和试压水无害化处理装置，为稠油集输管道建设实现低碳发展提供技术保障。

关键词：SAGD；集输管道；水面施工技术；试压水无害化处理

在"双碳"目标导向下的能源转型进程中，"减煤、稳油、增气和可再生能源"已成共识，油气资源在短时间内仍是能源供应的重大保障。辽河油田作为高稠油开采区块，在集输管道建设中探索一种低碳节能环保的施工技术，能够为低碳发展提供宝贵经验。

辽河油田建设有限公司近年来在湿地保护区内集输管道水面施工中，通过新技术水面集输管线架空敷设施工技术和试压水无害化处理装置的应用和研究，自主研制了水面机械化浮动打桩系统、水面运管吊装系统和水面平台焊接工装，可不围堰排水创造作业场地，而直接在水域内施工，有效解决了架空管线在连片水域中的管架安装、架上管线运输吊装、水上管线焊接等施工难点，大大缩短了施工工期，保证了施工质量，通过试压水无害化处理装置的研制，降低了对周边环境的影响。

辽河油田曙光采油厂 SAGD 外输管线工程，管线规格为 $D355.6mm×7.9mm$，长度为 5.2km，管线路由经过湿地保护区，施工季节在夏季，施工区域内水深平均为 1.67m，采用架空方式敷设，水面区域管线支架需打桩 477 根，安装热煨弯管 286 个。本文以辽河油田曙光采油厂 SAGD 外输管线工程为例，阐述了集输管线水面施工新技术和试压水无害化处理施工工艺流程及操作要点。

1　施工工艺流程

施工工艺流程如图 1 所示。

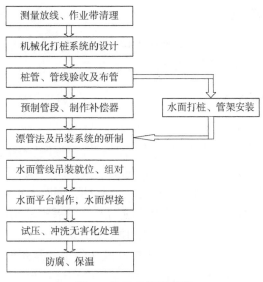

图 1　施工工艺流程图

1.1　测量放线、作业带清理

1.1.1　测量放线

管道测量放线应放出线路轴线，应按照设计提供坐标点确定管线转角位置，在转角点位置设置浮漂标记，浮漂用铅坠定位，两转角之间拉成直线，再根据施工图纸每处管架相对距离在沿线用红色浮漂标记出管架及水面打桩管位置。

1.1.2　作业带清理

施工作业带清理、平整应遵循保护湿地苇田植被及配套设施，减少或防止产生水土流失的原则。管线在湿地保护区内施工，管线施工前将管线中心线 6m 范围内芦苇、杂草等人工清理干净，集中外运统一处理。

1.2　机械化打桩系统的设计

整个打桩系统包括浮船、桅杆、电动葫芦、振动桩锤、发电机等。桅杆固定在浮船上并通过缆风绳固定，电动葫芦安装在桅杆上，电动葫芦下方连接振动桩锤，岸上设置大功率发电机，通过电缆连接到电动葫芦提供电源。打桩系统工作时利用岸上发电机供电，浮船上的电动葫芦吊着振动桩锤上下往复运动，利用桩锤动能敲击桩管，将桩管打入水底。

1.3　桩管、管线验收及布管

1.3.1　桩管、管线验收

材料进场后，应核对管材质量证明文件是否符合设计及规范要求，并对外观尺寸进行检查，经检查合格，方可使用。管线经验收合格后采用专用车辆从中转站拉运至施工现场。

1.3.2　布管

为便于水中漂管及预制管段，布管应沿着水面沿线井场、道路进行，在布管前，在每根钢管长度方向上划出平分线，以利于平稳吊装；布管前先在布管中心线上打好管墩，钢管下表面与地面的距离为 0.5~0.7m，管墩施工与布管同步进行。

1.4　预制管段、制作补偿器

为减少水中管线焊接数量，管线在水面沿岸边预制成 2 接 1 形式，补偿器由 4 个 90°、$R=5D$ 弯头及直管段组成，补偿器也在陆地上预制完成。

1.5　水面打桩、管架安装

1.5.1　水面打桩

（1）应根据桩管直径大小，制作不同规格振动桩锤连接器，并放置在机械化浮动打桩系统浮船上，以备用，将首个要使用并与桩管匹配的连接器用法兰与振动桩锤连接。

（2）将机械化浮动打桩系统浮船移动到桩管坐标处，同时，将运输桩管的浮船移动到首先要打桩位置坐标处，当两船靠近，将首个要使用的桩管后端移动到浮动打桩系统浮船上，再将桩锤连接器插入首先要使用的桩管内，并用螺栓紧固。

（3）开启动力系统，用机械化浮动打桩系统桅杆将桩管从运输浮船吊起，通过移动浮船，将桩管前端插入水中指定位置，在此过程中采用牵引绳控制桩管方向及垂直度。

（4）启动振动桩锤，开始打桩，开启桅杆电动倒链，吊装振动桩锤及桩管的钢丝绳要随桩管的下沉速度而放松，在此过程中，用吊索调整桩管垂直度，当桩管沉入深度符合设计要求时，关闭振动桩锤开关，停止沉桩，并将连接器与桩管分离，用桅杆起吊振动桩锤，完成打桩过程。

（5）一根桩按设计打好后，进行下一个桩管打桩，打桩方法按上述方法重复进行。

1.5.2　管架安装

（1）管架预制：按照设计图纸提供尺寸、数量，管架焊接在预制场内完成；管架预制完成后在预制场内统一除锈、刷漆；管架预制完成后，在每组管架上标号标记，以便安装时"对号入座"。

（2）基础找平：管线打桩施工完毕后，进行基础找平，用水准仪根据设计提供沿线控制点高程及控制点与管架的相对高差确定管桩高度，将露出水面多余部分用火焰切割，并根据施工图纸标记好需安装管架尺寸、型号。

（3）管架安装：将在预制场内施工完的管架拉运至施工现场，再用浮船运至水面，按照标记好的尺寸、型号在指定位置逐个安装，安装时复测管架顶管标高是否符合设计要求，同时用水准仪检测相邻管架之间水平度，确保每段的几组管架在同一标高上。

1.6　漂管法及吊装系统的研制

1.6.1　漂管法

将用于封堵的专用皮球放入预制完成的管段及补偿器两端，再将专用皮球充气，直至皮球将管线整个圆周封堵严密，过盈量为 5%。此过程，质检员必须逐个管段认真检查封堵情况。管段封堵合格后，用吊车先将管段吊至水边，采用漂浮法，使管段在水中漂浮，采用人工配合，将管段漂浮至水中预定位置。

1.6.2　吊装系统

通过自行研制的水面机械化浮动打桩系统进行水面打桩，浮船的设计主要考虑吊装载荷、运输、装卸方便的特点。支架—抱杆组合式一体化吊装器，利用管桩的桩头，在桩头上自主设计吊装器，用抱杆与桩体结合，通过倒链提升水面的管道至管道的支架上。

1.7 水面管线吊装就位、组对

管段漂浮到指定位置后，采用"水面浮船—支架—抱杆组合式一体化吊装器"对管段及补偿器进行吊装。

"水面浮船—支架—抱杆组合式一体化吊装器"配对使用，吊装前，应检查吊装器相互接触部分及管段绑扎处是否安装牢固、平稳。吊装过程由两人同时匀速拉动手动葫芦，保证管线匀速提升，管线提升高于管道桩体 500mm 后停止提升，调整抱杆角度，将管线就位在管道支架上方，按设计要求安装滑动管托，焊接完成后将管道就位在管托上。

1.8 水面平台制作，水面焊接

水面管线焊接的缺陷主要是操作平台不稳定致使焊接产生缺陷，辽河油田建设有限公司自主设计水上焊接专用操作平台，焊工站在平台焊接管线，保证焊接平稳性，提高焊接质量。

1.9 试压、冲洗无害化处理

1.9.1 管道试压

管线安装完成后进行本段管线的水压试验工作，管线强度试验压力为设计压力的 1.5 倍，试验过程中缓慢升压，待达到试验压力后 30% 和 60%，稳压 30min，记录管线压力，观测是否有压降，无压降继续升压至强度试验压力，稳压 4h，试验压力无变化后再将试验压力降至设计压力，稳压 24h，压力表无压降，管道所有部位无渗漏即为合格。

1.9.2 管道冲洗无害化处理

图 2 为试压水无害化处理装置图。

图 2　试压水无害化处理装置图

试压水无害化处理流程如下：

（1）管道试验废水通过管道连接到 1 号装置，通过其进水的侧向引流器产生旋流，在中轴位置布置与流入液体反向的叶轮阻砂器，在顶部设置顶升漂浮物的旋压器，用于处理废水中砂石、铁渣等沉淀物及漆皮、减阻剂膜等漂浮物。该装置保留有一个负压加药系统，可根据末端在线检测排出水参数，按程序调整处理药剂的加注，实现处理废水达标排放。

（2）2 号装置利用旋流入水动力控制带倾角的刮板自动圆周运动，持续刮除在滤网上的沉积物，并运移到装置底部排出。

（3）3 号装置由陶瓷骨架、分子膜、反渗透装置组成，具备通过滤前、后级的压差控制反洗阀自动清洗滤网及反洗污物自动排出功能，在 3 次反洗外排水压差值大于设定值时，水处理系统启动备用支路对试压废水进行处理并启动声光报警提示，经过处理后的试压水，能够达到排出口水色和透明度与入口处水色和透明度目测一致，经过水质化验检测，能够达到排放标准。

1.10　防腐、保温

1.10.1　管线防腐

管材表面涂装前必须先进行表面除锈处理，表面喷砂除锈等级达到 Sa2.5 级，然后进行防腐，首先刷酚醛环氧耐高温底漆 2 道，干膜厚度为 100μm，再刷酚醛环氧耐高温面漆 4 道，干膜厚度为 200μm，总干膜厚度为 300μm。

1.10.2　管线保温

管线保温材料采用憎水型复合铝镁硅酸盐管壳。首先缠 60mm 厚憎水型复合硅酸盐后采用 0.5mm 厚的彩钢板进行包覆。

2　结语

综上所述，辽河油田建设有限公司在辽河油田高稠油集输管线施工中，总结出一套适合湿地保护水面集输管线施工和试压水无害化处理的新技术，缩短了施工工期，保证了施工质量，降低了对周边环境的影响，希望通过本文的新技术阐述起到抛砖引玉的作用，为高稠油集输管道湿地保护区水面施工提供参考与借鉴。

参 考 文 献

[1] 孔庆钰 . 浅析油田地面建设设备安装与集输管道施工技术[J]. 化学工程与装备，2017(8)：153-154.

三维地质建模技术有效支撑稠油油藏精细开发

许 卉

（中国石油辽河油田公司勘探开发研究院）

摘 要：由于辽河油田地质条件复杂，断层多、含油层系多、油藏类型多，被诙谐地称为"一个盘子摔碎了又被踹上一脚"，稠油老油田精细开发要求提高地质体描述精度，因此有必要开展不同类型稠油油藏三维地质建模研究。近年来，辽河油田开展了稠油油藏多层油水界面地质建模、复杂断块构造建模、蚂蚁体追踪技术、相控储层属性建模等关键技术攻关，实现了稠油油藏建模技术不断创新和发展，为双高期老油田剩余油量化研究奠定基础，成为稠油油藏产能建设、方式转换的重要技术支撑。

关键词：稠油油藏；三维地质建模；储层非均质性；油水界面；精细开发

众所周知，地下油藏是在三维空间分布的。人们习惯于用二维图形及准三维图件来描述三维储层。显然，这种描述存在一定的局限性，关键是掩盖了储层的层内非均质性乃至平面非均质性。20 世纪 80 年代以后，逐步发展出一套利用计算机存储和显示的三维地质模型，即把储层三维网格化后，对各个网格赋以各自的参数值，形成三维数据体，这样就可以进行三维显示，可以任意旋转和切片，以及进行各种运算和分析，有利于石油工作者进行合理的开发管理[1-2]。近年来，辽河油田通过开展科研攻关，实现了稠油油藏三维地质建模技术不断创新与发展，其精度随着地震分辨率提高、算法改进、方法创新而不断提高，在方案编制、井位部署等应用领域发挥了重要作用，从而高效率、高精度支撑油田精细开发。

1 稠油油藏地质建模技术与实践

1.1 数据质控高效管理有力支撑稠油高密度井网项目

油田地质工作者常说地质研究工作的基础就是数据，因此数据的准确和统计就显得尤为重要。数据质控高效管理技术[3-5]有助于辽河油田曙一区超稠油稳产 300×10^4 t 等高密度井网项目的高效开展，之前需要几个月完成的工作现在只需要几天甚至是几小时就可以完成。一是三维可视化可检验井斜数据、分层数据异常。二是可以通过建模软件的计算器功能来统计各类地质衍生数据，满足对数据的个性化要求，其突出优势是批量数据统计、统计数据数值化、与绘图模块无缝连接。三是可更精确地计算油气储量。利用传统算法容积法，其计算参数均为单一的平均值，忽视了储层非均质因素。而应用三维油藏模型中的三维网格计算储量，可根据油藏的非均质程度定制储量计算精度，使用工区中的净毛比、孔隙度、含油饱和度模型，通过"智能筛选法"，算出最佳储量，其计算结果更加符合实际。

1.2 强大的模拟处理能力实现不同类型稠油油藏模型建立

（1）建立月东油田稠油油藏多层油水界面三维地质模型。对多层相对独立的油水系统和潜山顶面复杂地层接触关系的刻画是该块建模成功与否的关键。通过攻关研究形成两项关键技术：①多层油水界面建模技术是根据每个层油井的实际解释数据，编辑各层的油水界面，通过各层的油水界面对各层的 zone 进行限定，实现对油水界面的表征。②潜山顶面地层不整合建模技术是根据实钻潜山数据，整理编辑生成潜山面，切割已有的三维地质模型，完成对潜山面上部模型的建立。

（2）建立杜 84 块厚层块状顶水油藏模型。杜 84 块馆陶油藏为厚层块状顶水油藏，通过二维图形油水界面难以准确表征。因此，开展了杜 84 块馆陶三维地质模型建立工作，通过油井的实际解释数据，编辑杜 84 块馆陶油藏顶水界面。通过顶水界面将馆陶油藏整体作为一个 zone 进行限定，最终实现了对顶水界面的准确表征。通过与实际顶水界面对比，符合现场油藏情况，并可以通过网格计算实现对顶水发育规模的判定。

（3）建立齐 40 块互层状油藏模型。齐 40 块不同沉积时期水体能量差别大，高能与低能环境交互频繁。沉积对于储层展布、物性规律的控制尤为明显。解决方法是通过条件约束建立模型：①平面趋势约束。通过变差函数分析，设置主变程方向与沉积物源一致，并根据区域沉积相特征，合理选取主、次变程数值。②纵向趋势约束。通过岩心刻度测井进行单井相研究，落实单井不同微相分布，有效控制砂体变化。平面趋势约束和纵向趋势约束构成体趋势约束，从而实现相控建模[6]构建高精度物性模型。

1.3 复杂断块构造建模技术成为稠油老油田上产"利器"

受新冠疫情和国际低油价的双重影响，千 12 块通过扎实开展复杂断块三维地质建模工作，效益部署井位[7]。一是稠油老区井位调整由"躲断层"向"靠断层"转变。充分应用新处理三维地震和井筒 VSP，通过单井断点引导精准落实断层位置，利用地震同相轴微幅变化精细描述断层产状，刻画断层空间展布，使断层附近由"风险区"变成"潜力区"，部井距离由距断层 70m 缩小至 30m，最大限度挖掘断层附近剩余油。二是微幅度构造精细刻画，高点部署产能井效果好。优选速度建场方法，减小时深转换误差，保证目标区构造图精度，结合倾角导向体，精细刻画微幅度构造形态。微构造幅度由 10m 细至 3m，深度误差由 3.2‰降至 1.4‰，为新井部署和挖潜指明方向。千 12 块在微幅度高点部署的滚动井和产能井均取得了较好的生产效果。

1.4 通过专项技术应用为稠油热采方式转换提供支撑

齐 40 块作为辽河油田第一个工业化汽驱区块，生产过程中受储层砂体连通性影响，汽驱井组动用不均，井组间生产效果差异大。为此，开展了井组间波形特征分析，寻找地震数据异常点，实现对注采井间连通性的分析。通过地震资料的运用来对井组内的连通性进行评价，针对汽驱目的层，分析地震反射波形特征，落实储层发育特征同地震反射波形特征联系，建立波形分析标准。将齐 40 块地震波形特征分为叠置型、振幅差异型和连续型三种类型。从生产曲线分析，连续型波形特征井组具有较好的生产效果。但是传统的研究方法，费时费力，难以大规模推广应用。而三维地质建模软件具有强大的地球物理分析能力，通过地震属性提取与分析，能够反映储层、砂体的接触关系，成为分析注采井间连通性的有效手段。通过蚂蚁体追踪技术开展了齐 40 块地震异常体的雕刻研究，其结果与地震波形特征以及沉积微相研究结果形成很好的对应关系，从实际生产效果来看，异常体区域，由于注采井间难以形成有效对应关系，生产井往往难以取得较好生产效果。

杜 84 块 SAGD 开发证明隔夹层的存在影响了蒸汽腔的纵向扩展。当隔夹层连片发育时，蒸汽腔仅在其下部形成，上部难以动用。为解决该问题，以井约束为条件，精细三维地质建模，构建小层内部夹层空间展布模型。采用序贯高斯模拟算法，通过变差函数分析，沉积相控制，平面网格划分考虑井网井距，精度由以往的 15m×15m 提高到 5m×5m。垂向网格划分考虑隔夹层特征，网格数精度由以往的 0.5m 提高到 0.2m，建立杜 84 块兴Ⅵ组 SAGD 试验区隔夹层模型[8]，网格总数 1525×10^4。纵向网格精度的提高，增加了模型对夹层的分辨能力。由于二维图件无法反映隔夹层的空间展布，因此采用三维地质模型多维度显示功能，单独展示，可以判断该隔夹层影响范围。整体展示，可以判定隔夹层的总体发育程度。高精度的隔夹层模型为优化 SAGD 水平井部署位置、指导层系井网设计提供了地质依据。在该块采取直平组合方式进行开采，取得了良好的生产效果，增加动用储量 8×10^4t。

杜 66 块火驱开发证明层内、层间储层非均质性影响火驱纵向动用效果，纵向动用差异大。数值模拟和物理模拟试验表明，受渗透率级差影响，火线沿高渗透层突进，高温燃烧与低温燃烧并存，影响了开发效果。为解决该问题，依托高密度井网资料，以小层为单元建立相控储层属性模型，以单井为约束条件，描述储层非均质性空间展布特征。通过建立单井组的三维地质模型，非均质性描述精度达到每一个网格，同时通过对洛伦兹曲线的应用可以完成对井组非均质性的定量表征，实现了非均质性评价由井间、层间到井组的突破。杜 66 块方案设计火驱井组 173 个，薄互层状油藏采用"两套层系开发，层系内分注合采"注采层段设计，动用地质储量 2626×10^4t，预计最终采收率 55.2%。

2 结语

研究成果：一是"千把钥匙开千把锁"，建立不同类型稠油油藏三维地质模型，为数值模拟与方案编制提供有力技术支撑。二是有效指导辽河油田稠油油藏井位部署和开发调整，奠基产量效益双提升。三是近年来稠油油藏三维地质建模技术取得丰硕的科技成果，授权国家发明专利 2 项，实用新型专利 3 项，编写企业标准 2 项，发表科技论文 6 篇。

存在问题及建议：近年来，辽河油田稠油油藏地质建模取得长足发展，但目前仍处于"二维"向"三维"过渡。地质建模水平提高要彻底改变传统思路，将其从简单"模型计算"提升为油藏地质研究的核心，实现"四个"转变，实用性上，从过去为汇报做漂亮的图，研究的"花架子"，到现在指导井位部署、方案编制的"骨架子"。过程性上，从过去简单的"跑流程"到现在建模深层内涵的挖掘。预测性上，从过去单一插值到现在井震多属性综合模拟。主观性上，从过去的自我摸索、单打独斗，到现在时不我待、团队攻关。建立三维地质模型应成为一种标准技术，所有相关的专业人员都可掌握。但其对地质体认识是一个"去伪存真、逐步深入"的过程。因此，三维地质建模技术有效支撑稠油油藏精细开发是一项在科研与生产实践中需要不断探索与完善的长期工程。

参 考 文 献

[1] 李志华，王志博，宋咏梅，等. 油田数字化的研制和开发简述[J]. 数字技术与应用，2010，28 (7)：155.

[2] 江柏毅. 油田通信信息网络系统在数字化油田中的应用[J]. 科技创新与应用，2015，5(34)：106.

[3] 张洋洋，郭敏，刘志慧，等. 油藏三维地质模型质量控制研究——以 D 油田 E 块为例[J]. 油气勘探与

开发，2019，38（1）：65-71.

[4] 于金彪. 油藏地质建模技巧及质量控制方法[J]. 新疆石油地质，2017，185（2）：188-192.

[5] 崇仁杰，于兴河. 储层三维地质建模质量控制的关键点[J]. 海洋地质前沿，2011，344（7）：64-69.

[6] 夏春明，王鹏飞. 相控建模技术在油田开发中的应用分析[J]. 云南化工，2021，48（1）：160-162.

[7] 邹拓，徐芳. 复杂断块油田开发后期精细地质建模技术对策[J]. 西南石油大学学报（自然科学版），2015，37（4）：35-40.

[8] 杨宇龙，许晓宏，邵燕林，等. 辽河油田高3618块厚层稠油油藏隔夹层三维地质建模[J]. 辽宁化工，2020，49（8）：1017-1079.

曙光油田提高固井质量技术研究与应用

王广顺

（中国石油辽河油田公司曙光采油厂）

摘　要：固井质量管理是井筒质量管理的重要方面，固井质量水平不仅关系到油水井能否顺利投产、投产后实施配套的工艺措施及套管保护能力，更决定着油井全生命生产周期的效果和水平。优质稳定的固井质量是减缓油层顶底水下窜的最直接的、经济有效的保障。针对兴隆台油层顶底水发育、易出水的突出问题，通过改进钻井液性能，增加滤饼强度和韧性、加快滤饼形成时间，提高固井质量，有效延长了油井生命周期，减少了后期的投入，为油藏高产稳产奠定基础。

关键词：固井质量；水泥浆性能；滤饼强度；延长油井生命周期；高产稳产

良好的固井质量是保障油气井分层开采及增产改造的基础，是保障油井长寿命、安全生产的关键[1-3]。近年来，曙光采油厂高度重视油区固井质量管理工作，特别是《中国石油天然气集团有限公司井身质量、固井质量不合格判定红线》下发以来，采油厂紧密结合油区固井质量现状，积极开展新工艺试验、大力推进水泥浆体系优化升级、严格管控施工过程质量，不断强化固井质量专项提升治理，全力促进固井质量上台阶。

1　固井质量管理现状分析

辽河曙光油田投入开发超过40年，经过多次加密调整开发，开发井网密集，地下压力系统关系复杂，不同开发层系间压力差别大，钻完井过程中极易发生水窜，尤其是在候凝过程中地层流体侵入水泥浆，直接影响水泥浆胶结质量，造成油气水层段声幅起尖，严重影响固井质量效果。

1.1　加强固井质量管理意义

1.1.1　"七条红线"出台对固井质量提出了更严格要求

《中国石油天然气集团有限公司井身质量、固井质量不合格判定红线》是中国石油天然气集团有限公司统计和考核油气田企业井身质量、固井质量的统一标准。2020年9月中国石油天然气集团有限公司提出关于油气水井质量三年集中整治行动方案，明确规定固井质量合格率要达到99%。随后针对井筒质量判定标准的不统一，再次下达文件，明确了井筒质量不合格的"七条红线"，并对固井质量有争议的井上报判定，且于2021年底对所有新井数据进行复核，并随机抽查。

1.1.2　油藏开发方式的多样化对固井质量提出了更高要求

辽河油田曙光油区油藏类型复杂、油品性质多样、地面环境敏感，经过多年的开发实践，针对不同油藏类型开发需求形成了注水、蒸汽驱、SAGD、火烧油层等多种开发方式，地下压力系统异常复杂，给钻完井工程质量带来巨大挑战。曙光采油厂紧密围绕辽河油田勘探开发实际需求，加快Ⅱ类油藏蒸汽驱试验，选择具有代表性的杜80块兴隆台油层开展超稠油蒸汽驱先导试验，该区地质参数见表1，长期注蒸汽对井筒质量提出了更加严格要求。

表1　杜80块兴隆台油藏主要参数

主要参数	数值	主要参数	数值
含油面积，km²	0.51	地质储量，10⁴t	317
油藏埋深，m	800~920	油层厚度，m	27.5
孔隙度，%	30.3	渗透率，mD	1600
原油密度，g/cm³	1.0037	原油黏度（50℃），mPa·s	84551
含油饱和度，%	69.8	标定采收率，%	23.7

1.2　影响固井质量的因素及原因分析

1.2.1　油藏条件的复杂化

高温、高压层影响。辽河油田曙光油区稠油、超稠油井经历多轮次吞吐开发方式，具有高温、高压、层间压力差异大的特点。杜813块、杜80块兴隆台油层实测邻井地层压力系数最低已达至0.16，亏空严重（表2）。随着油田开发，地下流体温度发生变化。钻井液遇到高温会发生失水、增稠等问题，进而加速水泥凝固，影响固井质量。

表2　区域邻井温度、压力测试情况统计表

井号	层位	油层中深，m	油层温度，℃	地层静压，MPa	压力系数	测试日期
杜80-31-K63	S1+2	889	149.5	1.655	0.18	2020-10-16
杜80-33-61	S1+2	895	75.1	1.487	0.17	2020-06-04
杜80-35-59	S1+2	905	50	3.108	0.34	2020-06-17
杜80-35-63	S1+2	870	154.3	1.966	0.23	2020-06-10
杜80-36-48	S1+2	950	49.9	5.861	0.62	2021-05-22
杜80-38-56	S1+2	935	62.7	1.453	0.16	2020-05-11

边、底、顶水发育。以曙光油区杜813块互层状超稠油油藏为例，该油藏边、顶、底水发育，局部发育夹层水，油水关系复杂，导致两种情况：一是固井时漏失严重，堵漏难度大，堵住后承压能力差，导致固井质量差。二是油井生产过程中极易出水，出水井分布范围广泛，全区分布。目前，已有30口井顶水下窜，被动封窜堵水，增加后期很大成本投入。

1.2.2　水泥浆体系僵化

曙光油区地下情况复杂，温度高，压力低，极易出现钻井液改性等特殊状况井，严重影响固井质量，其中水泥浆性能、井壁浮泥饼对二界面胶结强度影响较大。统计杜813块、杜80块兴隆台油层2020—2021年度固井质量情况，结果表明第一界面、第二界面固井质量胶结优良率仅为55.02%~75.22%（表3）。分析主要原因：一是水泥浆稳定性不好，形成纵向水槽，影响环空的封隔；二是固井施工中水泥浆性能没有控制好，导致双层套管间第一界面、第二界面胶结差。

表3 杜813块、杜80块兴隆台油层2020—2021年固井质量解释成果统计

区块	实施时间	井数口	水泥返高情况	第一界面固井质量解释		第二界面固井质量解释	
				胶结优良井段占比,%	合格率,%	胶结优良井段占比,%	合格率,%
杜80块	2020—2021年	42	42口合格	75.22	94.31	70.48	93.60
杜813块	2020—2021年	17	15口合格	73.44	89.90	55.02	88.29

1.2.3 套管损坏率居高不下

随着油田开发的不断深入，开采年限不断增长，其套管将不可避免地出现不同程度的损坏。据统计，曙光油田历史共完成钻井5495口，其中3151口井发生过套管损坏，占总井数的57.6%；2064口采油井发生过套管损坏，占采油井总数的53%。目前曙光油田共有套管损坏井1503口，近10年的套损井数在100口以上(图1)。套管损坏井的频繁发生也导致了固井质量管理难度增加。

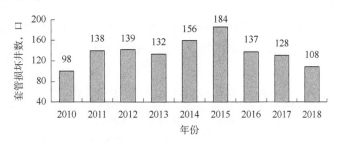

图1 曙光油田近几年新增套管损坏井数变化曲线

2 提升固井质量的主要措施方法

2.1 提高地层承压能力

2.1.1 优化工程地质设计

优化井身结构设计，采用套管封隔不同压力层系，正确设计井身结构和套管程序，用套管封住异常低压层，胶结疏松成岩性差、强度低的地层，使同一裸眼段的地层压力系数相差不能过大。

2.1.2 强化钻井施工质量

优化固井施工参数，采用最小安全附加值的钻井液密度。控制钻速，避免岩屑过多增加液柱压力，致使环空不畅。防止钻头泥包或缩径，造成起钻遇卡拔活塞。下钻时，控制下钻速度，减少压力激动，采取分段开泵打通水眼等措施。

2.1.3 改善水泥浆性能

优化短候凝水泥浆性能，减少地层活跃流体侵入。采用微膨胀水泥浆，解决水泥浆凝固收缩问题。实现水泥浆—滤饼—地层岩石整体胶结，提高二界面胶结强度。通过提高滤饼质量、减少钻屑在滤饼及井壁附着、降低"死泥浆"量等方式改善固井二界面胶结质量，从而优化钻井液性能，从根本上提高钻井工程的固井质量和油气井的耐久性(即长期稳定性)。

2.1.4 钻井液优化滤饼质量

在钻井液中直接加入滤饼改进剂和降黏固化剂，以提高井壁承压能力。通过加入滤饼改

进剂，使形成的滤饼薄、强度高，提高井壁承压能力；通过加入降黏固化剂，减少"死泥浆"量的同时使二界面在井底温度压力条件下逐渐固化。降黏固化剂是由小分子降黏剂、复合乳化剂、引发剂、不饱和羧酸、不饱和磺酸盐、分子量调节剂等在一定温度条件下共聚反应得到的液体高分子材料。降黏固化剂可直接加入钻井液，通过调整钻井液流变性，促进滤饼的固化胶结，进一步提高井壁承压能力。

2.2 开展固井质量综合评定

辽河地质条件复杂、钻井投资不足、单井产量相对较低，严格的投资额度限定与质量要求的井深结构、科技投入矛盾突出。目前，通过加大表层套管下深、下入技术套管等能够改善漏失及多压力层系问题，但受限于单井投资等因素影响，大规模改变井身结构不能满足油田效益建产、效益开发要求，在无有效经济适用性技术的情况下实现困难。因此，有效提升井壁承压能力评价方法，满足油田效益建产、效益开发要求，不断提升固井质量管理效率尤为重要。

2.2.1 常规性能评价

在常规聚合物钻井液中加入滤饼改进剂后，滤失量有所降低，再加入降黏固化剂后，泥饼致密性变得更好，随着添加剂比例的增加，泥饼强度呈上升趋势，但是不会影响钻井液密度等基本性质(表4)。

表4　钻井液体系常规性能评价统计表

钻井液配方	密度 g/cm³	黏度 s	塑性黏度 mPa·s	动切力 Pa	动塑比	中压失水 F_{LAPI}, mL
基浆	1.25	48	18	6	0.33	6.4
基浆+2%滤饼改进剂	1.24	48	20	6.5	0.33	4
基浆+2%滤饼改进剂+3%降黏固化剂	1.23	46	18	5.5	0.31	3.2
基浆+3%滤饼改进剂+5%降黏固化剂	1.24	49	16	5	0.31	2.8

注：基浆为聚合物钻井液体系(4%膨润土+0.2%纯碱+0.1%烧碱+2%褐煤树脂+3%磺化沥青+0.2%聚丙烯酸钾+2%超细碳酸钙+0.05%黄胞胶+重晶石)。

2.2.2 滤饼黏滞系数评价

添加两种处理剂形成的钻井液滤饼黏滞系数和润滑系数均有所改善(表5)，尤其是降黏固化剂对滤饼黏滞系数影响较大，能够通过减少"死泥浆"在滤饼的附着，提高胶结质量。

表5　滤饼黏滞系数评价统计表

钻井液配方	滤饼黏滞系数	极压润滑系数
基浆	0.28	0.21
基浆+2%滤饼改进剂	0.23	0.18
基浆+3%降黏固化剂	0.12	0.18
基浆+2%滤饼改进剂+3%降黏固化剂	0.09	0.18
基浆+3%滤饼改进剂+5%降黏固化剂	0.07	0.14

2.2.3 滤饼强度评价

实验数据表明，普通聚合物钻井液中加入滤饼改进剂后，滤饼强度变大，再加入降黏固化剂后，滤饼强度变得更大(表6)。

表6 滤饼强度评价统计表

钻井液配方	滤饼强度，min/mm	钻井液配方	滤饼强度，min/mm
基浆	5.1	基浆+2%滤饼改进剂+3%降黏固化剂	17.6
基浆+2%滤饼改进剂	15.8	基浆+3%滤饼改进剂+5%降黏固化剂	19.1
基浆+3%降黏固化剂	10.7		

2.2.4 提高承压能力评价

将取自现场的400mL密度为1.60g/cm³的钻井液搅拌均匀，进行承压测试。实验表明，不加药剂的钻井液，在3MPa压力下全部漏失；增加药剂的钻井液，在6MPa压力下仅漏失6mL(表7)，说明堵漏有效。

表7 提高承压能力评价统计表

分类	砂样目数	漏失量，mL			
		1MPa	2MPa	4MPa	6MPa
普通钻井液	5~10	40	85	全失	
加入药剂	5~10	0	0	3	6

2.2.5 改善界面胶结质量评价

使用含有滤饼改进剂、降黏固化剂的新型钻井液体系。室内测试证明，新型钻井液对二界面胶结强度改善明显，现场施工验证新型钻井液技术可有效改善固井质量。测试结果可以得出，常规聚合物钻井液浸泡的岩心与水泥浆之间的二界面强度仅为80.8kPa，钻井液中添加滤饼改进剂后二界面强度得到改善，同时加入降黏固化剂后，二界面强度得到明显提高。

3 现场应用情况

3.1 实施后钻井液性能参数达到预期效果

杜813-49-57井在馆陶组500~650m，加入滤饼改进剂2t和降黏固化剂4t。

配伍性。加入前进行了配伍试验，试验结果表明：加入前后钻井液流变性没有明显影响，配伍性较好；同时，钻井过程中进行钻井液流变参数检测，达到预期效果。

漏失量。该井穿过馆陶组钻井液消耗量为10m³，同区块未实施该措施的钻井液消耗量为15m³，减少5m³，说明该技术具有很好的防渗透效果。进入目的层(700~840m)，为了增加滤饼的强度，提高地层承压能力，又补充滤饼改进剂2t、降黏固化剂4t。加入前进行了小型配伍试验，配伍性较好。加入后进行钻井液流变参数检测，达到预期效果。

3.2 承压能力测试效果

取20~40目砂床放入实验仪器，将配制好的钻井液加入其中，压力每5min增加0.5MPa，压力持续增加至3.5MPa，30min后测其滤失量及侵入深度。钻井液中分别加入滤饼改进剂和降黏固化剂后，滤失量和侵入深度也均有所减小，二者同时加入后钻井液的承压效果最好(表8)。

表 8 承压能力测试统计表

钻井液配方	现场钻井液	基浆+2%滤饼改进剂	基浆+3%降黏固化剂	基浆+2%滤饼改进剂+3%降黏固化剂
滤失量，mL	48	24	17	14
侵入深度，mm	压漏	13	9	5

3.3 实施后固井质量提升效果

固井质量的评价是以声波测井为基础，以声幅波曲线为表达方式，呈现在测井图上[4-5]。其中第一、第二界面的胶结对于声波传播影响大，进而影响固井质量。从杜813块实施效果上来看，固井合格率和固井优质率有较大幅度提高。第一界面固井质量胶结优良井段由74.05%上升到93.88%，提高约20个百分点；第二界面固井质量胶结优良比例由66.80%上升到91.37%，提高约25个百分点，效果明显（表9）。从现场实施6口井具体数据上看，第一、第二界面固井质量胶结优良率水平很高。

表 9 提高固井质量项目效果统计表

区块	完井时间	是否加入钻井液药剂	统计井次	第一界面固井质量解释结果统计		第二界面固井质量解释结果统计	
				胶结优良井段比例,%	合格率,%	胶结优良井段比例,%	合格率,%
杜80	2020—2021年	否	42	75.43	94.53	70.66	93.55
杜813	2020—2021年	否	18	74.05	90.57	66.80	87.87
杜813	2021年	是	6	93.88	98.23	91.37	98.44

3.4 经济效益

3.4.1 直接经济效益

固井质量是影响油井生命周期众多因素中的一个，为了便于统计，剔除其他因素影响，仅考虑单一固井质量影响因素，即根据固井质量的优质与合格来验证固井质量对油井生命周期的影响，在杜813块随机统计了69口固井质量评价情况。统计结果表明，优质的固井质量能够多增加2.8轮次的吞吐周期或者293天。单井周期产油以450t计算，累计增油1260t。以油井单井日产油4~5t计算，累计增油1319t。

3.4.2 间接经济效益

固井优质率提高不仅延长油井生命周期，延缓顶底水窜入油层，同时避免注汽过程中层间窜流，特别对于SAGD、蒸汽驱、火驱开发具有更重要意义。

4 结论

（1）提高固井质量和固井质量优质率，能够有效延缓套管损坏发生率，具有重大的经济效益。开展套管损坏预防技术研究，不断提升井筒质量，全力促进固井质量上台阶。

（2）持续优化升级水泥浆体系，改善钻井液性能，严格控制钻井液失水及有害固相含量，避免形成较厚的浮泥饼，有效解决油气水窜、二界面胶结强度等瓶颈问题，是提高固井质量最有效的方法。

（3）加大钻井液实验室和现场性能评价工作，逐步建立针对性的钻井液个性化设计，形成良好的固井质量评价机制，有利于提高固井整体质量水平。

（4）蒸汽驱、SAGD、火驱等二次开发区块，不仅要解决在高温情况下的固井质量的长期稳定性问题，而且对固井质量管理水平提出了更高的要求。

参 考 文 献

［1］刘硕琼，齐奉忠. 中国石油固井面临的挑战及攻关方向［J］. 石油钻探技术，2013，41(6)：6-11.

［2］桑明，张亚洲. 石油钻井技术及固井技术的发展探究［J］. 中国石油和化工标准与质量，2018，38（10）：173-174.

［3］丁士东，陶谦，马兰荣. 中国石化固井技术发展及发展方向［J］. 石油钻探技术，2019，47(3)：41-49.

［4］何建新. 声波测井评价固井质量的方法研究［D］. 北京：中国石油大学(北京)，2009.

［5］张俊，夏宏南，孙清华，等. 几种固井质量评价测井方法分析［J］. 石油地质与工程，2008，22(5)：121-123.

应用大数据分析的玛湖油田参数提速方法研究

田 龙 徐生江 蒋振新 钟尹明 杨 凯

(新疆油田公司工程技术研究院)

摘 要：智能化钻井技术是目前钻井行业创新发展的新趋势。目前国内的钻井行业在智能化钻井方向存在着数据挖掘深度不够，数字化应用方式仍停留在数据展示—人为经验分析—经验指导现场的模式下，为进一步提升数智化应用程度，本文通过新疆油田玛湖井区开展的数智化钻井试验，探索基于钻井参数大数据的提速优化模式。通过大数据分析方法结合参数优选模型对钻井过程中的钻压、转速、排量、螺杆工作效率等参数进行阈值分析及最优值优选，形成了一套随着钻进不断迭代更新的参数优化模式。为井区下步优快钻完井提供参数支撑，并以此优化模式推广至其他区块，建立起一套行之有效的参数提速方法。

关键词：大数据分析；钻井参数；参数优选；比能模型；数字化钻井

数据是人工智能技术应用的基础，现在，数字化、智能化应用已经遍布各行各业，石油行业也不例外。但总体来说，数字化、智能化技术在石油行业的应用研究仍处于探索起步阶段，在钻井工程领域尚未取得成系统的应用。如何将数据与现场实际钻进情况联系得更为紧密，进一步挖掘钻井参数与机械钻速的关联性是需要解决的问题。本文从在玛湖油田艾湖2井区开展的一系列数字化钻井试验入手，阐述一种将大数据分析方法与钻井技术相结合的提速技术路线。

1 数字化钻井试验情况

1.1 井区基本情况

玛湖油田艾湖2井区位于玛湖油田准噶尔盆地中央坳陷玛湖凹陷西斜坡区。截至2020年，井区内已完钻井42口，平均水平段长1900m。主要目的层为百口泉组，地层埋深3000~3900m，地层倾角1.5°~5°岩性以细砾岩、中砾岩为主，粒径为2~8mm。

1.2 提速方向

经过多年的生产开发，艾湖2井区已形成一套完备的提速组合，井身结构设计、钻井液体系、钻具组合与钻头选型均已成熟配套。通过对2020年完钻井情况分析对比玛湖油田其他区块数据，艾湖2井区三开钻进工期34.69天，平均机速5.52m/h，水平段平均单趟进尺321m，7~8趟钻完钻，与玛湖油田其他区块的优秀指标存在着一定的差距。钻头与参数匹配度差，钻头寿命短使得单趟进尺短，趟钻数多导致起下钻时间消耗长，纯钻时效低是制约艾湖2井区进一步提速降本的主要矛盾点。针对此情况，开展数字化钻井实验，寻找兼顾钻头寿命和机械钻速的最优参数，在保证钻头寿命的前提下进一步提升机速，从而提升单趟钻进尺，达到减少工期的目的。

1.3 数字化钻井试验流程

数字化钻井试验开展于 2021 年初，在初步对 2020 年完钻井进行统计分析之后，针对主要技术痛点通过大数据统计分析手段对 2020 年完钻井使用的参数进行统计分析，形成 2021 年第一轮井试验参数提速模板。将此模板应用于 2021 年第一批井，在钻进过程中，结合参数优选模型对试验井的每趟钻进进行参数优选，结合地层岩性、实际井下状态的变化，钻头磨损状态，实时更新参数优化方式。第一轮井完钻后，通过对第一轮所有井的所有参数进行筛选分析，结合实钻过程中所形成的新的优化参数对 2021 年实验参数提速模板进行更新，形成第一轮提速模板，将其应用在下一轮井上，以此不断增加约束条件。最终目标是形成一种具有普适性，可适用于艾湖 2 井区任何条件下的钻进，且通过参数优化提速空间不大，没有进一步压缩提速空间的提速模板。

2 参数优化模型

由于录井数据存在的空值、重复、异常、噪声等状况，直接将这些值应用于参数优化模型会导致模型失真，需要经过处理后使用。本次试验采用的是移动平均法对噪声点进行平滑，结合异常处理算法去除 5% 的异常值的大数据环境构建方法。参数优选大数据环境的建立保证个参数之间关联关系的精准

在构建好优选环境的基础上，对录井数据依据参数优化模型进行参数优选，主要应用大数据分析模型，基于 MSE 的钻参优化模型以及钻压敏感性分析模型。

三种优化模型存在着相互递进、互相促进的关系，在数字化钻井试验中，三种模型应用节点不同，具有固定的先后顺序。

2.1 大数据分析模型

大数据分析模型是基于钻参优化大数据环境下的统计模型，是另外两种模型的基础。通过对录井参数的统计，形成全井参数交会统计模型和随钻统计模型，两种模型分别是钻压敏感性分析模型和随钻 MSE 分析模型的基础。

2.2 钻压敏感性模型

针对艾湖 2 井区目的层为砂砾岩的情况，钻压参数是直接影响钻头切削齿吃入地层能力的主要参数，与机械钻速有着最直观的关联。钻压敏感性模型主要通过大数据手段将每一趟钻的钻压参数进行统计，并将统计情况与钻压敏感型曲线模型进行拟合，对钻压进行进一步的优选(图 1 和图 2)。

钻压敏感性曲线是基于不同钻压下的钻井效能事件的分析曲线，分为三个敏感性区间：

(1) 涡动状态区间：钻压使用偏低，钻头处于涡动状态，曲线斜率低，钻压敏感性低。

(2) 有效钻进状态区间：钻压使用合理，曲线斜率达到峰值，钻压敏感性高。

(3) 低效能状态区间：钻压使用过高，钻头处于低效能状态，曲线斜率为负。

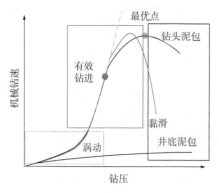

图 1 钻压敏感性曲线

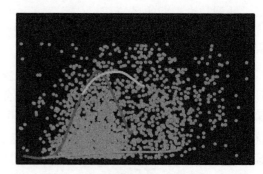

图 2 基于大数据的钻压敏感性拟合

通过大数据分析模型建立的钻压统计模型与钻压敏感性曲线拟合优选有效钻进区域的最优点，对钻压参数进行优选。

2.3 基于 MSE 的钻参优化模型

该模型在数字化钻井试验中主要用于钻进过程中的随钻参数优选，通过 MSE 理论将钻进过程中实时 MSE 情况与参数进行对比，结合与比能基值(CCS)的偏离程度对井下状态进行判断，通过判断结果对参数进行相应优化。

针对艾湖 2 井区砂砾岩油层，依据 MSE 理论，可对以下异常状况进行判断：

（1）使用参数不变，MSE 升高，机速降低：钻头进入低效能状态，结合参数交汇图及钻压敏感图，进行参数优选。

（2）使用参数不变，MSE 升高，机速升高后迅速下降：存在钻至泥岩夹层的可能。

（3）使用参数有所变化，MSE 升高，机速降低：井下振动加剧，钻进效率低，根据参数优化方式调整参数。

（4）使用参数不变，MSE 急剧升高，机速骤降，无论怎么调整参数都无法提速，表明钻头磨损严重。

3 数字化钻井试验效果

目前数字化钻井试验的参数提速模板已更新至 2021 年第二轮井提速模板，并已经将此提速模板应用于艾湖 2 井区第二轮井中的 AHHW2215 井。结合提速模板和随钻参数优化，该井水平段机速 8.1m/h 较第一轮井提速 15%，水平段平均单趟进尺 639.5m 较第一轮井提高 34.3%。在保障钻头进尺的情况下进一步提升了机械钻速。

4 结论

该次数字化钻井试验是基于大数据的钻井参数深度挖掘，新疆油田通过对大数据技术的探索已初步实现利用大数据指导现场钻井作业的目标，但是距离真正的大数据智能化钻完井作业仍有很遥远的距离，在未来的发展中仍需进一步完善，针对下一步发展提出以下建议：

（1）加强数据技术中心建设，打破各专业之间数据壁垒，加强数据深度挖掘能力。

（2）进一步借鉴国外先进经验，首先要构建大数据及智能研究平台，针对钻速、轨迹、底层特征等研究人工智能算法，加强特征研究和模型验证。

参 考 文 献

［1］杨传书，李昌盛，孙旭东，等．人工智能钻井技术研究方法及其实践［J］．石油钻探技术，2021，49（5）：7-13.

［2］霍宏博，谢涛，刘海龙，等．渤海油田钻完井大数据应用和发展方向［J］．工程科学与技术，2020，12（2）：136-141.

［3］陈中普，王长在，任立春，等．油气田钻完井大数据技术研究与应用前景展望［J］．录井工程，2018，29（4）：1-6.

［4］钱浩东，温馨，甘红梅，等．井筒工程"大数据"的建立与应用实践［J］．钻采工艺，2019，42（2）：38-41.

底水稠油油藏高含水期剩余油认识

谭 捷 牟松茹 张文童 杨东东 权 勃

[中海石油(中国)有限公司天津分公司]

摘 要: C油田是渤海油田采用水平井、分单砂体开发的稠油油田, 油藏边底水活跃, 采用天然能量开发方式。油田综合含水率95.3%, 已进入高含水采油阶段。部分油藏受原油黏度和油柱高度的限制, 在现有开发井网条件下部分储量未动用或动用程度低, 且井控程度不高, 存在剩余油挖潜的空间。本文通过油藏工程方法研究底水油藏水平井水脊上升规律, 指导底水油藏水平井加密界限。同时结合精细储层描述研究成果, 建立地质模型, 进行数值模拟研究, 分析剩余油分布规律。通过本次研究认识底水稠油油藏高含水期的水淹及剩余油规律, 为该类型油藏高含水期的开发策略提供指导。

关键词: 底水油藏; 稠油油藏; 水淹规律; 剩余油

对于剩余油的研究一直是油田开发中后期需要重点关注的内容。对于陆相沉积地层, 储层特征复杂, 又伴随着油田开发过程对其的影响, 地下油水关系更加复杂, 剩余油在地下的分布特征也复杂化, 使得剩余油研究更为困难, 根据前人研究经验, 剩余油研究主要以下6项内容为重点[1-15]: (1)对储层中剩余油类型和分布规律刻画。董冬等、窦松江等对河流相储层和复杂断块油藏剩余油类型和分布进行了研究, 并对其配套挖潜措施提出建议。发现了剩余油类型主要为油藏规模剩余油特征的宏观剩余油以及在孔隙结构中的围观剩余油。(2)对剩余油形成和分布模式表征及控制因素分析。该方面的研究需要结合地质和开发特征, 通过对剩余油的形成、剩余油分布的位置、模式的研究, 可以对剩余油做出分类描述和预测。(3)地质综合法、测井解释、数值模拟、地震监测、试井等多种方法描述和预测剩余油。(4)高精度构造模型进行精细解释、层序地层学划分、储层构型表征、储层宏观非均质性研究、流动单元分类等在剩余油研究中的应用。(5)对剩余油分布特征进行预测。尹太举等以马场油田为例, 对复杂断块区高含水期剩余油分布进行了预测并提出剩余油预测包括井点剩余油预测和井间剩余油预测两个方面。(6)三次采油措施后剩余油分布特征描述[16-19]。本文通过油藏工程方法研究底水油藏水平井水脊上升规律, 指导底水油藏水平井加密界限。同时结合精细储层描述研究成果, 建立地质模型, 进行数值模拟研究, 分析剩余油分布规律。

1 砂体水淹规律研究

C为底水油藏, 2011年至今新钻过路井14口, 水淹5口, 未水淹9口。由水淹情况可见, 对于此类底水油藏而言, 随着生产井生产时间的推移, 周边油水界面逐渐升高, 水淹厚度变大; 而在同一时间点, 距离生产井越近, 水淹厚度越大。油层上部6m平均含水率小于

75%，下部 6m 平均含水率大于 75%，下部水淹严重(图 1)。

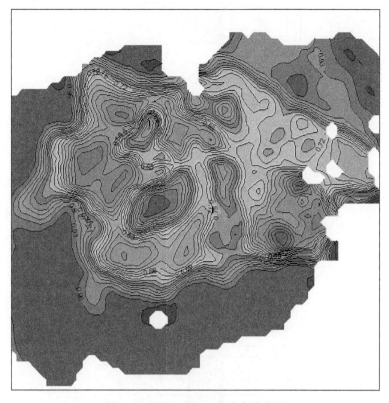

图 1　C 油田上部 6m 含水率分布图

来水方向为四周的边底水，随着生产的进行，井区附近形成压降，四周边底水逐渐往井区推进，生产井易形成水锥(图 2)。

（a）2005年　　　　　　　　　　（b）2021年

图 2　含油饱和度变化图

数值模拟显示，水淹厚度 0~5m，新钻井水淹厚度 1.2~3.3m，基本吻合(图 3)。

平面上，砂体水淹类型细分为两类，其中 2 类水淹类型主要位于工区的西部。1 类以边水突进—底水锥进为主，2 类以底水锥进为主。通过统计单井水淹厚度与水淹平面推进速度关系，拟合相关关系式(图 4)。

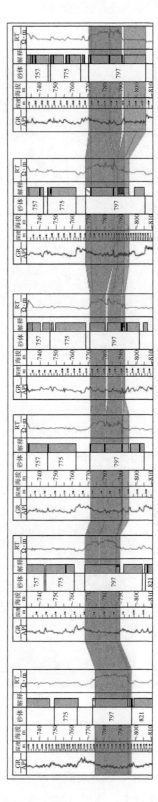

图3 连井剖面

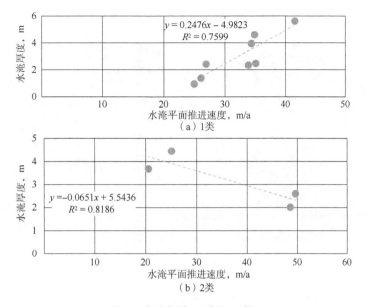

图 4　水淹规律(1 类和 2 类)

A3H 井，水淹平均厚度 5.7m，来水方向正东方向，水淹平面推进速度 41.4m/a(图 5)。

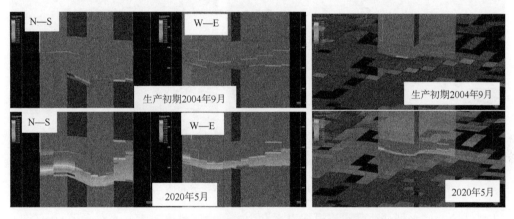

图 5　A3H 井纵向和平面水淹分布图

A5H 井，水淹平均厚度 1.4m，来水方向正西方向，水淹平面推进速度 26.1m/a(图 6)。

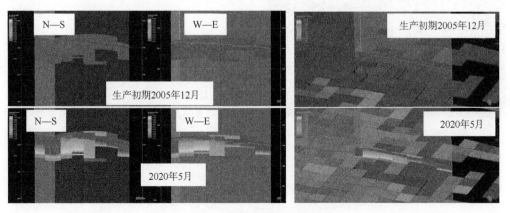

图 6　A5H 井纵向和平面水淹分布图

A4H井，水淹平均厚度2.5m，来水方向西北方向，水淹平面推进速度35.1m/a(图7)。

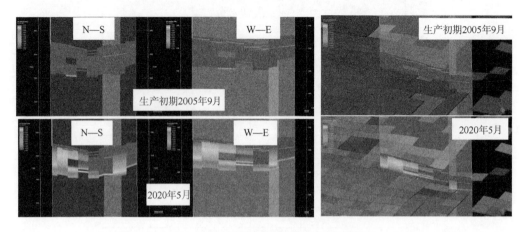

图7　A4H井纵向和平面水淹分布图

A1H井，水淹平均厚度2.6m，来水方向东北方向，水淹平面推进速度49.6m/a(图8)。

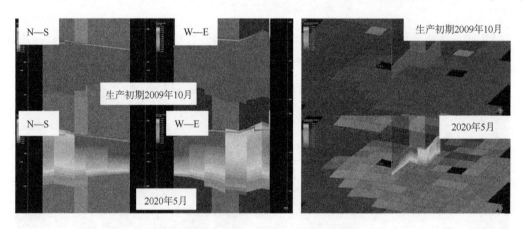

图8　A1H井纵向和平面水淹分布图

主要结论：底水稠油油藏水淹模式以水脊为主，由于黏度较大，水脊半径60m(图9)。

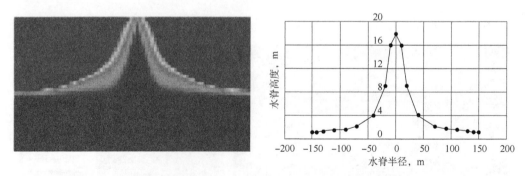

图9　黏度350mPa·s稠油不同水脊半径下的水淹厚度

2　砂体剩余油主控因素研究

水淹规律的控制因素较为复杂，归纳起来大致可分为地下和地上两大类。其中地下因素主要包括储层的发育情况、韵律性、沉积微相类型、隔夹层分布等，地上因素包括油田的开发生产方式、生产作业制度等。这些因素共同控制了水淹层在纵向和平面上的分布。

2.1　砂体韵律因素

C油田为河流相储层，河道砂体呈现正韵律为主的特征。根据水淹井的韵律类型和水淹部位统计数据，发生水淹的部位以正韵律、均质韵律底部为主。

一般情况下，韵律作用对水淹的控制作用主要是由于渗透率差异造成的。正韵律的底部水淹是由于其底部的渗透率大于上部的渗透率，水体在底部运移的阻力小；同时，流体由于受到重力作用，水会向下运移，从而造成储层中下部的水淹。

2.2　油藏类型因素

底水油藏与边水油藏的水淹作用原因不同：对于稠油底水油藏而言，加之油田采用水平井开发的模式，水淹主要受底水水脊作用影响；而对于边水油藏，水淹主要受到边水突破作用。不同的水淹作用成因导致水淹层在平面上分布不同。

2.3　成因砂体展布因素

成因砂体类型及其展布特征控制着水淹程度的平面分布。曲流河沉积的主要发育点坝、末期河道和废弃河道，点坝砂体储层发育好、厚度大、物性好、连通性好，而废弃河道砂体呈现顶部物性差，底部物性略好的半连通体，对于边水油藏而言可在平面上可形成遮挡屏障。

在点坝中部位置，尤其是见水方向上，水淹程度较高；而在点坝边部靠近末期河道，或者受到废弃河道遮挡的部位，水淹程度弱或未水淹。位于点坝中部的井在见水方向上，水淹2.8m，而位于点坝边部的井靠近末期河道的位置，水淹1m。井位于废弃河道的"港湾"处，显示为未水淹。

2.4　周边井产液量和井距因素

砂体的同一点坝内的生产井，当其累计产液量小于$50×10^4m^3$时，距离生产井150m左右无水淹状况；累计产液量在$(50～100)×10^4m^3$时，距离生产井150m左右水淹厚度在1m以内；当累计产液量在$(100～300)×10^4m^3$之间，250m左右水淹厚度为$1～5m$，累计产液量与点坝体积比越大，水淹厚度越大；当累计产液量大于$500×10^4m^3$时，距离生产井250m左右水淹厚度达到10m。综上，在实际的开发生产中，储层的水淹状况应综合静态资料与动态资料，结合机理模型找出主要影响因素并综合考虑其他各种因素，才能更准确地认识水淹规律，为剩余油分布及开发生产服务。

剩余油主要位于工区中部未动用区域，边部已经底水锥进，形成水脊。过路井连井剖面显示，受水脊半径影响，井区油层下部已经形成水淹，而井区由于距离生产井距离较大（97m），大于有效动用半径，只是形成弱水淹（图10）。

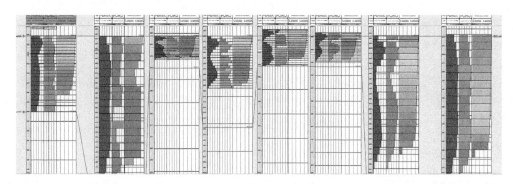

图 10　砂体连井剖面

距离生产井 64m 的井水淹严重，距离生产井 97m 的和距离生产井 108m 的井均显示弱水淹和未水淹，因此有效动用半径，即形成水脊大小是砂体剩余油主控因素(图 11)。

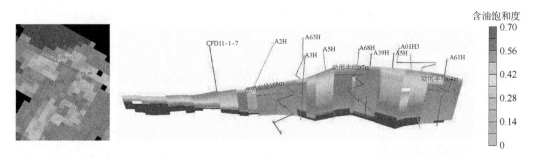

图 11　砂体层内含油饱和度图(2021 年)

主要是因为砂体地下原油黏度大(350mPa·s)，存在最大的有效动用半径，因此剩余油井间富集。

机理模型研究有效动用半径，采用砂体的孔隙度和渗透率中值、相渗数据和高压物性数据建立机理模型。

机理模型显示，随着生产时间增加，当达到一定年限时，外水脊半径基本不再增加，存在最大水脊半径，即存在最大有效动用半径。

随着日产液量的增加，相同年限时，高液量水脊半径略大于低液量水脊半径，达到一定年限时，同样存在最大有效动用半径。

统计砂体不同年限(1~50a)、不同日产液量(600~3000m³/d)与动用半径关系见表 1。

表 1　年限、日产液量与动用半径关系表

年限，a	不同日产液量下的动用半径，m		
	600m³/d	1200m³/d	3000m³/d
1	10	20	30
5	32	56	77
10	65	95	130
20	144.8	182	249
30	201.1	240	350
40	245	290	437
50	279.9	341	500

砂体动用半径随着生产年限和日产液量呈线性递增，动用半径与生产年限和日产液量成正比，关系曲线随生产年限斜率逐渐变小(图12)。

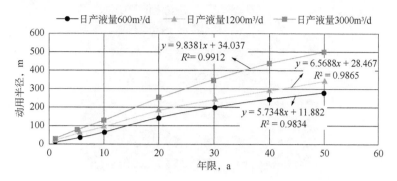

图12 年限、日产液量与动用半径关系曲线

3 剩余油分布规律研究

C油田油藏类型以边底水油藏为主，本次研究在地质深化研究的基础上，对各油藏进行了精细历史拟合，得到了各油藏的剩余油主要富集区，通过对剩余油在平面上、纵向上的分布特征进行深入分析，对边水、底水油藏的剩余油分布规律进行了研究。

3.1 边水油藏剩余油分布特征

通过对过路井水淹资料，调整井生产动态、数值模拟研究等多方面资料综合分析表明，边水油藏水淹层主要集中在油层底部，水淹模式主要以边水推进形成的次生底水脊状上升为主，来水方向主要受沉积相控制。平面上剩余油分布类型主要以井间、边部未动用区、物性差区域为主，纵向上剩余油分布主要集中在油层上部。

（1）平面剩余油分布规律。

边水油藏平面剩余油分布规律受沉积微相、储层物性、边底水推进的影响，主要有以下三种类型：

① 油层厚度较大的区域是剩余油主要分布区域。

砂体目前井网井距为200~400m，综合含水率95%。通过数值模拟研究发现，剩余储量主要分布在油层厚度较大(6m以上)的区域。随着边水推进，下部水洗加剧，但中上部剩余油富集，且油柱高度仍然满足布井条件。开发实钻水淹资料证实，后期侧钻井和调整井过路钻遇水淹层重要集中在油层底部。综合分析认为，边水油藏开发后期转变为次生底水油藏，油柱高度成为决定单井开发效果的关键因素，即储量丰度较高的区域仍然是主要剩余油富集区，是下一步挖潜的主要对象。

② 井间剩余油富集。

水脊规律研究表明，对于均值水平井开发的底水油藏，水淹范围主要集中在水平井下方的脊状区域，水平井之间的V字形区域是剩余油的主要富集区。目前基础井网井距在300m左右，通过过路井和数模研究发现水平井边底水波及范围有限，井间富集剩余油。

③ 物性差的区域剩余油相对富集。

储层物性对产能和剩余油分布有一定影响，物性差的区域边水推进慢，为非主力来水方向，水驱效果差，剩余油分布富集。砂体西部及西北部井区由于储层物性较差，边水能量相对较弱，含水上升速度相对较慢，水驱效果较差，该区域剩余油相对富集(图13)。

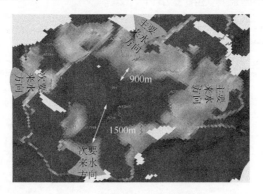

图13 主要来水方向分布图

（2）纵向剩余油分布规律。

砂体属于河流相沉积，具有高渗透正韵律储层的特征，受重力作用和垂向物性差异的影响，边水主要沿砂体边部沿储层底部推进，因此储层底部区域水洗强，剩余油主要分布在油层中上部(图14)。

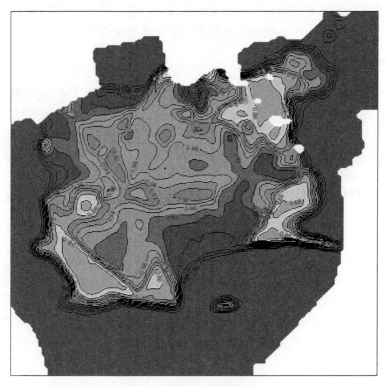

图14 上部4m含水分布图

3.2 底水油藏剩余油分布特征

通过对过路井水淹数据，调整井生产动态、数值模拟研究等多方面资料综合研究表明，底水油藏剩余油的分布主要受构造幅度、隔夹层分布、储层非均质性以及开发方式的影响。

底水油藏水淹层主要集中在生产井周边和油层底部，水淹模式主要以底水垂向脊状上升为主。平面上剩余油分布类型主要以边部未井控区、井间为主，纵向上剩余油分布主要集中在油层上部，局部受隔夹层控制。

（1）平面剩余油分布规律。

底水油藏平面上剩余油分布类型以边部未井控区、井间 V 字形区域为主。

① 构造边部未井控区域剩余油连片分布。

C 油田以低幅披覆背斜构造为主，基础井网主要分布在构造高部分油层厚度较大的区域，边部储量未动用，剩余油连片分布。

② 井间是剩余油富集区。

从油井生产动态特征和饱和度剖面可以看出，砾岩发育区域对底水锥进形成了有效隔挡，很大程度上减缓了底水锥进速度，延长了油井生产寿命；局部砾岩不发育区域，底水沿水平段垂向脊进，距生产井越近，水淹越严重，剩余油主要分布在井间 V 字形区域。

（2）纵向剩余油分布规律。

底水油藏纵向上剩余油分布主要集中在油层上部，局部受隔夹层控制。

① 剩余油主要位于油层上部。

底水油藏水淹模式主要以底水垂向脊状上升为主。实钻调整井表明，水淹层主要集中在油层底部，平面上距离生产井距离越小，水淹厚度越大，生产井累计产液量越大，油水界面上升高度越大。

② 隔夹层是控制纵向剩余油分布的主控因素。

C 油田隔夹层比较发育，综合分析表明，隔夹层的存在使剩余油分布更加复杂化，受隔夹层影响，剩余油主要以隔夹层上下遮挡形成的"屋檐油"和"屋脊油"为主。生产井投产后底水迅速突破，在砾岩不发育区域，底水向砾岩上推进，在砾岩发育区，受砾岩遮挡影响，剩余油主要分布在砾岩下倒锥形区域，形成"屋檐油"。

4 结论

（1）由水淹情况可知，对于此类底水油藏而言，随着生产井生产时间的推移，周边油水界面逐渐升高，水淹厚度变大；而在同一时间点，距离生产井越近，水淹厚度越大。

（2）底水稠油油藏，水淹模式以水脊为主，由于黏度较大，水脊半径达 60m。

（3）水淹规律的控制因素较为复杂，归纳起来大致可分为地下和地上两大类。其中地下因素主要包括储层的发育情况、韵律性、沉积微相类型、隔夹层分布等，地上因素包括油田的开发生产方式、生产作业制度等。这些因素共同控制了水淹层在纵向上和平面上的分布。

（4）剩余油主要位于工区中部未动用区域，边部已经底水锥进，形成水脊。过路井连井剖面显示，受水脊半径影响，井区油层下部已经形成水淹，而井区由于距离生产井距离较大，只是形成弱水淹。

参 考 文 献

[1] 陈欢庆，胡海燕，吴洪彪，等．精细油藏描述中剩余油研究进展［J］．科学技术与工程，2018，18（29）：140-153.

[2] 董冬，陈洁，邱明文．河流相储集层中剩余油类型和分布规律［J］．油气采收率技术，1999，6（3）：

39-46.

[3] 窦松江, 周嘉玺. 复杂断块油藏剩余油分布及配套挖潜对策[J]. 石油勘探与开发, 2003, 30(5): 90-93.

[4] 王志高, 徐怀民, 杜立东, 等. 稠油剩余油形成分布模式及控制因素分析——以辽河油田曙二区大凌河油藏为例[J]. 安徽理工大学学报(自然科学版), 2004, 24(3): 19-23.

[5] 聂锐利, 谢进庄, 李洪娟, 等. 过套管电阻率技术在大庆油田剩余油饱和度评价中的应用[J]. 大庆石油学院学报, 2004, 28(5): 16-18, 27.

[6] 尹太举, 张昌民, 赵红静. 地质综合法预测剩余油[J]. 地球物理进展, 2006, 21(5): 539-544.

[7] 汪益宁, 何晓军, 桂琳, 等. 高精度构造模型在密井网储层预测及剩余油挖潜中的应用[J]. 西安石油大学学报(自然科学版), 2015, 30(6): 17-21.

[8] 胡望水, 雷秋艳, 李松泽, 等. 储层宏观非均质性及对剩余油分布的影响——以白音查干凹陷锡林好来地区腾格尔组为例[J]. 石油地质与工程, 2012, 26(6): 1-4.

[9] 陈程, 宋新民, 李军. 曲流河点砂坝储层水流优势通道及其对剩余油分布的控制[J]. 石油学报, 2012, 33(2): 257-263.

[10] 尹太举, 张昌民, 赵红静, 等. 复杂断块区高含水期剩余油分布预测[J]. 石油实验地质, 2004, 26(3): 267-272.

[11] 汪涛, 任丽华, 张宪国, 等. 基于储层构型的剩余油研究[J]. 石油化工高等学校学报, 2018, 31(3): 61-67.

[12] 郑小杰, 邵光玉, 陈东波, 等. 塔河油田强底水油藏夹层对剩余油分布的影响[J]. 长江大学学报(自科版), 2015, 12(5): 68-71.

[13] 李红英, 陈善斌, 杨志成, 等. 巨厚油层隔夹层特征及其对剩余油分布的影响: 以渤海湾盆地 L 油田为例[J]. 断块油气田, 2018, 25(6): 709-714.

[14] 岳大力, 赵俊威, 温立峰. 辫状河心滩内部夹层控制的剩余油分布物理模拟实验[J]. 地学前缘, 2018, 19(2): 157-161.

[15] 李红南, 万雪蓉. 辫状河心滩内部夹层对剩余油分布的影响[J]. 科学技术与工程, 2015, 15(12): 189-192.

[16] 高兴军, 宋新民, 孟立新, 等. 特高含水期构型控制隐蔽剩余油定量表征技术[J]. 石油学报, 2016, 37(2): 99-110.

[17] 段敏. 曲流河点坝砂体侧积层属性建模及应用探析[J]. 综述专论, 2017, 27(8): 45-47.

[18] 孙红霞, 赵玉杰, 姚军. 一种新的曲流河点坝砂体侧积层建模方法——以孤东油田七区西 Ng52+3 层系为例[J]. 新疆石油地质, 2017, 38(4): 477-481.

[19] 张建兴, 林承焰, 张宪国, 等. 基于储层构型与油藏数值模拟的点坝储层剩余油分布研究[J]. 岩性油气藏, 2017, 29(4): 146-152.

普通稠油油藏不规则井网均衡水驱调整方法

孙　强　周海燕　王记俊　潘　杰　凌浩川

[中海石油(中国)有限公司天津分公司]

摘　要：海上非均质普通稠油油藏多采用不规则面积注采井网开发，高含水期平面水驱不均衡问题凸显，通过调整注采压差以实现平面均衡驱替是提高储量动用程度和油藏采收率的重要途径。本文基于流线数值模拟，将不规则面积注采井网划分成若干注采渗流单元，不同注采渗流单元考虑平面非均质特征；基于流管法建立了考虑稠油启动压力梯度和非活塞式水驱特征的平面波及系数计算方法；通过优化不同生产井的注采压差使各注采渗流单元面积波及系数趋于一致，从而实现平面均衡水驱。将该方法应用于渤海 B 油田注采结构调整，控水增油效果明显。该方法可为非均质普通稠油油藏初期注采压差优化及高含水期注采结构调整提供理论依据。

关键词：平面波及系数；启动压力梯度；不规则井网；流管法；均衡驱替

渤海 B 油田为普通稠油油藏，主力油层相对单一，平面非均质性强，注采井网呈不规则性。目前油田已进入高含水期，受储层物性、流体性质、井网形式等因素影响，平面水驱不均衡问题日益凸显，导致井组采收率较低[1-4]。为改善平面水驱效果，目前部分学者以平面均衡驱替为目标，针对注采压差或油井产液量调整方法开展了相关研究[5-12]，但这些研究主要针对规则面积注采井网，且没有考虑稠油的启动压力梯度和强非活塞性驱替对水驱的影响。本文在前人研究的基础上，将不规则面积注采井网划分为不同的注采渗流单元，每个注采渗流单元可进一步划分成两个三角形渗流单元；同时综合考虑储层的平面非均质性、稠油的启动压力梯度和强非活塞性的水驱特征，基于多流管剖分法建立了注采渗流单元的平面波及系数的计算方法。通过优化各注采渗流单元的注采压差使各注采渗流单元的面积波及系数趋于一致，从而实现平面均衡驱替。

1　注采渗流单元划分

注采渗流单元为井组内各注采井间控制的渗流区域，受注采井网形态影响较大。基于流线数值模拟，将不规则注采井网划分成不同的注采渗流单元[13-14]，其中注采渗流单元的夹角与相邻 2 组注采井连线的角平分线之间的夹角基本一致，如图 1 所示；其中，任一个注采渗流单元可进一步划分为 2 个三角形渗流单元。实际油藏往往平面非均质性较强，是影响水驱开发效果的重要因素之一，为考虑平面非均质性同时简化计算，需要对平面各注采渗流单元的物性参数取平均值。考虑到油田注水开发效果受主流线储层物性影响最大，各注采渗流单元物性参数可简化为注采井连线上的平均物性参数。

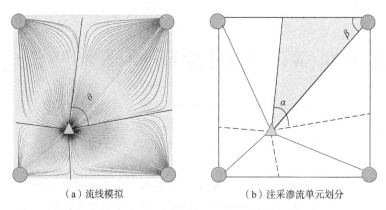

（a）流线模拟   （b）注采渗流单元划分

图1 注采渗流单元划分示意图

2 面积波及系数计算

在划分注采渗流单元的基础上，通过建立流管模型，利用 Buckley-Leverett 油水两相驱油理论计算各流管不同时刻的流量和水驱前缘位置等，进而计算得到各流管及各注采渗流单元的面积波及系数。模型基本假设条件如下：（1）注水井和生产井间注采压差恒定；（2）储层为刚性多孔介质，流体不可压缩；（3）非活塞式水驱油，存在油水两相区；（4）考虑稠油启动压力梯度；（5）考虑储层平面非均质性。

2.1 流管模型建立

对于任意一个三角形渗流单元，可将注水井点和生产井点所对应夹角分别平均剖分 m 等份，形成 m 根流管[15-20]，如图2所示。

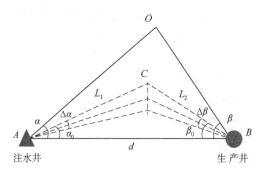

图2 三角形渗流单元流管剖分示意图

根据几何关系，任意一根流管中注水井 A 到拐点 C 之间的长度 L_1 为

$$L_1 = \frac{d \sin\beta_0}{\sin(\alpha_0 + \beta_0)} \tag{1}$$

式中，d 为注采井距，m；α_0 为注水井出发任意一根流管与注采井连线夹角，（°）；β_0 为生产井出发任意一根流管与注采井连线夹角，（°）。

从注水井 A 到生产井 B 间的任意一根流管的长度 L_2 为

$$L_2 = \frac{d(\sin\alpha_0 + \sin\beta_0)}{\sin(\alpha_0 + \beta_0)} \tag{2}$$

在流管中任意点 ξ 处，流管的截面积为

$$A_s(\xi) = \begin{cases} 2h\xi\tan\dfrac{\Delta\alpha_0}{2} & r_w < \xi < L_1 \\[2ex] 2h(L_2 - r_w - \xi)\tan\dfrac{\Delta\beta_0}{2} & L_1 < \xi < L_2 - r_w \end{cases} \tag{3}$$

式中，h 为油层厚度，m；$\Delta\alpha_0$ 为注水井出发任意一根流管的夹角，(°)；$\Delta\beta_0$ 为生产井出发任意一根流管的夹角，(°)。

2.2 流量方程推导

室内实验表明普通稠油油藏存在启动压力梯度，油相流量方程不再符合线性达西定律[21]：

$$q_o = -\frac{KK_{ro}}{\mu_o}A_s(\xi)\left(\frac{\mathrm{d}p}{\mathrm{d}x} + G_0\right) \tag{4}$$

式中，q_o 为油相流量，m^3/s；μ_o 为油相黏度，$mPa \cdot s$；K_{ro} 为油相相对渗透率；K 为储层渗透率，mD；ξ 为流管中任意位置距离注水井点的距离，m^2；A_s 为流管中距离注水井点 ξ 处的渗流截面积，m^2；G_0 为稠油启动压力梯度，MPa/m；p 为沿驱替方向压力，MPa；x 为沿驱替方向距离，m。

水相流量方程：

$$q_w = -\frac{KK_{rw}}{\mu_w}A_s(\xi)\frac{\mathrm{d}p}{\mathrm{d}x} \tag{5}$$

式中，q_w 为水相流量，m^3/s；μ_w 为水相黏度，$mPa \cdot s$；K_{rw} 为水相相对渗透率。

其中启动压力梯度表达式为[22]

$$G_0 = 0.1231 \times \left(\frac{K}{\mu_o}\right)^{-0.8688} \tag{6}$$

由式(4)和式(5)联立推导可得任意一根流管的流量表达式为

$$q_t = 0.0864 \cdot \frac{\Delta p - \displaystyle\int_{r_w}^{\xi_f}\left(\frac{K_{ro}}{\mu_o}G_0\right)\bigg/\left(\frac{K_{ro}}{\mu_o} + \frac{K_{rw}}{\mu_w}\right)\mathrm{d}\xi - G_0(L_2 - \xi_f)}{\dfrac{1}{K}\left[\displaystyle\int_{r_w}^{\xi_f}\frac{\mathrm{d}\xi}{A_s(\xi)\left(\dfrac{K_{ro}}{\mu_o} + \dfrac{K_{rw}}{\mu_w}\right)} + \displaystyle\int_{\xi_f}^{l_2 - r_w}\frac{\mathrm{d}\xi}{A_s(\xi)\dfrac{1}{\mu_o}}\right]} \tag{7}$$

式中，q_t 为流管流量，m^3/d；Δp 为注采压差，MPa；ξ_f 为流管中水驱前缘距离注水井点的距离，m；r_w 为井筒半径，m。

由式(7)可以看出，稠油油藏考虑启动压力梯度后，在油水两相区和纯油区分别存在一

个稠油启动压力梯度造成的附加压降。在水驱过程中，随着流管中水驱前缘向前推进，油水两相区逐渐扩大，纯油区逐渐减小，流管中渗流阻力不断变化，同时由启动压力梯度造成的附加压降也不断变化，需要合理的注采压差克服流管中的附加压降，才能形成有效驱替。

2.3　水驱前缘位置确定

流管中距离注水井点 ξ 处的含水饱和度和水驱前缘位置 ξ_f 可以通过式(8)确定：

$$\int_{r_w}^{\xi} A_s(\xi)\,\mathrm{d}\xi = \frac{f'_w(S_w)}{\phi}\int_0^t q_t \mathrm{d}t \tag{8}$$

式中，S_w 为含水饱和度；$f_w(S_w)$ 为含水率；$f'_w(S_w)$ 为含水率导数；ϕ 为孔隙度。

流管中水驱前缘到达拐点 C 之前油水前缘位置：

$$\xi_f^2 = \frac{f'_w(S_{wf})\displaystyle\int_0^t q_t \mathrm{d}t}{\phi h \tan\dfrac{\Delta\alpha_0}{2}} \tag{9}$$

流管中水驱前缘到达拐点 C 之后、生产井 B 之前油水前缘位置：

$$\xi_f = L_2 - \sqrt{(L_2-L_1)^2 - \frac{f'_w(S_{wf})\displaystyle\int_0^t q_t \mathrm{d}t}{\phi h \tan\dfrac{\Delta\beta_0}{2}} + \frac{\tan\dfrac{\Delta\alpha_0}{2}}{\tan\dfrac{\Delta\beta_0}{2}}\cdot L_1^2} \tag{10}$$

2.4　水驱波及系数计算

不同时间下，根据三角形渗流单元中各流管内水驱前缘的可以求得各流管内的水驱波及面积。

当水驱前缘到达拐点 C 之前，该流管的水驱波及面积为

$$s_i = \frac{1}{2}\xi_f^2 \Delta\alpha_0 \tag{11}$$

当水驱前缘到达拐点 C 之后、生产井 B 之前，该流管的水驱波及面积为

$$s_i = \frac{1}{2}L_1^2 \Delta\alpha_0 + \frac{1}{2}\left[(L_2-L_1)^2 - (L_2-\xi_f)^2\right]\Delta\beta_0 \tag{12}$$

当水驱前缘到达生产井 B 之后，该流管的水驱波及面积为

$$s_i = \frac{1}{2}L_1^2 \Delta\alpha_0 + \frac{1}{2}(L_2-L_1)^2 \Delta\beta_0 \tag{13}$$

根据每根流管的水驱波及面积 s_i，进而得到不同时刻三角形渗流单元的面积波及系数为

$$E_{\Delta AOB} = \frac{\displaystyle\sum_{i=1}^{m} s_i}{S_{\Delta AOB}} \tag{14}$$

式中，$S_{\triangle AOB}$ 为三角形渗流单元面积。

对于不规则的面积注采井网，每个注采渗流单元分为两个三角形渗流单元。通过计算每个三角形渗流单元的水驱波及面积，可以得到各注采渗流单元的面积波及系数。

3　平面均衡驱替调整方法

对于采用非规则面积注采井网开发的海上稠油油藏，稠油的启动压力梯度和强非活塞式驱替特征、储层的平面非均质性等因素使得注入水在各水驱方向驱替不均衡，非主流线区域储量难以动用，各注采渗流单元的面积波及系数差异较大。对于水驱不均衡的注采渗流井组，可以通过调整不同注采渗流单元的注采压差，即对平面波及系数小的注采渗流单元需要增大注采压差，使各注采渗流单元的面积波及系数趋于一致，从而实现平面均衡驱替。对于普通稠油油藏，根据各流管长度和启动压力梯度可以计算各流管的启动压差，据此可对各注采渗流单元的注采压差进行优化，从而实现较大的平面波及系数。

4　实例应用

以渤海 B 油田某注采井组为例，该井组为不规则五点井网，注水井对应各生产井井号表示为 P1、P2、P3、P4。各注采渗流单元渗透率、各生产井注采井距和注采压差见表 1；该井组目前已生产 15 年。另外，目标区块油藏孔隙度为 0.25，油层厚度为 10m，地层原油黏度为 250mPa·s，地层水黏度为 0.7mPa·s，残余油饱和度为 0.2，束缚水饱和度为 0.25，相渗曲线采用全油田归一化相渗。

表 1　各注采渗流单元参数

井　　名	注采井距，m	渗透率，mD	注采压差，MPa
P1	360	2000	15.5
P2	250	1800	15.8
P3	390	800	15.8
P4	500	1500	15.0

基于文中建立的方法，对井组的水驱过程进行了模拟，计算得到了各注采渗流单元的平面水驱波及系数；生产井 P1、P2、P3、P4 对应的面积波及系数分别为 0.49、0.80、0.67、0.28。为改善平面水驱效果，实现均衡驱替，对波及系数较小的 P1、P4 井的注采压差进行了优化，优化时间设置为 10 年，P1、P4 井优化调整后注采压差为 21.0MPa，优化后井组日增油 35m³，通过模型模拟调整后各注采渗流单元波及系数将达到 0.80 左右，各注采渗流单元平面水驱波及系数变化如图 3 和图 4 所示。由图 4 可以看到，考虑稠油启动压力梯度后非主流线部分存在无法动用的区域，需要增大注采压差，克服稠油启动压力梯度引起的附加压降进行动用，从而实现较大的平面波及。

本文仅对不规则五点井网进行了分析计算，对于其他形式的不规则面积注采井网可采取同样的方法进行注采渗流单元的划分，并通过计算各注采渗流单元的面积波及系数来指导井组的注采调整，指导油田实现平面均衡驱替。

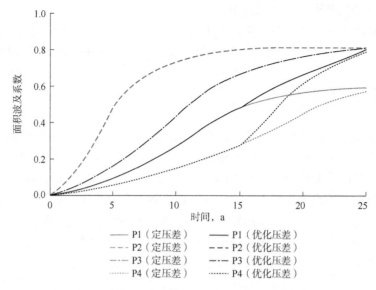

图 3　不同注采渗流单元面积波及系数变化曲线

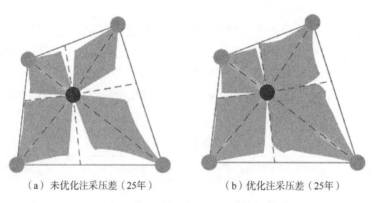

（a）未优化注采压差（25年）　　　　（b）优化注采压差（25年）

图 4　不规则注采井网平面水驱波及图

5　结论与认识

（1）针对不规则面积注采井网，在划分注采渗流单元的基础上，基于流管法建立了考虑稠油启动压力梯度和非活塞式水驱特征的面积波及系数计算方法。

（2）以平面均衡驱替为目标，通过优化各生产井注采压差，克服非主流线区域稠油启动压力梯度的影响，使各注采渗流单元的面积波及系数趋于一致，从而实现均衡驱替。

参 考 文 献

[1] 周守为. 中国近海典型油田开发实践[M]. 北京：石油工业出版社，2009.

[2] 周守为. 海上稠油高效开发新模式研究及应用[J]. 西南石油大学学报，2007，29（5）：1-4.

[3] 韩大匡. 准确预测剩余油相对富集区提高油田注水采收率研究[J]. 石油学报，2007，28（2）：73-78.

[4] 胡文瑞. 中国石油二次开发技术综述[J]. 特种油气藏，2007，14（6）：1-4.

[5] 严科，张俊，王本哲，等. 平面非均质油藏均衡水驱调整方法研究[J]. 特种油气藏，2015，22（5）：

86-89.

［6］冯其红，王相，王端平，等．水驱油藏均衡驱替开发效果论证［J］．油气地质与采收率，2016，23（3）：
　　83-88.

［7］常会江，孙广义，陈晓明，等．基于均衡驱替的平面注采优化研究与应用［J］．特种油气藏，2019，26
　　（4）：120-124.

［8］王德龙，郭平，汪周华，等．非均质油藏注采井组均衡驱替效果研究［J］．西南石油大学学报（自然科
　　学版），2011，33（5）：122-125.

［9］崔传智，安然，李凯凯，等．低渗透油藏水驱注采压差优化研究［J］．特种油气藏，2016，23（3）：
　　83-85.

［10］杨明，刘英宪，陈存良，等．复杂断块油藏不规则注采井网平面均衡驱替方法［J］．断块油气田，
　　2019，26（6）：756-760.

［11］崔传智，万茂雯，李凯凯，等．复杂断块油藏典型井组注采调整方法研究［J］．特种油气藏，2015，
　　22（4）：72-74.

［12］孙强，石洪福，凌浩川，等．窄条带状稠油油藏均衡驱替产液量调整方法［J］．特种油气藏，2020，
　　27（2）：120-124.

［13］冯其红，王相，王波，等．非均质水驱油藏开发指标预测方法［J］．油气地质与采收率，2014，21
　　（1）：36-39.

［14］陈红伟，冯其红，张先敏，等．多层非均质油藏注水开发指标预测方法［J］．断块油气田，2018，25
　　（4）：473-476.

［15］郭粉转，唐海，吕栋梁，等．低渗透油藏非达西渗流面积井网见水时间计算［J］．东北石油大学学报，
　　2011，35（1）：42-45.

［16］郭粉转，唐海，吕栋梁，等．渗流启动压力梯度对低渗透油田五点井网面积波及效率影响［J］．东北
　　石油大学学报，2010，34（3）：65-68.

［17］刘义坤，唐慧敏，梁爽，等．五点法面积波及效率的简化计算模型［J］．大庆石油地质与开发，2014，
　　33（2）：49-53.

［18］何聪鸽，范子菲，方思冬，等．特低渗透各向异性油藏平面波及系数计算方法［J］．油气地质与采收
　　率，2015，22（3）：77-83.

［19］贾晓飞，孙召勃，李云鹏，等．普通稠油油藏五点井网非活塞水驱平面波及系数计算方法［J］．西安
　　石油大学学报（自然科学版），2016，31（5）：53-59.

［20］孙强，石洪福，王记俊，等．窄条带状普通稠油油藏平面波及系数计算方法［J］．特种油气藏，2018，
　　25（6）：126-130.

［21］程林松．高等渗流力学［M］．北京：石油工业出版社，2011.

［22］罗宪波，李波，刘英，等．存在启动压力梯度时储层动用半径的确定［J］．中国海上油气，2009，21
　　（4）：248-250.

海上大井距水平井稠油热采高温堵调技术研究与应用

吴春洲[1]　王少华[1]　苏　毅[2]　肖　洒[1]　蔡　俊[1]

[1. 中海油田服务股份有限公司油田生产事业部；
2. 中海石油(中国)有限公司天津分公司]

摘　要： 针对海上大井距水平井汽窜/气窜问题，研制了"高温泡沫—高温凝胶"逐级梯度堵调体系，其中研制的醇醚羧酸盐类高温起泡剂耐温≥350℃，半衰期392s，在250℃下阻力因子可达43，满足海上热采深部调剖的目的；高温凝胶耐温≥150℃，成胶温度可调(60~75℃)，成胶强度F级以上，岩心注入0.6PV，浓度1.5%温敏凝胶，封堵率达到99.7%，且凝胶温敏可逆，可满足热采近井封窜的耐温、强度和安全要求；在室内实验数据基础上，通过油藏数值模拟，建立了一套"高温泡沫—高温凝胶"的逐级梯度机理表征方式，并形成了逐级堵调设计方法。现场应用方面，海上稠油热采吞吐初期(1~2轮次)，主要通过注入高温泡沫实现热采井的深部调剖，现场累计应用高温泡沫12井次，注入过程可有效提高注入压力，生产未受注热井影响，取得了较好的增油效果；进入吞吐3轮次后，采用高温凝胶+高温泡沫逐级梯度堵调方式开展近井封窜和深部调剖，现场累计应用4井次，显著减缓了海上稠油热采的气窜/汽窜问题。

关键词： 稠油；水平井；汽窜；堵调；耐温

海上稠油油田多为大井距水平井，且油藏高孔隙度高渗透率、非均质性差，注入的非凝析气体量大，是海上稠油热采汽(气)窜的主导因素，同时稠油热采开发是一个长期动态过程，经过多轮次吞吐以后，油藏条件会发生显著变化，给调堵带来较大的技术难度[1-5]。考虑到海上稠油热采堵调要求堵剂强度高、用量大，且热采井多为筛管完井，只能笼统堵调，进一步加大了堵调难度。为此，需形成适应于海上稠油油田的高温堵调体系和堵调方法。空间上，根据渗透率的不同，选用不同类型堵剂体系[6-8]，如气窜及水窜通道等严重非均质区可选用高强度堵剂，普通非均质区可选用泡沫调堵等方式。时间上，根据开发不同阶段及主要矛盾，多轮次有区别地进行调堵[9-11]。本文针对海上稠油油井水平段长、井距大、油藏高孔隙度高渗透率，且热采温度高等特点，研制了一套逐级梯度堵调体系，并形成了逐级堵调设计方法，成功指导现场应用。

1　逐级梯度堵调体系

针对海上大井距水平井热采特点，形成了近井封窜、远井调剖的逐级梯度堵调思路，并根据热采耐温和强度要求，室内研制了"高温泡沫—高温凝胶"逐级梯度堵调体系。

1.1 耐盐型高温起泡剂

1.1.1 高温起泡剂的合成

通过开展泡沫伴注，可起到良好的热采调剖目的，有效抑制汽窜，然而海上油田地层水钙镁离子含量高，常见的阴离子型高温起泡剂很难满足要求。因此设计了一种新型的起泡剂产品 PH-FA-1，对分子结构的要求：较长的烷基链（亲油基）、含有亲水基 1（形成氢键）、强的亲水基 2。

起泡剂主剂采用聚醚和氢氧化钠（BS），在次氯酸钠（SH）条件下，通过威尔逊醚法合成耐高温耐盐表面活性剂，同时通过加入固体纳米粒子作为辅助稳定剂，提高主剂发泡的泡沫半衰期（图1）。

$$R(N)_nOH+SH \rightleftharpoons R(N)_nONa+H_2O$$
$$R(N)_nONa+BS \longrightarrow R(N)_nY+NaBr$$

图 1　高温起泡剂合成装置及产品

1.1.2 高温起泡剂的性能评价

（1）静态起泡性能评价。

使用海上油田模拟地层水配制 0.5% 起泡剂溶液 100mL，搅拌均匀，将起泡剂溶液倒入搅拌杯，将搅拌生成的泡沫倒入 500mL 量筒，并记录泡沫体积，该体积即为起泡体积；记录析液半衰期（即析出一半液体体积 50mL 所用的时间）。实验结果见表1。

表 1　起泡剂老化前后静态性能

时　　间	起泡体积，mL	析液半衰期，s
老化前	479	452
老化后	491	392

实验表明，老化前后，该起泡剂均具有优良的起泡性能。

（2）动态评价。

室内通过一维岩心实验，测定了起泡剂浓度为 0.5%、350℃ 老化 2h 后，在 250℃ 下的阻力因子。实验步骤如下：

① 制作模拟岩心管，采用地层水驱替，记录地层水驱替压差（基础压差），同时计算出渗透率。

② 将配置好的起泡剂装入中间容器，起泡剂浓度为 0.5%。

③ 准备氮气气瓶。

④ 将岩心管放入一维驱替模型中，温度设定为 250℃，压力 8MPa，然后打开中间容器

阀门和气瓶阀门，注入起泡剂溶液和气体，泡沫气液比为1∶1，记录泡沫驱替压差(工作压差)。

⑤ 当驱替2h后，停止注入泡沫，改用清水驱替清洗岩心管。

实验结果表明，PH-FA-1老化后，阻力因子仍可达43，高温下封堵效果良好(表2)。

表2　起泡剂阻力因子测定结果

药剂体系	状态	测试温度 ℃	岩心渗透率 mD	流体速度 mL/min	原始压力 MPa	稳定压力 MPa	阻力因子
醇醚羧酸钠 (PH-FA-1)	350℃老化 2h后	250	3000	3	0.01	0.47	43

1.2　高温可逆凝胶

由于热采井多为筛管完井，用于近井封窜的凝胶要求耐高温(100~250℃)，成胶强度较高(F级以上)，且不会造成地层堵塞、渗透率下降明显、无法解堵等问题。本文利用不同纤维素醚的特性形成"网络互穿"结构，研制了不同系列的智能温敏可逆凝胶体系，成胶温度可调(图2)，成胶可逆，配液黏度低，更容易施工，具体性能参数见表2。

图2　温敏凝胶

表3　温敏凝胶性能参数

项　　目	温敏Ⅰ型	温敏Ⅱ型	陆地成熟产品
使用浓度，%	1~1.5	1.5~2	1.5~2
成胶起始温度，℃	60	75	75
浓度为1.5%的凝胶黏度(50℃)，mPa·s	250	500	600
成胶后黏度，mPa·s	≥20×10⁴	≥20×10⁴	≥20×10⁴
溶解性	速溶	速溶	非速溶

室内评价了凝胶的封堵性能和解封性能，见表4。

表4　封堵及解封性能评价

序号	参数	第一阶段 (注凝胶前)	第二阶段 (80℃成胶1h后)	第三阶段 (55℃或200℃恒温12h后)
第一组	驱替压差，MPa	0.0027	3.5	0.0031
	渗透率，D	13.08	0.039	11.39

序号	参数	第一阶段 （注凝胶前）	第二阶段 （80℃成胶1h后）	第三阶段 （55℃或200℃恒温12h后）
第二组	驱替压差，MPa	0.0030	2.95	0.0032
	渗透率，D	11.77	0.012	11.04

实验结果表明，在岩心注入温敏凝胶并成胶后，封堵率达到99.7%以上；通过冷却解封的方式，可以使渗透率恢复87%，通过高温破坏解封的方式，可使渗透率恢复93.8%，可满足海上热采近井封窜的耐温、强度和安全需求。

1.3 高温逐级梯度堵调物模实验

蒸汽温度为300℃，烘箱温度为150℃，蒸汽流量为4mL/min，堵调体系：0.1PV凝胶+泡沫（伴注浓度0.5%）。首先采用二维模型，注入300℃的蒸汽，通过测量模型内不同位置处的温度变化和残余油饱和度的变化，研究蒸汽在平面上的波及规律以及蒸汽驱的采油效率。

平板模型内饱和原油，老化24h后采用300℃蒸汽驱，记录注入压力、温度分布及出液情况。将驱替后的油砂取出后干馏分析，测定模型内不同部位的残余油饱和度。蒸汽驱过程的压力、采收率和含水率变化如图3所示。

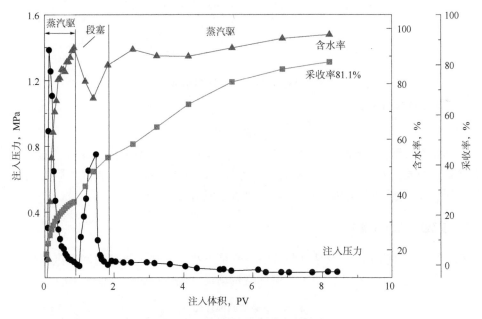

图3　逐级堵调平板模型驱替参数

由图3可知，平板模型在热采驱替至含水率为90%时的采收率为25.3%。注入堵剂段塞后接着继续热采驱替（伴注0.5%泡沫），7PV左右后，累计采收率为81.1%，含水率为97.8%，说明逐级梯度堵调技术可以较好地封堵高渗透率的蒸汽窜流通道，使驱替前缘稳步推进，抑制"汽窜"，增大蒸汽的波及体积，最终实现提供采收率的目的。

2 逐级梯度堵调设计方法

在各种室内实验数据基础上，通过油藏数值模拟，建立了一套"高温泡沫—高温凝胶"的逐级机理表征方式，形成了逐级堵调设计方法。

2.1 泡沫封堵机理表征

CMG 数值模拟软件能够通过对多组分的化学反应描述泡沫封堵和驱油机理。在 CMG-STARS 模块中，采用化学反应模型对泡沫封堵机理进行表征。化学反应模型是通过不同组分间的化学反应来描述泡沫的生成、破灭机理。在组分模型中，泡沫被看成是一种独立的气相液膜，泡沫表征模型同时考虑起泡剂的吸附、损失作用。

2.2 高温堵剂封堵机理表征

CMG 数值模拟模型中采用 Langmuir 等温吸附方法计算在不同温度下堵剂的吸附量，达到吸附量随着温度改变效果，进而实现堵剂封堵特性的表征，同时在油藏数值模拟中也考虑了堵剂不可及孔隙体积对封堵的影响。通过式(1)、式(2)、式(3)实现了堵剂封堵能力的改变。

（1）堵剂吸附量计算公式：

$$ad = \frac{(tad_1 + tad_2 \cdot xnacl) \cdot ca}{1 + tad_3 \cdot ca} \tag{1}$$

（2）残余阻力系数计算公式：

$$R_g = 1 + (rrf - 1) \cdot ad / ADMAX \tag{2}$$

（3）气相渗透率计算公式：

$$K_g = K k_{rg} / R_g \tag{3}$$

式中，ad 为吸附量；tad_1、tad_2、tad_3 分别为 Langmuir 等温系数；xnacl 为盐质量分数；ca 为组分摩尔分数；R_g 为残余阻力系数；K_g 为气相渗透率，mD；k_{rg} 为气相阻力因子；K 为渗透率，mD；rrf 为最大阻力因子；ADMAX 为最大吸附量。

2.3 逐级堵调设计图版

油藏方数值模拟利用泡沫及堵剂封堵机理表征方法，对热采汽窜时间、汽窜程度系数与封堵体系的关联性进行分析，构建了汽窜逐级调堵设计图版(表5)。

表 5 逐级堵调设计图版

汽窜时间，d	汽窜程度系数				
	<0.10	0.10~0.15	0.15~0.30	0.30~0.45	>0.45
<4	绿	黄	红	红	红
5~10	绿	橙	黄	黄	红
11~20	绿	橙	橙	黄	黄
>20	绿	绿	橙	橙	橙

注：绿色为无封堵；黄色为泡沫封堵；橙色为泡沫+弱凝胶封堵；红色为泡沫+强凝胶封堵。

现场汽窜治理过程中，可参考堵调设计图版，根据汽窜程度和汽窜时间等参数，结合地层渗透率和不同阶段主要矛盾，优选合适的堵调方式。

3 现场应用

3.1 高温泡沫堵调应用情况

目前高温泡沫堵调工艺在海上热采吞吐第一、二轮次应用共计 12 井次，一定程度上延缓了汽窜/气窜，较好地保障了海上的热采推广。以海上多元热流体吞吐 B5 井为例，B5 第一轮次注热前期，邻井 B6 出现了明显的产气量增加、产液量和产油量波动等生产状况，受 B5 注热的影响较大。B5 井第二轮次注热过程中，采取了高温泡沫堵调工艺，起泡剂采用前置段塞+间隔伴注，前置段塞注入 8t(浓度 5%)，伴注 4 个段塞(浓度 2%)，共计 20t。现场注入过程中，起泡剂第一段塞注入后注汽压力提升 1MPa，第二段塞注入后注汽压力上升 1.2MPa，第三段塞、第四段塞和第五段塞注入后注汽压力上升 1.0MPa。

B5 井第二轮次注泡沫期间，邻井 B6 井未出现明显的产气量增加现象，且注泡沫后期，该井含水降低，产液及产油量有增加趋势，取得了较好的增油效果(图 4)。现场试验表明，高温泡沫注入过程中压力升高，说明泡沫起到了调整吸液剖面的目的，抑制了汽窜，扩大了热利用率。

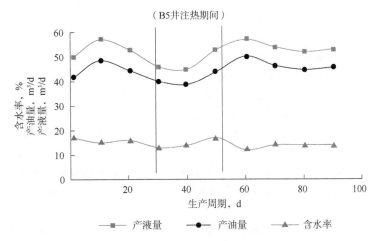

图 4 B5 井第二轮次注热过程中受效井 B6 井产出情况

3.2 高温泡沫+高温凝胶逐级梯度堵调应用情况

海上热采吞吐进入三轮次后，汽窜/气窜强度增大，单一泡沫无法满足封窜需求，现场采用高温泡沫+高温凝胶逐级梯度堵调方式，同时工艺上采用双井同注，有效抑制了井间汽窜/气窜问题，现场共计应用 4 井次。以 B7、B8 井为例，现场注入热流体前，注入 1.5%凝胶分别为 250m³ 和 300m³，同时环空注入氮气顶替，将环空中的凝胶顶替至地层。两口井注凝胶后注入压力平均升高 3~4MPa，且后续注入压力保持稳定，周围邻井生产未受到影响，说明凝胶完全封堵住了 2 轮次吞吐期间形成的窜流通道，吸汽剖面得到有效调整。

B7、B8 井施工前，日产液 30m³，日产油 26~28m³，措施后，最高日产液可达 110m³，最高日产油达47m³，平均日产油38m³，较措施前产油增加42%，取得了良好的增油效果。

4 结论

（1）研制了针对海上大井距水平井的逐级梯度堵调体系，其中耐盐型高温起泡剂耐温≥350℃，半衰期392s，阻力因子可达43，可满足热采远井调剖的目的；高温可逆凝胶耐温≥150℃，成胶强度F级以上，且温敏可逆，可满足热采井近井封窜的耐温、强度和安全要求。

（2）以室内实验数据为基础，油藏数模模拟建立了一套"高温泡沫—高温凝胶"的逐级机理表征方式，形成了逐级堵调设计方法，可用于指导现场堵调作业。

（3）海上稠油热采吞吐初期（1~2轮次），现场累计应用高温泡沫12井次，取得了较好的抑制汽窜和增油效果；进入吞吐3轮次后，采用高温凝胶+高温泡沫逐级梯度堵调方式开展近井封窜及深部调剖，现场累计应用4井次，显著减缓了海上稠油热采的气窜/汽窜问题。

（4）"十四五"期间，海上稠油热采将进入规模化应用阶段，热采的汽窜/气窜问题将逐渐凸显，该技术将具有广阔的应用前景。

参 考 文 献

[1] 李若平. 非常规石油资源及开发前景[J]. 当代化工，2006，35(3)：145-148.

[2] 郭太现，苏彦春. 渤海油田稠油油藏开发现状和技术发展方向[J]. 中国海上油气，2013，25(4)：26-30+35.

[3] 于连东. 世界稠油资源的分布及其开采技术的现状与展望[J]. 特种油气藏，2001(2)：98-103+110.

[4] 张威. 浅薄稠油油田热水驱新型耐高温调剖剂及应用技术研究[D]. 大庆：东北石油大学，2016.

[5] 刘栋梁，顾继俊. 稠油热采技术现状及发展趋势[J]. 当代化工，2018，47(7)：1445-1447+1451.

[6] 谭克，王帅，曹放. 稠油、超稠油热采技术研究进展[J]. 当代化工，2014，43(1)：97-99.

[7] 赵修太，付敏杰，王增宝，等. 稠油热采调堵体系研究进展综述[J]. 特种油气藏，2013，20(4)：1-4+151.

[8] Dai C，You Q，He L，et al. Study and field application of a profile control agent in a high temperature and high salinity reservoir[J]. Energy Sources，Part A：Recovery，Utilization，and Environmental Effects，2011，34(1)：53-63.

[9] 左佳奇，关灿华，朱冬，等. 耐温抗盐悬浮隔板凝胶堵剂研究[J]. 当代化工，2019，48(3)：449-452.

[10] 陈泽华，赵修太，王增宝. 异步交联深部调剖体系的室内实验[J]. 新疆石油地质，2015，36(3)：317-321.

[11] 廖月敏，付美龙，杨松林. 耐温抗盐凝胶堵水调剖体系的研究与应用[J]. 特种油气藏，2019，26(1)：158-162.

海上稠油油田热采井 H_2S 生成机制探究

肖 洒[1] 刘 东[2] 孙玉豹[1] 王少华[1] 朱 琴[2]

[1. 中海油田服务股份有限公司；2. 中海石油(中国)有限公司天津分公司]

摘 要：H_2S 的产生对海上油田现场作业人员和设备的安全均会带来巨大的隐患，为了确定海上稠油热采井 H_2S 的来源，开展了热采开发中 H_2S 的生成机制探究实验。分别对稠油、稠油+蒸馏水、稠油+水+岩心+甲烷三种反应体系开展了生成 H_2S 的模拟实验研究，并对磺酸盐类表面活性剂进行了高温条件下生成 H_2S 实验。实验结果表明，原油热裂解和水热裂解产生 H_2S，随着反应温度的升高，生成的 H_2S 浓度逐渐增加，有机气体产量均以 C_5 以下的轻烃气体为主，含有少量 C_{6+} 气体。原油水热裂解反应引起了原油组分变化，原油的胶质和沥青质含量降低，饱和分和芳香分的含量升高，且反应温度越高越明显。对所研究的混合体系，在温度为 $200\sim300℃$ 的条件下，水热裂解、TSR 反应占据主导地位，是主要的 H_2S 来源；温度达到 $350℃$ 时，原油裂解和 TSR 反应占据主导地位。

关键词：稠油热采；H_2S；硫酸盐热化学还原；水热裂解反应

随着我国海上稠油油田的逐步开发，热采的规模不断扩大，蒸汽注入的温度也愈发提高，在提高油田采收率的同时，也不可避免地产生了 H_2S 气体。H_2S 为剧毒有害性气体，且有强腐蚀特性，对井下工具、管柱和相关流程设备等都有极强的腐蚀作用，给油田现场人员和生产均带来巨大安全隐患[1-5]。

稠油油田注蒸汽开采过程中 H_2S 的生成量取决于原油和储层矿物中的硫含量，注热开采条件下 H_2S 的主要生成经由硫酸盐热化学还原(TSR)、原油水热裂解、原油自身热裂解 3 类反应[6-9]。

由于各油田地质特征、储层物性和开发方式等不同，注蒸汽开采稠油过程中 H_2S 的生成原因极其复杂[10-12]。林日亿等对辽河小洼油田热采中生成 H_2S 的主要来源进行了分析研究，认为 H_2S 成因主要为高温高压酸性环境下稠油水热裂解和 TSR 之间的交互作用[13-16]。

目前鲜有针对海上稠油油田注热开采 H_2S 生成机理的研究，本文结合海上油田热采井工况条件，通过高温高压动态反应釜开展不同条件下 H_2S 生成模拟实验研究并分析 H_2S 成因，以期为热采井 H_2S 的防治提供指导。

1 实验部分

1.1 实验试剂与设备

实验试剂：氯化钠(AR，上海国药集团化学试剂)、碳酸氢钠(AR，天津市化工三厂)、硫酸钠(AR，天津市致远化学试剂)、氯化钙(AR，天津市致远化学试剂)、氯化镁(AR，上海国药集团化学试剂)、氯化钾(AR，上海国药集团化学试剂)。实验用原油为渤海 S 油田脱水原油，岩心为渤海 S 油田地层岩心，渤海 S 油田地层水离子组成见表 1。

表 1 渤海 S 油田地层水离子组成

项目	离子含量，mg/L								总矿化度 mg/L
	K^+	Na^+	Mg^{2+}	Ca^{2+}	Cl^-	SO_4^{2-}	HCO_3^-	CO_3^{2-}	
数值	199.12	609.52	30.2	97.46	607.51	18.33	1489.92	28.6	3080.66

实验设备：高温高压反应釜(大连通产高压釜容器制造有限公司)、H_2S 检测仪(美国阿库特公司 AKRT-H2S-J 型)、气相色谱分析仪(安捷伦 GC7980A)、原油四组分测定仪(卡顿海克尔仪器有限公司 KD-L1135)。

1.2 实验方法

1.2.1 H_2S 生成模拟实验

将反应物加入高温高压反应釜内，密封后向反应釜中通入高纯 N_2，排尽釜内的空气；设置反应釜温度，恒温反应 54h，使反应釜自然冷却，待冷却后利用 H_2S 检测仪测定生成的 H_2S 气体浓度。将反应后产生的气体收集，并进行气相色谱分析。实验装置流程如图 1 所示。

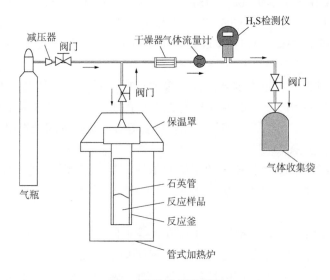

图 1 实验装置流程图

1.2.2 原油四组分含量测定

参照 SY/T 5119—2016《岩石中可溶有机物及原油族组分分析》进行原油四组分含量测定。

2 结果与讨论

2.1 稠油裂解生成 H_2S 实验

渤海 S 油田脱水原油 10g 在 200~350℃下发生裂解产生 H_2S，实验结果见表 2。

表2 稠油裂解生成 H_2S 实验结果

序号	反应温度，℃	H_2S 浓度，μL/L	H_2S 产量，mL	原油 H_2S 产率，mL/g
1	200	6	0.01	0.0010
2	250	60	0.10	0.0100
3	300	87	0.16	0.0160
4	350	150	0.28	0.0280

由表2可知，温度对原油裂解产生 H_2S 的影响非常大，随着反应温度的升高，生成的 H_2S 浓度逐渐增加，200℃下产生的 H_2S 量相对较小，但温度达到250℃时，产生的 H_2S 量达到200℃以下的10倍以上，增幅较大。随着反应温度的升高，原油热裂解产生的自由基增加，反应自由基接触概率增大，表现为反应速率增加，产生的 H_2S 量增大。

将原油热裂解后的气相产物采用气相色谱仪分析，结果见表3。

表3 稠油裂解气相产物分析结果

气相产物	产量，mL/g			
	200℃	250℃	300℃	350℃
CH_4	0.943	2.842	4.154	4.498
C_2H_6	0.059	5.048	6.878	4.577
C_2H_4	0.000	2.525	5.677	3.581
C_3H_8	1.206	2.168	3.039	4.106
C_3H_6	0.090	0.039	0.396	0.767
$i\text{-}C_4H_{10}$	12.642	11.724	11.069	11.599
$n\text{-}C_4H_{10}$	3.749	6.920	6.651	7.086
$n\text{-}C_4H_8$	1.322	3.740	4.195	6.245
$i\text{-}C_5H_{12}$	0.698	0.406	0.129	0.009
$n\text{-}C_5H_{12}$	0.088	0.201	0.422	0.006
C_{6+}	2.319	3.538	6.892	2.341
H_2	0.015	0.012	0.147	0.171
CO	0.071	0.107	0.236	0.583
CO_2	0.179	0.235	0.327	0.424

原油热裂解结果中有机气相产物中主要包括 CH_4、C_2H_6、C_2H_4、C_3H_8、C_3H_6、$i\text{-}C_4H_{10}$、$n\text{-}C_4H_{10}$、$n\text{-}C_4H_8$ 等 C_5 以下的轻烃气体以及部分 C_{6+} 气体，无机气体则主要有 H_2、CO、CO_2、H_2S 等，其中有机气体的产量随着反应温度的升高而增加，由于反应温度升高，越来越多的长碳链断裂为短链轻烃，相比轻烃组分，长碳链的稳定性较差，温度升高时容易断裂。同时在高温条件下，热裂解产生的自由基增加，这些自由基从含氢分子中提取氢原子产生 H_2，导致了 H_2 产量上升，而 H_2 进一步与原油发生加氢反应，产生了以碳氧化物为主的无机气体。

2.2 稠油+水热裂解生成 H_2S 实验

渤海 S 油田脱水原油 10g 与蒸馏水 5g 在 200~350℃ 下发生原油水热裂解反应产生 H_2S，模拟在高温蒸汽作用下原油与水之间发生的复杂的化学反应，实验结果见表4。

表4　稠油+水热裂解生成 H_2S 实验

序号	反应温度，℃	H_2 浓度，$\mu L/L$	H_2S 产量，mL	原油 H_2S 产率，mL/g
1	200	126	0.232	0.0232
2	250	166	0.305	0.0305
3	300	227	0.417	0.0417
4	350	270	0.495	0.0495

由表4可知，随着反应温度的升高，H_2S 的产量逐渐增加。随着反应温度的升高，水的化学性质在高温下会变得比较活泼，高温高压为水与非极性化合物的反应提供了一个有利的反应环境，反应温度的升高也为水热裂解反应提供了足够的活化能，发生原油水热裂解反应的同时，原油热裂解也同时发生，两种反应结果表现为 H_2S 产率逐步增大。

将反应后的气相产物进行气相色谱分析，结果见表5。

表5　稠油+水热裂解气相产物分析结果

气相产物	产量，mL/g			
	200℃	250℃	300℃	350℃
CH_4	1.315	2.920	4.504	4.713
C_2H_6	0.304	5.219	6.932	5.004
C_2H_4	0.088	2.901	6.032	3.762
C_3H_8	1.413	2.354	3.248	4.325
C_3H_6	0.152	0.384	0.681	1.032
$i\text{-}C_4H_{10}$	12.701	12.157	11.424	11.737
$n\text{-}C_4H_{10}$	3.956	6.989	6.968	7.417
$n\text{-}C_4H_8$	1.693	4.238	4.618	6.349
$i\text{-}C_5H_{12}$	0.874	0.836	0.616	0.031
$n\text{-}C_5H_{12}$	0.007	0.223	0.436	0.020
C_{6+}	2.344	3.611	6.935	2.360
H_2	0.028	0.044	0.243	0.224
CO	0.103	0.184	0.257	0.597
CO_2	0.240	0.310	0.359	0.432

从气相色谱分析结果可以看出，有机气相产物中主要包括 CH_4、C_2H_6、C_2H_4、C_3H_8、C_3H_6、$i\text{-}C_4H_{10}$、$n\text{-}C_4H_{10}$、$n\text{-}C_4H_8$ 等 C_5 以下的轻烃气体以及部分 C_{6+} 气体，无机气体主要有 H_2、CO、CO_2、H_2S 等，其中有机气体产量与原油裂解规律类似，随着反应温度的升高而增加。而无机气体 H_2 的产量随着温度的升高呈现先升高后降低的规律，主要由于产生的 H_2 发

生原油加氢反应而消耗掉，同时反应中还存在水气转换反应，H_2O 和 CO 反应转化为 H_2 和 CO_2，导致了 H_2 总产量的变化，而 CO_2 产量随着反应温度的升高而增加。

将反应后的原油进行四组分分离，实验结果如图 2 所示。

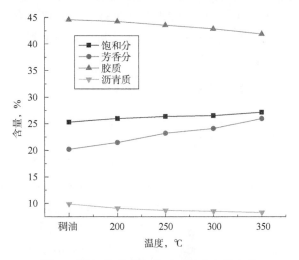

图 2　稠油+水热裂解前后四组分含量变化

原油水热裂解反应后，原油的胶质和沥青质含量降低，饱和分和芳香分的含量升高，而且随着反应温度的升高，这种趋势更为明显，主要由于水热裂解程度加强引起了原油组分变化，高温过热水蒸气为胶质和沥青质中的不饱和碳链提供氢发生加氢反应，使得部分胶质和沥青质向着饱和分和芳香分的方向转变。蒸汽热采过程中发生的原油水热裂解反应一定程度上会促进原油的硫、氮杂原子的脱除，产生 H_2S 等无机气体，降低原油的不饱和度，提高原油的流动性。

在水热裂解反应过程中，稠油的饱和分、芳香分、胶质、沥青质四组分在高温条件下发生一定程度的分解产生大量自由基，各组分的平均分子量也因此变小，特别是沥青质这种大分子。反应中产生的氢自由基攻击硫桥和沥青质结构中的芳香化合物，发生脱烷基化和加氢裂化反应而产生 H_2S。

2.3　稠油+水+岩心+甲烷混合体系生成 H_2S 实验

渤海 S 油田脱水原油 10g+地层水 5g+岩心 2g+甲烷 20mL 在 200～350℃下发生反应产生 H_2S，模拟在高温蒸汽作用下，原油+水+岩心+甲烷之间发生的复杂的化学反应，实验结果见表 6。

表 6　稠油+地层水+岩心+甲烷混合体系生成 H_2S 实验

序号	反应温度，℃	H_2S 浓度，μL/L	H_2S 产量，mL	原油 H_2S 产率，mL/g
1	200	160	0.290	0.0290
2	250	222	0.478	0.0478
3	300	408	0.752	0.0752
4	350	560	1.030	0.1300

由实验结果可知，稠油+地层水+岩心+甲烷混合体系，相比同温度下原油+蒸馏水体系，H_2S产量明显增大，主要由于地层水、岩心和甲烷的加入，在原油和水反应的基础上，TSR反应加强。岩心中硫酸盐类矿物溶解于水中，以及地层水中含有一定的硫酸根离子，为TSR反应提供了足够的无机硫酸盐化合物作为氧化剂，原油和甲烷则作为还原剂参与反应。一方面由于甲烷参与TSR反应需要较高的活化能，另一方面破坏硫酸根离子的S—O键也需要较高的活化能，因此随着温度的升高，H_2S的产率也大幅增加。

2.4 不同体系生成 H_2S 对比分析

对比稠油、稠油+水以及稠油+水+岩心+甲烷混合体系三种反应体系在200~350℃生成的H_2S产率，均随着温度的升高逐渐提高(图3)。

由于稠油+水体系在发生原油水热裂解的同时，原油自身的热裂解反应同步进行；同样对于稠油+地层水+岩心+甲烷体系，在发生TSR反应时同步发生原油热裂解和原油水热裂解。由不同的反应途径产生H_2S非常复杂，H_2S产率的影响因素也非常多，为了简化分析各反应产生H_2S的占比，假定在混合体系中原油裂解和水热裂解反应均按照独立反应时发生，将稠油+水+岩心+甲烷体系与稠油+水体系二者之间的H_2S产率差值作为TSR反应途径的"净"H_2S产率；将稠油+水体系与稠油单一体系二者之间的H_2S产率差值作为原油水热裂解反应途径的"净"H_2S产率。进行差值计算后的三种反应途径在稠油+水+岩心+甲烷混合体系中H_2S产率和占比见表7。

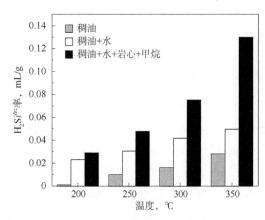

图3 三种反应体系下 H_2S 产率对比

表7 三种产生 H_2S 反应途径的数据对比

温度，℃	原油裂解		原油水热裂解		TSR 反应	
	H_2S 产率，mL/g	占比，%	H_2S 产率，mL/g	占比，%	H_2S 产率，mL/g	占比，%
200	0.0010	3.45	0.0222	76.55	0.0058	20.00%
250	0.0100	20.92	0.0205	42.89	0.0173	36.19%
300	0.0160	21.28	0.0257	34.18	0.0335	44.55%
350	0.0280	21.54	0.0215	16.54	0.0805	61.92%

由表7可知，随着反应温度的升高，原油裂解和TSR反应途径的H_2S产率大幅度提高，350℃下原油裂解途径的H_2S产率为0.0280mL/g，而200℃下原油裂解反应的H_2S产率仅为0.0010mL/g，达到了200℃产率的28倍；350℃下TSR反应的H_2S产率为0.0805mL/g，而200℃下TSR反应的H_2S产率为0.0058mL/g，约为200℃下的13.9倍。而原油水热裂解的H_2S产率基本维持在0.0205~0.0257mL/g范围内波动，其中在300℃达到最大，可认为原油水热裂解反应途径在200~350℃区间内，随温度变化的敏感程度弱于其他两种反应途径。

对比三种反应途径在四个温度下各自的H_2S产率占比，可以发现，随着温度的升高，原油裂解和TSR反应途径产生的H_2S占比逐渐升高，主要由于反应速率随着温度的升高而提升，在200℃下，由原油裂解途径产生的H_2S占比仅为3.45%，而温度达到250~350℃

后，原油裂解产生的 H_2S 占比达到20%~22%。由 TSR 反应途径产生的 H_2S 则从200℃时的占比20%增长至350℃时的61.92%，由于生成的 H_2S 对 TSR 反应有催化作用，因此由 TSR 反应途径生成的 H_2S 量更大。相反，原油水热裂解反应途径产生的 H_2S 占比则由200℃时的76.55%下降至350℃时的16.54%。

从上述结果看，随着反应温度的升高，不同反应途径的反应速率不同，在200~300℃的混合反应体系中，水热裂解、TSR 反应占据主导地位，是混合体系中主要的 H_2S 来源；随着反应温度的升高，原油裂解反应愈发强烈，温度达到350℃，原油裂解和 TSR 反应占据主导地位。

3 结论与认识

（1）对于渤海 S 油田原油，随着反应温度的升高，热裂解生成的 H_2S 浓度逐渐增加，特别是温度达到250~350℃时，反应速率提升明显；稠油+水体系随着反应温度的升高，H_2S 的产量逐渐增加。原油热裂解和水热裂解的有机气体产量均以 C_5 以下的轻烃气体为主，含有少量 C_{6+} 气体，无机气体则主要有 H_2、H_2S、CO_2、CO 等。

（2）原油水热裂解反应后引起了原油组分变化，原油的胶质和沥青质含量降低，饱和分和芳香分的含量升高，且随着反应温度升高愈明显。主要由于胶质和沥青质中的不饱和碳链发生加氢反应，使得部分胶质和沥青质向着饱和分和芳香分的方向转变。

（3）对三种反应体系 H_2S 产率进行"净"差值处理，随着温度的升高，TSR 反应途径的净 H_2S 产率逐渐增加；原油水热裂解反应的净 H_2S 产率则基本维持在0.0205~0.0257mL/g 范围内波动，随温度变化的敏感程度弱于其他两种反应途径。

（4）随着反应温度的升高，不同反应途径的反应速率不同，对所研究的混合体系而言，在200~300℃下，水热裂解、TSR 反应占据主导地位，是主要的 H_2S 来源；温度达到350℃，原油裂解和 TSR 反应占据主导地位。

参 考 文 献

[1] 刘华. 含硫煤层硫化氢吸附特性及治理研究[D]. 西安：西安科技大学，2020.

[2] 甘露. 蒸汽吞吐过程中 CO 及 H_2S 成因及防控研究[D]. 成都：西南石油大学，2016.

[3] 林日亿，罗建军，王新伟，等. 非含硫金属盐对稠油水热裂解生成硫化氢影响实验[J]. 石油学报，2016，37（2）：237-241.

[4] 田楠，牛洪彬，马团校，等. 渤中坳陷渤中 25-1/S 油田硫化氢成因研究[J]. 天然气地球科学，2012，23（3）：438-442.

[5] 王兴伟. 辽河油田杜 84 区块 SAGD 开发中硫化氢成因探究与防治[D]. 北京：中国地质大学（北京），2014.

[6] 陈童. 东胜油区硫化氢形成机理及影响因素研究[D]. 青岛：中国石油大学（华东），2011.

[7] Cai C, Tang Y, Li K, et al. Relative reactivity of saturated hydrocarbons during thermochemical sulfate reduction[J]. Fuel, 2019, 253：106-113.

[8] Xiao Q, Amrani A, Sun Y, et al. The effects of selected minerals on laboratory simulated thermochemical sulfate reduction[J]. Organic Geochemistry, 2018, 122：41-51.

[9] 王新伟，潘慧达，杨正大，等. 稠油水热裂解动态模拟实验平台建设[J]. 实验室研究与探索，2020，39（11）：63-66.

［10］马强，林日亿，韩超杰，等．硫酸盐与正十六烷热化学还原生成 H_2S 实验研究［J］．石油与天然气化工，2019，48（4）：79-85.

［11］马强，林日亿，韩超杰，等．稠油硫酸盐热化学还原生成 H_2S 实验研究［J］．西南石油大学学报（自然科学版），2019，41（4）：175-182.

［12］蔡佳鑫，林日亿，马强，等．噻吩水热裂解反应机理研究［J］．石油与天然气化工，2019，48（1）：80-85+90.

［13］林日亿，宋多培，周广响，等．热采过程中硫化氢成因机制［J］．石油学报，2014，35（6）：1153-1159.

［14］苗明强．四氢噻吩水热裂解生成 H_2S 机理研究［D］．青岛：中国石油大学（华东），2018.

［15］韩超杰．稠油热采硫酸盐热化学还原生成 H_2S 机制研究［D］．青岛：中国石油大学（华东），2017.

［16］Lizcano Q C. Acid gas prediction methodology, result of steam injection implementation in heavy oil reservoirs［J］. Society of Petroleum Engineers, 2014.

渤海稠油油田注 CO_2 膨胀实验研究及软件开发

韩 东 李宝刚 唐 磊 张 露 张旭东

(中海油能源发展股份有限公司工程技术分公司)

摘 要: 渤海稠油油藏经过多年的热采开发,出现了水驱效率低、采出程度低等问题。目前,我国陆地油田注气驱技术已取得一定成果,而渤海稠油油田注气驱油技术尚处于起步阶段,因此急需探讨渤海稠油油田注气提高采收率可行性。本文以渤海油田不同黏度稠油 PVT 高压物性测试为基础开展注 CO_2 膨胀实验,研究不同黏度稠油与 CO_2 的增溶膨胀降黏效果及混相程度,并基于神经网络和 G-S 迭代法针对实验环节进行工业软件开发探索。实验结果表明, CO_2 与稠油之间的配伍性较好,可作为渤海稠油油田注气提高采收率的注气介质。当 L 油田地层原油的 CO_2 注入量达到 50%(摩尔分数)时,一次接触混相压力仅为 13.99MPa,原油体积膨胀 1.22 倍,降黏率高达 77%,可知稠油黏度越高, CO_2 对稠油的增溶膨胀降黏效果越好,驱油效率越高。此外,利用实验数据也验证了两款针对全烃分析色谱数据处理及注气膨胀实验注气量计算的工业软件的准确性及界面友好性,实验效率提升约 20%。上述研究成果可为渤海稠油油田中后期开发注 CO_2 驱提高采收率提供机理支撑,且实验软件具有一定的普适性及工程价值,可应用于同类型的其他油藏。

关键词: 海上稠油;注 CO_2 膨胀;室内实验;提高采收率;软件开发

我国四大海域稠油储量占 82%,其中渤海油田探明储量中 58% 为稠油储量,储量丰富。当前渤海稠油水驱开发效果较差,处于低效开发阶段,结合我国碳捕集、利用与封存(CCUS)技术发展趋势,渤海稠油开发潜力巨大,探讨渤海稠油油田注 CO_2 开发可行性已势在必行[1-2]。国外主要采用 CO_2 混相驱,但均在轻质油田中进行[3],而国内稠油油田注 CO_2 提高采收率获得成功的先导试验工程案例有春光油田、苏北油田[4]、吐哈油田、鲁克沁油田[5]和冀东油田[6]。上述稠油油田注 CO_2 成功案例均为陆上油田,由于海上油田具备流体及储层物性特征复杂等特点[7],本文基于渤海油田不同黏度稠油 PVT 相态及注 CO_2 增溶膨胀混相程度研究,开展 CO_2 与渤海油田不同黏度稠油的配伍性及混相程度室内实验研究,并结合实验过程探索工业软件开发,提高实验效率,为渤海稠油油田中后期开发建立注 CO_2 提高采收率的技术储备,助力国家实现"碳中和"的战略目标。

1 不同黏度稠油与 CO_2 配伍性研究

1.1 地层原油基础相态特征

渤海油田三种黏度稠油原始地层流体井流物组成分布见表 1,三个稠油油田 C_1+N_2 平均含量占 22.33%; C_2—C_6+CO_2 含量占 0.68%; C_{7+} 含量占 76.88%。与国内其他稠油油田流体组成相比,渤海稠油油田流体具有低含甲烷、特低含中间烃、高含蜡、高含胶质沥青质的重质油特征。

表 1　原始地层流体井流物组分及组成　　　　　　单位:%(摩尔分数)

油田	CO_2	N_2	C_1	C_2—C_6	C_7	C_8—C_{25}	C_{26+}
S 油田	0.07	0.29	28.31	0.37	0.52	55.03	15.40
Q 油田	0.03	0.08	20.37	1.43	0.17	51.33	26.60
L 油田	0.03	0.12	17.83	0.10	0.04	61.55	20.00

　　三个稠油油田原始地层流体基础物性见表 2，图 1 为原始地层流体的 p—T 相图，三个稠油油田地层流体的临界温度达到 600~700℃，临界压力低于 10MPa，地层温度远离临界温度，呈现为典型重质油相态特征。

表 2　原始地层流体基础物性

油田	地层温度,℃	地层压力，MPa	气油比，m^3/m^3	地层油黏度，mPa·s
S 油田	63.0	14.21	34	61.21
Q 油田	51	11.3	17	180.02
L 油田	55.3	16.09	19	391.66

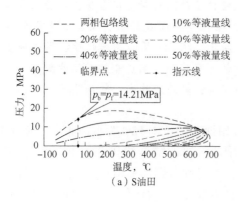
（a）S油田

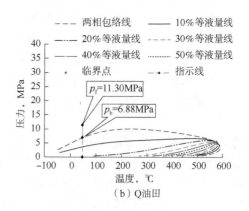
（b）Q油田

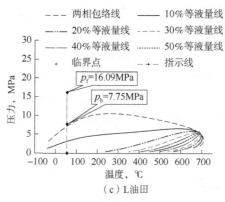
（c）L油田

图 1　原始地层流体 p—T 相图

1.2 实验方法

在地层温度条件下，进行 0～50%（摩尔分数）注气量下的不同黏度稠油注 CO_2 膨胀实验，获得注 CO_2 增溶膨胀过程达到一次混相状态地层油的 PVT 高压物性与注入量的关系曲线。主要实验设备有 PVT 相态分析仪、高压驱替泵、回压调节阀、压力传感器、密度仪、气相色谱仪、气体计量计、真空泵、活塞中间容器和气体增压泵等。图 2 为注 CO_2 膨胀实验测试流程图。

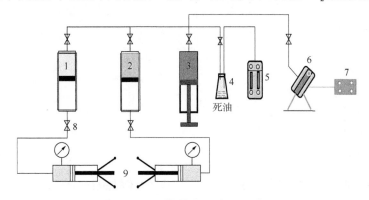

图 2　注 CO_2 膨胀实验测试流程图

1—CO_2；2—地层原油；3—PVT 相态分析仪；4—分离装置；5—气量计；6—黏度计；

7—控制器；8—阀门；9—高压驱替泵

1.3 注气增溶膨胀混相程度

从饱和压力变化曲线（图 3）来看，随着注气量从 10%（摩尔分数）到 50%（摩尔分数），不同黏度原油饱和压力增长幅度均较明显。S 油田原油在注气量为 50%（摩尔分数）时饱和压力达到异常高压，说明 S 油田在注 CO_2 开发时应避免 CO_2 注入量过大。相较于 S 油田原油与 L 油田原油，Q 油田原油饱和压力随着注气量的变化幅度最大，表明 Q 油田地层原油与 CO_2 达成一次混相要难于 S 油田和 L 油田，这一点在膨胀系数变化曲线（图 4）上体现为 Q 油田原油在 CO_2 注入量为 50%（摩尔分数）时原油的体积仅膨胀 1.1 倍，而 L 油田原油与 S 油田原油体积分别膨胀了 1.22 倍和 1.17 倍。实验结果也从另一方面说明适当增加注气压力，能使 CO_2 在稠油中的溶解量更大，驱油效率也更高[8]。

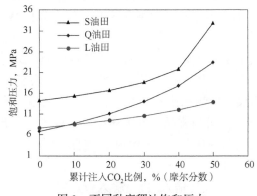

图 3　不同黏度稠油饱和压力
随注 CO_2 量的变化曲线

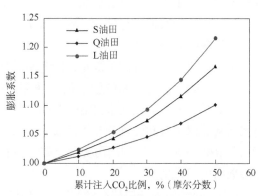

图 4　不同黏度稠油膨胀系数
随注 CO_2 量的变化曲线

进一步从黏度及密度随 CO_2 注入量的变化曲线分析不同黏度稠油与 CO_2 的配伍性。L 油田原油的黏度随着 CO_2 注入量的变化幅度最大(图 5),从 391.66mPa·s 降至 62.78mPa·s,降黏率高达 77%,这不仅与原始地层油的黏度基数有关,也表明黏度越大,CO_2 对原油的降黏效果越好。此外,从密度变化曲线(图 6)可以看出,注 CO_2 对不同黏度稠油的密度影响均不大。

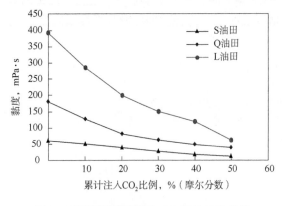

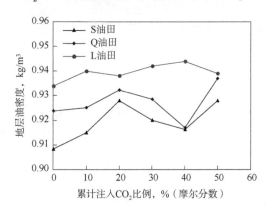

图 5 不同稠油黏度随注 CO_2 量的变化曲线　　图 6 不同黏度稠油密度随注 CO_2 量的变化曲线

需要指出的是,地层温压条件刚好处于 CO_2 的超临界温度压力范围内,处于超临界态的 CO_2 可以看成是高密度的"特殊稠密气体",对液体溶质的增溶能力有所增强,从而显著增强了其在地层油中的溶解性[9]。从三个油田的注 CO_2 增溶膨胀效果可以看出,地层油黏度越大,与 CO_2 的配伍性越好,当 L 油田 CO_2 注入量达到 50%(摩尔分数)时,饱和压力仅为13.9MPa,现场工况可以满足该注气压力,甚至可以在此基础上提高注气压力,进一步增大 CO_2 溶解量,且 CO_2 对 L 油田地层油的膨胀能力及降黏效果均优于 S 油田和 Q 油田,这都有益于提高原油采收率。

2　注 CO_2 膨胀实验软件开发探索

2.1　基于机器学习的 PVT 全烃分析数据处理软件开发

PVT 井流物组分组成由气色谱及油色谱计算得出,其中油色谱又分为模拟蒸馏与全烃分析两部分,由于目前没有成熟的软件对全烃分析油色谱数据进行后处理,实验室只能人工对全烃分析色谱数据进行处理,效率低下。因此,本文基于神经网络开发了一款适用于 PVT 全烃分析数据处理软件。

全烃分析数据处理的关键是确定各碳数所对应的保留时间,从而对各碳数的峰面积进行积分求和。碳数保留时间的影响因素较多,如色谱柱长度、载气速度、实验温度、分流比等。机器学习中的神经网络(RBF-ANN)是分析非线性影响规律的有效方法,考虑到各影响因素与碳数保留时间的复杂非线性关系,且实验室历史分析样品呈现多样性及丰富性,本研究采用 RBF-ANN[10-11]利用历史分析样品数据进行神经网络学习,构建了碳数保留时间与样品的数据驱动模型。

RBF-ANN 嵌入三层神经网络中,如图 7 所示。第一层(输入层)由输入节点组成。第二层(隐藏层)具有一系列不同的径向基函数,每个输出节点计算隐藏层中每个连接 RBF 的加权和。RBF-ANN 的输出函数可以写成:

$$c(x) \approx F(x; w) = \underbrace{\sum_{i=1}^{K} w_i \varphi_i (\| c_{\text{input}} - c_{c_i} \|_2)}_{\text{RBF-ANN模型}}$$

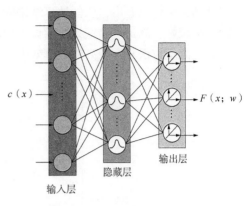

$$(1)$$

式中，x 为色谱数据输出时间点，$x = (x, r)$；c_{input} 为色谱输出所有保留时间的输入集中数据集；$c(x)$ 为色谱输出所有保留时间所需的输出各碳数对应保留时间数据集；c_{c_i} 为通过聚类方法确定的第一个径向基函数中心；φ 为最常设为高斯函数的径向基函数；K 为隐藏单位的总数；w 为 RBF 人工神经网络模型中的最优权重；$F(x; w)$ 为非

图 7   RBF 神经网络原理图

线性回归函数，如 $c(x) \approx F(x; w)$，$F(x; w)$ 为新色谱输出所有保留时间上的预测各碳数对应保留时间分布。

对 w 进行优化，可使期望输出数据 $c(x)$ 与 RBF 人工神经网络模型输出 $F(x; w)$ 之间的 L2 范数最小化。

$$w = \text{argmin}_w \| c(x) - F(x; w) \|_2^2 \tag{2}$$

基于神经网络的 PVT 全烃分析数据处理软件详细求解算法（图8）如下：（1）导入全烃分析基础数据；（2）调用 RBF-ANN 神经网络[式(1)和式(2)]初步确定 i 碳数保留时间；（3）以(2)保留时间点为基准，扩大前后搜索范围，寻找该范围内最大峰面积所对应的时间点；（4）确定 i 碳数最终保留时间点及对应峰面积；（5）重复步骤(2)至(4)，完成所有碳数的搜索及计算。

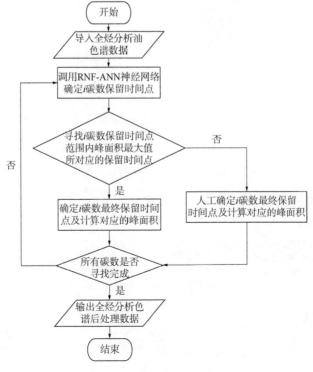

图 8   软件求解算法程序框图

从图 9 中可以看出，软件计算结果除了个别碳数寻找有一定偏差外，整体结果与人工结果吻合得较好，满足实验室计算的误差要求，大大减少了人工修正数据的时间，如图 10 所示，软件处理方法具有较高的计算效率，与人工处理方法相比其加速比达到了 74.8%。

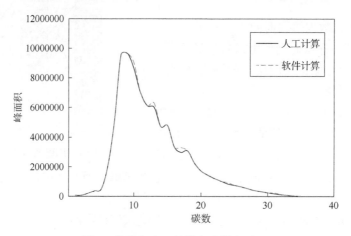

图 9　软件与人工计算方法精度对比

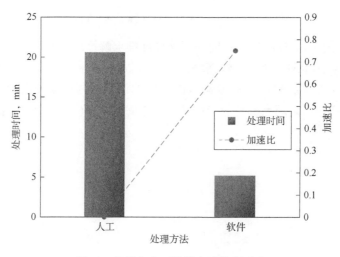

图 10　软件与人工计算方法效率对比

如图 11 所示，软件界面操作简单方便，计算高效，结果可靠，具有良好的界面友好性，同时由于实验室有大量历史分析数据，可建立全面的神经网络训练库，应用于其他稠油油藏。

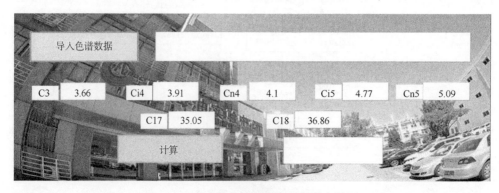

图 11　PVT 全烃分析数据处理软件主界面

2.2 稠油注气膨胀实验软件开发

稠油注气膨胀实验最为重要的一环为每级 CO_2 注气量计算[12]，其中 CO_2 注气量计算涉及 CO_2 压缩因子的求解，且在地层温压条件下，CO_2 为超临界状态，加大了求解其压缩因子的难度。传统求解压缩因子的方法有两种：（1）利用商业模拟软件，如 CMG、PVTsim 等；（2）采用双参数压缩系数法 [即 $z=f(p_r, T_r)$] 来考虑实际气体的状态变化，其原理为对比状态原理，最后通过查图版得出压缩因子 Z。上述两种方法均存在局限性及效率较低等问题，因此本文利用隐式 G-S 迭代法求解 Peng-Robinson（P-R）状态方程，实现注气介质压缩因子的高效计算，并编制实验软件，提高注气膨胀实验的分析效率。

1975 年，Peng 和 Robinson 两人提出了状态方程的另一修正形式——P-R 状态方程[13]：

$$p=\frac{RT}{V-b}-\frac{a(T)}{V(V+b)+b(V-b)} \tag{3}$$

式中，p 为压力，atm；R 为通用气体常数，82.057atm $\cdot$ cm^3/(mol $\cdot$ K)；T 为温度，K；V 为摩尔体积，cm^3/mol；a、b 分别为关于温度的函数。

式(3)可以写成比容的三次型方程，若用压缩因子 Z 表示，则有

$$Z^3-(1-B)Z^2+(A-3B^2-2B)Z-(AB-B^2-B^3)=0 \tag{4}$$

式中，$A=\dfrac{ap}{R^2T^2}$；$B=\dfrac{bp}{RT}$。

求解式(4)，即可求得压缩因子 Z，式(4)为复杂一元三次方程，直接求解较为烦琐，无法满足高效求解的实验室需求。为了解决上述困难，本文引入隐式 G-S 迭代法[14-15]对式(4)进行高效求解。

迭代法与直接法不同，不是通过预先规定好的有限步算术求得方程组的解，而是用某种极限过程去逼近 $Ax=b$ 精确解的方法，即从某一个初始向量 $x^{(0)}$ 出发，按一定的迭代格式产生 $x^{(0)}$，$x^{(1)}$，$x^{(2)}$，$\cdots$，使其收敛到 $Ax=b$ 的精确解。一般 $x^{(k+1)}$ 的计算公式如下：$x^{(k+1)}=F_k(x^{(k)}, x^{(k-1)}, \cdots, x^{(k-n)})$，$k=0,1,\cdots$，式中 $x^{(k+1)}$ 与 $x^{(k)}$，$x^{(k+1)}$，$x^{(k+m)}$ 有关，称为多步迭代法。

设

$$A=\begin{pmatrix} a_{11} & \cdots & a_{1n} \\ \vdots & \ddots & \vdots \\ a_{n1} & \cdots & a_{nn} \end{pmatrix}, \ b=\begin{pmatrix} b_1 \\ b_2 \\ \vdots \\ b_n \end{pmatrix} \tag{5}$$

其中 A 非奇异，满足方程 $Ax=b$。

$$L=\begin{pmatrix} 0 & 0 & 0 & \cdots & 0 \\ a_{21} & 0 & 0 & \cdots & 0 \\ a_{31} & a_{32} & 0 & \cdots & 0 \\ \vdots & \vdots & \vdots & \ddots & \vdots \\ a_{n1} & a_{n2} & \cdots & a_{nn-1} & 0 \end{pmatrix}, \ U=\begin{pmatrix} 0 & a_{12} & a_{13} & \cdots & a_{1n} \\ 0 & 0 & a_{23} & \cdots & a_{2n} \\ 0 & 0 & 0 & \cdots & \vdots \\ \vdots & \vdots & \vdots & \ddots & a_{n-1n} \\ 0 & 0 & \cdots & 0 & 0 \end{pmatrix} \tag{6}$$

其中，$D=\text{diag}(a_{11}a_{12}\cdots a_{nn})$，而$-L$和$-U$分别为$A$的严格下、上三角部分（不包含对角线），$A=D-L-U$。如果令$M=D-L$，$N=U$，$B_G=(D-L)^{-1}U=I-(D-L)^{-1}$，这样便可以得到G-S迭代法：

$$x^{(k+1)}=B_G x^{(k)}+f \tag{7}$$

式中，$f=(D-L)^{-1}b$；$x^{(k+1)}=(D-L)^{-1}Ux^{(k)}+(D-L)^{-1}b$。G-S迭代法的分量形式为

$$x_i^{(k+1)}=\frac{1}{a_{ii}}\Big(b_i-\sum_{j=1}^{i-1}a_{ij}x_j^{(k+1)}-\sum_{j=i+1}^{n}a_{ij}x_j^{(k)}\Big),\ i=1,2,\cdots,n。$$

基于此，编写程序进行运算即可实现压缩因子Z的高效求解，再结合常规PVT实验分析所获得的井流物组分组成、密度、气油比以及注入气组分组成、注气压力、注气温度、PVT筒内体积，即可求得所需注气量，最后完成软件界面的编制，如图12和图13所示。

图12　软件主界面　　　　　　　　图13　注气量计算模块

以L油田为例，计算在L油田地层原油基础上注10%（摩尔分数）CO_2的注入量，如图14所示，可计算得到所需CO_2注入量为3.7026mL，对比注10%（摩尔分数）CO_2后PVT筒内流体组分组成（表3）可以发现，CO_2含量为10.31%（摩尔分数），计算误差仅为3.1%。由此可见，软件符合开发实际，准确可靠，同时软件界面清晰容易操作，有效提高了注气膨胀实验分析效率。

图14　注气量计算结果界面

表 3   注 10%(摩尔分数)CO_2后流体组分组成

序号	组分名称	质量分数,%	摩尔分数,%	序号	组分名称	质量分数,%	摩尔分数,%
1	CO_2	1.908	10.309	22	C_{18}	2.665	2.490
2	N_2	0.021	0.182	23	C_{19}	4.099	3.629
3	C_1	1.195	17.704	24	C_{20}	3.101	2.609
4	C_2	0.011	0.086	25	C_{21}	2.456	1.969
5	C_3	0.026	0.140	26	C_{22}	2.040	1.561
6	iC_4	0.030	0.124	27	C_{23}	2.714	1.987
7	nC_4	0.080	0.328	28	C_{24}	3.260	2.289
8	iC_5	0.019	0.062	29	C_{25}	2.581	1.740
9	nC_5	0.059	0.195	30	C_{26}	2.954	1.915
10	C_6	0.041	0.114	31	C_{27}	2.379	1.485
11	C_7	0.086	0.203	32	C_{28}	3.089	1.860
12	C_8	0.059	0.122	33	C_{29}	2.883	1.677
13	C_9	0.440	0.815	34	C_{30}	4.533	2.549
14	C_{10}	1.730	2.890	35	C_{31}	6.620	3.603
15	C_{11}	2.622	3.988	36	C_{32}	7.223	3.809
16	C_{12}	1.622	2.264	37	C_{33}	8.302	4.246
17	C_{13}	1.675	2.159	38	C_{34}	4.031	2.001
18	C_{14}	2.188	2.622	39	C_{35}	1.938	0.935
19	C_{15}	3.672	4.109	40	C_{36}	10.180	3.586
20	C_{16}	3.898	4.093	41		100.00	100.00
21	C_{17}	1.569	1.551	42			

3 结论

(1)渤海稠油油田在热采效果不佳的情况下,可以选择 CO_2 作为注气提高采收率的注入介质,且 CO_2 处于超临界态,则可采用超临界态注气,从而可采用液泵注气,而不需要在平台上增添高压压缩机。此外,选择 CO_2 作为注入介质,可以通过对 CO_2 的地质封存,助力国家在 2060 年计划实现的碳中和战略目标。

(2)首次从浓度梯度角度开展渤海油田不同黏度稠油与 CO_2 的注气膨胀配伍性实验研究,稠油黏度越大,与 CO_2 的增溶膨胀降黏效果越好,在开发过程最大允许注气压力下,CO_2 在稠油中的溶解量也越多,驱油效率越高。

(3)基于 PVT 高压物性测试及注气膨胀实验进行创新性高效软件开发探索,针对全烃分析色谱数据处理及注气膨胀实验注气量计算两个实验环节,分别利用神经网络及 G-S 迭代法编制软件,并将软件运行结果与实验数据进行对比,验证了软件的准确性、可靠性。同时,软件界面简洁,界面友好性高,大大提高了实验效率,实验效率整体提升了约 20%。由于两款软件均经过实验室大量数据验证,因此其还可适用于其他同类型油藏,具有普适意义及工程价值。

参 考 文 献

[1] 李保振，张健，李相方，等.中国海上油田注气开发潜力分析[J].天然气与石油，2016，34(1)：58-62，11.

[2] 冯高城，胡云鹏，姚为英，等.注气驱油技术发展应用及海上油田启示[J].西南石油大学学报(自然科学版)，2019，41(1)：147-155.

[3] Ramadi T D，Sheng J J，Soliman M Y，et al. An experimental study of cyclic CO_2 injection to improve shale oil recovery[C].Tulsa，Oklahoma：SPE Improved Oil Recovery Symposium，2014.

[4] 钱卫明，林刚，王波，等.底水驱稠油油田水平井多轮次 CO_2 吞吐配套技术及参数评价——以苏北油田 HZ 区块为例[J].石油地质与工程，2020，34(1)：107-111.

[5] 蔡兴辰.新疆油田 CO_2 辅助蒸汽吞吐技术研究[J].石油化工高等学校学报，2017，30(3)：39-43.

[6] 郝宏达，侯吉瑞，黄捍东，等.冀东浅层稠油油田 CO_2/N_2 复合气体吞吐提高采收率的可行性[J].油田化学，2020，37(1)：80-85.

[7] 蒋珊珊，白玉湖，孙福街，等.海上低渗油田注 CO_2 开发可行性探索[J].内蒙古石油化工，2011，37(11)：20-24.

[8] 王雅春，赵振铎.压力对二氧化碳驱油效果影响的实验研究[J].特种油气藏，2017，24(4)：132-135.

[9] 张越琪，苟利鹏，乔文波，等.致密油藏超临界二氧化碳吞吐开发特征实验研究[J].特种油气藏，2021，28(1)：130-135.

[10] Poggio T，Girosi F. Regularization Algorithms for learning that are equivalent to multiplayer networks[J].Science，1990，247：978-982.

[11] 关学忠，宋韬略，徐延海，等.污水处理中 BP 神经网络与 Elman 神经网络的预测比较[J].自动化技术与应用，2014，33(10)：1-3，25.

[12] 刘莉.张家垛阜三段油藏注 CO_2 膨胀实验研究[J].化工管理，2019(19)：223-224.

[13] 更生，唐海.油层物理[M].北京：石油工业出版社，2011.

[14] 赵丹.雅可比迭代法与高斯-塞德尔迭代法研究[J].兴义民族师范学院学报，2012(2)：108-112.

[15] 黄丽嫦.Gauss-Seidel 迭代法的多核并行运算研究[J].科学技术与工程，2012，12(11)：2673-2676，2692.

二氧化碳吞吐技术在大港油田中浅层稠油油藏的适应性分析

吕　琳

（中国石油大港油田公司勘探开发研究院）

摘　要：二氧化碳吞吐技术在大港油田中浅层稠油油藏的先导区块中取得了较好的应用效果，本文通过分析大港油田中浅层稠油油藏的储层特征、油藏特性、原油特性等，确定了该油田适合二氧化碳吞吐技术的筛选原则，并对大港油田筛选出的稠油油藏进行评价，指明了该油田二氧化碳吞吐技术的应用方向。

关键词：二氧化碳吞吐；稠油；选藏原则

通过对冀东、胜利等油田二氧化碳吞吐技术进行的调研表明，二氧化碳吞吐技术是提高稠油单井产油量和采收率的有效措施，浅层油藏吞吐效果好于中深层油藏，稠油油藏吞吐效果优于稀油油藏，而且技术施工工艺简单、成功率高、成本较低，同时，将二氧化碳封存在油藏中可实现温室气体减排，达到双赢的目的[1-6]。本文通过分析大港油田中浅层稠油油藏地质及开发特征，根据调研、室内实验及油藏数值模拟的结果，确定适合二氧化碳吞吐技术的筛选原则，开展适应性评价，选取筛选出的稠油、特稠油断块实施二氧化碳吞吐技术，并对典型区块的实施效果进行分析。

1　大港油田稠油油藏特点

大港油田稠油资源丰富，从图1中可以看出，稠油油藏埋深主要分布在2000m以上，储量占比高达81%，有53%的储量埋深在1500m以上。原油黏度主要集中在0~200mPa·s，储量占比高达82.2%，有65%储量的原油黏度小于100mPa·s（图2）。大港油田稠油具有埋藏浅、原油黏度大的地质特征。根据已开发稠油油藏的生产情况，油藏平均核实采油速度为0.39%，平均综合含水率为86.70%，平均核实采出程度为13.14%，整体来说，大港油田稠油油藏具有采油速度低、综合含水率高、采出程度低的开发特点。

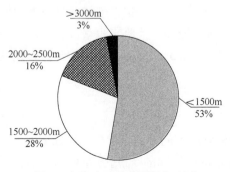

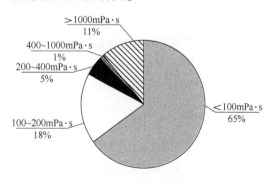

图1　大港油田稠油埋深占比图　　　　图2　大港油田稠油黏度占比图

2 影响因素分析

在文献调研、室内实验以及油藏数值模拟的基础上，对影响二氧化碳吞吐效果的因素进行分析，主要分为储层特征、油藏特征和原油特性3类。

2.1 储层特征

基于大港油田典型井测井资料建立单井径向油藏数值模拟模型，对影响单井吞吐效果的因素储层厚度、储层渗透率和储层韵律进行分析。从图3中可以看出，目的层厚度与累计产油量之间呈近线性关系，即储层有效厚度越大，吞吐效果越好。这主要是由于二氧化碳与原油之间存在密度差和黏度差，注入的二氧化碳将对原油进行体积增溶，形成溶解气驱，增加油层厚度可在近井区域产生有效的超覆作用，有利于剩余油流动[7]。结合数值模拟结果确定，油层厚度在10m以上时吞吐效果较好。先导实验结果还表明，厚油层的吞吐效果优于薄互层。

储层渗透率也会影响吞吐效果，对于超低渗透储层，随着渗透率增加，换油率明显增加；而特低渗透储层的渗透率对其影响相对不明显。数值模拟结果也显示，在一定渗透率范围内，渗透率越大，吞吐效果越好(图4)。

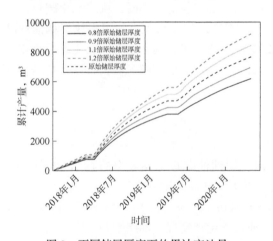

图3 不同储层厚度下的累计产油量

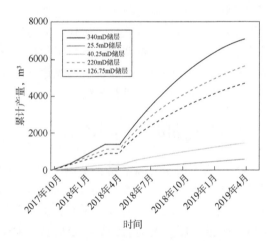

图4 不同储层渗透率下的累计产油量

储层韵律对二氧化碳吞吐效果也有一定影响，基于典型井的数值模拟模型，参数设置为注气速度为$5.38×10^4 m^3/d$时，焖井时间为10天，日产液量为$30m^3$，生产井最小井底流压为4.5MPa。预测结果显示，反韵律储层下的累计产油量最多，采收率也最高，正韵律下的累计产油量和采收率最低，即储层反韵律吞吐效果最好(图5)。这是由于重力分异作用使得注入气在顶部储层波及范围更大。

2.2 油藏特征

动态二氧化碳吞吐室内实验的结果表明，随着油藏压力的升高，渗析置换强度增大，动用区域面积增加，吞吐采收率增加。通过核磁共振分析仪得到的T_2谱分布可以看出，随着油藏压力的增加，T_2谱曲线下降幅度增大，储层中大小孔隙中的原油都得到有效动用，吞

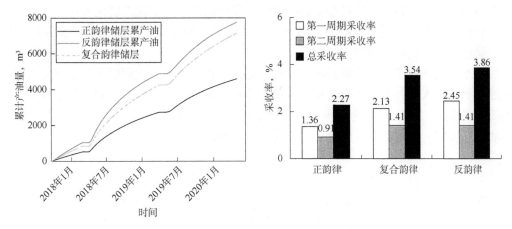

图 5　不同储层韵律下的累计产油量和采收率

吐采收率提高(图 6)。同时,从 T_2 谱中还可以看出,随着增能压力提高,储层孔隙中大中孔隙的动用程度得到明显提高。二氧化碳吞吐过程要在高于混相压力的条件下进行,油藏压力足够高时,才能确保溶剂与油产生混相[6]。

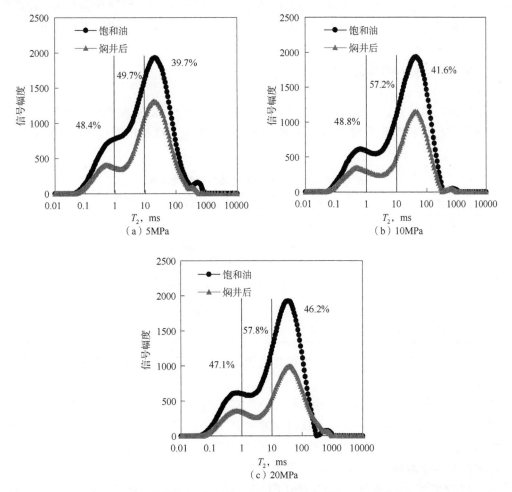

图 6　不同增能压力条件下二氧化碳吞吐技术的 T_2 谱分布曲线

根据 Thomas 和 Monger 的岩心实验和数值模拟结论可知，实施二氧化碳吞吐前油层具有较高的含油饱和度，是二氧化碳吞吐技术能否成功的关键条件，通常储层的含油饱和度越高，二氧化碳吞吐的效率也越高[2]。

油藏温度高有利于二氧化碳吞吐技术的实施，这是因为二氧化碳驱油属于蒸发式混相驱或非混相驱，注入的二氧化碳会从原油中抽提原油轻质组分、中间组分和少量重组分，高温有利于抽提作用的进行。研究表明，油藏温度为 60~80℃ 时实施吞吐更为成功[6]。同时选取的油藏有较好的水动力学封闭性，井组连通性较好时，吞吐效果较好。

2.3 原油特性

原油密度越高，注入的二氧化碳越容易形成指进，增油效果不明显，导致在吐出过程中的驱油效率下降。因此，实施二氧化碳吞吐技术时，原油密度不宜过高。

数值模拟方法对比不同原油黏度下开发效果的结果表明，在一定范围内，原油黏度越低，二氧化碳的溶解度越大，越有利于提高原油的流动性，二氧化碳吞吐的累计增油量和换油率就越高，开发效果越好[8]。

虽然油井含水率较高时，二氧化碳会溶解于水中，增大损耗，降低其利用率，但是该因素对吞吐效果影响不大。实验表明，二氧化碳吞吐前含水率越高，二氧化碳吞吐开井后含水率越高，单井吞吐增油量相对越大[3]，即原油含水率较高时，有利于增强吞吐效果。

3 油藏筛选原则及结果

以区块为基本单元，采用行业注气油藏筛选标准，结合大港油田先导区块的实验结果，选取了影响吞吐开发效果的 12 个主要因素，确定了适合于大港油田中浅层稠油油藏的筛选标准，见表 1。

表 1 适合二氧化碳吞吐的油气藏筛选标准

主要参数	建议值	主要参数	建议值
油藏埋深，m	<1800	储层渗透率，mD	较高
原油密度，g/cm³	0.94~0.96	储层韵律	反韵律较好
油层条件下原油黏度，mPa·s	<1000	剩余油饱和度	较高，>40%
原油含水率	较高	压力系数	>0.9
目的层厚度，m	10 左右	油藏封闭性	较好的水动力学封闭性
储层孔隙度	不重要	油藏连通性	连通性较好的井组

参考以上筛选标准，可以将大港油田管辖的王官屯、板桥和刘官庄等 10 个油田根据这 12 个评价指标进行评价。

对于储层特征，大港油田管辖油田储层特征差别很大，该次研究主要筛选目的层平均有效厚度较大、储层渗透率高、储层呈反韵律的油田(图 7)。对于油藏特征，筛选压力系数大于 0.9、地层温度大于 65℃、具有较好的水动力学封闭性和连通性较好的井组(图 8)。对于原油特性，筛选埋藏较浅的馆陶组、明化镇组和东营组油层，油层平均埋深选取小于 1800m、原油密度和黏度相对较大的油田(图 9)。综合以上指标，筛选出板桥、孔店和刘官庄 3 个典型油田开展二氧化碳吞吐技术研究。

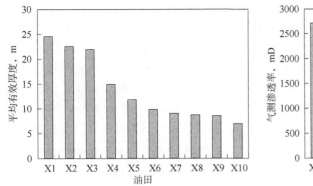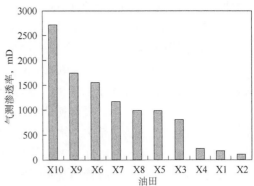

图 7　大港油田所属油田储层特性筛选图

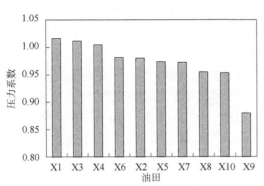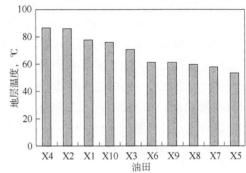

图 8　大港油田所属油田油藏特性筛选图

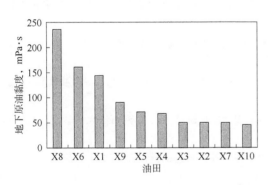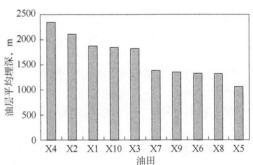

图 9　大港油田所属油田原油特性筛选图

4　典型油田分析

截至目前，大港油田在筛选出的 3 个管辖油田 7 个稠油断块 106 口井中实施了二氧化碳吞吐技术。实施吞吐前日产油 114.23t，二氧化碳吞吐后日产油 324.05t，增加 209.82t，累计增油 3.32×10⁴t，区块高含水的问题也得到明显的改善，由吞吐前的平均含水率 96.13% 下降为吞吐后的平均含水率 85.45%，产液量由吞吐前的 2955.48m³ 下降为吞吐后的 1540.17m³，液量减少接近 50%，既节约了用电量，又提高了原油产量，取得了较好的应用效果。以筛选出的板桥油田 B60-45H 井为例进行说明。

B60-45H 井是板桥油田的一口中浅层底水稠油油藏井，含油层位为新近系馆陶组和东营组，油藏埋深为 1900~2200m，储层孔隙度为 32.3%，渗透率为 3154mD，属于高孔隙度、高渗透储层，油藏原油密度为 0.9463g/cm³，油藏原油黏度为 615mPa·s，流体性质属于常规稠油油藏，油藏的压力系数为 0.98，油藏温度为 69℃，属于正常温压系统。含油饱和度为 42%，油层厚度为 10.6m。投产初期日产液 15m³，日产油 8.5t，含水率为 37%，油藏开发过程中由于边、底水能量充足，水油流度比较大，油藏底水锥进严重。生产几年后，该井日产液高达 185m³，日产油 2.5t，含水率为 98.6%，同时该区块的含水率达到 98.5%，处于高含水低速开采阶段。为解决特高含水问题，决定实施二氧化碳吞吐技术。

注入阶段，二氧化碳注入历时 7 天，共计注入 620t。注入共分为小排量注入、大排量注入和套压上升三个阶段。最高注入排量为 3.67m³/h，最高注入压力为 4.72MPa，平稳后注入压力稳定在 2MPa 左右。注入期间，封隔器失效套压上升至 3.76MPa。焖井阶段，焖井 17 天，最后油套压稳定在 5.86MPa 左右。焖井 17 天后闸控放喷，因油套环空密封圈失效，放喷时油套压力同步降低，3 天后压力落零，放喷结束。

二氧化碳吞吐后开井，连续生产两天后，含水率大幅下降，日产油最高 8.5t，含水率下降幅度较大，在 27%~75% 之间波动，后来稳定在 50% 左右，控制液量在 10m³/d 左右生产，工作制度为 44mm 泵/6m/1 次，二氧化碳吞吐后日产液 12m³，日产油 6t，含水率为 50%，与吞吐前对比，日产液量下降 173m³，日增油 3.5t，含水率由 98.6% 下降到 50%，到目前累计增油 459.29t，取得了较好的应用效果。

参 考 文 献

[1] 金春玉，徐美香，胡超洋，等. 南堡油田稠油 CO_2 吞吐选井模糊综合评判方法研究[J]. 数学的实践与认识，2019，49(15)：139-145.

[2] 彭彩珍，李超，杨栋. 低渗透油藏二氧化碳吞吐选井研究[J]. 油气藏评价与开发，2017，7(1)：32-35.

[3] 马桂芝，陈仁保，张立民，等. 南堡陆地油田水平井二氧化碳吞吐主控因素[J]. 特种油气藏，2013，20(5)：81-85.

[4] 孙雷，庞辉，孙扬，等. 浅层稠油油藏 CO_2 吞吐控水增油机理研究[J]. 西南石油大学学报(自然科学版)，2014，36(6)：88-94.

[5] 李亚辉，彭彩珍，李海涛，等. 稠油油藏水平井 CO_2 吞吐井位筛选的模糊评判法[J]. 新疆石油地质，2015，36(3)：338-341.

[6] 陈民锋，姜汉桥，吴应川，等. 用模糊评判优选井位的 CO_2 吞吐强化采油技术[J]. 石油钻采工艺，2009，31(2)：91-95.

[7] 武玺，张祝新，章晓庆，等. 大港油田开发中后期稠油油藏 CO_2 吞吐参数优化及实践[J]. 油气藏评价与开发，2020，10(3)：80-85.

[8] 车正家，胡子龙，马利，等. 静态参数对板桥油田板南断块 CO_2 吞吐效果影响研究[J]. 海洋石油，2019，39(3)：38-42.

Data-driven Performance Indicators for SAGD Process of Oil Sands Using Support Vector Regression Machine with Parameter Optimization Algorithm

Yu Yang[1]   Liu Shangqi[1]   Liang Guangyue[1]   Liu Yang[1]   Xie Jia[2]

(1. PetroChina Research Institute of Petroleum Exploration and Development;

2. Liaohe Oilfield Company, PetroChina)

Abstract: The rapid and accurate performance forecasting for SAGD process of oil sands is crucial to the reasonable design of the development plan. This study presents novel data-driven performance indicators which are based on one of machine learning methods, namely support vector regression (SVR) that can complement the physics-driven method. In the constructing process, some parameter optimization algorithms, like grid search method, particle swarm optimization algorithm and genetic algorithm, are used to identify the optimal SVR model structure. The validation results show that the design meets the desired objectives. All in all, through proposed data-driven performance indicators, the performance of SAGD process in candidate oil sands projects could be rapidly and easily obtained.

Key words: data-driven; SAGD; oil sands; machine learning; SVR

Oil sands are considered to be one of the major unconventional resources, and SAGD technology is widely used in oil sands projects[1]. SAGD is a complicated thermal recovery process involving simultaneous heat and mass transfer, so that there are challenges considering performance predicting by conventional modeling methods[2]. This study presents novel data-driven performance indicators which are based on one of machine learning methods, namely support vector regression (SVR) that can complement the physics-driven method. In the process of building support vector machine, the selection of hyper-parameter is a difficult problem, so that the some parameter optimization algorithms are used to identify the optimal SVR model structure. Eventually, through proposed data-driven performance indicators in this study, the performance of SAGD process in candidate oil sands projects could be rapidly and easily obtained. It is computationally inexpensive and the workflow could be extended to more complex scenarios once the appropriate dataset is determined.

1 Methodology

1. 1 Reservoir Modeling and Data Generation

Numerical simulation technology is regarded as a kind of effective physics−driven approach to predict the performance of SAGD process. So that the commercial numerical simulator (CMG STARS, 2020) is used to establish related reservoir numerical models and obtain the required data. Firstly, the initial−condition parameters, reservoir properties and operational parameters of SAGD process are used as input features to build a set of reservoir simulation models, in order to simulate various SAGD development scenarios. Then the related reservoir simulation is performed on each case; the corresponding simulation results, recovery factor (RF) and cumulative steam oil ratio (CSOR) are recorded as the outputs for performance indicators.

1. 2 Related basic theories of the SVR method

SVR is a powerful and robust machine learning algorithmwhich based on the principle of structural risk minimization[3] . Compared with the empirical risk minimization principle which is commonly used in neural networks, the structural risk minimization principle has the advantage of minimizing the upper limit of the expected risk. The basic idea of SVR is to map the nonlinear regression problem to the high−dimensional feature space through a kind of nonlinear mapping approach, and transform the problem into a linear regression problem in the high−dimensional feature space. The regression estimation function of SVR can be expressed as follows:

$$f(x) = \omega^{\mathrm{T}} \varphi(x) + b \tag{1}$$

Where the ω refers regression parameter vector; φ denotes the nonlinear mapping function that maps samples to high−dimensional space; b is the bias.

The structural risk functionof SVR could be expressed as follows:

$$R(f) = \frac{1}{N} \sum_{i=1}^{N} L[f(x_i) - y_i] + \frac{1}{2} \parallel \omega \parallel^2 \tag{2}$$

In equation (2), the L is:

$$L[f(x)-y] = \begin{cases} 0 & |f(x)-y| < \varepsilon \\ \parallel L[f(x)-y] \parallel -\varepsilon & |f(x)-y| \geqslant \varepsilon \end{cases} \tag{3}$$

Where the N refers the number of samples; x_i denotes the input parameters; y_i is the output parameters; ε denotes the loss factor.

The relaxation factors on both sides of the spacer are introduced respectively to reduce the error. Then the objective function could be expressed as the following form:

$$\min_{\omega, b, \xi, \xi^*} \frac{1}{2} \parallel \omega \parallel^2 + C \sum_{i=1}^{N} (\xi_i + \xi_i^*) \tag{4}$$

And theconstraint condition is:

$$\text{s. t.} \begin{cases} y_i - f(x_i) \leqslant \varepsilon + \xi_i, & i = 1, 2, \cdots, N \\ f(x_i) - y_i \leqslant \varepsilon + \xi_i^*, & i = 1, 2, \cdots, N \\ \xi_i \geqslant 0, \ \xi_i^* \geqslant 0, & i = 1, 2, \cdots, N \end{cases} \qquad (5)$$

Where the C refers the penalty factor; ξ_i and ξ_i^* are relaxation factors.

Next, lagrange function is introduced and dual treatment is carried out. Finally, the SVR model using radial basis kernel function can be obtained:

$$f(x) = \sum_{i=1}^{N} (\alpha_i - \alpha_i^*) \exp(-\gamma \| x, x_i \|) + b \qquad (6)$$

Where the γ refers the width parameter of kernel function.

1.3　Parameter optimization algorithm

In this study, grid search method, particle swarm optimization algorithm and genetic algorithm, are used to identify the optimal SVR model structure. Grid search method is an exhaustive search method to specify parameter values; the optimal hyper-parameters are obtained by optimizing the parameters of the estimation function through cross validation. Genetic algorithm is a computational model that simulates the natural selection and genetic mechanism of Darwin's biological evolution theory; it is a method to search the optimal solution by simulating the natural evolution process. Particle swarm optimization algorithm is an evolutionary computing technology, which originates from the study of bird predation behavior; the basic idea of particle swarm optimization algorithm is to find the optimal solution through cooperation and information sharing among individuals in the group.

1.4　Overview of workflow

According to the abovementioned statements, the workflow of building the data-driven performance indicators for SAGD process of oil sands could be summarized as follows: first, the process of reservoir modeling and data generation is completed; then, the appropriate SVR models are established by optimal parameter optimization algorithm; next, validation of data-driven performance indicators is conducted.

2　Data-driven performance indicators

In this study, the typicalproperties of MacKay River oil sand in Canada are used in the constructing process of related simulation models. The wellbore length of SAGD well pair is set as 200m. The values of thermal conductivity of rocks vary from $1.56 \times 10^5 \text{J}/(\text{m} \cdot \text{d} \cdot \text{℃})$ to $4.5 \times 10^5 \text{J}/(\text{m} \cdot \text{d} \cdot \text{℃})$ and effective thickness ranges from 15m to 25m. The reservoir pressure varies from 600kPa to 1000kPa and initial oil saturation ranges from 0.65 to 0.85. Porosity varies from 0.26 to 0.35 and horizontal permeability ranges from 2500mD to 3500mD. Ratio of vertical permeability to horizontal permeability varies from 0.4 to 0.8 and operational pressure ranges from 1500kPa to 3000kPa. Latin hypercube sampling method, one of experimental design method, is used to produce 500 uniformly distributed data sets for each input parameter. Then the corresponding simulation results are obtained through the commercial numerical simulator. Next, the dataset acquired from the reservoir simulation results is randomly categorized into two: training dataset and testing dataset using an 80−20 percent split. Training dataset is used to train SVR machine and find the optimal structure using parameter optimization algorithms. And data−driven performance indicators are validated with testing data. The mean absolute percentage error (MAPE) and coefficient of determination (R^2) are considered as the accuracy metrics to evaluate the performance of data−driven performance indicators. The results show that the SVR model with genetic algorithm outperforms the others. For predicting the RF, the best combination of hyper−parameters is as follows: $C = 414.3667$, $\gamma = 0.0437$, $\varepsilon = 0.0134$; For predicting the CSOR, the best combination of hyper−parameters is as follows: $C = 988.0268$, $\gamma = 0.0215$, $\varepsilon = 0.0101$. For predicting the RF, the R^2 and MAPE of training dataset is 0.9996 and 0.0334% respectively, and those of testing dataset is 0.9932 and 0.2620% respectively; for predicting the CSOR, the R^2 and MAPE of training dataset is 0.9999 and 0.1294% respectively, and those of testing dataset is 0.9996 and 0.4078% respectively. The validation results show that the design meets the desired objectives (Fig. 1). Furthermore, the reliability and practicability of performance indicators in this paper are further confirmed by one of outlier diagnosis methods, leverage statistical approach, which is performed on the whole dataset. To put it simply, the accuracy of data−driven performance indicators is high and the error is limited in allowable range. The overall research results demonstrate that SVR machine with parameter optimization algorithm is an efficient tool for solving the problem with nonlinear characteristics.

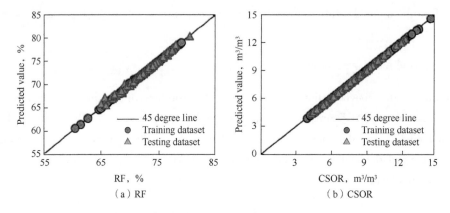

Fig. 1　The display of the predicting performance

3　Conclusions

(1) Combining reservoir numerical simulation approach and support vector regression machine with parameter optimization algorithm, data−driven performance indicators for SAGD process of oil sands are established.

(2) Through proposed data−driven performance indicators, the performance of SAGD process in candidate oil sands projects could be rapidly and easily obtained. It is computationally inexpensive

and the workflow could be extended to more complex scenarios once the appropriate dataset is determined.

Reference

[1] Guo K, Li H, Yu Z. In-situ heavy and extra-heavy oil recovery: A review [J]. Fuel, 2016, 185: 886-902.

[2] Jia X, Qu T, Chen H, et al. Transient convective heat transfer in a steam-assisted gravity drainage (SAGD) process [J]. Fuel, 2019, 247: 315-323.

[3] Chen H, Zhang C, Jia N, et al. A machine learning model for predicting the minimum miscibility pressure of CO_2 and crude oil system based on a support vector machine algorithm approach [J]. Fuel, 2021, 290: 120048.

蒸汽驱后期变干度注汽技术探索

郑利民

(中国石油辽河油田公司欢喜岭采油厂)

摘　要：齐40块工业化蒸汽驱为中国石油重大试验项目，取得了较好的开发效果，是世界中深层稠油油藏蒸汽驱的成功案例。但是该区块目前已进入剥蚀调整阶段，采出程度已达51.8%，可采储量采出程度达到85%以上。区块注采矛盾日益突出，经济效益逐渐变差，因此需要将常规蒸汽驱进行一些改进和方案调整，探索适合的接替开发技术势在必行。改善蒸汽驱后期开发效果的一种方法是在开发过程的某个阶段将注蒸汽转换为注水。但是热水的驱油效率要远远低于蒸汽的驱油效率，往往在进行热水驱的转换过程中，同时伴随着采油速度大幅下降等不利影响。为寻求一种既能节约注汽，又能在提高热流体驱替体积的同时还能保持一定采油效率的蒸汽驱后期综合调控技术，通过应用室内实验、数值模拟、油藏工程计算等研究手段，明确了变干度注汽技术的驱油机理、开发特征，进而逐步完善了影响因素研究、技术界限优化等多项研究。通过应用，截至目前已在该区块开展了33个井组变干度蒸汽驱试验，实施后井组日产油保持稳定，日节约燃料天然气1.5×10^4m^3，阶段创效970万元。该项技术试验的成功，有效保证了蒸汽驱后期稳油增效工作的开展，延长了蒸汽驱效益开发年限，在一定程度上弥补了蒸汽驱向热水驱过渡的技术空白。

关键词：蒸汽驱；汽水交替；接替技术；变干度

蒸汽驱后期的有效措施是要不断调减注热量[1]。调减注热量主要包括调减注汽速率、降低注汽干度、汽水交替注入及间歇注汽等。在齐40块蒸汽驱矿产实践过程中，调减注汽速率、间歇注汽等注汽调控对策均已形成相应的优化技术，且具有相应优劣性。

近年来，主要围绕降低蒸汽干度，在驱替过程中形成汽水交替界面等项目进行了重点研究。通过实验发现，在蒸汽驱后期部分井组如果采用低干度注汽一段时间，然后再与正常蒸汽合理地交替注入周期及注入强度，可以实现储层中汽水交替存在、交替驱油。一方面低干度热流体可以驱出油层下方的原油，另一方面热流体占据了油层下方原油的孔道，将油层下方原油向其上方"挤"，从而有利于下一周期蒸汽注入时蒸汽能够驱替更多的原油。实施变干度注入方式另一明显的优点是减少燃料消耗、减少井筒热损失及减少蒸汽窜流等，相对其他注汽方式，具有更广泛的适用性，这是齐40块蒸汽驱后期合适的接替开发方式之一。对此开展深入的研究工作，既有理论意义，又有实用价值。

1　变干度蒸汽驱机理研究

为研究变干度蒸汽驱的机理，根据齐40块实际地质静态参数和生产动态参数建立了反九点井网概念模型。模型平面网格为 140m×140m，纵向网格为 35m，网格步长为 1m。齐 40 块概念模型参数见表 1。

表 1　齐 40 块概念模型参数

参　　　数	数　　　值
布井方式	反九点
井距，m	70
模型网格，m×m×m	140×140×35
孔隙度	0.30
渗透率，mD	2630
油藏倾角，(°)	10
井底蒸汽温度，℃	230
井底蒸汽干度	高干度期 0.5，低干度期 0.1
注汽强度，m³/(d·hm²·m)	1.75
采注比	1.2

1.1　利用水的重力作用驱替油层下部原油

在注入低干度蒸汽阶段，由于井筒热量损失，低干度蒸汽注入地层中变为热水。由于水的密度略大于稠油，因此水在重力作用下向油层下部渗流，同时将油层下部的原油驱替到井筒周围(图 1)。

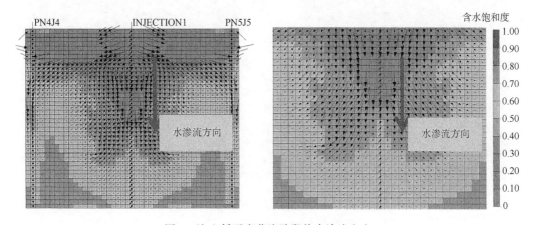

图 1　注入低干度蒸汽阶段热水渗流方向

1.2　油层纵向压力波动，促使剩余油重新分布

在进行变干度蒸汽驱过程中，由于周期性注入高干度蒸汽和低干度蒸汽，会在油层纵向上造成压力的波动，会促进剩余油的进一步捕集。如图 2 所示，在周期注入高干度蒸汽后，由于蒸汽将油层上部加热，在重力作用下，部分剩余油向下渗流；当周期注入低干度蒸汽后，由于油层下部的压力增高，促使剩余油向上渗流，从而通过周期性注入高干度蒸汽和低干度蒸汽，促使油层间的剩余油渗流，有利于捕捉剩余油。

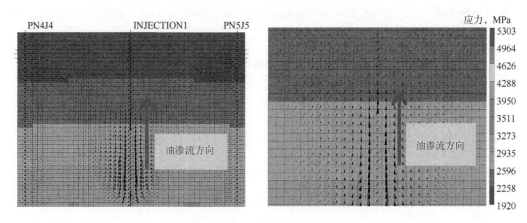

图 2　注入低干度蒸汽阶段压力场图

1.3 封堵高渗透层,降低汽窜强度

蒸汽驱开发后期,由于蒸汽超覆作用以及储层的物性差异,在储层中形成了高渗透通道,产生汽窜现象,从而降低了蒸汽热利用率。如图 3 所示,在实施变干度蒸汽驱后,在注入低干度蒸汽阶段,油层上部含水饱和度增高,可以起到封堵高渗透层汽窜、降低汽窜强度的作用。

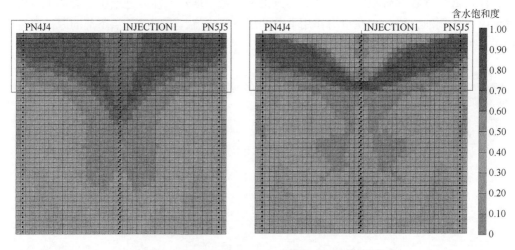

图 3　低/高干度蒸汽驱含水饱和度场变化图

1.4 提高热流体波及体积

蒸汽驱开发后期,由于蒸汽超覆作用,降低了储层中热流体的波及体积。在实施交替改变干度的蒸汽驱后,在注高干度蒸汽阶段可以利用蒸汽对油层上部原油进行驱替,而在注入低干度蒸汽阶段,可以通过水与稠油的密度差,对油层下部的原油进行驱替,从而提高了热流体的波及体积。从图 4 可以明显看出,在进行变干度蒸汽驱时,热流体的波及体积得到了有效增加。

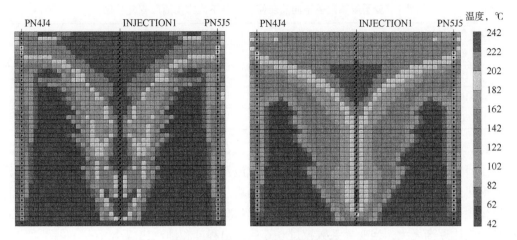

图 4　变干度蒸汽驱温度场变化图

2　技术界限优化研究

2.1　变干度蒸汽驱影响因素分析

2.1.1　采注比影响

在进行变干度蒸汽驱过程中，采注比直接影响到注入高干度蒸汽阶段蒸汽腔的扩展。当采注比过大时，容易加大引流，造成蒸汽以及热流体过早突破生产井底；当采注比过小时，则不利于注入高干度蒸汽阶段蒸汽腔的扩展，会造成热能利用率降低。数值模拟结果表明，周期采注比为 1.0 时，蒸汽腔无法有效扩展，产油量水平较低，只有 3t/d。当周期采注比为 1.4 时，在变干度蒸汽驱初期阶段，产油速度上升很快，但随之快速递减。当周期采注比为 1.2 时，产油量递减速度较慢，累计产油量最高。因此，推荐在实施变干度蒸汽驱时控制采注比为 1.2。在开展井组试验过程中，周期采注比保持在 1.2 左右，才能使下倾方向采油井快速、正常受效，而采注比小于 1.0 时，下倾方向采油井基本上难以受效。

2.1.2　隔层影响

变干度蒸汽驱在注低干度蒸汽阶段，重要的驱油机理是通过水的重力作用驱替储层中下部的剩余油[2]。但是因为存在隔层，减弱了水的重力驱油作用，而随着隔层厚度的增加，变干度蒸汽驱的累计产油量降低。因此，隔层厚度越大，开发效果越差。

2.1.3　倾角影响

当地层倾角大于 12° 时，采用恒定干度蒸汽驱，在油层的下倾方向剩余油含量要超过采用变干度蒸汽驱时油层下倾方向的剩余油含量。当采用恒定干度蒸汽驱时，由于蒸汽密度较轻，随着地层倾角的增大，对油层上部驱替效果较为明显。随着地层倾角的增大，井组上部的蒸汽腔体积逐渐变大，而井组下倾方向的蒸汽腔体积变小。通过对倾角井组进行数值模拟，预计采取变干度注汽，得出不同地层倾角的下倾部位累计产油量。模拟结果表明，随着地层倾角的增大，变干度蒸汽驱地层下倾方向的累计产油量和日产油量增多(表 2)。

表2 变干度蒸汽驱不同油层倾角条件下倾方向油层驱替效果

油层倾角，（°）	变干度蒸汽驱产油量，m^3	累计注汽量，$10^4 m^3$	采出程度，%
8	5590.3	38.67	12.1369
12	6459.4	38.67	14.0233
16	6826.5	38.67	14.8195
20	7583.2	38.67	16.4624

2.1.4 沉积韵律影响

为了研究渗透率变异系数对正韵律油藏蒸汽波及体积的影响，模拟研究了渗透率变异系数从0变化到0.8时对波及体积及开发效果的影响。随着变异系数的增大，正韵律油藏的蒸汽波及体积增大，当变异系数超过0.6后波及体积减小；同时，随着变异系数的增大，采出程度和油汽比逐渐增大，当变异系数超过0.6后采出程度和油汽比减小。

利用数值模拟方法，研究了反韵律油藏渗透率变异系数从0变化到0.8时对波及体积及开发效果的影响。随着变异系数的增大，反韵律油藏的蒸汽波及体积减小，采出程度和油汽比逐渐减小。

通过研究，得出以下结论：

（1）变干度蒸汽驱提高原油采收率的原理主要是利用水的重力作用驱替油层下部原油，利用周期注入高干度和低干度蒸汽引起油层纵向压力波动，从而促使剩余油重新分布、封堵高渗透层和降低汽窜强度。因此，可以在倾角较大区域，开展变干度蒸汽驱试验。

（2）变干度蒸汽驱在低干度注汽阶段，井组驱替压差迅速加大，同时只有保证周期采注比保持在1.2左右，才能保证下倾方向采油井快速、正常受效。因此，可以在多周期间歇区域，开展变干度蒸汽驱试验。这是因为此类井组驱替压差较小，采用变干度蒸汽驱能够快速弥补地层能量。

（3）随着油层倾角增大，油层下倾部位的剩余油能够得到很好的挖潜。

（4）油层沉积正韵律时，变干度蒸汽驱累计产油量指标明显增高。

2.2 变干度蒸汽驱时机研究

通过数值模拟，在转驱时机方面得出以下三点结论：

（1）在蒸汽驱前期低含水阶段进行变干度蒸汽驱，会造成采收率降低、开发效果变差的影响。

（2）在蒸汽驱中期中含水阶段进行变干度蒸汽驱，不会影响采收率以及开发效果。

（3）在蒸汽驱后期高含水阶段进行变干度蒸汽驱，相较75%干度蒸汽驱，会有提高热流体波及范围、增强开发效果的作用；同时，在高含水阶段进行变干度蒸汽驱，含水率曲线会有一个下降的趋势，且含水率为90%时，下降趋势最明显。

不同注入时机的采收率、含水率变化曲线如图5所示。

2.3 变干度蒸汽驱方式研究

在现场实践过程中，受锅炉限制并不能采用单井组变干度蒸汽驱手段进行全面推进，一台锅炉往往带动着4~5口注汽井。同时，大倾角区域和小倾角区域的变干度蒸汽驱的机理也不尽相同，需要分别进行方式优化。

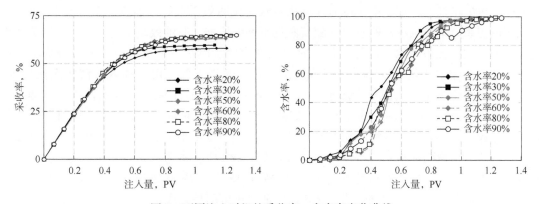

图 5　不同注入时机的采收率、含水率变化曲线

在大倾角区域，注汽井正常注汽时，边井驱动压差为 $\Delta p_{上} = p_{注} + 浮力 - p_{流1}$；$\Delta p_{下} = p_{注} - 浮力 - p_{流2}$。当上下倾注汽井周期相同时，边井驱动压差为 $\Delta p_{上} = p_{注} - 重力 - p_{流}$；$\Delta p_{下} = p_{注} + 重力 - p_{流}$。当上下倾注汽井周期不同时，边井驱动压差为 $\Delta p_{下} = p_{注} + 重力 - p_{流}$；$\Delta p_{上} = p_{注} + 浮力 - p_{流}$。

通过三种方式上下倾油井压差（图 6）对比，发现上下倾注汽井同高同低周期容易在公共井井间出现水窜，不利于长期挖潜。而垂直构造线排状实施，有利于抑制水窜，稳产期长[3]。

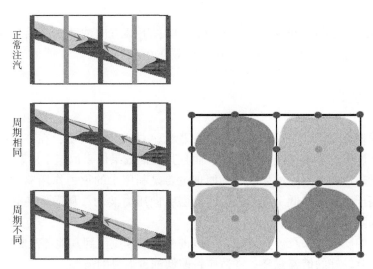

图 6　纵向、平面不同方式压差变化示意图

在小倾角区域，从平面边部采油井驱动压差来看，采用抽稀式方法，能够扩大热流体平面波及。而整体式方法则较易造成区域地层温度快速下降。

2.4　变干度操作参数研究

室内实验提取了目前常规注汽的锅炉出口干度资料和 38 个井组含水率大于 90% 的井组油藏资料建立模型。高干度阶段配 75% 干度蒸汽，低干度阶段配 40%、30%、20%、10%、5% 干度蒸汽，以相同周期比进行模拟实验，获取不同交替状态下的实验数据。

在等周期比、不同低干度条件下模拟试验中，以两年为时间跨度，驱油效率值随着低干度区间干度的增加而增加，低干度时段选用 40% 干度时效果最好。当蒸汽干度低于 60% 时，蒸汽干度更敏感地影响蒸汽驱效果，随着蒸汽干度的增加，驱油效率上升也较快；当蒸汽干度大于 60% 时，随着蒸汽干度的增加，对驱油效率的影响敏感程度降低。通过分析不同注汽干度的驱油效率变化可以知道，当蒸汽干度在 40% 以下时，由于注入蒸汽的潜热较少，注入蒸汽必将会迅速地全部变为热水，这也就是热水驱替了原油；当蒸汽干度为 40%～70% 时，蒸汽潜热不断增多，这能形成一定的蒸汽带，这就是从热水驱向蒸汽驱过渡的一个阶段。因此，在实际变干度注汽初始阶段操作中，高干度不小于 60%，低干度不小于 40%。

通过研究蒸汽驱热水受效特征的采油井（共计 28 口），构造倾角均在 10° 左右，通过开发特征分析下倾方向井间驱替热流体均保持在 180℃，根据热能法，优化出计算公式 [式(1)]，认为只有大于 39.5% 的干度才能保证变干度驱替效果。

$$S_{干} = \frac{800\pi h\rho_{液} C_{液}(180 - T_{地层})}{Q_{总}} \times 5 \tag{1}$$

式中，$S_{干}$ 为注入蒸汽干度，%；h 为油藏平均厚度，m；$\rho_{液}$ 为油藏混合液体密度，kg/m³；$C_{液}$ 为混合液比热容，J/(kg·℃)；$T_{地层}$ 为地层温度，℃；5 为热损系数；$Q_{总}$ 为阶段注入量，J/m²。

3 现场应用

2019 年以来，实施变干度蒸汽驱井组 33 井次，下倾方向油井受效后日增油 28t，阶段增油 8500t，阶段节约天然气 450×10^4t，阶段创效 970 万元。

4 结论与认识

（1）通过周期性变干度蒸汽驱和恒定干度蒸汽驱对比分析表明，在齐 40 块蒸汽驱后期实施周期性变干度蒸汽驱不仅经济成本低，而且其增油效果优于恒定干度蒸汽驱。

（2）变干度蒸汽驱提高原油采收率的原理主要是利用水的重力作用驱替油层下部原油，利用周期注入高干度蒸汽和低干度蒸汽引起油层纵向压力波动，从而促使剩余油重新分布、封堵高渗透层和降低汽窜强度。

（3）该项目的研究成果及计算方法，可以进一步推广应用到其他蒸汽驱区块，对实现蒸汽驱高效开发具有较好的借鉴意义，并适应目前低油价形势的需要。

参 考 文 献

[1] 岳清山, 等. 稠油油藏注蒸汽开发技术[M]. 北京: 石油工业出版社, 1998.
[2] 刘影. 蒸汽驱理论扩展和注采参数优化方法研究[D]. 大庆: 东北石油大学, 2019.
[3] 张弦, 范英才, 刘建英, 等. 辽河中深层稠油油藏蒸汽驱后开发方式优化研究[J]. 复杂油气藏, 2011, 4(1): 50-54.

大民屯凹陷荣胜堡洼陷深层风险勘探目标研究

鲍丹丹

(中国石油辽河油田公司勘探开发研究院)

摘　要：荣胜堡洼陷作为大民屯凹陷最主要的生油洼陷，其深层勘探程度低，辽河油田勘探人员将其作为风险勘探目标进行研究。项目组通过资源潜力、油气藏形成背景、扇体发育等方面研究，认识到：洼陷深层烃源岩面积和厚度大、有机质丰度高、热演化程度高，具备原生油气藏形成的物质基础；洼陷深层发育多套规模扇体，为深层油气藏的形成提供储集条件；深层输导体系发育局限，具有原生油藏形成背景，同时超压普遍发育，对砂体储集性能具有一定的改善作用。本文对沙四下亚段和沙三四亚段两个目的层进行有利扇体研究，扇体面积为 $135km^2$，并对风险目标进行评价，提出有利目标。

关键词：荣胜堡洼陷深层；风险勘探目标；深层原生油藏

在渤海湾盆地勘探程度日益增高的当下，辽河油田勘探人员解放思想，拓展新的勘探空间，对环渤海湾油田成熟油区获取油气勘探发现极具借鉴意义。

研究过程中，科研人员依据潜力探区构造特征、油藏类型等关键因素，开展重点勘探区带风险领域综合评价，优选荣胜堡洼陷深层开展风险勘探目标研究。该区具有待探资源规模大、原生油气藏形成背景优越、规模扇体发育、圈闭面积大等特点。一旦突破，将打开荣胜堡洼陷深层沙四下亚段原生油气藏勘探新领域，实现大民屯凹陷成熟探区勘探新突破。

1　区域地质概况

大民屯凹陷位于辽河坳陷东北部，是辽河坳陷的三大凹陷之一。该凹陷平面上为三条边界断层所围，呈不规则三角形，整体"北高南低，西缓东陡"。它是中—新生代陆相凹陷，具有由太古宇的变质岩和元古界碳酸盐岩、石英岩组成的双重基底。上覆古近系分布面积约 $800km^2$，主要包括沙河街组和东营组。

沙河街组沉积时期，荣胜堡洼陷持续沉降，沙四期、沙三期发育冲积扇—扇三角洲沉积体系；普遍发育的早、晚两期断裂系统控制着上、下两套相对独立的含油气系统，使得下含油气系统生成的油气能有效地注入洼陷深层的有效砂岩储层。同时，荣胜堡洼陷中心沙四段烃源岩演化程度高，具有形成高熟裂解气的条件，为深层原生油气藏形成和勘探奠定基础。快速沉降导致地层欠压实和有机质排烃作用，洼陷带超压普遍发育，有利于深层储层孔隙的保存。因此，荣胜堡洼陷深层具备有利的成藏条件。

2　荣胜堡洼陷深层风险勘探目标研究

2.1　发育多套优质烃源岩，待探资源规模大

荣胜堡洼陷为一继承性发育的早期洼陷。沙四段沉积时期，研究区处于深水—半深水沉

积环境，沉积了巨厚的湖相暗色泥岩；沙三段沉积早期，沉积中心开始南移，仍延续沙四段的沉积背景，处于深水—半深水沉积环境，洼陷区发育巨厚的暗色泥岩；沙三段沉积中晚期，深水湖相泥岩的沉积范围不断缩小，湖盆进一步萎缩，最终以泛滥平原沉积为主。

研究表明，沙四段暗色泥岩厚度为 1000～1400m，沙三四亚段暗色泥岩厚度为 300～600m，暗色泥岩埋深在 3000m 以上，最大埋深达 6000m。烃源岩热演化程度高，超过生油门限深度（2300m），有效烃源岩分布面积达 219m²，均进入生油高峰期，部分地区达到了过成熟，具有形成裂解气的条件。总之，大民屯凹陷发育两套烃源岩，即沙四段暗色泥岩、油页岩和沙三段暗色泥岩。烃源岩分布广泛、厚度大，为荣胜堡洼陷及其周边正向构造单元提供了优越的油源条件。同时，荣胜堡洼陷油气资源研究显示，待探油资源量近 2×10⁸t，待探气资源量近 300×10⁸m³。因此，荣胜堡洼陷深层具有较大的待探资源规模。

2.2 油气资源类型好，为深层原生油气藏形成提供有力保障

大民屯凹陷发育上、下两套含油气系统，其中下含油气系统普遍为高蜡油，主要来自沙四下亚段油页岩。荣胜堡洼陷周边上、下含油气系统为正常油、短链高蜡油（凝点为 26℃）、高熟气。荣胜堡洼陷沙四段不发育油页岩，因此沙四段暗色泥岩是研究区的主要烃源岩。

油气资源分析显示，沙四段暗色泥岩分布稳定，厚度达 300～1800m。母质类型好，以 Ⅱ 型为主（表1），平均 TOC 为 1.96%，平均 R_o 为 0.89%，有机质丰度和成熟度均较高，是本区极好的生油岩；沙三四亚段暗色泥岩厚度达 200～600m，母质类型为 Ⅱ、Ⅲ 型，平均 TOC 为 1.50%，平均 R_o 为 0.72%，有机质丰度和成熟度高，是本区重要的生油岩。另外，沈 307 井在沙四段钻遇 400m 厚层暗色泥岩，泥岩裂缝中见较强的气测异常。3060～3700m 井段的岩屑系统分析显示（图1），TOC 约 1%，平均氯仿沥青"A"为 0.15%，生烃潜量为 5～9mg/g，氢指数 HI 为 300～700mg/g，T_{max} 大于 435℃，属于好—较好的富氢烃源岩，利于生气。

综上所述，沙四段油气资源类型好，不仅能够生油，而且能够生成天然气，为深层原生油气藏勘探奠定了基础。

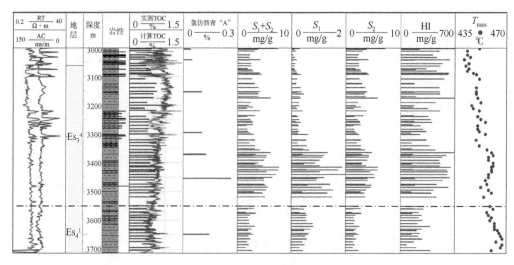

图 1　沈 307 井地球化学综合柱状图

表 1 荣胜堡洼陷烃源岩地化参数

层位	有机质丰度				评价	干酪根类型	R_o,%	代表井
	TOC,%	氯仿沥青"A",%	总烃 mg/kg	S_1+S_2 mg/g				
Es_3^4	0.84~4.27 1.50	0.0175~0.073 0.065	89.64~436.01 250	0.52~3.75 2.70	中等—好	Ⅱ—Ⅲ	0.49~0.85 0.72	沈135、沈138、沈604、沈611
Es_4^1	1.80~2.23 1.963	0.141~0.298 0.209	241~490 330	3.01~4.96 3.79	好	Ⅱ	0.84~0.94 0.89	沈307

2.3 深层勘探程度低，勘探空间大

荣胜堡洼陷周边已发现油气藏主要受构造条件控制，构造高部位油气富集，勘探程度高。洼陷区勘探程度较低，目前已完钻井均未打穿沙三段，已发现油气藏主要集中在沙三三亚段以上。因此，洼陷区和坡洼过渡带是下一步勘探的重点区域。

荣胜堡坡洼过渡带已钻探 6 口探井，每口井均见到油气显示，但都没能建成产能。2004年以前，勘探部署以构造油气藏为主，但自前 13、前 14 取得重大突破之后，勘探工作处于停滞状态。2004—2006 年重新采集该区地震资料，进行连片叠前时间偏移处理，并开展岩性油气藏勘探研究，部署钻探沈 290 井和沈 294 井。其中，沈 290 井沙三段钻遇近岸水下扇相扇中储集体，储层物性较好，由于封盖条件差，测井解释为水层；沈 294 井目的层为薄层砂岩与泥岩互层沉积，砂体横向变化快，连通性差。沈 290 井和沈 294 井勘探失利，自此，荣胜堡洼陷勘探处于被动局面。直至 2009 年，部署钻探了沈 307 井，该井是目前洼陷区仅有的一口钻遇沙四段、沙三四亚段的探井，说明荣胜堡洼陷深层不仅勘探程度低，而且具有较大的勘探空间。

2.4 发育多规模扇体，为深层油气藏形成提供储集条件

沙四段沉积时期，伴随西侧边界断裂活动不断加剧，荣胜堡洼陷及周边古地貌呈现"西高东低、南高北低"的构造格局。湖盆边缘基底构造不断抬升，地层遭受严重剥蚀，致使来自西部、西南及南部的物源供给充足，碎屑物质源源不断汇聚到沉积洼陷之中，形成了冲积扇—扇三角洲—半深湖相沉积体系。其中，西侧的前进构造带受古地貌、气候及构造活动等因素影响，物源最为发育，沿西南方向发育近长轴方向的冲积扇—扇三角洲相沉积。南侧法25 井附近有短轴物源注入，但延伸范围很小。同时，荣胜堡洼陷北部的扇三角洲前缘未固结的沉积砂体滑塌到洼陷之中，形成滑塌浊积扇沉积砂体。

沙三四亚段沉积早期沉积环境、构造背景继承了沙四期的特征，湖盆的沉积中心和沉降中心均位于荣胜堡洼陷周边断层下降盘，晚期随着韩三家子断层持续活动，北部地区相对抬升，湖盆范围较前期明显缩小，但该时期水退缓慢，湖盆水域面积仍很大。该时期物源供给充足，除了北部和西部主要物源持续供给外，南部物源和东侧物源供给也十分活跃。该时期湖盆处于半深水沉积环境，沉积砂体分布范围广，砂体沉积厚度相对较大。东侧发育的冲积扇—河流相沉积体系，北部长轴物源的三角洲前缘沉积砂体不断向洼陷前积推进，南部发育小规模的近岸水下扇沉积砂体(图 2)。

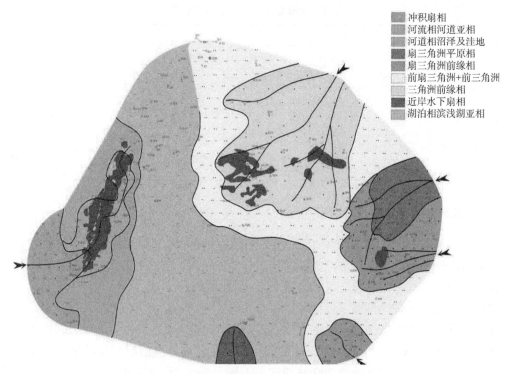

图 2 荣胜堡洼陷周边沙三四亚段沉积相平面图

2.5 油气输导体系发育局限，具备深层原生油气藏形成背景

荣胜堡虽然纵向上发育沙四下亚段和沙三四亚段两套烃源岩，但油气输导体系发育局限，仅靠荣胜堡、前进断层和泥岩刺穿三个主要通道。

荣胜堡断层作为大民屯凹陷南部一条长期发育的断裂，早古近纪开始发育，东营组沉积末期停止活动，沙三段沉积早期活动最强。断层的中段活动强度最大，向东、西两侧活动强度逐渐减弱。该断层不仅控制荣胜堡洼陷沉积与演化，同时作为油源断层控制法哈牛地区油气分布。

前进断层是一条长期继承性发育的反向正断层，不仅控制前进断裂构造带的形成与演化，而且是前进断裂构造带的油源断层和油气封堵断层。它平面上呈扫帚状展布，断距呈"中间大、两边小"的特点，对前进地区油气成藏起决定性作用。断距大小决定了区域上油气丰富程度，前 13 以北地区断距较大，油气比较丰富，前 13 以南地区断距小，含油气程度相对变差。

泥岩刺穿的形成应具备核部泥岩物质，而且是巨厚泥岩。综合研究认为，荣胜堡洼陷沙三四亚段与沙三三亚段具备条件，同时排烃作用作为泥丘形成的诱发因素之一，泥丘的发育时间及油气的生成和运移具有同步性。泥岩刺穿携带少量油气排出，对油气运聚起到一定的控制作用。

荣胜堡洼陷南侧的韩三家子断层，在古近纪早期活动剧烈，致使荣胜堡洼陷急速下降，沉积厚度增大。在该断层持续活动作用下，湖岸产生滑坍，同时在侧向挤压力作用下，形成不明显的浅层构造，对后期潜山的改造作用不大，仅构造回返发生形变。

综上所述，荣胜堡洼陷中心不发育断切沙四段主力烃源岩的油源断裂。沙四段、沙三四亚段两套烃源岩生成的油气绝大部分未排至中浅层，所以沙三四亚段以上油气富集程度低，荣胜堡洼陷具备深层原生油气藏的形成背景。

2.6 超压普遍发育，有利于深层储集性能的改善

沙四段和沙三四亚段沉积时期，荣胜堡洼陷快速沉降导致地层差异压实，大量孔隙流体不能充分排出，大套泥岩中发育欠压实。因此，荣胜堡洼陷沙四段和沙三段超压普遍发育。纵向上，存在多套超压异常带。沙三二亚段以上为正常压力系统，沙三二亚段以下超压相对发育，超压持续深度在1500m以上。平面上，靠近洼陷中心部位超压较强，超压带厚度大；远离洼陷中心，超压带厚度减小，超压减弱并渐变为正常压力。在欠压实型超压的作用下，地层密度降低、孔隙度增高，因而泥岩层段中所夹砂岩的储集性能得到改善。从沈307井泥岩压实曲线（图3）看，2300m以上地层属于正常压力系统，该深度段孔隙度随着埋深的增大逐渐变小，有效储层为溶蚀作用产生的次生孔隙；2300~2500m、2600~3000m和3100~3500m为超压相对发育段，该层段砂岩孔隙度有一定程度的提高。

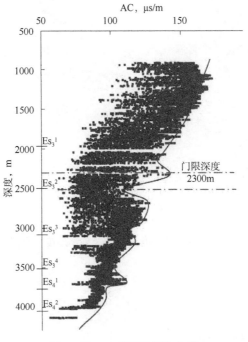

图3 沈307井泥岩压实曲线

综上所述，荣胜堡洼陷深层超压发育，储层的储集性能得到一定的改善，深层油气藏具有一定的储集条件。

3 荣胜堡洼陷深层风险勘探目标评价

以沙四下亚段和沙三四亚段为目的层，应用地震资料进行反演，在沙四下亚段预测扇体面积为70km²，预测资源量近1×10⁸t；在沙三四亚段预测扇体面积为68km²，预测资源量近0.5×10⁸t。从沉积特征来看，沙四段沉积时期，来自西南方向的碎屑物质向北运移，在前进地区形成扇三角洲，同时碎屑物质向东运移，在洼陷深层形成规模扇体，成

为风险勘探的有利目标(图4)。从构造特征来看，该目标受西侧的前进断层和南侧的韩三家子断层夹持，向荣胜堡洼陷深层延伸，具有纵向上多期砂体前积延伸、横向上多期砂体叠置发育的特征。综合以上及油源特征，圈定靠近沈307井的扇体发育区为有利的勘探目标区。

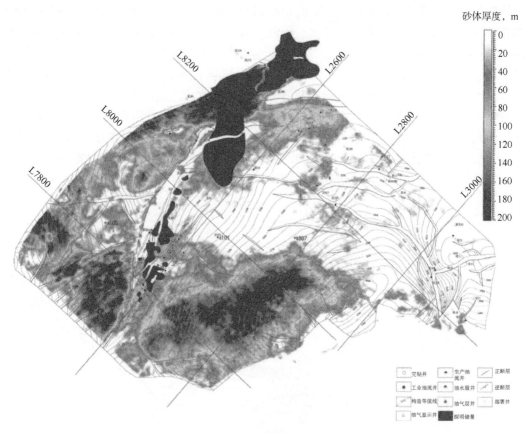

图4　沙四下亚段顶界构造及砂体厚度叠合图

4　结论

通过上述研究，得到如下结论：

(1)大民屯凹陷荣胜堡洼陷深层勘探程度低，待探资源规模大。

(2)优质烃源岩发育，油气资源类型好，因输导体系发育局限，生成的油气少量向上、向下运移，具备形成原生油藏背景。

(3)储集砂体发育，在超压普遍发育的岩层段，储层的储集性能得到改善。

(4)荣胜堡洼陷深层原生油藏可作为风险勘探目标。

辽河滩海东部断裂、构造转换带与油气成藏

杨光达　杜庆国　解宝国　何浩瑄　颜新林

（中国石油辽河油田公司勘探开发研究院）

摘　要：本文从辽河滩海东部断裂、构造转换带与油气成藏关系入手，在分析多期断裂系统的基础上，确定了辽河滩海东部主要发育单边型S形转换带、叠覆型转换带和双边型走滑转换带三种转换带类型。三种走滑转换带控制下形成的构造是油气富集成藏的主要场所。同时，构造转换带的类型、断层的性质及主要活动期决定含油气层位。

关键词：断裂；构造转换带；走滑作用；油气输导；油气成藏；辽河滩海

辽河滩海东部地区勘探始于1989年。目前，区内已完钻各类探井49口，自下而上发现了古生界奥陶系、古近系沙三段、沙一段、东营组三段、东营组二段、东营组一段和新近系馆陶组7套含油层系。目前，已探明地质储量与滩海东部4次资源评价的资源量极不对称。本文将分析断裂、构造转换带与油气成藏的关系。

1　断裂、构造转换带特征

辽河坳陷位于渤海湾盆地东北隅，是受郯庐断裂带控制的陆内裂谷型盆地。相对于中国其他类型盆地，断裂是裂谷型盆地构造演化的最主要表现形式，断裂发育对油气的生成、运聚及破坏产生直接的控制作用。

辽河滩海东部凹陷是陆向海的延伸，具有相似的构造特征。多期断裂系统控制构造格局，新生代发育多期断裂系统，造成中浅层（东营组之上）构造破碎，深层（沙河街组）构造相对完整。

构造转换带由于与油气聚集存在密切关系，目前已成为含油气盆地，特别是裂谷盆地断裂构造分析的重要研究内容。滩海东部、南部邻区，中国海油近几年在转换带研究的基础上，相继发现了旅大21-2、锦州23-2和旅大5-2N等一批大中型油气田。渤海海域转换带分为S形转换带、叠覆型转换带、双重型转换带、帚状转换带、叠瓦扇形转换带、共轭转换带和复合转换带7种类型。结合滩海东部的实际，认为主要发育单边型S形转换带、叠覆型转换带和双边型走滑转换带三种转换带类型（图1）。

滩海东部东侧燕南断裂是长期活动的走滑控洼、控山断层，由于两盘岩性差异导致走滑受阻形成的局部弯曲段可发育S形转换带，葵东构造带就属于这种类型，局部受压扭应力的影响，在断层弯曲处形成的断鼻型圈闭，主线方向向上翘倾，连线方向上具有一定的背斜形态。

叠覆型转换带主要发育在西侧的左阶右旋的盖州滩断裂中，在首尾重叠且互不相连的叠置区，受挤压作用在沙三段形成多个构造，同时主走滑断裂控制东营组断鼻形态，受东营期

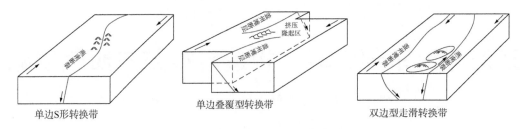

图 1　辽河滩海东部凹陷转换带类型

及明馆期的走滑派生断层切割形成了现今海月斜坡区多种类型的圈闭。

　　受燕南断裂与盖州滩断裂东营期右旋走滑的相互作用，在两条断裂之间发育了双边走滑转换带，其代表就是葵花岛和龙王庙构造带，表现为复杂的断裂背斜形态，规模较大，中浅层较为破碎，深层沙河街组背斜形态明显，构造相对完整(图 2)。

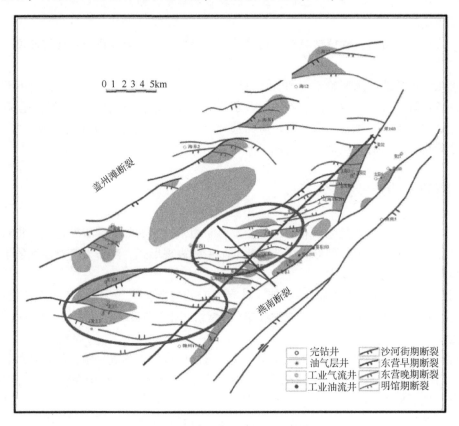

图 2　辽河滩海东部凹陷断裂纲要图

2　断裂、构造转换带与油气成藏

　　总体上看，三种走滑转换带控制下形成的构造是油气富集成藏的主要场所。同时，不同期断裂系统对油气成藏的作用不同：早期断裂对湖盆结构、火山岩喷发(如辽河坳陷东部凹陷陆上)起到直接的控制作用，进而控制了烃源岩、碎屑岩沉积的空间展布以及圈闭的形成；而晚期断裂的作用更多地体现在对原有圈闭和油气藏的破坏以及控制新生圈闭和油气藏的形成。

早期圈闭主要为岩性圈闭，如边界断层下降盘发育的陡坡带砂砾岩体及火山岩体，西侧缓坡带发育构造—岩性、地层不整合型等圈闭，可形成原生油气藏。例如，滩海东部海月斜坡带沙河街组，多口井见良好油气显示。

东营时期，走滑运动产生了大量晚期断层，形成一系列依附断层的构造圈闭。一些断至沙河街组内部的走滑断层成为压力释放的良好通道，大量油气沿断层向上运移至浅层构造圈闭内成藏。走滑张扭性正断层的封堵性较差可以作为油气输导条件；挤压性逆断层封堵性较好，油气难以继续向浅层运移（图3），这就造成了不同构造带含油气层位新老不同。

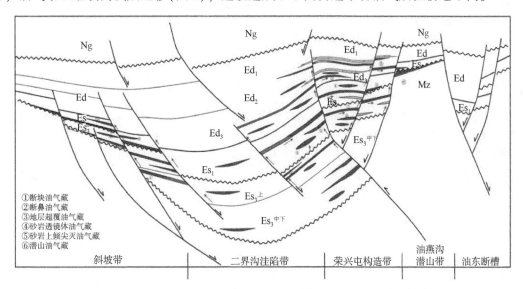

①断块油气藏
②断鼻油气藏
③地层超覆油气藏
④砂岩透镜体油气藏
⑤砂岩上倾尖灭油气藏
⑥潜山油气藏

斜坡带　　二界沟洼陷带　　荣兴屯构造带　　油燕沟潜山带　　油东断槽

图3　辽河滩海东部、北部邻区二界沟洼陷地区油气垂向运移模式图

油气藏的平面分布还具有区带性及分期性，辽河滩海东部、北部荣兴屯地区油气藏集中在沙一段及东营组，该区荣兴屯断层的主要活动时期为东营期；大平房—桃园地区主要发育浅层气藏，这是由于大平房断层长期发育，是油气运移的良好通道。滩海东部葵花岛构造带油气藏集中在东二段及东三上亚段，其断层为伸展性质，主要活动期为东二期；葵东构造带油气藏集中在东一段和东二段，葵东构造带位于燕南断裂下降盘，其含油气层位受东营晚期右旋走滑作用控制；燕南构造带及南部邻区中国海油 JZ23-2、JZ23-2N 油田油气藏则主要集中在馆陶组，这主要是由于燕南断裂长期活动。

3　结论

（1）辽河滩海东部新生代发育多期断裂系统，造成中浅层（东营组之上）构造破碎，深层（沙河街组）构造相对完整。

（2）辽河滩海东部主要发育单边型S形转换带、叠覆型转换带和双边型走滑转换带三种转换带类型。

（3）三种走滑转换带控制下形成的构造是油气富集成藏的主要场所。

（4）构造转换带的类型、断层的性质及主要活动期决定含油气层位。

本次研究的结论及认识可为下一步勘探选区及井位部署提供部分依据。

参 考 文 献

[1] 李晓光,张凤莲,邹丙方,等.辽东湾北部滩海大型油气田形成条件与勘探实践[M].北京:石油工业出版社,2007.

[2] 陆克政,漆家福.渤海湾新生代含油气盆地构造模式[M].北京:地质出版社,1997.

[3] 王川.燕南断裂带封堵性分析[J].石油勘探与开发,1998,25(3):19-21.

[4] 柴永波,李伟,刘超,等.渤海海域古近纪断裂活动对烃源岩的控制作用[J].断块油气田,2015,22(4):409-414.

[5] 孙同文,吕延防,刘哲,等.断裂控藏作用定量评价及有利区预测——以辽河坳陷齐家—鸳鸯沟地区古近系沙河街组三段上亚段为例[J].石油与天然气地质,2013,34(6):790-796.

[6] 孟令东,付晓飞,吕延防.碎屑岩层系中张性正断层封闭性影响因素的定量分析[J].地质科技情报,2013,32(2):15-28.

[7] 刘哲,付广,孙永河,等.辽河坳陷齐家—鸳鸯沟地区断层侧向封闭性综合评价[J].中南大学学报(自然科学版),2012,43(4):1394-1404.

[8] 吕延防,许辰璐,付广,等.南堡凹陷中浅层盖-断组合控油模式及有利含油层位预测[J].石油与天然气地质,2014,35(1):86-97.

[9] 徐长贵.渤海走滑转换带及其对大中型油气田形成的控制作用[J].地球科学,2016,41(9):1548-1560.

辽河探区地震数据挖潜处理关键技术研究与应用

袁安龙

（中国石油辽河油田公司勘探开发研究院）

摘　要：辽河油田经过 50 多年的勘探开发，积累了丰富的地震数据，努力挖掘多期次采集地震数据中蕴藏的丰富信息，对支撑辽河油田的精细勘探具有十分重要的意义。本文基于辽河坳陷 S 地区多区块新老资料的融合处理，开展地震数据挖潜关键处理技术研究。针对该地区采集不足导致的不同区块地震数据的面元属性、覆盖次数等方面的巨大差异，开发应用五维数据规则化技术，实现了该地区覆盖次数、面元属性的一致性处理，提高了资料的信噪比，为后续偏移成像处理提供了优质的道集；针对该地区构造复杂、断裂发育，目标区准确成像困难的问题，开发应用浅层潜水波层析反演（DWT）近地表速度建模、井控地质融合建模等技术，提高了深度域速度模型的准确度，改善了地震成像质量。通过对 S 地区多期次新老地震数据挖潜处理关键技术的研究应用，该地区整体成像精度显著提升，有效满足了后续解释部署研究需求，同时基于该地区资料挖潜形成的处理思路及关键技术，对今后辽河探区地震数据挖潜处理，尤其是老资料处理具有指导和借鉴意义。

关键词：地震数据挖潜；融合处理；五维数据规则化；DWT 近地表速度建模；深度偏移建模

辽河油田地震勘探工作主要经历一次三维勘探、二次精细勘探和目标三维勘探三个阶段，积累了海量的地震资料原始数据，蕴藏着丰富的地质信息，如何有效挖掘地震资料的巨大潜力，提升资料成像质量，满足精细勘探研究需求是辽河处理工作面临的巨大挑战。另外，随着辽河探区勘探进程的不断深入以及勘探目标的日益复杂，对地震资料处理工作也提出了更高的要求。然而，目前辽河探区的地震资料精细挖潜工作主要面临两个难题。

一方面，多期次采集资料拼接融合处理。由于采集年度、施工方式、观测系统、激发接收等方面的不同，导致地震数据在极性、时差、能量、子波、面元、覆盖次数等方面存在不一致性问题，尤其是覆盖次数和采集面元的差异会严重影响最终的偏移成像质量，因此，数据规则化技术的开发应用至关重要。随着计算能力的提升和理论技术的进步，数据规则化技术从传统的三维插值提升到五维变换，其处理效率和精度也越来越高，是解决新老资料拼接融合处理的关键技术。

另一方面，构建准确的深度域速度模型。准确的速度模型是改善地震偏移成像质量的关键，随着勘探进程的不断深入，地质认识不断深化，处理解释的充分融合能有效提高速度模型的精度。同时，随着偏移理论的不断成熟，近地表速度模型的构建显得越来越重要，尤其在深度偏移中，近地表速度的误差会随着偏移深度的增加而被逐渐放大。因此，准确的近地表速度模型和可靠的中深层速度场是实现偏移成像质量改善的突破点。

本文基于辽河坳陷 S 地区老资料新处理的实际特点，在常规处理的基础上，重点开发应用五维数据规则化技术和精细速度建模技术，消除了该地区新老资料间属性的差异，提高了速度建模精度，提升了地震资料成像质量，形成了高品质的成果数据体，有力支撑了该地区的精细勘探。

1 资料特点

S 地区涉及 5 个区块的原始地震数据，采集年度跨越 15 年之久，采集面元有 25m×50m、25m×25m 和 12.5m×12.5m 三种类型，处理面元为 25m×25m，不同区块间覆盖次数差异明显，高密度采集地区高达 700 次覆盖，而老数据整体覆盖参数仅在 70 次左右，并且存在严重的面元缺失现象。因此，该地区不同区块数据一致性差异巨大。

另外，S 地区发育古潜山、断槽等地质构造，两种完全不同的构造类型紧密接触，导致核心目标区构造复杂、断裂发育，速度变化剧烈，要实现精确的速度建模具有很大挑战。

2 关键处理技术

2.1 五维数据规则化技术

地震数据的一致性融合处理涉及时差、极性、能量、子波一致性、面元、覆盖次数等属性的差异化调整。目前，绝大多数的老资料由于采集不足的问题基本无法满足精细处理对地震数据空间规则性采样的需求，因此地震数据规则化处理是处理流程中必不可少的核心环节。

针对 S 地区资料特点，基于细致的原始资料分析，通过精细的时差、极性、能量、子波等基础属性的一致性调整实现不同区块有效反射的同相叠加，在此基础上，通过五维数据规则化技术的创新应用，实现不同区块间处理面元和覆盖次数的一致性调整。

2.1.1 方法理论

五维数据规则化技术可以完成地震数据在多个数据域内的不同五维插值。对于炮集数据，五维指的是炮点的 x、y 坐标，检波点的 x、y 坐标、时间；对于共中心点道集，五维指的是 CMP 点的 x、y 坐标，炮检距在 x、y 方向的投影、时间；对于炮检距向量片（OVT）道集数据，五维指的是 CMP 点的 x、y 坐标，绝对炮检距，方位角，时间。因此在实际处理中，可以根据资料特点开展相应的规则化处理。

该技术的实现原理是利用非均匀傅里叶重构技术，在不同的坐标系统下，基于时空域已知的非均匀空间采样信息估算傅氏域未知频谱，在除时间以外的 4 个维度，用常规傅里叶变换将估算出的频谱变换回与给定规则网格相对应的时空域，从而完成地震数据的重构过程。

2.1.2 应用效果

针对 S 地区资料特点，采用两步法五维插值实现数据规则化处理，首先针对 2000 年以前常规采集的地震数据进行炮检点加密处理，实现对空缺面元的数据重构，然后对 S 地区整体数据开展覆盖次数的一致性调整，消除偏移画弧的影响。通过炮检点加密处理，相当于缩小采集面元，弥补采集不足的问题，实现了空缺面元重构。

通过两步法五维规则化技术的应用，不仅大幅提升了老数据成像质量，而且由于覆盖次数差异巨大引起的偏移画弧现象也得到较好解决，很好地改善了深层目标区的成像信噪比（图1）。

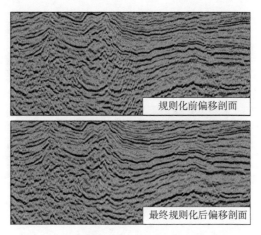

规则化前偏移剖面

最终规则化后偏移剖面

图1　整体数据规则化前后偏移剖面对比图

2.2　精细速度建模技术

精确的速度建模必须基于地震数据的高信噪比处理以及目标区地质构造的充分认知。针对 S 地区资料特点以及地质构造发育情况，综合运用地震、测井、地质等信息，采用从浅至深、层层递推的建模理念，不断提高建模精度。

首先对于近地表地层，利用回转波信息进行 DWT 近地表速度建模，得到准确的近地表速度模型；然后，对于潜山顶界面以上信噪比较高地层，利用反射波信息开展 ZTOMO 层析反演速度建模；对于核心目标区，由于信噪比较低，无法准确拾取反射波同相轴倾角时差，充分利用测井信息，开展处理解释一体化结合，进行井控地质融合速度建模。

2.2.1　DWT 近地表速度建模

近地表速度模型的准确建立是深度偏移的基础，只有准确的近地表速度模型，才能实现深层目标区的准确成像。DWT 近地表模型技术是基于回转波的初至信息，结合初始模型，通过数据驱动开展层析反演速度建模，该方法较以往的折射层析近地表速度建模有更加可靠的反演深度，相对于常规速度谱解释构建的时间偏移速度模型，DWT 反演得到的速度模型的高度顶界面更加可靠，更加符合辽河地区的近地表速度变化，能够为后续的深度偏移提供准确的近地表速度模型。

2.2.2　目标区井控地质融合建模

S 地区至今已经历了三个阶段的勘探研究，地质构造认识已相对比较完备。针对深层目标区速度建模，必须利用测井信息和地质人员的地质认识，通过目标区潜山内幕的构造发育解释以及测井信息层间对比等多途径对比指导，真正实现处理解释一体化，有利于深层速度模型的精细刻画，进而可以实现精准的偏移成像。

3　应用效果

在常规处理的基础上，通过上述新老资料精细挖潜关键处理技术的研究应用，S 地区整体成像精度显著提升。由图2可以看出，新处理成果较老成果对断槽的基底成像更加连续、清晰，内部断裂归位也更加准确，高品质的成果数据体有效满足了后续解释部署研究需求。

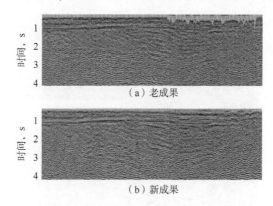

（a）老成果

（b）新成果

图2　S区某联络线新老成果剖面对比图

4　结论

通过对辽河坳陷S地区地震数据精细挖潜处理关键技术的研究及应用，大幅提高了该地区地震资料成像品质，并形成如下认识：

（1）五维数据规则化技术有效消除了不同区块间面元、覆盖次数的不一致性，实现区块间资料拼接的同相叠加，提高数据信噪比，解决偏移画弧现象，为后续偏移提供高质量道集。

（2）DWT近地表速度建模技术可以有效提高了近地表速度模型的建模精度，同时，基于测井信息和处理解释一体化的有效融合，研究形成了以DWT为代表的深度偏移建模流程。

（3）本次研究所形成的处理思路及关键技术，将对今后辽河探区新老资料融合处理具有指导和借鉴意义。

参 考 文 献

[1] Nguyen T, Winnett R. Seismic interpolation by optimally matched Fourier components[C]. 81th Annual Meeting, SEG, 2011.

[2] 王棣，马秀红，崔兴福，等. 偏移距规则化技术在叠前时间偏移中的应用[J]. 勘探地球物理进展，2009，32(1)：44-47.

[3] 郭树祥，王立歆，韩文功. 叠前地震数据规则化处理技术分析[J]. 石油物探，2006，45(5)：497-502.

[4] 苏世龙，王永明，黄志. 两种数据规则处理技术应用探讨[J]. 勘探地球物理学进展，2010，33(3)：201-206.

[5] 凌云研究组. 叠前相对保持振幅、频率、相位和波形的地震数据处理与评价研究[J]. 石油地球物理勘探，2004，39(5)：543-552.

[6] 李庆忠. 走向精确勘探的道路[M]. 北京：石油工业出版社，1993.

[7] 赵波，钱忠平，王成祥，等. 复杂山地构造综合模型建立与地震波模拟[J]. 石油地球物理勘探，2015，50(3)：475-482.

深层火成岩识别刻画技术在辽河东部凹陷的应用

王明超

（中国石油辽河油田公司勘探开发研究院）

摘　要：辽河东部凹陷深层发育规模火成岩体，但深层地震资料反射杂乱，火成岩识别刻画难度大。本次研究以深层火成岩为勘探目标，基于钻井、地震和时频电磁等资料，形成了井—震—磁一体的深层火成岩识别与刻画技术系列。首先利用时频电磁资料识别火山机构外部形态，再利用地震资料识别火山活动断层，定性预测火成岩发育区，最后基于波阻抗反演精细识别单岩体顶界面，刻画岩体平面展布。应用结果表明，该技术系列能有效刻画火成岩体内幕结构，为井位部署和储量研究提供重要技术支撑。

关键词：东部凹陷；火成岩；地震；时频电磁；波阻抗反演

中国火成岩油气藏勘探经历了偶然发现、局部勘探和全面勘探 3 个发展阶段，目前已经在渤海湾、四川等盆地内发现多种类型火成岩油气藏[1]。辽河东部凹陷新生界火成岩广泛发育，其中沙三段火成岩源储配置关系好，成藏条件优越，是主要勘探层系[2]。但深层火成岩埋藏深、岩性岩相变化快，如何有效识别刻画岩体是深层火成岩勘探的重点和难点[3]。本文利用钻井、地震、时频电磁等资料，开展岩体识别刻画攻关，形成深层火成岩体识别刻画技术系列，落实了辽河东部凹陷中南部多个深层火成岩体，对无井、少井区深层火成岩勘探具有重要指导意义。

1　时频电磁识别

时频电磁作为一种非地震勘探手段，对深层火成岩体识别刻画具有重要辅助作用[4]。利用时频电磁资料识别火成岩的物性基础是火成岩与沉积岩电阻率存在差异，统计东部凹陷沙河街组三段不同类型火成岩与沉积岩的电性差异结果表明，火成岩电阻率要大于沉积岩，沙三段火成岩不同岩性电阻率特征表现为辉绿岩>粗面岩>玄武岩>火山角砾岩。统计结果为时频电磁反演识别相对高阻地层提供了物性基础。

火成岩体在时频电磁剖面上表现为红黄色高阻异常，"丘状高阻异常"反映火山岩体的外部轮廓，"底辟状高阻异常"反映岩浆活动通道(图 1)。时频电磁资料分辨率较低，只能粗略刻画火山机构的外部几何形态。

2　地震识别

火成岩和沉积岩阻抗差异较大，火成岩在地震剖面上有较为特殊的地震反射特征，以精

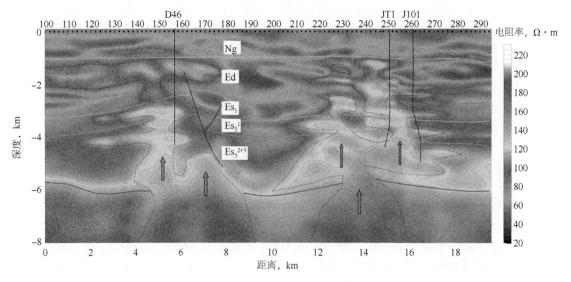

图 1　高精度时频电磁电阻率反演剖面

细井震标定为基础，建立井旁地震相与不同类型火成岩之间的关系，开展深层火成岩地震相识别，表 1 为东部凹陷火成岩地震反射特征对应表。

表 1　东部凹陷火成岩地震反射特征对应表

岩性	几何形态	反射结构	连续性	振幅	频率
浅层火山岩	楔状、板状、席状	平行、亚平行	连续性较好	中强振幅	中高频率
深层火山岩	丘状、透镜状	断线状、分叉状杂乱反射	连续性差	中强振幅，局部弱振幅	低频率
侵入岩	楔状、板状、席状	平行、亚平行	连续性好	强振幅	中低频率

图 2 为东部凹陷沙三段火成岩体地震相特征，深层火成岩体外部几何形态呈丘状、透镜状，内部反射结构呈低频、中强振幅，连续性较差反射，火成岩体与上覆地层呈超覆接触关系，利用地震相识别技术能较为有效地刻画火成岩体几何轮廓。

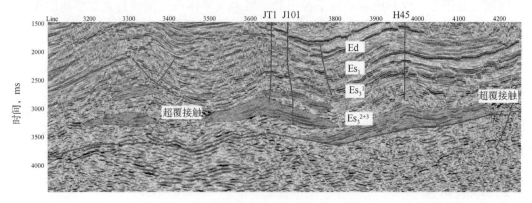

图 2　东部凹陷沙三段火成岩体地震相特征

深层火成岩与沉积岩存在振幅差异，火成岩在地震上通常为中强振幅反射，沉积岩为相对弱反射，通过对不同地质体开展频谱分析，优选振幅类属性高亮体刻画岩体内部反射特征。高亮体是频谱有效范围内峰值振幅与平均振幅之差，通过对沙三段火成岩和沉积岩进行频谱分析，频谱分析结果表明火成岩高亮体值远大于沉积岩。图3为东部凹陷沙三段火成岩体高亮体属性特征，高值区代表火成岩，低值区代表沉积岩，该属性对岩体内部反射特征有较为清晰的反应，与地震相分析结果相互印证，能有效圈定火成岩发育区。

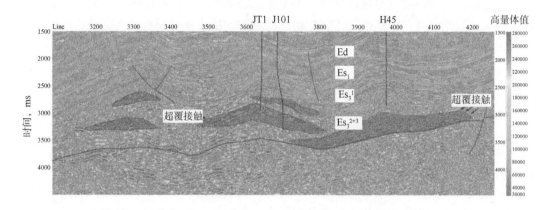

图3　东部凹陷沙三段火成岩体高亮体属性特征

3　波阻抗反演识别

深层火成岩体内幕反射特征不清晰，基于东部凹陷沙三段火成岩阻抗分析结果，沙三段火成岩与沉积岩波阻抗差异较大，火成岩为相对强阻抗特征，沉积岩为相对弱阻抗。如图4所示，沙三段强阻抗火成岩与弱阻抗沉积岩互层发育，波阻抗反演能较好地区分火成岩与沉积岩。利用波阻抗同相轴的连续性及阻抗强弱变化开展横向追踪，精细刻画单岩体边界和平面展布。

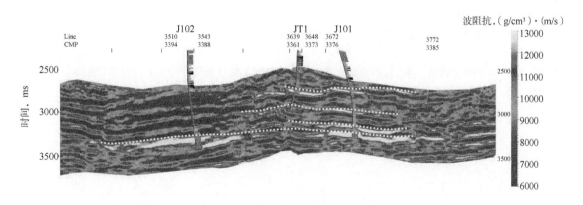

图4　东部凹陷沙三段波阻抗反演剖面

4　实际应用效果

基于井—震—磁一体的深层火成岩体识别刻画技术，研究东部凹陷中南部火成岩区域分布规律，刻画火山喷发模式及火成岩有利相带，落实了多个火成岩体。经统计，应用该项技术预测沙三段火成岩厚度，钻井吻合率达 78.4%，证实了深层火成岩体识别刻画技术的有效性。在东部凹陷中南部红星地区部署的 J34 井、Y70 井，桃园地区部署的风险探井 JT1 井在沙三段火成岩均获高产工业油气流，取得辽河坳陷深层火成岩勘探重大突破，证实了深层火成岩的巨大勘探潜力。

5　结论

（1）受郯庐断裂带控制，辽河东部凹陷新生界火成岩广泛发育，沙三段火成岩与沉积岩相比具有物性优势，火成岩整体被烃源岩包裹，或与烃源岩侧向对接，成藏条件优越，岩体识别刻画难度大是制约深层火成岩勘探取得突破的重要因素。

（2）火成岩与沉积岩电阻率存在差异，通常火成岩电阻率要大于沉积岩，利用时频电磁资料在纵向上能有效识别火山机构外部几何形态，但时频电磁资料纵向分辨率较低，无法识别火成岩具体岩性及厚度。

（3）通过开展地震相识别及地震属性分析能有效识别深层火成岩体外部几何形态及内部反射结构，结合波阻抗反演技术能精细刻画内幕多期次发育的岩体顶界面。

（4）基于井—震—磁一体的深层火成岩识别刻画技术系列，在东部凹陷中南部红星及桃园地区均取得良好的应用效果，具有广阔的推广应用前景。

参 考 文 献

[1] 邹才能，赵文智，贾承造，等.中国沉积盆地火山岩油气藏形成与分布[J].石油勘探与开发，2008，35(3)：257-271.

[2] 刘宝鸿，张斌，郭强，等.辽河坳陷东部凹陷深层火山岩气藏的发现与勘探启示[J].中国石油勘探，2020，25(3)：33-43.

[3] 徐礼贵，夏义平，刘万辉.综合利用地球物理资料解释叠合盆地深层火山岩[J].石油地球物理勘探，2009，44(1)：70-74.

[4] 孟卫工，陈振岩，张斌，等.辽河坳陷火成岩油气藏勘探关键技术[J].中国石油勘探，2015，20(3)：45-57.

渤海湾盆地渤中凹陷西环带浅层复杂断块油气富集机理与大中型油田发现

李慧勇　许　鹏　张　鑫　刘庆顺

[中海石油(中国)有限公司天津分公司渤海石油研究院]

摘　要：渤海湾盆地渤中凹陷带构造背景和断裂控藏模式认识不清是制约该区浅层油气发现的关键因素。2015年以来，通过转变勘探思路，进行区域整体解剖，开展石油地质条件综合研究，对油气运移机理、馆陶组保存机理、复杂断块油藏成藏机理等方面进行系统研究。在晚期成藏背景下，首次创新提出"脊—断—盖"三元耦合控藏新认识，构造脊控制了油气聚集的优势区，输导层正向构造(脊)控制了油气聚集的优势区；区域盖层与长期活动断层在空间上的匹配关系控制了油气富集的层系；创新提出馆陶组"极富砂段"硅酸盐型断层岩侧向封闭机理，明确了馆陶组油气保存条件。在该认识指导下，获得了4个新近纪大中型商业发现，分别为石南陡坡带曹妃甸6-4油田，渤中西洼中央构造脊曹妃甸12-6油田、渤中8-4油田，渤中凹陷西南洼渤中13-1南油田。断裂带油气垂向运移能力评价方法、馆陶组硅酸盐型断层岩封闭机理及"脊—断—盖"差异富集机理等多项创新地质认识及配套的技术组合，进一步丰富了渤海海域晚期成藏理论，对推动渤海海域浅层油气勘探及开发具有重要意义。

关键词：渤海海域；渤中凹陷；断裂垂向运移；"脊—断—盖"；差异富集；大中型油田

渤海湾盆地是发育在华北克拉通上的陆内断陷盆地，整体以伸展作用为主，东部的郯庐断裂带走滑作用贯穿始终，使渤海海域具有鲜明的走滑特征[1]。伸展和走滑作用此消彼长，伸展构造和走滑构造相互叠加、转换，垂向上相互叠置、交切，使得渤海海域断裂系统十分复杂。夏庆龙、徐长贵、周心怀等学者对郯庐断裂东支断裂特征及其对油气成藏的控制作用研究相对较多，并且已经明确郯庐断裂东支对油气成藏具有重要的控制作用，形成了断裂带活动性控制油气的主要富集层位、走滑调节断层控制油气运移及压扭强度控富集等认识[2-4]，这些认识直接指导了金县1-1、蓬莱9-1和垦利10-1等亿吨级油田的发现。

渤海西部海域受黄骅—东明断裂、张家口—蓬莱断裂和郯庐断裂西支三组断裂体系的共同控制，发育北东、北西向走滑断裂，并与西东向伸展断裂形成复杂的网格状构造格局。在新构造运动晚期成藏理论指导下，在凸起区发现了一批大中型油田[5-8]。构造样式复杂、断裂成因特殊、古近系储层预测难、成藏机理特殊等问题严重制约了渤海西部海域油气勘探。在以断裂主控因素为核心的油气藏形成机制的相关研究中，特别是研究区特有的共轭走滑断裂体系研究，其在构造形态和发育演化上相对于北东向郯庐断裂存在明显的平面和纵向差异性，断裂系统的复杂性与差异性直接影响了区内油气聚集规律。渤海已探明的大中型油田

70%的储量分布在辽中、渤中和黄河口三大富烃凹陷的郯庐断裂带，表明东部郯庐断裂对油气成藏具有重要的控制作用。渤海西部活动断裂带特征与东部典型郯庐断裂带差异较大，其断裂控藏机制有所不同[9]。因此，有必要深化渤海西部海域走滑—伸展断裂体系对盆地的形成演化及其新近系油气富集规律的研究，这对于保证渤海油田勘探持续油气发现具有重大意义。

1 区域地质背景

渤中凹陷西环带位于渤海西部海域的渤中凹陷西部，介于石臼陀凸起与黄河口凹陷之间，是沙垒田凸起与渤中凹陷主洼之间的洼中隆起带，基岩顶面受张家口—蓬莱断裂和郯庐断裂西支控制，整体表现为近南北向长条形鼻状隆起特征。新近系表现为在基岩隆起背景上一系列复杂断块构造。该区带紧邻渤中凹陷，渤中凹陷为渤海湾盆地最大、最有利的生油凹陷，凹陷内古近系沉积厚度大，生油岩发育，主要发育两套(东营组、沙河街组)生油层系，为周边凸起提供了充足的油源，且环渤中凹陷带断层、储层发育，为油气的运移、聚集提供了有利条件[10]。

南部渤中凹陷西南环带构造形态总体上为渤中主洼与渤中凹陷西南次洼之间继承性发育的构造脊，构造格局为一向东南倾伏的阶梯式断阶带，具西北高、东南低的特征[11]。曹妃甸18-1油田和曹妃甸18-2油田为第一断阶带，没有沉积中生界和沙河街组。渤中13-1油田为第二断阶带，渤中19-4油田为一个局部凹中隆构造，曹妃甸18-1/2构造油气主要富集在潜山和古近系东营组；渤中13-1/1S构造潜山、古近系和新近系都有发现，但以潜山、古近系为主；构造带南部的渤中19-4构造则是全部含油层位为明化镇组下段的油田；构造带北部为曹妃甸6-4等油田群，北至石臼陀凸起之上，南部向渤中凹陷自然延伸，构造格局为一系列北东向断层控制的复杂断裂带，油气主要富集在浅层明化镇组下段和馆陶组[12]。

2 断裂系统划分及油源断层厘定

渤中凹陷西环带断裂比较发育，主要为北东—北东东走向，主干断裂规模较大，并且次级断裂也较为发育，其中南部渤中19-4构造和北部渤中12-6构造浅层断裂最为发育，延伸长度一般小于10km。典型地震解释剖面显示，研究区垂向上发育三大构造层，自下而上分别为沙二+三段构成的断陷构造层、沙一段—东营组构成的断坳构造层、馆陶组—明化镇组—第四系构成的坳陷构造层[13]。在构造层划分的基础上，可以按馆陶组底 T_2 地震反射层为界可分为上下两套断层系，分别为上部断层系(坳陷层)和下部断层系(断陷—断坳层)(图2)。不同断层体系间衔接性较好，主要由贯穿性长期发育的断裂沟通；但因不同构造层断裂体系的变形时期及变形性质不同，断裂的几何学特征存在一定差异。依据断裂断穿层位及运动学特征，可以将环渤中凹陷带中浅层油气系统中的油源断裂主要分为主干油源断裂(Ⅵ型)、次级油源断裂(Ⅴ型)和晚期调整型断裂(Ⅲ型)3种类型，其中Ⅲ型断裂系统不直接与烃源岩沟通，只对直接与烃源岩沟通的源断裂运移来的油气起到调整和侧向遮挡作用，而直接与烃源岩沟通的Ⅴ型和Ⅵ型断裂系统的烃源岩不同，其在成藏过程中起到的作用也不同(图1)。

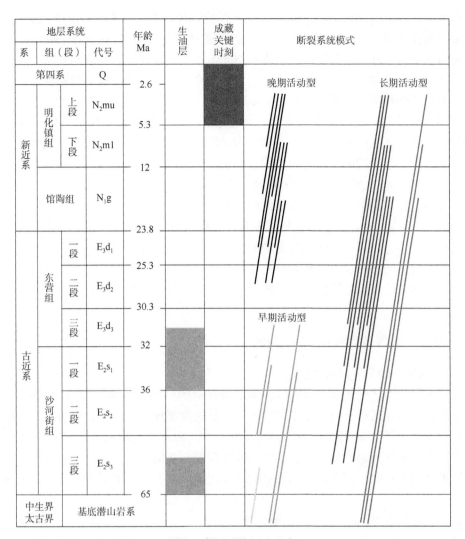

図1 断裂系统划分方案

在明确各套含油气系统中断裂系统构成的基础上，结合油气成藏关键时刻、断裂活动期次便可厘定油源断层及其分布。油源断层是指成藏关键时刻活动并连接烃源岩层与储层的断裂。据前人研究证实，研究区成藏关键时刻有两个时期，分别是东营组沉积末期和明化镇组沉积末期至今，区域内主要发育沙三段烃源岩和沙一段—东三段烃源岩，因此在东营组沉积后期至今活动的断层且与沙三段以及沙一段—东三段沟通的源断裂均有可能成为油源断层。因此，对于这两套烃源岩，在各自排烃关键时期源断裂的分布不同，本文将对两套烃源岩的两个成藏关键时刻进行研究，并分别刻画对应三套含油气系统油源断裂的平面分布。

3 "脊—断—盖"三元耦合控制了油气差异成藏

3.1 输导层正向构造(脊)控制了油气聚集的优势区

油气优势运移通道(Preferential Petroleum Migration Pathway，PPMP)是输导体系研究的核心[14]。运移通道范围较大，泛指具有一定孔渗能力的介质或输导层，与油气是否在其中发生运移无关；由于输导层的非均质性，油气优势选择高孔渗带（阻力最小）进行运移，因此运移通道内孔渗相对较好的部分即为优势运移通道，而运移路径（Migration Trace）则是优势运移通道内油气实际发生运移时所占据的空间。在浮力驱动下，砂岩输导层的优势输导通道主要受高渗透性带和构造脊两大因素控制，构造脊是指正向构造同一岩层面上最高点的连线，是相对的低势能区，为油气运移的有利指向[15]。研究区内北西向断裂逆冲隆升控制了区内"凹凸"构造格局，同时北东向走滑、共轭走滑作用控制了凹内构造脊的形成。受断裂体系的控制，使得区域内发育石臼坨凸起、沙垒田凸起和埕北低凸起三大凸起，以及沙垒田凸起西段构造脊、渤中凹陷西北部中央构造脊和渤中凹陷西南部渤中 13/19 构造脊三大构造脊。"三凸三脊"控制了油气聚集的优势区，研究区内 70% 的油气主要分布在沙垒田凸起、渤中西南环构造脊和渤中凹陷西北部沙北构造脊。

从渤中 13-1 南构造区整体构造特征来看，无论是新近系还是古近系，其均表现为继承性的构造脊，在浮力作用下，油气首先向砂体输导层顶面运移，然后再向输导脊汇聚，最终沿输导脊做长距离的侧向运移，输导脊运移是油气成藏的关键过程，具有经济价值的油气藏的形成离不开油气的脊运移阶段。当侧向遮挡条件为断裂走向与输导脊方向一致时，输导效率更高。

3.2 断层—输导脊耦合控制油气聚集

3.2.1 断层—输导脊匹配方式

断裂—输导脊型输导体系是含油气盆地中最普遍的一种油气输导形式。在断陷盆地中，断裂是最主要的输导通道，而断裂本身并不是有效的聚集场所，因此，断裂—砂岩输导层运移形式是大部分油气沿断裂输导后的最终"归宿"[16]。根据油气的来源（垂向、侧向）及与烃源岩直接配置的输导通道类型，可将断裂—输导层的剖面组合细分为先沿断裂垂向输导，再沿输导层运移的先垂向后侧向输导和先沿输导层侧向输导，再受断裂垂向调整的先侧向后垂向的输导。

3.2.2 断层—输导脊耦合程度定量分析

断层—岩性输导脊是由背斜构造脊与连通性运移断层共同组成的高效运移通道[17]。研究区主要在西块构造斜坡带发育此种输导脊类型，可以成为高效的油气侧向运移通道，油气沿断裂走向向构造高部位运移。在此区域断裂连接烃源岩区和构造高点，断裂走向与馆陶组构造脊接触长度决定了断层的新近系汇油效率，接触长度越大，汇油效率越高。统计结果（表1）表明，研究区北侧 1 号构造脊分布面积最广，汇油能力最强，且与断层接触面积最大，是新近系油气优势的运移方向，其次为东部的 4 号块和中部的 2 号块，与实钻结果具有较高的吻合性。

表 1　渤中 13-1 南构造区构造脊定量统计

构造脊	1	2	3	4	5
分布面积，km²	21.8	3.8	7.3	19.6	4.0
幅度，ms	50	40	35	40	25
耦合断裂长度，km	15	7.5	0	6	2.3
汇烃量，10^8t	0.56	0.05	0.2	0.33	0.16

3.3 盖层与长期活动断层在空间上的匹配关系控制了油气富集的层系

油气分布受长期活动性断裂和区域性泥岩盖层控制，当盖层厚度较大而断穿盖层的断裂规模较小时，盖层未被拉断，剪切型泥岩涂抹层较厚，垂向上油气完全被封堵；相反，当盖层厚度小而断裂规模较大时盖层完全被拉断，失去连续性，垂向开启，油气突破盖层继续向上运移[18]。因此，盖层与断裂配置关系的差异性决定了各油田/构造垂向上油气分布和富集程度存在较大不同。研究证实，古近系和新近系两套泥岩盖层的变形机制、成岩阶段及能干性不同，其断接厚度联合控制了油气的富集层系。盖层断接厚度是指盖层厚度与断穿盖层断距差值（当断距大于盖层厚度时，断接厚度为负值）。

在研究区，东营组下部—沙河街组、明化镇组下段底部Ⅳ油组普遍发育两套区域稳定分布的区域泥岩盖层，其中东营组下部—沙河街组区域泥岩盖层厚度为 500~1000m，明化镇组下段底部Ⅳ油组泥岩厚度为 20~100m，区域泥岩盖层控制了油气富集的主要层位。目前，渤西探区油气主要分布在明化镇组下段和馆陶组，占 76%；其次是沙河街组，占 9%。

（1）区域盖层断接厚度控制油气富集层系。

通过盖层和断穿盖层的断裂断距的相对大小可以评价油源断裂的垂向输导能力，为此引出盖层断接厚度的概念，其是指盖层厚度—断穿盖层断裂断距，从理论上来讲，盖层断接厚度越大，油气越不容易穿过盖层段向上继续运移。

研究表明，泥岩盖层随埋深及成岩程度的增加，从塑性阶段逐渐向脆塑性、脆性阶段转变，渤中凹陷泥岩从塑性向脆塑性、脆性转化的深度约为 2800m。泥岩盖层能干性定性评价图版分析表明，研究区埋深超过 2800m 的东二段下亚段区域泥岩盖层主要为脆塑性，断裂在该脆塑性泥岩中变形容易产生大量裂缝并形成贯通性断裂，可采用断接厚度（$D=H-T$，D 为断接厚度，H 为盖层有效厚度，T 为断穿盖层的断层断距）结合油气分布关系对断裂运移油气的能力进行定量评价；埋深小于 2000m 的明化镇组下段相对稳定的区域性泥岩盖层主要为塑性，断裂在该塑性泥岩盖层中变形容易形成涂抹，可采用断盖比（$I=T/H$，I 为断盖比）对断裂运移油气的能力进行定量评价。结果表明：当东二段下亚段区域泥岩盖层厚度大于断裂断距，且断接厚度大于 150m 时盖层与断裂配置对沿断裂垂向输导油气起完全封闭作用，油气主要富集在区域性泥岩盖层之下；当断接厚度小于 150m 且大于 100m 时，油气可以穿越泥岩盖层运移至中浅层，在区域泥岩盖层之上和之下均可成藏；当断接厚度小于 100m 时，油气更容易穿越区域性盖层沿断裂向浅层运移成藏。针对明化镇组下段下部塑性泥岩盖层，断盖比 0.6 为临界条件，断盖比大于 0.6 时泥岩涂抹连续性较差，油气可以穿越该塑性泥岩盖层沿断裂向明化镇组下段中部运移成藏；断盖比小于 0.6 时泥岩涂抹连续性较好，油气主要在区域性盖层之下成藏。综合考虑两套泥岩盖层脆塑性转化深度、临界断接厚度和断盖比三因素，建立了渤中凹陷西南部油气富集层系定量评价图版，进一步明确了研究区中浅层油气差异富集规律，为快速锁定油气富集层系、断层圈闭风险评价等提供了依据。

（2）成藏期断裂活动强度决定油气的最终分配，活动强度越大油气越容易向浅层聚集。

大量包裹体测温数据和热史模拟表明，5.1Ma 以来是渤海海域主要的油气成藏期，因此晚期断裂活动的强度和方式大大制约了油气的分布。油气藏的形成、破坏和再形成均与断裂密切相关，断裂是控制油气运聚和散失的主要因素，是油气运移的一种重要的输导系统，对油气的运移和聚集有着重要的影响。在伸展—走滑叠合作用下，断层活动强度具有差异性，进而控制了油气的差异聚集。

同生断层的活动速率参数反映了断层在活动期的活动强度，断层落差除以地层所经历的地质时间就是断层的活动速率。周心怀等对渤中地区 62 条各级断层新构造运动期活动速率（FAR）进行计算统计，并按照其活动强度可划分为 3 类：强烈活动断裂 FAR>25m/Ma，微弱活动断裂 FAR<10m/Ma，中等活动断裂 FAR 为 10～25m/Ma。近几年的勘探实践证实，FAR>10m/Ma 时，成藏期断层活动强烈，利于垂向输导，且油气富集层位随断裂活动性的增大而变浅。例如，渤西探区沙东南构造带、曹妃甸 6-4 油田及曹妃甸 12-6 油田等构造区强烈活动断裂的分布与油气藏分布有很好的对应关系。

4 馆陶组"极富砂段"硅酸盐型断层岩封闭机理控制油气保存条件

渤中凹陷环带晚期断裂较为发育，在馆陶组形成了复杂断块型圈闭群。从该区多个断块钻探成果来看，馆陶组不同层段圈闭，其油气丰度存在较大差异。研究认为，保存条件是决定本区馆陶组油气富集程度关键因素。然而，厚砂岩层对接的侧向封闭机理一直是业界难题。通过断裂结构判别、泥岩涂抹系数计算及研究区馆陶组实钻资料分析，提出研究区存在泥岩涂抹型封闭和硅酸盐型断层岩封闭两种封闭机理。

渤中凹陷环带馆陶组主要发育两种侧向封闭类型：（1）上升盘馆陶组Ⅰ油组、部分Ⅱ油组与明化镇组下段底部富泥段对接；（2）上升盘馆陶组Ⅲ—Ⅳ油组及下降盘馆陶组Ⅰ—Ⅳ油组与对盘馆陶组富砂段对接。两种都为断层岩封闭，但封闭类型保存机理不同，它们的差异演变主要取决于母岩的岩性、变形过程、环境以及有关的胶结作用的不同。

馆陶组富砂层对接段用传统的岩性对接封闭无法解释成藏原因，通过断裂带结构的分析，发现断裂下降盘馆陶组Ⅰ—Ⅳ油组砂砂对接型保存机理为层状硅酸盐—框架断层岩封闭。这种断层岩指不纯或不成熟砂岩（框架硅酸盐与层状硅酸盐比率低），其泥岩/层状硅酸盐含量介于 15%～40%。这种岩石由于剪切合并、泥岩/层状硅酸盐涂抹和混合、断层作用，或断层作用后压溶作用增强、破碎作用、新的层状硅酸盐沉淀形成封闭统称为层状硅酸盐—框架断层岩封闭；对已钻井统计结果显示，馆陶组Ⅰ—Ⅳ油组砂岩储层中泥岩/层状硅酸盐含量集中在 10%～30% 之间，具备形成层状硅酸盐—框架断层岩的基本条件。

环渤中凹陷区馆陶组Ⅰ—Ⅳ油组油气富集程度差异较大。纵向上，油气主要分布在馆Ⅰ、馆Ⅱ、馆Ⅲ、馆Ⅳ油组较稳定泥岩盖层之下；横向上，各构造、各井区油气成藏层段存在较大不同。当其间夹有泥岩和不纯净的砂岩时可能发生泥岩和砂岩混合形成较为均匀的断裂填充物。不纯净的砂岩硅酸盐含量介于 15%～40% 时发生断裂变形，断裂带发生混合作用和层状硅酸盐涂抹作用，形成层状硅酸盐—框架断层岩，渗透率为 0.01～100mD，具有较强的封闭能力，是陆相砂岩地层中发育的主要断层岩类型。而硅酸盐矿物主要有蒙皂石、伊利石等，属于黏土矿物。以渤中 13-1 南构造为例，对各个层段几种主要的黏土矿物含量和泥质含量进行统计，发现馆陶组Ⅳ油组是各层段中最高的，最易于形成层状硅酸盐涂抹作用，有利于浅层高丰度油气藏的保存。

5 油气成藏模式

通过分析渤中凹陷西环浅层油气分布差异性，重点剖析断裂对复杂断块油气富集差异的影响，分析研究区断裂对油气成藏的控制作用，明确油气充注及富集层位差异性，建立

"脊—断—盖"耦合油气成藏模式。该模式下油气富集层系主要为明化镇组和馆陶组,主要输导体系为汇聚脊和断裂,油气沿汇聚脊初次运移并聚集,进而沿深切至不整合面的油源断裂运移,断接厚度小的区域更容易突破,突破东营组厚层泥岩盖层之后,由于该区断裂密度大、活动性强,断裂垂向输导能力更强,远大于馆陶组砂砾岩体的侧向分流能力,油气继续沿断裂运移至浅层明化镇组,断裂输导能力则越强,油气充注层位越浅。断裂密集带部位(剖面上花心带)断裂发育密度高、活动频繁,油气更易于从馆陶组局部正向构造向明化镇组岩性圈闭中调整聚集,如渤中 19-4/6 中块花心带、渤中 13-2 花心带;而外花瓣带,由于反向断层遮挡,容易形成硅酸盐型断层岩封闭,并且外花瓣带断裂密度低,圈闭仅依附于一条长期活动断层,油气侧向封闭能力强、垂向输导能力弱,油气更易于在馆陶组构造型圈闭中富集,如渤中 13-1 南构造、秦皇岛 31-4 构造、曹妃甸 12-6 构造以及渤中 8-4 构造的外花瓣带。

6 结论

(1) 创新性提出"脊—断—盖"三元耦合控藏新认识,构造脊控制了油气聚集的优势区,输导层正向构造(脊)控制油气向优势区聚集,断裂的晚期活动强度决定油气的最终分配,断层活动期越强,油气越容易向浅层运移,区域盖层的断接厚度控制了油气运移,断接厚度越小,油气越易向浅层运移。

(2) 创新提出馆陶组"极富砂段"硅酸盐型断层岩侧向封闭机理,其差异演变主要取决于母岩的岩性、变形过程、环境以及有关的胶结作用的不同,高黏土矿物含量和泥质含量易于形成层状硅酸盐涂抹作用,有利于浅层高丰度油气藏的保存。

(3) 结合断裂带油气垂向运移能力评价方法、馆陶组硅酸盐型断层岩封闭机理及"脊—断—盖"差异富集机理等多项创新地质认识及配套的技术组合,建立"源—脊—断"油气成藏模式,丰富了渤海海域晚期成藏理论,对推动渤海海域浅层油气勘探及开发具有重要意义。

参 考 文 献

[1] 李三忠, 索艳慧, 戴黎明, 等. 渤海湾盆地形成与华北克拉通破坏[J]. 地学前缘, 2010, 17(4): 64-89.

[2] 侯贵廷, 钱祥麟, 蔡东升. 渤海湾盆地中、新生代构造演化研究[J]. 北京大学学报(自然科学版), 2001, 37(6): 845-851.

[3] 于福生, 漆家福, 王春英. 华北东部印支期构造变形研究[J]. 中国矿业大学学报, 2002, 31(4): 402-406.

[4] 周立宏, 李三忠, 刘建忠, 等. 渤海湾盆地区燕山期构造特征与原型盆地[J]. 地球物理学进展, 2003, 18(4): 692-699.

[5] 徐长贵, 侯明才, 王粤川, 等. 渤海海域前古近系深层潜山类型及其成因[J]. 天然气工业, 2019, 39(1): 21-30.

[6] 赵越, 徐刚, 张拴宏, 等. 燕山运动与东亚构造体制的转变[J]. 地学前缘, 2004, 11(3): 319-328.

[7] 薛永安. 渤海海域深层天然气勘探的突破与启示[J]. 天然气工业, 2019, 39(1): 11-20.

[8] 童凯军, 赵春明, 吕坐彬, 等. 渤海变质岩潜山油藏储集层综合评价与裂缝表征[J]. 石油勘探与开发, 2012, 39(1): 56-63.

[9] 邓运华, 彭文绪. 渤海锦州 25-1S 混合花岗岩潜山大油气田的发现[J]. 中国海上油气, 2009, 21(3):

145-150.

[10] 薛永安，王德英．渤海湾油型湖盆大型天然气藏形成条件与勘探方向[J]．石油勘探与开发，2020，40(2)：260-271.

[11] 李明诚，李剑."动力圈闭"——低渗透致密储层中油气充注成藏的主要作用[J]．石油学报，2010，31(5)：718-722.

[12] 胡志伟，徐长贵，杨波，等．渤海海域蓬莱9-1油田花岗岩潜山储层成因机制及石油地质意义[J]．石油学报，2017，38(3)：274-285.

[13] 周心怀，项华，于水，等．渤海锦州南变质岩潜山油藏储集层特征与发育控制因素[J]．石油勘探与开发，2005，32(6)：17-20.

[14] 黄保纲，汪利兵，赵春明，等．JZS油田潜山裂缝储层形成机制及分布预测[J]．石油与天然气地质，2011，32(5)：701-717.

[15] 徐长贵，于海波，王军，等．渤海海域渤中19-6大型凝析气田形成条件与成藏特征[J]．石油勘探与开发，2019，46(1)：25-38.

[16] 李慧勇，徐云龙，王飞龙，等．渤海海域深层潜山油气地球化学特征及油气来源[J]．天然气工业，2019，39(1)：45-56.

[17] 李欣，闫伟鹏，崔周旗，等．渤海湾盆地潜山油气藏勘探潜力与方向[J]．石油实验地质，2012，34(2)：140-152.

[18] 蔡川，邱楠生，刘念，等．冀中坳陷束鹿凹陷潜山不整合特征与油气运聚模式[J]．地质学报，2020，94(3)：888-904.

黄河口凹陷渤中 29 构造区
浅层原油差异稠化主控因素分析

陈容涛　燕　歌　汤国民　叶　涛　王广源

[中海石油(中国)有限公司天津分公司渤海石油研究院]

摘　要：近年来，黄河口凹陷渤中 29 构造区获得了良好的油气发现，油藏整体埋深较浅，皆以稠油为主，但是在勘探评价过程中，该区域原油物性在平面上具有较大差异。原油物性复杂多变，为本区勘探评价及后期开发造成较大困扰，因此有必要研究原油物性变化的影响因素，寻找原油物性分布规律，进而指导勘探开发实践。本文通过原油样品的生物标记化合物、断层活动性分析，总结出该区原油物性变化的三大影响因素。结果表明：(1)渤中 29 构造区表现为双注混合供烃的特征，其中高硫油主要来源于黄河口东注，而低硫油主要来源于黄河口中注；(2)渤中 29 构造区整体原油物性主要受到二次充注作用、断层活动强度和原生稠油二次稠化作用联合控制，其中断层活动性控制整体原油稠化级别，二次充注作用和原生稠油二次稠化可以改善原油物性和加剧原油稠化；(3)渤中 29 构造区原油可划分为四种类型，一类原油物性最好，二类和四类原油稠化最严重，物性最差，三类原油物性居中。由于二次充注作用可以明显改善原油物性，中—轻原油勘探和开发应优选一类和三类原油分布区域。

关键词：黄河口凹陷；原油物性；二次充注；断层活动强度；原生稠油；原油差异稠化主控因素

稠油的成因一般包括原生成因和次生成因两种，其中次生稠油主要由于生物降解、水洗和氧化作用使得原油中中—轻质烃类组分消耗，非烃和沥青质含量增加，最终导致原油黏度和密度增大，物性变差。根据前人研究结果[1-5]，原生稠油并不能形成规模性油藏，稠油主要由次生作用形成，而水洗和氧化作用对原油稠化影响较小，且两者与生物降解相伴生，因此稠油主要来自原油的生物降解作用，同时后期是否有新鲜原油的充注，对原油物性具有重要的影响。通过对原油稠化相关因素的分析，可以总结原油稠化规律，定性甚至定量预测原油物性，进而指导勘探开发实践。

近年来，渤海海域黄河口凹陷渤中 29 构造区馆陶组和明化镇组下段取得重大发现，但是其原油性质与周边油田的普通原油形成巨大的差异，油藏整体埋深较浅，皆以稠油为主，且原油黏度纵向差异明显，物性复杂多变。前人基于这些已开发的油田，虽然对黄河口地区的烃源岩特征和油源特征已开展一定程度的研究，普遍认为黄河口凹陷以沙三段优质烃源岩供烃为主，推测了黄河口凹陷高硫主要来源于沙四段烃源岩，但是对于该地区稠油形成机理和稠化主控因素研究较少。本次研究通过对稠油来源、原油差异稠化控制因素的分析，为渤中 29 构造区稠油开采和下一步油气勘探提供指导。

1 区域概况

黄河口凹陷位于渤海海域南部地区，北部紧邻渤南低凸起，南接莱北低凸起，凹陷总面积约为 2570km²[6-7]，由郯庐断裂带南段所贯穿，被东西两支走滑断裂所分割，东支走滑断裂将黄河口凹陷与庙西凹陷分割，西支走滑断裂切割凹陷主体部分，形成东西两部分，东侧凹陷内部转换带又进一步分割凹陷，因此，根据黄河口凹陷内部结构可以划分为西洼、中洼和东洼 3 个次级洼陷(图 1)。目前在东洼和中洼已发现多个油田，而研究区渤中 29 构造区位于黄河口凹陷北部陡坡带之上，紧邻渤南低凸起南部边界断层，由东洼和中洼共同夹持，具有双洼供烃的有利位置，油气发现主要集中在馆陶组和明化镇组下段，呈现为浅层成藏的特征。

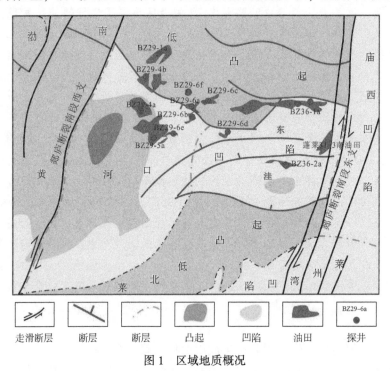

图 1　区域地质概况

2 原油物性特征

渤中 29 构造区目前已发现原油主要位于 2000m 以内，以新近系浅层为主，其中渤中 29-1、渤中 29-4 和渤中 29-5 地区构造原油物性较好，为中—重质油，密度为 0.90～0.93g/cm³，黏度为 11.84～123.8mPa·s(平均值为 50.21mPa·s)，原油中含硫量为 0.14%～0.25%(平均值为 0.18%)，主要为低硫原油；而渤中 29-6 地区原油物性较差，为重质稠油，密度为 0.91～0.99g/cm³(平均值为 0.97g/cm³)，黏度为 50.75～2823mPa·s(平均值为 1012.7mPa·s)，随着深度变浅，黏度和密度呈现逐渐增大的趋势，原油中含硫量为 0.24%～2.35%，平均为 0.66%，表现出低硫油和高硫油两种原油性质，但是整体以低硫油为主，其中 BZ29-6c 和 BZ29-6d 井区原油性质相对复杂，既有低硫油，又有高硫油(图 2)，说明该地区可能存在多套供烃源岩。

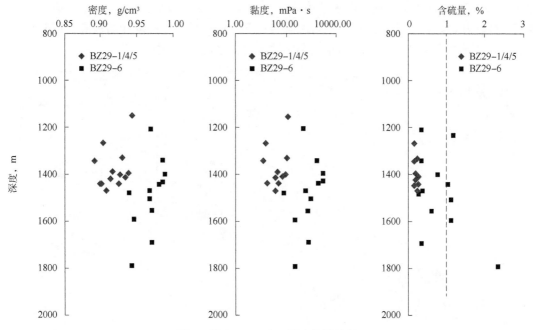

图 2　渤中 29-6 地区原油物性特征

3　原油来源分析

在油源分析过程中，伽马蜡烷和 17α-重排藿烷/18α-30-降新藿烷（下文简写为 $C_{30}*/C_{29}Ts$）常作为反映沉积环境的重要指标。一般来说，伽马蜡烷含量越高，说明原始沉积环境越咸，$C_{30}*/C_{29}Ts$ 值越高，反映水体环境氧化性越强。前人普遍认为黄河口凹陷以沙三段优质烃源岩供烃为主，沙一二段和东三段烃源岩成熟相对较低，贡献较弱[8-10]，同时还认为黄河口凹陷东洼高硫主要来源于沉积环境相对咸化的沙四段烃源岩[11-12]。

由于渤中 29-6 构造区位于中洼和东洼之间，具有双洼供烃的特点，已发现原油性质也表现出高硫油和低硫油两种不同的特点，在色质特征上，不论是高硫原油还是低硫原油，都具有 $C_{27}>>C_{28}<C_{29}$ 的 L 形分布特征，具有明显的 C_{27} 甾烷优势，说明原油都主要来源于低等生物的藻类生源，但是供烃源岩形成环境具有较大差异性，低硫油具有低伽马蜡烷、低 C_{35}-升藿烷、高 4-甲基甾烷的特征，指示供烃源岩形成于相对淡化的沉积环境，而高硫油具有中—高伽马蜡烷、C_{35}-升藿烷"翘尾"、中—低的特征，指示供烃源岩形成于相对咸化的沉积环境，说明渤中 29-6 构造区来源于两套不同的供烃源岩。

通过详细的对比分析发现，BZ29-6a、BZ29-6b 和 BZ29-6e 井区原油含硫量较低，含量为 0.24%~0.35%；伽马蜡烷含量较低，$C_{30}*/C_{29}Ts$ 值较高，C_{35}-升藿烷含量较低，4-甲基甾烷含量较高；甾烷异构化程度相对较高，与渤中 29-4 和渤中 29-5 地区原油特征相似，说明两者来源于相同的供烃源岩，以中洼沙三段烃源岩供烃为主。

而 BZ29-6c、BZ29-6d 井区相对复杂，既有低硫油，又有高硫油，BZ29-6c 井区在明化镇组原油含硫量较低，为 0.33%~0.74%，伽马蜡烷含量较低，$C_{30}*/C_{29}Ts$ 值较高，C_{35}-升藿烷含量较低，4-甲基甾烷含量较高，甾烷异构化程度相对较高，与渤中 29-4 和渤中 29-5 地区特征相似，主要来源于中洼沙三段烃源岩的贡献。而 BZ29-6c、BZ29-6d 井区含硫量为

$0.59\% \sim 2.35\%$，处于高硫油与低硫油边界处，伽马蜡烷含量较低，$C_{30}*/C_{29}Ts$ 值分布范围较宽，C_{35}-升藿烷含量较低，4-甲基甾烷含量较低，甾烷异构化程度相对较高，同时具有东洼和中洼原油的共同特征，表现出东洼和中洼混合供烃的特征(图 3)。

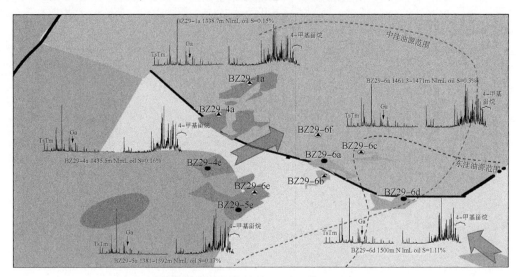

图 3　原油生物标志化合物特征平面分布图

4　浅层原油稠化主控因素分析

4.1　二次充注强度决定整体原油物性分布

原油中轻质组分越高，物性越好；生物降解作用导致轻质组分变少，重质组分相对含量急剧增加，物性急剧变差；二次充注作用使得稠油中轻质组分增加，从而改善原油物性[13]。从本区原油的生标特征就可以看出，本区原油都遭受了 6 级以上的严重生物降解，但渤中 29-1 构造、渤中 29-4 构造和渤中 29-5 构造原油物性比渤中 29-6 构造明显更好，主要原因就是由于渤中 29-1 构造、渤中 29-4 构造和渤中 29-5 构造二次充注作用比渤中 29-6 构造强，原油物性得到改善所致(图 4)。

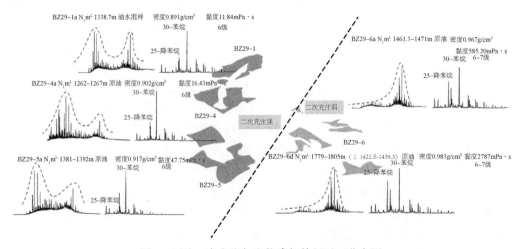

图 4　原油二次充注与生物降解特征平面分布图

二次充注的强度主要由油气运移距离控制，本次研究中，通过以下几个证据推测油气运移距离的远近：根据前文所述，渤中29构造区原油主要来自黄河口中洼，只有局部地区存在少量黄河口东洼贡献。从指标对比特征来看，由于沙一段生烃能力有限，离油源越近，混入量越大，另外，成熟度越高，离油源越近。从图5上可以看出，渤中29-4构造、渤中29-5构造沙一段混入量最大，渤中29-1构造混入量次之，渤中29-6构造混入量最小，因此可以推断渤中29-4构造、渤中29-5构造离油源最近，渤中29-1构造其次，渤中29-6构造最远。从成熟度特征来看，渤中29-4构造、渤中29-5构造成熟度最高，渤中29-1构造次之，渤中29-6构造成熟度最低，同样可以得出上述结论(图6)。从烃源灶发育的位置来看，渤中29-4构造、渤中29-5构造和渤中29-1构造更靠近烃源灶，渤中29-4构造、渤中29-5构造可以通过断层直接沟通烃源灶进行运移，油气运移距离短；渤中29-6构造远离油源，且断层不能直接沟通烃源灶，需要通过砂体—不整合进行侧向长距离运移，油气运移距离长。

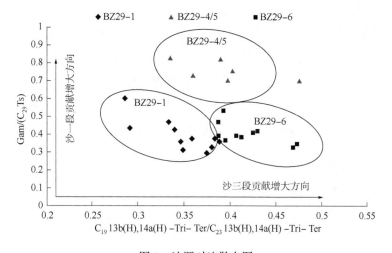

图5　油源对比散点图

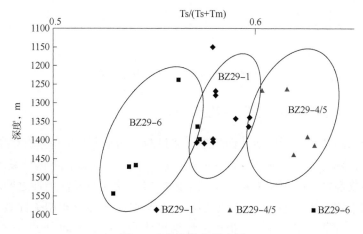

图6　成熟度分布散点图

综合上述分析，认为本区有3条油气运移方向，中洼2条为主运移方向，东洼为次要运移方向，离烃源岩灶距离与二次充注强度相关性较好，表明离烃源灶越近，二次充注作用越强，从渤中29-4构造、渤中29-5构造至渤中29-1构造方向整体离油源较近，二次充注作用强；从渤中29-4构造、渤中29-5构造至渤中29-6构造方向整体离油源远，二次充注作用弱(图7、图8)。

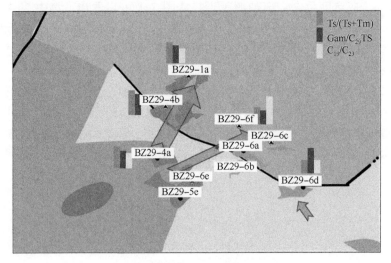

图7　平面油气运移路径图

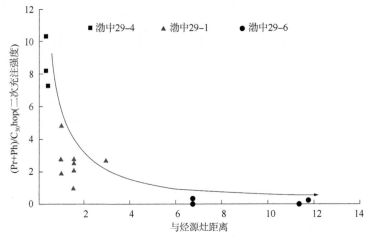

图8　离烃源灶距离与二次充注强度相关关系图

4.2　断层活动性控制远源区原油物性分布

活动断层控制的油藏，断层活动性越强，通过断层为油藏生物降解提供的水、氧气等养分越多，原油生物降解作用越强烈，造成原油黏度越大。通过统计本区已发现油藏高点处断层活动性与原油物性之间的相关关系，发现全区断层活动性与原油物性之间相关性并不好，但是，通过更加细致的统计分析，发现断层活动性与原油物性分布相关性具有分区性特征：远源区相关性好，近源区相关性差。根据统计结果认为，远源的渤中29-6构造区基本不受二次充注作用的影响，原油物性主要受断层活动性控制；近源的渤中29-4、渤中29-5、渤中29-1地区原油物性受二次充注作用控制，原油黏度普遍较小，与断层活动性没有明显的相关性。

4.3 原生稠油二次稠化作用加剧原油稠化

高硫原油来自黄河口凹陷东洼，烃源岩母质类型偏咸化环境，由于排烃期早，易形成低熟的原生稠油。统计了多个稠油油田油源族组分发现，原油物性与烃类/非烃类相关性好，其值越小，物性越差，原生稠油烃类/非烃类含量低于常规原油，在同等降解级别的情况下，原生稠油生物降解残留物(胶质和沥青质)积累更多，物性更差。由于原油中高酸值主要是生物降解造成的[14]，因此可以用酸值反映生物降解级别。BZ29-6c 和 BZ29-6e 井区原油由于混入了低熟的原生稠油，导致同等生物降解级别下，加剧原油稠化，原油物性更差；从统计结果可以明显看出，同等生物降解级别下，BZ29-6e、BZ29-6c 井区高硫原油物性比 BZ29-6a、BZ29-6b 和 BZ29-6e 井区正常原油差(图9)。

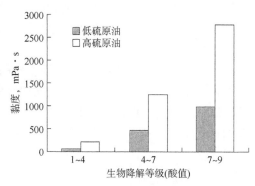

图 9　低硫原油与高硫原油在不同生物降解等级条件下原油物性分布特征

5　渤中 29 构造区原油分类

综上所述，渤中 29-1、渤中 29-4 和渤中 29-5 地区受二次充注作用强烈，导致该地区原油稠化作用较弱，原油物性非常好；渤中 29-6 构造整体受断层活动性控制，稠化作用强烈，整体原油物性较差，断裂活动性越强，物性越差，其中 BZ29-6d/g 井区还受母源条件影响，东洼来源油气伴随强烈的断裂活动，稠化作用最强，原油物性最差。基于上述原油差异稠化主控因素分析，对渤中 29 构造区整体可以划分为四种类型的原油。

一类原油：该类原油主要分布于 BZ29-6a、BZ29-6b、BZ29-6e 井区，渤中 29-1、渤中 29-4、渤中 29-5 地区，其离黄河口中洼成熟油源近，二次充注作用强，原油物性好。

二类原油：该类原油主要分布于 BZ29-6d、BZ29-6g 井区，其离黄河口中洼成熟油源较远，二次充注作用弱，而且受到黄河口东洼低成熟油源影响，原油物性受断层控制、低成熟油源双重影响，原油物性差。

三类原油：该类原油主要分布于 BZ29-6c、BZ29-6f 和 BZ29-6h 井区，其相对二类原油离黄河口中洼成熟油源更近，具有一定程度的二次充注，原油物性受断层主控，可能会受到二次充注影响，物性变化复杂，原油物性中等。

四类原油：该类原油主要分布于渤中 29-6 构造区北部，其离黄河口中洼成熟油源远，二次充注作用弱，且断层活动性强，预测原油物性可能较差。

6　结论

(1) 渤中 29-6 构造区稠油主要由次生生物降解作用形成，伴随一定原生稠油贡献。其油源特征为东洼沙四段烃源岩和中洼沙三段烃源岩贡献，东洼原油主要为高硫油，具有高伽马蜡烷、低 $C_{30}*/C_{29}Ts$ 值、高 C_{35}-升霍烷/C_{34}-升霍烷值、较低 4-甲基甾烷、较低成熟度的特征，由于充注强度有限，主要分布在 BZ29-6c 和 BZ29-6d 井区。中洼原油主要为低硫油，具有低伽马蜡烷、高 $C_{30}*/C_{29}Ts$ 值、低 C_{35}-升藿烷/C_{34}-升藿烷值、较高 4-甲基甾烷、较高成熟度的特征，充注能力较强，整个渤中 29 构造区都有贡献。

（2）渤中 29 构造区浅层原油稠化受控于二次充注强度、断层活动性和原生稠油二次稠化三因素，二次充注作用是原油物性的主控因素，二次充注作用越强，原油呈现低黏特征。二次充注作用弱的地区，断层活动控制原油稠化等级，断层活动性越强，生物降解作用越明显，原油物性越差，而原生稠油会加剧原油稠化，即使遭受较弱的生物降解作用，也可形成高黏度稠油。

（3）基于渤中 29 构造区，原油差异稠化主控因素分析，对渤中 29 构造区整体可以划分为四种类型的原油：一类原油二次充注作用强，原油物性最好；二类原油和四类原油主要受控断层活动强度，稠化最严重，物性最差，同时二类原油还受低熟—高硫原油的影响，加剧原油稠化作用；三类原油受三因素共同控制，由于具有一定程度的二次充注作用，原油物性居中。

参 考 文 献

[1] 胡守志，张冬梅，唐静，等. 稠油成因研究综述[J]. 地质科技情报，2009，28(2)：94-97.

[2] 邱桂强，李素梅，庞雄奇，等. 东营凹陷北部斗坡带稠油地球化学特征与成因[J]. 地质学报，2004，78(6)：854-862.

[3] 朱芳冰，肖伶俐，唐小云，等. 辽河盆地西部凹陷稠油成因类型及其油源分析[J]. 地质科技情报，2004，23(4)：55-58.

[4] 李春梅，李素梅，李雪，等. 山东东营凹陷八面河油田稠油成因分析[J]. 现代地质，2005，19(2)：279-286.

[5] 李素梅，庞雄奇，高先志，等. 辽河西部凹陷稠油成因机制[J]. 地球科学，2008，38(增刊1)：138-149.

[6] 姜雪，吴克强，刘丽芳，等. 黄河口凹陷烃源岩特征及其在层序地层格架中的分布[J]. 西北大学学报（自然科学版），2018，48(2)：709-717.

[7] 吴克强，姜雪，孙和风. 近海富生油凹陷湖湘烃源岩发育模式——以黄河口凹陷古近系为例[J]. 地质科技情报，2015，34(2)：63-69.

[8] 傅强，刘彬彬，徐春华，等. 渤海湾盆地黄河口凹陷构造定量分析与油气分析富集耦合关系[J]. 石油学报，2013，34(增刊2)：112-119.

[9] 许婷，侯读杰，赵子斌，等. 渤海湾盆地黄河口东洼优质烃源岩发育控制因素[J]. 东北石油大学学报，2017，41(2)：11-18.

[10] 孙和风，周心怀，彭文绪，等. 渤海南部黄河口凹陷晚期成藏特征及富集模式[J]. 石油勘探与开发，2011，38(3)：307-313.

[11] 汤国民，王飞龙，王清斌，等. 渤海海域莱州湾凹陷高硫稠油成因及其成藏模式[J]. 石油与天然气地质，2019，40(2)：284-293.

[12] 朱芳冰，肖伶俐，唐小云. 辽河盆地西部凹陷稠油成因类型及其油源分析[J]. 地质科技情报，2004，23(4)：55-58.

[13] 牛君，黄海平，蒋文龙，等. 乐安油田多期次充注及生物降解作用对稠油黏度的影响分析[J]. 地球化学，2016，45(5)：441-450.

[14] 窦立荣，侯读杰，程顶胜，等. 高酸值原油的成因与分布[J]. 石油学报，2007，28(1)：8-13.

渤中凹陷西部洼陷区
新近系油气控藏模式与勘探实践

李 龙 张新涛 刘 腾 徐春强 张 震

[中海石油(中国)有限公司天津分公司渤海石油研究院]

摘 要：为明确渤中凹陷西部洼陷区新近系油气控藏规律，在渤中西洼油气勘探成果及成藏特点整体解剖的基础上，重点分析深层汇聚脊、断层和泥岩盖层三要素对新近系油气平面运聚和空间分布的控制作用，首次提出了"脊—断—盖"联控成藏模式。研究结果表明，汇聚脊控制油气汇聚部位，断层的发育程度控制新近系油气充注层位，泥岩盖层的厚度制约馆陶组油气富集。深层汇聚脊、断裂和泥岩盖层的有效配置共同决定了洼陷区具备形成大规模油气藏的条件。在此成藏规律指导下，滚动钻探了渤中 8-4S 构造，取得了商业成功，进一步证实了"脊—断—盖"控藏模式在洼陷区勘探中的可行性，对深化洼陷区油气成藏认识和下一步寻找有利勘探目标都具有重要意义。

关键词：渤中西洼；洼陷区；新近系；汇聚脊；断裂；泥岩盖层

渤中凹陷处于渤海海域中部，是渤海海域主要的富油气凹陷之一。早期在源控论、晚期成藏理论指导下[1-9]，油气勘探以新近系为主要目的层，坚持以富生烃凹陷及其周围的凸起区为主要勘探方向，先后在石臼坨凸起、沙垒田凸起和渤南凸起发现秦皇岛 32-6、曹妃甸 11/16、蓬莱 19-3 等多个亿吨级油田，累计上报国家三级石油地质储量 $18×10^8m^3$。

随着凸起及其围区勘探程度的不断提高，勘探难度日益增大，传统认识指导在凸起区中浅层大规模油气田的勘探愈发困难。洼陷区成为下一步勘探的主要方向，通过对渤中凹陷西部地区精细构造解释，洼陷区内部结构逐渐清晰，"洼中脊"成为凹陷区油气汇聚的典型背景，对渤中西洼洼陷区进行了精细构造解释及圈闭梳理，开展油气成藏研究及勘探部署，先后发现 CFD6-4、CFD12-6—BZ8-4 和 BZ13-1S 三个新近系亿吨级规模增储区。笔者在总结渤中西洼勘探成果的基础上，重点解剖了洼陷区浅层油气成藏特征，探讨洼陷区新近系油气富集机理，以期对渤海海域及其他类似地质背景地区的油气勘探提供一定的借鉴意义。

1 区域地质概况

渤中西洼位于渤海海域西部，面积约 $2000km^2$，其北临石臼坨凸起，西邻沙垒田凸起，东与渤中凹陷主体相接(图 1)。研究区自下而上发育古近系沙河街组(Es)、东营组(Ed)，新近系馆陶组(Ng)、明化镇组(Nm)以及第四系平原组(Qp)。截至 2019 年底，洼陷区先后发现渤中 8-4、曹妃甸 6-4 和曹妃甸 12-6 等油田，累计发现油气储量 $3.2×10^8m^3$，其中明下段 X，馆陶组 Y，近 80% 油气分布在新近系明化镇组下段、馆陶组。

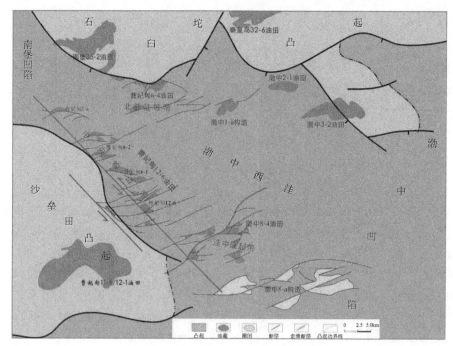

图 1　渤海海域渤中西洼区域位置图

1.1　构造特征

在区域研究、整体解剖的基础上，渤中西洼发育多个基底古隆起，根据洼陷与隆起的分布特征，进一步明确"一洼三带"的构造格局，主要包括西洼、北部陡坡带、中央构造带和洼中隆起带。这些古隆起区具有优越的油气成藏条件，控制了大型圈闭的发育和油气运移优势区。

渤中西洼受控于北西向的张家口—蓬莱断裂和北东向郯庐断裂的双向动力影响，相干切片明显看到渤中西洼东西两侧边界北西向断层与多组近似平行的北东向断层平面上形成"网格状"展布。该区深层主要发育北西向断裂和北东向断裂，北西向基底断裂多分布在沙垒田凸起边界，断裂规模大，控制曹妃甸 12-6 油田区"洼—隆"相间格局；古近系派生出近南北向拉伸应力场，伴生的北东向断裂在洼陷内较为发育，控制渤中 8-4 油田基底隆起形态。双向断裂交织成网状展布特征，形成了渤中西洼古近系地层"隆—凹"相间的构造格局。浅层断裂以北东向和近东西向为主，多为雁列展布特征，进一步形成了研究区复杂的断裂系统（图 2）。

1.2　沉积特征

根据岩心、壁心和岩屑描述，综合各种分析化验和测井曲线等资料，结合区域沉积环境综合分析认为，渤中西洼明化镇组和馆陶组主要发育曲流河、极浅水三角洲和辫状河沉积。

明化镇组上段和明化镇组下段Ⅰ、Ⅱ油组主要发育曲流河沉积，砂体呈朵叶状展布，河道规模较大，泥岩颜色为黄褐色、灰色，岩性组合表现为砂泥互层或砂包泥的特点，砂岩含量为 45.1%~54.3%，平均为 49.1%。曲流河沉积垂向模式具有二元结构特征，沉积亚相以

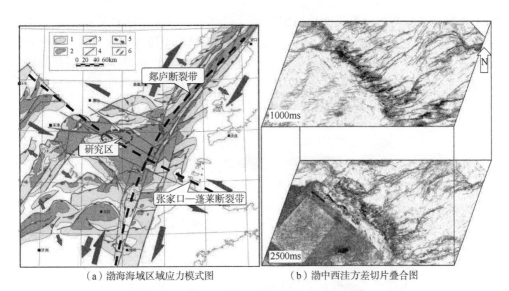

（a）渤海海域区域应力模式图　　　（b）渤中西洼方差切片叠合图

图2　渤海海域渤中西洼构造特征平面展布图

1—凸起区；2—凹陷区；3—边界断层；4—走滑断裂；5—拉张应力方向；6—走滑方向

河床和河漫为主。明化镇组下段Ⅲ、Ⅳ、Ⅴ油组主要发育极浅水三角洲沉积，砂体呈窄河道状展布，河道规模较小，河道走向为北东—南西向，泥岩颜色为灰绿色、红褐色，岩性组合表现为泥包砂或砂泥薄互层的特点，储层相对较差，砂岩含量为22.8%～23.3%，平均为23.1%，沉积亚相以极浅水三角洲前缘和平原为主。明化镇组储层孔隙度为20.9%～37.1%，渗透率为151.5～4549.0mD，物性以高—特高孔、高—特高渗透为主。

馆陶组为辫状河沉积，储层发育，平面上差别不大，砂岩含量为74.8%～87.2%；纵向上，Ⅰ、Ⅱ、Ⅲ、Ⅴ油组储层发育，分布稳定，展布范围广，砂体叠置连片，砂岩含量为71.5%～88.3%，Ⅳ油组储层发育程度相对较差，表现为泥岩夹薄层砂岩的岩性组合特征，泥岩含量较高，砂岩含量为38.2%～54.1%。沉积测井曲线形态整体为正韵律，以齿化箱型为主，发育心滩和河漫滩沉积微相。根据壁心化验分析，馆陶组油层段孔隙度为22.6%～32.0%，渗透率为228.2～5544.3mD，以中—高孔、高—特高渗透储层为主。

2　油田基本特征

2.1　油层分布特征

研究区以新近系为勘探层系，先后在渤中8-4、曹妃甸6-4和曹妃甸12-6等构造获得较好的油气发现，呈现环洼满带含油的特征。从油层分布来看，主要集中在明化镇组和馆陶组，不同构造区带含油层位差异性明显：

（1）纵向上，油气分层系差异性明显（图3）。该区古近系东营组、沙河街组仅局部见零星油气显示，但油层较少，油气主要富集在新近系明化镇组和馆陶组。

（2）平面上，各区带新近系油气分布具有不均衡性。

① 中央构造带：北部曹妃甸6-1构造和曹妃甸6-2构造的油气主要集中分布于馆陶组，油层最大厚度达64.8m，明化镇组仅少数井于明化镇组下段底部见零星薄油层；南部曹妃甸12-6构造在明化镇组下段和明化镇组上段均获得较好的油气发现，单井油层最大厚度为

125.7m，油气层主要集中分布于明化镇组下段，局部井区富集于明化镇组上段，该区带自北向南，油气富集层位由馆陶组→明化镇组下段→明化镇组上段逐渐上移，规律性明显。

②洼中隆起带：靠近主干运移断裂核心区油气富集在明化镇组下段，西块/渤中8-4S构造区富集在馆陶组，油气分布由花心内带→花心外带→花瓣带，油气富集层位下移，差异性明显。

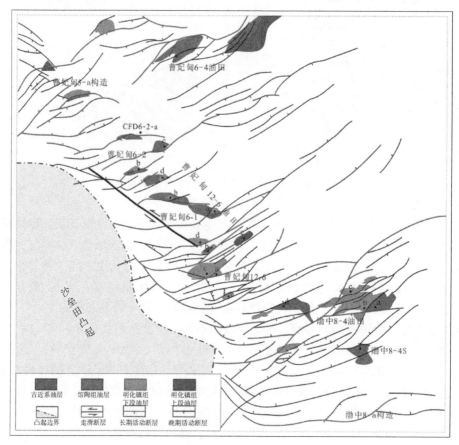

图3 渤中西洼断裂及油气平面分布图

2.2 油藏特征

（1）流体性质。明化镇组原油为中—重质原油，具有黏度高、胶质沥青质含量中等、含蜡量低等特点；地面原油密度为 0.887~0.952g/cm³，黏度为 21.88~621.70mPa·s，单井测试提产高达 73.6~111.8m³。馆陶组以轻—中质原油为主，具有黏度低、胶质沥青质含量中等、含蜡量高、含硫量低、凝点高等特点；地面原油密度为 0.853~0.909g/cm³，黏度为 7.62~611.2mPa·s，单井测试提产高达 141.6~343.6m³。

（2）油藏类型。渤中西洼油藏主要为复杂断块油藏，断块内油藏主要受构造控制。明化镇组油藏局部受砂体分布范围控制，具有"一砂一藏"的特点，纵向上具有多套油、气、水系统，有边水油藏、底水油藏和带气顶油藏，油气充注能力决定了烃柱高度，平均烃柱高度为 23.3m，油藏类型主要为岩性—构造油藏；馆陶组油水分布主要受构造因素控制，纵向上发育多套油水系统，以底水油藏为主，平均烃柱高度为 29.2m，油藏类型为构造油藏。

3 新近系控藏规律及差异成藏分析

渤中西洼浅层油气富集与成藏要素脊、断之间空间配置关系研究发现，研究区油气自深层烃源岩向新近系圈闭进行长距离、大规模聚集成藏，油气富集规律明显受到构造脊、断裂两大因素控制[11]。通过对已发现油藏的解剖，该区不同层系油气富集主控因素具有较大的差异性。

3.1 脊—断耦合共同控制洼陷区浅层油气富集

3.1.1 深层汇聚脊控制浅层油气富集区带

深层汇聚脊控制浅层油气的富集，汇聚脊作为油气优势运移路径上的"仓库"，能大量横向聚油，为浅层高丰度油藏形成提供充沛的动力。钻探证实，油气成藏时期汇聚脊的具体形态决定了油气运移的路径，制约着油气的运聚。油气往往向低势区运移聚集，因此"脊运聚"是油气成藏的关键过程，汇聚脊的展布特征控制了油气"优势运移"的方向、路径与规模。

研究区深层汇聚脊与洼陷区沙河街组烃源岩直接接触，烃源岩排出的油气优先向更低势汇聚脊高速运移、汇聚，汇聚脊的形态在一定程度上影响汇烃效率。凹陷区目前已经发现的3个油田均分布在汇聚脊发育的部位(图4)，油气富集受汇聚脊控制明显。统计发现，汇聚脊形态与其汇烃能力密切相关(表1)，以洼陷区曹妃甸12-6—渤中8-4油田为例，渤中8-4

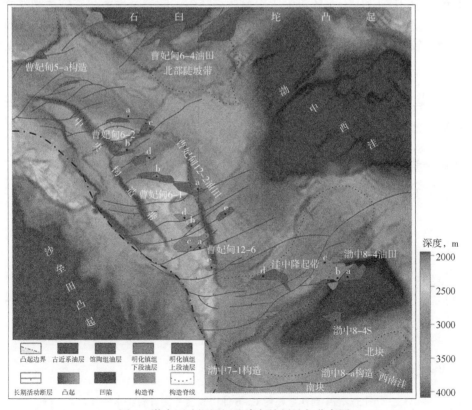

图4 渤中西洼深层汇聚脊与浅层油气分布图

油田汇聚脊面积最大、幅度最陡，油气汇烃能力最强，储量丰度最高(高达 379.63×10⁴t/km²)；而曹妃甸 12-6 油田南部 CFD12-6/6-1 区块汇聚脊面积较大、埋深浅、幅度较陡，油气汇烃能力较强，储量丰度也较高[(260.3~392.5)×10⁴t/km²]，整体上油气较富集；相比前者，北部 CFD5-a 区块汇聚脊面积较小，汇烃能力较弱，储量丰度低(157.7×10⁴t/km²)，油气富集程度相对较差。汇聚脊形态在一定程度上决定了汇聚油气能力，汇聚脊面积越大、埋深越浅、幅度越陡，油气的汇聚能力越强，油气越富集。

表 1　渤中西洼中央构造带古构造脊大小及油气汇烃能力

构造区块	面积 km²	高点埋深 m	幅度		与烃源岩接触关系	探明地质储量，10⁴t	储量丰度 10⁴t/km²	油气富集层位	汇烃能力
BZ8-4	163.7	2860	1700ms	陡	长轴	3469.9	379.6	明化镇组、馆陶组	强
CFD12-6	67.8	2280	660ms	陡	长轴	1828.9	237.5	明化镇组	较强
CFD6-1				较陡		1262.3	260.3	馆陶组	较强
CFD6-2	26.2	2500	220ms	较陡	短轴	1137.0	286.4	馆陶组	较强
CFD5-a	33.9	2680	100ms	缓	长轴	504.5	157.7	明化镇组、东营组	一般

3.1.2　断裂的发育程度控制油气的垂向充注层位

北部中央构造带曹妃甸 12-6 油田，受多条北东向油源大断裂与派生断裂构成的复杂断裂带控制，从断裂发育程度来看，油源大断裂均切穿深层汇聚脊，连通烃源岩/深部油藏(CFD12-6)。其中，CFD12-6 区块由于构造活动强烈，断裂密度大，整体活动性强，油气充注至明化镇组上段、明化镇组下段，而相邻的 CFD6-1/2 区块仅发育一组北东向油源断裂，次级断裂较不发育，整体断裂密度小，受断裂发育程度影响，油层主要集中在馆陶组(图 5)。

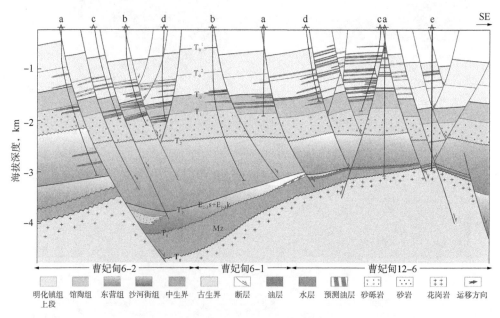

图 5　渤中西洼曹妃甸 12-6 油田断裂特征与油气分布图

中央构造带渤中 8-4 油田，受控于油源大断裂 F1、F2 所构成的复杂断裂带，其中 F1、F2 断裂均切脊、入源；油气富集受控于 F1、F2，越靠近主干油源大断裂，次级断裂越发育，断裂活动性越强，油气充注能力越强，富集层位越浅，油气分布在明化镇组；而油田西块（d 井区）、BZ8-4S 块，由于远离油源断裂 F1、F2，油气仅充注在馆陶组顶部，这与油气平面分布由花心内带、花心外带到花瓣带，油气富集层位逐渐下移相吻合（图 6）。

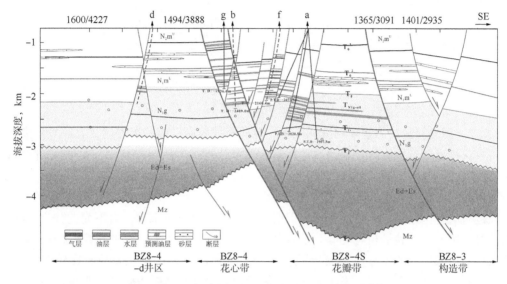

图 6　渤中西洼渤中 8-4 油田断裂特征与油气分布图

因此，油源大断裂控制了复杂断块型圈闭群油气富集的主要场所，断裂带构造活动越强，次级断裂越发育，相应的油气垂向充注能力越强，油气富集层位越浅。

3.1.3　脊—断控制洼陷区油气富集带

汇聚脊是浅层油气成藏的根本，断裂的发育程度影响浅层充注层位。"脊—断"联控是指洼陷区内汇聚脊与切脊断层共同控制的浅层新近系油气富集带。研究区深层汇聚脊与沙河街组烃源岩大面积直接接触，油气优先向汇聚脊运移，当油气在汇聚脊高部位汇聚之后，通过晚期大量发育的贯穿汇聚脊的活动性断裂垂向运移至浅层成藏，油源断裂与派生断裂制约浅层油气充注能力，进而影响油气富集层位。

3.2　不同层系油气富集规律差异性分析

3.2.1　断—砂耦合关系影响明化镇组下段油柱高度，构造宽缓区是明化镇组下段高丰度富集区

精细研究表明，受纵向沉积砂体展布影响，明化镇组下段油气主要集中在明化镇组下段 Ⅰ＋Ⅱ油组；从构造位置来看，研究区明化镇组下段共钻 20 口探井，探明石油储量达 3186. 16×10⁴t，平均单井地质储量为 159. 31×10⁴t。位于构造宽缓区块的 CFD12-6-c、BZ8-4-b 井区，探明储量达到 1532. 54×10⁴t，占到明化镇组下段总储量的 48.10%，单井平均地质储量为 766. 27×10⁴t。钻井表明，复杂断裂带构造宽缓区是明化镇组下段寻找高丰度油气富集块的有利区带。

对于明化镇组岩性砂体油气成藏，前人在渤海海域已经做过大量详细研究，浅层砂体成

藏主要受控于断砂耦合关系,研究区明化镇组下段含油砂体的油柱高度、充满度与断砂耦合同样具有较好的正相关性(图7)。

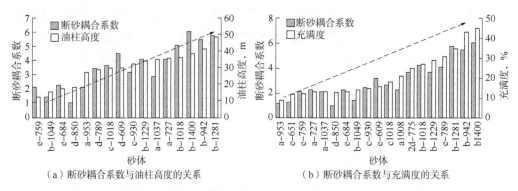

（a）断砂耦合系数与油柱高度的关系　　（b）断砂耦合系数与充满度的关系

图7　渤中西洼浅层明化镇组断砂耦合系数与油柱高度、油气充满度的关系

3.2.2　泥岩厚度制约馆陶组油气成藏,反向断层控制低幅构造圈闭是其油气富集区

研究区极富砂型馆陶组发现储量占洼陷区储量的59%,达到5017.32×10⁴t,馆陶组逐渐成为环渤中地区洼陷区的重要勘探层系。本文在分析研究区馆陶组勘探成果的基础上,重点分析薄层泥岩对极富砂型馆陶组油气成藏的影响。

通过对研究区馆陶组砂体构型、成因模式及储盖组合分析来看,自下而上分为三段,其中馆下段、馆上段含砂量相对较低,砂岩含量为45%~70%,泥岩相对发育(多在2~15m),储盖组合相对较好[图8(a)]。从油层分布来看,馆陶组内部油层主要分布在馆下段、馆上段,单层厚度最高达32.4m。统计发现,馆陶组泥岩厚度与油层厚度呈现明显正相关性,当馆陶组内部泥岩厚度大于4.0m时,馆陶组油层较发育,馆陶组内部泥岩盖层条件制约油气的聚集成藏[图8(b)]。

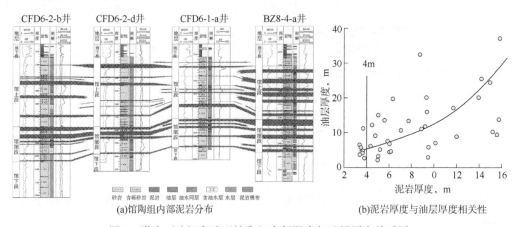

(a)馆陶组内部泥岩分布　　(b)泥岩厚度与油层厚度相关性

图8　渤中西洼极富砂型馆陶组内部泥岩与油层厚度关系图

对于极富砂型馆陶组油气成藏,除了内部泥岩盖层的分布影响油气成藏外,断层的侧向封堵性对油气保存尤为重要[12],是馆陶组油气成藏的关键。研究区馆陶组油藏主要受反向断裂控制圈闭所控制,反向控圈断裂具有断距大、活动性强(断距一般大于150m),对接盘(明化镇组下段Ⅲ、Ⅳ油组)砂地比低的特点,砂泥对接封闭性较好。采用断层泥比率(SGR)可以保证断层的封闭能力,当SGR>0.25时,馆陶组容易成藏,成藏率达94.7%。总的来说,反向断层控制的圈闭,由于断层活动性强、断距较大,多与明化镇组下段侧向接

触，侧封条件较好，馆陶组容易成藏(图9)。

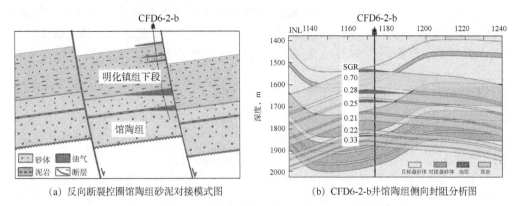

(a) 反向断裂控圈馆陶组砂泥对接模式图　　(b) CFD6-2-b井馆陶组侧向封阻分析图

图9　渤中西洼新近系极富砂型馆陶组断层封堵性分析

3.3　洼陷区油气运聚模式

通过对洼陷区新近系差异富集成藏主控因素的深入剖析，最终建立新近系"脊—断—盖"三元控藏模式(图10)：脊—断联合控制了油气平面的富集块和纵向富集层位，汇聚脊是深层油气初次汇聚的有利方向，断层活动性和发育程度控制了油气垂向运移效率；断—盖耦合控制馆陶组油气富集块，馆陶组内部泥岩盖层的发育程度影响馆陶组油气成藏，控圈断层的封堵性制约馆陶组油气富集。

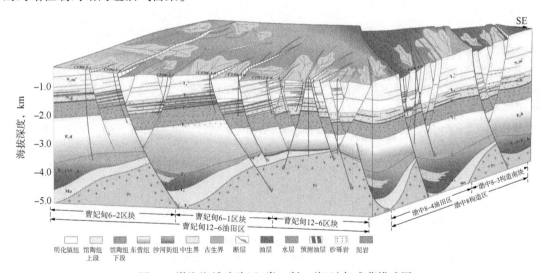

图10　渤海海域洼陷区"脊—断—盖"油气成藏模式图

4　勘探实践

环渤中凹陷在"脊—断—盖"联控成藏规律指导下进行了一系列有利区带筛选，在洼陷区滚动钻探渤中8-4S构造，在馆陶组获得较好的油气发现，证实了"脊—断—盖"联控油气成藏模式的有效性。

渤中8-4S构造位于渤中8-4油田南部，下部紧邻生油岩，浅层馆陶组为一系列反向断层控制的断鼻、断块型圈闭。油气综合成藏研究认为渤中8-4S构造与渤中8-4油田具有相似的成藏背景，深层汇聚脊发育；油源断裂与极富砂型馆陶组共同构成良好的油气运移通道。该构造符合"脊—断—盖"联控成藏模式，具备良好的油气汇聚条件。其上钻探的BZ8-4S-a井共钻遇油层厚度高达69.5m(集中在馆陶组)，三级石油地质储量达1581×10⁴t。

5 结论

（1）渤中西洼油气主要集中分布在活动性断裂带，纵向上主要分布在新近系明化镇组和馆陶组，平面上油气分布具有不均衡性，呈现差异富集的特征。

（2）渤中西洼汇聚脊控制油气初期运移的有利方向，构造脊面积越大、埋藏越浅，汇烃能力越强；断层控制油气的垂向运移效率，断裂活动性强，密度大，垂向输导效率越高，越有利于油气向浅层运移；馆陶组泥岩盖层的发育程度影响馆陶组内部油气成藏。

（3）脊—断联合控制了油气平面的富集块和纵向富集层位，断—盖耦合制约新近系馆陶组油气富集块，最终建立洼陷区新近系"脊—断—盖"三元控藏模式。

参 考 文 献

[1] 薛永安，韦阿娟，彭靖淞，等. 渤海湾盆地渤海海域大中型油田成藏模式和规律[J]. 中国海上油气，2016，28(3)：10-19.

[2] 薛永安，王应斌，赵建臣. 渤海上第三系油藏形成特征及规律分析[J]. 石油勘探与开发，2001，28(5)：1-3.

[3] 薛永安，柴永波，周园园. 近期渤海海域油气勘探的新突破[J]. 中国海上油气，2015，27(1)：1-9.

[4] 邓运华，薛永安，于水，等. 浅层油气运聚理论与渤海大油田群的发现[J]. 石油学报，2017，38(1)：1-8.

[5] 周心怀，王德英，张新涛，等. 渤海海域石臼坨凸起两个亿吨级隐蔽油气藏勘探实践与启示[J]. 石油勘探与开发，2016，21(4)：30-37.

[6] 李慧勇，周心怀，王粤川，等. 石臼坨凸起中段东斜坡明化镇组"脊、圈、砂"控藏作用[J]. 东北石油大学学报，2013，37(6)：75-81.

[7] 王昕，王永利，官大勇，等. 环渤中凹陷斜坡区浅层油气地质特征与勘探潜力[J]. 中国海上油气，2012，24(3)：12-16.

[8] 徐长贵，姜培海，武法东，等. 渤中坳陷上第三系三角洲的发现、沉积特征及其油气勘探意义[J]. 沉积学报，2002，20(4)：588-594.

[9] 米立军，段吉利. 渤中坳陷中浅层油气成藏特点及其聚集规律[J]. 石油学报，2001，22(2)：32-37.

[10] 徐春强，王德英，张新涛，等. 渤中凹陷西斜坡新近系油气成藏主控因素及有利勘探方向[J]. 地球科学与环境学报，2016，38(2)：217-225.

[11] 李龙，张新涛，张震，等. 渤海海域渤中西洼断裂控藏作用定量分析——以曹妃甸12-6油田为例[J]. 油气地质与采收率，2018，25(3)：20-28.

[12] 付广，杨敏博. 断盖配置对沿断裂运移油气的封闭作用：以南堡凹陷中浅层为例[J]. 地球科学——中国地质大学学报，2013，38(4)：783-791.

普通稠油油藏聚合物/表面活性剂复合驱配方体系实验研究

倪 晨 侯力嘉 张艳娟

（中国石油辽河油田公司勘探开发研究院）

摘 要：随着普通稠油油藏注水开发的不断深入，面临着稳油控水等技术难题，需要寻求进一步提高开采效果的途径。聚合物/表面活性剂驱（简称聚/表复合驱）被认为是改善水驱开发效果较有潜力的三次采油方法，在辽河油田 J16 块实施取得了较好效果。本文以 H1 块普通稠油油藏为研究对象，利用旋转液滴界面张力测量仪、驱替实验流程等设备，通过开展聚合物分子量、聚合物增黏性、表面活性剂界面活性以及二元复合体系性能优化等实验，设计了适合于 H1 块原油性质的最佳化学驱油体系。实验结果表明，适合于 H1 块复合驱用的聚合物为 P1、表面活性剂为 H6；建立了复合体系工作黏度优化设计方法，确定的最佳工作黏度为 60～80mPa·s。在此基础上，反推出配方体系聚合物工作黏度为 0.2%；确定最佳的聚合物/表面活性剂复合配方体系为 0.2%P1（分子量 2000 万）+0.25%H6，较水驱驱油效率增幅可达 28.34%。该技术具有较好的应用前景。

关键词：普通稠油油藏；聚/表复合驱；配方体系；实验研究

化学驱是指在注入水中添加各种化学剂，利用化学剂的化学特性，改善原油—水—岩石之间的物理化学性质，提高波及效率及驱油性能，从而提高原油采收率的采油方法。化学驱油技术根据使用的驱油剂不同，主要分为聚合物驱、表面活性剂驱、碱水驱、复合驱、泡沫驱和微生物驱等[1]。

聚合物驱油技术经过多年研究已经基本完善，但是聚合物驱后油田平均采收率也只能达到 50%，尚有一半的原油残留于地下。三元复合驱能够大幅度提高采收率，但是在大规模工业化应用中，使用强碱引起的地层黏土分散、运移、渗透率下降、结垢、采出液破乳脱水困难等问题也随之而来。聚/表复合驱是一种可以充分发挥表面活性剂降低界面张力和聚合物提高波及体积协同作用提高原油采收率的强化采油方法。既有聚合物驱提高波及体积的功能，又有三元复合驱提高驱油效率的作用，预计提高采收率 15% 左右，是一种对油藏伤害小、投入产出前景好、发展潜力大的三次采油方法，具有良好的应用前景[2-5]。

辽河油田 H1 块为普通稠油油藏，开发过程中历经了四次调整，目前已经进入高采出程度、高含水率的"双高"开发阶段。受无效注水、调驱到量、调驱阶段末注采能力下降、局部存在注不进等多种因素影响，开发效果逐年变差，亟待寻求改善开发效果的技术对策。H1 区块储层物性较好，属于中孔隙度、中渗透层，油层连续厚度大且隔夹层不发育，油藏地质条件适合化学驱的开展。聚/表复合驱这种方法虽然国内早已开展过研究，但是以往的研究主要是针对原油黏度较小的稀油油藏开展的，而将该方法应用于原油黏度相对较大的普通稠油油藏的研究未见报道。特别是通过根据注入流程沿程黏损确定井口注入液工作黏度来进一步优化配方体系的技术思路尚属首创。本文以 H1 块油藏为研究对象，开展了聚/表复合驱提高普通稠油油藏采收率实验研究，为普通稠油油藏的进一步提高注水开发效果奠定了技术基础。

1 实验条件与方法

1.1 实验材料

（1）实验用油：H1-2-K25 井原油。地层温度下（70℃），脱水脱气原油黏度为 80～100mPa·s。

（2）实验用水：该块联合站出口回注污水，矿化度为 1805.3mg/L。水质分析结果见表 1。

表 1 联合站出水水质分析数据

序号	地下原油黏度，mPa·s	水油黏度比	体系黏度，mPa·s
1	80～100	1.0	80～100
2	80～100	3.0	240～300
3	80～100	7.0	560～700

（3）实验用化学剂：本次实验用的化学剂均为收集到的厂家产品，包括 4 种 2000 万分子量聚合物（P1、P4、P6、P7）和 15 种表面活性剂（H1—H15）。

（4）岩心模型：考虑到实验目的和周期，实验选用两种规格岩心模型。聚/表复合驱配方体系确定选用人造柱状均质岩心模型，长 10cm、直径 2.5cm；复合配方体系驱油效果评价实验选用人造层内非均质岩心模型，尺寸为长 30cm×宽 4.5cm×高 4.5cm。

1.2 实验设备

实验研究中用到的设备主要包括 TX-500C 型旋转液滴界面张力测量仪、Brook-field 黏度计、高压物性分析仪、驱替实验流程、电子天平、烘箱等。

1.3 实验方法

1.3.1 聚合物性能检测
聚合物溶液配制及黏度测试执行行业标准 SY/T 5862—2020《驱油用聚合物技术要求》。
1.3.2 界面张力评价
油水界面张力测定执行行业标准 SY/T 5370—2018《表面及界面张力测定方法》。
1.3.3 驱油性能评价
配方体系驱油性能评价实验执行行业标准 SY/T 6424—2014《复合驱油体系性能测试方法》。

2 实验结果分析

2.1 聚/表复合驱单剂优选

2.1.1 聚合物选择
研究中对收集到的 4 种（P1、P4、P6、P7）2000 万分子量的聚合物，开展了黏浓关系测定，通过评价聚合物增黏性来优选聚合物。由不同类型聚合物溶液黏浓关系曲线（图1）可以看出，随着聚合物浓度的增大，聚合物溶液黏度逐渐增大，二者成正比。四种聚合物中 P6 的增黏效果相对略差。综合考虑聚合物成本等因素，选定 P1 为目标聚合物。

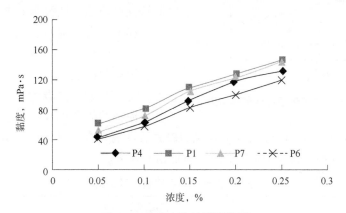

图 1　四种聚合物的增黏效果

2.1.2　表面活性剂选择

研究中通过对表面活性剂界面活性、静态吸附和乳化性能等指标进行系统评价，确定目标表面活性剂。

（1）界面活性。

分别配制浓度为 0.2% 的 15 种表面活性剂溶液，测定其与原油间的界面张力，界面张力随时间变化曲线如图2所示。按照油水界面张力 10^{-3} 数量级为超低界面张力标尺，从图2中可以看出，有 7 种表面活性剂可在 1h 内使界面张力达到超低，相对而言，H6 表面活性剂降低界面张力的效果最为显著。

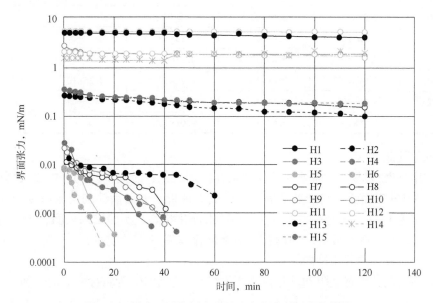

图 2　不同表面活性剂溶液界面张力随时间变化曲线

将浓度分别为 0.2%、0.25% 和 0.3% 的 H6 表面活性剂除氧密封后，在 70℃ 恒温条件下，放置 90 天后测量其与原油间的界面张力，实验结果如图3所示。达到 10^{-3} 数量级可视

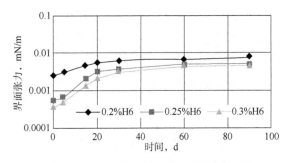

图3 H6表面活性剂热稳定性测量结果

为热稳定性良好。实验结果显示，长期高温放置的表面活性剂热稳定性能良好，其与原油间界面张力仍能达到超低值，因此H6表面活性剂热稳定性符合要求。

（2）静态吸附性。

将不同浓度（0.2%、0.3%）的表面活性剂与等量H1块油砂混合，在70℃恒温条件下，每12h为一次吸附。每次吸附后，测量其与原油间的界面张力值，结果见表2。若3次吸附后界面张力可达10^{-3}数量级，则说明表面活性剂具有良好的静态吸附性。实验结果表明，7种表面活性剂中仅有H6吸附能力满足相关要求。

表2 表面活性剂吸附能力测定结果

表面活性剂	界面张力，mN/m				
	初始	第一次	第二次	第三次	第四次
0.2%H1	$1.88×10^{-3}$	$5.86×10^{-2}$	$2.25×10^{-1}$	3.07	—
0.3%H1	$5.01×10^{-4}$	$3.80×10^{-3}$	$4.59×10^{-2}$	$8.66×10^{-1}$	—
0.2%H2	$1.98×10^{-3}$	$6.25×10^{-2}$	1.08	—	—
0.3%H2	$6.23×10^{-4}$	$2.97×10^{-3}$	$3.71×10^{-2}$	$7.91×10^{-1}$	—
0.2%H3	$7.22×10^{-4}$	$4.45×10^{-2}$	1.05	—	—
0.3%H3	$4.36×10^{-4}$	$5.38×10^{-3}$	$2.01×10^{-2}$	$9.07×10^{-1}$	—
0.2%H4	$5.66×10^{-3}$	$1.82×10^{-2}$	$7.13×10^{-1}$	4.01	—
0.3%H4	$1.73×10^{-3}$	$1.87×10^{-3}$	$2.98×10^{-2}$	$8.24×10^{-1}$	—
0.2%H5	$1.25×10^{-3}$	$3.65×10^{-1}$	2.04	—	—
0.3%H5	$1.02×10^{-3}$	$4.03×10^{-2}$	$7.13×10^{-1}$	—	—
0.2%H6	$2.12×10^{-3}$	$3.66×10^{-3}$	$4.36×10^{-3}$	$5.49×10^{-3}$	$8.32×10^{-2}$
0.3%H6	$3.64×10^{-4}$	$2.01×10^{-3}$	$2.96×10^{-3}$	$3.25×10^{-3}$	$1.48×10^{-3}$
0.2%H7	$3.34×10^{-4}$	$5.11×10^{-1}$	4.06	—	—
0.3%H7	$1.58×10^{-3}$	$7.67×10^{-2}$	$9.01×10^{-1}$	—	—

（3）乳化性能。

乳化作用是聚/表复合驱提高采收率的重要机理之一，表面活性剂性能直接影响原油乳化性能。针对H6表面活性剂开展了静态乳化能力评价，表面活性剂使用浓度为0.2%，与原油体积比例为1∶1，放置不同时间，观察油水乳化状态。实验结果表明，H6表面活性剂可使原油明显乳化，随着放置时间延长，最终乳化体系可自动脱水，乳化系数为0.41，H6表面活性剂具有较好的乳化性能。

综合界面活性、静态吸附和乳化性能评价结果，选定H6为目标表面活性剂。

2.2 聚合物工作浓度优化设计

由于联全站外排污水组分复杂，对聚/表复合驱油体系黏度影响较大，尤其驱油体系注入地层后，会受到地层水稀释、地层岩心剪切、细菌降解等作用，导致体系黏度大幅度下降，因此合理设计注入井口驱油体系黏度至关重要，而体系聚合物工作浓度是确保井口驱油体系黏度达标的关键参数。本文提出了一种通过合理设计井口驱油体系工作黏度来反推聚合物工作浓度的优化设计方法。

2.2.1 实验用模拟油制备

由于普通稠油采出后脱水脱气，原油黏度较高，无法模拟地下驱油条件，因此需要制备实验用模拟油。H1块原始条件下，地层原油黏度为16.5~82.5mPa·s。经过多年开发，目前50℃地面脱水原油平均黏度为1224mPa·s。研究中采用高压物性法（即PVT实验方法）通过复配样分析得到了地层原油黏度，根据地层气油比为15、地层压力为14.8MPa的条件，测得地下原油黏度为100mPa·s。

按脱水原油：煤油=14：1配制模拟油，70℃黏度为100mPa·s。以油水界面张力参数来对比评价模拟油与脱水原油的油品性质，结果见表3。可以看出，配方体系降低两种油品油水界面张力的能力基本相当，该模拟油可以作为驱油实验用油。

表3 复合驱油体系与不同油之间界面性能对比

配方组成	用油	油水界面张力，mN/m
0.12%P+0.2%H6	模拟油	$3.69×10^{-3}$（达超低时间39min）
	脱水原油	$4.71×10^{-3}$（达超低时间35min）

2.2.2 配方体系工作黏度设计

根据矿场试验经验，配方体系黏度为地下原油黏度的3~7倍时驱油效果较佳。但对于稠油油藏，由于原油黏度过高，3~7倍的体系黏度达300mPa·s以上，现场实施难以实现[6]，因此稀油化学驱黏度设计方法不适合于普通稠油油藏。因此，开展了不同配方体系黏度/原油黏度比物理模拟实验，确定最合适的工作黏度。

研究中开展了多种油水黏度比方案的驱油实验，获得了驱油效率提高幅度与油水黏度比之间的关系曲线，实验结果如图4所示。

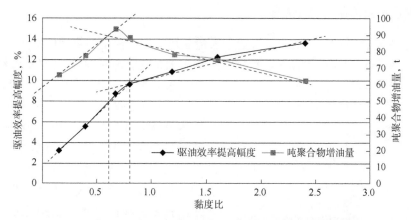

图4 黏度比与提高驱油效率幅度和吨聚合物增油量的关系

分别对两条曲线上不同驱油效率增幅点、不同吨聚合物增油量点作切线，当黏度比达到一定值后，两条曲线的斜率各相交于一点，这两点所对应的黏度比范围即为该原油的合理油水黏度比范围。由图4可知，油水黏度比为0.6~0.8时，驱油效率提高幅度和增油量最佳。按原油黏度为100mPa·s计算，可得最佳配方体系工作黏度为60~80mPa·s。

2.2.3 聚合物工作浓度优化设计

由于配方体系经过炮眼和多孔介质剪切后，会有黏度损失，在设计配方体系时需要客观评价黏度损失情况[7]。根据化学驱工业化试验经验可知，配注站到井口黏损约为15%[8]，井口+套管+水泥环黏损5%[9]，经过炮眼黏损22%，地层100m剪切黏损10%，从井口到井底总黏损为52%，地面井口黏度由下式计算[10]：地面井口黏度=地层最小工作黏度/（1−总黏损）=125mPa·s。

从聚合物P1黏浓曲线（图1）上可查得，与黏度125mPa·s对应的聚合物浓度为0.2%，因此确定P1聚合物工作浓度为0.2%。

2.3 聚合物/表面活性剂复合驱配方体系确定

采用人造柱状均质岩心进行物理模拟实验。固定聚合物P1浓度为0.2%，改变表面活性剂H6浓度分别为0.05%、0.1%、0.15%、0.2%、0.25%和0.3%，开展驱油实验，结果见表4。实验结果表明，复合体系的驱油效率随着表面活性剂浓度的增大而提高，当表面活性剂浓度超过0.25%时，驱油效率虽有所提高，但提高幅度明显减小，综合考虑驱油效率和配方体系成本，推荐复合体系配方为0.2%P2000+0.25%H6。

表4 二元驱油体系表活剂浓度优选

方　案	表面活性剂浓度,%	黏度，mPa·s	界面张力，mN/m	提高驱油效率,%
1	0.05	129.1	$8.83×10^{-3}$	19.62
2	0.1	127.9	$2.67×10^{-3}$	22.26
3	0.15	127.4	$2.45×10^{-3}$	25.57
4	0.2	126.9	$2.24×10^{-3}$	27.17
5	0.25	126.7	$2.13×10^{-3}$	28.34
6	0.3	126.4	$1.87×10^{-3}$	28.71

2.4 复合配方体系的驱油效果

为了评价驱油体系的驱油效果，开展了人造非均质岩心模型的物理模拟实验，实验中当含水率达98%时转注复合配方体系。根据辽河油田J16块现场聚/表复合驱实施经验[11]，采用三段式段塞注入，设计前置段塞为0.25%P1（分子量2000万），注入量为0.1PV；主段塞为0.2%P1（分子量2000万）+0.25%H6，注入量为0.8PV；保护段塞为0.16%P1（分子量2000万），注入量为0.1PV。实验结果表明，水驱后开展聚/表复合驱可以进一步提高采出程度，降低含水率，相比水驱提高驱油效率28.34%，实验结果如图5所示。

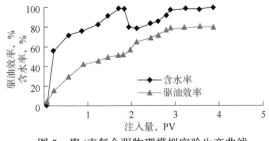

图5　聚/表复合驱物理模拟实验生产曲线

3 结论

（1）通过对4种聚合物、15种表面活性剂性能指标评价，筛选出适合于H1块复合驱用的聚合物 P1 和表面活性剂 H6。

（2）通过分析油水黏度比与驱油效率增幅和吨聚合物增油量的关系，建立了复合体系工作黏度优化设计方法，确定最佳配方体系地下工作黏度为 60~80mPa·s。在此基础上，根据注入流程沿程总黏损反推了复合配方体系聚合物工作浓度为 0.2%。

（3）通过开展定聚合物浓度、变表面活性剂浓度的驱油评价实验，最终确定最佳的聚合物/表面活性剂复合配方体系为 0.2%P1（分子量 2000 万）+0.25%H6。

（4）综合实验研究结果，聚/表复合驱可以作为普通稠油油藏注水开发后期进一步提高采收率的接替技术。H1 块聚/表复合驱驱油效果评价实验结果表明，复合驱可以大幅度提高驱油效率，较水驱增幅可达 28.34%。

参 考 文 献

[1] 叶仲斌，等. 提高采收率原理[M]. 北京：石油工业出版社，2007.

[2] 李士奎，朱焱，赵永胜，等. 大庆油田三元复合驱试验效果评价研究[J]. 石油学报，2005，26(3)：56-59.

[3] 侯吉瑞. 化学驱原理与应用[M]. 北京：石油工业出版社，1997.

[4] 王德民. 发展三次采油新理论新技术，确保大庆油田持续稳定发展（上）[J]. 大庆石油地质与开发，2001，20(3)：1-7.

[5] 王德民. 发展三次采油新理论新技术，确保大庆油田持续稳定发展（下）[J]. 大庆石油地质与开发，2001，20(3)：7-15.

[6] 郭兰磊，李振泉，李树荣，等. 一次和二次聚合物驱驱替液与原油黏度比优化研究[J]. 石油学报，2008，29(5)：738-741.

[7] 杨承志. 化学驱提高石油采收率[M]. 北京：石油工业出版社，1999.

[8] 韩伯惠，廖广志. 提高采收率方法的前景和问题[J]. 国外油田工程，1997，10(6)：53-56.

[9] 王德民. 大庆油田"三元""二元""一元"驱油研究[J]. 大庆石油地质开发，2003，22(3)：1-9.

[10] 张运来，卢祥国，朱国华，等. 特殊油藏聚合物驱物理模拟实验研究[J]. 特种油气藏，2008，15(4)：75-78.

[11] 陈文林，卢祥国，于涛，等. 大二元复合驱注入参数优化实验研究[J]. 特种油气藏，2010，17(5)：97-99.

中深层薄互层超稠油
蒸汽驱技术研究与试验

杨依峰

（中国石油辽河油田公司曙光采油厂）

摘　要：杜80兴隆台蒸汽驱是中国石油辽河油田公司重大试验区块，也是曙光采油厂的主力生产单元。该区块经过20年的蒸汽吞吐开发，存在油藏压力水平低、汽窜严重、继续吞吐潜力有限等问题，经济效益逐年变差，急需寻求互层状超稠油油藏开发后期稳产接替技术。在室内试验取得成功的基础上，选取具有代表性的区域开展蒸汽驱先导试验，单井日产油是转驱前的两倍，采油速度大幅度提高，试验获得了成功。蒸汽驱试验的成功实施，为整个互层状超稠油油藏吞吐开发后期找到了有效的稳产上产接替技术。

关键词：互层状；蒸汽驱；二次开发；先导试验

蒸汽驱是油藏转换开发方式的前沿技术，目前中国是世界上开展蒸汽驱规模最大的国家，处于世界领先水平。但尚无互层状超稠油油藏规模开展蒸汽驱的先例，因此本文重点从互层状超稠油蒸汽驱机理、驱前准备、动态调控等方面深入研究。借鉴相似区块杜229块蒸汽驱的成功经验，开展杜80块蒸汽驱先导试验，同时依托室内实验结果，综合考虑储层物性、油层分布状况、微观孔喉特征、压力保持水平、汽窜速度等多种地质因素，形成互层状超稠油蒸汽驱调控理念，指导杜80兴隆台蒸汽驱高效开发，对整个曙一区兴隆台超稠油油藏乃至同类油藏下步方式转换意义重大。

1　油藏概况

杜80兴隆台构造上位于辽河坳陷西部凹陷西斜坡中段，曙光油田曙一区东南部。开发目的层为新生界古近系沙河街组沙一——沙二段兴隆台油层，油藏埋深为810~950m，孔隙度为30.3%，渗透率为1600mD，50℃原油黏度平均为8.4551×10^4mPa·s，属于高孔隙度、高渗透储层。

区块于1999年开始试采，2002年在北部主体油层厚度大于50m区域采用70m井距正方形井网，油层厚度在20~50m范围采用100m井距，采用蒸汽吞吐方式投入开发，经历了早期试采、滚动部署和扩边部署三个开发阶段。

截至目前，总井数167口，开井数98口，日产液1501t，日产油319t，综合含水率为78.7%。区块年注汽45×10^4t，年油汽比为0.25，年采油11.3×10^4t，采油速度为1.33%，年采水38×10^4t，年回采水率为84.4%。平均吞吐14.5个周期，累计采油183×10^4t，采出程度为21.6%，累计注汽582×10^4t，累计油汽比为0.32。

2 储层特征

2.1 区域构造落实，砂体发育稳定

兴Ⅱ组、兴Ⅲ组油层有效厚度为15～35m，平均单层厚度为3.4m，且连通性好，平均孔隙度为30.3%，平均渗透率为1600mD，为高孔隙度、高渗透储层。

2.2 层系间隔夹层稳定发育，能够满足分层系及分注要求

区域隔层相对较发育，隔层岩性主要为灰绿色、灰色泥岩和灰绿色泥质粉砂岩、粉砂质泥岩。各油层组间的隔层厚度一般为1～12m，层系内泥岩隔层较薄，兴Ⅱ组与兴Ⅲ组之间隔层厚度为1.5～6m，层系间隔层厚度大，兴Ⅲ组与兴Ⅳ组隔层厚度为2～10m，满足分层系及分注要求。

2.3 区域剩余油富集，物质基础相对丰富

通过区域模拟结果，与更新井饱和度测试结果高度吻合，10～30m的井间饱和度为30%～40%，含油饱和度相对较高，剩余油较为富集，单井兴Ⅱ组+兴Ⅲ组剩余储量为（2～4）×10^4t，含油饱和度为0.56，具备转驱物质基础。

2.4 油层纵向上呈互层状，层间非均质性较强

杜80兴隆台共发育5个油层组，23个小层，其中Ⅱ、Ⅲ油层组划分为10个小层，Ⅳ油层组划分为4个小层，Ⅴ油层组划分为5个小层，兴Ⅵ组油层不发育，储层以含砾砂岩和不等粒砂岩为主的扇三角洲沉积体系，物性差异较大，非均质性较强，渗透率级差为5.8，变异系数为0.37，突进系数为1.4。

2.5 受沉积相控，整体动用程度较高

平面上，杜80兴隆台经过多轮次蒸汽吞吐，平面整体动用较好，折算动用程度达65%～75%，尤其是北部区域目前温度为6～90℃，汽窜现象相对频繁，地下热连通基本建立。

纵向上，受射孔位置、单层厚度、储层物性等因素影响，兴Ⅱ组—兴Ⅲ组动用程度最好，高达80%以上，兴Ⅴ组动用差。

3 蒸汽驱矿场试验

杜80兴隆台经过20年的蒸汽吞吐开发，目前进入蒸汽吞吐后期，"两高三低"（高周期、高采出程度、地层压力低、低油汽比、低产能井逐年增多）的矛盾日益突出，生产效果逐年变差，继续吞吐潜力有限，从油藏长期可持续发展角度考虑，急需进行开发方式转换。

3.1 注采参数设计

依据曙一区兴隆台蒸汽驱开发整体方案，杜80块油藏工程方案遵循以下原则：
（1）基于油藏状况，参考蒸汽驱先导试验区成熟经验进行油藏工程设计。

（2）注采参数等指标的设计参考先导试验区的操作参数。

（3）依据储层物性、加热半径研究、蒸汽超覆理论等条件，设计蒸汽驱主要参数，见表1。

表1　蒸汽驱油藏设计标准

设计要点	设计参数	依　据
开发层系	兴Ⅱ组+兴Ⅲ组一套层系	油层厚度发育较好
井网井距	70m×100m 反九点面积井网	兰根海姆公式稠油加热半径
射孔原则	注汽井当油层厚度<2m时，油层应全部射开； 油层厚度为2~5m时，应射开油层下部2/3； 油层厚度为5~10m时，应射开油层下部1/2； 单层厚度>10m时，应分两段各射油层下部的1/2。 采油井单层厚度>5m时，射开下部2/3，其余全部射开	利用蒸汽超覆原理，油层上部受热较快
注汽干度	井底干度>50%，井口干度>75%	确保井底热效率最大
注汽速度	100~200t/d	提高井底注汽干度
采油井排液量	(35±5)m³/d	依据井口温度及采注比在1.2左右

3.2　先导试验前期准备

为了验证蒸汽驱开发方式的可行性、注采参数的合理性及工艺技术的配套性，总结互层状油层蒸汽驱动态变化规律，认识互层状油层蒸汽驱效果主控因素，为工业化推广提供指导，按照"紧迫性、代表性、规模性、适应性、把握性"原则，开展先导试验。

3.2.1　试验区的选择

依据能够代表互层状超稠油油藏特点，且油层连通性、地下温场、压力场、含油饱和度场、黏度场适合等原则。优选杜80兴隆台北部开展蒸汽驱试验，确定在储层物性较好、油层连通程度较高的上层系（兴Ⅱ组+兴Ⅲ组）为本次蒸汽驱井段。选取区域剩余油富集、油层预热充分、井网较完善的区域开展4个井组的先导试验。优选化后选择主体部位有代表性的4个井组（4注21采）开展蒸汽驱先导试验，覆盖储量56.9×10⁴t。

3.2.2　油藏条件相对较好

油藏的连通系数、地层倾角、储层发育等因素对蒸汽驱初期见效有一定的影响。依据见效特征，确定15口井处于明显见效状态。对比转驱前，单井周期产油量增加1081t，日产水平提高2t。主要受以下油藏条件影响：一是注汽井与生产油藏连通系数越高，生产井见效越快；二是根据蒸汽上覆原理，杜80块蒸汽驱由南向北方向向斜，高部位受效快；孔隙度、渗透率相对高的井，初期见效明显。

典型井组：杜80-33-63井组，生产井均为注汽井的上倾方向，其平均厚度、孔隙度和渗透率，均好于其他两个井组。转驱后井组内共有7口井见效，见效率达87.5%，井口日产油量由20t上升至50t以上，增加31t。

3.2.3　井间建立热连通

超稠油蒸汽驱必须建立在注采可连通的基础上，通过建立地下温场，不断降黏和扩通道，快速达到转驱条件。根据转驱前的井温资料、汽窜通道建立的情况，合理排定转驱顺序，可以保障转驱后井组整体开发效果。目前，先导试验井组单井日产油保持在6t以上，见效井数达到13口，占比72.2%。

3.2.4 地下采出必须达标

按照蒸汽驱筛选标准，采出程度在25%以上，地层压力下降到5MPa以下，注采井压力降低，可有效提高蒸汽热效率。先导试验4井组采出程度高达42%，地下整体处于低压状态，蒸汽驱见效相对较快。

以杜80-31-59井为例，该井2020年4月投产，采出程度较低，阶段吞吐引效两次，仍表现为蒸汽吞吐特征。杜80-31-59井生产曲线如图1所示。

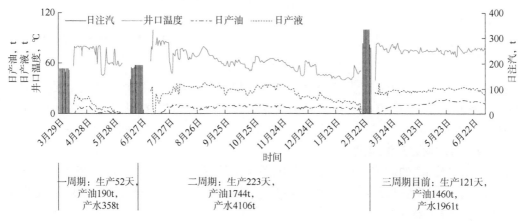

一周期：生产52天，产油190t，产水358t

二周期：生产223天，产油1744t，产水4106t

三周期目前：生产121天，产油1460t，产水1961t

图1　杜80-31-59井生产曲线图

3.2.5 注采井采用级差射孔

根据单层厚度、层间渗透率差异，并结合蒸汽超覆特点，注汽井优化射孔级差，经多次反复测试，纵向动用程度达到85%以上。同时由于边、角井与注汽井井距有一定差距，为防止边井过早突破，并引导蒸汽向角井推进，实现井组平面均衡见效，设计边井采取限流射孔技术。转驱后井组平面见效率达到88%，其中强见效占73%、弱见效占15%，仅有12%的井不见效。

3.2.6 注采井采用同步预热

为充分建立井间温场，结合现场注汽能力及锅炉分布，同时结合采出状况、地层温度和油层厚度，合理优化注汽强度，实施分区域集中预热。18口井采用同步预热的方式，初步建立了较好的热连通，确保了转驱质量。

与杜229蒸汽驱对比，通过前期的整体预热准备工作，杜80块蒸汽驱井组转驱后井组初期日产油量、初期含水率等效果相对较好。

3.3 精细动态调控

借鉴蒸汽驱"以采为先，以产定注，以液牵汽"动态调控理念，初步形成了"控温度、快引效、稳压差、等注采"的杜80块转驱初期十二字调控办法和"现场预警、精细调控、效果评价"三种运行机制（图2）。

3.3.1 合理控制井组采注比

通过"以采定注"的调控理念，实现井组全程控压差防窜。根据模拟计算结果，采注比上升到1.2时，净产油量和采收率上升幅度最大，之后有下降趋势，优选最佳蒸汽驱阶段采注比为1.2。转驱初期产液量为565t，日注汽量为521t，采注比在1.0左右，为控制注采压差，实现最优采注比，注汽量随产液量调整。

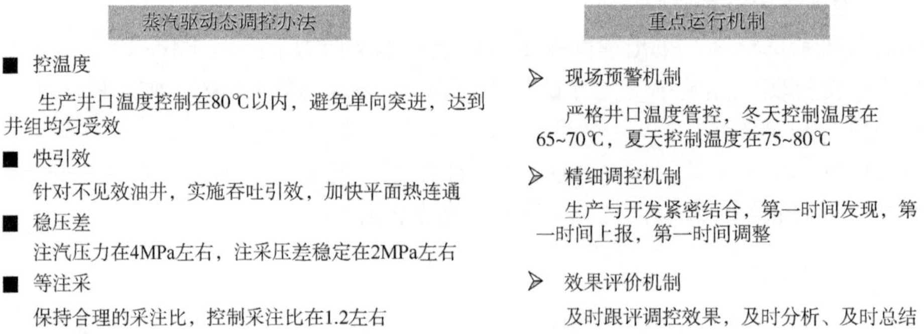

蒸汽驱动态调控办法	重点运行机制

■ 控温度

　　生产井口温度控制在80℃以内，避免单向突进，达到井组均匀受效

■ 快引效

　　针对不见效油井，实施吞吐引效，加快平面热连通

■ 稳压差

　　注汽压力在4MPa左右，注采压差稳定在2MPa左右

■ 等注采

　　保持合理的采注比，控制采注比在1.2左右

➢ 现场预警机制

　　严格井口温度管控，冬天控制温度在65~70℃，夏天控制温度在75~80℃

➢ 精细调控机制

　　生产与开发紧密结合，第一时间发现，第一时间上报，第一时间调整

➢ 效果评价机制

　　及时跟评调控效果，及时分析、及时总结

图 2　蒸汽驱精细调控运行机制图

　　典型井组杜 80-30-64：4 月 5 日转驱以来，根据井口温度、日产量变化，阶段调整生产参数达到 11 次，其中 10 月底前井口温度保持在 75~80℃之间，冬季控制在 65~70℃之间；油井已连续稳定生产 454 天，目前日产液 28t，日产油 5.8t，含水率为 79%。

3.3.2　合理调整产液温度

　　通过"以温控采"的调控方法，提高井组整体见效程度。通过转驱后生产实践摸索，以产液温度为重点调控参数，合理安排调控办法。平面见效率明显提升，目前弱见效井 6 口（吞吐引效），强见效井 15 口。

　　典型井杜 80-31-K63：转驱后见效不明显，表现吞吐特征的油井，通过实施吞吐引效，加快注采井间的热连通，强化提液，井口温度、日产油量均较上周期上升，目前日产液 33.8t，日产油 5.1t，井口温度保持在 70℃以上。

3.3.3　保障注汽干度达标

　　通过数值模拟及现场实际表明：蒸汽干度为 50% 时，采出程度、净产油量变化明显；当蒸汽干度大于 50% 时，随着注汽干度的继续提高，采出程度、净产油量上升幅度明显变小。

　　因此，杜 80 块先导试验就近选择锅炉，采用 E 级新隔热管及等干度分配器，保障了注汽干度。井底蒸汽干度的高低，不仅决定蒸汽携带热量的多少、能否有效地加热油层，而且还决定蒸汽带体积能否稳定扩展、驱扫油层而达到有效蒸汽驱开发。通过井底干度取样，初期最低注汽速度应保持在 120t/d 以上，才能确保井底干度在 50% 以上。

3.4　先导试验取得的效果

3.4.1　产量保持高位运行

　　2020 年 4 月正式转入蒸汽驱，井组逐步开始见效，共有生产井 21 口，日产液 520t，日产油 140t，含水率为 74%，日注汽 504t；对比转驱前，日产液增加 70t，日产油增加 75t。阶段累计产油 3.7×10^4t，累计增油 2.1×10^4t。转驱后年采油速度达到 5.2%，对比转驱前增加 3.57%。吞吐阶段平均油汽比为 0.23，转驱后油汽比保持在 0.2。

3.4.2　各项指标相对较好

　　管理指标：开井率、生产时率明显好于转驱前。

　　开发指标：单井日产能力、单井阶段产油、采油速度和开井率等主要指标均好于蒸汽吞吐。

　　与转驱前对比，指标相对较好。蒸汽驱区域的井各类指标均好于转驱前（图 3）。

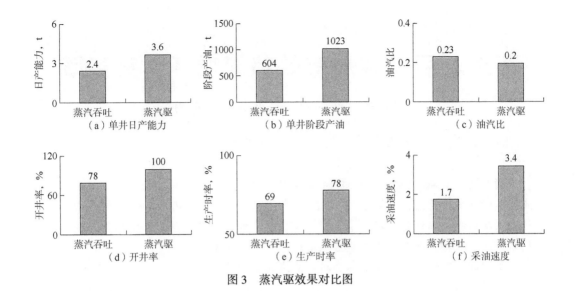

图 3　蒸汽驱效果对比图

4　结论及认识

杜 80 兴隆台互层状超稠油蒸汽驱先导试验表明,互层状超稠油蒸汽驱同样可以取得较好的开发效果,其开发方式是可行的。

(1) 合理的注采井网、严格的级差射孔、较好的热连通是蒸汽驱成功的基础。

(2) "控温度、快引效、稳压差、等注采"的杜 80 块蒸汽驱精细动态调控是支撑蒸汽驱保持较好效果的关键。

(3) 整体规划、试验先行,坚持合理的开发秩序是保证重大试验稳步推进的关键,先导井组取得初步成功,积累了一定的矿场实践经验,拓宽了蒸汽驱实施黏度的界限,已成为互层状超稠油油藏吞吐后期主要接替技术,推广应用前景广阔,为辽河油田持续千万吨稳产提供重要技术支持。

参 考 文 献

[1] 赵洪岩. 辽河中深层稠油蒸汽驱技术研究与应用[J]. 石油钻采工艺, 2009, 31(S1): 110-114.

[2] 王中元. 齐 40 块蒸汽驱蒸汽波及规律研究[J]. 特种油气藏, 2007, 14(4): 65-67.

[3] 张义堂, 李秀峦, 张霞. 稠油蒸汽驱方案设计及跟踪调整四项基本准则[J]. 石油勘探与开发, 2008, 35(6): 715-719.

蒸汽驱后期增加有效热能循环对策实践

郑利民　刘　影　杨晓强　段强国

(中国石油辽河油田公司欢喜岭采油厂)

摘　要： 齐40块蒸汽驱经过14年开发，油汽比不断下降，经济效益变差，产油量不断递减，为此，开展了以"提高油汽比"为核心的研究及实践。通过热力学计算以及监测数据统计，找出了不同类型低效热能循环井组原因，明确了低效热能循环井组治理对策和剩余油富集区域治理对策的技术界限。

关键词： 蒸汽驱；热能循环分析；油汽比；热利用率

齐40块蒸汽驱在欢喜岭采油厂以及辽河蒸汽驱项目稳产中占据重要地位。该区块产油量占欢喜岭采油厂产量的47.4%，占辽河蒸汽驱总产量53.3%，所占比例较大。但是经过14年蒸汽驱开发，该区块采出程度已达51%，表现为两个方面的下降特点：一是油汽比不断下降，经济效益变差，2018年油汽比由0.13降至0.11；二是产油量不断递减，年均递减率达到6.6%，折算后年均减少原油生产量$(3\sim4)\times10^4$t。面对低油价形势，同时为响应油田公司"硬稳、快上、算好产量效益账"要求，齐40块蒸汽驱开展了以提高油汽比为核心的研究及实践。

通过对低效井组进行蒸汽波及和剩余油潜力分析、低效热循环原因分析，按不同原因和类别制定有效对策，进而优化对策技术界限并推广实施，最终达到提效益的目标。通过研究，剖析造成低效热循环原因，以及用于加热油层热量占比和采出液体携带热量占比，总结出"超覆型低效热循环，多方向突破低效热循环，注采对应少低效热循环和单层/单方向突进"四个低效热循环类型及低效特征，总结出"平面、层内、层间、井况损坏"四类布井潜力区域。

对比国内外同类研究，该项技术共对以下三个方面进行了创新：一是通过热力学计算和监测数据统计，分析不同类型低效热能循环井组原因，为合理注采调配提供有力依据；二是明确低效热能循环井组治理对策的技术界限，且取得了非常成功的推广应用效果；三是明确剩余油富集区域治理对策的技术界限，平面、纵向井网形式实现新突破。

实施井网调整22井次，日增油230t，年增油3.4×10^4t；实施注汽调控166井次，节约注汽量46.8×10^4t，节约天然气450×10^4t，节约创效6037万元。

1　蒸汽低效循环热能循环研究

通过建立蒸汽驱注采热能平衡系统，在蒸汽驱90余个低效井组中分析各项热能损失[1]，并按照导致热能循环低效的原因，将低效井组分为四类，通过对超覆型低效热循环、多方向突破无效热循环、注采比低型低效热循环、单层/单方向突进型低效循环四类低效井组热能循环描述，掌握该类型井组低效原因、治理潜力，进而为下步措施调整指明方向。

1.1 超覆型低效热循环

该类循环井组特征：井组倾角大于 15°。平面受效特征：注汽井上倾方向油井快速汽窜，下倾方向油井不受效。纵向受效特征：厚层层内上段汽窜。热循环分析：26% 以上注入热量被采出，其中绝大多数为上倾油井采出的高温液量。通过监测发现，该类型井组年均蒸汽腔扩展速度仅为 0.99%。井组潜力分析：平面上，注汽井下倾方向存在大量剩余油；纵向上，上倾油井汽窜厚层也存在缓窜潜力。齐 40 块超覆型低效热循环热损失占比与驱替阶段井组对比如图 1 所示。

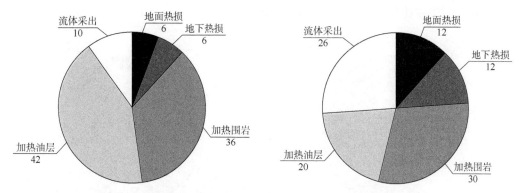

图 1　齐 40 块超覆型低效热循环热损失占比与驱替阶段井组对比

经统计，该类循环井组 20 个，含油面积 $0.52×10^4 km^2$，地质储量 $453×10^4 t$，平均地层厚度 25.7m，平均地层倾角 15°，日注汽 1482t，日产液 1030t，日产油 153t，油汽比 0.12，采注比 0.75。剩余可采储量 $73×10^4 t$。

1.2 多方向突破无效热循环

该类循环井组特征：位于沉积河道，且倾角缓。平面受效特征：蒸汽腔扩展均匀，采油井普遍高温。纵向受效特征：纵向动用较为均匀，个别层动用差。热循环分析：43% 以上注入热量被采出，仅有 8% 热量用来加热油层。通过监测，该类型井组蒸汽腔几乎很难扩展。井组潜力分析：由于井组动用较为均匀，只能在缓解汽窜方面提高开发效果。齐 40 块多方向突破无效热循环热损失占比与驱替阶段井组对比如图 2 所示。

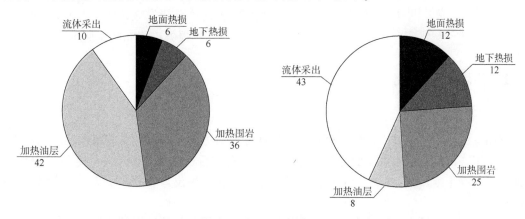

图 2　齐 40 块多方向突破无效热循环热损失占比与驱替阶段井组对比

经统计，该类循环井组 39 个，含油面积 $0.83×10^4km^2$，地质储量 $527×10^4t$，平均地层厚度 30m，平均地层倾角 8°，日注汽 2230t，日产液 1183t，日产油 199t，油汽比 0.08，采注比 0.53。剩余可采储量 $74.3×10^4t$。

1.3 注采比低型低效热循环

该类循环井组特征：地质开发工程因素导致注采对应少。平面受效特征：1～2 个方向汽窜，其余不受效。热循环分析：29% 以上注入热量被采出。通过监测，该类型井组年均蒸汽腔扩展速度仅为 0.88%。井组潜力分析：平面上，不受效方向大量剩余油。注采比低型低效热循环热损失占比与驱替阶段井组对比如图 3 所示。

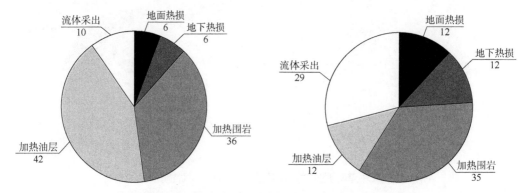

图 3 注采比低型低效热循环热损失占比与驱替阶段井组对比

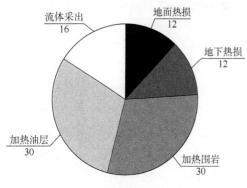

图 4 单层/单方向突进型低效循环热损失占比

经统计，该类循环井组 30 个，含油面积 $0.82×10^4km^2$，地质储量 $623×10^4t$，平均地层厚度 22m，平均地层倾角 11°，日注汽 1690t，日产液 1254t，日产油 92t，油汽比 0.054，采注比 0.742。剩余可采储量 $93.5×10^4t$。

1.4 单层/单方向突进型低效循环

该类型井组为蒸汽驱驱替后期、突破阶段常见平面/纵向动用不均井组，经过优化注汽能够有效提高该类井组开发效果[2]。单层/单方向突进型低效循环热损失占比如图 4 所示。

2 治理对策研究

2.1 变干度蒸汽驱

周期性改变蒸汽干度，在低干度注汽阶段改变驱替方向，同时具备缓窜增油、降低锅炉能耗等效果。但是热水驱由于驱油效率低，会导致实施后产油量大幅下降。通过数值模拟，周期性注入高干度蒸汽(锅炉出口 75%)和低干度蒸汽(锅炉出口 40%)可以增加热流体的波及体积。

变干度蒸汽驱具有如下四个优势：利用水的重力作用驱替油层下部原油；油层纵向压力波动，促使剩余油重新分布；封堵高渗透层，降低汽窜强度；提高热流体波及体积。

正常注汽时，边井驱动压差为：$\Delta p_\text{上} = p_\text{注} + 浮力 - p_{\text{流}_1}$；$\Delta p_\text{下} = p_\text{注} - 浮力 - p_{\text{流}_2}$。

上下倾周期相同时，边井驱动压差为：$\Delta p_\text{上} = p_\text{注} - 重力 - p_\text{流}$；$\Delta p_\text{下} = p_\text{注} + 重力 - p_\text{流}$。

周期不同时，边井驱动压差为：$\Delta p_\text{下} = p_\text{注} + 重力 - p_\text{流}$；$\Delta p_\text{上} = p_\text{注} + 浮力 - p_\text{流}$。

通过三种方式上下倾油井压差（图 5）对比，发现上下倾注汽井同高同低周期容易在公共井井间出现水窜，不利于长期挖潜。而排状实施有利于抑制水窜，稳产期长。

参考热水受效井齐 40-6-23 井，下倾驱替热流体应保证在 180℃，根据热能法优化计算公式［式（1）］，认为只有大于 39.5% 的干度才能保证效果。

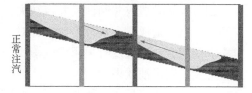
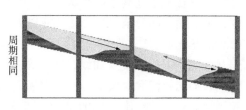
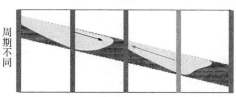

$$S_\text{干} = \frac{800\pi h \rho_\text{液} C_\text{液}(180 - T_\text{地层})}{Q_\text{总}} \times 5 \qquad (1)$$

式中，$S_\text{干}$ 为注入蒸汽干度，%；h 为油藏平均厚度，m；$\rho_\text{液}$ 为油藏混合液体密度，kg/m³；$C_\text{液}$ 为混合液比热容，J/(kg·℃)；$T_\text{地层}$ 为地层温度，℃；$Q_\text{总}$ 为阶段注入量，J/m²；5 为热损系数。

图 5　不同方式压差变化示意图

2.2　多周期间歇汽驱

2015 年，针对全面突破井组提出间歇对策，完善了间歇方式，优化周期和注汽量，取得了较好的稳油节汽效果，但是 7 个周期后井组产油量下降，通过分析发现，温度场虽有稍微下降，但并不能导致大幅度大范围降产。一般的间歇蒸汽驱在实施初期具有缓窜效果。持续 7~10 个周期后，产油量出现下降趋势。间歇蒸汽驱开发效果变差。在节约注汽量的同时，保持多周期间歇井组产油量稳定。在保持一定地层温度的同时，维持合理压降速度。

2019 年，通过单井组多周期压力统计，得出两点认识：一是间歇压降速度是连续蒸汽驱的 1.5 倍；二是 6 个周期后压降速度进一步加快。同时，通过动液面与产量关系得出，压降后导致动液面降至 150m 以下，产液量降至 10t 以下，是造成多周期降产的主要因素。因此，在 6 个周期后开展增注工作，以保证 39 个多周期间歇井组产油规模稳定。多周期间歇与连续注汽井组压降曲线对比如图 6 所示。

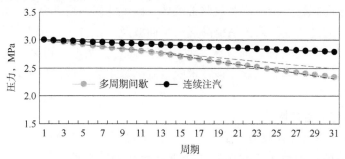

图 6　多周期间歇与连续注汽井组压降曲线对比

2.3 长周期间歇+吞吐开发模式研究与应用

因各类问题造成井网注采井点缺失，注采井数比减少。井组注入蒸汽仅在地层中沿个别采油井采出，造成注入蒸汽浪费。针对汽窜、注采连通、地质体发育、井况等导致注采井数对应少的问题，通过及时关闭无效蒸汽循环，节约注汽成本。采用潜力井点直接选层吞吐方式，见到一定增油效果。

该项技术实施最主要问题在于，按照之前统计的停注温压曲线，停注时间长会破坏蒸汽腔，一旦油价回升至 100 美元/bbl 以上，大规模上产时，还需要重新建立蒸汽腔，进而造成长远的热能浪费。

为此，细化了温降曲线，将注采井数比从 1:8 细化到 1:2，发现如果注采对应井数少，长周期停注后地层温度不会大幅下降(图7)。在此理论的基础上，实施了 30 个井组的长周期间歇，油汽比由 0.09 提高至 0.3。

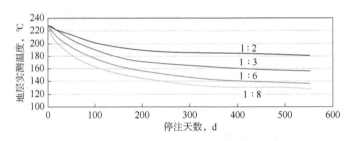

图7 注汽井对应不同采油井数地层温度变化

2.4 井网调整对策

在井网形式上，选择了多井点采液、转向注汽提高蒸汽平面波及、直平组合、大倾角注采井距优化提高纵向动用。

2.4.1 多点采油井网

针对平面波及不均井组，通过注汽调控等手段不能有效改变井组渗流方向，可以通过优化调整井位扩大井组蒸汽波及。该技术适用于高倾角区、沉积相变区等井组平面波及不均区域。对策优点：有效提高蒸汽平面波及；内部采油井汽窜后可转向注汽，进一步提高扫油面积；调整井受效快，投产后可快速形成产能。该技术的限制因素主要为待调整井区控制可采储量在 $2×10^4$t 以上。

2.4.2 重构采油井网

针对低温区域面积较大未形成有效驱替区域，或现注采对应非常差的沉积前缘井组，进行注采井网重构，通过改变注采关系提高蒸汽平面波及。该技术适用于沉积前缘等注采不对应区域。对策优点：改变驱替方向，波及体积极大提高；调整井可采储量高，但是温度较低，一般需要吞吐几个周期后见效。该技术的限制因素主要为前缘区域较易出砂或出现地层坍塌等不利因素。

2.4.3 微调整完善井网

齐40块采油井井况问题较为严重，在完善井网过程中，通过微调采油井部署井位，能够增加可采储量。该技术适用于井况损坏严重且无法侧钻采油井。对策优点：恢复采液能力，修复后持续推进蒸汽腔；优化射孔层位后能稍微提高纵向动用。该技术的限制因素主要为部分油井汽窜严重，剩余潜力较低，不具备更新条件。

2.4.4 重组注汽层段

齐40块注汽井受高温高压腐蚀等因素影响，套管在作业过程中出现错断。通过优化注汽井部署井位，重组注汽井段提高井组纵向动用。该技术适用于套管错断注汽井。对策优点：恢复注汽能力，修复后持续推进蒸汽腔，重组注汽井段大幅提高纵向动用。

3 现场应用

2019年以来，实施井网调整22井次，日增油230t，年增油3.4×10^4t；实施注汽调控166井次，节约注汽量46.8×10^4t，节约天然气450×10^4t，节约创效6037万元。

4 结论与认识

（1）依据不同蒸汽驱阶段，明确各阶段以及不同注入方式下首要目标，进而优化注汽量，保障蒸汽驱井组各阶段达到合理采注比，有效保证了蒸汽腔扩展的均匀性，同时避免低效注汽，取得了较好的经济效益。

（2）部分计算参数因近年来保持稳定，所以采用定值进行注采参数优化，但随着调控轮次的增加，部分参数需进行调整，进而保证临界操作效果。

（3）该项目及计算方法，可以进一步推广应用到其他蒸汽驱区块，对实现蒸汽驱高效开发具有较好的借鉴意义，并适应于目前低油价形势的需要。

参 考 文 献

[1] Chung Frank T H, Jones Ray A, Nguyen Hai T. Measurements and correlations of the physical of CO_2/heavy crude oil mixtures[J]. SPE Reservoir Engineering, 1988, 3(3): 822-828.

[2] 岳清山. 稠油油藏注蒸汽开发技术[M]. 北京: 石油工业出版社, 1996.

超稠油不同开发方式经济界限研究
——以辽河油田杜84块特种油辖区为例

李玉君

(中国石油辽河油田公司特种油开发公司)

摘 要: 不同开发方式成本大不相同,在产量和效益双重指标下,既要保证产量的完成,又要保证油藏开发的效益。在低油价下,这一矛盾更加突出。为了解决这一矛盾,通过对不同开发方式成本分析,建立了超稠油不同开发方式(主要是蒸汽吞吐、蒸汽驱和SAGD)下的经济极限油汽比、经济极限产量和经济极限废弃产量模版。利用这一模版,对超稠油热采开发提供指导,对产量结构进行调整,提高开发成本低的产量,降低成本高的产量比例,适当增加经济极限附近的产量,严控经济极限下的开发方式产量,可以达到提质增效的效果。

关键词: 蒸汽吞吐;蒸汽驱;蒸汽辅助重力泄油(SAGD);开发方式;经济界限

超稠油又称为沥青,是指稠油黏度大于50000mPa·s的石油,具有黏度大、胶质沥青质含量高、密度大、流动性差的特点,主要分布在加拿大、委内瑞拉、美国、俄罗斯、中国以及印度尼西亚等国家;全球地质储量约$460×10^8t$;中国超稠油地质储量约$10.4×10^8t$(2011年资料)。

目前,开采超稠油的方法主要是热力采油法(蒸汽吞吐、蒸汽驱、SAGD)。其中,蒸汽辅助重力泄油(SAGD)是目前效率最高、采收率最大的方法。自20世纪90年代由辽河油田首先将该技术由加拿大引入我国以来,历经20余年的探索和研究,在辽河油田及新疆油田取得了巨大的成功,率先首次实现、形成了非烃气辅助SAGD技术、直井辅助双水平井SAGD技术,以及配套的高温电动潜油泵举升工艺和污水旋流预处理技术,极大地改善了SAGD开发效果,丰富了SAGD技术系列。

辽河油田SAGD开发方式和加拿大不同,均是由蒸汽吞吐开发方式转换而成的。在进行SAGD开发时,油藏的采收率已经达到了20%以上。在历经近20年SAGD开发后,油藏采收率达到40%以上,即超稠油油藏已进入开发后期,采出程度高,采油速度快,面对近几年低油价的严峻形势,在油田行业提质增效的大原则下,企业为了生存,必须突出抓好原油稳产和效益两条主线,坚持"低成本开发战略"。本次研究主要是通过超稠油不同开发方式(主要是蒸汽吞吐、蒸汽驱和SAGD)成本对比,建立不同开发方式的经济界限,为企业的效益生产提供依据。

1 研究区概况

1.1 地质资源概况

特种油开发公司辖区主要为曙一区杜84块和杜229块,辖区含油面积$6.76km^2$,地质储量$6735×10^4t$,标定采收率45.5%。

1.2 开发历程

特种油开发公司于 1997 年对辖区内超稠油进行开发，开发初期依靠直井蒸汽吞吐快速建成 $100 \times 10^4 t/a$ 生产规模；2000 年以后，依靠组合式蒸汽吞吐、水平井规模实施，开发方式转换，实现"百万吨"规模持续稳产 20 年(图 1)。

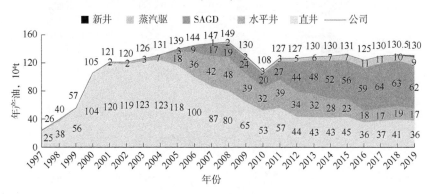

图 1　研究区开发曲线

1.3 存在问题

（1）资源少，稳产压力大。经历了 20 年的稳产，阶段地质储量采出程度为 43.8%，可采储量采出程度为 96.3%，剩余可采储量仅为 $114 \times 10^4 t$，目前采油速度为 2.02%，区块进入开发中后期。

（2）油价波动，效益空间小。自 2015 年油价大幅下跌，近几年依靠采取诸多措施进行降本增效后，可以进行节降的点越来越少，公司效益空间变小。

2 经济界限方法研究

2.1 超稠油生产成本分析

2019 年，特种油公司完全成本计划为 1816 元/t，其中燃料费、井下作业费、动力费和油气处理费占比 80%，在油价下行的大环境下，必须降低成本来提升油田的效益。为了实现内部利润 1.70 亿元，需要将完全成本控制在 1651 元/t。

为了完成上述指标，首先对不同开发方式成本构成进行分析。根据统计数据，单位成本中，SAGD 开发方式的单位成本最小，其次为蒸汽吞吐开发方式，单位成本最高的是蒸汽驱开发方式(图 2)。

其次，通过开展蒸汽吞吐不同油汽比成本分析，发现低油汽比的产量制约了吞吐经济效益的提高，规模稳产与效益开发之间矛盾仍然突出。

第三，通过对 SAGD 不同开发层位的单位成本进行分析，SAGD 开发方式中馆陶组油层单位成本最小，兴Ⅵ组油层单位成本次之，而兴Ⅰ组油层单位成本最高。

2.2 经济极限油汽比

根据当前油价，分别建立了辽河油田超稠油不同开发方式预算考核油汽比、经济极限油汽比模型(图 3)。

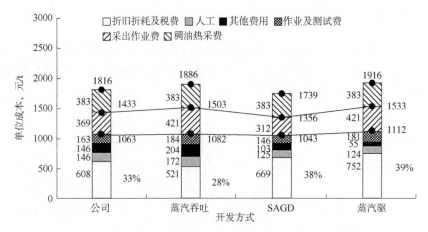

图 2 不同开发方式的成本构成

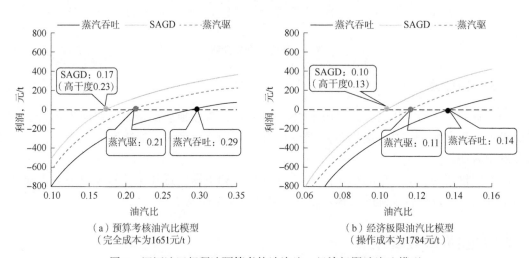

（a）预算考核油汽比模型
（完全成本为1651元/t）

（b）经济极限油汽比模型
（操作成本为1784元/t）

图 3 辽河油田超稠油预算考核油汽比、经济极限油汽比模型

通过模型可知，在预算考核指标完全成本为 1651 元/t 的情况下，蒸汽吞吐的极限油汽比为 0.29，蒸汽驱的极限油汽比为 0.21，SAGD 的极限油汽比为 0.17；在经济极限油汽比（操作成本为 1784 元/t）的情况下，蒸汽吞吐的极限油汽比为 0.149，蒸汽驱的极限油汽比为 0.11，SAGD 的极限油汽比为 0.10。

2.3 经济极限操作成本

根据预算考核指标(完全成本为 1651 元/t)以及在经济极限油汽比(操作成本为 1784 元/t)的情况下建立了蒸汽吞吐、蒸汽驱和 SAGD 三种不同开发方式下的极限操作成本(表 1)。

表 1 研究区不同开发方式经济极限操作成本

开发方式	考核指标，元	预算油价，元
蒸汽吞吐	1437	1692
蒸汽驱	1437	1692
SAGD	1437	1692

2.4 废弃产量界限

根据超稠油不同价格建立了直井和水平井两种井型下的废弃产量界限(图4、图5),为生产经营提供参考依据。

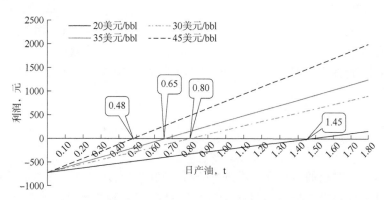

图4 直井不同油价下产量与利润曲线

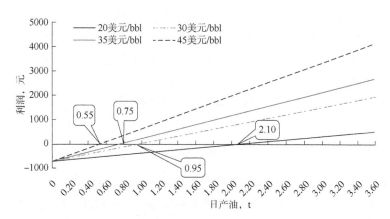

图5 水平井不同油价下产量与利润曲线

由图4和图5可知,在超稠油价格为45美元/bbl的情况下,直井的废弃产量为0.48t/d,水平井的废弃产量为0.55t/d。

3 经济界限方法应用及效果

3.1 方法应用

在提质增效过程中,主要采用以下三种方法:

(1)增加低成本产量比例。提高SAGD整体产量,提高其产量所占的比例;在SAGD开发方式中,在保障产量的同时,提高馆陶组油藏的产量,降低兴VI组和兴I组油藏的产量。

(2)改善蒸汽吞吐老井效果。严控吞吐低效、负效井数量,依据吞吐废弃产量,延长油井生产时间。

(3)优化蒸汽驱注采参数。优化蒸汽驱注采参数,提高油汽比,减少低于经济极限油汽比的井数。

3.2 应用效果

经过近两年的运行，利用该方法指导超稠油油藏开发，取得了较好的效果。

（1）从公司整体产量结构看，近两年来总体产量基本稳定，蒸汽吞吐、蒸汽驱产量略降，SAGD 产量略升。

（2）SAGD 开发方法中，低成本的馆陶组油藏产量上升 $2.7×10^4$ t，相对高成本的兴Ⅰ组和兴Ⅵ组产量分别下降 $0.6×10^4$ t 和 $1.9×10^4$ t，取得了较好的经济效果。

（3）蒸汽吞吐老井严控低效、负效产量，无效井数减少，节约了注汽量，油汽比提升 0.02。

4 结论

根据上述方法，对超稠油开发成本进行分析，利用不同开发方式成本进行对比，找出成本差异，从而建立极限操作成本、极限油汽比和极限产量等指标，用来指导油藏的有效开发，得出以下三点结论：

（1）从不同开发方式成本对比看，蒸汽驱成本最高，蒸汽吞吐成本居中，SAGD 成本最低；在 SAGD 开发中，兴Ⅵ组油藏成本最高，馆陶组油藏最低。

（2）不同开发方式经济极限油汽比、操作成本和废弃产量等模版，可以为公司控成本提质增效提供参考依据。

（3）通过调整效益产量结构，能够有效提升低成本产量，降低高成本产量，有效降低油藏开发成本。

参 考 文 献

[1] 李玉君, 任芳祥. 超稠油水平井双管柱开采技术[J]. 特种油气藏, 2013, 20(1): 126-128.

[2] 王江涛, 熊志国, 张家豪, 等. 直井辅助双水平井 SAGD 及其动态调控技术[J]. 断块油气田, 2019, 26(6): 784-788.

[3] 唐愈轩, 段永刚, 任科屹, 等. 直井辅助对油砂蒸汽辅助重力泄油开发增效的数值模拟[J]. 科学技术与工程, 2019, 19(32): 152-157.

[4] 孙启冀, 吕延防, 李琳琳, 等. 复合型井组蒸汽辅助重力泄油开发三维势分布规律[J]. 油气地质与采收率, 2017, 24(3): 71-77.

[5] 王江涛. 超稠油直井辅助双水平井 SAGD 技术研究[J]. 石油化工应用, 2019, 38(3): 57-60.

[6] Thew M T. Hydrocyclone redesign for liquid-liquid separation using hydrocyclone: an experimental research for optimum dimensions[J]. Journal of Petroleum Science and Engineering, 1994, 111: 37-50.

[7] 赵庆辉, 刘其成, 于涛. 蒸汽辅助重力泄油蒸汽腔发育特征研究[J]. 西南石油大学学报(自然科学版), 2008, 30(4): 123-126.

[8] Butler R M. Steam-assisted gravity drainage: concept, development, performance and future[J]. Journal of Canadian Petroleum Technology, 1994, 33(2): 44-50.

超稠油蒸汽吞吐效益稳产对策探究

王磊 韩树柏 林静 王秀 王诗

(中国石油辽河油田公司特种油开发公司)

摘 要：在油藏采出程度不断提高、国际油价大起大落的背景下，油田企业必须通过提高采收率和效益开发，保持稳产并提高经济效益，才能够在大时代的浪潮之下立足。辽河油田特种油开发公司以生产超稠油为主，"十三五"以来，确定了低成本开发战略和蒸汽吞吐开发稳产工程，通过长停井综合治理工程、水平井井间直井加密挖潜部署、气体辅助蒸汽吞吐技术推广应用和优化蒸汽吞吐老井动用结构四个方面的工作，使油田在 43.8% 的高采出程度下，仍然保持了年产油 130×10^4 t 效益稳产。本文对"十三五"以来特种油开发公司在蒸汽吞吐开发稳产方面的具体实践进行了介绍，证明蒸汽吞吐这种常规的开发方式仍然能够让老油田焕发生机。

关键词：蒸汽吞吐；长停井综合治理；水平井井间直井挖潜部署；气体辅助；实践

超稠油持续稳产一直是世界级难题，辽河油田稠油、超稠油产量比例接近 60%，多年来，稠油热采开发技术不断推进，SAGD、蒸汽驱、火烧油层等方式转换规模逐渐扩大，理论成果和现场实践都取得了丰硕成果。辽河油田特种油开发公司(简称特油公司)开采超稠油，SAGD、蒸汽驱开发效果均处于国内领先水平，但蒸汽吞吐产量仍占总产量的 45% 左右，保持了蒸汽吞吐开发效果稳定，油汽比稳定，降低了原油生产成本，增强了公司赢利能力，实现了超稠油低油价下的经济效益开发，具有重大的现实意义。

1 蒸汽吞吐开发稳产技术

蒸汽吞吐是稠油热采开发最先投入使用的技术，在辽河油田超稠油开发中已经有 25 年的历史。蒸汽吞吐开发递减快，采收率一般不到 40%，虽然方式转换后可提高采收率，但是特油公司油藏条件并不都适合 SAGD 和蒸汽驱等开发方式，因此，以"二三结合"❶理念为指导，坚持创新开发理念，多措并举，保持蒸汽吞吐开发效果稳定，就变得尤为迫切。

蒸汽吞吐开发稳产，需要在新井建产和老井稳产两方面同时开展工作，主要就是在停关井治理、动用井管理、产能井部署方面进行深入研究，经过"十三五"期间的探索实践，按照"长停井不放弃、动用井不放松、加密井保稳产"的原则，通过长停井综合治理、水平井

---

❶ "二三结合"是指运用二次开发与三次采油技术相结合，进一步提高油藏采收率。具体到超稠油开发中，二次开发主要是指重构井网，在原始井网井距已经达到 70~100m 的情况下，进一步进行水平井井间直井加密和薄层水平井加密挖潜；三次采油主要是利用现有的井网以及近几年整体规划加密挖潜的直井，在合适的时机进行转 SAGD(蒸汽辅助重力泄油)、蒸汽驱开发，进行方式转换，提高油藏最终采收率。

井间直井加密挖潜部署、气体辅助蒸汽吞吐技术推广应用、优化吞吐老井动用结构四个方面工作，保证公司蒸汽吞吐开发持续效益稳产。

2 蒸汽吞吐开发稳产技术在特油公司的具体实践

特油公司开发区域为曙一区杜 84 块、杜 229 块、曙 1-6-12 块，含油面积 6.76km²，地质储量 6735×10⁴t，采出程度为 43.8%，储采比仅为 3.1，年产油 130×10⁴t。

"十三五"以来，通过理念突破、技术突破，结合各项蒸汽吞吐开发稳产技术特点及适用范围，建立了全新的、系统的蒸汽吞吐开发稳产技术体系。对于停关 1 年以上的长停井，开展长停井综合治理工作，推进套损井治理工程，恢复地质储量动用；开展水平井井间直井加密挖潜部署研究，开拓产能建设新思路，在没有勘探面积的不利客观条件下，拓展产能建设空间；大力推进非烃类气体辅助蒸汽吞吐技术推广应用，提高油藏采收率；开展优化蒸汽吞吐老井动用结构工作，通过多项降本增效工程实施，降低蒸汽吞吐负效井比例和开发成本（图1）。

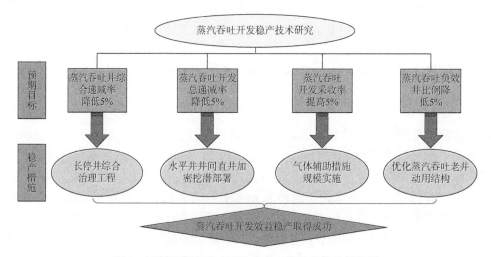

图 1 超稠油蒸汽吞吐开发稳产工作技术体系框架图

2.1 长停井综合治理有效恢复储量动用

截至 2015 年底，特油公司油层因低效、套管损坏及高含水等原因，停关的长停井共 377 口[1]，占油井总数的 32%，覆盖地质储量 678×10⁴t，阶段采出程度仅 30.2%，具备较大的恢复潜力。

针对超稠油剩余油分布规律研究难的问题，在精细地质研究基础上，充分利用油藏监测、生产动态等资料，结合数值模拟技术（图2），细分小层，刻画了剩余油分布规律，寻找潜力区域，为长停井恢复潜力评价奠定基础[2]。

遵循"地质体可控、产能可控"原则，确立了油藏地质、开发动态两大类十项指标作为评价内容，并筛选对恢复效果影响较大的六项指标建立评价标准（表1），对长停井潜力定性评价，总结长停井综合治理技术界限。

建立"与新技术结合、与方式转换结合、与产能建设结合、与剩余油挖潜结合"的长停井综合治理理念，并针对存在的问题制定了相应对策（图3）。

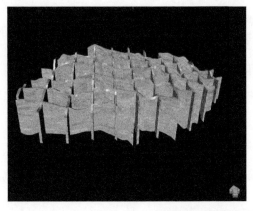

已动用区　剩余油富集区

图 2　油藏精细描述技术和油藏数值模拟技术示意图

表 1　超稠油长停井恢复筛选指标评价表

油层厚度，m	渗透率，mD	电阻率，Ω·m	地层压力，MPa	采出程度，%	油汽比	评价结果
>20	>500	>30	>4	<30	>0.20	好
10~20	140~500	22~30	2~4	30~40	0.10~0.20	中等
<10	<140	<22	<2	>40	<0.10	差

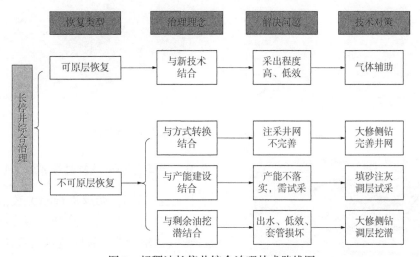

图 3　超稠油长停井综合治理技术路线图

经济评价已经逐渐成为油田开发中必须考虑的因素，长停井综合治理和套管损坏井治理也不例外。特油公司以年度预算成本和油价为基础，以边际效益油汽比为筛选指标，建立不同油价下边际效益油汽比模型，动态调整长停井恢复经济界限。经过计算，2020 年特油公司边际效益油汽为 0.14。因此，对预期周期油汽比小于 0.14 的长停井坚决不予实施。

通过建立长停井综合治理工作流程，指导长停井恢复工作。同时建立长停井管理规定，加强长停井跟踪分析，强化油井动用管理，明确油井动用停关界限，使长停井治理工作标准化、系统化。其中，对于可原层恢复长停井，采出程度高是油藏开发中后期客观存在的开发矛盾，也是需要解决的问题，是进一步提高采收率所面临的困难。针对这一问题，主要通过气体辅助蒸汽吞吐措施，先注入非凝析类气体（主要为 CO_2），起到补充地层压力、扩大蒸汽波及体积的作用。

2.2　创新提出水平井井间直井加密挖潜部署

目前，特油公司主力区块直井开发井网井距为 70m，水平井井网井距为 70～100m，已经接近井网井距的开发极限，随着原规划的兴Ⅱ+兴Ⅲ组薄互层直井剩余井位越来越少，转换部署思路势在必行。

在长停井综合治理的过程中，通过运用直井和水平井井温、剩余油饱和度等动态监测资料，技术人员发现水平井井间存在大量剩余油，因此，在油层厚度大于 10m、地层温度小于 80℃的水平井间区域，优选 3 口长停井调层试采兴Ⅱ组，首轮平均单井产油 850t，油汽比 0.27，单井日产能力 7.0t，取得较好效果。

通过长停井试采落实产能，实现了新井部署方向向"水平井井间直井加密挖潜部署"的转变，开创了产能建设新局面，结合重构开发方式转换井网，特油公司新增井位 116 个（图 4），增建产能 19.1×10^4t。2018 年以来扩大实施后，平均单井日产能力达到 7.6t。一举扭转了产能建设新井效果连年下降的不利局面。

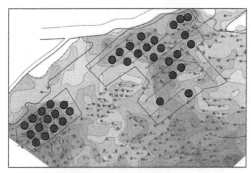

（a）实施井37口

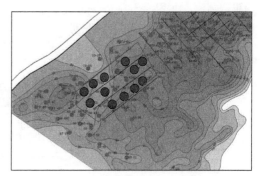

（b）实施井12口

图 4　水平井井间直井加密挖潜部署部分井位图

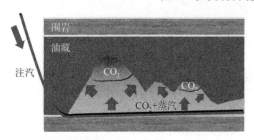

图 5　气体辅助蒸汽吞吐技术机理示意图

2.3　气体辅助蒸汽吞吐技术体系日益完善

"十三五"期间，持续进行相关数值模拟研究及理论计算工作，并且结合历年现场实践结果，继续完善气体辅助蒸汽吞吐技术机理认知（图 5）。气体辅助有五大主要作用机理：一是利用气体弹性能量，补充地层压力；二是气体占据亏空区域，扩大蒸汽波及体积；三是气体具有分压作用，使蒸汽释放更多潜热；四是气体充填亏空带，减少向岩石骨架散热；五是回采过程中混合流动，产出液流动性提高[3]。

气体辅助蒸汽吞吐技术经过多年的探索实践，技术体系不断完善[4]，多井型、多介质联用推动蒸汽吞吐技术升级，进一步完善了组合式注汽技术。实施油藏由单砂体扩展到互层状及厚层块状油藏，实现蒸汽吞吐储量全覆盖。实施井网由单一水平井逐步扩展至井组规模注入。注入方式由单注单采、同注同采发展到只注不采，并创新实施注气体区域增压技术（图 6）。

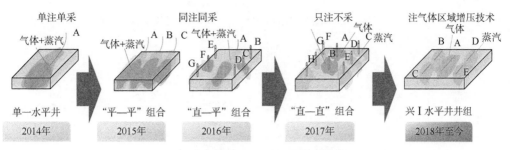

图 6　气体辅助蒸汽吞吐技术体系演变图

区域增压技术在杜 84 块兴 I 组水平井区域首先探索试验，注入 CO_2 $314×10^4m^3$，生产井井底流压由 2.0MPa 上升至 3.0MPa 以上，平均单井日产油提高到 20t，含水率降到 70%，当年增油 $3.9×10^4t$，经过近两年的持续跟踪调控，年产油稳定在 $7.0×10^4t$ 以上，带动兴 I 组蒸气吞吐开发重新上产(图 7)。

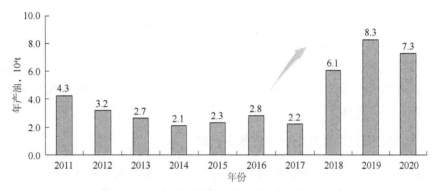

图 7　区域增压技术实施前、后年产油变化图

2.4　优化蒸汽吞吐老井动用结构实现效益开发

经过多年高速开发，特油公司蒸汽吞吐采出程度已达 39.1%，地层压力降至 3.0MPa 左右，高轮蒸汽吞吐后，低效井逐渐增多，油汽比低于 0.14，2005 年，完全成本高的蒸气吞吐负效井比例达到 24%，导致经济效益变差。

为贯彻低成本开发战略，按照效益开发要求，提出区块管理新举措：一是严控蒸汽吞吐低效、负效井动用，对于负效井，实施间歇蒸气吞吐 2 年措施，对于低效井，实施气体辅助措施，改善开发效果；二是不断降低蒸汽吞吐废弃产量，延长油井生产时间，达到适当延缓蒸汽吞吐节奏、节约蒸汽吞吐年注汽量的目的；三是开展停关高含水井工作，减少前端产水量，降低水处理费用。

3　蒸汽吞吐开发稳产技术实施效果

3.1　长停井综合治理大幅度降低综合递减率

"十三五"期间，特油公司共实施长停井综合治理 113 井次，恢复动用地质储量 $198×10^4t$，增油 $16×10^4t$，油汽比为 0.26，是公司蒸汽吞吐开发持续高产稳产的重要保障，降低公司蒸汽吞吐开发综合递减率 5% 左右(图 8)。

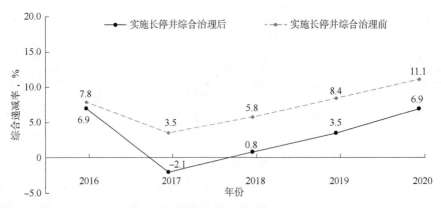

图 8　实施长停井综合治理前后综合递减率变化图

3.2　水平井井间直井加密挖潜部署取得突破

"十三五"期间，水平井井间直井加密挖潜部署推广到杜 84 块兴Ⅱ组、兴Ⅵ组，杜 229 块兴Ⅱ组、兴Ⅲ组，累计实施 116 口井，控制地质储量 238×10⁴t，增油 23.6×10⁴t，降低公司蒸汽吞吐开发总递减率 5%，并为将来转蒸汽驱开发奠定井网基础。公司未来规划蒸汽驱井组 152 个，按照"直井蒸汽驱、水平井排水"的开发理念，进一步提高油藏采收率。目前实施的水平井井间加密直井将全部作为转蒸汽驱开发的基础井网。

3.3　气体辅助蒸汽吞吐有效提高油藏采收率

"十三五"期间，气体辅助蒸汽吞吐技术实施规模不断扩大，累计实施 311 井次，增油 10×10⁴t。通过该技术的实施，蒸汽吞吐井效果明显改善，增加可采储量 122×10⁴t，提高油藏蒸汽吞吐开发采收率 5%，特别是区域增压技术的成功实施，为蒸汽吞吐开发高采出低效井组、高含水井组改善效果探索了新的道路。

3.4　蒸汽吞吐负效井比例和完全成本显著下降

"十三五"期间，重点开展优化蒸汽吞吐老井动用结构工作，减少负效井动用 81 井次，减少无效注汽量 42×10⁴t，蒸汽吞吐负效井比例从 2015 年的 24.3%降低到 2020 年的 19.2%。同时配合降低废弃产量、停关高含水井等多项降本增效工程实施，公司完全成本降低 4.9 美元/bbl，蒸汽吞吐完全成本降低 3.5 美元/bbl，实现低成本开发(图 9)。

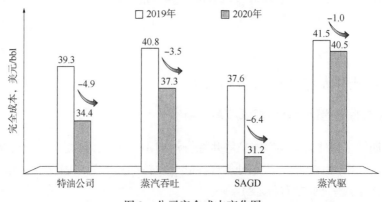

图 9　公司完全成本变化图

4 结论及认识

"十三五"期间，贯彻提高采收率和效益开发两条主线，通过长停井综合治理、水平井井间直井加密挖潜部署、气体辅助蒸汽吞吐推广应用，累计增油 49.6×10^4 t，特油公司蒸汽吞吐开发年产油始终保持 60×10^4 t 持续稳产，油汽比稳定在 0.28。

多年的实践证明，蒸汽吞吐开发稳产工程和蒸汽吞吐开发稳产技术取得了显著效果，形成了完善的蒸汽吞吐开发稳产技术体系，使特油公司在采出程度高达 43.8% 的情况下仍然保持年产油 130×10^4 t 持续稳产，通过大力推进效益开发，近年来，特油公司完全成本处于辽河油田各采油单位最低水平。

特油公司将继续依托成熟的蒸汽吞吐开发稳产技术，稳定公司蒸汽吞吐开发产量规模，保持公司完全成本持续下降，打造"三十年百万特油"，为辽河油田做好"千万吨油田""百亿方气库""流转区效益上产"三篇文章贡献力量。

参 考 文 献

[1] 刘娣. 杜229块长停井潜力分析研究[J]. 中国石油和化工标准与质量，2013，33(16)：133.

[2] 毛哲. 长停井复产方式及复产技术研究[J]. 石化技术，2017，24(7)：186.

[3] 潘一，付洪涛，殷代印，等. 稠油油藏气体辅助蒸汽吞吐研究现状及发展方向[J]. 石油钻采工艺，2018，40(1)：112-117.

[4] 房金禄. 长停井复产技术措施及对策研究[J]. 中国石油和化工标准与质量，2013，34(6)：45.

杜 84 块馆陶西部油藏双水平 SAGD 井组调控技术研究与应用

沈 群

(中国石油辽河油田公司特种油开发公司)

摘 要：辽河油田杜 84 块馆陶油藏为边顶底水巨厚块状超稠油油藏，经过多年吞吐开发后，效果逐渐变差。为提高该区块的开发效果，开展了直平组合 SAGD 先导试验，并取得成功。为进一步提高该区域采出程度，在馆陶油藏西部设计了一对双水平 SAGD 井组，通过精细地质研究，确定合理注采井距，确定安全的边水距离；创新设计了循环预热参数界限，制定了转驱的标准，通过精细的调控，生产井水平段动用程度达到了 75% 以上，成功建立了地下温场与注采连通。转驱后，通过合理控制 SUBCOOL 值及注采压差，促进蒸汽腔均衡扩展，井组产量快速上升至 100t 以上，培育了国内第一口双水平 SAGD 百吨井。

关键词：超稠油油藏；SAGD；双水平；循环预热参数；调控

双水平井蒸汽辅助重力泄油(SAGD)技术在加拿大等国重油开采中，已经得到了广泛应用，采收率可以达到 50% 以上，最高可达 70%[1]。辽河油田于 2005 年开展了直平组合 SAGD 技术研究及现场试验，目前已规模实施，实施效果显著。但在双水平井组合蒸汽辅助重力泄油理论研究及动态调控方面较为欠缺，由于双水平 SAGD 井的注采井组距较小，参数控制要求精确，杜 84 块馆陶油藏埋藏深、非均质性强，导致了循环预热时连通建立较难。通过对国外双水平 SAGD 开采情况的调研，并结合馆陶油藏的地质特征，建立了循环预热参数的界限，形成了一系列调控技术，确保了双水平 SAGD 井的成功实施。

1 双水平 SAGD 开发原理

双水平井 SAGD 的原理就是在靠近油藏底部位置钻一对上下平行的水平井，经油层预热形成热连通后，上部水平井注汽，注入的蒸汽向上超覆，在地层中形成蒸汽腔，并不断向上面及侧面扩展，与原油发生热交换，加热的原油和蒸汽冷凝水依靠重力作用泄流到下部的生产井中产出。其生产特点是利用蒸汽的汽化潜热加热油藏，蒸汽的波及体积大，驱油效率高，以重力作为驱动原油的主要动力，阶段采收率高[2]。

2 馆陶区块概况

杜 84 块馆陶组油层为巨厚块状边、顶、底水的超稠油油藏，含油面积 1.92km^2，地质储量 2626×10^{4}t，油藏埋深 530～640m，平均油层厚度 106m，平均有效孔隙度 36.3%，渗透率为5.54D，储层属于高孔隙度、高渗透储层[3]。纵向上，各油层组油水边界不一致，其中R5、R4、R3组为主力油层，平均25~30m，R2组含油面积明显变小，R1组仅在中西部解释为油层。通过测井曲线识别及井温监测资料验证，结合目前馆陶油藏开发效果，分析认为馆陶油层主要存在三套夹层，分别位于R3、R4、R5组内。夹层平面分布连续性差，只在局部发育。纵向上，夹层为多套低物性段叠加组合而成，厚度一般为0.2~1.5m[4]。

3 双水平井 SAGD 井网部署及工艺设计

3.1 部署方式优化

通过数值模拟研究双水平井组合的垂向注采井距，分别模拟了3m、5m、7m、10m四种井距(表1)，模拟结果显示，随着垂向距离的增加，采收率、油汽比随之下降。同时借鉴国外经验，确定井组双水平井垂向距离为5m[5]。并根据油层边部与边水接触关系，制定最安全油水内边界。用数值模拟方法研究了直井与水平井组合SAGD开发后期，在油藏边部位置开展SAGD开发可行性分析，确定了距离安全油水边界最低100m原则。

表1 双水平井垂向距离生产指标对比表

垂向距离，m	生产时间，d	累计注汽，10^4t	累计产油，10^4t	累计油汽比	采收率%
3	3794	103.6	37.31	0.36	36.6
5	3845	104.3	36.83	0.35	36.1
7	4451	109.1	32.72	0.30	32.1
10	4828	110.6	26.54	0.24	26.0

在不考虑水平井中本身的压力降和举升设备的能力限制时，SAGD理论得出的高峰日产油量与水平段的长度成正比。井组日产油要达到200t，水平井段长度要达到500m以上，根据双水平SAGD产量计算公式，确定了水平段长度为593m。

3.2 钻完井工艺设计优化

为满足生产井SAGD阶段高峰期产液量达800~1000t的举升需要，创新设计了大尺寸套管和大尺寸筛管，优化筛缝设计，提高过流面积，降低生产压差[6](图1和图2)。钻井过程中利用MGT随钻跟踪技术保障钻井精度，解决了"大井眼坍塌、防碰、高温、轨迹控制"四大难题，确保了该井的顺利实施，上下水平井间距离控制在5.6m。

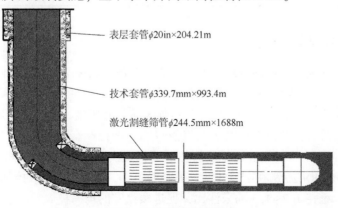

表层套管ϕ20in×204.21m

技术套管ϕ339.7mm×993.4m

激光割缝筛管ϕ244.5mm×1688m

图1 井身结构示意图

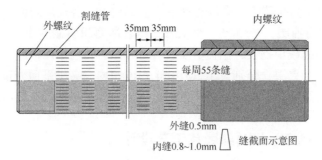

图 2　梯形激光割缝筛管示意图

4　双水平井 SAGD 动态调控技术

4.1　循环预热参数设计

影响双水平井 SAGD 循环预热的关键参数有蒸汽的循环速度、操作压力、井间注采压差的大小、采注比[7]。为了提高双水平井 SAGD 循环预热效果，经过多次研究论证与数值模拟，借鉴国外成功经验，对循环预热参数进行优化，创新设计了循环预热参数界限（表 2），自主编制了循环预热方案，并且为保证举升，设计了机械举升管柱，优化了下泵深度，距离水平段温度高点 600m，保证流体以液态形式存在，不发生闪蒸。在循环预热阶段制定了"定注控温、排液稳压"的调控思路，建立 24h 值班制度，现场实时跟踪调控。循环预热以来，水平段压力稳定在 5.0MPa，水平段前 2/3 蒸汽为饱和状态，各项参数基本达到方案设计[8]。此外，制定了转驱的判断标准，首先是井底温度先降后升并保持较高的温度，说明地下温场已经形成；然后是井底流压稳定在 3.5～4.0MPa 之间，80% 长度的水平段温度在 130℃ 以上，说明热连通已经建立；最后是井组采注比大于 1，说明供液能力充足，为成功转驱奠定了基础。

表 2　循环预热参数界限

序号	项　　目	参数界限	目　　　标
1	操作压力，MPa	5.0～5.5	防止蒸汽大量进入地层，造成动用不均；保证举升
2	采注比	1.0	防止蒸汽大量进入地层，造成动用不均
3	注采压差，MPa	<0.5	防止注采井间局部突破
4	注汽量，t/d	100	实现前 2/3 水平段均匀加热

4.2　生产阶段调控

双水平井 SAGD 生产阶段的泄油能力是核心，注汽是前提，采出是保障，三者平衡是关键[9]。首先，SAGD 生产阶段主要利用蒸汽的汽化潜热加热油藏，必须保证注入高干度蒸汽，并且在转驱初期采用较高的操作压力，可加速蒸汽腔扩展速度，降低原油黏度，提高井组的泄油能力。另外在生产时保持稳定的汽液界面，即控制合理的 SUBCOOL，不同开发阶段，控制不同的 SUBCOOL，防止水平段流体闪蒸，提高蒸汽的热利用率。在转驱初期，泄油不稳定，将 SUBCOOL 控制在 15～20℃；泄油稳定期，将 SUBCOOL 控制在 5～10℃；并通过优化注汽参数，维持 1.2～1.3 的采注比，促进蒸汽腔的均衡扩展[10]。

5 取得的效果

通过对地质体的精细刻画和部署方式的优化,成功在馆陶油藏边部部署一口双水平SAGD井组,并创新设计循环预热参数界限,成功建立了地下温场与注采井之间的连通,确保了水平段的均匀动用,达到了循环预热效果。在生产阶段通过精准调控,油藏泄油能力增强,井组产量快速上升至100t/d以上,成为国内第一口双水平SAGD百吨井。

6 结论与认识

(1)通过对地质体深化研究,充分认识了馆陶油藏及隔夹层发育情况,确定剩余油富集区域,为双水平SAGD井组部署提供依据。

(2)优化水平段长度及钻完井工艺设计,满足SAGD油井高液量排液需求。

(3)优化预热方案编制,制定调控思路,强化过程跟踪管理,确保循环预热阶段效果。

(4)稳定的气液界面控制及蒸汽腔的均衡扩展是SAGD生产阶段的关键因素。

参 考 文 献

[1] 刘文章. 稠油注蒸汽热采工程[M]. 北京:石油工业出版社,1997.

[2] Butler R M. Steam assisted gravity drainage:concept,development,performance and future[J]. Journal of Canadian Petroleum Technology,1994,33(2):44-50.

[3] 杨立强,陈月明,王宏远,等. 超稠油直井-水平井组合蒸汽辅助重力泄油物理和数值模拟[J]. 中国石油大学学报(自然科学版),2007(4):64-69.

[4] 武毅,张丽萍,李晓漫,等. 超稠油SAGD开发蒸汽腔形成及扩展规律研究[J]. 特种油气藏,2007(6):40-43,97.

[5] 张方礼,张丽萍,鲍君刚,等. 蒸汽辅助重力泄油技术在超稠油开发中的应用[J]. 特种油气藏,2007(2):70-72.

[6] 席长丰,马德胜,李秀峦. 双水平井超稠油SAGD循环预热启动优化研究[J]. 西南石油大学学报(自然科学版),2010,32(4):103-108.

[7] 钱根宝,马德胜,任香,等. 双水平井蒸汽辅助重力泄油生产井控制机理与应用[J]. 新疆石油地质,2011,32(2):147-149.

[8] 任芳祥,孙洪军,户昶昊,等. 辽河油田稠油开发技术与实践[J]. 特种油气藏. 2012,19(1):1-8.

[9] 陈森,窦升军,游红娟,等. 双水平井SAGD循环预热技术及现场应用[J]. 新疆石油天然气,2012,8(S1):6-10.

[10] 宋晓,陈森. SAGD生产井合理井下Subcool分析研究[J]. 新疆石油天然气,2012,8(S1):11-16.

基于 FCD 技术的超稠油提高采收率对策研究

何璐璐

(中国石油辽河油田公司特种油开发公司)

摘　要： 超稠油开发中，水平井技术在吞吐开发和 SAGD 开发中应用广泛。随着吞吐轮次增加，日益面临三大矛盾：一是水平段动用不均的问题；二是水平井生产过程中易受汽窜及 SAGD 蒸汽腔影响；三是高轮低效的问题。FCD 技术是一种可实现井下蒸汽、油水流量人为控制的技术。将流量控制装置(Flow Control Devices)和防砂管柱合为一体，通过油(套)管下入老井，实现蒸汽均匀注入与流体均匀产出，抑制汽窜，改善生产剖面，提高油井产量。本文首先对 FCD 技术进行简单介绍，然后介绍 FCD 技术在国内外各大油田的应用，最后对 FCD 技术在辽河油田特种油开发公司提高采收率的具体实践进行探讨。

关键词： FCD 技术；水平井开发；动用不均；蒸汽腔影响；提高采收率

辽河油田年产油规模 $1000 \times 10^4 t$，一半以上的产量来自稠油和超稠油。在超稠油开发中，水平井技术已经得到广泛应用，尤其是对于辽河油田特种油开发公司(简称特油公司)，开发油品全部为超稠油，年产量规模 $128.5 \times 10^4 t$，采出程度达到 44%，水平井产量占公司产量的 60%。因此，如何保证水平井开发效果稳定，继续提高超稠油采收率，对辖区面积仅有 $6.76km^2$、没有勘探面积的特油公司的发展有着重要的意义。利用已在国外成功实施多年的 FCD 技术，探索解决水平井水平段动用不均、受汽窜及 SAGD 蒸汽腔影响、周期效果变差这三大矛盾，对特油公司是一次有价值的尝试，对同类型油藏也具有现实的借鉴意义。

1　FCD 技术

FCD 技术在 20 年前就已广泛应用在水平生产井中开发常规油气藏，能够形成均匀的产液剖面，有效地延缓过早的底水侵入和气体指进，从而提高采收率。以加拿大为代表的国外石油公司也已经在油砂开发中广泛应用 FCD 技术。

FCD 是一种可实现井下蒸汽、油水流量人为控制的技术。将流量控制装置(Flow Control Devices)和防砂管柱及封隔器合为一体，通过油(套)管下入老井(新井)，实现蒸汽均匀注入与流体均匀产出，抑制汽窜，改善生产剖面，提高油井产量。

FCD 装置包括封隔器和流量控制装置(图 1)。封隔器的主要作用是将水平段细分为各个小的单元。流量控制装置的主要作用是实现均匀注入和均匀采出。

1.1　FCD 装置的分类

FCD 装置可以分为螺旋式 FCD 和孔板式 FCD。

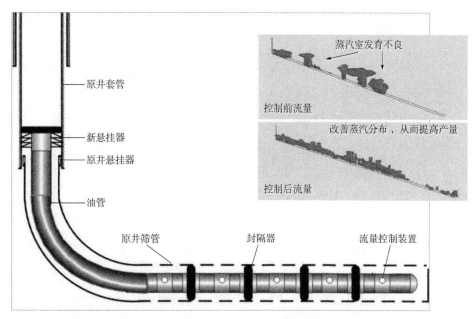

图 1　老井 FCD 技术实施示意图

1.1.1　螺旋式 FCD

螺旋式 FCD 是在基管表面缠绕圆形空心管，流体在螺旋槽内不断改变方向，在摩擦作用下，流体的压力不断降低（图 2）。它的优点是降低了流体的流速，减少对管柱的冲蚀和堵塞；缺点是受流体黏度影响大。

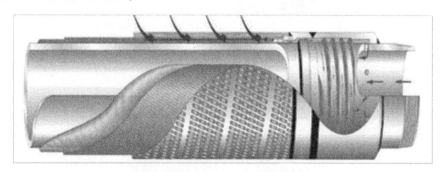

图 2　螺旋式 FCD 工作原理示意图

1.1.2　孔板式 FCD

孔板式 FCD 是在基管上布置几个文丘里管，强迫流体通过文丘里管再进入井筒，从而产生流动阻力。它的优点是流体压降与黏度无关，适合高黏度原油，此外，设计和制造较简单；缺点是流体高流速会加速对 FCD 装置的冲蚀（图 3）。

1.2　FCD 技术的原理

FCD 技术通过管型设计来控制流量，注汽时，保证蒸汽沿水平段均匀注入地层，不受储层非均质性及压力影响；生产时，根据产液时压差小、蒸汽出现时压差瞬间增大的原理，抑制汽窜[1]。FCD 技术的工艺原理是注汽阀孔通过文丘里管流型设计，流体速度会随着管径缩小而增大，但是当喷嘴喉部的速度达到音速时，无论管道出口外压强如何降低，截面的流速、压强等都不再发生变化，注入流量不受油藏压力限制（图 4）。

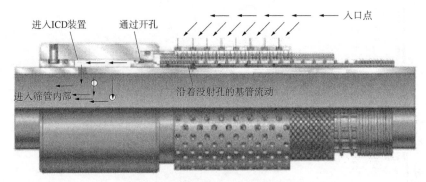

图3 孔板式 FCD 工作原理示意图

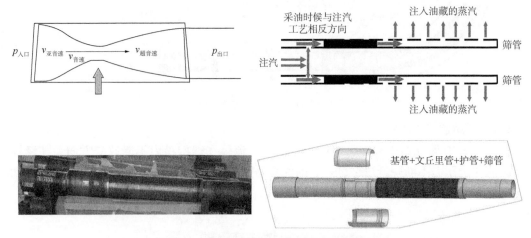

图4 FCD 技术实施及使用管柱示意图

为了避免流体(蒸汽/产出液)在井筒内窜流而导致水平段动用不均,利用封隔器将水平段进行人为分隔,实现水平段精细调控,均衡注采。高温封隔器在 FCD 装置间隔下入。该封隔器遇水膨胀坐封,坐封时间与温度成反比。小于 100℃ 条件下,坐封时间为 18 天;100~200℃ 条件下,坐封时间为 14 天;在注蒸汽的情况下,大于 200℃ 的条件下,坐封时间为5 天。

2 FCD 技术在国内外的应用

自从 FCD 这个概念被提出,国内外对 FCD 技术在油田企业的应用进行了探究和实际应用。下面是 FCD 技术在国际上以及在国内对油田企业发展中的应用。

2.1 FCD 技术在国际各大公司的应用

FCD 技术主要应用于加拿大油砂开发。2008 年,FCD 技术在 Surmont SAGD 项目中第一次应用,相同的时间内,FCD 井组的产量比同平台其他井组的产量平均高 50%。FCD 在先导试验井组试验取得成功以后,进行了较大规模的对比试验,该平台共有 12 对井组,其中偶数井下入 FCD,奇数井采用普通筛管完井。投产后,对比 7 个月的生产效果,FCD 井组的产量明显高于其他井组。试验成功后,该技术开始在加拿大 SAGD 项目中规模应用。在中国石油加拿大油砂项目中，也实施了 FCD 技术，目前累计下入 11 个井组。后期内衬 FCD 的井组中，实施后，井组注汽量、液量、油量均有不同程度增加，平均单井增油 20t/d，水平段温度剖面较实施前更加均匀。

2.2　FCD 技术在特油公司的具体实践

特油公司为了解决蒸汽吞吐、SAGD、蒸汽驱开发中面临的矛盾，与钻采工艺研究院结合，探索开展 FCD 试验，取得了积极的效果，并制定出如下选井原则：吞吐水平井水平段动用不均、受 SAGD 蒸汽腔影响，局部高温无法正常生产，气体辅助吞吐技术实施后，非凝析气体采出量大；SAGD 水平井水平段局部高温，SUBCOOL 控制难度大；蒸汽驱注汽井纵向吸汽不均，生产井蒸汽突破。

2.2.1　FCD 装置下入情况

由于 FCD 装置封隔器外径较大，自 2020 年 1 月，特油公司对有需求实施 FCD 技术的水平井累计通井 14 口，其中遇阻 10 口，顺利下入完井 4 口。从通井情况看，大部分轮次较高水平井的水平段由于长期热采影响，均出现不同情况的筛管变形，不适合下入 FCD 装置，因此，井况较好是 FCD 技术能实施的先决条件，客观上，这也对 FCD 的应用造成了一定的制约，绝大部分井况好的水平井吞吐轮次都在 6 轮以下。

2.2.2　典型井实例分析

目前，下入 FCD 的 4 口井，平均注汽油压下降 1.2MPa，注汽套压上升 1.2MPa，投产井可对比井 1 口，同期增油 3300t 以上，以下对该井实施 FCD 情况进行简要介绍。

兴 H3338 井 2012 年投产，水平段长度 285m，油层厚度 9.2m，储量 $9.2×10^4$t，共计投产 4 轮，实施前采出程度 16.3%。目前，累计注汽 34035t，累计产油 19488t，累计产水 73777t。生产第一轮由于 SAGD 汽腔影响，生产时间长，周期产油量高，油汽比高，效果较好。随着轮次增加，周期产油量降至 2000t 以下，油汽比降至 0.30 以下，采注比不足 0.80，生产效果呈逐渐变差趋势（表 1）。

表 1　兴 H3338 井历史生产情况统计表

井号	层轮次	层位	投产日期	注汽量 t	油压 MPa	生产时间 d	累计产油 t	累计产水 t	油汽比	回采水率 %
杜 84-兴 H3338	001	Ⅲ	2012-07-13	3985	10.1	1393	9566	53589	2.4	1345
杜 84-兴 H3338	002	Ⅲ	2018-05-02	6602	10.2	292	1948	3636	0.3	55
杜 84-兴 H3338	003	Ⅲ	2019-04-20	7290	8.9	176	1767	2688	0.24	37
杜 84-兴 H3338	004	Ⅲ	2019-12-27	7668	9.2	122	1431	1908	0.19	25
杜 84-兴 H3338	005	Ⅲ	2020-08-10	8490	7.9	361	4776	11956	0.56	141
合计	5			34035		2344	19488	73777	0.57	217

施工目的：该井根据井温剖面分析，脚跟及中部动用较差，因此，下入水平井流量控制工艺管柱，调整吸汽剖面，实现水平段均匀动用，提高油井产量。

FCD 设计：根据井温剖面、地层孔隙度、渗透率、井深结构等因素，方案设计 7 个流量控制装置（FCD）实现水平段均匀注采，下入封隔器 6 个以确保分段开采效果。

井身结构：新悬挂器位于原悬挂器上部，原井 7in 筛管选择 4½in 新油管完井。

图 5 为试验井兴 H3338 井 FCD 技术实施及设计示意图。

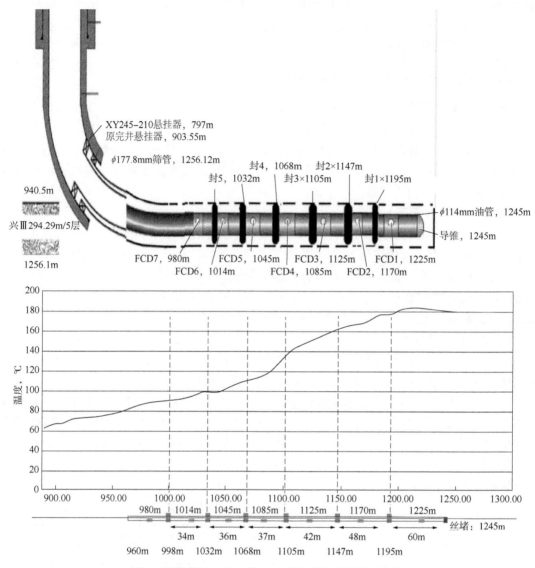

图 5　试验井兴 H3338 井 FCD 技术实施及设计示意图

2020 年 7 月 8 日起，开始正式注汽，注汽管柱下深为悬挂器上 10m。设计注汽量 8000t（上轮 8000t），实际注汽量 8490t。上轮注汽油压 9.2MPa，本轮注汽油压 7.9MPa，下降 1.3MPa，下降原因分析为注汽管柱下深由原来脚尖处（1100m）上提至悬挂器以上（787m），注汽摩擦阻力减少。上轮注汽套压 5.0MPa，本轮注汽套压 6.2MPa，油藏吸气压力升高，初步判断 FCD 装置可以实现分段注汽、调整吸汽剖面的作用。

该井于 2020 年 8 月 10 日转抽生产，采用 ϕ70mm 管式泵生产，目前阶段生产 312 天，周期延长 189 天，阶段产油增加 3345t，油汽比提高 0.37，日产液 61t，日产油 10.4t，含水率 83%，冲次 2 次，井口温度 104℃。含水率曲线：由于前几轮回采水率较低，地层存水较高，导致本轮排水期与上一轮相比较长。温度曲线：井口温度较上一轮提高 20℃，说明 FCD 装置将注入蒸汽留存在近井地带，有效动用低温水平段，因此回采温度较高。

图 6 为试验井兴 H3338 井实施前后含水率对比图。

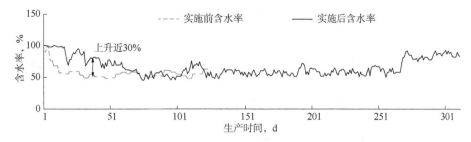

图 6　试验井兴 H3338 井实施前后含水率对比图

日产液曲线：本轮平均日产液 41t，较上一轮提高 20t。动液面：本轮供液充足，动液面较上一轮升高 200m。日产油曲线：本轮平均日产油 13t，高峰产油量为上一轮的 2 倍。杜84-兴 H3338 井下入 FCD 装置后，生产基本达到了设计的预期效果，目前增油 3345t，油汽比提高 0.37。

图 7 为试验井兴 H3338 井实施前后日产液、日产油对比图。

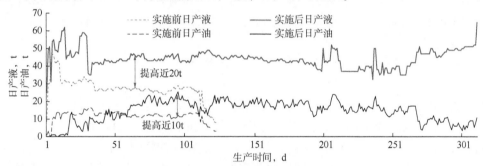

图 7　试验井兴 H3338 井实施前后日产液、日产油对比图

3　结论及认识

（1）FCD 实施后，油井注汽油压均有所下降，原因是注汽管柱只能下入悬挂器处，导致注汽油压下降，注汽套压上升，证明 FCD 装置可以实现分段注汽、调整吸汽剖面的作用。

（2）试验井生产时间大幅延长，增油量明显，油汽比提高显著，具备在类似油藏条件下实施推广的空间。

（3）试验井兴 H3338 井效果较好，可能与管外封隔器有关，下步可以挑选有管外封隔器的水平井进行试验验证。

（4）FCD 是否起到改善水平段动用程度的作用，应在周期结束后，验证井温测试结果。

FCD 技术在特油公司吞吐水平井的探索实践中取得了一定效果，下步计划开展 SAGD 水平生产井 FCD 试验，解决水平段局部高温、SUBCOOL 控制难度大等问题，并且与钻采工艺研究院结合，开展 FCD 装置国产化研究，保障水平井稳产上产，提高油田采收率，为辽河油田做好"千万吨油田""百亿方气库""流转区效益上产"三篇文章贡献力量。

参　考　文　献

［1］苏日古. ICD/AICD 技术在新疆油田稠油水平井应用前景分析［J］. 中国石油和化工标准与质量，2020，40（17）：186-188.

分层开发技术在超稠油油藏中的应用

董 婉

（中国石油辽河油田公司钻采工艺研究院）

摘 要： 辽河油田曙一区 D 区块经过长期的吞吐开发，采收率逐渐降低，针对这一问题，运用精细油藏描述技术方法，结合各油层特点，在层系划分上，将 D 区块开发层系由 3 套细化为 5 套，方式选择上，在厚层块状油藏实施 SAGD 开发，在连续发育的互层状油藏实施蒸汽驱开发，在不连续的互层状及单砂体油藏实施水平井或直平组合蒸汽吞吐开发，从而实现了超稠油油藏立体高效开发，采收率由 23.4% 提高至 42.5%，新增可采储量 $1266 \times 10^4 t$，对其他同类型油藏开发具有指导和借鉴意义。

关键词： 曙一区；超稠油；分层开发；采收率

辽河油田曙一区 D 区块位于辽河盆地西部凹陷西斜坡中段，含油目的层主要为新生界下第三系沙河街组兴隆台油层，沉积上为扇三角洲沉积体系，油藏埋深为 550~1150m。50℃时，原油黏度为 $16.8 \times 10^4 mPa \cdot s$，属于中深层超稠油油藏[1]。自 1997 年，该油藏采用两套开发层系，70~100m 正方形井网直井蒸汽吞吐开发，为了提高开发效果，通过转变开发方式、细分开发层系，实现了层间、块间的产能接替，形成了多套开发层系、多种开发方式并存的多元化分层开发模式，实现了超稠油立体高效开发。

1 分层开发技术

重新开展精细油藏描述工作，精细对比，细化分层[2]。利用录测井资料，结合地震解释，依据沉积旋回特征，进行地层对比，绘制油藏所有排列剖面，完成油层组、砂岩组、小层及局部单砂体图件，全面落实地质体。经过细化分层，将 D 区块细分为 19 个小层。由粗到细分别绘制了油层组、砂层组及小层的油层厚度图。动静结合，落实剩余油分布。在深入地质研究的基础上，充分结合油井生产动态，了解不同区域、不同油层采出状况，落实剩余油分布，为分层开发提供物质基础。

2 多元化分层开发模式

通过理念突破、技术突破，结合各油层特点，建立全新的多套开发层系、多种开发方式并存的多元化分层开发模式[3-5]。这样的开发模式不仅没有废弃原井网，而且选择了适宜的开发方式，使层系井网组合成系统，建立了多套开发层系、蒸汽吞吐、SAGD、蒸汽驱多种开发方式并存的多元化分层开发模式[6]，保证了整个油藏的有效动用，实现整个区块立体高效开发。

2.1 薄互层状连续发育油层实施水平井挖潜

利用经济分析软件，绘制了水平井单井极限储量和油价的关系曲线图（图1）。从图中可以看出，当油价在60美元/bbl时，水平井极限产量为11759t。同时结合薄互层状油藏的数值模拟，计算出薄互层状超稠油油藏水平井部署油层厚度及单控储量界限表（表1），最终确定确定4m以上厚度，单控储量在 $3.4×10^4t$ 以上都可以进行水平井部署。

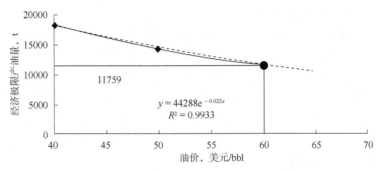

图1 油价与水平井极限产量图

表1 薄互层状超稠油油藏水平井部署界限表

水平段长度，m	平均单层厚度下限，m			单控储量下限，10^4t		
	油价为 40 美元/bbl	油价为 50 美元/bbl	油价为 60 美元/bbl	油价为 40 美元/bbl	油价为 50 美元/bbl	油价为 60 美元/bbl
300	9.1	6	4.9	6.5	4.3	3.4
400	7.4	5.3	4.3			
500	6.5	4.6	4			

2.2 创新开发模式，实施直平组合 SAGD

D 区块由于埋藏深、地层压力高及直井吞吐后转驱等问题，不适应国外经典的双水平 SAGD 技术。但通过创新 SAGD 开发模式，实施直平组合 SAGD 井网，建立先吞吐预热、后转驱的开发模式，保证了 SAGD 技术的成功实施[7]。

SAGD 方式转换后，井组年产油量由 $38×10^4t$ 提高到 $63×10^4t$，较原方式对比年增油 $57×10^4t$，阶段增油 $355×10^4t$，预计最终采收率在 65%以上。

2.3 突破黏度界限，成功实施超稠油蒸汽驱

传统蒸汽驱理论认为，黏度大于 10000mPa·s 的原油在油藏内无流动能力，蒸汽驱是无效的，目前，世界范围内也无超稠油蒸汽驱成功实施的先例。辽河油田 D 区块原油黏度达到 73000mPa·s，未达到蒸汽驱筛选标准，但经 10 年蒸汽吞吐开发后，地下温场形成、注采热连通建立，原油黏度降至 5000mPa·s，达到蒸汽驱转驱条件。2007 年开展了超稠油蒸汽驱先导试验，并获得成功，形成了与传统蒸汽驱不同的先连通、再驱替的驱油机理，截至 2019 年底，累计转入 20 个井组，年产油 $11×10^4t$，采油速度 3.2%，最终采收率可达到 65%，成为薄互层状超稠油油藏提高采收率主要接替技术。

2.4 探索新的开发方式

2.4.1 实施气体辅助吞吐技术，继续提高蒸汽吞吐采收率

为解决吞吐开发进入中后期低压及动用不均问题，探索实施气体辅助蒸汽吞吐技术，注入气体，补充地层压力，提高动用程度，改善开发效果。实施后，周期生产效果大幅提高。目前，实施了 220 井次，累计增油 $6.5×10^4$t，节约蒸汽 $4.2×10^4$t，阶段创效 2625 万元，该技术可使蒸汽吞吐采收率提高 5%。

2.4.2 实施气体辅助 SAGD 技术，大幅节约蒸汽用量

针对 SAGD 开发中后期蒸汽用量大、蒸汽腔到顶后热损失大导致油汽比低的问题，探索实施了气体辅助 SAGD 技术，通过注入非凝析性气体，降低蒸汽腔蒸汽分压，减少蒸汽注入量，促进蒸汽腔横向扩展。目前，在 17 个 SAGD 井组共 10 口井实施气体辅助技术，累计节约注汽量 $46.5×10^4$t，实施井组油汽比由 0.14 提高至 0.19，提高了 0.05。

3 分层开发实施效果

在开发中形成了蒸汽吞吐、SAGD、蒸汽驱三项超稠油开发核心技术，通过结合油藏特点进行细分层系开发，形成了"纵向上分段分层，平面上分区分块，方式上多元化组合"的立体开发模式。

该区块的产液量、产油量呈明显上升趋势，自然递减率和综合递减率控制在较低水平，区块的稳产基础增强。通过不断完善多元化分层开发模式，油藏纵向储量动用相对均匀，较原开发方案设计对比，累计新增可采储量 $1266×10^4$t，累计增油 $870×10^4$t，经济效益较好，从而实现了各层系高速高效开发。并依据油藏发育类型，因地制宜，设定分层开发标准(表 2)，供同类型油藏参考。

表 2　超稠油油藏分层开发实施标准

油藏类型	油层发育	挖潜方式	参考标准
块状油藏	20m 以上	SAGD	方式转换筛选标准
厚层状油藏	15m 以上	蒸汽驱	方式转换筛选标准
薄互层状油藏	连续发育	水平井挖潜	水平井部署界限
	不连续发育	直井挖潜	直井部署界限

4 结论及认识

(1) 遵循二次开发(应用新技术重新开发老油田)、四重技术(重构井网井型、重新描述油藏、重构开发方式、重新分层)路线，深化油藏研究，重构井网井型，实现各层系高速高效开发。

(2) 根据不同层位油藏特点，针对性实施开发对策，转换开发方式，实现采收率不断提高。

(3) 以理念创新推动技术进步，多技术联用、多作用机理复合，持续改善开发效果。

参 考 文 献

［1］Beal C. Viscosity of air, water, natural gases, crude oiland its associated gases at oil field temperature and pressures［J］. Trans AIME（Am Inst Min Metall）, 1946, 165（3）: 114-127.

［2］王丽洁. 中厚层超稠油油藏动用程度影响因素及挖潜技术分析［J］. 特种油气藏, 2006, 13（增刊）: 48-50.

［3］康志勇, 张勇. 辽河油区计算稠油黏度通用方程［J］. 特种油气藏, 2005, 12（6）: 101-102.

［4］王继强, 樊灵, 韩岐清, 等. 大港油田高凝高粘原油特性［J］. 油气地质与采收率, 2007, 14（6）: 94-96.

［5］尚庆华, 吴晓东, 安永生, 等. CO_2 混相驱注入能力预测理论研究及实例分析［J］. 大庆石油地质与开发, 2011, 30（3）: 150-153.

［6］王慧芳, 何燕玲, 郭新华. 含 CO_2 原油体系粘度测定与预测［J］. 油气地质与采收率, 2009, 16（3）: 82-84.

［7］钱根宝, 马德胜, 任香, 等. 双水平井蒸汽辅助重力泄油生产井控制机理与应用［J］. 新疆石油地质, 2011, 32（2）: 147-149.

SAGD 产量公式的改进与应用

刘　涛[1]　李　君[2, 3]

(1. 中国石油大学信息科学与工程学院；2. 东北石油大学石油工程学院；
3. 中国石油辽河油田公司钻采工艺研究院)

摘　要：采用了不同于 Butler 等的数学分析方法，对 SAGD 产量公式进行了重新推导，重新推导的公式与 Butler 等修正完善后的 SAGD 产量公式基本相同。在此基础上，对 SAGD 产量计算和分析方法进行了改进，将 SAGD 流场划分为两个区域分别进行研究。位于气液界面之上的蒸汽腔重力泄油用 Butler 理论公式 q 来分析，位于气液界面之下的注汽井和生产井间高温流体驱替用本文新建立的公式 q^* 来计算，并提出新的 SAGD 全井产量 Q 和 Q^* 计算方法。将本文理论计算值与杜 84 块馆陶 56 井组 SAGD 稳产阶段实际数据进行对比，结果表明，本文提出的改进 SAGD 全井产量计算和相关参数调控理论结果与实际生产情况相符。本文提出的理论方法对 SAGD 现场实践具有指导意义和实用价值。

关键词：Butler；SAGD 产量公式；推导；计算；算法改进

Butler 的蒸汽辅助重力泄油(SAGD)技术论文[1-6]发表以来，由于其理论上的重大创新和实用价值，引起了石油领域研究人员的高度重视并展开了大量的研究[7-12]。一些学者对 Butler 的 SAGD 理论存在质疑[8-10]，笔者也发现 Butler 建立的原始 SAGD 产量公式存在数学推导不严谨的问题。因此，Butler 的 SAGD 理论是否存在严重的错误值得进一步探讨。为此，依据 SAGD 技术的原理和基本假设，本文采用了不同于 Butler 等使用的数学分析方法，重新对 SAGD 产量公式进行了推导，重新推导的公式与 Butler 等修正后公式基本相同；在此基础上，对 SAGD 产量计算方法进行了改进，并将理论值与现场实际数据做了对比。结果表明，本文提出的改进 SAGD 全井产量计算和相关参数调控理论与实际生产情况相符。因此，Butler 修正后的 SAGD 产能公式正确，本文在其基础上提出的理论方法对 SAGD 现场实践也具有指导意义和实用价值。

本文在讨论问题时以常见的上注下采成对水平井 SAGD 开发情况为例。

1　SAGD 技术中的基本假设

Butler[6]详细论述了 SAGD 技术基础及其重要假设，提出了空间距离 ξ 与温度 T 之间的函数关系如下：

$$\frac{T-T_{\mathrm{R}}}{T_{\mathrm{S}}-T_{\mathrm{R}}}=\mathrm{e}^{\frac{-U\xi}{\alpha}} \tag{1}$$

式中，T_{S} 为蒸汽腔内温度或近似等于蒸汽温度,℃；T_{R} 为油层初始温度,℃；U 为蒸汽/蒸汽冷凝液界面沿界面法向向油藏推进平均速度，m/s；ξ 为离蒸汽/蒸汽冷凝液界面法向距离，m；α 为油藏热扩散系数，m^2/s。式（1）作为 SAGD 技术基础，描述了油藏中蒸汽腔及其气液界面正交方向上的热传导规律，表明热传导速度决定于油藏的导热系数、密度及热容，还决定于气液界面的推进速度 U；气液界面推进现象随泄油过程产生，只有泄油过程才有速度 $U \neq 0$ 和空间位置变量 ξ。

研究过程中，Butler 等从理论和实验两方面深入研究了石油黏度和温度的函数关系[4-6]，提出了著名的石油黏度/油藏温度之间的定量函数关系式如下：

$$\frac{\mu_s}{\mu} = \left(\frac{T - T_R}{T_S - T_R}\right)^m \tag{2}$$

式中，μ_s 为蒸汽温度条件下的石油黏度，$mPa \cdot s$；μ 为温度 T 时的石油黏度，$mPa \cdot s$；m 为经验常数，对于稠油，$m = 3 \sim 4$。通过式（2）与式（1）联立可以得到石油黏度 μ、距离 ξ 和温度 T 之间的定量转换关系如下：

$$\mu = \mu(\xi_i) \tag{3}$$

综上，单位水平井段长度的产量公式如下：

$$dq_i = \frac{\Delta \xi_i K_o \, \nabla \Phi}{\mu(\xi_i)} \tag{4}$$

式（4）中，重力势梯度 $\nabla \Phi$ 公式如下：

$$\nabla \Phi = (\rho_o - \rho_s) g \sin\theta \approx \rho_o g \sin\theta \tag{5}$$

$$dq_i = \frac{\Delta \xi_i K_o g \sin\theta}{\nu_s} e^{\frac{-mU\xi_i}{\alpha}} \tag{6}$$

式中，ρ_o 为石油密度，g/cm^3；ρ_s 为蒸汽密度，g/cm^3；θ 为重力与渗流法向间的夹角，（°）；K_o 为油相有效渗透率，mD；ν_s 为蒸汽温度条件下原油运动黏度，m^2/s；dq_i 为单位时间流过 $\Delta \xi_i$ 薄层厚度的原油体积。需要注意的是，参数 θ 和薄层厚度 $\Delta \xi_i$ 大小与黏度参数一样，都是温度的函数。

2　SAGD 产量公式的再推导

SAGD 实施过程是蒸汽腔中的稠油不断升温降黏、不断向下泄流及伴随蒸汽腔腔体一层一层地逐渐向外扩展的过程（图1）。假设任意薄层内的流体性质相同，因此，Butler 对任一薄层（相当于线性流平行组合层中的一层）应用式（1）、式（2）并根据达西定律得到式（7）。

$$dq_i = \frac{K_o g \sin\theta}{\nu_s} e^{\frac{-mU\xi_i}{\alpha}} d\xi_i \tag{7}$$

文献[8-10]中指出，Butler 在推导 SAGD 的产量公式时，将产量设定为可积分的微分变量不符合达西定律的适用条件。下面给出不采用积分方法推导 SAGD 产量公式的过程。

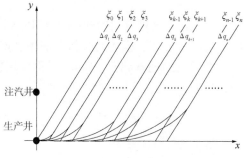

图1　横向不同温度层的泄油量加和示意图

如图 1 所示，从 ξ_0 到 ξ_i 薄层，与其他组合薄层一样，层内的流体性质相同，受同一重力 $g\sin\theta$ 作用；再将其沿法向任意分成 n 个小层，则可得从 ξ_0 到 ξ_1 薄层的泄油量 Δq_1 为

$$\Delta q_1 = \lim_{n\to\infty}\left(\frac{\xi_1-\xi_0}{n}\right)\sum_{i=1}^{n}\frac{K_o g\sin\theta}{\nu_s}\mathrm{e}^{\frac{-mU\left[\xi_0+\frac{i}{n}(\xi_1-\xi_0)\right]}{\alpha}}$$

$$=\frac{\alpha}{mU}\frac{K_o g\sin\theta}{\nu_s}(\mathrm{e}^{\frac{-mU\xi_0}{\alpha}}-\mathrm{e}^{\frac{-mU\xi_1}{\alpha}}) \tag{8}$$

对于从 ξ_1 到 ξ_2 薄层，可得泄油量 Δq_2：

$$\Delta q_2 = \lim_{n\to\infty}\left(\frac{\xi_2-\xi_1}{n}\right)\sum_{i=1}^{n}\frac{K_o g\sin\theta}{\nu_s}\mathrm{e}^{\frac{-mU\left[\xi_1+\frac{i}{n}(\xi_2-\xi_1)\right]}{\alpha}}$$

$$=\frac{\alpha}{mU}\frac{K_o g\sin\theta}{\nu_s}(\mathrm{e}^{\frac{-mU\xi_1}{\alpha}}-\mathrm{e}^{\frac{-mU\xi_2}{\alpha}}) \tag{9}$$

对于从 ξ_{k-1} 到 ξ_k 薄层，薄层内的泄油量 Δq_k：

$$\Delta q_k = \lim_{n\to\infty}\left(\frac{\xi_k-\xi_{k-1}}{n}\right)\sum_{i=1}^{n}\frac{K_o g\sin\theta}{\nu_s}\mathrm{e}^{\frac{-mU\left[\xi_{k-1}+\frac{i}{n}(\xi_k-\xi_{k-1})\right]}{\alpha}}$$

$$=\frac{\alpha}{mU}\frac{K_o g\sin\theta}{\nu_s}(\mathrm{e}^{\frac{-mU\xi_{k-1}}{\alpha}}-\mathrm{e}^{\frac{-mU\xi_k}{\alpha}}) \tag{10}$$

SAGD 的泄油量 q 为 Δq_1，Δq_2，…，Δq_k 的累加之和，因此可得

$$q = \sum_{k=1}^{+\infty}\Delta q_k = \sum_{k=1}^{+\infty}\frac{\alpha}{mU}\frac{K_o g\sin\theta}{\nu_s}(\mathrm{e}^{\frac{-mU\xi_{k-1}}{\alpha}}-\mathrm{e}^{\frac{-mU\xi_k}{\alpha}}) \tag{11}$$

$$q = \frac{K_o g\alpha\sin\theta}{\nu_s mU}\mathrm{e}^{\frac{-mU\xi_0}{\alpha}} \tag{12}$$

不失一般性，取 $\xi_0 = 0$，即认为 ξ_i 的变化范围是 $0 \leqslant \xi_i \leqslant \infty$。则由式（12）可以得到式（13）：

$$q = \frac{K_o g\alpha\sin\theta}{\nu_s mU} \tag{13}$$

综上，本文推导出的式（13）与 Butler[6] 通过积分方法得到的式（11）相同，证明 Butler 提出的式（11）正确，至多是分析方法不够严谨。

在式（13）的基础上，Butler[6] 再应用物质守恒原理，建立了著名的 SAGD 斜坡泄油产量公式如下：

$$q = \sqrt{\frac{\beta K_o g\alpha\phi\Delta S_o(H-h)}{\nu_s m}} \tag{14}$$

式中，H 为油层厚度，m；h 为注汽井与生产井间气液界面与生产井间距离，m；ϕ 为

孔隙度；S_{oi} 为初始含油饱和度，S_{or} 为残余油饱和度，则 $\Delta S = S_{oi} - S_{or}$；$\beta$ 是与蒸汽腔形状以及 SAGD 生产阶段有关的修正系数，根据 Butler 等的研究结果[6]，$\beta = 1.125 \sim 2.0$。

根据 Reis[7] 的研究，SAGD 过程中蒸汽腔横截面近似呈倒三角形（图 2）。根据物质守恒原理，可近似得到从单位长度井段蒸汽腔中的泄油速率 q 为

$$q \approx \frac{\mathrm{d}}{\mathrm{d}t}\left[\phi \Delta S_o \frac{1}{2}(H-h)W\right] \tag{15}$$

式中，W 为蒸汽腔顶部的半侧宽度，m。

因蒸汽腔侧向移动速度和气液界面移动速度 U 有关，参见图 2 可写出式（16）。

$$\frac{\mathrm{d}W}{\mathrm{d}t} = \frac{U}{\sin\theta} \tag{16}$$

联立式（15）和式（16）可得

$$q = \frac{1}{2}\phi \Delta S_o (H-h)\frac{U}{\sin\theta} \tag{17}$$

$$\frac{\sin\theta}{U} = \frac{1}{2q}\phi \Delta S_o (H-h) \tag{18}$$

将式（18）代入式（13），可得

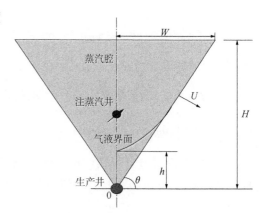

图 2　蒸汽腔气液界面侧向移动速度分析图

$$q = \frac{K_o g\alpha}{\nu_s m}\frac{1}{2q}\phi \Delta S_o (H-h) \tag{19}$$

$$q^2 = \frac{K_o g\alpha}{2\nu_s m}\phi \Delta S_o (H-h) \tag{20}$$

综上，可得

$$q = \sqrt{\frac{K_o g\alpha\phi \Delta S_o (H-h)}{2\nu_s m}} \tag{21}$$

比较式（21）与式（14），两者除涉及蒸汽腔形状的修正系数 β 不同之外，其他参数间的依赖关系完全相同。

结合实际分析，可知式（1）假设[6]气液界面恒速沿界面法向推进与 SAGD 实际情况不能完全符合。根据上注下采成对水平井 SAGD 现场测试和室内实验结果[5-6]，如图 2 所示，当蒸汽腔上边界增长至顶部盖层后，腔体向两侧增大；此后沿油层顶部蒸汽腔横向扩展速度有最大值，即 $U = U_{max}$。另一方面，蒸汽腔增长过程，蒸汽腔横截面倒三角形的顶点始终位于注汽井附近，即 $U \approx 0$。可见，SAGD 过程中蒸汽腔气液界面近似绕注汽井轴做旋转运动，而非严格沿界面法向方向恒速平行向前推进。随着时间和空间的变化，气液界面上各点的移动速度大小和方向也将发生变化。为使式（1）更好适用于 SAGD 工况，应对蒸汽腔气液界面移动速度 U 加以修正。因此，Reis[7] 提出了式（1）修正式，即引进修正系数 $a = 0.4$，可得

$$\frac{T-T_R}{T_S-T_R} = \mathrm{e}^{\frac{-aU_{max}\xi}{\alpha}} \tag{22}$$

应用 Reis[7]的修正式(22)再重新推导，可得

$$q = \sqrt{\frac{K_o g \alpha \phi \Delta S_o (H-h)}{2 a \nu_s m}} = \sqrt{\frac{K_o g \alpha \phi \Delta S_o (H-h)}{2 \times 0.4 \nu_s m}} \qquad (23)$$

即得

$$q = \sqrt{\frac{1.25 K_o g \alpha \phi \Delta S_o (H-h)}{\nu_s m}} \qquad (24)$$

引用 Reis[7]的修正系数 $\beta = 1.25$ 后，得到的式(24)与 Butler[6]完善后的式(14)几乎完全等同。综上，得出结论：(1)只要待求量具有可加性，则积分与累加 $\int_0^q \mathrm{d}q = \sum_{i=1}^{i=\infty} \Delta q$ 两者之间有相等关系，这种情况下 Butler[6]的处理方法没有错误；(2) Butler[6]在求 SAGD 产量公式时应用积分 $\int_0^q q \mathrm{d}q = q^2/2$ 确有不妥，应该加以修正。本文没用积分处理方法，推导结果与 Butler[6]的结论式(15)及式(16)除常数系数略有差异之外，其他参数间的函数关系完全相同，表明经过 Butler 等自行修正后的 SAGD 产量公式没有错误。

3 SAGD 产量计算公式的改进

SAGD 生产过程中[11-12]，油层中除存在蒸汽腔外，在注汽井之下与生产井之间还存在气液界面，气液界面与生产井之间区域是纯液相(油与水)区域。分析加拿大 Mackay River 项目某水平井实测压力数据可知，上部注汽井和下部生产井间的压差一般在 0.2~0.5MPa，与其他常规开发技术相比，这个压差值属微压差，但对于上下两水平井间距离 5~10m 的 SAGD 井对，井对间流体重力压差为 0.05~0.07MPa。因此，注汽井与生产井间的 0.2~0.5MPa 压差作用不能忽略。客观事实有可能是在保证不汽窜条件下，从气液界面到生产井之间主要依靠驱动压差驱动高温流体流入下部生产井中。

据此，本文认为将 SAGD 流场(包括泄流和驱替流)按照两个区域研究比较合理：位于气液界面之上、受重力控制为主的蒸汽腔重力泄油区应用 Butler 的重力泄油理论公式 q 分析；位于气液界面之下、受注汽井和生产井间驱替压差控制为主的井间高温流体驱替区则由下面本文提出的补充分析公式 q^* 来评价。SAGD 的两个组成区域示意如图 3 所示。合理的 SAGD 产量是 $q^* \leqslant q$；在 SAGD 最优化条件有 $q^* \approx q$。在现场生产时应按照 $q^* \approx q$ 为追求目标来调整和优化 SAGD 技术参数。

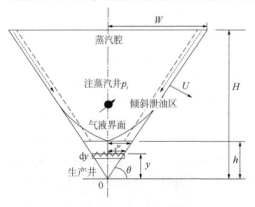

图 3　SAGD 生产过程
不同区域流动机理分析图

如图 3 所示，假设水平井对横截面上部蒸汽腔、下部高温流体流动区域组成为一个倒三角形。三角形总高度为油层厚度 H，在注采井之间存在一个高度为 h、宽度为 w 的气液界面，假设

气液界面到生产井之间的高温流体流动区域也近似为三角形。在稳定流条件下，应用达西定律可知流经气液界面和生产井之间任意截面 x 处的流量为定值。在气液界面和生产井范围内，任意界面高度 y 处的微元 dy 满足达西定律，因此可得

$$q^* = -x \cdot 1 \cdot \frac{K_o}{\mu(T)} \frac{dp}{dy} \qquad (25)$$

根据图 3 可得：

$$\frac{x}{W} = \frac{y}{H} \qquad (26)$$

给定油层厚度 H 后，联立式(15)和式(24)可得任意时间 t 的蒸汽腔侧向移动半宽 W 为

$$W = \sqrt{\frac{5K_o g \alpha}{\phi \Delta S_o (H-h) \nu_s m} t} \qquad (27)$$

气液界面到生产井之间的距离较小，空间距离对原油黏度影响没有温度的影响强烈，因此认为在此区域原油黏度仅是温度的函数。通过联立式(25)、式(26)和式(27)，再进行积分运算，可得

$$q^* = \frac{W}{H \ln \dfrac{h}{r_w}} \frac{K_o(p_i - p_p)}{\mu(T)} \qquad (28)$$

式中，r_w 为生产井井筒半径，m；p_i 为气液界面处(近似为蒸汽腔内)流体压力，MPa；p_p 为生产井筒压力，MPa。

根据 Butler[6] 的研究，可应用式(2)来计算原油黏度 $\mu(T)$，可得

$$q^* = \frac{1}{\ln \dfrac{h}{r_w}} \frac{K_o(p_i - p_p)}{\mu_s H} W \left(\frac{T - T_R}{T_S - T_R} \right)^m \qquad (29)$$

气液界面到生产井的距离较小，井间高温流体区域温度与生产井筒温度差异不大，井间温度差(SUBCOOL 值)ΔT[11-12] 可近似表示为

$$\Delta T = T_S - T \qquad (30)$$

因此，有

$$q^* = \frac{1}{\ln \dfrac{h}{r_w}} \frac{K_o(p_i - p_p) W}{\mu_s H} \left(1 - \frac{\Delta T}{T_S - T_R} \right)^m \qquad (31)$$

根据 SAGD 生产实践经验，气液界面高度 h 的影响因素很多，对于确定的油藏，其主要受注汽井与生产井间的温度差 ΔT(SUBCOOL 值)影响[11-12]，因此本文近似的将 h 表达成 SUBCOOL 值的函数。应用辽河油田杜 84 块的 SAGD 生产数据，经过统计分析，发现 h 与 SUBCOOL 值之间呈线性关系，本文提出的可用于杜 84 块计算 h 的经验公式为

$$h = 0.218 \Delta T - 1.0 \qquad (32)$$

式(32)中，ΔT 为 SUBCOOL 值。式(32)仅适用于杜 84 块，但 h 和 SUBCOOL 值之间的线性函数关系可具有普遍的适用性。

联立式(31)和式(32)，可得

$$q^* = \frac{1}{\ln \dfrac{0.218\Delta T - 1.0}{r_w}} \frac{K_o(p_i - p_p)W}{\mu_s H}\left(1 - \frac{\Delta T}{T_S - T_R}\right)^m \tag{33}$$

至此，对于单位水平井段长度，在合理范围内，通过优化调整 SUBCOOL 值等 SAGD 技术参数求解 q^*，使得 q^* 尽量等于 q，两者最接近相等时的 q 即为所求。

文献[11]通过辽河油田杜 84 块 SAGD 现场试验和数值模拟分析，认为可将水平井筒方向蒸汽腔发育不均匀影响产量 q 的问题归为两类：一类是沿程均匀递减式(图4)，另一类是非均匀递减式。本文引用文献的均匀递减式方法来处理水平井筒方向蒸汽腔发育不均匀的产量计算问题，SAGD 实际产量可近似取为理想条件下产量的一半。

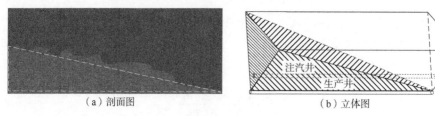

| （a）剖面图 | （b）立体图 |

图4　沿水平井筒方向蒸汽腔非均匀发育分析图

综上，本文提出的 SAGD 产量计算公式为

$$Q = qL \tag{34}$$

$$Q^* = q^* L \tag{35}$$

式中，L 为井筒长度，m；q 为单位水平井段长度泄流区的泄油量，$\mathrm{m^3/(d \cdot m)}$；q^* 为单位水平井段长度驱替区泄油量，$\mathrm{m^3/(d \cdot m)}$。SAGD 的产量 $Q \approx Q^*$，两者最接近相等时的 Q 即为所求。

4　产量计算举例及油田试验结果对比

辽河油田杜 84 块馆陶 56 井组稳产阶段实际生产曲线如图 5 所示，稳产阶段的技术参数见表 1[11]。将表 1 所列参数代入本文式(32)、式(24)、式(27)、式(33)、式(34)和式(35)中，当优化的 SUBCOOL 值为 13 时，本文理论计算结果为图 5 中横线所示。可见本文理论计算值与生产实际符合。本文理论优化得出的 SUBCOOL 值略大于实际最优 SUBCOOL 值范围($5\sim10℃$)。考虑 SUBCOOL 值难以精确标定[11-12]，因此本文优化出来的 SUBCOOL 值可以采用。

表 1　杜 84 块馆陶 56 井组稳产阶段产能预测用参数值

参数名称	参数符号	参数值	参数名称	参数符号	参数值
井间水平距离，m	W	37.5	油层热扩散系数，$\mathrm{m^2/d}$	α	0.04
油层渗透率（馆陶），D	K	5.54	含油饱和度变化	ΔS_o	0.4

参数名称	参数符号	参数值	参数名称	参数符号	参数值
油藏有效厚度, m	H	70	孔隙度, %	ϕ	0.36
注汽压力, MPa	p_i	3~4	水平井长度, m	L	400
最优 SUBCOOL 值, ℃	ΔT	5~10	稳产阶段蒸汽腔扩展角, (°)	θ	20
原油黏温值	m	3.223	生产井井底流压, MPa	p_p	2.5~3
蒸汽温度下原油黏度, mPa·s	ν_o	6.04			

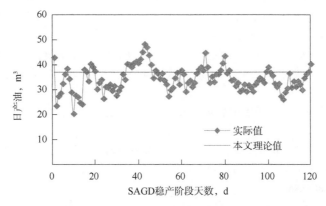

图5 馆陶56井组稳产阶段预测结果与实际生产曲线对比

通过理论计算值与现场实际结果对比, 本文提出的改进的 SAGD 产量计算和相关参数调控结果符合实际生产情况, 可用于指导现场生产实践。

5 结论

(1) 基于 SAGD 技术原理, 采用不同于 Butler 的分析方法, 重新推导了 SAGD 产量公式。重新推导的公式与 Butler 等修正后的公式相同, 证明被质疑的 Butler 的 SAGD 产量公式没有严重错误。

(2) 改进了 SAGD 产量 q 的计算方法, 将 SAGD 流场按照两个区域分别进行研究。位于气液界面之上的蒸汽腔重力泄油区应用 Butler 理论公式 q 来分析; 位于气液界面之下的注汽井和生产井间高温流体驱替区应用本文建立的补充公式 q^* 来评价。在合理范围内优选 SUB-COOL 值等 SAGD 技术参数, 使得 q^* 尽量等于 q, 两者最接近相等时的 q 即为所求。

(3) 根据文献的均匀递减方法处理水平井筒方向蒸汽腔发育不均匀对 SAGD 产量影响, 基于此提出了 SAGD 全井产量 Q 和 Q^* 的计算方法; 现场生产时按 $Q^* \approx Q$ 为目标来调整和优化技术参数, 两者最接近相等时的技术参数为最优。

(4) 进行了理论计算值与现场实际对比研究, 表明本文提出的改进的 SAGD 产量计算和相关参数调控方法理论与实际生产情况相符, 对 SAGD 现场实践具有指导意义和实用价值。

参 考 文 献

[1] Butler R M, Stephens D J. The gravity drainage of steam-heated heavy oil to parallel horizontal wells[J]. Journal of Canadian Petroleum Technology, 1981, 20(2): 90-96.

[2] Butler R M, McNAB G S, Lo H Y. Theoretical studies on the gravity drainage of heavy oil during in-situ steam heating[J]. The Canadian Journal of Chemical Engineering, 1981, 59(4): 455-460.

[3] Butler R M. A new approach to the modeling of steam-assisted gravity drainage[J]. The Journal of Canadian Petroleum Technology, 1985, 24(3): 42-51.

[4] Butler R M. New interpretation of the meaning of exponent "m" in the gravity drainage theory for contionuously steamed wells[J]. AOSTRA Journal of Research, 1985, 2(1): 67-71.

[5] Butler R M. Rise of interfering steam chambers[J]. The Journal of Canadian Petroleum Technology, 1987. 26(3): 70-75.

[6] Butler R M. Thermal recovery of oil and bitumen[M]. New Jersey: Prentice Hall, Englewood Cliffs, 1991.

[7] Reis J C. A steam-assisted gravity drainage model for tar sands: linear geometry[J]. The Journal of Canadian Petroleum Technology, 1992, 31(10): 14-20.

[8] 陈元千. 对 Butler 双水平井 SAGD 产量公式的质疑[J]. 断块油气田, 2015, 22(4): 472-475.

[9] 陈元千, 刘牧心, 张霞林. Butler 的 SAGD 产量计算公式错在哪里[J]. 断块油气田, 2016, 23(3): 324-328.

[10] 陈元千. 双水平井注蒸汽开采重质油藏 GASD 产能计算公式的推导与对比[J]. 油气地质与采收率, 2018, 25(3): 77-81.

[11] 李巍. 中深层超稠油 SAGD 开发动态分析与工程参数优化研究[D]. 大庆: 东北石油大学, 2016.

[12] Gotawala D R, Gates I D. A Basis for Automated Control of Steam Trap Subcool in SAGD[J]. SPE Journal, 2012, 17(3): 680-686.

浅层油砂双水平井
SAGD 开发数值模拟研究

陈东明　杨彦东　曹光胜　鲁振国　郗　鹏

（中国石油辽河油田公司勘探开发研究院）

摘　要：双水平井 SAGD 技术是开采油砂和超稠油油藏的一项重要技术。加拿大 A 区块地质条件复杂，双水平井 SAGD 井组生产过程中，开发效果受泥质夹层和底部高含水饱和度层的影响十分明显，以该区块为研究对象，建立三维地质模型，利用数值模拟技术结合动态分析开展研究。通过数值模拟结果、监测数据、典型特征生产曲线分析泥质夹层和底部高含水饱和度带对井组蒸汽腔发育和产量的影响，明确泥质夹层和底部高含水饱和度带对该油田双水平井 SAGD 开发效果的影响，从而指导该油田水平井部署，规避地质风险，进一步提高双水平井 SAGD 井组开发效果。

关键词：油砂；双水平井 SAGD；泥质夹层；底部高含水饱和度带；数值模拟

双水平井 SAGD 技术在加拿大等国稠油开采中已经取得了成功的商业化应用，在国内辽河油田、新疆油田等地区也已实施工业化推广。其原理就是在靠近油藏底部位置钻一对上下平行的水平井，经油层预热形成热连通后，上部水平井注汽，注入的蒸汽向上超覆在地层中形成蒸汽腔并不断向上及侧面扩展，与原油发生热交换，加热的原油和蒸汽冷凝水靠重力作用泄流到下部的生产井中产出，其生产特点是利用蒸汽的汽化潜热加热油藏，以重力作为驱动原油的主要动力，可以使水平井生产获得相当高的采油速度，且油汽比较高[1-2]。

加拿大 A 区块地质条件较为复杂，油藏存在气顶、高含水饱和度过渡带，且泥质夹层较为发育，在生产过程中，泥质夹层和底部高含水饱和度带对双水平井 SAGD 生产的影响十分明显[3-4]。本文以该油田地质参数为基础，使用数值模拟方法结合生产动态分析研究泥质夹层和底部高含水饱和度带对双水平井 SAGD 开发效果的影响，对该油田下步部署调整具有重要的指导意义。

1　数值模型的建立

以加拿大 A 区块参数为基础条件，建立了三维精细网格多 SAGD 井组真实地质模型。为了精细模拟地下流体渗流特征，平面沿水平井方向（I 方向）网格尺寸为 20m，垂直水平井方向（J 方向）网格尺寸为 5.0m，纵向（K 方向）网格尺寸为 0.5m，模型总网格数为 53×135×46＝329130。油层平均厚度为 18.7m，孔隙度为 0.33，水平平均渗透率为 3700mD，垂向平均渗透率为 1900mD，初始含油饱和度为 78%，地层压力为 0.4MPa，油藏温度为 10℃，地层条件下原油初始黏度为 $100×10^4$mPa·s。

5 对双水平 SAGD 井组循环预热时间为 5~8 个月，之后转入 SAGD 生产，通过生产数据、压力监测数据、观察井测温数据以及四维地震数据多属性融合督导历史拟合，完成各井组产量、压力和蒸汽腔拟合。

2 泥质夹层对生产效果的影响

该区块单条泥质夹层厚度多为厘米级，局部区域呈密集型多条泥质夹层集中发育，对双水平井 SAGD 开发效果产生影响。根据 5 对 SAGD 井组拟合结果，从泥质夹层空间展布和蒸汽腔发育情况对比来看，如图 1 所示，泥质夹层在井间局部发育，对蒸汽腔在纵向发育具有一定的影响，夹层越发育，蒸汽腔的高度越小。

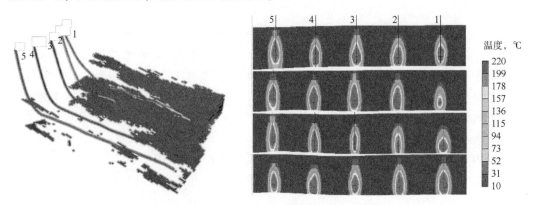

图 1　泥质夹层空间展布及汽腔发育情况对比

3 号井组泥质夹层主要分布在注汽井上方中间位置，长度约为 400m，厚度约为 2m，渗透率为 400~600mD，如图 2 所示。从 3 号井组的温度场剖面图看，在 2017 年 10 月蒸汽腔高度达到泥质夹层位置，在停滞了 12 个月后，2018 年 10 月蒸汽腔突破泥披层，高度逐渐上升，至 2020 年 12 月，蒸汽腔高度已基本到达油层顶部。从 3 号井产量曲线来看，在 2018年 10 月之前，日产油量低于 20m³/d，突破泥质夹层后，产油量峰值超过 60m³/d，之后产油量并没有随着蒸汽腔扩大而上升，反而略有下降，但仍维持在 50m³/d 左右。

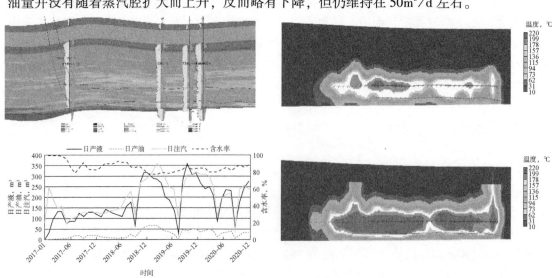

图 2　3 号井油藏剖面、温度剖面变化及生产曲线对比

从该区块井温监测曲线(图3)分析，蒸汽腔也可以绕过泥质夹层。早期温度监测呈现上下高、中间低的特征，后期中间温度逐渐上升，最终温度趋于一致，测温曲线呈箱型，由此也证明蒸汽腔可以绕过泥质夹层。由此可见，该油田泥质夹层在 SAGD 生产初期对蒸汽腔的发育和井组产能均有一定的影响，后期蒸汽腔可以突破或绕过泥质夹层，产油量也会有所上升，但长期来看，泥质夹层渗透率低影响泄油能力，对产量仍有一定的影响。

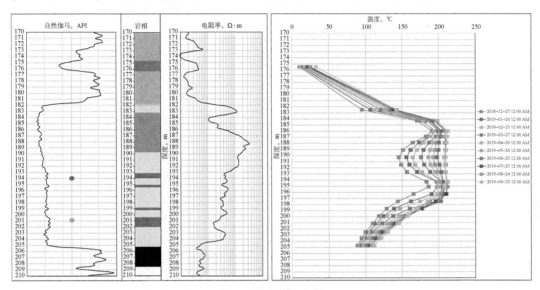

图 3　单井测温曲线

3　底部高含水饱和度带对生产效果的影响

该区块全区发育底部高含水饱和度带，厚度为 0.5~5m，发育范围广。根据该区块两个井组的油藏剖面(图 4)来看，左侧底部高含水饱和度带厚度约为 1.5m，右侧井组过渡带厚度约为 0.5m，两个井组水平段井轨迹纵向起伏较大，生产井部分井段穿过高含水饱和度过渡带。

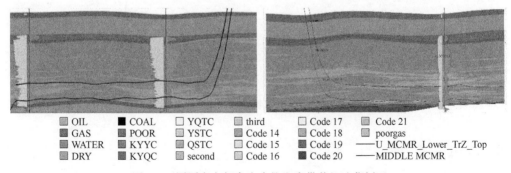

	OIL		COAL		YQTC		third		Code 17		Code 21
	GAS		POOR		YSTC		Code 14		Code 18		poorgas
	WATER		KYYC		QSTC		Code 15		Code 19	— U_MCMR_Lower_TrZ_Top
	DRY		KYQC		second		Code 16		Code 20	— MIDDLE MCMR

图 4　不同厚度底部高含水饱和度带井组油藏剖面

从数值模拟计算结果和生产曲线对比(图 5 和图 6)来看，当高含水饱和度过渡带为 0.5m 时，总漏失量为 4.5×10⁴m³，日产油量稳定在 40m³ 左右；当高含水饱和度带为 2m 时，总漏失量达到 12.9×10⁴m³，日产油量仅为 10m³ 左右。说明注采井形成热连通后，由于压差的存在，注入蒸汽会沿热连通通道不断漏失到底部的高含水饱和度过渡带中，造成蒸汽的热损失，且漏失量随着高含水饱和度过渡带的厚度增大而增大，严重影响 SAGD 开发效果，而且在此过程中，部分原油也会漏失到高含水饱和度过渡带中。

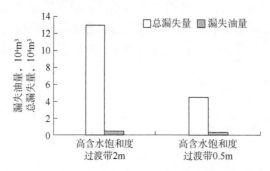

图 5　不同厚度底部高含水饱和度带井组漏失量对比图

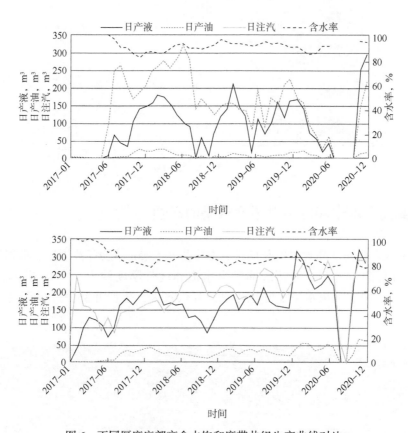

图 6　不同厚度底部高含水饱和度带井组生产曲线对比

4　应用实例

通过精细地质研究，平面优化部署井位，规避泥质夹层风险，纵向抬高水平段井轨迹，规避底部高含水饱和度带风险，根据数值模拟预测，如图 7 所示，理想状态下峰值产量可以达到 $125m^3/d$。2020 年实施的一对 SAGD 井组，峰值产油量达到 $129m^3/d$，数值模拟产量预测误差仅为 2.4%，对比周围邻井同期产量，日产油量提高 $60\sim80m^3$。

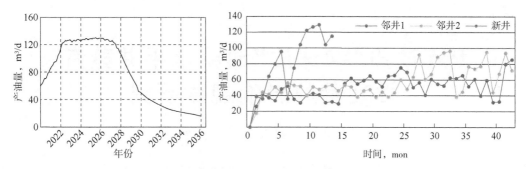

图 7 数值模拟预测产量与井组实际产量对比

5 结论

(1) 该油田泥质夹层在 SAGD 生产初期对蒸汽腔的发育和井组产量均有一定的影响，后期蒸汽腔可以突破或绕过泥质夹层，产油量也会有所上升，但长期来看仍有一定的影响。

(2) 该油田受底部高含水过渡带不封闭以及井轨迹影响，漏失严重，是影响后期 SAGD 生产的主要因素。

(3) 通过优化部署井位，规避泥质夹层和底部高饱和度带风险，双水平井 SAGD 井组产能可以得到大幅度提升。

参 考 文 献

[1] 张方礼，张丽萍，鲍君刚，等. 蒸汽辅助重力泄油技术在超稠油开发中的应用[J]. 特种油气藏，2007，14(2)：70-72.

[2] 武毅，张丽萍，李晓漫，等. 超稠油 SAGD 开发蒸汽腔形成及扩展规律研究[J]. 特种油气藏，2007，14(6)：40-43.

[3] 石兰香，李秀峦，刘荣军，等. 夹层对 SAGD 开发效果影响研究[J]. 特种油气藏，2015，22(5)：133-136.

[4] 桑林翔，杨万立，杨浩哲，等. 重 18 井区 J_3q_3 层夹层分布对 SAGD 开发效果的影响[J]. 特种油气藏，2015，22(3)：81-84.

PM油田"泡沫油"油藏水平井蒸汽吞吐参数影响规律研究

战常武　武凡皓　陈东明

（中国石油辽河油田公司勘探开发研究院）

摘　要： PM油田为中深层特超稠油油藏，在冷采开发期间，初期普遍具有产量高、气油比低、地层压力下降缓慢和高于预期的一次采收率等异常的开发动态，表现为泡沫油的特征。油田处于冷采后期时，泡沫油现象逐渐消失，开发效果明显变差，急需转变开发方式以寻求新的产量突破。针对PM油田目前开发现状，建立了中深层水平井泡沫油数值模型，模拟泡沫油蒸汽吞吐规律，系统评价蒸汽吞吐提高该类油藏采收率的可行性，以模拟指标为依据，现场优选两口老井进行蒸汽吞吐试验，第一周期油汽比达到0.42，增油效果显著，为该油田下一步热采规模开发提供依据。

关键词： 特超稠油；泡沫油；数值模拟；蒸汽吞吐

PM油田G、D油层组是特超稠油油藏，自投产以来以天然能量为主，开采过程中具有原油黏度高、生产气油比低、原油日产水平高、产量递减慢、天然能量开采采收率高等开采特征，表现为泡沫油的特征[1-3]。油田进入开发中后期，油田含水上升快，产量递减快，现场急需新的开发方式，保证产量接替。根据泡沫油的特点，建立泡沫油组分模型，通过数值模拟研究泡沫油蒸汽吞吐规律，论证PM油田中深层特超稠油油藏注蒸汽热采开发可行性，对现场开展新的开发方式、保证产量接替具有重要的借鉴和指导意义。

1　数值模型建立

泡沫油同时存在两个泡点，即拟泡点和泡点。在泡沫油油藏中，当油藏压力下降到拟泡点压力时，油层原油中的溶解气以微小气泡形态高度分散在原油中，随原油一起流动，从而明显降低原油黏度；当油藏压力下降到泡点时，分散在原油中的气泡聚集并形成大气泡，从原油中脱离出来形成自由气，此时原油迅速脱气，产量迅速降低。根据这一特点，将地层中的气体分为溶解气（CH_4）、分散气（BUB）和自由气（GAS）3个组分[4-5]（表1），采用CMG数值模拟器，建立水平井单井热采数值模型，沿水平井方向网格步长5m，垂直水平井方向网格步长为2m、5m、10m，纵向模拟层数14层，其中，D20模拟层数9，D2模拟层数5，层均厚2.2m，网格节点41×153×14＝87822。水平段平面上采用渐变式网格，能更精确地模拟水平井径向流，同时保证模拟过程中天然气仍溶解在油相中或者以微气泡形式存在，使得油相的流动性能较高，吞吐开采效果较好。

表 1　地层高压物性参数表

项　　目	自由气	微气泡	重　油
临界压力, MPa	4.645	4.645	0.929
临界温度, ℃	-66.43	-66.43	242.18
黏度, cP	8.8	8.8	2035
密度, kg/m³	224.532	224.532	983.136
压缩系数, MPa⁻¹	1.394×10^{-2}	1.394×10^{-2}	1.253×10^{-3}

2　蒸汽吞吐规律研究

2.1　注汽强度

注汽强度对蒸汽吞吐的开发效果有直接影响，一般来说，蒸汽周期注入量有一最优的范围，周期注汽量小，周期产油量普遍低，周期注入量加大，增加加热范围，原油产量增高。从模拟不同注汽强度和周期产油量的关系可以看出，在同样的井底干度下，注汽强度增加，周期累计产油量增加，但随着注汽强度增加，后期周期产油量增幅明显减缓，这是因为，注汽强度太高，会加速泡沫油中的分散气向自由气的转化，破坏了分散气驱动原油的能力，油汽比下降，产油量随之下降。因此，注汽强度应有一个合理的范围[6]，对于 PM 油田，从模拟结果来看，注汽强度在 10~12t/m 比较合适（图 1）。同时，建议初期的注入强度应适当低一些，对于多周期吞吐作业，需要周期增加注汽量，以便扩大加热范围，一般推荐的注蒸汽周期增加量为 10%~15%。

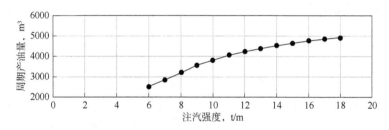

图 1　水平井 5453 注汽强度与周期产油量变化曲线

2.2　注汽速度

注汽速度主要取决于油层厚度，原油黏度，油层对水、气相的渗透率，油层压力，注入压力和油层吸汽能力等因素的影响。实际操作时，还需考虑油层的破裂压力和蒸汽锅炉的最高工作压力。注汽速度过低，会增加井筒内的热损失，降低井底蒸汽的干度；注汽速度过高，会造成油层破裂，同时，导致汽窜，使井底附近地层不能有效地加热。不同注汽速度下蒸汽吞吐模拟生产情况见表 2。可以看出，注汽速度越高，开采效果越好，这说明对于蒸汽吞吐，注汽时间短，向油层顶底层的热损失小。而较高的注入速度会减少井筒内的热损失，增大油藏热体积，从而提高吞吐效果。但过高的注汽速度会引起油层破裂，造成裂缝性蒸汽窜流，使蒸汽吞吐后期轮次开采阶段的效果变差。因此，提高注汽压力及相应的注汽速度必须限制在不能超过油层破裂压力。从 PM 油田模拟结果来看，注汽速度保持在 300~350t/d 较为合理。

表2　不同注汽速度下蒸汽吞吐效果对比

注汽速度，t/d	井底干度，%	产油量，t	油汽比
200	38.5	1840	0.37
250	47.5	1942	0.39
300	52.6	2006	0.40
350	56.6	2059	0.42
400	59.7	2101	0.42

2.3　焖井时间

焖井的目的是把蒸汽所携带的潜热有效地传给油藏，从而保证注入油层中的蒸汽与孔隙介质中的流体充分进行热交换，以达到更好的热能利用效率。对于 PM 油田，在注汽条件一定的情况下，模拟蒸汽吞吐生产动态，并通过分析来优化焖井时间。

从图 2 可以看出，在所计算的焖井时间范围内，周期产油量的变化浮动不太大，但总体上，焖井时间越长，周期累计产油量相对越高。这是因为在吞吐作业中焖井可使地层压力趋于稳定，并促使蒸汽在加热带内逐渐消失，增大油藏受热半径，扩大油藏加热体积，同时蒸汽冷却后凝结成水，减少开井生产时液体带出的热量。但焖井时间过长也会增加蒸汽在油藏顶底层的热损失，尤其在能量不足的油藏中，应尽量利用由于蒸汽注入产生的高压进行生产，从而也可限制油相中的分散气向自由气的转换，保证原油具有更强的流动性，因此，从计算结果看出，PM 油田蒸汽吞吐焖井时间在 5~6 天较为合理。为提高生产效果，建议油田现场尽可能在注汽后尽快做好投产准备，争取利用油层压力较高的条件自喷生产，也有助于排除油层中存在的污染堵塞。

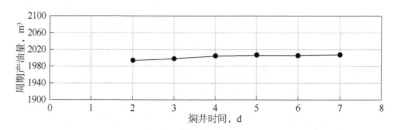

图 2　水平井 5453 焖井时间与周期产油量变化曲线

3　应用实例

2019 年 10 月，现场分别优选了 G5 砂岩组的 5504 和 D2 砂岩组的 5453 两口水平井转蒸汽吞吐开发，两口井对应的油层深度分别是 1503m 和 1403m，油层厚度是 11.1m 和 7.8m，脱气原油黏度高达 50398mPa·s 和 11330mPa·s，转吞吐前，5504 井日产油 2.1m³，5453 井日产油 1.7m³；转吞吐后，5504 井初期日产油高达 20m³，5453 井初期日产油也达到 12m³。截至 2020 年 7 月，两口井均完成第一轮蒸汽吞吐开采，5504 井第一周期产油量为 1512m³，油汽比为 0.42，5453 井第一周期产油量为 1052m³，油汽比为 0.36，两口井阶段内分别增油 1071m³ 和 695m³，达到预期试验效果，验证了 PM 油田实施热采的可行性，为 PM 油田后续热采规模上产提供了有力支撑。

4 结论

（1）由于泡沫油的作用，特超稠油会获得更高的采油速度和原油采收率。因此，这种类型的原油有许多特征与常规生产不同。在油藏数值模拟中，为了准确地模拟这种现象，必须对原油不同组分进行定义。

（2）PM 油田在蒸汽吞吐作业实施时，应注意注入蒸汽温度要高、干度要大，注汽强度为 10~12t/m，注汽速度以 300~350t/d 为宜，焖井时间在 5~6 天，增加井底原油受热范围的同时，限制油相中的分散气向自由气的转换，保证原油具有更强的流动性。

参 考 文 献

[1] 陈民锋，郎兆新，莫小国. 超稠油油藏水平井蒸汽吞吐开发合理界限研究[J]. 特种油气藏，2002，9（2）：37-41.

[2] 孙逢瑞，邹明，李乾. 特稠油过热蒸汽吞吐产能预测模型[J]. 北京石油化工学院学报，2016，24（1）：12-16.

[3] 李岩. 大庆西部斜坡区稠油油藏热采开发界限研究[J]. 断块油气田，2016，23（4）：505-508.

[4] 郑颖. 水平井开发薄层特稠油油藏的界限优化研究[J]. 断块油气田，2006，13（4）：34-35.

[5] 曾玉强，刘蜀知，王琴，等. 稠油蒸汽吞吐开采技术研究概述[J]. 特种油气藏，2006，13（6）：5-9.

[6] 马鸿，陈振琦，常毓文. 超稠油水平井注蒸汽开采数值模拟研究[J]. 特种油气藏，1998，5（1）：19-22.

稠油火驱氧化机理与
燃烧状态判识实验研究

程海清[1, 2]

[1. 中国石油辽河油田公司；2. 国家能源稠(重)油开采研发中心]

摘　要：针对火驱机理复杂、地下燃烧状态判识难的问题，利用自主研制的火驱物理模拟装置，开展了不同温度条件下原油氧化实验，研究火驱过程焦炭形成机制、产出流体变化规律。实验结果表明，焦炭的形成来自低温氧化和高温裂解反应，低温氧化焦炭多为焦，含氧量高，易点燃难烧；高温裂解，则以碳为主，含氧量低，难点燃易烧。原油性质受氧化程度影响严重，低温氧化阶段原油黏度增大、重质组分增多，品质变差；高温裂解阶段原油黏度降低，全烃色谱显示主峰碳前移、轻重比增加，品质明显改善。该研究创新提出了氧气转化率、加氧程度、主峰碳、轻重比等火驱高温氧化特征判识方法，将室内实验建立的判识指标应用于 D66 块取心井分析，该块火驱实现了高温氧化，纵向波及埋深为 939.1~950.6m，动用厚度占火驱层的 40.3%，具有较大的调整潜力。该方法可为火驱方案调整、生产动态调控提供技术支持。

关键词：火驱机理；燃烧状态；成焦机制；判识指标；物理模拟

火烧油层是一种大幅度提高原油采收率的重要热采技术[1-5]，具有油藏适应范围广、物源充足、成本低、采收率高的特点，已在美国、罗马尼亚等 40 多个国家开展了 200 多项现场试验，但 80% 的试验项目以失败告终，目前仅剩罗马尼亚 Suplacu、辽河油田杜 66[6-7] 等为数不多项目仍在运行，主要是由于机理十分复杂，对油藏储层发生的高温氧化状态缺乏直观准确的认识，而准确判断地下原油燃烧状态对火驱动态管理及调控至关重要。国内外专家学者[8-15]对火驱氧化机理开展了大量实验研究，也提出了尾气组分、观察井温度监测和现场取心分析等判识方法。尾气组分分析法只能判定地下发生了氧化反应但难以界定是否为高温氧化反应；观察井温度监测法由于井位固定只有火线接近观察井时才能发挥效果；取心井分析虽然是最直接、最有说服力的燃烧状态判识方法，但是因取心周期较长，无法满足实时监测的需求。针对上述存在的问题，以室内实验为基础，以流体分析为手段，开展火驱氧化机理与燃烧状态判识研究，提出了 4 项判识指标，可为火驱动态调控提供有效的技术支持。

1　实验装置及实验过程

1.1　实验装置

火烧油层物理模拟实验系统[16]主要包括 6 部分：注气系统、点火系统、模型本体、数据采集系统、产液气分离系统和回收系统。模型本体尺寸为42.0cm×9.6cm×3.6cm，轴向上分布3层，温度传感器共39支，可模拟开展不同条件下火烧油层模拟实验。实验岩心取自D66块K039取心井天然油砂，取心井段为959.6~959.9m，分别采用7890A型气相色谱仪、7890B型原油全烃气相色谱仪及傅里叶变换红外光谱仪对实验油气样品进行测定分析。

1.2 实验过程

1.2.1 实验条件

点火方式为电点火，点火温度为500℃；注气速度为8L/min，实验设定回压为1MPa。

1.2.2 实验步骤

（1）将取样的天然油砂装入模型内压实，封盖，测试气密性。

（2）向模型内注氮气，建立模型进出端的连通性，启动点火装置至设定温度。

（3）向模型内注入空气，空气流量控制在设定值，记录模型内温度、压力等实验数据，根据实验温度进行气体取样。

（4）当火线接近出口端时，注氮气灭火，保留火驱燃烧区带的完整性。

（5）拆开模型，观察燃烧情况，在各个区带内取样进行有机地球化学分析。

各取样位置如图1所示，样品相关信息见表1。

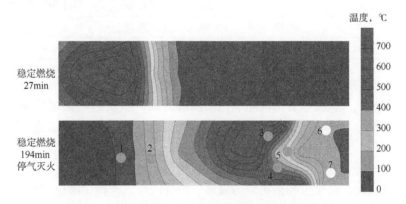

图1　火驱物理模拟实验温场及不同区带取样点分布

表1　火驱后取样样品相关信息

取样编号	最高温度,℃	取样区域	取样编号	最高温度,℃	取样区域
1	666.7	已燃区	5	386.2	结焦带
2	518.6		6	114.3	未波及区
3	508.6	火线区	7	95.7	
4	435.7				

2　实验结果分析

2.1　原油生焦分析

焦炭元素以C、H、O、N、S为主，含量见表2。不同温度下，对焦炭进行元素分析，可以看到温度对元素迁移的影响，进而判断不同氧化反应对生焦机理的影响。可以看到，氮元素与硫元素的含量基本不随反应温度的改变而改变，在200～350℃范围内，碳元素含量随温度升高而降低、氧元素含量随反应温度的升高而升高，这主要是因为氧气与原油发生了加氧反应，使产物的羟基、羰基含量增加，且随反应温度的升高，氧化程度加深，含氧官能团的含量增加。反应温度的升高还导致焦炭H/C值的降低，主要是因为饱和烃和芳香烃转换为胶质和沥青质的过程是一个缩合脱氢的过程，该过程中产物的环状结构和缩合程度增加，芳香度增加，H/C值降低。在350～550℃范围内，碳元素含量逐步升高、氢元素含量逐渐降低，氧元素含量与H/C值更低，表明在该温度范围内，焦炭的环状结构和缩合程度更高，生成了与焦不同的炭，即仅含碳元素的物质。

表2　焦炭的元素分析

温度,℃	各元素含量,%					H/C 值
	N	C	H	S	O	
200	1.28	85.67	10.64	0.491	1.922	0.1242
250	1.52	81.8	8.076	0.499	8.105	0.9780
300	3.75	67.22	3.729	0.465	24.836	0.0555
350	3.98	65.607	3.154	0.495	26.764	0.0481
400	2.64	74.51	5.903	0.482	16.471	0.0792
450	2.94	88.13	7.209	0.335	1.386	0.0818
500	3.97	90.37	3.96	0.284	1.416	0.0438
550	4.26	90.44	3.663	0.259	1.378	0.0405

低温氧化形成的焦炭中含有大量含氧官能团，起燃温度较低，但燃烧反应较为缓慢，需要更高温度才可燃尽。低温氧化焦炭随氧化温度的升高，焦炭起燃温度升高；高温裂解形成的焦炭含氧量低，为较为疏松的多孔炭，起燃温度高，燃烧反应迅速，在短时间内可燃尽。

稠油向焦炭的转变途径可分为热解结焦与氧化结焦两种。在惰性气氛下，稠油主要通过热裂解反应生成焦炭，结焦过程依次经历裂解、聚合成环、芳构化结焦、深度裂解及重整反应，在升温结焦过程中的关键温度节点包括375℃时裂解开始、425℃左右芳构化结焦速率加快、500℃焦炭基本形成、500～600℃范围内发生深度裂解反应。惰性气氛下稠油反应路径与反应机理如图2所示。氧化气氛下，稠油主要通过低温氧化生成焦炭，结焦过程依次经历加氧、氧化裂解、缩聚结焦、裂解重整及焦炭缓慢氧化，升温结焦过程关键温度节点包括200℃时加氧开始，250℃时开始发生氧化裂解及缩聚反应，300℃左右开始发生脱羧基反应，350～400℃稠油的快速氧化与裂解同时进行，直至400℃焦炭完全形成，其反应的路径与机理如图3所示。

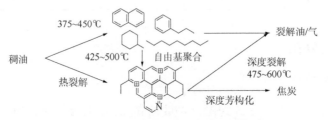

图2　惰性气氛稠油反应路径及机理

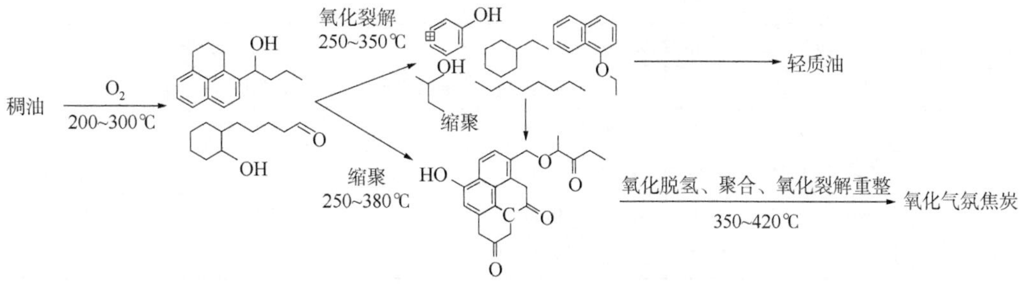

图3 氧化气氛稠油反应路径及机理

2.2 尾气组分分析

尾气组分分析是最直接的储层燃烧状态判识的方法，常用的分析指标有 CO_2 浓度、氧气利用率、视氢碳原子比。其中，O_2 利用率是描述 O_2 参与氧化反应程度的参数，其表达式如下：

$$Y = 1 - \frac{79C(O_2)}{21C(N_2)} \tag{1}$$

式中，Y 为氧气利用率，%；$C(O_2)$ 为尾气中 O_2 的浓度，%；$C(N_2)$ 为尾气中 N_2 的浓度，%。

一般认为，当 CO_2 浓度超过12%时，视氢碳原子比为1~3，氧气利用率大于85%时，达到高温氧化条件。从式(1)可以看出，氧气利用率只能反映注入的氧气参与反应的程度，并不能界定参与反应的具体类型，原油的低温氧化也可产生一定的 CO_2 和 CO。在此基础上，提出了氧气转化率参数，即分析火烧油层过程中参与高温氧化反应的氧气生成 CO_2 和 CO 的程度，其表达式如下：

$$Y' = \frac{C(CO_2) + C(CO)}{21 - \dfrac{79C(O_2)}{C(N_2)}} \tag{2}$$

式中，Y' 为氧气转化率，%；$C(CO_2)$ 为尾气中 CO_2 的浓度，%；$C(CO)$ 为尾气中 CO 的浓度，%。

表3为实验过程中不同温度条件下，产出尾气组分浓度及相关评价指标。由表3可知，随着温度升高，CO_2、CO 浓度增大，O_2 浓度下降，即原油的氧化程度逐渐增强；由式(1)可得，在150℃条件下 O_2 利用率已达到了89.56%，但视氢碳原子比远大于3、氧气转化率仅为12.13%，实际上仍处低温氧化阶段；综合比较尾气组分的3个评价指标，视氢碳原子比与氧气转化率具有较好的一致性，即当氧气转化率超过50%时，即可认为达到了高温氧化阶段。

表3 不同温度条件下氧化反应产出尾气组分及评价指标

实验温度,℃	尾气组分浓度,%					评价指标,%		
	CO_2	CO	O_2	N_2	H_2	视氢碳原子比	氧气利用率	氧气转化率
20	—	—	21	79	—	—	0	0
100	0.424	0.01	14.46	85.01	—	58.13	36.03	5.21
150	2.060	0.67	2.63	94.62	0.01	29.37	89.56	12.13

实验温度,℃	尾气组分浓度,%					评价指标,%		
	CO_2	CO	O_2	N_2	H_2	视氢碳原子比	氧气利用率	氧气转化率
200	3.800	0.97	2.48	92.70	0.04	15.11	89.95	21.33
250	4.040	1.21	2.39	92.09	0.03	13.30	90.26	23.75
300	8.680	0.40	2.25	87.70	0.11	5.45	90.35	43.11
500	12.290	3.42	2.03	81.62	1.33	1.47	90.41	82.11

2.3 原油组分分析

火驱过程中,氧化反应是最主要的化学反应,除了产生 CO_2、CO 等气体,还生成羧酸、醛、酮、醇或过氧化物。不同频率、强度的红外光谱可反映不同的分子官能团的结构和相对含量。在红外光谱中,$1700cm^{-1}$ 表征—C =O 羰基团的伸展振动锋,$1600cm^{-1}$ 表征芳烃骨架 C =C 双键的振动吸收峰,通常选用 $1700cm^{-1}$ 频带吸收强度的变化程度反映原油氧化程度,但由于实际测量时,样品涂膜浓度很难一致,故采用官能团吸收强度比值比较法——加氧程度指标(A1700/A1600)描述火驱过程中原油氧化程度。实验过程中 7 个样品的加氧程度变化见表4。

表4 火驱不同区带样品加氧程度指标变化

原样及取样编号	取样位置	最高温度,℃	加氧程度
原样	—	20	0.655
1	已燃区	666.7	—
2		518.6	—
3	火线区	508.6	1.521
4		435.7	1.341
5	结焦带	386.2	1.018
6	未波及区	114.3	0.560
7		95.7	0.663

由表4可知,火驱已燃区内岩心几乎看不到原油,含油饱和度小于2%,原油无法抽提;在未波及区内,岩心经历的最高温度仅为114.3℃,原油的加氧程度与原始状态基本一致,即在较低温度内(150℃以下)原油氧化反应很微弱;在火线区与结焦带内,其温度一般均高于350℃,原油的加氧程度指标可达到1.521,是未波及区的2倍以上,原油氧化反应极为剧烈,即当原油加氧程度高于原始状态2倍时,可认为处于高温氧化阶段。

火驱过程中另一重要反应是裂解反应,即在高温作用下,原油中重质组分分子键被破坏、分裂成2个或多个小分子链轻质组分,宏观表现为原油密度、黏度不同程度降低,微观主要表现为原油短分子链正构烷烃增多(图4)。火驱前原油全烃色谱中主峰碳(全烃色谱峰中质量分数最大的正构烷烃碳数)为 C_{25},呈后峰型分布,火驱后产出原油的全烃色谱中出现了丰富的低碳数系列正构烷烃和异构烃,主峰碳变为 C_{13}。即火驱后的低分子烃类主要来源于原油中高分子化合物的裂解反应。全烃色谱很直观地展示了火驱前后原油正构烷烃分子分布,仍无法定量反映火驱改质效果,结合有机地球化学分析技术,提出了主峰碳和轻重比($\sum 21^{-}/\sum 22^{+}$)两项火驱燃烧状态判识指标。

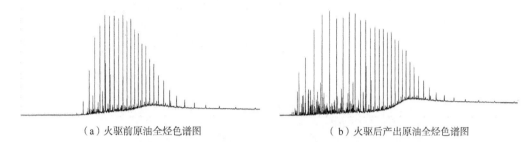

（a）火驱前原油全烃色谱图　　　　　　　　　（b）火驱后产出原油全烃色谱图

图4　火驱前后原油全烃色谱对比

表5中列出了实验过程中7个样品的主峰碳、轻重比数值。由表5可知，火线区内（3号、4号），原油主峰碳前移，由25降至13，轻质组分增多，轻重比由0.77增至1.53，即温度越高，原油改质效果越好；在结焦带内因焦炭不断生成，原油聚合导致重质组分不断增多，其主峰碳后移，轻重比降低；在未波及区内，由于温度较低，各种反应都很微弱，原油分子链结构没有太大改变，即主峰碳、轻重比指标与原始条件一致。

表5　火驱不同区带样品主峰碳、轻重比指标

取样编号	取样位置	最高温度，℃	主峰碳	轻重比
原样	—	20	25	0.77
1	已燃区	666.7	—	—
2		518.6	—	—
3	火线区	508.6	13	1.80
4		435.7	13	1.53
5	结焦带	386.2	29	0.63
6	未波及区	114.3	25	0.77
7		95.7	25	0.77

3　现场试验情况

D66块于2005年6月开展单井组单层火驱试验，2006年10月试验扩大到6个井组单层火驱试验，2013年进入火驱工业化实施阶段，目前已达112个井组，开井率从火驱前的42%提高到81%，火驱日产油量不断上升，从转驱前的477.7t上升至848.3t，取得较好的实施效果，已成为中国最大的火驱试验基地。

为了将室内的认识推广应用至现场，选取先导试验6井组之一的46-037井组对产出尾气进行连续跟踪监测，取样频率在2~3个月一次，绘制产出尾气中CO_2含量变化曲线。如图5所示，2014年以来，CO_2含量超过15%，表明该井组经历过低温氧化驱替过程，经调整后实现了由低温氧化向高温氧化转变，且持续、稳定地保持高温氧化过程。

为了获得地下真实燃烧状态，在46-037井组平面距离注气井17m处布设一口取心井，取心分析结果表明，注气井段955.5~984.0m，火线驱扫的厚度仅为3m，约占射孔厚度的1/3（图6）。这意味着，该井组火驱处于高温燃烧状态。

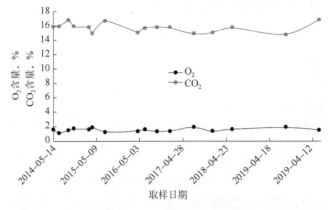

图5 46-037井组产出尾气中CO_2含量变化曲线

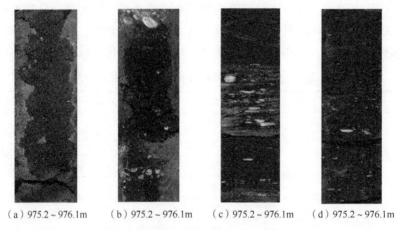

（a）975.2～976.1m　（b）975.2～976.1m　（c）975.2～976.1m　（d）975.2～976.1m

图6 火驱先导试验区取心井段截面图

将尾气跟踪监测扩大至 D66 块，绘制出 2017 年 CO_2 含量平面分布图（图 7）。进行对比可以看出，规模转驱后燃烧前缘逐步扩大，目前有 39% 油井实现高温燃烧，转驱时间较长，井组燃烧状态较好。与早期转驱稳定驱替井组匹配率可达 70% 以上，表明 CO_2 含量大于 15% 指标适用于稳定驱替阶段火驱燃烧状态的判别。

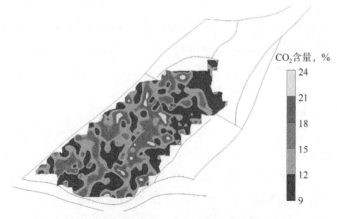

图7 D66 块 2020 年 CO_2 含量平面等值图

4 结论

（1）在惰性气氛下，主要通过热裂解反应生成焦炭，过程依次经历裂解、聚合成环、芳构化结焦、深度裂解及重整反应，含氧量低，难点燃易烧；氧化气氛下，主要通过低温氧化生成焦炭，结焦过程依次经历加氧、氧化裂解、缩聚结焦、裂解重整及焦炭缓慢氧化，含氧量高，易点燃难烧。

（2）在现有尾气组分分析基础上，提出了氧气转化率判识指标。该指标可界定氧化反应类型，当氧气转化率大于50%时即为高温氧化反应。

（3）在原油分析方面，根据氧化反应对原油分子结构官能团的影响，提出了加氧程度指标，该指标可反应氧化反应程度，当原油加氧程度高于原始状态两倍时，可认为处于高温氧化阶段；根据火驱过程中裂解反应对原油具有改质效果，提出了主峰碳、轻重比指标，主峰碳前移、轻重比增大，表明处于裂解反应与高温氧化反应阶段。

（4）利用新建立的高温氧化判识方法，分析了K039井在埋深为939.1~950.6m处发生高温氧化反应，纵向动用程度占火驱主力层段的40.3%，为杜66火驱方案后续调整提供了参考依据。

参 考 文 献

[1] 张方礼. 火烧油层技术综述[J]. 特种油气藏，2011，18(6)：1-5.

[2] 王弥康，张毅，黄善波，等. 火烧油层热力采油[M]. 东营：石油大学出版社，1998.

[3] 张方礼，刘其成，刘宝良，等. 稠油开发实验技术与应用[M]. 北京：石油工业出版社，2007.

[4] 王元基，何江川，廖广志，等. 国内火驱技术发展历程与应用前景[J]. 石油学报，2012，33(5)：909-914.

[5] 王艳辉，陈亚平，李少池. 火烧驱油特征的实验研究[J]. 石油勘探与开发，2002，27(1)：69-71.

[6] 江琴，金兆勋. 厚层稠油油藏火驱受效状况识别与调控技术[J]. 新疆石油地质，2014，35(2)：204-207.

[7] 户昶昊. 深层稠油油藏多层火驱关键参数优化设计研究[J]. 特种油气藏，2012，19(6)：56-60.

[8] Greaves M, Young T J, El–Usta S, et al. Air injection into light and medium heavy oil reservoirs: combustion tube studies on west of shetlands clair oil and light australian oil[J]. Trans IChemE, 2000, 78 (part A)：721-730.

[9] Chattopadhyay S K, Ram B, Bhattacharya R N, et al. Enhanced oil recovery by in–situ combustion process in Santhal Field of Cambay Basin, Mehsana, Gujarat[J]. SPE 89451, 2004.

[10] Lapene A, Castanier L M, Debenest G, et al. Effects of steam on heavy oil combustion[J]. SPE 118800, 2008.

[11] 程宏杰，顾鸿君，刁长军，等. 注蒸汽开发后期稠油藏火驱高温燃烧特征[J]. 成都理工大学学报(自然科学版)，2012，39(4)：426-429.

[12] 关文龙，席长丰，陈亚平，等. 稠油油藏注蒸汽开发后期转火驱技术[J]. 石油勘探与开发，2011，38 (4)：452-462.

[13] 何继平，刘静，牛丽，等. 气相色谱法分析火驱产出气[J]. 石油与天然气化工，2010，39(4)：352-353.

[14] 袁士宝，宁奎，蒋海岩，等. 火驱燃烧状态判定试验[J]. 中国石油大学学报(自然科学版)，2012，36(5)：114-118.

[15] 程海清. 火驱高温氧化特征判识方法研究[J]. 特种油气藏，2018，25(3)：135-139.

[16] 程海清，赵庆辉，刘宝良，等. 超稠油燃烧基础参数特征研究[J]. 特种油气藏，2012，19(4)：107-110.

注蒸汽热采用泡沫剂的实验研究

潘　攀　杨兴超　蔡庆华　庞树斌　刘　鑫　胡　军

（中国石油辽河油田公司勘探开发研究院）

摘　要： 辽河油田 Q 区块经过多年注蒸汽开发，同一个储层内存在较大的汽窜通道，造成油汽比低等诸多问题，急需开展改善蒸汽驱效果的技术研究。为此，利用高温泡沫剂开展层内调剖，提高驱油效率和油汽比，实现减排增效的目标。在实验室内开展了泡沫剂发泡能力、泡沫剂耐温性等静态评价、阻力因子和驱油效率动态实验。结果表明：筛选后的泡沫剂体系发泡能力强，耐温性能好，阻力因子较高，能满足现场要求；对于非均质模型，可以提高采出程度 10% 以上。该实验研究为 Q 区块改善蒸汽驱后期开发效果提供技术支持，同时，对解决同类油藏类似问题具有借鉴作用。

关键词： 泡沫剂；注蒸汽；驱油效率；实验研究

辽河油田 Q 区块油藏埋深 $-1050 \sim -625 \mathrm{m}$，为中—厚层状普通稠油油藏。该区块经历热连通、蒸汽驱替和突破阶段，已进入蒸汽驱开发后期[1-2]。经过多年注蒸汽开发，油井层内汽窜现象严重，大部分区域均存在较大的汽窜通道。油层汽窜后，蒸汽波及体积减小，注入的蒸汽大部分用来加热已动用过的油层，只有很少一部分能够与未动用油层接触，发挥加热作用。这些情况导致油层加热严重不均、蒸汽无效循环、热利用率低、油汽比低等诸多问题。因此，急需开展封堵汽窜通道、改善蒸汽驱效果的技术研究。通过调研了解到[3-5]，注入蒸汽时加入泡沫，可以改善蒸汽注入剖面，使蒸汽和热水在地层中均匀推进，有效抑制蒸汽覆窜流，提高热能利用率，提高驱油效率和油汽比，同时实现减排增效的目标[6-8]。

1　实验装置及实验方法

1.1　实验装置

1.1.1　一维驱替模型

一维驱替模型包括注入单元、岩心模型单元、采出单元、数据采集与控制单元等模块，模型流程如图 1 所示。装置注入单元包括精密计量泵、蒸汽发生器、油容器、水容器和化学剂容器等；岩心模型单元采用 $\phi 2.54 \mathrm{cm} \times 30 \mathrm{cm}$ 一维管夹持器，模型置于高温恒温箱中，模拟油藏实际条件；采出单元包括加热/冷凝器、回压控制器和液体收集器，用于收集产出的油水，并分离计量；数据采集与控制单元可自动实时采集系统温度和压差等数据。

1.1.2　耐温性能评价装置

耐温性能评价装置主要包括耐温老化罐和恒温箱，用于评价泡沫剂的耐温性能。

1.1.3　泡沫剂和稳定性评价装置

通过测定泡沫剂发泡量和半衰期，评价泡沫剂的发泡性能。

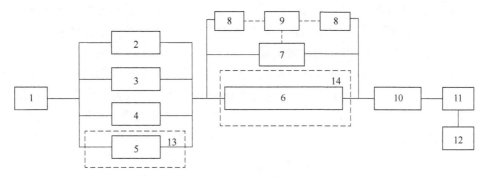

图 1　一维驱替模型流程示意图

1—精密计量泵；2—化学剂容器；3—蒸汽发生器；4—水容器；5—油容器；6—一维管式模型；
7—数据采集与控制器；8—差压传感器；9—计算机；10—加热/冷凝器；11—回压控制器；
12—液体收集器；13—低温恒温箱；14—高温恒温箱

1.2　实验方法

1.2.1　配伍性评价实验

使用现场污水配制泡沫剂，放置 24h 后，观察该溶液是否发生混浊、沉淀现象，若有此类现象发生，则说明泡沫剂与地层水配伍性不好。

1.2.2　发泡能力和稳定性评价实验

使用现场污水配制泡沫剂，取配好的泡沫剂溶液 100mL，放入搅拌器内，在恒定搅拌速度下搅拌溶液，形成均匀稳定的泡沫，记录泡沫的体积（发泡量），记录泡沫体积缩减为初始泡沫体积一半时的时间（半衰期）。

1.2.3　耐温性能评价

使用现场污水配制泡沫剂，将封堵剂密封于高温老化罐中，将老化罐置于恒温箱加热到 250℃，高温作用 1 天、3 天后测定其发泡量和半衰期，评价耐温性能。

1.2.4　阻力因子评价实验

250℃下，以恒定速度于模型中注入水和气体，岩心进出口压差恒定后，测定压差；之后以相同的速度注入泡沫溶液和气体，岩心进出口压差恒定后，测定压差。泡沫溶液和气体驱替时的压差与水和气体驱替时的压差之比即为阻力因子。

1.2.5　采出程度评价实验

使用不同渗透率极差的双管模型，开展蒸汽驱，在较高渗透层含水 95% 后，注入泡沫剂 0.3PV，继续开展蒸汽驱，直至含水到达 99.5% 以上，结束实验。

2　实验结果分析

2.1　泡沫剂的静态筛选结果

2.1.1　配伍性

地层硬度、矿化度及金属离子均会对泡沫性能产生影响。对收集到的几十种泡沫剂进行筛选，筛选出 17 种与现场地层污水配伍性良好的泡沫剂。

2.1.2　发泡能力和稳定性能

泡沫剂在外力作用下产生泡沫的能力即是其发泡能力。泡沫稳定性是指泡沫存在的时间长短，也称为"泡沫寿命"[9-10]。泡沫稳定性有两种表示方法：析液半衰期和衰减半衰期。泡沫中析出一半液体需要的时间即析液半衰期，泡沫体积缩减为初始泡沫体积的一半时所用的时间为衰减半衰期。两种半衰期的测定值在数值上差别非常大，析液半衰期一般只有几分钟，而衰减半衰期则长达几十分钟甚至更长。对配伍性能良好的泡沫剂进行发泡量和半衰期的实验，结果见表1。从结果可以看出，泡沫剂的发泡性能差异较大，要想泡沫剂能有效形成层内调剖，不仅要具有良好的发泡性能，还要具有良好的稳定性能。实验汇总，选择发泡量在200mL以上且半衰期在30min以上的13种泡沫剂开展进一步的耐温性能评价实验。

表1 泡沫剂的发泡量和半衰期

编号	发泡量，mL	半衰期，min	编号	发泡量，mL	半衰期，min
FP-1	275	34	FP-10	320	20
FP-2	500	34	FP-11	275	30
FP-3	500	95	FP-12	425	65
FP-4	420	35	FP-13	350	75
FP-5	260	30	FP-14	300	45
FP-6	580	45	FP-15	450	90
FP-7	600	35	FP-16	140	20
FP-8	400	25	FP-17	500	85
FP-9	350	25			

2.1.3 耐温性

泡沫剂在250℃高温下，作用1天和3天，测定其半衰期和发泡量（表2）。在注蒸汽热采的过程中，泡沫剂会随着蒸汽一起注入地层，泡沫剂的耐温性能十分重要，在250℃高温作用3天的条件下，泡沫剂FP-3发泡量保持在550mL，半衰期为85min，与其他泡沫相比耐温性能优良。

表2 泡沫剂的耐温性能评价

编号	高温作用1天		高温作用3天	
	发泡量，mL	半衰期，min	发泡量，mL	半衰期，min
FP-1	0	—	0	—
FP-2	0	—	0	—
FP-3	550	90	550	85
FP-4	360	35	500	35
FP-5	150	20	120	10
FP-6	350	45	300	50
FP-7	100	10	50	1
FP-8	260	25	230	20
FP-12	375	55	375	50
FP-13	250	60	260	45
FP-14	175	20	0	0
FP-15	430	70	350	55
FP-17	0	—	0	—

2.2　泡沫剂动态评价结果

2.2.1　阻力因子

泡沫剂的动态性能主要通过岩心流动实验进行评价。衡量泡沫剂在岩心中的封堵性能，是通过它在岩心中所生成的泡沫对流动产生的阻力因子的大小来体现的。使用静态评价筛选出的 FP-3 泡沫剂，开展阻力因子实验，结果如图2所示。注水时，岩心两端的基础压差为 0.0528MPa，注入泡沫剂后，岩心两端压差为 0.4544MPa，FP-3 泡沫剂阻力因子为9，能够满足现场的生产需求。

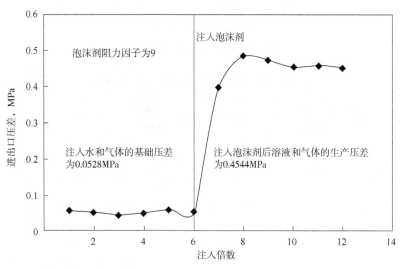

图2　泡沫剂的阻力因子

2.2.2　采出程度实验结果

评价泡沫剂的最终标准是采出程度评价实验。分别开展渗透率极差为 3000mD/1500mD 和 3000mD/600mD 双管驱油试验，认识泡沫剂的层内封堵能力对提高采出程度的影响，同时分析泡沫剂的适应性能。

渗透率极差为 3000mD/1500mD 的实验结果见表3和图3。在较高渗透层含水率95%以上，注入泡沫剂段塞，高渗透层和低渗透层含水率小幅下降，总采出程度提高11.55个百分点。泡沫剂的封堵效果明显，注入泡沫剂后，低渗透层驱油效率提高幅度较大(18.14个百分点)。

渗透率极差为 3000mD/600mD 的实验结果见表4和图4。在较低渗透层和较高渗透层含水率均大于95%以上后，注入泡沫剂段塞，较低渗透层驱油效率提高仅 6.07 个百分点，总采出程度仅提高 5.27 个百分点。泡沫剂不适合渗透率极差大于5的地层。

表3　渗透率为 3000mD/1500mD 双管实验的数据表

实验编号	渗透率，mD	注泡沫剂前驱油率，%	最终驱油效率，%	驱油效率提高值，百分点	总驱油效率，%	总采出程度提高值，百分点
1	3000	65.05	70.30	5.25	68.10	11.55
	1500	47.67	65.80	18.14		

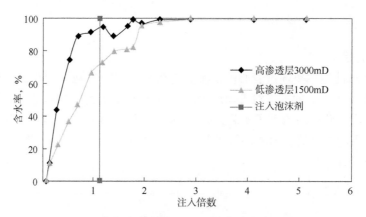

图 3 渗透率为 3000mD/1500mD 含水率曲线

表 4 渗透率为 3000mD/600mD 双管实验数据表

实验编号	渗透率, mD	注泡沫剂前驱油效率,%	最终驱油效率,%	驱油效率提高值,%	总驱油效率,%	总驱油效率提高值,%
2	3000	68.35	72.89	4.54	65.76	5.27
	600	51.98	58.05	6.07		

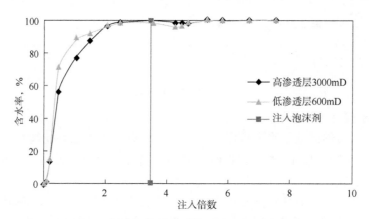

图 4 渗透率为 3000mD/600mD 含水率曲线

3 结论

（1）筛选出的泡沫剂与现场污水配伍性良好，发泡能力稳定，性能优良，同时能够耐温250℃，可以满足现场注入要求。

（2）泡沫剂的阻力因子为9时，能够满足现场需求。

（3）泡沫剂能够明显提高非均质地层的采出程度，可以提高10%以上，但不适合渗透率极差大于5的地层。

参 考 文 献

[1] 岳青山. 油藏工程理论与实践[M]. 北京：石油工业出版社，2012.

［2］刘文章. 稠油注蒸汽热采工程［M］. 北京：石油工业出版，1997.

［3］宋育贤，周云霞，张为民. 泡沫流体在油田上的应用［J］. 国外油田工程，1997，1（1）：5-8.

［4］李雪松，王军志，王曦. 多孔介质中泡沫驱油微观机理研究［J］. 石油钻探技术，2009，37（5）：109-113.

［5］未亚平. 稠油热采泡沫剂性能与泡沫剂-稠油作用机制研究［D］. 青岛：中国石油大学（华东），2011.

［6］庞占喜，程林松，李春兰. 热力泡沫复合驱提高稠油采收率研究［J］. 西南石油大学学报，2007，29（6）：71-74.

［7］袁士义，刘尚奇，张义堂，等. 热水添加氮气泡沫驱提高稠油采收率研究［J］. 石油学报，2004，25（1）：57-61.

［8］吕广忠，刘显太，尤启东，等. 氮气泡沫热水驱油室内实验研究［J］. 石油大学学报（自然科学版），2003，27（5）：50-53.

［9］廖广志，李立众，孔繁华，等. 常规泡沫驱油技术［M］. 北京：石油工业出版社，1999.

［10］王其伟，周国华，李向良，等. 泡沫稳定性改进剂研究［J］. 大庆石油地质与开发，2003，22（3）：80-81.

油层厚度对火驱效果影响实验研究

张 勇 赵庆辉 程海清

(中国石油辽河油田公司勘探开发研究院)

摘 要：针对厚层块状油藏火驱过程中火线超覆严重、影响火驱开发效果的问题，通过室内二维比例物理模拟实验，对比分析了不同油层厚度火线波及特征，提出了火驱油层厚度技术界限，探索了注采井射孔井段调整等改善厚层火驱效果的措施。结果表明，油层厚度对直井火驱效果影响较大，油层厚度不宜大于30m。厚层油藏火驱纵向上火线超覆严重，必须通过注采井的射孔井段优化扩大火线波及范围。注气井应射开油层下部1/3，生产井射开油层下部1/2，开采效果最好。

关键词：稠油油藏；火驱；油层厚度；物理模拟；比例模拟

火驱开发技术是稠油油藏蒸汽吞吐后大幅度提高采收率的技术之一，具有适用范围广、驱油效率高、成本低的优势[1-2]。辽河油田火驱取得了较好的开发效果，但已经开展的厚层常规火驱存在火线超覆严重、火线波及不均匀等问题，严重影响了火驱开发效果[3]。设计常规火驱油藏方案过程中，明确火驱油层厚度界限和如何通过注采井射孔井段的调整减缓火线超覆、提高火线波及体积是目前急需解决的关键问题。

1 实验准备

1.1 实验材料

实验采用辽河油田 G 块油藏原油，20℃原油密度为 0.955g/cm³，50℃脱气原油黏度为 3100~4000mPa·s。

1.2 实验装置

实验采用火烧油层二维比例物理模拟装置，模型本体几何尺寸为 50cm×50cm×4cm，最高工作压力为 3.0MPa，最高工作温度为 1000℃。实验装置由注入系统、模型系统、覆压系统、点火系统、管路流程系统、仪表监测系统、采出系统、数据采集及控制系统、安全控制系统 9 个部分组成。

1.3 实验方案

分别开展了油层厚度为 20m、30m、40m、60m 的二维火驱物理模拟实验，评价油藏厚度对火驱开发效果的影响。

井网采用行列井网，直井井距为 105m。根据相似准则[4]、油藏地质和工艺参数，确定了二维物理模型的模化参数，见表1。

表1 原型与模型参数

参　　数	原　　型	模　　型
几何相似比	210	1
油层厚度，m	20、30、40、60	0.095、0.143、0.190、0.286
直井井距，m	105	0.50
孔隙度，%	18.1	30.0
渗透率，D	1.376	1.376
注气强度，$m^3/(m \cdot d)$	400	400
油层压力，MPa	1	1

1.4 实验过程

（1）模型按照比例模化后的油藏参数，建立不同油层厚度的火驱二维比例物理模型。按照监测方案和注采井位置，布置热电偶和测压点，安装注采模拟井管。

（2）采用脱水原油按照饱和度为60%与石英砂搅拌均匀，填装入模型。

（3）密封性测试合格后，连接注采实验流程和数据采集及控制系统，保障各个系统运转正常。

（4）启动点火器并向模型内注入空气，开展火驱二维实验。

（5）火线到达生产井时，灭火结束实验。实验结束待模型冷却后，打开模型，观察模型内剩余油分布。

2 实验结果分析

2.1 油层厚度对火驱纵向波及的影响

不同厚度火驱二维物理模拟过程中，注气井射开油层下部1/2，生产井油层全部射开。随着火驱时间的推进，火线纵向超覆作用逐渐加剧。油层厚度增大，火线超覆作用愈加明显，如图1所示。油层厚度为20m、30m时，火线超覆现象不明显，整个火线可以均匀地推进至生产井。油层厚度为40m、60m时，随着气体的不断注入，火线前缘向周边区域扩展，火线超覆作用愈加突出，火线很快移动到油层顶部，并沿着油层顶部推进至生产井，采出程度降低。

2.2 油层厚度对采出程度的影响

油层厚度对采出程度影响较大。从图2可以看出，油层厚度为20m、30m时，采出程度分别为64.7%，61.7%；油层厚度为40m、60m时，采出程度急剧下降，分别为45.6%、21.4%。油层厚度越大，常规火驱采出程度越低。原因是随着油层厚度加大，气体超覆愈加严重，导致火线波及体积降低。

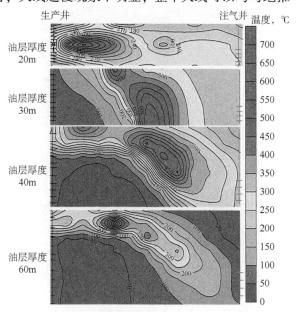

图1 不同油层厚度直井火驱温度场

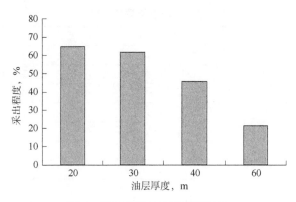

图 2 采出程度与油层厚度关系

2.3 厚层直井火驱调控措施研究

2.3.1 生产井射孔井段调整

针对油藏厚度 60m 气体超覆严重的特点，为更好地提高火线波及范围、减少气体超覆对采出程度的影响，实验过程中对生产井射孔井段进行了调整。130min 时，模型将生产井射孔层段从生产井全井段射开调整为射开油层下部 1/2。经过调整后，火线超覆作用逐渐减弱(图 3)，生产井牵引火线作用明显，开始向油层下部移动并逐渐波及生产井射孔底端，从而提高了火线的波及范围及采出程度，其最终采出程度为 59.97%，比调整前提高了38.57%，与油层厚度 20m 的油藏火驱开采水平相当。

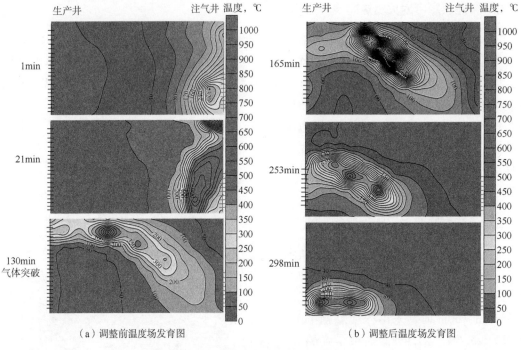

（a）调整前温度场发育图　　　　　　　　　（b）调整后温度场发育图

图 3 生产井井段调整前后温度场

2.3.2 注气井射孔井段调整

为研究注气井射孔位置对厚层火驱开发效果的影响，实验研究了油层厚度 40m 条件下，注气井射孔位置分别为上部 1/3、下部 1/3 时的火驱开发效果。研究结果表明，随着注气井射孔位置的下移，采出程度增加（图 4）。射孔位置为上部 1/3 时采出程度为 37.8%，射孔位置为下部 1/3 时采出程度为 45.6%，提高了 7.8 个百分点。

当注气井射开上部，由于火线超覆作用，仅在油层上部燃烧，纵向燃烧率低。当注气井射开下部，利用火线超覆作用，纵向动用程度得到进一步提高。因此，厚层直井火驱，注气井射孔位置应尽量靠下。

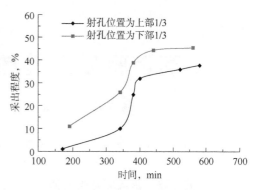

图 4 不同注气井射孔位置采出程度曲线

厚层直井火驱过程中，当生产井射开上部时，由于重力分异作用，被驱替原油聚集在油层底部，一部分原油不会被采出，采出程度低；当生产井射开下部时，利用重力分异作用，沉降在油层底部的原油被采出，且一定程度上抑制了火线超覆，提高了采出程度。因此，生产井射孔位置为下部可以降低气体超覆对火驱开发效果的影响，扩大火线波及体积。

3 结论与认识

（1）油层厚度对直井火驱影响较大。随着油层厚度增大，气体超覆严重，火线波及效果变差，采出程度降低。结果表明，直井火驱油层厚度不宜大于 30m。

（2）厚层油藏火驱纵向上火线超覆严重，必须通过注采井的射孔井段优化扩大火线波及范围。注气井应射开油层下部 1/3，生产井射开油层下部 1/2，开采效果最好。

（3）本研究中，火驱射孔井段研究适用于油层厚度 40~60m 的稠油油藏，当油层较薄或较厚时，应进一步优化射孔井段。

参 考 文 献

[1] 岳清山，王艳辉. 火驱采油方法的应用[M]. 北京：石油工业出版社，2000.

[2] 袁士宝，蒋海岩，王丽，等. 稠油油藏蒸汽吞吐后转火烧油层适应性研究[J]. 新疆石油地质，2013，34(3)：303-306.

[3] 高飞. 深层厚层块状稠油油藏直平组合火驱技术研究[J]. 特种油气藏，2013，20(3)：93-96.

[4] 刘其成，程海清，张勇，等. 火烧油层物理模拟相似原理研究[J]. 特种油气藏，2013，20(1)：111-114.

蒸汽驱后期转热水驱室内实验研究

杨兴超[1,2]　潘　攀[1,2]　刘　鑫[1,2]　蔡庆华[1,2]

[1. 中国石油辽河油田公司；2. 国家能源稠(重)油开采研发中心]

摘　要：蒸汽驱是稠油油藏经历蒸汽吞吐后一种较有潜力的接替方式，可进一步提高原油采收率，但随着开发进程的加快，注蒸汽开发油藏大多已进入后期阶段，注汽效果差、井间汽窜严重等逐渐成为稠油油藏开发亟待解决的问题。为此，以热采剩余油为研究对象，开展室内物理实验。利用基础管式物理模型等设备，开展了不同驱替方式、不同转驱温度、不同转驱时机驱替实验。研究结果表明，蒸汽驱后期转热水驱及蒸汽热水交替注入，均可在保证驱油效率的前提下节约燃料消耗量。180℃热水驱及交替注入条件下，二者较纯蒸汽驱驱油效率分别减少 5.69% 和 3.86%，分别可节约燃料 72.9% 和 36.4%，其中采用 120℃的热水，在含水率 80% 时转热水驱效果最好。

关键词：稠油油藏；蒸汽驱；转驱条件；热水驱；实验探索

辽河油田 Q40 块已蒸汽驱开发近 13 年，共转驱 149 个井组，经历热连通、驱替和突破阶段，目前处于剥蚀调整阶段，采出程度 48%，主体部位已达 55%。蒸汽平面、纵向动用差异较大，产量递减加快。通过观察井两年的动用程度变化，由于地层的非均质性导致蒸汽只波及了主力层，非主力层几乎没有波及，纵向矛盾突出，动用程度低。注入蒸汽仅通过主力层造成无效的蒸汽循环，同时由于蒸汽热损失以及蒸汽超覆现象严重，导致油汽比低，急需通过措施改善开发效果。

后蒸汽驱阶段转热水驱就是注蒸汽突破后，利用蒸汽驱超覆和热水重力差异之间的方向的不同，达到改变驱替方向、提高动用厚度的目的。热水驱改善蒸汽驱效果的机理如下：充分利用蒸汽驱阶段形成的温度场，注入的热水采用合适的干度，以携带的热量保持地层温度，达到原油降黏的效果，减小水油流度比，使汽窜现象得到一定控制，低渗透层动用状况得到改善。转注热水后，原蒸汽由驱替作用变为重力作用加热油层，与热水共同作用可以提高原驱替层的动用状况。

1　实验装置及实验方法

1.1　实验装置

基础管式物理模型由注入单元、岩心模型单元、采出单元、数据采集与控制单元组成，实验流程如图 1 所示[1]。装置注入单元中采用精密计量泵精确控制蒸汽注入量，避免注入量不均对实验结果造成影响；岩心模型单元采用 $\phi 2.54\text{cm} \times 50\text{cm}$ 一维填砂管模型，模型置于高温恒温箱中，最高可模拟 350℃驱替条件；产出单元包括冷凝系统，可使产出蒸汽瞬间液化，避免蒸汽在产出端挥发，保证产出液含水率准确；数据采集与控制单元可自动实时采集系统温度、压差。

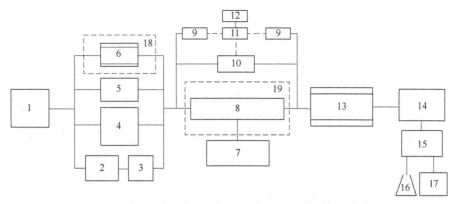

图 1   基础管式物理模型实验流程示意图

1—高压精密计量泵；2—气源；3—加湿砂管；4—蒸汽发生器；5—水容器；
6—油容器；7—围压跟踪装置；8—填砂模型或柱塞模型；9—压力传感器；
10—差压传感器；11—数据采集模块；12—计算机；13—加热/冷凝器；
14—高温高压回压阀；15—气液分离装置；16—液样收集器；
17—气体流量计；18—低温恒温箱；19—高温恒温箱

1.2   实验准备及方法

1.2.1   实验材料

实验用油：采用 Q40 块脱水原油，50℃时油样原油黏度为 2639mPa·s。

实验用砂：采用该块取心井岩心经洗油后的散砂。

实验用水：根据该块地层水分析资料配制模拟水。

1.2.2   实验条件

利用 Q40 块油样开展了 3 组不同驱替方式实验(纯蒸汽驱、蒸汽驱后期转热水驱、蒸汽热水交替注入)，6 组不同温度(50℃、100℃、120℃、150℃、180℃、200℃)条件下，转热水驱驱替实验以及 2 组不同时机(含水率 80%、含水率 90%)转热水驱驱替实验。实验中蒸汽温度恒定为 250℃。

1.2.3   实验方法

(1) 原油准备。

用孔径为 0.045mm 的不锈钢筛网在 80℃ 左右将原油进行过滤，过滤后，在温度低于 120℃下进行脱水，含水率低于 0.5%为合格样品。

(2) 建立模型。

应在填砂模型两端放置孔径为 0.045mm 不锈钢筛网，防止岩心砂中黏土堵塞管线。采用敲击夯实的干装法或水力沉降的湿装法进行装填。测定模型空气渗透率并做调整，直至模型渗透率与地层渗透率一致。

(3) 模型试压与实验。

模型两端采用耐高温密封垫密封，按设计压力对流程及模型进行试压 1h，压力降小于 0.05MPa 时为合格[2]。根据《稠油油藏高温相对渗透率及驱油效率测定方法》行业标准开展相关实验。

2 实验结果

2.1 不同驱替方式效果分析

驱油效率是本次实验研究的重点，由于蒸汽后期无效注入，导致燃料消耗率升高。因此，在保证驱油效率的前提下，应尽量减少蒸汽注入量，进而降低燃料消耗。

实验研究了不同驱替方式对驱油效率以及燃料消耗量的影响，综合分析了不同驱替方式的经济效益，明确了最优驱替方式。其中，热水驱温度为180℃、含水率为80%时，改变驱替方式。如图2所示，纯蒸汽驱驱油效率最高，含水率为80%时，驱油效率为59.99%，最终驱油效率为69.97%；蒸汽热水交替注入次之，最终驱油效率为66.81%；转热水驱后，驱油效率最低为64.28%。整体驱油效率相差不大，可保持较好的驱油效果。

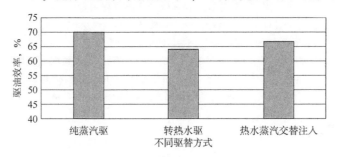

图2　Q40块不同驱替方式的驱油效率对比

当含水率为80%时，分别转间歇汽驱（蒸汽与180℃热水间歇交替注入）及180℃热水驱，与纯蒸汽驱注入相同PV的水，实验结束。转驱后，阶段驱油效率分别为6.82%、4.29%，最终驱油效率较纯蒸汽驱减少3.86个百分点及5.69个百分点。阶段降低幅度分别为31.6%和57.0%（含水率为80%时至实验结束）。将相同质量的水，加热成干度0.7的水蒸气及180℃热水，消耗燃料比为0.07/0.019[3]。间歇蒸汽驱及热水驱因为注入蒸汽量减少，故而燃料消耗量减少，转驱后，注入相同PV热水较纯蒸汽驱可节约燃料72.9%，注入相同PV间歇汽驱较纯蒸汽驱可节约燃料31.6%。因此，减少蒸汽注入量可大量节约燃料消耗量，对比不同驱替方式阶段驱油效率降低幅度及燃料节省量，热水驱虽然降低了阶段驱油效率，但燃料节约量最高，较纯蒸汽驱可节约72.9%，整体效益最好。因此，蒸汽驱后期转热水驱可达到最佳经济效益。

2.2 不同温度热水驱效果分析

开展蒸汽驱后期不同温度转热水驱驱油效率对比实验，如图3所示，热水驱温度越高，最终驱油效率越高。但驱油效率增长幅度存在明显拐点[4]，当热水温度为120℃时，其增长幅度变化明显；当温度大于120℃时，驱油效率增长幅度变缓，综合经济效益变差。因此，蒸汽驱后期转热水驱最优转驱温度为120℃。

2.3 不同注入时机效果分析

稠油蒸汽驱替过程中，过早停注蒸汽，易导致注入地层热量减少，不利于采收率的提高。注入蒸汽太晚，地层中蒸汽无效循环加剧，导致蒸汽的过量浪费[5]。为此，室内开展了含水率为80%、90%时转热水驱驱替实验，分析了较优注入时机，如图4所示，含水率为80%、90%转入热水驱驱油效率分别为61.01%、60.94%。分析认为，室内实验条件下，太晚注入热水，热水会沿着驱替大孔道流动，形成无效的驱替过程，导致最终驱油效率降低，因此，蒸汽驱后期转热水驱时机不宜太晚，应在含水率80%时转入。

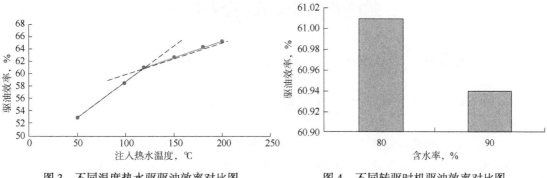

图3 不同温度热水驱驱油效率对比图　　　　图4 不同转驱时机驱油效率对比图

3　结论与认识

（1）蒸汽驱后期转热水驱是一种有效的接替方式，驱油效率可稳定在64%以上。

（2）与纯蒸汽驱相比，交替注入及蒸汽驱后期转热水驱均可在保持一定驱油效率的前提下，大幅度降低燃料消耗率，燃料消耗率分别降低72.9%及36.4%，但结合整体效益分析，蒸汽驱后期转热水驱效果最好。

（3）蒸汽驱后期转热水驱温度越高，驱油效率越高，但驱油效率增长幅度存在明显拐点，在120℃时出现峰值，温度高于120℃时，驱油效率增长幅度变缓，整体效益变差。

（4）在含水率为80%、90%时转入热水驱，驱油效率分别为61.01%、60.94%，含水率为90%时转入效果变差，说明蒸汽驱后期转热水驱时机不宜过晚。

参 考 文 献

[1] 张方礼，刘其成，刘宝良，等. 稠油开发试验技术与应用[M]. 北京：石油工业出版社，2007.

[2] 岳清山. 稠油油藏注蒸汽开发技术[M]. 北京：石油工业出版社，1998.

[3] 张弦. 中深层稠油油藏改善蒸汽驱效果技术及其机理研究[D]. 大庆：东北石油大学，2011.

[4] 张义堂. 热力采油提高采收率技术[M]. 北京：石油工业出版社，2006.

[5] 刘文章. 热采稠油油藏开发模式[M]. 北京：石油工业出版社，1998.

超稠油油藏火驱辅助重力泄油
物理模拟实验研究

赵庆辉[1,2]　刘其成[1,2]　程海清[1,2]　王伟伟[1,2]　贾大雷[1,2]

[1. 中国石油辽河油田公司；2. 国家能源稠(重)油开采研发中心]

摘　要： 利用火烧油层一维和比例物理模拟实验装置，以辽河油田 S 区块超稠油油藏为对象，开展了燃烧基础参数测试和火驱辅助重力泄油(也称重力火驱)物理模拟研究。实验结果表明，该区块原油门槛温度为 340~360℃，燃料消耗量为 28.99kg/m³，空气消耗量为 298.6m³/m³，根据燃烧基础参数，该区块具备火驱开发条件。初始温度场的建立、泄油通道形态的培植和水平井筒外结焦封堵是重力火驱稳定泄油的保障条件；注气井射孔井段设计在油藏上部、沿水平井方向布设排气井和优化注、采、排井间注采关系是避免火线突破水平生产井，实现重力火驱泄油过程的稳火与控火必须采取的调控措施。

关键词： 超稠油油藏；火驱辅助重力泄油；燃烧基础参数；物理模拟；实验研究

辽河油田 S 区块为典型中深层厚层块状超稠油油藏，历经 20 多年蒸汽吞吐开发，可采储量采出程度达 80% 以上，面临着蒸汽吞吐轮次高、油汽比低等问题，开发效果逐年变差，继续蒸汽吞吐开发潜力较小，急需探索新的接替方式。火烧油层(也称火驱)是一种重要的稠油热采技术，是利用油藏中极小一部分原油的就地燃烧生成热作为热源的热力采油法[1]。火驱具有油藏适应范围广、物源充足、成本低、采收率高等技术优势，成功的火驱采收率一般可达 50%~80%[2-3]。火驱在美国、加拿大和罗马尼亚等国进行了大量的矿场试验和工业化应用[4]。目前，国内新疆油田、胜利油田和辽河油田等也正在开展矿场试验[5]，取得了许多成功的现场经验和较好的开发效果。与已成功火驱的区块相比，S 区块油藏埋藏更深、油层厚度更大、油品性质更稠，特别是经历了长期蒸汽吞吐开采，储层纵向非均质进一步加剧，使得火驱过程中，开采机理更加复杂，火驱调控难度更大，已成形的常规火驱技术无法直接应用，需要对该类油藏火驱技术开展创新研究。

近几年，国外学者提出了将火驱与重力泄油结合在一起的火驱开发方式——火驱辅助重力泄油(也称重力火驱)，它是一种从水平井脚尖向脚跟注空气的火烧油层技术[6-7]。重力火驱不仅具有常规火驱的技术优势，还能利用气体超覆作用实现短距离稳定驱替，突破了火驱技术应用的地层原油黏度上限，适用于厚层特超稠油油藏，是一种非常有应用前景的提高采收率技术。本文以 S 区块油藏为研究目标，对超稠油燃烧基础参数和火驱辅助重力泄油方式的关键技术进行了实验研究。

1 实验装置及方法

1.1 实验装置

研究中用到的火驱物理模拟实验装置主要由注气系统、点火系统、模型本体、数据采集系统、产出系统5部分组成，实验流程如图1所示。注气系统由空气压缩机、干燥器、流量计等设备组成，可以满足实验过程中对注气强度调整的需要，并且能够实现对注气速率精确计量与控制；点火系统由点火器、调压器、电源等组成，可以实现实验过程中点火温度的精确控制；数据采集系统对温度、压力、流量信号进行采集、处理；产出系统主要完成对产出流体的分离、收集和计量；模型本体分一维模型和比例物理模型两种，一维模型用于测定基础燃烧参数，比例物理模型用于火驱辅助重力泄油实验研究。

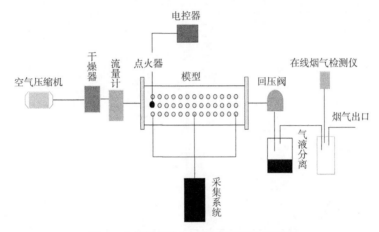

图1　火烧油层物理模拟实验装置示意图

1.2 实验准备及方法

1.2.1 实验准备

根据辽河油田S区块油藏条件，利用火驱相似准则[8]对孔隙度、渗透率等油藏实际参数进行比例模化得到了实验相关参数，在此基础上进行流体测试和模型准备等工作；进行模型耐压能力检查，点火器测试和压力、温度传感器标定等工作；实验用油为S区块脱水原油，50℃地面脱气原油黏度为73580mPa·s。实验用砂采用颗粒粒径与储层岩心相匹配、能反映储层物性特征的石英砂。

1.2.2 实验方法

由于该区块原油在地层条件下不可流动，不能采用直接向模型注入饱和油的方法。因此，研究采用将原油、石英砂、水按不同比例均匀混合的方法配制，用于模型装填。将配制好的油砂、模拟井、点火器、传感器等按方案装填模型并对模型本体进行气密性测试，图2是模型本体平面和剖面示意图。对数据采集系统和产出系统进行调试，并建立初始温度场。启动点火系统和注气系统，开展火驱相关实验，实验过程中实时记录各测点温度、压力和流量信号，实时展示燃烧前缘的推进特征和燃烧状态。实验结束后，需要对模型继续通风，直至模型本体的温度降至室温。

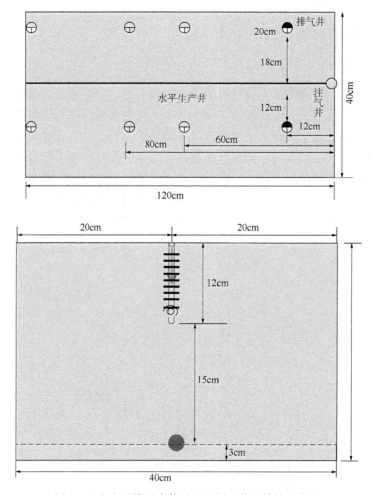

图 2 重力火驱模型本体平面和剖面井网结构示意图

2 实验结果分析

2.1 火驱燃烧基础参数测定

高温燃烧反应是重力火驱的必要条件，也是评价火驱可行性的条件之一。研究中测定了门槛温度、燃料消耗量、空气消耗量和累计空气油比等基础参数。

2.1.1 原油门槛温度

门槛温度是设计火烧现场点火阶段加热器功率及其加热时间的一个重要参数，受原油组分的影响，不同区块原油的门槛温度相差很大。实验结果表明，S 区块原油门槛温度为 $340 \sim 360℃$。

2.1.2 燃料消耗量

燃料消耗量即在设定通风强度下燃烧带扫过单位体积油砂消耗的燃料质量，它是影响火驱成功与否的最重要因素，是判断目的油层能实施火驱的依据之一。图 3 为实验过程中燃料消耗量曲线，通过对实验数据进行分析统计，在 $80m^3/(m^2 \cdot h)$ 的通风强度下，S 区块原油燃料消耗量为 $28.99kg/m^3$。

2.1.3 空气消耗量

空气消耗量是燃烧带扫过单位体积油砂消耗的空气在标准状况下的体积。图4为实验过程中空气消耗量曲线，通过对实验数据进行分析统计，在80m³/(m²·h)的通风强度下，S区块原油燃烧需用的空气消耗量为298.6m³/m³。

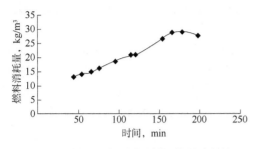

图3 实验过程中不同时刻的燃料消耗量

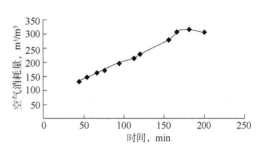

图4 实验过程中不同时刻的空气消耗量

2.1.4 空气油比

空气油比定义为整个火驱过程中累计注入空气在标准状况下体积量与累计采出原油质量的比值，它是反映火驱开发效果的重要指标之一，空气油比越低，火驱效果越好。实验测定原油空气油比为2345.4m³/t。

根据门槛温度等基础燃烧参数测定结果，S区块原油实现高温燃烧是具有可行性的。

2.2 重力火驱稳定泄油条件分析

2.2.1 初始温度场的建立是实现稳定泄油的基础

]在重力火驱过程中，通过垂直注气井点火并连续注气，在注气井附近、水平井上方形成可流动油区，被加热原油在重力作用下从下方水平生产井产出，但由于两者之间存在一定距离，原油下泄过程中又因温度降低致使黏度增大，原油聚集、停滞，堵塞了气体通道，抑制了高温氧化反应进行，甚至可引起熄火等严重后果。因此，在点火操作之前，注气井与水平生产井之间必须要形成有效的热连通，即建立初始温度场，为后续点火、燃烧产生的尾气建立初始烟气通道，且保证下泄至水平井的原油及时采出。

蒸汽预热升高注采井之间的温度，降低含油饱和度，为点火注气形成了连通通道。在点火升温过程中，火线沿着先前形成的通道逐渐形成燃烧腔。通过对不同阶段温度场的连续监测(图5)，发现初始蒸汽吞吐预热形成的蒸汽腔形态与后期火线形成的燃烧腔形态很接近，说明两者具有很好的相关性，因此，在现场实施重力火驱方式时，一定要注意初始的蒸汽腔形态的培育。

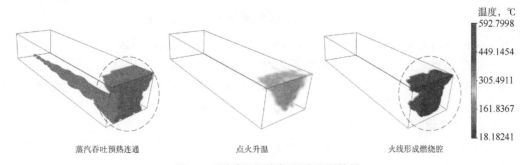

图5 不同阶段温度场跟踪监测结果

2.2.2 泄油通道的培植形成稳定泄油条件

火线在注气井和水平生产井压差作用下沿着先前建立的热通道向生产井推进，同时受气体超覆影响，火线也向上方和侧上方扩展，受压差与气体超覆共同作用，火线与水平井呈一定角度的斜面，该斜面即是原油下泄的主要通道。因此，通过合理控制驱动压差与气体超覆作用，使泄油通道始终处于火线前方且与水平井呈110°~135°的角度(图6)，是实现重力火驱火线前缘稳定推进的关键。

如果没有建立有效的泄油通道，火线就有可能从水平生产井突破，未完全燃烧的尾气随着可流动原油及冷凝水以气、液两相形式一起进入水平生产井内，尾气中剩余氧气与井筒内的原油发生高温氧化反应，放出的热量在周围聚集、温度迅速升高，最终可导致水平井段被烧毁(图7)。同时由于火线的突破会形成大量的死油区，影响火驱效果。

图6　打开模型后油层中形成的泄油剖面

图7　实验过程中烧毁的水平生产井井管

2.3 重力火驱调控策略研究

2.3.1 排气井的布设能有效牵引火线

在重力火驱开发中，受井网影响，燃烧产生的尾气只能从水平井排出，极易引起火线沿着尾气通道产生窜流的后果。为了解决该问题，研究中考虑在水平井沿程上方布设排气井。从实验过程中未开启和开启排气井两种情况下某一时刻的火驱温度场图(图8)来看，火驱过程中，排气井的开启确实对火线起到了横向拽拉作用，有效抑制了火线向水平生产井的突进，有利于扩大火线波及范围。

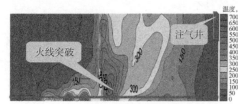

（a）未开启排气井物模温度场

（b）开启排气井物模温度场

图8　未开启和开启排气井两种情况下火驱温度场图

排气井的开启时机很重要，根据实验结果，建议在点火成功后开启排气井，这样有利于火线呈斜面状态推进。排气井井底温度不应超过260℃，当高于该温度时，应关闭该排气井，随即开启下一口排气井，否则可能会导致尾气与少量产出油在排气井井筒内燃烧，烧毁井筒，同时还会在排气井周围形成结焦带，阻塞下一口排气井的气体通道。

2.3.2 注采排关系优化研究

保持注气强度不变，探索不同采排比(1/4、3/7、1/1和7/3)对重力火驱效果的影响，图9为不同采排比下火线温度场图。结果表明，当采排比小于1时(1/4、3/7)，火线前缘形态发育良好，泄油通道始终处于火线前方并与水平井轴向呈钝角，且采排比越小，形态越好；当采排比不小于1时(1/1和7/3)，火线前方与水平井轴向呈锐角形态，且火线出现萎缩，不足以维持实验继续进行，不同采排比火线推进形态如图9所示。结果表明，在一定的注气强度下，为了确保重力火驱火线形态和稳定推进，应该保持排气井的排气量大于水平井的采气量。

在保证火线平稳推进的前提下，通过调节注气强度(50L/min、70L/min)，探索了不同注气强度下采排之间关系对重力火驱效果的影响(图10)。结果表明，增大注气强度可以提高重力火驱火线推进速率，但要注意保持好采排间关系。为了确保火线前缘良好形态，在保持排气量大于采气量条件下，随着注气强度的增加，应适当减少水平生产井的采气量。

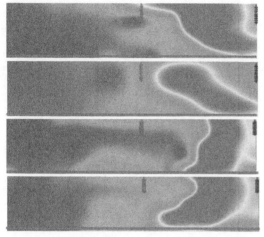

图9　不同采排比条件下火线发育形态图

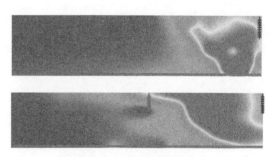

图10　不同注气强度和
采排比条件下火线发育形态图

3　结论

（1）实验测定了S区块超稠油基础燃烧参数，原油门槛温度在340~360℃，燃料消耗量为28.99kg/m³，空气消耗量为298.6m³/m³，空气油比为2345.4m³/t。根据门槛温度等基础燃烧参数测定结果，该块原油实现高温燃烧是可行的。

（2）创新提出了初始温度场建立、泄油通道培植和水平井筒外结焦带构建是重力火驱实现的三大要素。在点火操作之前，注采井之间必须要形成有效的热连通，即建立初始温度场，为后续火驱产生的尾气建立烟气通道，同时要注意初始蒸汽腔形态的培育，它与后期火线形成的燃烧腔形态有很好的相关性；在重力火驱过程中，要通过合理控制驱动压差与气体超覆作用，使泄油通道始终处于火线前方且与水平井呈110°~135°的角度；在火线下方与水平生产井井筒上方形成一层结焦封堵带，防止注入气体因短路效应直接进入水平生产井。

（3）针对燃烧前缘沿水平井突破等技术风险，实验探索了注气井射孔位置、排气井布设和注采排关系优化等调控策略。结果表明，注气井射孔位置对重力火驱开采效果有重要影响，建议注气井在油层上部射孔，减少二次燃烧原油的消耗量；排气井的开启对火线有横向拽拉作用，能够抑制火线向水平生产井的拓展，有利于扩大火线波及范围；在一定注气强度下，为了确保火线形态和稳定推进，应该保持排气井排气量大于水平井采气量。并且随着注气强度的增加，应适当减少水平生产井采气量。

参 考 文 献

[1] 余刚，刘岩，张辉，等. 沙砾油层的着火与燃烧特性[J]. 上海交通大学学报，2004，38(10)：1711-1714.

[2] 王史文，刘艳波，孙明磊，等. 草南95-2井组火烧油层矿场试验[J]. 西安石油大学学报(自然科学版)，2004，19(6)：31-34.

[3] 蔡文斌，李友平，李淑兰，等. 胜利油田火烧油层现场试验[J]. 特种油气藏，2007，14(3)：88-90.

[4] 王艳辉，陈亚平，李少池. 火烧驱油特征的实验研究[J]. 石油勘探与开发，2000，27(1)：69-71.

[5] 蔡文斌，李友平，李淑兰，等. 胜利油田火烧油层现场试验[J]. 特种油气藏，2007，14(3)：88-99.

[6] Xia T X, Greaves M. Upgrading Athabasca tar sand using toe-to-heel air injection[J]. SPE 65524, 2000.

[7] Xia T X, Greaves M, Turta A T. Injection Well-producer well conbinations in THAI-toe-to-hell air injection[J]. SPE 75137, 2002.

[8] 刘其成，程海清，张勇，等. 火烧油层物理模拟相似原理研究[J]. 特种油气藏，2013，20(1)：111-114.

超稠油双水平井 SAGD 暂堵调剖技术研究与应用

张洋洋

（中国石油新疆油田公司风城油田作业区）

摘　要：新疆 F 油田超稠油双水平井 SAGD 开发区油藏埋深浅、储层物性差，非均质性强。在 SAGD 开发过程中储层结构和构造发生次生变化，形成了优势渗流通道，生产调控困难。针对该问题，本次研究基于岩心物理实验，明确了优势渗流通道的形成及变化规律，利用三维物理模型研究了暂堵作用机理，筛选出了适用于 SAGD 的暂堵调剖体系，通过油藏数值模拟优化了注入工艺，制定了措施后调控参数。自 2019 年在 SAGD 全区累计实施 18 井组，实施后水平段动用程度提高 10%，平均单井组增油 3.2t/d，产油水平提高 25%。该技术有效提高了 SAGD 水平段动用程度，为同类开发方式改善开发效果提供了借鉴。

关键词：超稠油；SAGD；渗流通道；水平段动用；暂堵调剖

随着超稠油 SAGD 深入开发，SAGD 井组在转 SAGD 阶段生产后，水平段动用不均且动用程度低是制约 SAGD 单井产量的关键问题之一，而常规调控手段无法有效干预改善。目前 SAGD 全区共有 58 井组水平段存在明显动用不均且动用程度低问题，井组生产呈现出产量提升困难，含水上升，油汽比下降，生产效益难以提升现象，严重制约了 SAGD 开发效果。因此，急需开展有效改善水平段动用技术研究，依据国内外研究成果，针对 F 油田超稠油 SAGD 开发区开展了高温暂堵调剖技术研究及现场应用，有效改善了 SAGD 开发效果，为 SAGD 高效开发提供了新技术[1-3]。

1　高温暂堵调剖技术机理研究

1.1　SAGD 开采过程中大孔道形成及渗流变化规律研究

钻取野外露头进行了岩心室内物理模拟实验，通过注蒸汽热采实验获取了热采后平行岩样，对平行样品进行对比，分析了注蒸汽前后的岩心物性变化[4-10]。

（1）铸体薄片和高压压汞实验研究表明，热采后岩心大孔隙增加，微小孔隙减少；孔喉结构变好，排驱压力降低、毛细管半径增大，出现优势渗流通道（表1）。

表 1　注蒸汽前后样品最大孔喉半径和平均孔喉半径变化对比表

参数	A 组样品			B 组样品		
	注蒸汽前	注蒸汽后	差值	注蒸汽前	注蒸汽后	差值
最大孔喉半径 μm	23.675	30.435	6.760	17.780	23.685	5.905
平均孔喉半径 μm	8.003	10.059	2.056	6.270	10.084	3.814

（2）孔隙度、渗透率和黏土矿物实验结果表明，热采后物性变好、孔隙度和渗透率都增加，物性越差的储层，越容易形成高渗透通道；黏土矿物在注蒸汽之后，伊蒙混层与伊利石体积分数减小；高岭石和绿泥石体积分数增加；伊蒙混层和高岭石变化程度大（表2）。

表 2　注蒸汽前后样品矿物组成及变化情况统计表

矿物组成	伊蒙混层	伊利石	高岭石	绿泥石
注蒸汽之前,%	44.10	10.84	36.18	8.88
注蒸汽之后,%	34.50	7.11	47.10	11.29
差值,%	-9.60	-3.73	10.92	2.41

（3）热采前后岩心油—水两相渗流规律研究表明，油水相对渗流能力差别很大，且在 SAGD 开发过程中，由于蒸汽的作用形成优势渗流通道后，热水优先通过，导致采出液含水明显上升；温度升高，束缚水饱和度增大，残余油饱和度减小，两相共渗区间扩大，并且两相渗流能力均增加；物性越好，两相共渗区间越大。

1.2　主要作用机理

高温暂堵调剖技术是暂堵剂进入油层后，形成凝胶并吸附于颗粒之间，封堵热采过程中，形成优势泄油通道，暂时封堵注汽井和采油井井间已动用段，然后通过调整注采参数促使未动用段建立有效生产压差，达到启动未动用段的目的，随着蒸汽的持续注入，高温暂堵调剖体系老化并自然降解，实现提高整个水平段有效均匀动用（图1）[11-14]。

其应用原理如下：

（1）注入高温泡沫体系。利用体系"堵水不堵油、堵高不堵低"特性，暂堵已动用段优势泄油通道。

（2）注入耐温暂堵体系。利用体系的选择注入性，在优势孔道内壁吸附，降低优势通道孔渗大小，进一步暂堵已动用段优势泄油通道。

（3）注入少量破胶剂。实现已封堵的高渗部分破除封堵，为下步启动未动用段创造条件。

（4）动用未动用段。通过一段时间的蒸汽循环后，在注汽井和采油井井间给予微压差，重建未动用段泄油通道。

（5）注入破胶剂。暂堵体系在蒸汽和破胶剂作用下水解，恢复泄油能力，达到全段动用、提高产量的目的。

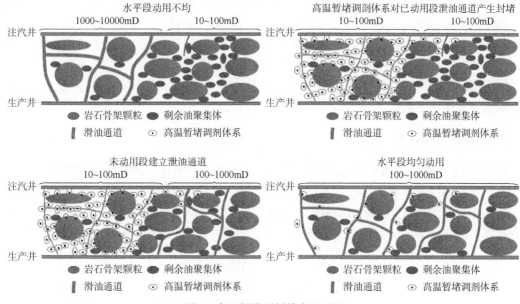

图1　高温暂堵调剖技术机理图

1.3　高温暂堵调剖体系

基于岩心热采前后物理模拟实验研究，确定了热采过程对岩心孔隙结构和物性的影响。SAGD 热采后储层性质发生较大变化，部分水平段储层的孔隙度、渗透率明显增大，泥质含量降低，储层非均质性进一步增大，导致动用好的部位原油具有流动性，泄油能力强，而动用差的部位原油聚集体较大，泄油受阻。随着井组的持续生产，在泄油能力强的水平段逐渐形成优势渗流通道[15-19]。

根据实验研究结果及生产实际，基于"可耐高温、适量残留、堵而不死、高效暂堵"的技术理念，实现了"疏堵结合"的高温暂堵剂体系。针对 SAGD 井组的注汽井，从体系性能及现场措施有效时间方面考虑，优选凝胶颗粒体系作为暂堵剂。该体系主要组分为主剂、抗高温交联剂、HPAM、热稳定剂、固相颗粒、起泡剂、碱木素等。针对 SAGD 井组的采油井，采用以碱木素为主体，适当加入甲醛和苯酚，在合适 pH 值和温度条件下生成高强度耐温的调堵剂。该调堵剂可实现完全解堵，且避免对采油井周围渗流通道造成永久性伤害。

2　施工过程及各阶段参数控制

2.1　高温暂堵调剖技术现场施工注入设计

（1）施工前 2 天 SAGD 井组注汽井停注，采油井正常生产，液量维持此前水平，定时记录注汽井、采油井温度及压力数据。

（2）采油井关井，连接水泥车和注汽井长管管线，进行试压。

（3）注入本区块热污水，测试地层吸水能力。

（4）打开注汽井短管闸门，连续注入堵剂溶液，随时观察压力变化情况，根据压力变化情况调整排量。

（5）注入热水段塞，将井筒中堵剂溶液挤入油层，完全顶替后注汽井、采油井同时关井，候凝。

（6）注汽井注汽量恢复至此前水平的50%，采油井短管生产，控制液量为此前水平的50%，生产2天，观察井底温度变化，判断暂堵效果，确定下步工作安排。

（7）施工过程中操作压力不得超过区块限压，记录好施工时间、施工压力、排量及 P 井各测温点温度等参数。

2.2 封堵效果判断

（1）SAGD 井组注汽井、采油井同时恢复此前50%生产制度，观察采油井温度变化、井口压力及井口温度等参数，判断高渗透段是否已达封堵目的。

（2）根据采油井温度判断封堵效果，如果采油井实施该技术后2天内井下测温点前端3点温度均下降20℃以上，则判断封堵成功，施工结束，否则判断为未完全封堵，进行下一轮施工。

2.3 措施后 SAGD 井组调控

高温暂堵调剖技术实现水平段优势渗流通道完全封堵后，由于未动用段井间温度低，需将 SAGD 井组转入微压差生产，通过蒸汽循环，加热井间原油，降低原油黏度，再在注汽井和采油井之间施加一定的压差，逐步建立井间连通。该阶段井组具体参数调控为注汽井、采油井均以注汽速度80t/d进行循环，即短管注汽、长管生产，循环时间在40天左右。在注汽井、采油井井间温度升高至80℃时井组转微压差生产，该阶段注汽井持续注汽，采油井循环，注汽井、采油井之间建立 0.3MPa 压差，该阶段在 30 天左右可实现水平段未动用段动用。

在实现水平段未动用段动用后，通过优化注采参数实现水平段全井段的均匀动用。该阶段优化注汽速度为70t/d，注入干度为0.75，采液速度为80t/d，在后期，优化注汽速度为60t/d，采液速度为 70t/d。该阶段后通过增汽扩腔，可增加阶段产油量，提高采出程度[20-22]。

3 现场试验情况及效果分析

2019 年至今，在 SAGD 全区共计 18 井组实施了高温暂堵调剖技术，实施后各井组高渗段温度平均下降 63℃，水平段动用更均匀，水平段动用程度提高 10%，平均单井组增油 3.2t/d，较措施前产油水平提高 25%。

4 结论

（1）根据岩心物理模拟实验，通过热采前后岩心铸体薄片、高压压汞、孔隙度、渗透率、黏土矿物和相对渗透率变化等实验研究，明确了 SAGD 开采过程中大孔道形成、扩张及储层渗流规律变化机理和变化规律。

（2）基于岩心物理模拟实验研究，确定了适用于超稠油 SAGD 井组"疏堵结合"的高温暂堵调剖体系，体系耐温可达到 250℃以上、成胶时间可控、热稳定性强、耐冲刷、可实现选择性封堵、能够根据不同储层条件调整配方。

（3）根据试验效果分析，高温暂堵调剖技术有效改善了水平段优势渗流通道，提高了水平段动用程度，为 SAGD 高效开发提供了新技术。

参 考 文 献

[1] 何万军，王延杰，王涛，等．储集层非均质性对蒸汽辅助重力泄油开发效果的影响[J]．新疆石油地质，2014，35（5）：574-577.

[2] 何万军，木合塔尔，董宏，等．风城油田重 37 井区 SAGD 开发提高采收率技术[J]．新疆石油地质，2015，36（4）：483-486.

[3] 谢华锋，王健，黄海平，等．储层流体非均质性对加拿大油砂热采的影响[J]．油气地质与采收率，2016，23（6）：94-98.

[4] 马德胜，郭嘉，昝成，等．蒸汽辅助重力泄油改善汽腔发育均匀性物理模拟[J]．石油勘探与开发，2013，40（2）：188-193.

[5] 胡书勇．疏松砂岩油藏大孔道形成及其调堵的随机模式[D]．成都：西南石油大学，2006.

[6] 林中阔．中深层稠油油藏汽驱优势通道研究[J]．中国石油和化工标准与质量，2016，（13）：88-90.

[7] 宋玉龙．优势通道综合识别描述方法研究[D]．青岛：中国石油大学（华东），2013.

[8] 郝金克．利用无因次压力指数定性识别优势通道[J]．特种油气藏，2014（4）：123-125.

[9] 崔仕提，钟军，赵冀．无因次压降曲线法识别优势通道在 LN210 井的应用[J]．中国石油和化工标准与质量，2012，33（11）：178.

[10] 汤龙皓．基于动静态资料的优势通道识别方法研究[D]．青岛：中国石油大学（华东），2014.

[11] 宁丽华．稠油油藏高温调剖技术[J]．渤海大学学报（自然科学版），2009，30（2）：110-114.

[12] 陈小凯．辽河油田稠油油藏高轮次吞吐井化学调剖封窜技术应用[J]．精细石油化工进展，2017，18（6）：1-5.

[13] 李睿姗，何建华，唐银明，等．稠油油藏氮气辅助蒸汽增产机理试验研究[J]．石油天然气学报（江汉石油学院学报），2006，28（1）：72-75.

[14] 邵吉玉．超稠油双水平井 SAGD 注氮气机理探析[M]．北京：石油工业出版社，2013.

[15] 高永荣，刘尚奇，沈德煌，等．氮气辅助 SAGD 开采技术优化研究[J]．石油学报，2009，30（5）：717-721.

[16] 吕广忠，刘显太，尤启东，等．氮气泡沫热水驱油室内实验研究[J]．石油大学学报（自然科学版）2003，27（5）：50-53.

[17] 刘仁静，刘慧卿，李秀生．胜利油田稠油油藏氮气泡沫驱适应性研究[J]．应用基础与工程科学学报，2009，17（1）：105-111.

[18] 袁士义，刘尚奇，张义堂，等．热水添加氮气泡沫驱提高稠油采收率研究[J]．石油学报，2004，25（1）：57-65.

[19] 纪佑军，程林松，刘志波，等．SAGD 过程注氮气改善开发效果实验研究[J]．西南石油大学学报（自然科学版），2010，32（2）：108-112.

[20] 霍进，桑林翔，刘名，等．风城油田蒸汽辅助重力泄油启动阶段注采参数优化[J]．新疆石油地质，2015，36（2）：191-194.

[21] 孙新革，何万军，胡筱波，等．超稠油双水平井蒸汽辅助重力泄油不同开采阶段参数优化[J]．新疆石油地质，2012，33（6）：697-699.

[22] 桑林翔，张家豪，宁朦，等．SAGD 水平段动用程度判断方法及动用模式分析[J]．油气地质与采收率，2020，27（6）：136-142.

超稠油原位催化改质降黏技术研究与应用

马　鹏　董森森　宋祥健　罗晓静　赵慧龙　陈　超

黄　纯　薛梦楠　刘春兰　李群星　鲜　菊

（中国石油新疆油田公司）

摘　要：针对超稠油吞吐中后期井间汽窜严重、蒸汽利用率低和生产效果差等问题，采用催化改质降黏技术，在高温条件下，使超稠油中的大分子催化裂解，并通过加氢的方式提高原油中的 H/C 值，降低原油黏度，提高原油流动性及油藏开发效果[1]。本次研究优选油溶性催化剂和供氢剂，开展超稠油催化改质降黏实验。实验结果显示，随着温度的升高，降黏率增大，当温度达到 300℃时，单独使用催化剂降黏率可达到 50%，加入四氢化萘供氢剂后，降黏率可提高到 85% 以上，原油分子的碳链长度由 C_{36} 变成 C_{18}，原油轻质化明显。目前，该技术已在准噶尔盆地超稠油油藏某吞吐井开展试验，产出油黏度从 22640mPa·s 降至 21mPa·s，降黏率达到 99.1%，周期产油增加 435t，油汽比提高 0.36，为超稠油热采开发开辟了新方向。

关键词：超稠油；吞吐中后期；催化改质；降黏

准噶尔盆地超稠油油藏是国家优质环烷基原油的主要生产基地，油藏平均埋深 370m，地层条件下原有黏度超过 $100×10^4$mPa·s，2010 年以蒸汽吞吐方式投入开发，至 2020 年，已进入吞吐开发中后期，受汽窜干扰、剖面动用不均以及地层存水高等因素影响，油藏递减大，开发效益差，吨油成本急剧上升，稳产难度大。针对油藏开发现状，为提高开发效果，降低蒸汽成本，2020 年开展了原位催化改质降黏技术攻关与现场试验，效果明显，为稠油开发模式的转变提供了新方向。

HYNE 于 1982 年首次验证了金属催化剂可以有效降低稠油黏度[2]，此后，国内外学者采用镍盐、铁盐、金属纳米晶、水合肼等催化剂配合使用四氢化萘、甲苯、甲酸等供氢剂对稠油开展了改质降黏实验，实验结果表明：稠油 API 度增加，黏度、重质组分和硫的质量分数均有所下降，在注蒸汽条件下，反应一定时间可使稠油黏度降低 70% 以上；同时证明了稠油在与过渡金属接触时，饱和烃在一定温度下活化，使稠油发生裂解反应，实现原油轻质化[3-4]。

1　催化改质降黏原理

稠油中的有机物种类十分复杂，所含元素除构成有机物分子骨架的 C、H 外，还有 O、S、N 等杂原子，它们主要分布在胶质和沥青质中。研究证实，杂原子所带的负电性在分子间形成负电中心，导致大分子团聚形成大集团，稠油黏度大幅度提高。稠油所含化合物中的主要化学键的离解能大小如下：C═C>C—C>C—O>C—N>C—S。在高温条件下，可使用催化改质剂脱去杂原子，还原不饱和键，同时加入供氢剂，提高 H/C 比，大幅度降低原油黏度。研究发现，在温度为 200～250℃ 时，催化改质作用主要断 C—S 键；在温度为 250～400℃ 时，催化改质作用使 C＝C、C—C、C—O、C—N 等键断裂开始增多，胶质、沥青质的分子量开始减小，油品中的小分子量增加，原油轻质化明显[5-8]。

2 催化改质实验研究

2.1 催化剂降黏效果

目前稠油催化剂主要分为水溶性催化剂、油溶性催化剂和纳米分散性催化剂，其中油溶性催化剂可以与原油互溶，降黏效果最好。本次实验采用的是油溶性催化剂环烷酸锰、二烷基二硫代磷酸氧钼混合物[9-10]。超稠油样品取自准噶尔盆地北部风城油田，50℃ 原油黏度为 18253mPa·s。

称取约 200g 的脱水超稠油，置于反应釜中，加入 10g 催化剂，在 300℃ 反应 8h，处理水热裂解后的油样，用 BROOKFIELD 旋转黏度计测量油样在 50℃ 的降黏率。实验结果显示：催化裂化改质不可逆，降黏率可达到 50%。为了验证温度对降黏率的影响，设计温度在 150～300℃，每隔 25℃ 重复上述实验步骤，实验后测量原油黏度。实验结果显示：150～300℃ 条件下，催化剂的降黏率在 25%～50%，且降黏率随着温度的上升而上升（表 1）。

表 1　加催化剂后反应釜试验结果统计表（反应 8h）

项目	150℃	175℃	200℃	225℃	250℃	275℃	300℃
黏度，mPa·s	13671	12814	11463	10678	9930	9638	9163
降黏率，%	25.1	29.8	37.2	41.5	45.6	47.2	49.8

2.2 催化剂供氢改质降黏效果

称取约 200g 的脱水超稠油，置于反应釜中，加入 10g 催化剂，供氢剂（四氢化萘）30g，在 300℃ 反应 8h，处理水热裂解后的油样，用 BROOKFIELD 旋转黏度计测量油样在 50℃ 时的黏度。为了验证温度对降黏率的影响，设计温度在 150～300℃，每隔 25℃ 重复上述实验步骤，实验后测量原油黏度。实验结果显示：温度在 200℃ 以下时，降黏效果不明显，降黏率低于 50%，此时供氢剂未充分发挥作用；温度在 200℃ 以上时，供氢剂逐渐发挥作用，降黏率提升至 80% 以上，且温度增加有利于加快热裂解反应速率（表 2）。

表 2　加催化剂、供氢剂后反应釜试验结果统计表（反应 8h）

项目	150℃	175℃	200℃	225℃	250℃	275℃	300℃
黏度，mPa·s	13671	12814	11463	10678	9930	9638	9163
降黏率，%	26.4	32.5	43.5	54.6	66.6	81.5	89.5

2.3 多孔介质中的催化改质降黏实验

选取风城油井采出砂样制备 2 个岩心，并饱和稠油，具体岩心数据见表 3。

表 3　实验用岩心参数表

序号	岩心长度 cm	岩心直径 cm	孔隙度 %	渗透率 mD	含油饱和度 %	原油黏度 mPa·s
1	6.99	2.54	30.2	1011	72	15625
2	7.00	2.54	29.9	1020	71	16252

采用单管驱替实验，分别验证蒸汽和蒸汽+催化剂+供氢剂驱替后的效果，具体实验方法：①号岩心采用300℃的蒸汽，注汽压力为2.0MPa，持续蒸汽驱8h，收集采出物；②号岩心采用300℃的蒸汽，注汽压力为2.0MPa，蒸汽中加入0.3PV段塞尺寸的催化剂、供氢剂溶液，持续驱替8h，收集产物。用BROOKFIELD旋转黏度计测量油样在50℃时的黏度，计算降黏率；采用气相色谱分析仪分析产出物的成分。

实验结果显示，①号岩心采出油的原油黏度为15351mPa·s，与驱替前相比，基本没有变化，原油组分与驱替前基本一致；②号岩心采出油的黏度从16252mPa·s下降至2098mPa·s，降黏率为87.09%；组分中饱和烃含量明显增加，芳香烃、胶质、沥青质明显减少（表4）；色谱分析显示，原油分子的碳链长度由C_{36}变成C_{18}，原油轻质化明显，原油凝固点从14℃降为-50℃，流动性明显变好。

表 4　岩心驱替试验前后原油黏度及组分的变化

岩心编号	分类	黏度 mPa·s	质量分数，%			
			饱和烃	芳香烃	胶质	沥青质
①	实施前	15625	38.12	20	20.28	21.6
	实施后	15351	39.7	22.3	18.5	19.5
	对比	-274	1.58	2.3	-1.78	-2.1
②	实施前	16252	38.66	21.08	20.18	20.08
	实施后	2098	63.8	15.6	12.3	8.3
	对比	-14154	25.14	-5.48	-7.88	-11.78

3　现场应用效果

2019年，在准噶尔盆地超稠油油藏开展原位改质催化降黏试验（1口井），该井油层厚度11.5m，射孔厚度9m，原油黏度22640mPa·s，含油饱和度65.5%，动用地质储量8691t，实施前生产8轮，累计产油1394t，动用储量采出程度16.04%。由于原油黏度高，多轮次吞吐后，周期产油已下降至115t，油汽比下降至0.06，日产油下降至0.9t。

催化改质注入体系由催化剂（环烷酸锰、二烷基二硫代磷酸氧钼）、供氢剂（四氢化萘）、分散助剂（脂肪醇聚氧乙烯醚硫酸钠）和水组成。先向井内注入催化改质剂体系60t，后注蒸汽1250t，注汽速度按140t/d，注汽9天焖井5天后开井。

与试验前对比，试验后该井周期生产时间延长106d，周期产液增加1672t，周期产油增加387t，周期油汽比提高0.34，周期采注比提高1.6。原油分析发现：产出油50℃黏度从22640mPa·s降至21mPa·s，降黏率达到99.1%，放置100天后测试黏度为23mPa·s，基本不变，原油发生了不可逆降黏(表5)。

表5 催化改质降黏前后效果对比表

分类	轮次	周期注汽 t	周期生产时间 d	周期产液 t	周期产油 t	周期 油汽比	周期 采注比
措施前	8	1795	125	1245	115	0.06	0.69
措施后	9	1250	231	2917	502	0.40	2.3
对比		−545	106	1672	387	0.34	1.61

从实施前后生产曲线对比来看，实施前主要产油期为前10天，10天后生产急剧变差，主要是地层热量的下降，原油黏度上升，原油流动性变差，低产油，高含水；实施后由于原油黏度大幅度下降，地层原油流动性变强，日产油存在2个多月的稳产期，效果明显变好(图1)。

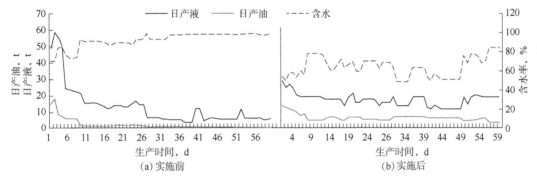

图1 试验井试验60天生产曲线

4 结论与认识

(1)从反应釜实验可以得出，单独使用催化剂，降黏率在30%～50%，加入供氢剂后，降黏率可提高到80%以上，实现不可逆降黏。

(2)多孔介质驱油实验表明，在蒸汽驱过程中，加入催化剂(环烷酸锰、二烷基二硫代磷酸氧钼)和供氢剂(四氢化萘)可大幅度提高开发效果，产出油黏度大幅度降低，降黏率达87.1%，提高采收率30%以上。

(3)该技术在准噶尔盆地试验1口井，试验后周期产油增加387t，周期油汽比提高0.34，产出油50℃时黏度从22640mPa·s降至21mPa·s，降黏率达到99.1%，放置100天后，黏度为23mPa·s。

参 考 文 献

[1] 秦文龙，苏碧云，蒲春生. 稠油井下改质降黏开采中高效催化剂的应用[J]. 石油学报(石油加工)，2009，25(6)：772 -776.

[2] 彭旭. 稠油催化改质降黏实验研究[J]. 重庆科技学院学报(自然科学版)，2014，16(5)：20 -23.

[3] 赵法军. 利用供氢体对稠油进行水热裂解催化改质的研究进展[J]. 油田化学，2006，23(4)：379 -384.

[4] 孙道华，景萍，方维平，等．甲醇对稠油热裂解降黏过程的影响[J]．石油化工，2009，38(5)：504 -507．

[5] 范洪富，刘永建，赵晓非，等．国内首例井下水热裂解催化降黏开采稠油现场试验[J]．石油钻采工艺，2001，23(3)：42 -44．

[6] 颜从杭．减黏裂化原料特性的表征[J]．石油学报(石油加工)，1991，7(1)：9-13．

[7] 刘永建，陈尔跃，闻守斌．用油酸钼和石油磺酸盐强化辽河油田稠油降黏的研究[J]．石油与天然气化工，2005，34(6)：511-512．

[8] 范洪富，张翼，刘永建．蒸汽开采过程中金属盐对稠油黏度及平均分子量的影响[J]．燃料化学学报，2003，31(5)：429-433．

[9] 范洪富，刘永建，赵晓非．稠油在水蒸气作用下组成变化研究[J]．燃料化学学报，2001，29(3)：269-272．

[10] 宋向华，蒲春生，刘洋，等．井下乳化/水热催化裂解复合降黏开采稠油技术研究[J]．油田化学，2006，23(2)：153-157．

电加热辅助提高蒸汽吞吐水平井水平段动用技术

胡鹏程　卢迎波　马　鹏　赵慧龙　洪　锋　罗晓静

宋祥健　董森森　邢向荣　李庭强　佟　娟

（中国石油新疆油田公司）

摘　要：针对超稠油油藏水平井受储层非均质性及注采工艺影响，多轮次蒸汽吞吐后的水平段动用类型多呈单峰或双峰型，占比82%，沿水平段发育的低渗透段储层存在难以动用的问题，为提高水平段动用，发挥水平井产油优势，以F油田齐古组油藏为原型，采用物理模拟和数值模拟相结合的方法，深度剖析水平井井筒内放置电加热设备后改善水平段动用情况，提高开发效果的关键机理。研究表明，井筒高功率电加热辅助，结合低渗透段定向储层改造，具有改善井筒原油流动性、提升近井地带油层温度、提高水平段动用等作用，促使水平井全井段有效动用，进而提高采收率。

关键词：浅层超稠油；蒸汽吞吐；电加热；水平井

F油田齐古组油藏构造上是受断裂控制的南倾单斜，属辫状河流相沉积，平均埋深390m，原始原油黏度157.5×10⁴mPa·s，属构造—岩性浅层超稠油油藏，2008年开发至今，已投产水平井513口，均采用蒸汽吞吐方式开发，多轮次吞吐后，水平井剩余油富集区位于A、B点以外水平段物性差的区域，水平段动用不均匀，井温曲线显示水平段动用类型分单峰型、双峰型、峰台复合型和平台型四种，以单峰动用类型为主，占比46.4%。水平井水平段总体动用程度较低，平均51.8%，严重制约水平井吞吐效果和采收率，因此，提高水平段动用是挖潜水平井潜力的关键。

提高水平井水平段动用一般采用氮气泡沫调剖的方法，向油藏内注入氮气泡沫，从封堵高渗透段、扩大蒸汽波及范围、补充地层能量的驱油机理出发，提升水平段动用程度，然而在经过多轮次吞吐后的水平井，高渗透段渗透率高达3000mD，泡沫无法起到有效的封堵能力，水平段动用提升仅5%~8%[1-2]，目前，尚未有行之有效的手段来进一步提升水平段动用。

从水平段动用影响因素出发，创新提出水平井电加热辅助技术，分析其提升水平段动用的主要驱油机理，评价驱油效果及油藏适应性，并落脚现场，优化最佳电加热辅助时机。电加热辅助以点能转换成热源加热低渗透段油层，进而实现低渗透段的逐步动用，同时改善原油在井筒内的流动性，提升了水平段中后端的泄油能力，共同作用提升水平段的动用程度[3-7]。

1 影响水平段动用程度的主控因素

1.1 水平段储层非均质

受岩性及差异压实影响，沿水平井水平段储层物性存在差异，导致在蒸汽吞吐过程中吸汽程度出现严重差异[1]。如图1所示，水平井水平段物性若一端高一端低，吞吐10轮后，水平段动用呈单峰型；若两端高，中间低，吞吐10轮后，水平段动用呈双峰型，由此可知水平段高渗透段容易被动用，蒸汽波及低渗透段体积小，多轮次吞吐后，水平段动用不均矛盾突出，低渗透段难以动用。

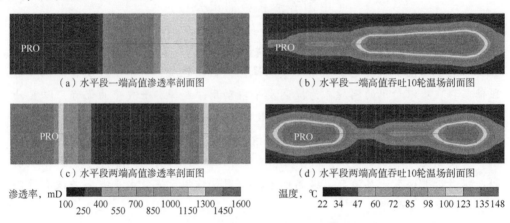

（a）水平段一端高值渗透率剖面图　　　　　（b）水平段一端高值吞吐10轮温场剖面图

（c）水平段两端高值渗透率剖面图　　　　　（d）水平段两端高值吞吐10轮温场剖面图

渗透率，mD
100　250　400　550　700　850　1000　1150　1300　1450　1600

温度，℃
22　34　47　60　72　85　98　100　123　135　148

图1　不同渗透率分布下的水平段动用类型

1.2 水平段非等温流体流动

研究表明，蒸汽吞吐过程中，水平井井筒内流体流动状态受井筒内非等温状况影响较大[4]。蒸汽沿水平段向脚尖运动时，由于油层吸汽和热交换，蒸汽干度降低，脚尖加热效果较差；生产阶段脚尖原油向脚跟流动，不仅有热量交换，还有流体黏性阻力，由于超稠油对温度极其敏感，脚尖温度下降较快，导致脚跟、脚尖两端温差大，井筒内压降大，水平段泄油分布差异明显，脚跟产量明显高于脚尖[8]。

1.3 水平井注采工艺

F油田水平井管柱结构为双管完井，采用A点(脚跟)、B点(脚尖)两点注汽吞吐，促使注汽口(A点、B点)附近吸汽量大，而水平段中部则由于井筒与地层压差减小，导致吸汽量减少；此外，油藏胶结疏松，易出砂，造成单点注汽，水平段不均匀动用性进一步加剧，从而导致水平段动用程度难以提高。

2 电加热提高水平段动用机理

常用氮气泡沫、多元复合等辅助措施改善水平井水平段动用程度，仅能提高水平井排液能力，但对提高水平段动用程度效果有限。为此，提出电加热辅助技术，有效解决井筒内高黏稠油的流动性，提高举升效率，辅助提高蒸汽热焓，促进水平段中后段与低渗透段的动用，达到提高水平段动用率与提高吞吐采收率的目的[9-14]，并通过室内实验与数值模拟，揭示电加热提高水平井水平段动用的机理。

2.1 电加热物理模拟实验

根据F油田齐古组油藏实际条件，装填长直径井筒模型(模型尺寸：半径17.8cm，长60cm)，孔隙度31.7%，渗透率1790mD，含油饱和度66.8%(图2)，水平井管从模型一端引入，部署在中轴线上，电加热装置贴近水平井管，且在距离电加热器6个不同位置设置6个热电偶监测点。

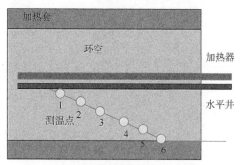

（a）长直径井筒吞吐物理模拟实验装置　　　　（b）长直径井筒吞吐物理模拟本体内测温点分布

图2　高温高压水平井吞吐物理模拟实验装置

开展常规水平井蒸汽吞吐和电加热辅助蒸汽吞吐两组实验，每组实验吞吐4轮，注汽参数设置相同，实验流程：蒸汽注入速度20mL/min，注汽20min，蒸汽干度80%，蒸汽温度250℃；周期焖井时间5min，周期生产时间120min，电加热设备设置为300℃恒温模式。

实验结果表明，通过不同位置的热电偶测温数据可知，常规吞吐实验中，温度持续下降，未出现二次升温现象。电加热辅助吞吐实验中，近井地带温度迅速升温，较常规吞吐生产阶段提高油层温度100~150℃，大幅降低入井流动阻力；远井地带依靠热传导升温，升温存在一定时间滞后，由于电加热的热补偿作用，后期温度下降慢，同时伴随出现二次升温现象(图3)。

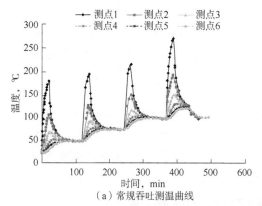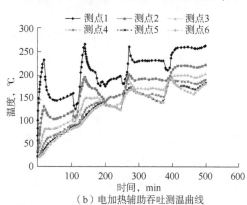

（a）常规吞吐测温曲线　　　　（b）电加热辅助吞吐测温曲线

图3　常规吞吐与电加热辅助吞吐测温曲线对比

与常规吞吐周期生产指标对比，电加热辅助吞吐4轮累计增油541mL，平均周期产油135mL以上，平均周期增油幅度72%，电加热辅助吞吐周期油汽比是常规吞吐近2倍，4轮累计油汽比由常规吞吐的0.47提高至电加热辅助吞吐的0.81，提高了0.34，提高幅度72.3%，效果显著(图4)。

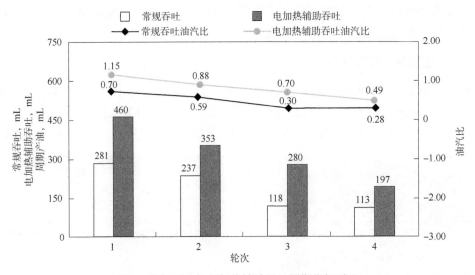

图 4　常规吞吐与电加热辅助吞吐周期指标对比

2.2　电加热数值模拟研究

根据 F 油田齐古组油藏储层非均质特征，建立了单井吞吐机理模型。模型油层厚度 10m，水平段长度 200m。沿水平段从脚跟到脚尖方向设置渗透率由 1600mD 降低到 100mD，特别是脚尖 80m 范围渗透率仅为 100~200mD，为低渗透段。数值模拟设置常规蒸汽吞吐 10 轮，之后转电加热辅助吞吐生产，对比电加热辅助前后的水平段动用状况，温度场，含油饱和度场等变化特征。模拟结果显示，电加热器持续加热低渗段近井地带油层，通过升温降黏，减少远端井筒段与入井流动阻力，缓解压降，提高油流产量；多轮次后低渗透段逐步动用，最后达到全井段全部动用。

2.3　电加热辅助吞吐地质与油藏界限

鉴于目标区水平井存在油藏条件、流体性质、投产年限、生产动态等因素的差异，因此，为了落实水平井吞吐是否适合采用电加热辅助，需要确定电加热辅助吞吐的地质界限。

2.3.1　油层厚度

根据目标区油藏条件，设置模型渗透率 1000mD，50℃原油黏度 15000mPa·s，开展油层厚度在 6m、8m、10m、12m 的敏感性模拟，前 10 轮正常蒸汽吞吐，11~15 轮采用电加热辅助蒸汽吞吐，模拟结果表明，油层厚度越薄，第 11~15 轮次产油越少，油汽比越低。电加热辅助吞吐的油层厚度需要在 8m 以上(表 1)。

表 1　不同厚度油层电加热辅助吞吐累产油与油汽比对比

油层有效厚度，m	第 11~15 轮产油，t	第 11~15 轮油汽比
6	971	0.09
8	1292	0.12
10	1450	0.13
12	1678	0.15

2.3.2 油层饱和度

根据目标区油藏条件，设置模型油层厚度 10m，渗透率 1000mD，50℃原油黏度 15000mPa·s，开展含油饱和度在 60%、65%、70%、75%的敏感性模拟，前 10 轮正常蒸汽吞吐，11~15 轮采用电加热辅助蒸汽吞吐，模拟结果表明，含油饱和度越高，电加热增油量越大，含油饱和度 60%以下，单轮增油量低于 100t，油汽比低于 0.1，故含油饱和度大于 60%的油井适合实施(图 5)。

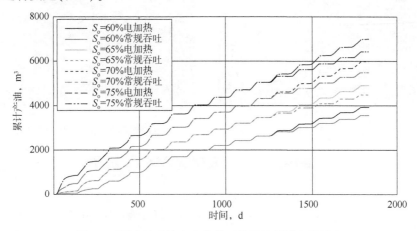

图 5   不同含油油饱和度条件下的吞吐累计产油对比

2.3.3 辅助时机

油井开展措施辅助均是已经蒸汽吞吐若干轮次，对此开展吞吐周期对电加热的影响，设置模型油层厚度 10m，渗透率 1000mD，50℃原油黏度 15000mPa·s，开展吞吐 1 周期、3 周期、5 周期、7 周期、9 周期以及 11 周期转电加热辅助吞吐的增油效果，从增油幅度来看，转电加热辅助时间越晚，增油效果越差，其中第 11 周期转电加热辅助效果下降较大，建议在吞吐周期小于 11 轮的油井内实施(图 6)。

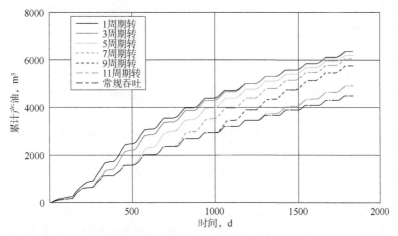

图 6   不同转电加热辅助吞吐时机的累计产油对比

3   应用效果

以典型井 11225 为例，蒸汽吞吐 9 轮后，水平段动用呈"哑铃状"，动用程度 63%，采出程度 14.9%，周期产油 598t，油汽比 0.15，之后开展电加热辅助吞吐措施，电加热器下至水平段中后段，吞吐 1 轮周期产油 704t，提高了 106t，油汽比 0.23，提高了 0.08，水平段动用 89%，提高了 26%（图 8）。

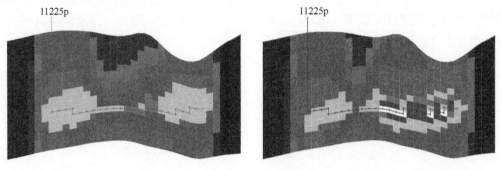

（a）常规蒸汽吞吐9轮后温度场分布图　　　　　　　（b）转电加热辅助吞吐1轮后温度场分布图

温度，℃　30　47　61　81　98　115　132　149　166　183　200

图 8　11225 井常规吞吐与电加热辅助吞吐温度场对比图

4　结论

（1）物理模拟实验表明，通过电加热手段，可明显提高水平段井筒周围油层温度，降低原油入井流动阻力，提高油井排液，延长吞吐周期生产时间和产量。

（2）数值模拟表明，针对非均质油藏，低渗透水平段储层在电加热辅助吞吐的基础上，可逐步实现动用，多轮次后全井段全部动用，提高了水平段动用。

（3）与常规蒸汽吞吐对比，典型井 11225 电加热辅助吞吐周期产油、油汽比大幅度提升，水平段动用程度明显改善。

参 考 文 献

[1] 李卉，李春兰，赵启双，等.影响水平井蒸汽驱效果地质因素分析[J].特种油气藏，2010，17（1）：75-77.

[2] 贾胜彬，符超，黄春兰，等.窄条带状边水稠油油藏水平井提高开发效果的技术对策[J].石油天然气学报，2014，36（12）：217-219.

[3] 刘红兰，王富，陈俊.新型井下电加热降黏技术在埕岛油田的应用[J].中国海上油气，2005，17（1）：48-51.

[4] 修德欣.海上稠油油田电加热开采技术研究[D].青岛：中国石油大学（华东），2014.

[5] 柳潇雄，蒋有伟，吴永彬，等.双水平井蒸汽辅助重力泄油恒温电预热数学模型与指标预测[J].石油勘探与开发，2018，45（5）：839-846.

[6] 魏绍蕾，程林松，张辉登，等.稠油油藏双水平井 SAGD 生产电预热模型[J].西南石油大学学报（自然科学版），2016，38（1）：92-98.

[7] 张明伟，高永华，甄宝生，等.渤海稠油油田井筒电加热技术可行性分析[J].化工管理，2019（12）：124.

［8］张明禄，刘洪波，程林松，等．稠油油藏水平井热采非等温流入动态模型［J］．石油学报，2004，25（4）：62-66.

［9］吴明录，孙伟，王倩，等．一种均质油藏热流耦合半解析温度试井模型［J］．大庆石油地质与开发，2021，40(3)：58-65.

［10］王诗灏．特深层稠油油藏火驱可行性［J］．大庆石油地质与开发，2019，38(6)：83-89.

［11］Xi Changfeng，Qi Zongyao，Jiang Youwei，et al. Dual-horizontal wells SAGD start-up technology：from conventional steam circulation to rapid and uniform electric heating technology［J］. SPE 189241，2017.

［12］李伟超，刘平，于继飞，等．渤海稠油油田井筒电加热技术可行性分析［J］．断块油气田，2012，19（4）：513-516.

［13］王国锋．稠油井油管电加热间歇加热制度优化［J］．大庆石油地质与开发，2018，37(3)：96-100.

［14］吕世瑶，李永会，李海波，等．稠油油藏水平井超临界注水井井筒物性参数预测模型［J］．大庆石油地质与开发，2021，40(4)：54-62.

浅层超稠油 VHSD 开发蒸汽腔扩展规律研究

吕柏林　卢迎波　薛梦楠　黄　纯　胡鹏程　陈　超
梁　珊　洪　锋　王桂庆　王　利　方雪莲

（中国石油新疆油田公司）

摘　要：稠油油藏蒸汽吞吐开发中后期，转换开发方式是提高采收率的重要方法之一。F 油田依据现有井网条件进行综合调整，利用重力泄油衍生技术，建立直井与水平井组合驱泄复合（VHSD）开发模式，并成为吞吐后期有效接替开发的主要方式。本文通过三维物理模拟实验、数值模拟技术，开展 VHSD 开发蒸汽腔发育规律研究，跟踪流体流动轨迹，剖析剩余油变化规律。研究结果表明，多轮次蒸汽吞吐建立注采井间水动力连通，油层的动用情况决定了蒸汽腔的初始形态，随着蒸汽持续注入，蒸汽腔经历了形成、横向扩展、向下扩展三个阶段，各阶段蒸汽腔扩展方向不同，对应着不同的剩余油分布规律和生产特征变化，其中蒸汽腔横向扩展阶段为主要产油期，阶段产出程度达 28.8%，油藏最终采收率可达 55% 以上。

关键词：浅层超稠油；直井与水平井组合；驱泄复合；蒸汽腔

稠油开发常以蒸汽吞吐开发方式为主，蒸汽驱作为蒸汽吞吐中后期有效的接替开发方式，要求油藏地面脱气原油黏度小于 $2×10^4$mPa·s，对于地面脱气原油黏度大于 $2×10^4$mPa·s 的超稠油油藏不适用。VHSD 作为一种全新的稠油蒸汽吞吐中后期转换开发方式，是一种直井与水平井组合的驱泄复合开发方式，水平井作为采油井，位于油层底部，直井作为注汽井，位于水平井两侧，射孔位置高于水平段垂向距离 5m（图 1）。直井与水平井通过蒸汽吞吐预热方式建立水动力连通，之后转 VHSD 生产，直井持续向油藏内注入蒸汽，蒸汽超覆在油层上部形成蒸汽腔，蒸汽汽化潜热加热的原油在蒸汽驱替和重力势能作用下，渗流至底部的水平井采出（图 2）。

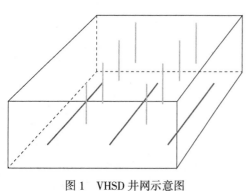

图 1　VHSD 井网示意图　　　　　图 2　VHSD 生产原理示意图

新疆 F 油田利用驱泄复合开发机理，在 G 井区齐古组 $J_3q_2^{2-3}$ 层油藏开辟了 8 井组 VHSD 先导试验区，油藏平均油层厚度 15.4m，孔隙度 32.2%，渗透率 2650mD，含油饱和度

74.8%，地面脱气条件下原油黏度 $50×10^4$ mPa·s。试验区于 2009 年以蒸汽吞吐方式投入开发，2013 年转入 VHSD 开发，生产 8 年，累产原油 $34×10^4$ t，采出程度达到 44.5%。目前，尚未针对 VHSD 蒸汽腔演变规律开展研究，本文结合试验区油藏条件，开展 VHSD 生产三维物理模拟实验及数值模拟研究，全方位刻画蒸汽腔演变特征及生产特征，明确 VHSD 开发驱油过程，为油藏开发调整、调控提供依据。

1　VHSD 开发三维物理模拟实验

1.1　实验装置

三维物理模拟实验由模型本体、注入系统和数据采集系统组成（图 3）。模型尺寸为 45cm×45cm×15cm，最大工作压力为 10MPa，最高耐温 300℃，模型内壁安装隔热层，外围附加加热保温系统，保证整个实验温度的热补偿；高压泵将蒸馏水泵入过热蒸汽发生器（耐温 300℃，耐压 10MPa），产生高干度蒸汽，通过直井井筒探头注入模型腔体；模型内部安装三层热电偶，共有测温点 81×3＝243 个，热电偶连接数据采集系统，实现测温数据的实时采集并绘制温度场图[1-13]。设置一口直井注汽，一口水平井采油。直井在水平井以上 5cm 处进行射孔，水平井水平段全部射开。

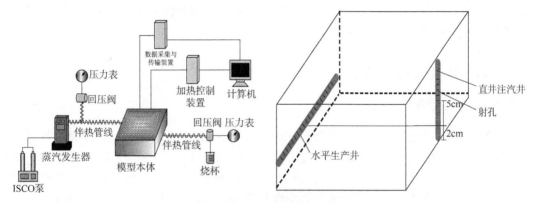

图 3　实验整体设计流程及井网示意图

1.2　实验材料

三维物理模拟实验采用纯净的石英砂，根据油藏实际参数，按照相似准则要求，充填模型，其模型物性参数见表 1。实验所使用的原油为 VHSD 试验区的现场原油，实验用水为蒸馏水，通过蒸汽发生器后的蒸汽温度为 250℃，蒸汽干度为 0.7。

表 1　物理模拟实验模型的物性参数表

类型	注采井距，m	油层厚度，m	渗透率，mD	孔隙度，%	初始含油饱和度，%
原始油藏	30	15.4	2650	32.2	74.8
三维物理模拟	0.3	0.15	2637	32.5	75.0

1.3　实验流程

将三维物理模拟实验装置右下端距离底部 2cm 处设置为原油采出口的水平井，左上侧距离水平井 35cm 处设置为蒸汽注入口的直井，其射孔段高于水平井垂向距离 5cm。具体实验步骤：(1)把外部包裹 200 目防护纱网的模拟井安装到指定接口，在模型的内壁及顶盖上部抹耐高温胶并进行拉毛工艺处理，随后向模型中装填模型砂，同时用氮气对模型试压；(2)进行模型孔隙度、渗透率和含油饱和度的测量计算；(3)开启模型外壁的加热板对模型本体进行加热，待模型内部各测点温度达到 50℃时开始实验；(4)从注入口向模型中注入过热蒸汽发生器所产生的高温蒸汽(实测蒸汽温度 250℃)，注汽速度控制在 60~80mL/min，使用数据采集处理及控制系统实时监测模型内温度、压力变化，并计算蒸汽注入量，原油和水的采出量，直至产水率达到 97%时结束实验；(5)清洗相关实验装置。

1.4　实验结果

实验初期，为防止蒸汽注入速度过快，导致蒸汽沿模型内壁扩展，设置实验初期蒸汽注入速度为 60mL/min，蒸汽腔受蒸汽超覆及水平井泄压牵引影响，逐渐向水平段方向扩展，但实验略受模型本体密封性影响，腔体沿平行水平井方向略有扩展，但整体扩展趋势还是朝向水平井方向扩展，此时蒸汽腔形成。随着蒸汽的持续注入，进入蒸汽腔向水平段方向横向扩展阶段，当蒸汽腔在水平井上方形成后，就会在水平井上方形成稳定的泄油沟槽，蒸汽汽化潜热加热的原油沿泄油面渗流至水平井采出，蒸汽占据已采出原油空间体积，随后蒸汽腔开始向下扩展，发育速度明显加快，泄油槽向两侧扩大，泄油面坡度随之减缓，直至蒸汽几乎充满整个模型腔体。

2　VHSD 开发数值模拟

2.1　机理模型建立

以 VHSD 先导试验区油藏条件为依据(表 1)，建立 VHSD 机理数值模拟模型。模型 I 方向距离井网 5 个网格之外的网格步长为 10m，其余网格步长为 5m，J 方向上网格步长为 0.5m，K 方向上网格步长为 0.375m，共计 35×280×40＝392000 个网格。直井与水平井侧向水平距离为 35m，直井射孔底界距水平井垂直距离 5m，水平井水平段长度为 280m。

表 2　模型油藏参数设置统计表

项目	模型参数	项目	模型参数
油藏埋深，m	215	垂直渗透率，mD	2650
油层厚度，m	15	含油饱和度，%	75
孔隙度，%	32	50℃原油黏度，mPa·s	15000
水平渗透率，mD	2650		

2.2　VHSD 蒸汽腔演变规律

根据 VHSD 生产过程中蒸汽腔演变特征，将整个过程划分为蒸汽腔形成阶段、蒸汽腔横向扩展阶段、蒸汽腔向下阶段。

2.2.1　蒸汽腔形成阶段

该阶段基于蒸汽吞吐建立注采井间水动力连通，直井全部转为注汽井，高干度蒸汽为驱替介质，以蒸汽吞吐有效加热半径为起点向采油井进行驱替。水平井作为泄压点对蒸汽腔进行牵引，蒸汽腔向水平段方向推进，驱替直井和水平井连通通道内的剩余油、残余油，至下部水平井采出，逐步在水平井上方形成蒸汽腔体，井间含油饱和度由34.7%下降至22.1%，蒸汽占据被采出原油体积空间形成蒸汽腔，此时蒸汽腔以独立腔体为主，呈锥形，腔体基本占据已动用区空间，剩余油主要分布在蒸汽腔未波及区域，蒸汽腔形成末期，井间剩余油呈M形，该阶段以驱替作用为主，重力泄油为辅。

2.2.2 蒸汽腔横向扩展阶段

随着蒸汽腔的形成，蒸汽腔开始横向扩展，以水平段为主要泄压区域，蒸汽腔沿水平段的横向扩展速度大于直井间横向扩展速度，当水平段方向蒸汽腔融合后，直井间蒸汽腔融合速度提升，直至独立腔体逐渐全部融合，建立统一的蒸汽腔体，占据油层中上部，油层中上部原油基本动用。井间的未动用区原油在蒸汽腔横向扩展释放汽化潜热时被加热，泄油槽外围原油在重力作用下泄至采油井采出，随着剩余油M形高度的降低，蒸汽腔外围原油被加热，驱泄至泄油槽采出。剩余油在垂直水平段方向由M形转变成m形，沿水平段方向由钟形转变成帽形。该阶段以重力泄油为主，驱替作用为辅。

2.2.3 蒸汽腔向下扩展阶段

随着独立蒸汽腔的完全融合后，蒸汽腔开始向下扩展，泄油槽外围原油不断采出，泄油槽坡度减缓，泄油高点也随之向直井方向偏移，泄油速率降低，直井间原油在蒸汽汽化潜热加热后，沿缓坡的泄油面泄流至采油井采出，直井间的未动用区原油得到较好动用。通过含油饱和度切面可知，蒸汽腔下降扩展阶段，剩余油在垂直水平段方向m形高度逐渐降低，在沿水平段方向由帽形向拱桥形转变。

3 VHSD 生产特征变化

通过对VHSD三维物理模拟实验和数值模拟的产量、含水率进行分析对比，并结合蒸汽腔演变规律，可以看出，VHSD生产整个过程可划分为产量升降阶段(注采连通阶段)、产量上升阶段(蒸汽腔形成阶段)、产量稳定阶段(蒸汽腔横向扩展阶段)，产量下降阶段(蒸汽腔下降阶段)四个生产阶段。

物理模拟实验：产量升降阶段，驱扫注采井间原油，促使井间建立水动力连通，该阶段蒸汽注入时间为70min，产油量先升后降，最高达13.6mL/min，含水率逐渐上升至95%，阶段采出程度为6.1%，油汽比为0.10；产量上升阶段，操作压力呈下降趋势，蒸汽占据被采原油空间，逐渐形成蒸汽腔，与蒸汽发生热交换的原油量逐步提高，该阶段蒸汽注入时间225min，产油量缓慢上升，含水率一直呈平缓下降趋势，阶段采出程度为13.8%，油汽比为0.13；产量稳定阶段，通过提高注汽速度保证蒸汽腔的均匀发育程度并逐步横向扩展，该阶段蒸汽注入时间121min，产油量高水平并保持稳定，最高产油量达31.3mL/min，含水率呈先下降后缓慢上升趋势，阶段采出程度为30.8%，油汽比为0.28，该阶段为产油高峰期；产量下降阶段，随着蒸汽腔开始下降，重力泄油能力减弱，该阶段注汽时间为75min，产油量水平迅速递减，由23mL/min下降至5mL/min，含水率迅速上升至91%，阶段采收率为4.9%，油汽比为0.13。整个实验过程经历455min，VHSD生产最终采出程度约为55.6%，油汽比为0.17(图4)。

数值模拟研究：蒸汽吞吐建立注采井间水动力连通后，注采井间连通温度达80℃以上，操作压力为3MPa，阶段采出程度为15.1%。随后转入VHSD生产，先进入蒸汽腔形成阶段，

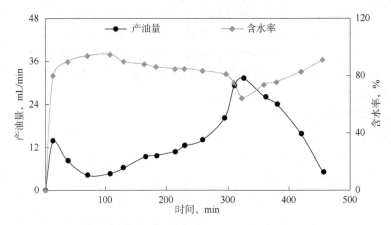

图 4　三维物理模拟实验产油量和含水率变化曲线

随着井间剩余油、残余油驱扫采出，产量快速上升至 23t/d，含水率快速下降，由初期的 98.5% 下降到 82.6%，然后又缓慢上升至 89% 左右，主要是由于蒸汽腔形成阶段的井间剩余油、残余油被驱扫完，导致含水率呈先下降后上升趋势，产油量先上升后下降趋势，该阶段采出程度为 7.1%。当蒸汽腔进入横向扩展阶段，驱替作用减弱，以重力泄油为主，原油沿泄油槽不断采出，蒸汽腔以稳定的速度不断充填已动用区域，含水率由 89% 降低至 85.2%，并且相对稳定，产油水平稳定在 16t/d 左右，该阶段采出程度为 28.8%，为主要产油期。当蒸汽腔横向融合后，蒸汽腔开始慢慢向下扩展，进入蒸汽腔下降阶段，斜坡带部位的原油被不断剥蚀，产油水平迅速下降至 10t/d，含水率由 85.2% 逐渐上升至 91.4% 左右，阶段采出程度为 10.3%（图 5），最终采收率为 61.3%。

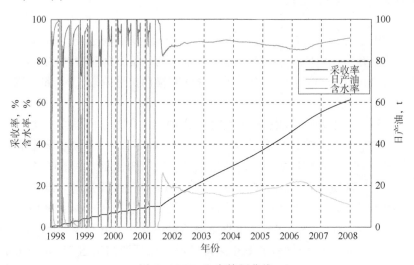

图 5　VHSD 生产特征曲线

4　结论与认识

通过物理模拟实验、数值模拟研究，充分认识了 VHSD 开发生产的各个阶段蒸汽腔的发育特征和主力泄油区，得到以下认识：

（1）VHSD 开发蒸汽腔发育过程为直井注汽建立独立蒸汽腔体，在水平段牵引下驱替注采井间剩余油、残余油采出，蒸汽占据初始已动用区域空间体积形成蒸汽腔，随着蒸汽的持续补充，蒸汽腔开始横向扩展直至全部融合，蒸汽腔开始向下扩展。根据蒸汽腔演变规律，将 VHSD 生产划分为蒸汽腔形成阶段、蒸汽腔横向扩展阶段和蒸汽腔向下扩展阶段。注汽井点首先形成蒸汽腔，蒸汽腔规模较小，注汽井与生产井间压差驱动冷凝液至生产井，井间剩余油、残余油驱扫采出，油井产量迅速上升。

（2）剩余油随着蒸汽腔的发育和扩展情况变化，在垂直水平段方向，剩余油分布由 M 形向 m 形转变，其两种形态的高度是不断降低的；在沿水平段方向，剩余油分布由钟形向帽形再向拱桥形转变，该开发方式井间剩余油得到较好的动用。

（3）蒸汽腔的演变阶段对应着不同的生产特征。蒸汽腔形成阶段，含水呈先下降后上升趋势，产油呈先上升后下降趋势；蒸汽腔横向扩展阶段，产油、含水保持稳定，为主要产油期；蒸汽腔向下扩展阶段，产油呈快速下降趋势，含水呈缓慢上升趋势，采用该方式，油藏最终采收率可达 55% 以上。

参 考 文 献

[1] 孙新革，马鸿，赵长虹，等. 风城超稠油蒸汽吞吐后期转蒸汽驱开发方式研究[J]. 新疆石油地质，2015，36（1）：61-64.

[2] 孙新革，赵长虹，熊伟，等. 风城浅层超稠油蒸汽吞吐后期提高采收率技术[J]. 特种油气藏，2018，25（3）：72-76.

[3] 巴忠臣，张元，赵长虹，等. 超稠油直井水平井组合蒸汽驱参数优化[J]. 特种油气藏，2017，24（1）：133-137.

[4] 钱根葆，孙新革，赵长虹，等. 驱泄复合开采技术在风城超稠油油藏中的应用[J]. 新疆石油地质，2015，36（6）：733-737.

[5] 王宏远，杨立强. 辽河油田蒸汽辅助重力泄油开发实践[J]. 特种油气藏，2020，27（6）：20-29.

[6] 王春生，曹海宇. 稠油油藏直平井组合立体开发实验研究[J]. 天然气与石油，2017，35（4）：25-29，53.

[7] 杨建平，王诗中，林日亿，等. 过热蒸汽辅助重力泄油吞吐预热模拟及方案优化[J]. 中国石油大学学报（自然科学版），2020，44（3）：105-113.

[8] 吴永彬，刘雪琦，杜宣，等. 超稠油油藏溶剂辅助重力泄油机理物理模拟实验[J]. 石油勘探与开发，2020，47（4）：765-771.

[9] 王连刚，石兰香，袁哲，等. 超稠油油藏溶剂辅助蒸汽重力泄油室内实验研究[J]. 现代地质，2018，32（6）：1203-1211.

[10] Butler R M. SAGD: concept, development, performance andfuture[J]. JCPT，1994，33（2）：60-67.

[11] 魏桂萍，胡桂林，闫明章. 蒸汽驱油机理[J]. 特种油气藏，1996，3（增刊）：7-12.

[12] 岳清山. 蒸汽驱油藏管理[M]. 北京：石油工业出版社，1996.

[13] 张军，贾新昌，曾光，等. 克拉玛依油田稠油热采全生命周期经济优选[J]. 新疆石油地质，2012，33（1）：80-81.

风城油田 SAGD 水平井剖面动用
程度改善技术研究

王美成　康承满　禄红新　万宏宾　王建国

(中国石油新疆油田公司风城油田作业区)

摘　要：双水平井 SAGD 水平段长度通常比常规热采井水平段更长，转 SAGD 生产后注采水平井间易出现局部汽窜、动用不均匀情况，影响 SAGD 井组开发效果并增大调控难度。为了改善水平井剖面动用程度，建立水平井等质量出流理论模型并引入自力式均匀配汽阀，保证蒸汽在各配汽阀等比例分配，达到水平井剖面动用改善的目的。措施后蒸汽腔逐渐向未动用段扩展，产液量由措施前的 37t/d 上升至 44t/d，产油量由措施前的 4.7t/d 上升至 5.8t/d，生产效果显著提高。

关键词：双水平井；SAGD；配汽阀；剖面动用

随着风城 SAGD 开发规模的逐渐扩大，水平段动用不均的问题逐步显现，已转 SAGD 生产的 188 井组中有 62 井组存在动用程度低的问题，占比达 33%，水平段动用程度 < 80% 的井组较动用程度 ≥80% 的井组日产油量少 12.6t，动用程度严重影响 SAGD 生产效果，减小差异是提升区块效益的最大潜力。前期主要通过管柱结构调整、直井辅助、生产调控、增产措施等技术手段实现有效动用，取得了一定的效果，但存在实施复杂、投资高、针对性差等问题。调研发现，均匀注汽技术是解决不均匀动用的关键技术，需开展深入技术研究。

1　均匀注汽技术作用机理

转 SAGD 生产后，随着蒸汽主要进入已经形成的蒸汽腔，预热阶段形成的热场，在无明显热源补充的情况下，将会逐渐萎缩，未发育蒸汽腔的段的温度将逐渐下降。对于已进入蒸汽腔扩展阶段的 SAGD 井组，均匀注汽实现水平段动用程度的提高，分为以下三个过程：首先是 I、P 井间流场建立。通过均匀注汽装置在未动用段定点注汽，在未发育蒸汽腔段首先建立蒸汽(冷凝水)流场，实现热+流体双连通。然后是小型蒸汽腔发育。流场泄油促进该段热油下泄，形成亏空，蒸汽进入后形成汽腔。最后是小型汽腔上升。蒸汽超覆促进汽腔进一步上升，形成稳定发育的蒸汽腔。

岩石力学模拟结果表明，定点注汽升温存在促进油层抬升作用(图 1 和图 2)：高温蒸汽促进油层膨胀，向上(反向)抬升，已有的蒸汽腔抬升明显，定点注汽通过逐渐升温促进油层膨胀，逐渐抬升。

体积应变模拟结果表明，高温促进油层发生体积变化，发生扩容改造：高温促进油层体

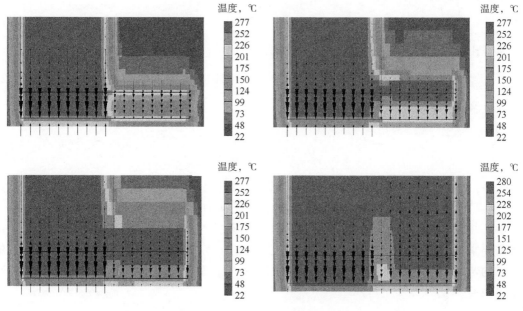

图 1 常规转电加热辅助 SAGD 不同时间温度场(水流线)

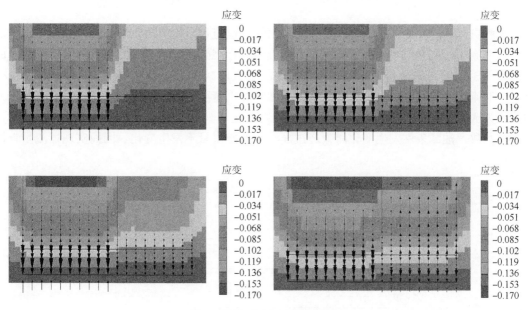

图 2 措施后岩石力学模拟图

积向外扩展(反向应变),已有的蒸汽腔向外扩展明显,定点注汽通过逐渐升温促进油层向外扩容,随高温区扩展,体积应变范围逐渐增大。

2 SAGD 均匀配汽等流量出流计算模型

SAGD 均匀注汽的基本原则是各配汽阀处蒸汽等流量出流,水平井段井筒内各处压力相等,从而实现均匀配汽的目的。在此理论基础上建立 SAGD 水平井均匀配汽数学模型。

每组孔的流量相等：

$$Q_1 = Q_2 = \cdots = Q_N \tag{1}$$

所有孔的截面面积之和不大于油管截面积：

$$A_1 + A_2 + \cdots + A_N \leqslant A \tag{2}$$

孔口流量计算公式：

$$Q_i = \mu A \sqrt{\frac{(p_i - p_e)}{\gamma}} \tag{3}$$

式中，Q_i 为蒸汽流量，m^3/s；μ 为小孔流量系数；A 为过流面积，m^2；γ 为局部阻力系数；p_i 为某出流孔管内压力，MPa；p_e 为某出流管外压力，MPa。

水平井段各段配汽位置出流面积的设计依据是注汽速度，因此，要设计合理的出流面积需要掌握该管柱结构适用的注汽速度范围，当给定某一注汽速度时，可实现理论的全井段均匀配汽。但是若注汽速度变化范围较大，则固定配汽出流面积的管柱结构具有一定局限性。

3 均匀配汽阀结构设计

为解决流量变化导致均匀配汽管柱的局限性，恒流量自调节均匀配汽阀，它主要通过对蒸汽的节流作用实现对蒸汽流量的调节。蒸汽通过常规筛管分配器时的压力降与蒸汽流量的关系为图 3 中 ABD 线，配汽量随差节流压差的增大而减少，当注汽参数与油井条件发生变化时，节流压差和配汽量也发生变化，因而影响配汽精度。理想配汽阀的配汽量与节流压差的关系为 ABC 线，当节流压差到达 B 点时，通过配汽阀的蒸汽量与节流压差无关，也就是当注汽参数、油藏条件发生变化时，通过配汽阀的配汽量不发生变化，因而实现恒流量自调节配汽。

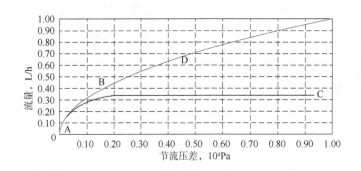

图 3 节流压差与流量关系图

各类配汽阀的配汽量都与节流压差及流通面积有关，节流压差越大及流通面积越大，配汽量越大。恒流量自调节配汽器的配汽量与蒸汽压差、流通面积的关系为

$$M = \alpha A \sqrt{2\rho\Delta p} \tag{4}$$

式中，M 为配汽量，kg/s；α 为流量系数，由试验确定其值为 0.6~0.8；ρ 为流体密度，

kg/m^3；A 为流通面积，m^2；Δp 为节流压差，Pa。

只要优化设计配注器的流道，使 A 增大时，Δp 同步减少，则可保证 M 不变。为此，恒流量自调节配注器采用自力式结构。当节流压差增大，蒸汽的流通面积减少；当节流压差减少，蒸汽的流通面积增大，从而在注汽参数变化时，实现恒流量配汽。

4 现场实施情况

该技术在风城油田实施 1 井次，实施井组于 2020 年 5 月转入 SAGD 生产阶段，受 IP 井间储层物性（泄油阻力）与水平段井筒内各部位流动阻力影响，转 SAGD 生产后水平段后端（井深 700～900m 处）温度逐渐降低，注汽量虽逐渐提升，但产液及产油水平变化不大。

2020 年 11 月，该井组在注汽水平井长管 740m、790m、840m 处分别下入均匀配汽阀，措施后，未动用段 700m、740m 处温度上升明显，表明蒸汽腔逐渐向未动用段扩展（图 4）。措施后在注汽量增幅不大的前提下，产液量以及产油量均有大幅度的上涨，生产效果改善显著（表 1）。

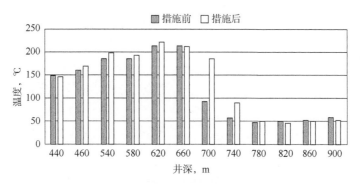

图 4 措施前后井下温度对比图

表 1 措施前后生产参数对比表

项目	日注汽量，t	日产液量，t	日产油量，t
措施前平均	43	37	4.7
措施后平均	47	44	5.8
变化幅度	上升 7%	上升 19%	上升 23%

5 结论

（1）均匀注汽工艺可有效提升未动用段温度，促使蒸汽腔逐渐向未动用段扩展，进而提高 SAGD 井组生产效果。

（2）相较于直井辅助、生产调控、增产措施等技术手段，均匀注汽工艺直接作用于未动用段，实施简便、针对性强。

（3）该工艺对 SAGD 生产井均匀采液具有借鉴意义，推广应用前景广阔。

参 考 文 献

[1] 盖平原，刘明，栾智勇，等．热采水平井多点自调节均匀注汽技术[C]．2017油气田勘探与开发国际会议，成都，2017．

[2] 陈治军，黄晓东，彭辉，等．稠油水平井均匀注汽工艺技术研究及应用[J]．新疆石油科技，2010，20（3）：9-11．

[3] 刘德铸．稠油水平井均匀注汽技术[J]．特种油气藏，2014，21(5)：127-129，157．

[4] 陈治军．均匀注汽工艺技术研究[J]．新疆石油天然气，2012，8(S1)：1-5，27．

[5] 薛世峰，王海静，朱桂林，等．改善水平井吸汽剖面的计算模型[J]．特种油气藏，2008(5)：94-96，110．

英2井深层稠油油藏注气实验中
几个特殊现象的讨论

周　伟[1,2]　妥　宏[1,2]　王　蓓[1,2]　许　宁[1,2]

(1. 中国石油新疆油田公司实验检测研究院；2. 新疆砾岩油藏重点实验室)

摘　要：吐哈油田英2井侏罗系七克台组深层稠油的注气吞吐降黏实验过程中，发现氮气存在对接触面稠油的增稠作用；二氧化碳则对整个混溶范围内的稠油表现出强大的超临界萃取作用。实验及研究结果表明，由于氮气与稠油的接触引发了稠油中的较重组分的聚集，其对黏度的增稠作用大于氮气溶解带来的降黏作用，从而增大了接触面附近的稠油黏度和密度；二氧化碳抽取了稠油中的较轻组分，在油气接触面附近形成二氧化碳—富烃气相。该研究对于合理选择注入气体，有效指导该类特殊油藏的开发具有重要意义。

关键词：吐哈油田；英2井；超临界萃取；增稠；室内实验；稠油

注气吞吐开采是一种开采深层稠油油藏的有效方式，美国等进行过一系列的室内研究和矿场试验工作。利用天然气等气体在稠油中的溶解降黏作用、稠油—注入气接触面之间的传质作用以及注入气近井筒地带的弹性驱动和携带作用都有助于稠油油藏的增产[1-3]。文献[4-7]研究了不同条件下原油泡点压力和膨胀系数等高压物性参数的变化规律；文献[8]指出氮气对改善原油流动性及增加地层能量有明显作用；文献[9]介绍了烟道气与蒸汽混注吞吐现场试验情况；文献[10]介绍了葡北油田烟道气吞吐现场试验情况；文献[11]通过室内实验介绍了烟道气辅助蒸汽吞吐提高采收率机理。本文针对英2井侏罗系七克台组深层稠油油藏进行注气(天然气、氮气、二氧化碳)吞吐开采的机理进行了一系列的室内模拟试验，在注气吞吐室内试验过程中，发现二氧化碳和氮气与稠油的混溶过程中发生一些比较特殊的现象。该实验现象对开采深层稠油油藏注气类型的选择以及对深层稠油油藏注气吞吐开采的机理探讨有一定的借鉴意义。

1　油藏概况

英2井位于吐哈盆地火焰山中央隆起带英也尔构造带英也尔2号构造，该井于2006年1月完井投产，目的层为侏罗系七克台组(J_2q)，试油井段为2010~2018m。储层岩性为灰色油迹细砂岩，岩心分析平均渗透率为178mD(测井解释渗透率为196.9mD)，平均孔隙度为26.1%，含油饱和度57.35%；油藏中部压力为20.22MPa，油藏温度为61.1℃，地层油黏度为5874.9mPa·s，地面油密度为0.9589g/cm³，属埋藏深的稠油油藏。

该井在无外加措施的情况下不能自喷生产，无法进行正常稳定的系统试油工作。为了降低油藏稠油黏度，改善稠油在井底附近及其井筒的流动性能，决定对该稠油油藏进行天然气、氮气、二氧化碳的注气吞吐降黏室内实验研究，优选最佳注气源，为现场开采技术方案提供决策依据。

2 实验方法及内容

2.1 实验油气样品基本性质

英 2 井侏罗系七克台组地面稠油基本性质数据见表 1、表 2 和表 3。

表 1　英 2 井地面稠油岩石可溶有机物及原油族组分分析数据表

饱和烃含量,%	芳香烃含量,%	非烃含量,%	沥青质含量,%	总收率,%
47.34	19.68	16.83	6.44	90.29

表 2　英 2 井地面稠油密度及不同温度下黏度数据表

温度	20℃	30℃	50℃	61℃	80℃
黏度，mPa·s	264000	64050	6745	2602	652.5

表 3　英 2 井地面稠油饱和烃组成数据表　　　　单位:%

CO_2	N_2	C_1	C_2	C_3	C_4	C_5	C_6	C_7	C_8	C_9	C_{10}	C_{11+}
0	0	0	0	0	0.4	0.7	0.9	3.4	6.6	4.2	3.5	80.3

2.2 实验方法

对英 2 井侏罗系七克台组油藏分别进行了静态混溶实验和动态混溶实验。

（1）动态混溶实验。在地层温度、地层压力条件下，向 PVT 仪中分别加入适量的地面稠油和过量的天然气、氮气、二氧化碳，经过一段时间的外加动力搅拌平衡后对动溶稠油流体依次进行了不同饱和压力下的单次脱气实验以及相应饱和压力下的黏度分析，研究不同溶解比例的 3 种注入气体对地层稠油黏度等物性的影响程度及变化规律。

（2）静态混溶实验。地层稠油与过量氮气、天然气、二氧化碳进行接触式静态互溶，在地层温度下经过 8~9 天的无外力搅拌静态混溶，研究一定溶解时间内 3 种注入气的溶解量，距离油气接触面不同距离的地层稠油的黏度变化规律以及注入气混溶波及范围。

3 氮气对稠油的抽提增稠作用

英 2 井稠油与氮气的动、静态混溶实验中，在油气接触面附近的地层稠油黏度与混溶压力、混溶距离的关系曲线趋势均出现了异常现象。

通常情况下，动态混溶压力越高，稠油中溶解的气量也越多，意味着稠油黏度将越小。随着混溶(饱和)压力的逐渐降低，其溶解气油比逐渐减少、动溶稠油黏度逐渐增大。而英 2 井稠油与氮气的动态混溶实验结果(图 1)表明，最大混溶压力(该压力是油气动态混溶接触的压力)下的稠油黏度却大于较低混溶压力下的稠油黏度，也就是说，溶解了最多氮气量的稠油, 其黏度却大于溶解了较少氮气量的稠油。同样的, 英2井稠油与氮气的静态混溶实验中也出现了这种现象, 即油气接触面附近溶解了最多氮气量的稠油的黏度大于较远处溶解了较少氮气量的稠油黏度(图2)。混溶距离指实验室条件下, 自地层稠油、注入气接触面开始, 油、气发生混溶现象的距离。

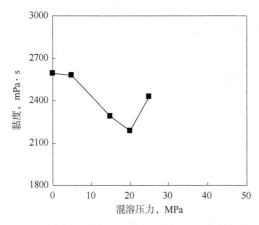

图1 动态混溶实验黏度与混溶压力关系曲线

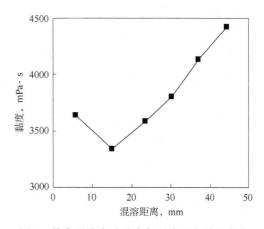

图2 静态混溶实验黏度与混溶距离关系曲线

很明显, 氮气增大了油气接触面附近的地层稠油黏度, 这是个很奇特的现象。为了分析氮气的增稠现象, 对实验前后英2井稠油进行了地球化学指标分析, 研究其组分变化情况。英2井稠油与氮气静态混溶实验脱气油碳原子数与含量关系曲线如图3所示。

由图3可以看出, 与原始地层稠油及离油气接触面较远的静溶稠油比较, 油气接触面的英2井静溶稠油的色谱组成有以下特点:

(1) C_4—C_{11} 的含量为零;

(2) C_{14}—C_{18} 的含量大大高于原始地面稠油, 也高于离油气接触面较远的静溶稠油。

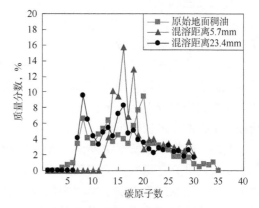

图3 静态混溶实验脱气油碳原子数与含量关系曲线

根据油气接触面的静溶稠油的组分含量特点, 相对于原始地层稠油及离油气接触面较远的静溶稠油, 轻组分 C_4—C_{11} 的缺失和较重组分 C_{14}—C_{18} 含量的增大意味着该稠油的密度、黏度和分子量的增大, 这说明高压高温条件下氮气从稠油中通过蒸发作用提取了轻烃和中间烃, 从而使得油气接触面附近的稠油的密度、黏度增大。该实验数据证明了上述实验现象和结果。

由于相同实验条件下的英2井侏罗系七克台组地层稠油与天然气、二氧化碳的动、静态混溶实验均未出现上述的特殊现象, 因此, 可以判断正是氮气的存在导致了油气接触面附近的地层稠油黏度变大。虽然少量的氮气与稠油的混溶降低了英2井地层稠油的黏度, 但由于氮气与稠油的接触引发了稠油中的较重组分的聚集, 其对黏度的增稠作用大于氮气溶解带来的降黏作用, 从而增大了接触面附近的稠油黏度和密度。

4 二氧化碳对稠油的超临界萃取作用

在英2井侏罗系七克台组稠油与二氧化碳的静溶实验过程中发现，在经过8天的静态混溶后，与油气接触面附近的二氧化碳气体中聚集富含了大量的气态烃类组分(表4和图4)。实验室对油气接触面附近的二氧化碳气体进行了闪蒸实验，实验现象及结果如下：(1)闪蒸气油比达12000m³/m³左右；(2)闪蒸油无色透明；(3)凝析油的饱和烃组成上与地面稠油接近(图4)。

表4 地层条件英2井稠油与二氧化碳静态混溶实验不同脱气油族组分性质对比

油样	含量,%				总收率,%
	饱和烃	芳香烃	非烃	沥青质	
地面脱气稠油	47.34	19.68	16.83	6.44	90.29
平衡气闪蒸油	59.30	3.29	1.61	1.48	65.68
静溶油(5.40mm)	44.08	18.84	17.32	8.74	88.98
静溶油(12.67mm)	41.43	25.29	12.28	7.67	86.67

油气接触面附近的二氧化碳气体表现出类似凝析气的相态特征。根据闪蒸气油比(12000m³/m³左右)及凝析油呈无色透明的实验现象及结果，证明二氧化碳气体中蕴含有实验室条件下可以液化的较重组分，该较重组分只能来自英2井侏罗系七克台组稠油。

从族组分组成上看，与英2井侏罗系七克台组地层稠油、不同混溶距离的静溶油相比，平衡气闪蒸油的非烃、沥青质和芳香烃含量远低于上述稠油，而饱和烃含量则高于上述稠油；从饱和烃组成上看，平衡气闪蒸油的组成与地面稠油基本一致。因此可以判断，二氧化碳抽取了稠油中的较轻组分，在油气接触面附近形成二氧化碳—中间烃相。

此外，根据图5所示结果，二氧化碳条件下静溶实验中油气接触面的英2井静溶稠油的色谱组成也具有与氮气静溶实验中相同的特征，即轻组分 C_4—C_{11} 缺失和较重组分 C_{14}—C_{18} 含量增大，这意味着引发了稠油中的较重组分的聚集。由于二氧化碳对稠油的溶解能力很强，气体溶解带来的降黏作用远大于对黏度的增稠作用，总体上还是大幅降低了接触面附近的稠油黏度和密度。

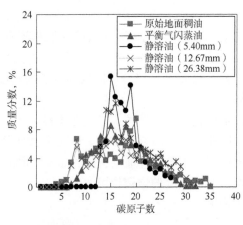

图4 静态混溶实验脱气油碳原子数与含量关系

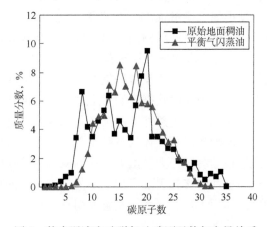

图5 静态混溶实验脱气油碳原子数与含量关系

英 2 井稠油油藏的地层温度、压力恰好处于二氧化碳超临界萃取所要求的条件范围内，这有利于二氧化碳发挥其他气体所不具备的超临界萃取作用，与地层稠油发生强烈的互溶，从而大大提高二氧化碳在地层稠油中的溶解量，大幅降低地层稠油黏度。

5 结论

（1）吐哈油田英 2 井侏罗系七克台组深层稠油的注气吞吐降黏实验表明，氮气和二氧化碳气体在稠油中具有一定的溶解度，不混相的稠油—注入气接触面之间存在传质作用，可以改变混溶波及区域稠油流体特性。

（2）高温高压条件下氮气和二氧化碳从稠油中通过蒸发作用提取了轻烃和中间烃，引发了稠油中的较重组分的聚集。氮气对黏度的增稠作用大于氮气溶解带来的降黏作用，从而使得油气接触面附近的稠油的密度、黏度增大；二氧化碳对稠油的强大溶解能力带来的降黏作用远大于对黏度的增稠作用，总体上还是大幅降低了接触面附近的稠油黏度和密度。

（3）二氧化碳抽取了稠油中的较轻组分，在油气接触面附近形成较特殊的二氧化碳—中间烃相，有利于提高稠油中中间烃的收取。

（4）对稠油而言，二氧化碳的超临界萃取作用是一种罕见的现象。利用这一特性可以大幅提高深层稠油的采收率。

参 考 文 献

［1］Shokoya O S, Mehta S A, Moore R G, et al. Evaluation of the miscibility and contribution of flue to oil recovery under high pressure air injection[J]. Journal of Canadian Petroleum Technology, 2002, 41(10): 1–11.

［2］Srivastava R K, Huang S S, Dong Mingzhe. Comparative effectiveness of CO_2 produced gas and flue gas for enhanced heavy-oil recovery[J]. SPE Reservoir Evaluation & Engineering, 1999, 2(2): 238–247.

［3］王勇. 烟道气辅助 SAGD 提高稠油开发效果研究[D]. 青岛：中国石油大学(华东), 2010.

［4］Hall A H. Investigation of densities and thermal expansion coefficients applicable to petroleum measurement[J]. SPE 16437, 1975.

［5］Avasthi, S M. The prediction of volumes, compressibility and thermal expansion coefficients of hydrocarbon mixtures[J]. SPE 1817–PA, 1968.

［6］Hamrin Jr. Coefficient of thermal expansion: reduced state correlation developed from PVT data for ethane[J]. SPE 877–MS, 1964.

［7］郭平, 孙雷, 孙良田, 等. 不同注入气体对原油物性的影响研究[J]. 西南石油学报, 2000, 22(3): 58–64.

［8］李向良. 氮气对牛庄油田牛 20 断块地层油相态特征的影响[J]. 油气地质与采收率, 2006, 13(2): 88–90.

［9］李峰, 张凤山, 丁建民, 等. 稠油吞吐井注烟道气提高采收率技术试验[J]. 石油钻采工艺, 2001, 23(1): 67–68.

［10］齐安炜. 葡北油田烟道气吞吐增产技术试验研究[J]. 内蒙古石油化工, 2011, 37(21): 94–96.

［11］付美龙, 熊帆, 张凤山, 等. 二氧化碳和氮气及烟道气吞吐采油物理模拟实验[J]. 油气地质与采收率, 2010, 17(1): 68–72.

辫状河砂质储层夹层识别及对 SAGD 开发的影响
——以风城油田重 45 井区为例

孟祥兵[1]　邱子瑶[2]　罗池辉[1]　祁丽莎[1]

(1. 中国石油新疆油田公司勘探开发研究院；
2. 中国石油新疆油田公司采油一厂)

摘　要：综合利用岩心描述、分析化验数据以及测井资料等，对重 45 井区侏罗系齐古组 J_3q_3 层发育的夹层类型和特征进行了研究。结果表明，研究区内夹层可以分为岩性夹层和物性夹层两类。夹层厚度与夹层长度、夹层宽度成对数关系，平面呈土豆状，纵向上呈多期次叠置关系。岩性夹层渗透率一般小于 20mD，在 SAGD 生产过程对蒸汽腔边缘的热流体具有较大的阻碍作用，物性夹层渗透率相对较大，对 SAGD 蒸汽腔扩展影响相对较小。总结了 4 种典型夹层分布模式，利用数值模拟手段，明确了不同夹层分布模式下的蒸汽腔发育特征。针对注汽井、生产井间及注汽井上方以物性夹层分布为主的模式，可通过辅助直井注汽动用夹层上部的剩余油；针对注汽井、生产井间以岩性夹层分布为主的模式，应合理优化水平段的位置和长度，尽量避免岩性夹层位于注采井中间，同时可采用储层改造，增强井间渗透性；针对注汽井上方以岩性夹层分布为主的模式，可采用鱼骨注汽井 SAGD，利用分支深入储集层，穿透岩性夹层，增强储集层的吸汽能力，提高流体的渗流能力。

关键词：辫状河储集层；夹层识别；SAGD；超稠油

蒸汽辅助重力泄油(SAGD)作为一种超稠油高效开发的技术，在国内外已得到广泛应用[1-5]。与 SAGD 应用效果显著的加拿大海相沉积油藏不同，风城油田为陆相辫状河沉积，储层非均质性强，夹层发育广泛[6-8]。稠油油藏开发实践表明，夹层的存在将会影响 SAGD 蒸汽腔扩展及井间泄液，对开发造成不利影响[9-12]。以风城油田重 45 井区为例，通过岩心描述、分析化验数据以及测井资料等，对辫状河砂质储集层夹层发育的类型及特征进行了研究，利用数值模拟技术，开展夹层对浅层超稠油油藏 SAGD 开发的影响研究，并给出不同类型夹层影响下的 SAGD 开发部署优化策略，以期为类似油藏 SAGD 开发提供借鉴。

1　地质概况

风城油田重 45 井区主力储集层齐古组 J_3q_3 层，其沉积环境为超覆填平型近源辫状河沉积[13]，构造形态总体表现为断裂切割的向南倾的单斜，地层倾角 5°~10°，断裂附近倾角变陡(图 1)。储层岩性主要为细砂岩、中细砂岩，平均厚度 28.4m，砂砾岩含油性较差，可视为非储层。储层平均埋深 470m，平均孔隙度 28.9%，平均渗透率 1056mD，平均含油饱和度

65.2%，油藏温度21.4℃，原始地层压力4.55MPa，50℃脱气原油黏度平均为18.82×10⁴mPa·s。重45井区采用常规开采方式无法有效动用，适应双水平井SAGD开发[14]。重45井区储集层整体连续性较好，但内部夹层较为发育，需精细分析夹层的物性特征并预测其分布范围，明确其对SAGD开发的影响，从而给出夹层影响下的SAGD优化部署策略。

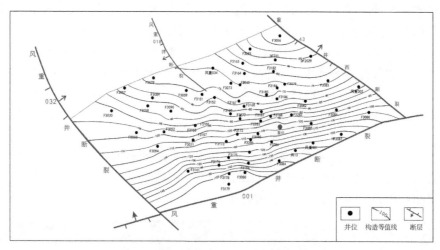

图1　风城油田重45井区J_3q_3顶部构造图

2　夹层类型及分布特征

2.1　夹层类型

重45井区侏罗系齐古组储层为辫状河沉积，心滩较发育，由多次沉积事件携带的碎屑物沉积而成，在洪泛事件末期，由于洪水能量的衰减，在心滩顶部可加积细粒的悬浮物质，其岩性较细，多为粉砂质泥岩或泥质沉积，后期心滩坝切割前期的心滩坝，在不同时期心滩坝的加积、侧积沉积作用下，由于沉积间断及成岩作用等，形成了不同类型的隔夹层[15-16]（图2）。根据岩心、钻井和录井等资料综合分析可知，重45井区齐古组J_3q_3层油藏中主要夹层类型可分为岩性夹层（泥岩、钙质砂岩）和物性夹层（泥质粉砂岩、砂砾岩），如图3所示。

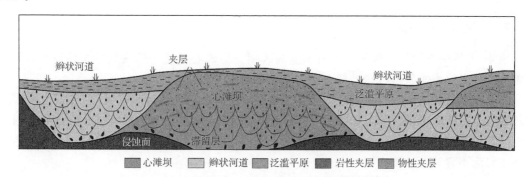

图2　辫状河砂体心滩坝构型模式垂直物源剖面图

（1）岩性夹层：主要岩性为泥岩和钙质砂岩，其中泥质夹层是在洪水短暂的间歇时期形成，在供水期间均以碎屑物沉积为主，而洪水期后洪峰间歇期则水动力条件减弱，水体搬运物质的能力下降，沉积了泥质粉砂岩及泥粉质悬浮物质，岩性以泥岩、泥质粉砂岩为主。露头和岩心上通常为灰色、灰白色泥岩，岩性致密，无渗透性或渗透性极差，纵向多分布于砂岩层的顶、底与泥岩的交界处及砂岩层内部任意处，平面上多位于厚砂层中，其形成主要与沉积环境、沉积物成岩胶结作用、溶解作用等成岩作用的不均匀性有关；钙质砂岩夹层主要为砂岩被碳酸盐胶结而成，主要岩性为灰色、灰白色钙质细砂岩及钙质粉砂岩，其孔隙度、渗透率极低（渗透率通常小于 20mD）。主要为浅埋藏期淡水作用下，沉积物中钙质碎屑发生溶蚀，大量钙离子进入孔隙水中，导致局部碳酸钙过饱和，饱含钙的孔隙水在储层中顺层流动，沿途在一定的条件下钙质发生沉淀，生成以方解石为主的胶结物，最终变成夹层[17]，露头和岩心上通常呈白色或灰白色，钙质较纯，滴盐酸反应剧烈，宏观上产状为不连续胶结成层状，分布随机性强、范围小，常分布于岩层顶、底与泥岩交界处及砂层内部原始物性较好的部分。

（2）物性夹层：主要岩性为泥质含量高的泥质粉砂岩和砂砾岩，通常位于多期心滩坝的叠置交接处或河道滞留沉积中，是在短暂的洪水间歇期或者水动力减弱时落淤而形成。孔隙度、渗透率相对较高（渗透率通常小于 150mD）。

（a）泥岩夹层　　　　　　　　　　　　（b）钙质砂岩夹层

（c）砂砾岩夹层　　　　　　　　　　　　（d）泥质粉砂岩夹层

图 3　风城油田重 45 井区砂质储集层夹层分类图

2.2　夹层电性特征及识别

重 45 井区两类夹层电性特征具有明显的区别，将岩心样品中的夹层发育位置归位至综合测井曲线上，识别其电性特征如下：

（1）岩性夹层。①泥岩夹层：在电性上表现为高自然伽马，自然电位为正异常，曲线幅度较大，电阻率为低值，一般小于 10Ω·m，含油级别主要不含油。②钙质砂岩夹层：在电性上呈现"两高两低"的显著特征，即密度高、电阻率高，自然电位低、自然伽马低，含油级别主要为不含油至油斑。

（2）物性夹层。①砂砾岩夹层密度较高，一般大于 2.35g/cm³，RT、RI、RXO 呈增大趋势，如风重 024 井在其 421.25～424.25m 取心段处为砂砾岩夹层，平均密度为 2.39g/cm³，RT（25.4Ω·m）<RI（26.24Ω·m）<RXO（30.8Ω·m），含油级别主要为油斑。②泥质粉砂岩夹层在电性上呈现 RT、RI 和 RXO 幅度逐渐下降，密度和自然伽马增高，但未达到泥岩基

线，含油级别主要为油迹、油斑。

综合岩心观察和描述结果，以及对应的各类夹层对应的岩性、物性、电性特征进行交会统计，建立了重 45 井区齐古组 J_3q_3 层夹层的识别标准（表 1）。在此基础上，对重 45 井区 172 口井进行了夹层的电测识别。常规测井响应特征分析结果表明，基于常规测井的夹层识别结果理想，电性特征明显，特别是电阻率和密度的响应特征最为突出，在夹层识别过程中起着重要作用。

表 1　风城油田重 45 井区齐古组 J_3q_3 层夹层识别标准

夹层类型		自然电位 MV	自然伽马 API	密度 g/cm³	电阻率 Ω·m	孔隙度 %	渗透率 mD
岩性夹层	泥岩夹层	−34.50~−1.45① −13.7②	50.12~94.33 75.45	2.19~2.38 2.32	4.00~10.15 5.43	6.32~20.54 10.64	8.93~20.60 12.74
	钙质砂岩夹层	−126.97~11.13 −14.99	39.99~79.43 59.85	2.14~2.70 2.40	10.62~20.23 24.14	2.14~12.13 7.92	5.25~20.37 11.26
物性夹层	砂砾岩夹层	−92.52~8.12 −14.05	46.32~87.42 69.35	2.35~2.67 2.38	15.00~119.34 28.92	14.37~27.72 18.36	35.45~148.28 106.79
	泥质粉砂岩夹层	−125.58~16.61 −14.89	49.07~117.36 72.40	2.02~2.51 2.25	5.43~14.80 8.63	8.55~23.35 16.47	23.56~117.68 79.86

① 数值范围。
② 平均值。

2.3　夹层发育规模预测

通过对辫状河露头的考察及重 45 井区开发井资料分析，获得了储层内部的夹层宽度、长度与厚度数据，通过数据拟合研究，发现储层内部夹层的宽度和长度分别与厚度之间具有较好的对数关系（图 4）。

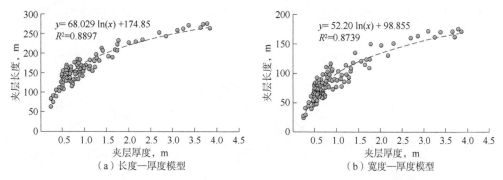

（a）长度—厚度模型　　　　（b）宽度—厚度模型

图 4　风城油田重 45 井区储集层内部夹层厚度—长度、厚度—宽度预测模型

其中，夹层厚度与夹层长度的拟合公式为

$$L = 68.029\ln(h) + 174.85 \qquad R^2 = 0.8897 \tag{1}$$

夹层厚度与夹层宽度的拟合公式为

$$W = 52.201\ln(h) + 98.855 \qquad R^2 = 0.8739 \tag{2}$$

式中，L 为砂层内部夹层长度，m；W 为砂层内部夹层宽度，m；h 为砂层内部夹层厚度，m。

通过对夹层的单井识别，发现重 45 井区 J_3q_3 层夹层厚度薄，垂向上多期叠置，继承性差，平面发育规模较小，储层段内隔夹层横向上延伸规模不确定。在小层精细划分对比的基础上，运用韵律层划分对比方法对单井识别的夹层进行统一编号，采用地质统计方法，对井间夹层规模进行预测。通过韵律层对比，细分单砂体，确定单砂体和夹层对应关系，将重 45 井区 J_3q_3 层自上而下分为 7 期夹层(图 5)。

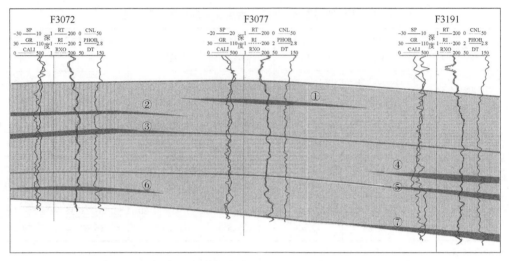

图 5　风城油田重 45 井区齐古组 J_3q_3 层储层内夹层分期剖面图

以砂质辫状河沉积夹层的厚度—长度和厚度—宽度预测模型为基础，定量化夹层发育规模，采用序贯指示随机模拟得到若干模型，并进行优选，通过人机交互方式，结合辫状河构型模式，局部应用虚拟井完善夹层参数，建立夹层三维地质模型。从重 45 井区夹层三维空间的展布图(图 6)可以看出，砂体主要为拼合板状构型，由一系列砂体拼合而成，砂体发育，横向连续性好，砂体内部夹有低渗或非渗透率层，局部重叠砂体之间存在非渗透夹层，无论是岩性夹层还是物性夹层相对规模较小，横向连续性差，垂向上多期叠置，厚度较薄。

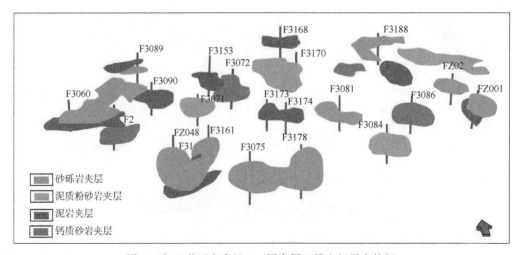

图 6　重 45 井区齐古组 J_3q_3 层夹层三维空间展布特征

根据建模结果，对重45井区储集层发育的夹层特征进行统计，其厚度介于0.25~3.8m之间，平均厚度为1.1m；夹层长度在70~270m之间，平均长度为158.7m；夹层宽度为30~170m，平均宽度为87.3m，夹层长度与宽度比值为1.3~3.2，平面呈土豆状。

3 夹层对SAGD生产的影响

夹层的规模大小及其垂向分布位置对于SAGD生产效果的影响，前人已有较多研究[18-20]。本次以重45井区F1井组为例，重点研究了物性夹层与岩性夹层对SAGD开发造成的影响。该井组水平段脚尖（B点）附近，注汽水平井与生产水平井中间发育一条渗透率为5mD的岩性夹层，水平段脚跟（A点）附近发育两条渗透率分别为98mD、145mD的物性夹层。数值模拟研究结果表明，岩性夹层渗透率较小，蒸汽无法突破，加热的热流体无法顺畅流入下部生产井，只能从夹层边缘绕流，SAGD蒸汽腔基本不发育；物性夹层渗透率相对较大，大部分蒸汽和热流体能够穿过物性夹层，渗流阻力较小，SAGD蒸汽腔相对较发育，对比水平井中部无夹层水平段，物性夹层对SAGD蒸汽腔发育仍然存在阻挡作用（图7）。

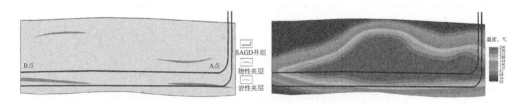

图7 重45井区F1井组夹层发育及蒸汽腔发育示意图

结合重45井区夹层分布特征，总结了4种典型夹层分布模式，并利用数值模拟手段，明确了不同夹层分布模式下的蒸汽腔发育特征（图8）。其中A类、C类夹层分布模式会阻碍蒸汽腔发育和泄油，但部分蒸汽可以穿过夹层向上扩展，可在水平井地质设计过程中根据夹层发育情况设计辅助直井，通过辅助直井注汽动用夹层上部的剩余油[21]。B类夹层分布模式对蒸汽腔的扩展及井间泄油形成严重阻碍，蒸汽腔发育缓慢，在SAGD开发井组部署过程中应合理的优化水平段的位置和长度，尽量避免岩性夹层位于注采井中间，以降低夹层对SAGD蒸汽腔扩展的影响。同时可采用储层改造，增强井间渗透性[22]。针对D类夹层分布模式，可采用鱼骨注汽井SAGD，通过将注汽水平井改为带有分支的鱼骨井，利用分支深入储集层，穿透岩性夹层，增强储集层的吸汽能力，提高流体的渗流能力[23]。

图8 重45井区夹层分布类型及对应蒸汽腔发育示意图

夹层分布类型	典型夹层分布模式	蒸汽腔发育模式	蒸汽腔发育特征
A类：注汽井、生产井间以物性夹层分布为主	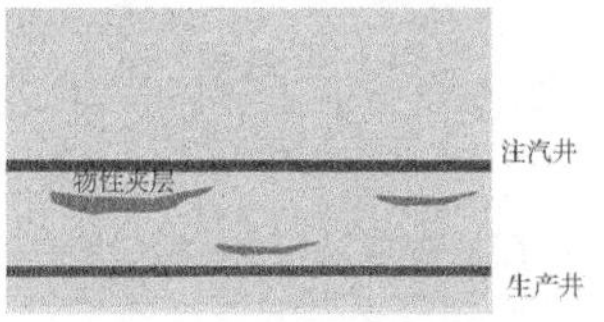	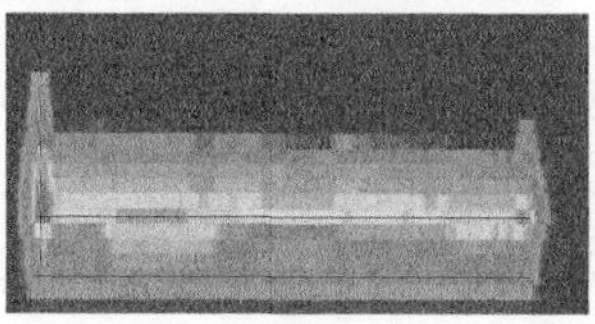	由于物性夹层尚有一定渗透性，井间仍能形成连通

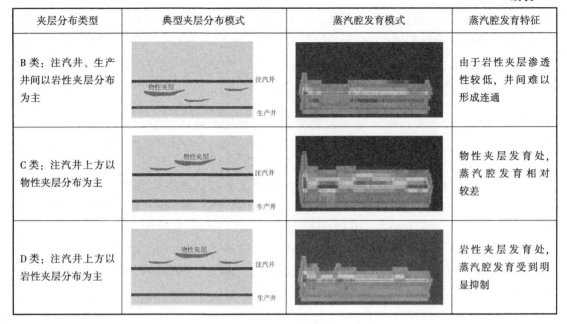

夹层分布类型	典型夹层分布模式	蒸汽腔发育模式	蒸汽腔发育特征
B类：注汽井、生产井间以岩性夹层分布为主			由于岩性夹层渗透性较低，井间难以形成连通
C类：注汽井上方以物性夹层分布为主			物性夹层发育处，蒸汽腔发育相对较差
D类：注汽井上方以岩性夹层分布为主			岩性夹层发育处，蒸汽腔发育受到明显抑制

4 结论

（1）重45井区侏罗系齐古组 J_3q_3 层内部主要发育岩性夹层（泥岩夹层和钙质砂岩夹层）和物性夹层（砂砾岩和泥质粉砂岩）两类夹层，平面呈土豆状，纵向上多期次叠置，其中泥岩夹层和钙质夹层物性较差，渗透率通常小于20mD，对SAGD蒸汽腔扩展形成严重阻碍，导致部分储层无法动用；物性夹层渗透率通常小于150mD，SAGD生产过程中蒸汽和热流体虽然能够穿过物性夹层，但该部位的SAGD蒸汽腔扩展速度和规模依然受到较大限制。

（2）结合重45井区夹层分布特征，总结了4种典型夹层分布模式：A类注汽井、生产井间以物性夹层分布为主，B类注汽井、生产井间以岩性夹层分布为主，C类注汽井上方以物性夹层分布为主，D类注汽井上方以岩性夹层分布为主。利用数值模拟手段，明确了不同夹层分布模式下的蒸汽腔发育特征。

（3）针对A类、C类夹层分布模式，可通过辅助直井注汽动用夹层上部的剩余油；针对B类夹层分布模式，应合理优化水平段的位置和长度，尽量避免岩性夹层位于注采井中间，同时可采用储层改造，增强井间渗透性；针对D类夹层分布模式，可采用鱼骨注汽井SAGD，利用分支深入储集层，穿透岩性夹层，增强储集层的吸汽能力，提高流体的渗流能力。

参 考 文 献

［1］霍进，桑林翔，樊玉新，等．风城超稠油双水平井蒸汽辅助重力泄油开发试验［J］．新疆石油地质，2012，33(5)：570-573．

［2］罗池辉，赵睿，杨智，等．浅层超稠油油藏FAST-SAGD提高采收率技术研究［J］．特种油气藏，2017，24(3)：119-122．

［3］王健，谢华锋，王骏．加拿大油砂资源开采技术及前景展望［J］．特种油气藏，2011，18(5)：16-

20，35.

［4］赵鹏飞，王勇，李志明，等．加拿大阿尔伯达盆地油砂开发状况和评价实践［J］．地质科技情报，
2013，32（1）：155-162.

［5］Yang，Butler. Effects of reservoir heterogeneities on heavy oil recovery by steam-assisted gravity drainage
［J］. Journal of Canadian Petroleum Technology，1992，31（8）：37-43.

［6］胡元现，Chan M，Bharatha S，等．西加拿大盆地油砂储层中的泥夹层特征［J］．地球科学—中国地质
大学学报，2004，29（5）：550-554.

［7］魏绍蕾，程林松，张辉登，等．夹层对加拿大麦凯河油砂区块双水平井蒸汽辅助重力泄油开发的影响
［J］．油气地质与采收率，2016，23（2）：62-69.

［8］李海燕，高阳，王延杰，等．辫状河储集层夹层发育模式及其对开发的影响——以准噶尔盆地风城油
田为例［J］．石油勘探与开发，2015，42（3）：364-373.

［9］何万军，王延杰，王涛，等．储集层非均质性对蒸汽辅助重力泄油开发效果的影响［J］．新疆石油地
质，2014，35（5）：574-577.

［10］梁光跃，刘尚奇，陈和平，等．油砂蒸汽辅助重力泄油开发过程中面临的夹层问题［J］．科学技术与
工程，2015，15（4）：68-73.

［11］刘卫东，张洪，都炳锋，等．非均质储层内夹层对SAGD开发的影响及技术对策［J］．石油钻采工艺，
2020，42（2）：236-241.

［12］陈程，孙义梅．厚油层内部夹层分布模式及对开发效果的影响［J］．大庆石油地质与开发，2003，22
（2）：24-27.

［13］朱筱敏，张义娜，杨俊生，等．准噶尔盆地侏罗系辫状河三角洲沉积特征［J］．石油与天然气地质，
2008，29（2）：244-251.

［14］牟珍宝，唐帅．双水平井SAGD开发稠油油藏界限标准［J］．科技导报，2014，32（11）：71-76.

［15］赵翰卿．储层非均质体系砂体内部建筑结构和流动单元研究思路探讨［J］．大庆石油地质与开发，
2011，18（2）：41-44.

［16］张吉，张烈辉，胡书勇，等．陆相碎屑岩储层隔夹层成因、特征及其识别［J］．测井技术，2003，27
（3）：221-224.

［17］韩如冰，刘强，江同文，等．钙质隔夹层特征、成因及分布——以塔里木盆地哈得油田东河砂岩为例
［J］．石油勘探与开发．2014，41（4）：428-436.

［18］桑林翔，杨万立，杨浩哲，等．重18井区J3q3层夹层分布对SAGD开发效果的影响［J］．特种油气
藏，2015，22（3）：81-84.

［19］石兰香，李秀峦，刘荣军，等．夹层对SAGD开发效果影响研究［J］．特种油气藏，2015，22（5）：
133-136.

［20］唐帅，吴永彬，刘鹏程，等．泥页岩夹层对SAGD开发效果的影响［J］．西南石油大学学报（自然科学
版），2017，39（1）：140-147.

［21］王江涛，熊志国，张家豪，等．直井辅助双水平井SAGD及其动态调控技术［J］．断块油气田，2019，
26（6）：784-788.

［22］王琪琪，林伯韬，金衍，等．SAGD井挤液扩容对循环预热及生产的影响［J］．石油钻采工艺，2019，
41（3）：387-392.

［23］赵睿，罗池辉，陈河青，等．鱼骨注汽水平井SAGD在风城油田超稠油油藏中的应用［J］．新疆石油
地质，2017，38（5）：611-615.

基于原油酸值分析的干式火驱
燃烧前缘描述方法

展宏洋　高成国　杨　智　施小荣　杨凤祥　木合塔尔

（中国石油新疆油田公司勘探开发研究院）

摘　要：火驱燃烧前缘的位置是正确认识火驱波及状态的保证，新疆红浅火驱试验区现有监测手段仍不能完全满足油田现场对于燃烧前缘快速准确描述的要求。通过对干式火驱室内实验和现场试验研究，原油酸值与火线推进距离呈线性关系，同时火驱现场相邻注气井注入压力变化反应燃烧腔连通状况，建立确定燃烧前缘的原油酸值—压力法。2016 年底，试验区上倾方向的燃烧前缘到达一线生产井，下倾方向燃烧前缘越过一线生产井，燃烧腔大部分相连通。利用电磁法、测温井法对燃烧前缘描述结果进行了验证，认为原油酸值—压力法描述结果可靠并能准确反映油藏燃烧前缘推进情况。

关键词：红浅火驱试验区；火烧油层；燃烧前缘；原油酸值；注入压力

红浅火驱试验区位于准噶尔盆地西北缘东端，前后经历了蒸汽吞吐和蒸汽驱开发过程，采出程度 28.9%，1999—2009 年处于停产状态[1-2]。2009 年 5 月开始进行火驱线性井网先导试验，一线井及二线井分别受效，随着燃烧前缘推进，注入压力开始递减，存在火驱效果变差的风险，急需调整注采方案来保证油藏稳产。

目前，燃烧前缘的位置描述方法还不能满足现场的要求。室内实验用热电偶很容易实现对燃烧前缘的监测[3-6]，火驱现场通常用测温井来监测燃烧前缘的位置[7]，但是监测点的数量比实验室内大幅度减少。电磁、地震等方法也有少量报道，主要应用监测井间电磁场变化和地震波动情况来分析地下燃烧状况，存在受环境干扰大、解释周期长等问题。明确各种监测手段的适用性并将其合理部署在整个火驱项目生命周期内，是充分认识火驱、实现火驱项目经济有效运行的前提。本文首先对红浅火驱试验区内的燃烧前缘监测方法进行了对比评价，然后根据线性井网火驱生产特征建立了基于原油酸值变化和注入压力特征的燃烧前缘描述方法，进而与测温井和电磁法等方法进行对比，最后明确了该燃烧前缘描述方法的适用性。

1　红浅火驱试验区简介

红浅试验区火驱初期选择平行于构造等高线的 3 个井组进行面积火驱，待 3 个井组燃烧带连通后改为线性火驱，使线性火驱前缘从高部位向低部位推进（图 1）。火驱试验在原注蒸汽老井井网中钻新井将井距加密至 70m，点火注气在新井上进行，点火温度控制在 450～

500℃；面积火驱阶段逐级将单井注气速度提高至 40000m³/d，线性火驱阶段单井注气速度为 20000m³/d；截至 2017 年 5 月，红浅火驱先导试验区累计产油 11.29×10⁴t，火驱阶段采出程度达到 26.56%，生产指标与当初方案设计值接近(图 2)。试验区产油量为 30.0t/d，平均注空气量为 6.6×10⁴m³/d，综合含水 71.7%。

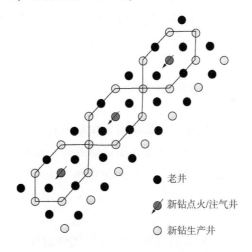

图 1　红浅火驱试验区井网部署示意图

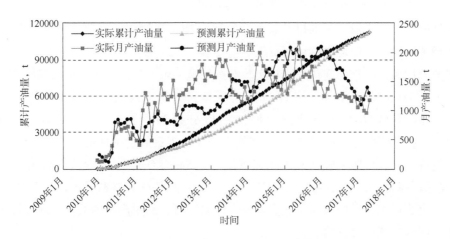

图 2　试验区实际与预测产油量对比曲线

从取心井分析其燃烧前缘部分已经越过一线井，生产动态显示有部分生产井处于火线临近的状态，生产井开井率由 70% 下降到 40%，产量递减趋势明显，火线位置描述及开发调整势在必行。

红浅火驱试验过程中，为了寻找适合于油藏及开发特点的燃烧前缘监测方法，对电磁法、测温井法、物质平衡法和数值模拟法进行了对比分析。测温井法是较为常规的火驱数据监测方法，红浅火驱试验区仅有 5 口温度观察井，无法准确描述火线位置。电磁法在红浅火驱项目中被多次使用，其获取的资料能够反映出温度导致的电磁场变化，可信度较高，但是受到施工周期长、经济负担重和解释模型欠完善等方面的限制。数值模拟方法是比较可行的火驱研究手段[8-9]，但是其历史拟合过程受到地质和开发数据准确性和人为因素制约，且周期较长。数值模拟的研究结果可信度较测温井和电磁法低。物质平衡方法是基于高温氧化和清晰地气体流向而建立的油藏工程方法[10]，解释结果可信度低于数值模拟法。

综上分析表明，测温法和电磁法都是可信度较高的监测手段，但是监测井数有限并且周期长，解释模型过于简化可信度差，或者建模较难，不能够完全满足火驱现场火线描述和参数调整的需要。因此本文寻求一种新的燃烧前缘解释方法，为了达到方法简单且数据获取方便的目的，新的描述方法必须基于火驱过程中的日常监测数据。

2　火驱监测数据与燃烧前缘的关系

油田火驱产出油明显呈现黏度降低、轻质组分增加的特征，但没有明显的阶段性，这是火驱现场和室内实验结果的差异。根据红浅火驱试验区现场试验的物理化学监测资料，分析认为原油酸值具有一定的阶段性，而注入压力反映井间的连通性。

2.1　原油酸值变化规律

火驱燃烧实验中观察到原油酸值的变化，并且与燃烧前缘位置呈现线性关系[12]。普遍认为干式燃烧存在低温氧化阶段，因此火驱产出原油酸值会有所增加；如果湿式燃烧，水参加反应后，发生羧酸的脱羧反应[13]，酸值反而降低。

原油低温氧化产生羧酸和酚以及其他含氧化合物，导致原油酸值的增加[14-15]，酸性化合物量的增加对原油酸值增加有重大贡献[16]。

矿场监测中原油酸值的变化规律与实验室结果是一致的，表现为火驱前缘距离生产端越近，产出油的酸值越高。在红浅火驱试验区观察到了这一现象，较为典型的是 P021 井，2012 年、2014 年和 2015 年该井产出原油酸值分别为 7.9mg KOH/g、10.3mg KOH/g、12.4mg KOH/g，呈现逐步升高的趋势，其他生产井也观察到这一现象。

统计发现，红浅火驱试验区原油基础酸值为 4.5mg KOH/g，当酸值升高至 13mg KOH/g，生产井呈现高含水、井底温度高、不出油等火驱过火特征。根据干式火驱室内实验结果，当该试验区火驱过程中燃烧前缘与酸值呈现线性关系时，利用产出油酸值反向计算位于注采井间的燃烧前缘位置是可行的。

2.2　注入压力变化规律

火驱初期，注入井周围会形成一个个相互独立的燃烧腔，注入压力的变化也彼此不同，当 2 个燃烧腔连通后，注采系统从相互独立变成一个整体，注入压力也开始同步变化。红浅火驱试验区在长期监测注入压力后发现了两个燃烧腔从相互独立到连为一体的证据，为判断线性火驱过程中注气井间的燃烧前缘位置提供了非常有用的信息。

由图 3 可知，P007 井燃烧腔与 P008 井燃烧腔在 2009—2016 年没有发现明显的同步变化特征，可以认为二者没有发生横向的沟通，所以在进行燃烧前缘描述时，2 个燃烧腔不能作为一个整体进行分析。而 P008 井和 P107A 井的注气压力在 2013 年 10 月就呈现出明显的同步变化特征，说明二者所属的燃烧腔在这一时间已经融合为一个更大的燃烧腔。

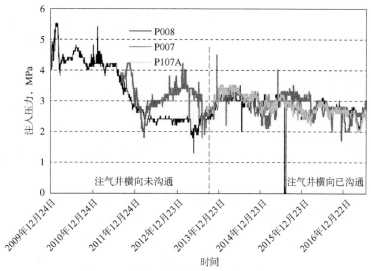

图 3 红浅火驱试验区注入压力监测结果

3 燃烧前缘描述方法

利用酸值数据计算注采井间的燃烧前缘位置，利用注入压力数据分析注入井间的燃烧前缘位置，获取两方面重要信息后，描述线性火驱燃烧前缘在整个油藏平面上的波及就成为可能。

火驱开始时原油为基础酸值，燃烧前缘扫过整个注采井距离后原油具有最高酸值，利用实验室和现场观察到的拟线性规律，建立起井距和酸值之间的线性关系，这一关系式将用来计算燃烧前缘位置：

$$\frac{A_{max}-A_o}{L}=\frac{A-A_o}{X_f} \tag{1}$$

式中，A 为某时刻酸值监测值，mg/g；A_{max} 为最高酸值，mg/g；A_o 为基础酸值，mg/g；L 为注采井距，m；X_f 为火线距离注气井距离，m。在火驱过程中，最高酸值数据不能事先确定，但是可以通过室内实验来确定。在得到现场实际数据后，需要对式(1)进行校正。

利用生产井产出原油的酸值随燃烧前缘接近生产井而升高的特征，配合注气井注气压力特征计算火驱燃烧前缘的位置的方法为原油酸值—压力法。主要过程分为5个步骤：

（1）步骤1，在实施火驱前，测量所有生产井产出原油的酸值，并将其作为基础酸值。

（2）步骤2，选取实验或者矿场中测得的最高酸值作为燃烧前缘突破前的临界值。

（3）步骤3，在井位图上，以注气井为原点进行井组单元划分，标注出周围生产井的注采井距。

（4）步骤4，火驱开始后，在同一时刻测量各生产井处的酸值，根据测得的酸值以及酸值对应的井距离关系，计算燃烧前缘距每个生产井的距离，再根据计算的距离，在井位图上标注火驱燃烧前缘的位置。

（5）步骤5，利用注入压力变化规律，判断相邻注气井间横向连通性。

为了保证酸值—压力法能够顺利地使用，需要对该方法必需的数据进行采集，原油黏度、气体组分、井底温度、注气速度和注入压力每天采集，原油酸值每3个月采集一次，不定期进行示踪剂监测。该方法所需核心数据是原油酸值和注入压力，只需在传统数据采集基础上加入原油酸值采集，而且原油酸值测定也十分简便。

4 现场应用

4.1 燃烧前缘位置描述

根据酸值—压力法，采集历年的采出原油酸值和注入压力动态，分析火线距离生产井的距离以及两个相邻燃烧腔体的距离。红浅火驱试验区的基础酸值为 4.5mg KOH/g，火线突破前酸值 13mg KOH/g，测得生产井产出油酸值，然后按照酸值和火线位置的线性关系，根据式(1)进行插值计算。

将火线位置标注在注采井间；以各个燃烧腔为中心，连接某时间点的火线位置，形成整个油藏的火线分布图(图4)。2012 年底，共获取 17 井次酸值数据，注气井压力没有出现同

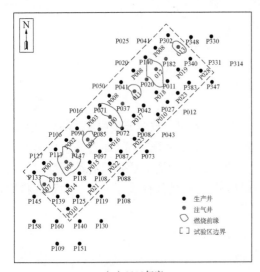

（a）2012年底

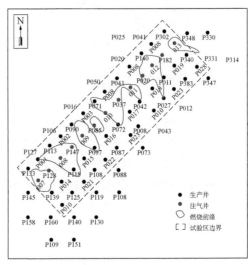

（b）2014年底

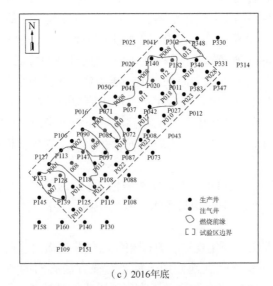

（c）2016年底

图 4　红浅火驱试验区燃烧前缘位置分布

步变化，燃烧腔各自独立[图 4(a)]。2014 年底，获取 9 井次酸值数据，注气井 Q08 与 P107，Q10 与 P057、Q11，P026 与 Q12 出现压力同步变化，燃烧腔开始连通[图 4(b)]。2016 年底，获取 5 井次酸值数据，注气井 Q08、P107、Q09、Q10、P057、Q11、P026、Q12、P362，Q07 与 P128 出现压力同步变化，燃烧腔普遍连通[图 4(c)]，但是 P086 井的燃烧腔是独立的。

4.2 火线描述结果验证

2017 年，对 Q08 井组和 Q10 井组进行了电磁法监测，发现解释结果和酸值—压力法描述结果[图 4(c)]具有很高的相似度。如在上倾方向火线已经通过油井 P117、P002、P096 等井，下倾方向火线在 P02 井方向发展较快。两种方法描述结果的一致性说明，这两种方法都可以用于火线描述，并得到可靠性较强的结果，但是电磁法受到数据采集周期长、解释慢且费用高等因素的限制。酸值—压力法计算火驱前缘位置的结果较为准确，与电磁法监测结果的符合程度 90%以上。测温井的监测记录是硬数据，虽然参数点较少，可以用来验证燃烧前缘描述结果的正确性。P 观 003 在 2015 年出现高温 180℃，P 观 002 在 2015 年还持续低温 30℃，如果将测温井数据用于酸值—压力法的约束条件将会使火线描述结果更加准确。单纯依靠酸值和压力变化研究燃烧前缘的平面分布相对比较精确，但是对于燃烧前缘的垂向分布无法刻画，因此结合测温井的温度剖面信息后，会使前缘描述更加接近于实际。

5 结论

（1）利用酸值—压力法描述了红浅 1 火驱试验区历年的火线位置，在 2016 年底在试验区上倾方向的燃烧前缘已经到达一线生产井，下倾方向燃烧前缘越过一线生产井，燃烧腔大部分相连通。

（2）酸值—压力法描述火驱燃烧前缘位置不需要增加过多监测方式和监测频率，应用的核心数据主要是常规的火驱监测计划。酸值—压力法和电磁法得出的火线描述结果基本一致，但是这个方法应用更加简便，结合测温井数据能够使描述结果更加准确。

（3）测温法、电磁法和酸值—压力法的可信度较高，各种手段相互补充才能更好地描述燃烧前缘。测温的井不宜过多，不能破坏井网部署计划，温度剖面测试最好在 3 个月左右；电磁法的监测周期每 2 年 1 次即可；酸值—压力法可以作为长期监测手段使用。

参 考 文 献

[1] 师耀利，吕世瑶，施小荣，等. 火驱油藏岩矿与原油演化特征[J]. 新疆石油地质，2018，39(6)：696-700.

[2] 梁建军，计玲，蒋西平，等. 克拉玛依油田红浅火驱先导试验区火驱开发节能效果[J]. 新疆石油地质，2017，38(5)：599-601.

[3] Akkutlu I Y, Yortsos Y C. Steady-state propagation of in-situ combustion fronts with sequential reactions [J]. SPE International Petroleum Conference in Mexico, 2004.

[4] Branch M C, Ness R. Combustion front propagation through fractured oil shale[J]. SPE Annual Fall Technical Conference and Exhibition in New Orleans, Louisiana, 1976.

[5] Bagci S, Kok M V. In-situ combustion laboratory studies of Turkish heavy oil reservoirs[J]. Fuel Processing Technology, 2001, 74(2)：65-79.

［6］ Liang Jinzhong, Guan Wenlong, Wu Yongbin, et al. Combustion front expanding characteristic and risk analysis of THAI process［J］. International Petroleum Technology Conference in Beijing, China, 2013.

［7］ Garthoffner E H. Combustion front and burned zone growth in successful California ISC projects［J］. SPE Western Regional Meeting in Garden Grove, California, 1998.

［8］ Druganova E, Surguchev L M, Ibatullin R R. Air injection at Mordovo-Karmalskoye field: simulation and IOR evaluation［J］. SPE Russian Oil and Gas Conference and Exhibition in Moscow, Russia, 2010.

［9］ Dayal H S, Bhushan B V, Mitra S, et al. Simulation of in-situ combustion process in Balol pilot［J］. SPE Oil and Gas India Conference and Exhibition in Mumbai, India, 2012.

［10］ 袁士宝, 蒋海岩, 李秀明, 等. 示踪剂辅助判断多井组火驱燃烧前缘位置［J］. 油气地质与采收率, 2014, 21(3): 52-54.

［11］ Diyashev R N, Galeev R G, Kondrashkin V F, et al. Surface control on thermal front movement in fireflooding process［J］. SPE International Thermal Operations Symposium in Bakersfield, California, 1993.

［12］ Burger J G, Sahuquet B C. Laboratory research on wet combustion ［J］. Journal of Petroleum Technology, 1973, 25(10): 1137-1146.

［13］ Lee D G, Noureldin N A. Effect of water on the low-temperature oxidation of heavy oi［1 J］. Energy Fuels, 1989, 3(6): 713-715.

［14］ Bojes J M, Wright G B. Application of fluid analyses to the operation of an in situ combustion pilot［J］. Journal of Canadian Petroleum Technology, 1989, 28(1): 106-119.

［15］ Sarathi P S. In-situ combustion handbook: principles and practices［R］. Office of Scientific & Technical Information Technical Reports, 1999.

［16］ Zhao Renbao, Sun Jindi, Fang Qiang, et al. Evolution of acidic compounds in crude oil during in situ combustion［J］. Energy &Fuels, 2017, 31(6): 5926-5932.

［17］ Yuan Shibao, Jiang Haiyan, Yang Fengxiang, et al. Research on characteristics of fire flooding zones based on core analysis［J］. Journal of Petroleum Science and Engineering, 2018, 170: 607-610.

稠油火驱间歇产液影响因素分析及对策研究

孙江河[1]　陈　森[1]　苏日古[1]　陈　龙[1]　李　丽[2]　乔　娜[2]

(1. 中国石油新疆油田公司工程技术研究院；
2. 中国石油新疆油田公司采油一厂)

摘　要：受火驱驱油机理复杂性、火线前缘推进波动大等多因素共同影响，火驱间歇产液现象严重，被视为火驱生产固有特点，然而这极大地影响了火驱生产效果，为现场带来了严重的生产难题。为解决此问题，创新地提出了间歇产液频率 K 及间歇产液系数 J，对火驱生产进行评价，筛选出具有间歇产液特征的生产井，综合考虑注蒸汽开发后期油藏的强非均质性，分析出造成间歇产液的原因主要包括地层通道、储层物性、气液比及井筒原油黏度四方面主要影响因素。针对由不同原因引起的间歇产液，提出了相应改善生产状况的对策，现场应用效果显著，产液连续性有所增加，同时提高了火驱生产产量，有效改善了火驱生产效果。

关键词：稠油；火驱技术；间歇产液指数；评价方法；技术对策

新疆油田稠油老区已进入注蒸汽开发中后期，大部分区块油汽比已低至 0.1 以下，继续注蒸汽开发经济效益低下。火驱技术是大幅度提高老区采收率的有效手段之一，具有适用范围广泛、成本低、节能环保、最终采收率高等优点。2008 年，新疆油田公司在注蒸汽开发后的 H1 井区探索火驱先导试验，取得显著成果。2018 年开始工业化推广试验，形成"千口井"工程。然而，随着工业化生产井开井数的持续增加，受储层强非均质性、气液比高等因素影响，生产井间歇、不稳定产液问题(图 1)愈发突出，给举升、计量、生产调控以及现场管理带来较大难度。急需开展影响火驱连续稳定生产影响因素分析及技术对策研究制定改善火驱生产稳定性技术对策，以提高火驱单井产量与驱替效率。

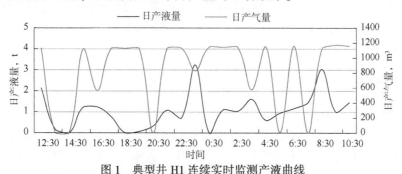

图 1　典型井 H1 连续实时监测产液曲线

1　火驱区带分布及生产特征

火驱过程根据油层温度、压力和含油饱和度分布，将火驱储层划分为 6 个不同区带，分别是已燃区、燃烧区(火墙)、结焦区、蒸汽区(高温凝结水区)、富油区(油墙)和剩余油区[1-2]。火驱反应主要集中在燃烧区(高温氧化)、结焦区(稠油裂解)、蒸汽区(热蒸馏)[3-4]。对应着火驱区带的运移,火驱生产可以划分为 5 个生产阶段,分别为排水阶段、油井见效阶段、稳产阶段、油井高温、高含水生产阶段、氧气突破阶段[5-6]。

对于高含油饱和度、低黏油藏,火驱区带呈整体向前运移趋势。而 H1 井区属于注蒸汽开发后期的油藏,受储层非均质性强、原油黏度高、地层高含水、通道发育等因素影响,导致火驱区带运移呈非整体且不连续特征,加重了生产阶段间歇产液现象。

2 间歇产液指数定义

间歇产液频率 K 为单位时间内不产液或产液下降幅度>50%的次数。定义间歇产液系数 J 为单位时间内不出液(产液下降幅度>50%)的时间 t_1 与稳定产液时间 t_2 的比值。大量数据分析后认为,$J>0.7$、$K>4$ 为间歇出液,$J<0.7$、$K<4$ 为连续出液。

$$J = \frac{t_1}{t_2} \tag{1}$$

式中,t_1 为不出液(产液下降幅度>50%)时间,min;t_2 为稳定产液时间,min。

3 间歇产液影响因素分析

根据火驱分阶段生产的特征,火驱产油量主要来自见效和稳产阶段,所以稳定生产控制的关键也是这两个阶段,对应的区带为富油区和剩余油区,主要控制关键为油墙和火线的均匀推进。按储层因素和井筒因素进行间歇产液影响因素分析,判断主要影响因素为通道问题、储层物性、气液比和井筒原油黏度。

3.1 通道问题

生产井与注气井之间存在渗透率超过 2000mD 的优势相带,同时也存在渗透率极低条带。原油在地层驱替过程中,当通道过小时,原油驱替过程阻力过大,易发生堵塞,造成间歇产液。而当通道过度发育时,由于气液流度比大,气体易发生窜进,造成生产井高产气,影响产液连续性。

3.2 储层物性

3.2.1 含油饱和度差异

工业化地层含油饱和度差异较大,油墙在地层推进过程中,遇到含油饱和度低的区域时,会先将此区域饱和,重新形成油墙后,再继续向前推进,这种"填坑成墙"过程中,就造成了产液的间断性。

3.2.2 地层原油黏度差异

H1 井区属于注蒸汽开发后的超稠油油藏,地层原油黏度差异大,当黏度过高时,原油将失去流动性。黏度差异大造成驱替过程中流度比差异大,波及程度低且不均匀,低黏区时推进正常,遇到高黏区时则驱不动。

3.3 气液比

火驱过程中会产生烟道气、水蒸气、气态烃等气体，当气液比过大时，抽油泵气锁抽不出液，此时产液间断。

3.4 井筒原油黏度

火驱生产井底温度一般在60℃左右，原油虽可被驱至井底，但井筒温度范围在20~50℃，原油遇冷黏度急剧升高，流动性变差，因油稠导致凡尔球开合迟滞，泵筒充满程度低，原油不能被举升到地面，举升效率低，同时影响产液稳定性。

4 技术对策研究及效果评价

4.1 改善地层供液能力

4.1.1 蒸汽吞吐引效

针对受地层原油黏度高、通道过小等因素影响的生产井开展注蒸汽吞吐引效，阶段性、高强度地向地层中注入高温度、高干度蒸汽，改善由于地层非均质性差异导致的注采连通性差的区域，降低原油黏度、改善地层渗透性，从而提升火驱效果。

针对由于黏度、渗透率差异引起的受效差异问题，对生产井开展注汽吞吐引效，强化注采连通。现场开展吞吐引效5井次，措施前后间歇产液系数J下降0.21，间歇产液频率K从6下降至3，间歇产液得到一定改善，平均日产液上升1.93t(表1)。

表1　吞吐引效井效果统计表

井号	吞吐前				吞吐后			
	日产液 t	日产油 t	间歇产液系数 J	间歇产液频率 K	日产液 t	日产油 t	间歇产液系数 J	间歇产液频率 K
h1井	0.28	0.01	0.82	6	2.28	0.4	0.73	3
h2井	0	0	1.03	8	1.47	0.08	0.92	4
h3井	0.11	0	0.98	7	2.77	0.88	0.36	2
h4井	0.43	0.17	0.76	5	3.85	0.37	0.56	1
h5井	2.62	0.42	0.68	4	2.71	0.58	0.24	3
平均	0.69	0.12	0.85	6	2.62	0.46	0.56	3

4.1.2 "控"和"关"

针对受含油饱和度低、通道过度发育等因素影响的生产井进行"控""关"措施，"控"是注气井井控制注气速度、强度，预防气体突破。"关"是关停气窜及含油饱和度低区域的生产井，均衡火线及油墙推进。现场开展控气13井次，措施后产液连续性增加，气窜关井11井次，复开后，产气量明显下降，间歇产液得到改善。

4.2 稳定井筒生产

4.2.1 油套分输、复合气锚工艺

在气液比大于 500 的井筒内下入防气锚，通过重力、离心力等作用，将气液混合物中的气体分离出来。对气液比小于 500 的井可通过油套分输工艺，使气体通过套管排出，减小产出气对抽油泵举升性能的影响，促进出液连续。

针对因受气影响导致不出液或出液量少的生产井，在井筒内下入多效复合气锚，目前实施 7 井次，统计试验前后生产数据，措施后，日产气量减少 184m³，产液连续性改善，日产液量增加 2.38t（表 2）。

表 2　气锚下入井效果统计表

井号	试验前				试验后			
	日产液 t	日产油 t	日产气 m³	气液比	日产液 t	日产油 t	日产气 m³	气液比
h6 井	0	0	121.7	—	0.97	0.10	106.9	110.2
h7 井	0.98	0.74	82.5	84.18	2.26	0.15	124.5	55.09
h8 井	2.48	0.16	39.5	15.93	5.26	1.95	76.97	14.63
h9 井	0.64	0.14	0	0	7.65	1.20	0	0
h10 井	0.57	0.03	860.75	1510.1	1.22	0.03	111.4	91.31
h11 井	3.08	0.11	150.8	48.96	8.08	0.25	108.8	13.47
h12 井	3.94	0.95	114.39	29.03	2.94	0.79	153.8	52.31
平均	1.67	0.30	195.66	281.36	4.05	0.64	97.48	48.14

4.2.2 减速装置、慢速电动机、辅助井筒降黏

稠油举升需长冲程、慢冲次，目前火驱井均使用 5 型抽油机，冲次为 5 次/min、7 次/min、10 次/min，难以满足吞吐引效井生产后期 2~3 次/min 的低冲次需求，需加装机械减速装置及慢速电动机，以达到调参降速的目的。同时可采用化学剂、电伴热等辅助降黏措施。

对高黏区开展机械减速装置试验 6 井次，平均冲次由 7 次/min 降至 2 次/min，对减速前后生产情况进行统计，平均单井产液量上升 1.24t/d，冲次下调后理论排量降低，泵效上升明显，平均泵效由 11.94% 上升至 60.04%，产液连续性增加，机采效率提升效果显著（表 3）。

表 3　减速装置井效果统计表

井号	冲次，次/min		理论排量，t/d		平均产液量，t/d		泵效，%	
	调整前	调整后	调整前	调整后	调整前	调整后	调整前	调整后
h13 井	7	2	25.7	7.3	3	3.27	11.67	50.68
h14 井	10	2	36.7	7.3	2.23	3.7	6.08	50.68
h15 井	10	2	36.7	7.3	4.53	5.9	12.34	80.82
h16 井	7	2	25.7	7.3	3.57	4.4	13.89	60.27

井号	冲次，次/min		理论排量，t/d		平均产液量，t/d		泵效，%	
	调整前	调整后	调整前	调整后	调整前	调整后	调整前	调整后
h17 井	5	2	18.4	7.3	4.13	3.73	22.45	51.10
h18 井	5	2	18.4	7.3	0.96	4.87	5.22	66.71
平均	7	2	26.93	7.3	3.07	4.31	11.94	60.04

5 结论及建议

（1）创新地建立基于火驱生产井间歇产液频率及间歇产液系数的评价方法，对各井排生产井产液情况进行评价，符合现场生产特征。

（2）明确了地层通道、含油饱和度、原油黏度、气液比等火驱间歇产液关键影响因素，制定了改善供液能力、稳定井筒生产技术对策，现场试验后间歇产液问题得到显著改善。

（3）建议根据火驱生产井工况及供液情况开展智能分析间抽技术研究。

参 考 文 献

［1］关文龙，马德胜，梁金中，等．火驱储层区带特征实验研究[J]．石油学报，2010，31(1)：100-104.

［2］李小丽，王茹燕，苏朱刘．电位法在稠油油藏火驱火线前缘监测中的应用[J]．长江大学学报(自科版)农学卷，2015，12(2)：40-43.

［3］李光林．稠油开采方法介绍[J]．化工管理，2018(12)：220.

［4］龚姚进，户昶昊，宫宇宁，等．普通稠油多层火驱驱替机理及波及规律研究[J]．特种油气藏，2014，21(6)：83-86.

［5］鲍阳．红浅1井区火驱技术物理模拟实验及应用[D]．成都：西南石油大学，2014.

［6］蒋海岩，李晓倩，高成国，等．火驱阶段特征对比与分析[J]．油气藏评价与开发，2020，10(5)：114-119.

高黏油藏火驱点火及稳定燃烧
关键因素分析研究

陈莉娟[1]　苏日古[1]　王若凡[2]　陈　龙[1]　孙江河[1]　向　红[1]

(1. 中国石油油新疆油田公司工程技术研究院；

2. 中国石油新疆油田公司勘探开发研究院)

摘　要：针对高黏油藏实施火驱过程中存在的注气点火启动压力大、油墙运移阻力大，稳定燃烧困难等问题，基于高温火烧驱油机理、原油氧化反应特征和高黏原油流变特性，通过物理模拟和数值模拟研究，确定注采井间高渗通道发育程度、原油黏度和燃烧温度是实现其成功点火和稳定驱替的关键因素。刻画了蒸汽预热和火驱阶段地层黏度场动态变化特征，提出了蒸汽预热转点火时机的判断依据，建立了高黏油藏注气点火的工艺参数以及点火成功的判别方法。在地层原油黏度 30000~80000mPa·s 的油藏成功点燃 10 个井组，目前均呈现高温火驱生产特征。

关键词：高黏油藏；动态黏度场；高渗透通道；高效点火；稳定燃烧

注空气火驱，又称火烧油层、原位燃烧（In-situ combustion），是与注蒸汽开采并列的稠油热力开采技术，具有热效率高、采收率高、节能环保的优势，是学术界公认最有发展前景的热采技术。但火烧驱油机理复杂，适用油藏黏度界限较低，制约了这项技术的应用。国外主要将这项技术应用于饱和度较高的普通稠油油藏。较成功的有罗马尼亚的 Suplacu 和印度 Balol 火驱项目（地层原油黏度均小于 2000mPa·s）。国内新疆油田和辽河油田将这项技术应用于注蒸汽中后期提高采收率，开展的先导试验取得了很好的效果[1-2]，目前均已实现了工业化应用。新疆油田在火驱先导试验[3]过程中，成功实现了地层原油黏度 6000~25000mPa·s 油层的高温稳定燃烧。在工业化推广过程中，部分区域地层黏度原油平均为 50000mPa·s，最高可达 80000mPa·s 以上，存在启动压力高、驱替阻力大、注气点火困难、火线无法维持稳定燃烧等问题。本文针对这些问题开展研究分析，给出了实现高黏稠油高效点火及稳定燃烧的对策。

1　高黏油藏点火及稳定燃烧关键因素分析

由于火烧驱油的机理较为复杂，目前仍没有一个普适的筛选标准能确定某个油藏是否适合火驱[4]。美国石油学会总结了世界上一些成功火驱案例后得出了一个比较广泛认可的筛选条件[5]。新疆油田针对注蒸汽后期废弃的特稠油油藏在 H1 井区开展了火驱先导试验，通过 10 余年的攻关，试验取得成功，并且部分指标突破了学术界公认的筛选条件，具体指标对比详见表 1。

表1　火驱筛选标准与新疆火驱条件对比

火驱筛选标准	美国石油学会	新疆火驱
原油黏度，mPa·s	<5000	25000
储层类型	砂岩	砂砾岩
渗透率变异系数	<0.7	0.85
含油饱和度，%	>50	>30
火驱前采出程度，%	<25	28.9

可以看出，国际上成功的火驱项目基本上是在地层原油黏度小于5000mPa·s的稠油油藏上进行的，其原因是根据火烧区带的运移特征，在火烧驱油过程中驱替前缘会形成高饱和度"油墙"，原油黏度越高驱替阻力越大，相应的注气压力也随之增大，会导致注气速度下降、地层无法维持稳定燃烧，严重时地层熄火的问题。更换高压力等级的压缩设备和高压注入管线虽可解决此问题，但存在火线推进慢、空气油比高、设备投资大等问题，经济效益上不划算，所以国外普遍将火驱技术应用于低黏度的稠油油藏。

1.1　井间高渗透通道和水体的影响

针对新疆油田注蒸汽后期废弃的特稠油油藏，在井间存在高渗透通道且含水饱和度较高的情况下，火驱燃烧带产生的高温、改质原油、蒸汽和高温烟气在驱替前缘形成可流动边界，高温流体进入高渗透通道后，剥离通道内高黏原油，在高含水和烟道气条件下，原油乳化并形成泡沫油，以气泡携油[7]等方式，实现高黏原油在高渗透通道中的有效驱替。前期注蒸汽阶段形成的注采井间汽窜通道和留存的大量次生水体是高黏油藏火驱启动的先决条件。

1.2　原油黏度的影响

通过H1区块高黏区的原油黏温曲线(图1)及其流变性分析，确定拐点温度为50℃，对应的原油黏度为1000mPa·s，高于此温度则原油呈现牛顿流体特征，所以理论上可采取预热措施将地层原油加热至拐点温度50℃以上，就可以实现高黏区域顺利注气点火。

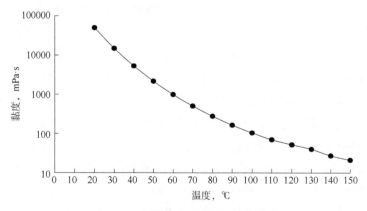

图1　H1区块高黏区域原油黏温曲线

根据火驱生产特征[7]，一般初期的排气排水阶段为3~6个月，此阶段以烟道气驱为主，然后才进入火驱见效阶段。对于高黏油藏，在烟道气驱阶段地层温度会逐渐下降，原油黏度升高后存在堵塞通道的风险。同时，通过H1区块低黏区的火驱采出油黏度对比，火驱见效后原油改质效果明显，黏度普遍下降了50%左右，即说明在火驱开始见效（产量上升阶段）以后，高温火烧的综合降黏率至少在1倍以上。由此可以得出结论：在预热结束，启动点火6个月（180天）后，地层原油黏度上升至2000mPa·s（2倍拐点黏度）时仍能实现高温火烧的有效驱替。

1.3 燃烧温度的影响

在燃烧温度与火驱开发效果方面，文献[8]揭示了从30℃到600℃的注空气全温度域原油氧化反应特征，并将其划分为四个温度区间，明确了不同温度区间适用的注空气开发方式，明确指出高黏的特、超稠油应采用450℃以上的高温火驱开发模式（表2）。同时，对H1区块不同黏度区域的原油采用拟组分的分析方法并结合一维燃烧管试验发现，随原油黏度升高，点火温度从420℃升至450℃，燃料消耗量从10.82%上升至15.63%，说明高温点火、高温燃烧是高黏油藏维持高温稳定燃烧的关键因素。

表2 不同油藏注空气开发作用机理及开发方式

油藏类型	温度区间，℃	驱油机理	开发方式
稀油	30~120	溶解膨胀，热量难以积聚	减氧空气驱
	>120	低温氧化（加氧反应），少量放热	空气驱
稠油	200~400	中温氧化，氧化焦放热，原油改质效果弱	中温火驱（普通稠油）
	>450	高温氧化，热解焦+氧化焦放热量高，原油改质效果强	高温火驱（特稠、超稠油）

2 高黏油藏注气点火的启动方法

基于高黏油藏通道发育程度及黏度对火驱的影响认识，在含油饱和度较高且通道不发育的高黏区域，可以采取注蒸汽吞吐预热地层的方式降低原油黏度，并建立井注采井间水力学连通关系，为注气点火创造有利条件。

考虑储层的强非均质性，采用CMG软件STARS模块模拟了H1区块高黏区域，区域平均孔隙度为22.88%，渗透率为361mD，吞吐开发后含油饱和度为37.19%，20℃原油黏度为31 670mPa·s蒸汽吞吐后的温度场变化，同时，考虑火驱后的见效时间以及火驱复合降黏率的因素，需要满足预热结束后注采井间原油黏度小于1000mPa·s，点火后6个月（180天）黏度小于2000mPa·s，可具备转点火条件。模拟结果表明，黏度均较高（含油饱和度高）区域的井组吞吐3~5个轮次，累计注汽3000~5000t，前期注蒸汽生产过（含油饱和度低）的区域井组吞吐1~2个轮次，累计注汽500~1000t，则注采井间温度最低可达60℃以上（图2），能同时满足吞吐结束后以及点火6个月后的注采井间原油黏度要求。同时，考虑到强非均质储层井间复杂的高渗透条带普遍发育且定量精细刻画困难的因素，可在注蒸汽预热后井间最高黏度低于 2000mPa·s 后开展空气试注，若压力稳定在 4MPa 以内，则表明注采井间有高渗透通道发育，形成连通，可提前结束预热，转入点火阶段。

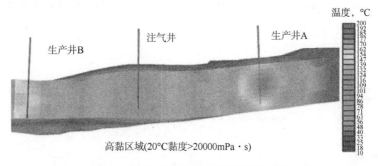

图 2　高黏区预热后井间温度场分布图

3　高黏油藏点火参数设计

H1 区块黏度小于 20000mPa·s 的区块，方案设计点火温度为 450℃，点火初期注气速度 5000m³/d，然后逐级提速，6 月内提至最大注气量 15000m³/d。高黏原油成功点火需要的点火温度和累计提供的热能更高，以及热损失和采套管在超过 500℃下易损坏的情况，为确保可靠点燃，点火温度设定为 480～500℃，点火时间从低黏区的 5～7 天优化为 7～12 天。

在注气速度优化方面，考虑到黏度越高，燃料消耗量越大，则需要的注气速度相应越高的特性，数值模拟软件分析了对比了注气强度为 1000～2500m³/(m·d) 的开发效果，注气强度大于 1500m³/(m·d) 后，增油幅度逐渐减小。综合考虑生产时间、空气油比和单井排气量等因素，根据原油黏度的不同，选择注气强度为 1500～2000m³/(m·d)。根据优化结果，确定高黏区点火初期注气速度为 6000m³/d，然后逐级提速，3 月内提至最大注气量 18000～20000m³/d。在此注气速度下，由于原油黏度高、燃料消耗大等因素，火线推进速度只有 2～3cm/d，而低黏区域的火线推进速度可达 3～5cm/d，在线性井网模式下，火线存在不均衡推进的问题，需要在生产调控方面进一步开展优化研究。

在高黏区点火效果评价方面，为确保成功点燃，参考不稳定试井的思路，可在点火 5～7 天后采取脉冲式提气的测试方法，保持点火器功率不变，每隔 48h 提高注气速度 2000m³/d，监测周边生产井采出气体组分及压力和气液产量的变化特征来确定是否可靠点燃，并形成稳定的烟气运移通道。

4　应用实例

以 H1 井区 A1 井组为例，油藏黏度 30000～50000mPa·s，点火前试注，压力达到 7.2MPa 注不进，采用蒸汽吞吐预热 3 轮次，累计注汽 4500m³，试注氮气压力降至 2.1MPa，模拟分析预热结束后第 180 天，黏度场和温度场较预热结束时几乎无变化(图 3)，黏度场维持在 900mPa·s 附近，温度场维持在 88℃，满足点火条件。注气井点火温度设定为 480℃，点火期间注气速度 6000～8000m³/d。经过脉冲式提气并结合气体组分分析，确定成功点燃，转入火驱生产阶段，采用逐级提气方式，目前注气量19800m³/d，压力稳定在2.14MPa（图4），井组单井平均日产油2.1 t，符合高温稳定燃烧特征。采用此方法，在地层原油黏度30000~80000mPa·s的油藏已成功点燃10个井组，目前均呈现高温火驱生产特征，注气井周围生产井日产油量达到2t/d。

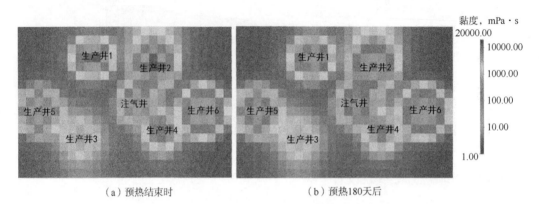

（a）预热结束时　　　　　　　　（b）预热180天后

图3　H1井区A1井组预热之后不同天数内黏度场变化图

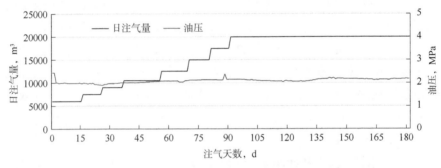

图4　H1井区A1井组注气井注气曲线图

5　结论

（1）高黏油藏实施火驱的前提是建立注采井间的气液运移通道，且通道内原油黏度需保持在1000~2000mPa·s以内。注采井间采用蒸汽吞吐预热地层可为火驱启动创造有利条件。

（2）为实现高效点火和稳定的燃烧，高黏油藏的点火温度和注气速度均高于低黏油藏，但火线推进速度低于低黏区域。

（3）随着黏度升高，烟气和改质原油等高温流体相对于冷油区高黏油的流度差异大，所以井间高渗通道在火驱初期是驱替的有利条件，但随着火线逐步推进，存在波及体积小、火窜和氧气突破风险大的问题，需要进一步攻关燃烧优化调控技术。

参 考 文 献

[1] 何江川，廖广志，王正茂. 油田开发战略与接替技术[J]. 石油学报，2012，33(3)：519-525.
[2] 王元基，何江川，廖广志，等. 国内火驱技术发展历程与应用前景[J]. 石油学报，2012，33(5)：909-914.

［3］陈莉娟，潘竟军，陈龙，等．注蒸汽后期稠油油藏火驱配套工艺矿场试验与认识［J］．石油钻采工艺，2014，36（4）：93-96.

［4］龚姚进．厚层块状稠油油藏平面火驱技术研究与实践［J］．特种油气藏，2012，19（3）：58-62.

［5］张敬华，杨双虎，王庆林．火烧油层采油［M］．北京：石油工业出版社，2000.

［6］王磊．稠油油藏注蒸汽转火驱驱油机理［D］．北京：中国石油大学（北京），2018.

［7］黄继红，关文龙，席长丰，等．注蒸汽后油藏火驱见效初期生产特征［J］．新疆石油地质，2010，31（5）：517-520.

［8］廖广志，王红庄，王正茂，等．注空气全温度域原油氧化反应特征及开发方式［J］．石油学报，2020，47（2）：334-340.

稠油老区 VHSD 井组储层改造技术物理模拟研究及应用

张莉伟[1]　潘竞军[1]　黄　勇[1]　刘　欢[2]　陈　勇[1]

(1. 中国石油新疆油田公司工程技术研究院;
2. 中国石油新疆油田公司重油开发公司)

摘　要: 在稠油油藏注蒸汽吞吐开发后期, 完善井网形成直井—水平井(VHSD)驱泄模式是稠油老区接替开发的有效方式, 但是稠油老区普遍存在压力系数低、汽窜通道发育等问题, 对接替开发效果造成较大影响, 为此, 研究稠油储层水平井储层改造技术。首先选取新疆油田试验区岩心样品, 测试其岩石力学特征参数, 然后开展室内大型储层扩容改造物理模拟实验, 研究分析不同井网及改造模式的影响程度, 优化最佳改造模式及参数, 并应用到矿场实践, 结果表明, 通过储层改造, VHSD 水平井的水平段动用程度提高 15% 以上, 单井产量显著改善, 此研究成果对稠油老区接替开发具有重要意义。

关键词: 稠油; 接替开发; 物理模拟; 储层改造

新疆油田稠油资源丰富, 截至 2020 年底, 累计探明地质储量达 $5.81×10^8$ t。新疆稠油油藏规模开发始于 1984 年, 经过 30 余年直井蒸汽吞吐开发, 已进入开发中后期, 呈现出采收率低、日产油水平低、油汽比低、周期产油递减快等问题, 平均采出程度仅为 20.7%, 亟须转变开发方式。

近年来, 新疆油田通过完善井网形成直井—水平井(VHSD)接替开发稠油老区, VHSD 通常是多口直井与 1 口水平井组合成一个井组, 蒸汽预热建立热连通后, 转入多口直井注汽、水平井采油的驱泄复合模式。但较稠油原始储层, 稠油老区 VHSD 开发中面临汽窜优势通道发育、地层亏空体积大、压力系数低等问题, 对接替开发造成较大影响, 表现出蒸汽窜流严重、水平井动用程度低、蒸汽利用率低等问题。统计新疆试验区 VHSD 井组水平井动用情况表明, 水平段动用程度低于 80% 的井占比达 41.4%, 有必要采取有效技术手段, 改善开发效果。

针对 VHSD 接替开发面临的生产难题, 提出稠油油藏注蒸汽后 VHSD 接替开发扩容改造技术[1-5], 通过室内岩石力学特征参数测试及等比例大型物理模拟研究, 研究得出关键参数为现场措施提供参考依据, 同时为国内外其他稠油油藏高效开发提供一种新的思路。

1　室内岩石力学特征参数测试

确定储层岩石力学特征参数是开展扩容改造物理模拟实验的关键, 可以保证物理模拟与现场相似度。选取新疆油田试验区的岩心样品进行室内岩石力学特征参数测试实验，在尺寸φ50mm×100mm的柱状岩心上开展岩石单轴压缩、地应力测试、扩容前后渗透率孔隙度等特征参数测试实验。

1.1 单轴压缩实验

实验采用国际岩石力学推荐的单轴压缩实验方法，利用高温高压三轴仪测定规则形状的岩石试件在单轴压力作用下纵向和横向的变形量，从而求得岩石的弹性模量、泊松比以及岩石单轴抗压强度。实验结果如图1所示，单轴压缩强度为5.91MPa，无侧限下的剪涨角为57.99°，弹性模量为676MPa。

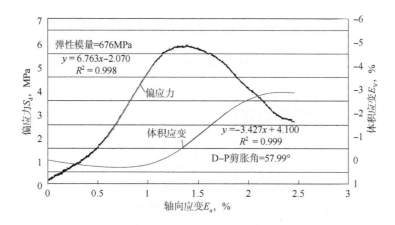

图1 轴向应变、偏应力和体积应变关系曲线

1.2 地应力测试

采用凯塞尔效应声发射地应力测试法测取岩心四个方向的正应力，计算该区块岩石所处的地应力。实验结果表明，该区块应力梯度：$S_v = 22.1 \text{kPa/m}$，$S_{hmin} = 15.3 \text{kPa/m}$，$S_{hmax} = 18.3 \text{kPa/m}$。

1.3 油砂扩容特性测试

在常温下测试油砂在不同围压下的扩容性能，扩容性能通常用扩容角表征，扩容角定义为某一围压下的轴向形变与体积形变的比值，不同围压下轴向应变与体积应边测试结果表明，油砂扩容角是围压的函数，围压越低扩容越大，试验区扩容角的范围在40°~55°。扩容前后岩心的孔隙度变化不大，有效渗透率平均扩大约200倍。

2 VHSD井网模式储层扩容大物理模拟实验

为了研究VHSD扩容改造技术原理，制作形成大型等比例三维物理模拟模型，揭示在老区VHSD开发真实完井结构、不同储层扩容模式和真实地应力条件下，不同施工参数对VHSD扩容区形成和发展的影响，为现场扩容改造施工方案提供参考依据。实验所用油砂样品基本物性参数见表1。

表 1 物模油砂试件储层基本物性参数

参数	密度，g/cm³	孔隙度，%	渗透率，mD	弹性模量，MPa	抗压强度，MPa
数值	1.96	31	1800	510	6.1

采用不锈钢钢管模拟油管和筛管，按现场井位布置等比例埋置进自主研制大物模模型箱体内，同时在箱体内铺设大量温度传感器探头来监测扩容区分布及扩展，比例尺 1∶200，对箱体加载三维地应力：上覆岩石应力 4200kPa，最大主应力 4200kPa，最小主应力 3400kPa，模拟现场地层应力情况。

2.1 实验设计

分别开展了不同地应力方向扩容实验 2 组，不同直井—水平井距离扩容实验 2 组，2 口直井与水平井复合扩容实验 1 组，高渗透通道封堵+二次扩容实验 1 组，实验首先对水平井开展孔压预处理，然后根据不同实验设计要求进行扩容及封堵+扩容模拟，每 30s 采集一次温度数据，分析扩容改造效果。

2.2 地应力各向异性对扩容的影响

两种不同地应力方向条件下，不同扩容时间的温度监测云图对比如图 2 所示，可以看出，水平井轨迹平行于水平最小主应力方向时，能快速形成 VHSD 复合扩容区，但此时的扩容区宽度较小，后期的蒸汽波及范围较小；水平井轨迹平行于水平最大主应力方向时，需要较长时间和较大液量才能形成 VHSD 复合扩容区，扩容区宽度大，后期的蒸汽波及范围较大。

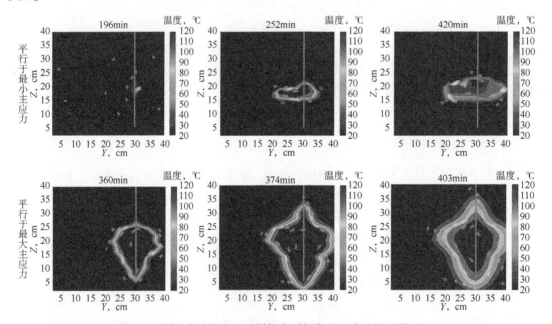

图 2 不同地应力方向下不同扩容时间段的温度监测云图对比

2.3 直井—水平井距离对扩容的影响

直井—水平井距离分别为 22.5cm 和 7.5cm 时，试验结果表明，直井水平井距离越大，越难形成 VHSD 复合扩容区；考虑到物模实验无法模拟现场地层的非均质性，通常来说，井间距离越大，地层的非均质性越强，建议现场直井—水平井距离 35m 以内为佳。

2.4 复合扩容

在水平井两侧对角位置布两口对称直井，直井与水平井距离为 17.5cm，在保持水平井压力 2000kPa 下，直井 1 高压扩容 200min，直井 2 低压扩容 200min，然后对水平井高压扩容 300min，可以看出，通过直井 1 加压形成的孔隙压力场使得水平井扩容区发生转向，该扩容区转向机理对提高复合扩容连通率具有重要意义。

2.5 高渗通道封堵后扩容

在上部分 VHSD 井网复合扩容实验模型基础上，采用高黏度聚合物封堵直井 1 周围的高渗扩容区，然后对水平井和直井 2 同时扩容形成复合扩容区，图 3 为聚合物封堵前 (169min) 过直井 1 和直井 2 的垂直剖面上的温度监测云图，可以看出直井 1 附近存在明显的高压扩容区 (高渗透通道)，图 4 为直井 1 封堵+扩容后过直井 1 和直井 2 的垂直剖面上的温度监测云图，可以看出，直井 1 的高渗通道封堵后，直井 2 和水平井井间仍可以建立有效的扩容区。

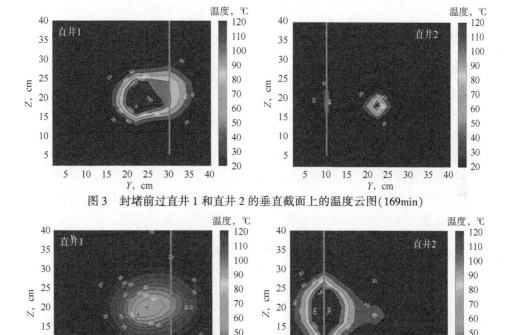

图 3 封堵前过直井 1 和直井 2 的垂直截面上的温度云图 (169min)

图 4 封堵+扩容改造后过直井 1 和直井 2 的垂直截面上的温度云图 (624min)

3 现场应用情况

2020 年 10 月，新疆油田开展了 VHSD 接替开发井组封堵+扩容改造技术现场试验。H

井组生产动态曲线如图 5 所示，生产情况表明，试验后平均日产油 10.2t，较措施前增加 8t，比同类储层未措施井高 5.9t，含水率由 90% 以上持续下降至 60%，水平段动用程度提高 15% 以上，表明该措施适用于稠油老区 VHAD 接替开发，能够大幅改善生产效果。

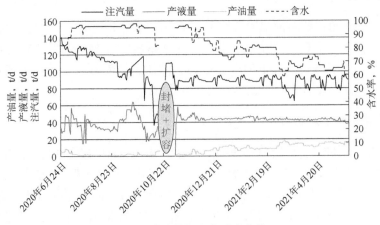

图 5　试验井组生产动态曲线

4　结论

（1）扩容前后孔隙度、渗透率实验结果表明，扩容前后岩心的孔隙度变化不大，有效渗透率改善效果显著。

（2）水平井轨迹平行于水平最大主应力方向时，需要较长时间和较高液量实现 VHSD 复合扩容区的扩展，但能有效提高后期的蒸汽波及范围；合理的直井—水平井距离有利于复合扩容区的形成，建议现场直井—水平井距离 35m 以内为佳；高压扩容形成的孔隙压力场可以使水平井扩容区发生转向，能够提高复合扩容连通率。

（3）高渗透通道封堵后仍可形成有效的扩容区，证明稠油开发老区封堵+扩容改造技术可行；现场改造后，水平段动用程度有效改善，单井产量显著提高。

参　考　文　献

[1] Yuan Y, Fung G. Well injection tests and geomechanical history-matching for in-situ oil sands development [C]. CIPC 2008/-194 presented at Canadian International Petroleum Conference held in June, 2008.

[2] Yuan Y, Dou S, Zhang J, et al. Consideration of Geomechanics for In-suit Bitumen Recovery in Xinjiang China[C]. 2013 SPE Heavy oil Conference Canada, 2013.

[3] Lin B, Chen S, You H, et al. Experimental investigation on dilation mechanism of ultra-heavy oil sands from Xinjiang Oilfield[C]. The 13th International ISRM conference, Montreal, Canada, 2015.

[4] Yuan Y, Yang B, Xu B. Fracturing in the oil sand reservoirs[C]. Canadian Unconventional Resources Conference, 2011, CSUG/SPE 149308.

[5] Yuan Y, Xu B, Yang B. Geomechanics for the thermal stimulation of heavy oil reservoris-canadian experience [C]. SPE Heavy Oil Conference and Exhibition, SPE 2011150293.

新疆油田稠油 CO_2 辅助蒸汽驱油套管材腐蚀行为研究

熊启勇　易勇刚　邓伟兵　潘竟军

（中国石油新疆油田公司工程技术研究院）

摘　要：针对注 CO_2 辅助蒸汽驱提高采收率过程中油套管材料腐蚀失效行为进行研究，采用动静态高温高压挂片实验结合微观表征技术研究了新疆油田注 CO_2 辅助蒸汽驱环境中油套管材料的腐蚀行为。结果表明，随着温度升高，油套管钢腐蚀速率先降低后升高，在180℃时达到极小值；CO_2 分压升高，油套管材料腐蚀速率先升高后降低，在 CO_2 分压为2MPa时达到极大值；流速、Cl^- 含量与油套管钢腐蚀速率呈正比，流速越大，Cl^- 含量越高，腐蚀速率越大。高温、高 CO_2 分压环境是造成油套管材料腐蚀失效的主要因素，为 CO_2 辅助蒸汽驱环境下油套管材料的腐蚀防护提供技术参考。

关键词：二氧化碳；辅助蒸汽驱；腐蚀

新疆油田随着稠油油藏进入汽驱开发后期，稠油开发存在油藏平面窜扰矛盾突出，汽窜井比例高、纵向剩余油、蒸汽波及程度差异大等问题，单独采用蒸汽驱开发已不能满足稠油油藏高效开发的目标。为了提高稠油油藏的开发效果，新疆油田在J区开展注 CO_2 辅助蒸汽驱提高采收率先导试验。注 CO_2 驱油技术是近年来提高低渗及超低渗油藏采收率和动用率最具发展前景的三次采油技术之一[1]，CO_2 溶于水具有很强的腐蚀性，在注 CO_2 辅助蒸汽驱过程中，由于井筒中存在高温、高压、H_2O—CO_2 以及侵蚀性离子共存的环境，CO_2 对井下管柱及工具腐蚀更加严重，腐蚀控制是油田注 CO_2 提高采收率的关键技术[2]。

本文采用高温高压旋转挂片实验装置测试高温高压 CO_2 环境中 CO_2 分压、温度、流速以及 Cl^- 浓度对不同材料的油套管钢（N80、3Cr、9Cr、13Cr）失重情况的影响，采用灰色关联方法得出引起油套管钢腐蚀失效的主要诱因。旨在提出油套管钢在 CO_2 辅助蒸汽驱环境中的腐蚀行为及机理，为后期腐蚀防护的研究与缓蚀剂优选提供技术参考。

1　实验材料及实验方法

1.1　实验材料

实验样品为N80、3Cr、9Cr、13Cr油套管钢，挂片实验尺寸为50mm×25mm×3mm。实验前采用SiC砂纸将试样表面打磨后，用去离子水冲洗后，无水乙醇擦拭吹干后备用。

1.2　实验方法

采用注采井现场水样作为失重实验溶液，向水样中加入NaCl（分析纯）调节 Cl^- 浓度为1000mg/L、2000mg/L、10000mg/L，调节 CO_2 分压为1.0MPa、2.0MPa、3.0MPa、4.0MPa，

腐蚀体系温度为160℃、180℃、200℃、220℃，总压力为2.5MPa。腐蚀挂片实验在旋转高温高压腐蚀反应釜中进行。

2　实验结果分析与讨论

2.1　不同温度下4种油套管钢腐蚀影响

图1显示了4种油套管钢在模拟CO_2辅助蒸汽驱环境中，160℃、180℃、200℃、220℃实验条件下的失重实验结果。4种油套管钢均随着温度升高，腐蚀速率先下降后升高，且均在180℃时达到最小值。N80和3Cr钢的腐蚀速率在160℃时最高，而9Cr和13Cr钢的腐蚀速率在220℃时最高。在不同温度下，4种钢材的腐蚀速率依次为N80>3Cr>9Cr>13Cr。

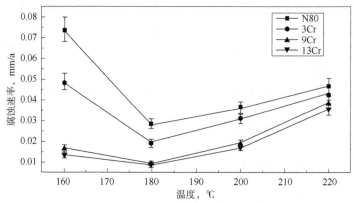

图1　不同温度下4种油套管钢腐蚀失重实验结果

2.2　不同CO_2分压条件下4种油套管钢腐蚀影响

图2是不同CO_2分压条件下4种钢材的腐蚀速率。由图可知：CO_2分压为1~4MPa时，4种钢材随CO_2分压的升高，其腐蚀速率先升高后降低。N80和3Cr钢的腐蚀速率在CO_2分压为2MPa时达到最大值，而9Cr和13Cr钢的腐蚀速率在CO_2分压为3MPa达到最大值。CO_2分压为2MPa时，N80钢的腐蚀速率超过油田腐蚀控制指标。在其他条件下，N80、3Cr、9Cr、13Cr的腐蚀速率在4种温度下均小于油田腐蚀控制指标0.076mm/a。在不同的CO_2分压下，4种钢材的腐蚀速率依次为N80>3Cr>9Cr>13Cr。

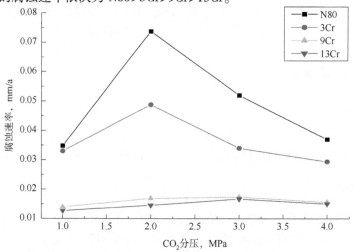

图2　不同CO_2分压条件下4种油套管钢腐蚀失重实验结果

2.3 不同 Cl⁻浓度条件下 4 种油套管钢腐蚀影响

图 3 是不同 Cl⁻浓度条件下 4 种钢材的腐蚀速率。由图可知：4 种油套管材料随着 Cl⁻浓度升高腐蚀速率逐渐增加。当 Cl⁻浓度大于 20000mg/L 时，4 种油套管材料的腐蚀速率均超过限定值。在不同 Cl⁻浓度条件下，4 种钢材的腐蚀速率依次为 N80>3Cr>9Cr>13Cr。

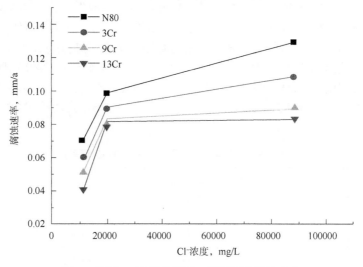

图 3　不同 Cl⁻浓度条件下 4 种钢材的腐蚀速率

2.4 流速对 4 种油套管钢腐蚀行为的影响

图 4 显示了不同流速下 4 种钢材的腐蚀速率。由图可知：在 0~7.5m/s 内，4 种钢材随流速的升高，其腐蚀速率也升高。9Cr 和 13Cr 的腐蚀速率远小于 3Cr 和 N80 钢。4 种钢材均在 7.5m/s 时腐蚀速率达到最大值。在不同的流速下，9Cr 和 13Cr 钢的腐蚀速率均小于油田腐蚀控制指标 0.076mm/a，N80 钢的腐蚀速率值均高于 0.076mm/a，3Cr 钢的腐蚀速率值在 0~6m/s 内的腐蚀速率小于 0.076mm/a，但 3Cr 钢在 7.5m/s 时腐蚀速率大于 0.076mm/a。在不同流速下，4 种钢材的腐蚀速率依次为 N80>3Cr>9Cr>13Cr。

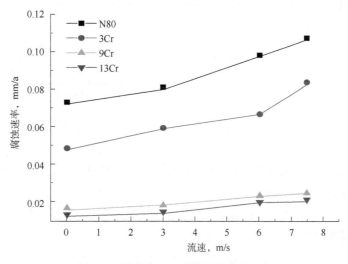

图 4　不同流速下 4 种钢材的腐蚀速率

3 油套管钢腐蚀行为灰关联分析

进行灰关联分析主要有以下几个步骤：（1）描述系统特征，在本文中系统的主要特征参数为腐蚀速率，因此本文中选取腐蚀速率作为母序列进行研究。环境因素作为变量，在关联度分析中作为子序列进行研究。（2）数据的处理并进行原始数据变换，本文采用均值化方法进行原始数据变换。（3）求关联系数和关联度。（4）排关联序，列出关联矩阵。

根据表1的实验结果，将不同的环境因素与腐蚀速率之间进行关联性分析，采用均值化方法对数据进行无量纲化处理，根据关联系数由高至低，得到影响N80钢腐蚀速率的环境因素由大到小依次为温度>CO_2分压>Cl^-浓度>流速。同理，对另外3种材料进行灰关联度分析，结论与N80相同。这说明在CO_2辅助蒸汽驱环境中，影响油套管钢腐蚀失效的主要因素是温度和CO_2分压。

表1 N80钢在不同环境因素作用下的腐蚀速率

Cl^-浓度 mg/L	流速 m/s	CO_2分压 MPa	温度 ℃	腐蚀速率 mm/a
10000	0	1	160	0.0737
20000	0	1	160	0.0899
60000	0	1	160	0.0918
100000	0	1	160	0.125
10000	3	1	160	0.0858
10000	6	1	160	0.0958
10000	7.5	1	160	0.102
10000	0	2	160	0.0859
10000	0	2.5	160	0.0952
10000	0	1	180	0.0896
10000	0	1	200	0.126
10000	0	1	220	0.144

4 现场应用

新疆油田在J6区齐古组油藏开展CO_2辅助蒸汽驱先导试验，注气井管材采用9Cr抗腐蚀套管和N80复合镀隔热油管，生产井采用"防腐油管+加注缓蚀剂"方法防治管材腐蚀，采用3Cr平式油管，同时在井口采用加药泵加注缓蚀剂，从现场应用效果看，注气井和生产井都没有发现管材腐蚀问题，注气生产正常。

5 结论

（1）该成果为注采井套管和油管材质的选用提供了科学的依据，为控制注入管柱的腐蚀，注入井温度不宜低于160℃；在CO_2和蒸汽交替注入阶段，注入速度不宜太快，应严格控制注入井筒中Cl^-的含量，采取有效措施清除具有矿化度的介质。

（2）得出的关于CO_2辅助蒸汽驱注入井油套管材质N80、3Cr、9Cr和13Cr腐蚀行为的研究成果弥补了当前对高温气相环境中CO_2腐蚀机理的认识，在进行CO_2辅助蒸汽驱注采过程中，影响油套管正常服役的主要环境因素为CO_2分压和温度，因此在设计工艺参数及选择防护措施时应保证油套管材料在该因素的最佳工艺区间服役。

参 考 文 献

［1］张德平．CO_2驱采油技术研究与应用现状［J］．科技导报，2011（29）：74-75.

［2］王世杰．CO_2驱油田注采井油套管腐蚀速率控制值［J］．腐蚀与防护，2015（3）：217-218.

渤海稠油油田"双高"开发阶段驱油效率研究及挖潜实践

张俊廷　刘英宪　葛丽珍　王公昌　王立垒

[中海石油(中国)有限公司天津分公司]

摘　要：目前渤海油田已进入"双高"开发阶段，剩余油分布复杂，油田挖潜难度加大，急需开展"双高"开发阶段剩余油潜力评价研究，指导油田调整挖潜。基于此，本文以渤海 SZ 油田为目标区，开展"双高"开发阶段驱油效率研究，明确剩余油挖潜方向。本文通过水驱实验研究、数值模拟机理研究、动态资料分析等研究方法，确定 SZ 油田不同井网开发模式下的极限驱油效率：定向井网极限驱油效率可达 43%~52%，水平井—定向井联合井网驱油效率可达 50%~63%。通过研究，结合油田目前水淹规律，明确了 SZ 油田的剩余油潜力，指导了定向井和水平井的挖潜研究，2019—2020 年共指导 20 口调整井研究，平均单井产油量为 44m³/d，预计累计增油可达 106×10⁴m³，极大地改善了 SZ 油田的开发效果。本文的研究方法在渤海 SZ 油田成功应用，为渤海相似油田"双高"开发阶段的调整挖潜提供了技术支撑，具有一定的指导和借鉴意义。

关键词："双高"开发阶段；剩余油评价；驱油效率；调整挖潜；渤海油田

目前渤海 SZ 油田已进入"双高"开发阶段，稳产难度加大，高含水后期调整挖潜关键技术研究意义重大。近几年，SZ 油田始终以"剩余油挖潜"为主线，开展调整挖潜技术攻关，通过纵向层内加密水平井，形成了具有海上特色的水平井立体挖潜模式，通过调整挖潜，平面和纵向波及也大幅度提高，油田取得了较好的开发效果，但随着油田进入"双高"开发阶段，目前的研究技术手段已无法满足油田在"双高"开发阶段精细剩余油的挖潜研究。通过对 SZ 油田潜力分析，后续挖潜方向主要以厚层层内剩余油挖潜为主，但研究结果表明，目前油田厚层整体波及程度较强、驱油效率较高，如何进一步量化厚层层内剩余油潜力是目前油田急需攻关的课题。基于此，针对 SZ 油田厚层层内的极限驱油效率量化急需开展攻关研究，明确剩余油潜力，指导油田后续的调整挖潜。

针对油田目前面临的战，笔者进行了大量调研和分析，通过调研可知，目前关于驱油效率的量化及剩余油挖潜方面，已有学者做了大量研究，关于驱油效率研究方法较多，主要为室内实验研究[1-4]、数值模拟研究[5-7]、油藏工程理论和渗流理论等研究方法[8-10]分析驱油效率，同时还有学者开展化学驱[11-13]、热采[14-15]、微生物驱[16-17]等方法开展驱油效率提高幅度研究。但通过调研发现，目前驱油效率的研究以理论研究、数值模拟机理研究为主，缺少基于油田生产动态规律的驱油效率研究，三次采油方法主要研究驱油效率相对于水驱开发时驱油效率的增幅情况，不同方法的研究均没有量化油田在高含水后期所能达到的极限驱油效率，无法评价油田开发到末期的剩余油潜力。

在前人研究基础上，本文以 SZ 油田为目标油田，针对高含水后期极限驱油效率的量化开展深入研究，通过水驱实验研究、数值模拟机理研究和油田动态资料分析三种方法综合研究驱油效率，对不同井网模式下的驱油效率进行了定量表征，明确油田极限驱油效率，量化剩余油潜力，研究方法既考虑了实验研究和机理研究确定的理论极限驱油效率，又考虑了油田实际生产的开发规律，通过综合分析确定 SZ 油田"双高"开发阶段极限驱油效率，同时建立了层内剩余油潜力判别公式，定量评价剩余油潜力，指导油田在"双高"开发阶段剩余油的精细挖潜调整。

1 "双高"开发阶段驱油效率研究

针对 SZ 油田地质油藏特及开发特征，为进一步明确油田潜力方向，本文通过水驱实验研究、数值模拟机理研究和动态资料分析三种方法开展极限驱油效率研究，明确 SZ 油田不同井网开发模式下的极限驱油效率，指导油田的调整挖潜研究。

1.1 水驱实验研究

SZ 油田平均渗透率为 3000mD，孔隙度为 30%，地层原油黏度为 $50 \sim 350$mPa·s，属于典型的高孔隙度、高渗透率稠油油藏，为分析油田不同流体性质、不同注入倍数对水驱效果的影响，选取 SZ 油田实钻井岩心分别开展了不同流体性质下的常规水驱油实验和高倍数水驱油实验。

（1）常规水驱实验研究。

选取 SZ 油田 B1 井的岩心开展水驱油实验研究，测试空气渗透率为 2850mD，模拟原油黏度分别为 50mPa·s 和 300mPa·s，注入倍数为 $40 \sim 50$PV，测试结果如图 1 所示。

由图 1 可知，当注入倍数达到 45PV 左右时，原油黏度为 50mPa·s 实验的水驱驱油效率为 59%，原油黏度为 300mPa·s 实验的水驱驱油效率为 53%，流体性质越好，水驱驱油效率越高。

（2）高倍数水驱实验研究。

为进一步探索 SZ 油田理论的极限驱油效率，以 B1 井的岩心开展了高倍数水驱油实验研究，模拟原油黏度仍为 50mPa·s 和 300mPa·s，注入倍数提高到 $300 \sim 2000$PV，测试结果如图 2 所示。

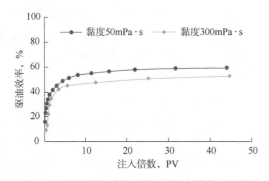

图 1　不同原油黏度常规水驱驱油效率对比图

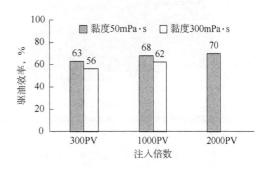

图 2　不同原油黏度高倍数水驱驱油效率对比图

通过图 2 可知，当提高注入倍数后，不同黏度原油水驱油实验结果显示驱油效率均有不同程度增加，对于黏度 50mPa·s 原油，当注入倍数从 300PV 提高至 2000PV 时，驱油效率可从 63% 提高至 70%，与常规水驱相比，驱油效率可提高 4%~11%；对于黏度 300mPa·s 原油，当注入倍数从 300PV 提高至 1000PV 时，驱油效率可从 56% 提高至 62%，与常规水驱相比，驱油效率可提高 3%~9%。

通过常规水驱实验和高倍数水驱实验结果可知，随着注入 PV 数增加，SZ 油田驱油效率逐步增加，其中黏度 50mPa·s 原油极限驱油效率可达 70%，黏度 300mPa·s 原油极限驱油效率可达 62%，由于室内水驱油实验无法考虑井网情况，属于理想状况下的驱油效率，因此室内实验测得驱油效率可作为 SZ 油田理论极限驱油效率。

1.2　数值模拟方法确定不同井网模式下驱油效率

SZ 油田通过一次加密调整和近几年的挖潜实践，形成了定向井网开发模式和"定向井+水平井"联合井网开发模式，油田高部位主要以定向井网为主，低部位主要以定向井与水平井相结合的联合井网开发模式，如图 3 所示。为明确不同井网模式下极限驱油效率，通过数值模拟方法建立机理模型开展不同井网模式下极限驱油效率研究。

（a）定向井网开发模式图

（b）联合井网开发模式图

图 3　SZ 油田不同井网开发模式图

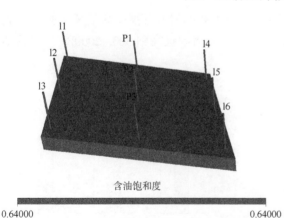

图 4　SZ 油田机理模型初始含油饱和度图

以 SZ 油田基础数据建立机理模型，网格数为 17×39×20，共 13260 个网格，网格尺寸为 50m×20m×0.8m，渗透率为 3000mD，孔隙度为 30%，初始含油饱和度为 0.64，地层原油黏度为 50~350mPa·s，基础井网为 6 注 3 采行列注采井网，在此基础上增加水平井模拟联合井网，机理模型如图 4 所示。

在建立的机理模型基础上，设置油水井生产制度：定油量、限液量、注采平衡生产，其中定向井网定向生产井初期产油量为 50m³/d，最大产液量为 400m³/d，中心注水井最大注水量为 300m³/d，边部注水井最大注水量为 150m³/d，联合井网增加的水平生产井初期产油为 80m³/d，最大产液量为 640m³/d，相应地增加注水井注水量，保证注采平衡，模型计算终止条件为含水达到 98% 或者生产井产油量低于 5m³/d。在此基础上，分别研究定向井网和联合井网在 50~350mPa·s 范围内的驱油效率，共建立了 8 个模拟方案，得到了定向井网和联合井网的极限驱油效率，计算结果见表 1，定向井网和联合井网驱油效率对比图如图 5 所示。

表 1 SZ 油田不同井网模式不同原油黏度驱油效率统计表

原油黏度，mPa·s	驱油效率，%		驱油效率提高幅度，%
	定向井网	联合井网	
50	52.6	63.3	10.7
150	47.4	54.7	7.3
250	45.1	51.9	6.8
350	43.4	50.2	6.9

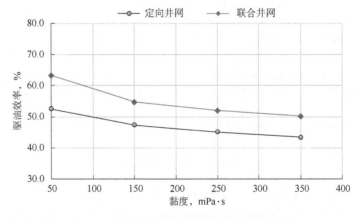

图 5 SZ 油田不同井网模式驱油效率对比图

通过表 1 和图 5 的计算结果可知：原油黏度在 50~350mPa·s 范围时，定向井网极限驱油效率可达 52.6%~43.4%，联合井网极限驱油效率可达 63.3%~50.2%，联合井网与定向井网相比驱油效率可提高 10.7%~69%。通过对模型分析，联合井网可以实现平面引流作用，同时提高驱替压力梯度，实现纵向驱替更为均匀，从而进一步提高驱油效率，通过分析可知，对于 SZ 油田后续的挖潜方向仍要以水平井挖潜为主，与原井网构建成联合井网开发模式，持续提高油田整体驱油效率，从而提高采收率。

1.3 基于动态资料定量表征不同井网驱油效率

SZ 油田自 1993 年投产以来，通过一次加密和近几年的调整挖潜，形成丰富的油水井动静态数据库，通过不同时期的加密井和调整井，结合水淹层驱油效率解释资料，可得到不同开发阶段的驱油效率变化，如图 6 所示，K11 井和 K13 井为高部位 2010 年实施加密井，可以看出各个小层均有不同程度的水淹，通过钻后各层的驱油效率解释，可以得到油田高部位 1993—2010 年的驱油效率变化情况，从而可以与油井的累计产油量和日产油量建立一定的数学关系。图 7 显示了油田低部位同一位置不同时期侧钻井，G1 井为 2000 年投产开发井，于 2009 年因出砂在原井位侧钻为 G1S1 井，G1S1 井于 2019 年因出砂原井位二次侧钻为 G1S2 井，通过不同时期侧钻后的水淹解释和各层驱油效率解释，可以得到 2000—2009 年、2009—2019 年不同阶段的驱油效率变化，建议不同阶段的驱油效率与油井累计产油量和日产油量的数学关系。

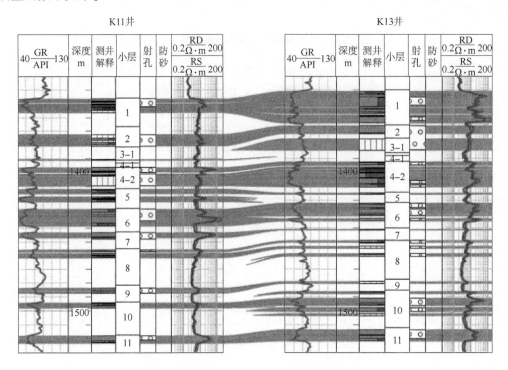

图 6　高部位 2010 年加密井水淹解释图

通过对 SZ 油田不同时期加密井、调整井的水淹资料、驱油效率解释资料以及生产情况，可以得到目前阶段不同井网、不同区域下的驱油效率，同时结合目前油井生产动态可预测到开发期末累计产量情况，进一步得到目前情况到开发期末时驱油效率变化情况。基于此，分别建立定向井网和联合井网模式下的主力层的驱油效率公式。

定向井网模式下驱油效率公式：

$$
\left.
\begin{aligned}
E_{\mathrm{D}}(\text{定向井网}) &= E_{\mathrm{D1}} + E_{\mathrm{D2}} + E_{\mathrm{D}}(f_{\mathrm{w}}) \\[2mm]
E_{\mathrm{D2}} = \frac{\displaystyle\sum_{f_{\mathrm{w1}}}^{f_{\mathrm{w2}}}\left(N_{\mathrm{P2}}\sum_{i=1}^{n}{}^{K_i h_{\mathrm{w2}}}\right)}{N_0 - N_{\mathrm{P1}}} &\qquad E_{\mathrm{D}}(f_{\mathrm{w}}) = \frac{\displaystyle\sum_{f_{\mathrm{w2}}}^{f_{\mathrm{w}}=0.98}\left(Q_{\mathrm{o}}D_i\sum_{i=1}^{n}{}^{K_i h_{\mathrm{w}}(f_{\mathrm{w}})}\right)}{N_0 - N_{\mathrm{P1}} - N_{\mathrm{P2}}}
\end{aligned}
\right\}
\tag{1}
$$

式中，E_{D1} 为一次加密时驱油效率；E_{D2} 为目前驱油效率增加值；$E_{\mathrm{D}}(f_{\mathrm{w}})$ 为预测不同含水率下的驱油效率；Q_{o} 为定向井目前产油量，$\mathrm{m^3/d}$；D_i 为递减率；f_{w1} 为一次加密时含水率；f_{w2} 为目前含水率；N_0 为储量，$10^4\mathrm{m^3}$；N_{P1} 为一次加密时累计产油量，$10^4\mathrm{m^3}$；N_{P2} 为一次加密至目前的阶段累计产油量，$10^4\mathrm{m^3}$；K_i 为第 i 层的渗透率，mD；h_{w2} 为第 i 层目前解释的水淹厚度，m；$h_{\mathrm{w}}(f_{\mathrm{w}})$ 为预测不同含水率下的水淹厚度，m。

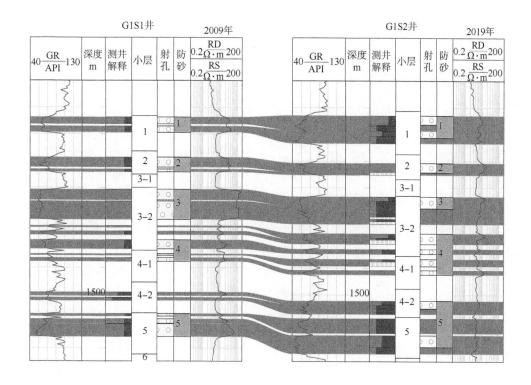

图 7　低部位不同时期侧钻井水淹解释图

联合井网模式下驱油效率公式：

$$
\left.
\begin{aligned}
E_{\mathrm{D}}(\text{联合井网}) &= \frac{H_{\mathrm{w}}\left[E_{\mathrm{D}}(f_{\mathrm{w}}) + E_{\mathrm{D3}}(f_{\mathrm{w}})\right]}{H} \\
E_{\mathrm{D3}}(f_{\mathrm{w}}) &= \frac{\displaystyle\sum_{f_{\mathrm{w2}}}^{f_{\mathrm{w}}=0.98}(Q_{\mathrm{oH}}D_i)}{N_0 - N_{\mathrm{P2H}}}
\end{aligned}
\right\}
\tag{2}
$$

式中，Q_{oH} 为水平井产油量，$\mathrm{m^3/d}$；N_{P2H} 为水平井目前累计产油量，$10^4\,\mathrm{m^3}$；$E_{\mathrm{D3}}(f_{\mathrm{w}})$ 为预测不同含水率下的驱油效率；H 为水平井部署层位的总厚度，m；H_{w} 为水平井部署层位目前的水淹厚度，通过近 30 年的开发实践表明针对联合开发井网水平井部署层位，随着开发时间的增长，水淹厚度增幅不大，主要为驱油的持续提高，因此式（2）未考虑目前阶段到开发期末水淹厚度的增加情况。

通过式（1）和式（2）结合 SZ 油田一次加密井、调整井和丰富的生产动态数据，分别计算得到了定向井网模式和联合井网模式下的驱油效率随含水率变化图版，如图 8 和图 9 所示。

通过图 8 和图 9 可知，定向井网模式下主力层目前驱油效率为 31%，极限驱油效率可达48%，联合井网模式下主力层目前驱油效率为 42%，极限驱油效率可达 61%，可以看出，对于 SZ 油田主力层可以进一步通过部署水平井挖潜顶部剩余油提高油田采收率，与机理模型研究认识一致。

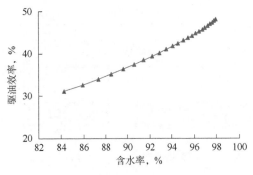
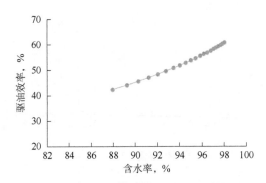

图 8 定向井网驱油效率与含水率图版　　　　图 9 联合井网驱油效率与含水率图版

在极限驱油效率明确的基础上，结合目前油田的驱油效率，可以进一步得到定向井网模式下和联合井网模式下剩余油潜力评价公式，如式(3)和式(4)所示。

定向井累计产油量公式：

$$N_{\mathrm{P}} = N_0 \sum_{i=1}^{n} \frac{h_{iw} E_{\mathrm{D}i}(f_{\mathrm{w}} = 0.98)}{H} \tag{3}$$

联合井网累计产油量公式：

$$N_{\mathrm{P}} = N_{0i} \frac{H_i - h_{iw}}{H_i} E_{\mathrm{D}i}(f_{\mathrm{w}} = 0.98) \tag{4}$$

在调整挖潜过程中，可根据具体的调整区域和井网开发模式，通过式(1)和式(2)确定该调整区域的目前驱油效率和极限驱油效率，再结合式(3)和式(4)进一步评价该区域剩余油潜力规模，指导该区域的调整挖潜研究。

1.4 "双高"开发阶段极限驱油效率认识

通过不同方法分析，进入"双高"开发阶段 SZ 可通过持续提高驱油效率进一步提高油田开发效果，室内实验研究表明，随着注水体积倍数的持续增加，油田驱油效率理想状况下可达 62%~70%；数值模拟机理模型和实际动态资料分析研究表明，定向井网极限驱油效率可达 43%~52%，联合井网极限驱油效率可达 50%~63%，联合井网驱油效率可提高 7%~11%。通过极限驱油效率的研究，可以预测 SZ 油田不同黏度区域、不同井网模式下目前的驱油效率、极限驱油效率，可以定量评价主力层后续驱油效率提高值，结合剩余油潜力评价公式，实现了油田"双高"开发阶段剩余油的定量评价，指导 SZ 油田的挖潜调整。

2 矿场应用及效果分析

基于以上研究成果，2019—2020 年共指导 20 口调整井研究，平均单井产油量为 44m³/d，预计累计增油可达 $106 \times 10^4 \mathrm{m}^3$，极大地改善了 SZ 油田的开发效果。本文以 2020 年实施调整井 M31H1 为例说明本文方法的可靠性，M31H 井为 SZ 油田一口水平井，因出砂关停，通过对水淹厚度及驱油效率分析，分析认为该井原井眼附近仍然存在较大潜力，分析结果见表2。通过研究，对M31H井实施原井眼侧钻，侧钻井位为M31H1，实钻后水淹解释该井整体以未水淹为主（图10），M31H1井于2020年9月投产，初期日产油78m³，含水率86%，通过流场调控和提频等措施，该井保持稳定生产，目前该井日产油64m³，含水率89%，截至2021年7月5日，该井累计产油1.42×10⁴m³（图11），M31H1井剩余油挖潜例子进一步验证了本文方法的可靠性。

表2　M31H井潜力分析表

参数	指标
4~2小层厚度，m	9.2
邻井水淹厚度，m	2.2
计算水淹厚度，m	4.1
预测水淹段驱油效率，%	24
预测累计产油量，10⁴t	11

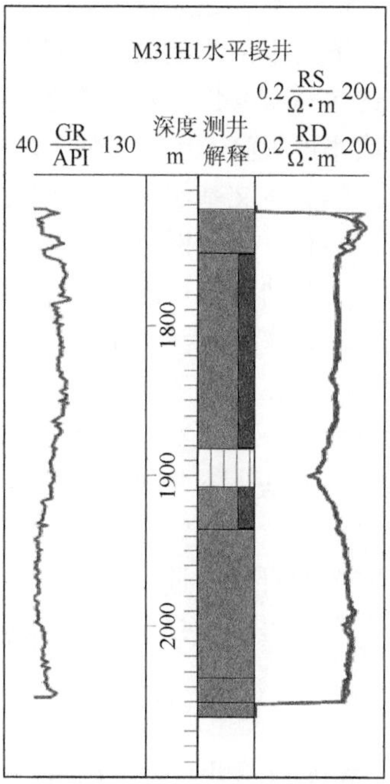

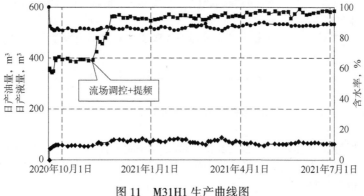

图10　M31H1实钻水淹解释图

图11　M31H1生产曲线图

在常规调整挖潜的同时，SZ油田积极开展油田二次加密调整方案研究，根据本文研究方法，得到了SZ油田不同井网、不同原油黏度下的极限驱油效率，并根据本文的计算公式［式（1）和式（2）］得到目前各个主力层的驱油效率，明确各个主力层潜力，根据对SZ油田的潜力摸排，指导了SZ油田二次加密调整方案中水平井部署，预计新增开发井23口，增油260×10⁴m³。

3　结论与认识

（1）本文通过常规水驱实验和高倍水驱实验，分别研究了SZ油田黏度50mPa·s原油和黏度300mPa·s原油下的理论驱油效率，结果表明：随着注入PV数增加，SZ油田驱油效率逐步增加，其中黏度50mPa·s原油驱油效率可达70%，黏度300mPa·s原油驱油效率可达62%。

（2）本文建立符合 SZ 油田地质油藏特征的机理模型，研究了定向井网模式和联合井网模式下的极限驱油效率，结果表明：原油黏度在 50~350mPa·s 范围时，定向井网驱油效率可达 52.6%~43.4%，联合井网驱油效率可达 63.3%~50.2%，联合井网与定向井网相比驱油效率可提高 10.7%~69%。

（3）本文基于 SZ 油田丰富的钻井水淹资料、动态生产数据，通过油藏工程方法建立定向井网和联合井网驱油效率计算公式，得到定向井网模式下驱油效率可达 48%，联合井网模式下驱油效率可达 61%，通过室内试验、机理模型和动态分析三种方法实现了 SZ 油田极限驱油效率的定量评价。

（4）在极限驱油效率研究基础上，本文建立了定向井网模式下和联合井网模式下剩余油潜力评价公式，实现剩余油潜力预测。

（5）基于本文研究成果，2019—2020 年共指导 SZ 油田 20 口调整井研究，全部投产，平均单井产油量为 44m³/d，预计累计增油量可达 106×10⁴m³，同时指导了油田二次加密调整方案的研究，进一步验证了本文方法的可靠性。SZ 油田研究成果为渤海老油田后续的稳产、上产提供了技术支撑，具有一定的指导和借鉴意义。

参 考 文 献

[1] 陈朝兵，朱玉双，王平平，等 . H 地区主力油层驱油效率影响因素[J]. 岩性油气藏，2010，22(3)：128-132.

[2] 刘浩瀚 . 特高含水期剩余油滴可动条件及水驱油效率变化机理研究[D]. 成都：西南石油大学，2013.

[3] 张晓辉，张娟，袁京素，等 . 鄂尔多斯盆地南梁—华池地区长 8₁ 致密储层微观孔喉结构及其对渗流的影响[J]. 岩性油气藏，2021，33(2)：36-48.

[4] 刘秀婵，陈西泮，刘伟，等 . 致密砂岩油藏动态渗吸驱油效果影响因素及应用[J]. 岩性油气藏，2019，31(5)：114-120.

[5] 孙广义，刘英宪，翟上奇，等 . 水平注采井网水驱油规律研究[J]. 石油化工应用，2017，30(5)：50-54.

[6] 张运来，廖新武，胡勇，等 . 海上稠油油田高含水期开发模式研究[J]. 岩性油气藏，2018，30(4)：120-126.

[7] 杨志浩 . 高含水油藏等效水驱可行性研究[D]. 北京：中国地质大学(北京)，2016.

[8] 张东，侯亚伟，张墨，等 . 基于 Logistic 模型的驱油效率与注入倍数关系定量表征方法[J]. 地质科技情报，2017，30(5)：50-54.

[9] 王春禹 . 杏六区块特高含水后期驱油效率实验研究[D]. 大庆：东北石油大学，2016.

[10] 尹承哲 . 渤海 SZ 油田直_ 水平井组合井网驱替规律研究[D]. 北京：中国石油大学(北京)，2019.

[11] 周瑶 . 聚合物驱提升驱油效率的机理与效果分析[J]. 化学工程与装备，2020(9)：27-28.

[12] 赵晔 . 海 31 块弱凝胶调驱技术研究与应用[J]. 技术研究，2019(10)：54-55，58.

[13] 李玮龙，王喜梅，孙颖，等 . 三次采油不同驱替方式下驱油效率研究[J]. 石油化工应用，2020，39(7)：23-27.

[14] 郑伟 . 渤海稠油热水驱驱油效率规律研究[J]. 技术研究，2019(12)：68，81.

[15] 李锋，邹信波，王中华，等 . 海上稠油地热水驱提高采收率矿场实践—以珠江口盆地 EP 油田 HJ 油藏为例[J]. 中国海上油气，2021，33(1)：104-112.

[16] 胡婧，郭辽原，孙刚正，等 . 动态驱替内源微生物生长代谢与驱油效率关系[J]. 石油学报，2020，41(9)：1127-1134.

[17] 李宏伟，王艳玲，郭文娟，等 . 微生物活化水驱提高采收率技术研究及应用[J]. 石油化工应用，2019，38(12)：68-70.

渤海 A 油田多元热流体吞吐后转蒸汽驱可行性研究

潘广明　张　雷　别旭伟　黄建廷　李　浩

[中海石油(中国)有限公司天津分公司]

摘　要：渤海 A 油田经历多轮次多元热流体吞吐后，地层压力下降明显，继续吞吐增油潜力小，急需开展进一步提高采收率优化研究。利用油藏数值模拟技术，在油藏温度、压力、含油、气饱和度"四场"分布基础上，论证转蒸汽驱进一步提高采收率可行性，优化蒸汽驱注采参数，研究成果帮助海上首个不规则井网蒸汽驱试验顺利实施，为相似油田提供借鉴。

关键词：渤海；稠油；多元热流体；蒸汽驱；可行性

蒸汽吞吐是稠油开发中重要方法，工艺简单，投资回收期短，目前渤海稠油热采以吞吐开发为主[1]。渤海 A 油田自 2008 年开展多元热流体(热水、氮气和二氧化碳)吞吐先导试验，产能较常规冷采提高到 1.6 倍，采收率提高 8%[2]。然而，多轮吞吐后地层压力下降明显，水平井间已发生明显窜流现象，继续吞吐增油潜力小，不再满足海上热采经济要求，急需开展进一步提高采收率优化研究。

1　先导试验区概况

A 油田油藏埋深 -1100~-900m，主力含油层系为新近系明化镇组下段，属高弯度曲流河沉积，泥包砂沉积特征明显，单层厚度 5~8m，具有高孔隙度高渗透率的储层物性，地下原油黏度达到 413~741mPa·s，水体倍数小于 5 倍，初始含油饱和度 0.72，采用水平井排状开发，井距 250~350m。该油田于 2005 年 9 月投产，初期采用常规冷采开发，初期产能达到 21~35m³/d，受油稠影响，暴露出产能低、含水上升快等问题，不满足海上高速开发需求。2008 年开始多元热流体吞吐开发改善开发效果。共投产吞吐井 11 口，吞吐 3 个周期，采油速度提高到 2.5 倍，预测采收率 23.0%。随着吞吐轮次增加，注入流体中氮气和二氧化碳向邻井气窜加剧，吞吐效果逐轮变差，急需开展吞吐后转进一步提高采收率研究，改善开发效果。

2　蒸汽驱可行性分析

蒸汽驱是稠油油藏吞吐开采后进一步提高采收率主要技术。依靠蒸汽吞吐开采，只能采出油井井周油层中原油，采收率一般为 15%~25%，井间剩余油富集区。蒸汽驱是由注入井连续向油层注入高温湿蒸汽，加热并驱替原油由生产井采出的开采方式，其主要机理是通过降黏、热膨胀、蒸汽蒸馏、油的混相驱以及乳化等作用提高原油采收率。基于油藏数值模拟技术，针对 A 油田开展转驱时机、油藏条件研究，论证目标油田实施蒸汽驱可行性。

2.1　数值模型建立及历史拟合

为充分体现地质因素和开发因素对地下油水运动及分布的控制和影响，平面网格尺寸为 10m，纵向网格尺寸为 0.4m。基于 PVT 实验和相平衡分析研究氮气等气体与原油体系在不同温度压力下的相平衡 K 值，通过拟合建立 10 个拟组分数值模型，可模拟热采、化学驱（表面活性剂驱、聚合物驱）、氮气泡沫调驱和凝胶调驱等。

2.2　吞吐转蒸汽驱时机

蒸汽吞吐开采在适当时机转入蒸汽驱开采，才能充分发挥蒸汽驱高驱油效率的优势。吞吐转蒸汽驱的时机分别选择 9MPa（吞吐前）、7MPa（第 1 轮次结束）、6MPa（第 2 轮次结束）、4.5MPa（第 3 轮次生产结束）、3.5MPa（第 4 轮次生产结束）进行模拟。结果表明，油藏平均压力为 4.5~6.0MPa 时转驱效果最好；转驱时机过晚，近井地带含水饱和度高，转汽驱后热损失增大，热效应降低；转驱时机太早地层压力高不利于发挥蒸汽的热扩散作用。

2.3　多元吞吐后地下"四场"分布

转蒸汽驱是建立在地下"四场"研究的基础上，油藏条件对蒸汽驱效果起决定性作用。

2.3.1　含气饱和度场

由于多元热流体发生器出口端的气液体积比 300~500m³/m³，地层存气量超过 1877×10⁴m³，吞吐后地层气体赋存规律相对复杂。图 1（a）为含气饱和度剖面场图，可以看出，在油藏低压区和高部位气体饱和度高，形成次生气顶，含气饱和度低于 30%，含气饱和度均值 2.8%，因此吞吐后进一步提高采收率潜力主要在剖面上构造相对低部位。

2.3.2　含油饱和度场

油层含油饱和度与蒸汽驱采收率在直角坐标中呈线性关系，随含油饱和度增加，蒸汽驱采收率呈线性递增。当油藏含油饱和度大于 0.45 时，汽驱阶段采收率可达到 20% 以上。目标油藏原始含油饱和度为 0.72，经过多轮次吞吐后含油饱和度剖面如图 1（b）所示。油藏平均含油饱和度为 66.1%，整体较高但动用不均，井周含油饱和度 40%~50%，井间含油饱和度超过 60%，因此吞吐后提高采收率潜力主要分布在井间区域。

2.3.3　地层压力场

吞吐转蒸汽驱开发时油藏压力至关重要，根据国外蒸汽驱项目经验，蒸汽驱前低压有利于提高蒸汽的波及范围，采收率可以达到 38%~60%。目标油田边底水不发育，经过多轮吞吐后，井组地层压力 3.15~5.64MPa，压力剖面如图 1（c）所示。热采井周动用程度高，地层压力低，平面压力分布差异大。虽然热采井距较大，但油藏温度下地层流体具有一定流度，经过多轮次吞吐后井间已经建立压力连通，具有较好动态连通性。

2.3.4　地层温度场

水平井开采后不同部位温度有差异，地层温度场如图 1（d）所示。热采井周地层温度比原始地层温度高 10℃ 左右，且高温区主要集中在地层压力相对低区域。由于海上井距大、轮次间隔长等因素，虽然经过多轮次吞吐，但井间尚未建立热连通。即便如此，由于热采井间已经建立压力连通，吞吐后转蒸汽驱能够建立有效驱动体系。

通过目标油田与蒸汽驱油藏筛选对比[3]，A油田油藏埋深、有效厚度、纯总比、含油饱和度、储层物性、地层压力等均满足转蒸汽驱条件，而且热采井间剩余油富集，已经建立压力连通，蒸汽驱具有较大的提高采收率潜力。

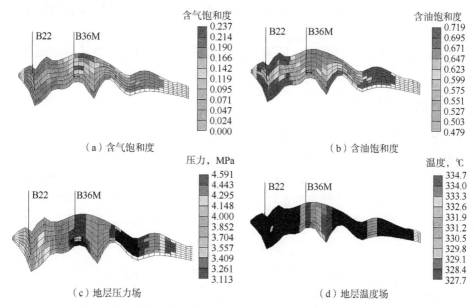

图1　中心井与边井间含油/气饱和度、地层温度、压力场剖面

3　蒸汽驱注采参数优化

注入强度、采注比、采液强度以及注入温度(干度)等参数对蒸汽驱开采效果影响较大。

3.1　注入强度

随着注入强度的增加，注入速度越大，热损失越小，蒸汽驱采收率增加。当优选的注入速度与排液速度相匹配时，采油速度高、油汽比高。给定5个不同注入强度 $1.6m^3/(d \cdot m \cdot ha)$、$1.7m^3/(d \cdot m \cdot ha)$、$1.8m^3/(d \cdot m \cdot ha)$、$1.9m^3/(d \cdot m \cdot ha)$、$2.0m^3/(d \cdot m \cdot ha)$ 进行模拟，结果如图2(a)所示。可以看出，随着注入强度增大，累计产油量及累计油汽比先增大后减小，注入强度为 $1.8m^3/(d \cdot m \cdot ha)$ 为最优注入强度值。在此注入强度下，热能利用较好，热损失较小，既能有效地加热油层，又能作为有效驱替介质。

3.2　注入温度

注入温度直接影响蒸汽驱加热降黏的效果。设计井底注入温度为150℃、200℃、250℃、280℃、300℃五种情况进行模拟，结果如图2(b)所示。注入温度从150℃增加到300℃，累计产油量逐渐增加，累计油汽比也同样出现逐渐增加的趋势。结合转驱时地层压力对应饱和温度，推荐井底注入温度350℃。干度规律与温度相似，考虑目前锅炉能力，推荐井底干度为0.8。

3.3 采注比

采注比影响注采关系和地层压力的变化，决定蒸汽驱开采效果好坏。采注比过小，地层压力下降过慢，影响蒸汽膨胀、蒸馏作用、溶解气驱等关键驱替机理；采注比过大，地层压力下降过快，影响潜热释放后蒸汽变为热水驱替机理。设计采注比为1.0、1.1、1.2、1.3、1.4进行模拟，结果如图3(c)所示。随采注比增加，累计产油量和累计油汽比增加，但超过1.2之后，累计油汽比和累计产油量有所减小，因此推荐采注比为1.2。

3.4 采液强度

采液强度也是影响蒸汽驱过程重要因素，控制合理的采液强度等效于控制合理排液速度，利于形成合理注采系统。设计采液强度为1.8m³/(d·m·ha)、2.0m³/(d·m·ha)、2.2m³/(d·m·ha)、2.3m³/(d·m·ha)、2.5m³/(d·m·ha)进行模拟，结果如图3(d)所示。随采液强度增加，累计产油量和累计油汽比增加，但超过2.2之后，累计油汽比和累计产油量有所减小。因此，推荐最佳采液强度为2.2m³/(d·m·ha)。

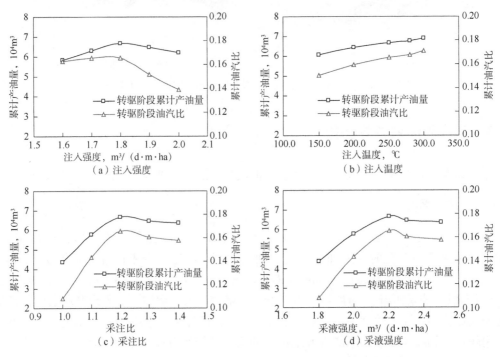

图2　不同注采参数对蒸汽驱阶段累产油及累积油汽比的影响

4　矿场应用

利用数值模拟方法，采用推荐的注采参数进行动态预测。推荐注采参数：注入强度1.8m³/(d·m·ha)、井底温度350℃、井底干度0.8、采注比1.2、采液强度2.2(m³/(d·m·ha)。结果表明，蒸汽驱采收率可达42.0%，相比于基础方案累增油41.91×10⁴m³，提高采收率15.9%。海上首个水平井网蒸汽驱(2注5采)已于2020年6月落地，井组日产油从180t增加到250t，含水率变化不明显。矿场实践表明，适时转蒸汽驱能够大幅度提高采收率，是吞吐后提高采收率推荐技术之一。

5 结论及建议

（1）A油田尚未建立热连通，但地层压力下降至5MPa，井间建立压力连通，剩余油富集，具备吞吐转驱可行性。

（2）推荐蒸汽驱注采参数：注入强度1.8m³/（d·m·ha）、井底温度350℃、井底干度0.8、采注比1.2、采液强度2.2m³/（d·m·ha）。

（3）蒸汽驱开采是海上薄层稠油油藏吞吐后大幅度提高采收率的推荐技术。

参 考 文 献

［1］苏彦春. 渤海湾盆地埕北油田高采收率主控地质因素剖析［J］. 中国海洋大学学报：自然科学版，2016，58（8）：87-95.

［2］黄颖辉，刘东，罗义科. 海上多元热流体吞吐先导试验井生产规律研究［J］. 特种油气藏，2013，20（2）：84-86.

［3］Pan G，Chen J，Zhang C，et al. Combined technology of weak gel flooding assisting thermal huff and puff enhances oil recovery for offshore heavy oil field［J］. SPE 181626, 2016.

渤海稠油油藏聚驱配套体系优化设计研究

苑玉静　韩玉贵　赵　鹏　张晓冉　黎　慧

[中海石油(中国)有限公司天津分公司]

摘　要：渤海Z油田属于稠油油藏，原油黏度较高，在水驱结束之后进行了多年的聚合物段塞驱替，出现了剖面反转现象，进一步加强了稠油油藏的非均质性，使地层明显出现驱油剂沿高渗透层窜流、低渗透层难进入的现象，表现为含水率加速回升，缩短了聚合物驱发力期，影响了聚合物驱效果。为了提高聚合物的利用率，使聚合物更大程度地发挥作用，确保聚合物驱效果，本研究针对稠油油藏聚合物驱中后期设计了能够发挥"调+驱"双重效能的界面活性高黏聚合物体系以及速溶交联聚合物增效体系，继而开展了多项物理模拟实验对普通AP-P4聚合物与设计的两种体系开展了基础性能、注入性能及驱油性能的综合研究，从而优选出针对性更强的稠油油藏聚合物驱中后期增效体系，以保障稠油油藏聚驱开发效果，进一步提高聚合物驱采收率。结果表明：在耐温性能、增黏性能及注入性能方面界面活性高黏聚合物与速溶交联聚合物体系均较好，而界面活性高黏聚合物界面活性较强，速溶交联聚合物体系成胶性能较好，两种体系各方面性能均符合现场施工要求；经驱油实验验证可知，高黏界面活性聚合物体系驱油效率最高，交联聚合物增效体系次之，普通聚合物AP-P4体系最低，这主要是由于高黏界面活性聚合物能够发挥提高波及效率和洗油效率的双重作用，所以本文最终推选高黏界面活性聚合物为渤海Z油田的聚合物驱中后期配套体系。

关键词：稠油油藏；化学驱；高渗窜流；剖面反转；提质增效

渤海Z油田在聚合物驱过程中，由于持续的注水及注聚合物开发，油藏平面及纵向非均质性逐渐加强，采出端含水率上升也明显加快，严重影响聚合物驱效果，需尽快研究出有针对性的增效技术。为了解决该问题、改善聚合物驱效果，本文兼顾目标油藏是稠油油藏的特点，通过大量物理模拟实验开展海上聚合物驱增效技术研究，研制与目标油田相匹配的高黏界面活性聚合物驱油体系以及速溶交联聚合物增效体系，再通过物模实验对比两种体系与的普通AP-P4聚合物在溶液性能、注入性及驱油效果方面的优劣势，优选出适合渤海Z油田的最佳增效体系，以改善水油流度比、调整注入剖面，抑制高渗透层突进的同时保证大剂量体系注入中低渗透层，从而封堵长期注聚合物形成的大孔道，且兼具高效驱油的效果，形成适合海上注聚合物油田的聚合物驱中后期调驱增效技术体系。

界面活性聚合物是一种新型的功能型聚合物，是在普通水溶性高分子聚合物的基础上嫁接了表面活性基团，从而形成了兼具表面活性功能和增黏功能的功能型聚合物驱油剂，相比聚合物与表面活性剂复配的二元体系有进一步的优势，由于该驱油剂集两种功能于同一分子上，所以该驱油剂在驱替过程中不会出现二元体系出现的色谱分离现象，充分发挥了两种功能的协调、联动及配合效应，使界面活性聚合物驱油剂具备了提高洗油效率及扩大波及体积的双重作用。同时考虑到深部调驱以及海上平台空间的有限性，必须针对目标油田条件，开展交联体系配方及性能的研究。

1 实验部分

1.1 实验条件

实验药品：界面活性聚合物 SP1、SP2、普通聚合物 AP-P4、速溶弱凝胶体系（P03 速溶聚合物干粉（自有产品）；有机酚醛交联剂（深棕色液体，SG-2）；稳定剂为硫脲（白色晶体，化学纯）；质量浓度为 820mg/L 的高黏 SP1 溶液、质量浓度 670mg/L 的低黏 SP1 溶液、质量浓度为 1750mg/L 的 AP-P4 聚合物溶液，将三种溶液分别模拟剪切后黏度为 30.12mPa·s、13.28mPa·s、20.74mPa·s；聚合物凝胶体系为 2000mg/L 的 P03 聚合物，2000mg/L 交联剂（需候凝 7 天）。

实验用设备：Brookfield LV DV-Ⅱ+数字黏度计（美国 Brookfield 公司）；电动搅拌器（上海羌强）；天平（上海精科天美）；MCR301 流变仪（奥地利安东帕（中国）有限公司）；恒温65℃的恒温箱、ISCO 泵、压力传感器（北京中机试验装备股份有限公司）、手摇泵等实验室常用设备。

实验用岩心：两层非均质人造胶结岩心（规格 4.5cm×4.5cm×30cm，渗透率 500mD/3000mD）。

1.2 实验方案

模拟 Z 油田条件，在两层非均质人造岩心上开展驱油实验，实验方案如下：

方案 1：水驱至 98%→高黏 SP1 溶液驱（0.3PV）→后续水驱至 98%结束。

方案 2：水驱至 98%→低黏 SP1 溶液驱（0.3PV）→后续水驱至 98%结束。

方案 3：水驱至 98%→AP-P4 溶液驱（0.3PV）→后续水驱至 98%结束。

方案 4：水驱至 98%→速溶交联聚合物溶液驱（0.3PV，恒温箱中候凝 7 天）→后续水驱至 98%结束。

1.3 实验步骤

（1）将两层非均质岩心烘干，并称量烘干后的岩心，对岩心抽真空后饱和注入水，此时再次称量岩心，根据两次质量差及水的密度，计算出岩心孔隙度及渗透率。

（2）连接实验装置，在 65℃烘箱内，用模拟原油驱替饱和水后的岩心，计量产出水的体积，直至岩心含油饱和度达到 Z 油田含油饱和度，并将岩心至于 65℃恒温箱中老化，老化时间不少于 12h。

（3）开始水驱，水驱至产出端含水为 98%时停止水驱，水驱之后，分别按照不同的实验方案开展 0.3PV 不同体系驱，最后开展后续水驱，每次实验过程中实时记录注入压力，每 20min 计量一次产水量及产液量，并计算含水率，并记录于物模实验原始数据记录表上。实验最后整理好实验设备、梳理好实验记录数据。

2 结果与讨论

2.1 界面活性聚合物增效体系与交联聚合物增效体系的溶液性能

2.1.1 界面活性聚合物增黏性能

将界面活性聚合物 SP1、SP2 及普通聚合物 AP-P4，配制成 5000mg/L 的母液搅拌 2h，熟化 12h。将母液稀释为 600mg/L、800mg/L、1000mg/L、1500mg/L、2000mg/L、3000mg/L，搅拌 2h 测黏度[1-3]。三种驱油剂黏度随质量浓度的变化关系见表 1 和图 1。

表 1 三种驱油剂黏浓关系

质量浓度，mg/L	200	400	600	800	1 000	1 500	2000
SP1 黏度，mPa·s	4.3	37	125	287	549	1 369	2 329
SP2 黏度，mPa·s	2	13	36.1	125	269	786	1 365
AP-P4 黏度，mPa·s	2	4	9.5	12.9	20.9	53.9	129

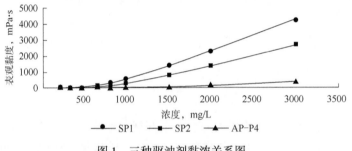

图 1 三种驱油剂黏浓关系图

由图 1 可知，界面活性聚合物 SP1 和 SP2 在低质量浓度时黏度增加不明显，随着质量浓度的增加，活性聚合物的表观黏度呈增大趋势，当质量浓度超过 1000mg/L 时，黏浓曲线出现转折点，此后随着质量浓度的增大，溶液黏度大幅增加，表现出良好的增黏性能。而普通聚合物 AP-P4 随着质量浓度的增大，表观黏度缓慢增加，没有出现黏度转折点。由此可见，界面活性聚合物溶液黏度随质量浓度增加而增加的速度远高普通聚合物，这说明界面活性聚合物具有特有的功能团，使溶液存在着临界质量浓度。这是由于界面活性聚合物在溶液中，会形成多层次的网状结构。在稀溶液中，分子数少，功能基少，功能基之间范德华力或氢键之间的相互作用微乎其微，不能相互配合形成网状结构，流体力学体积则相应不大，此时黏度主要由分子量主导，因此，界面活性聚合物溶液与普通中分聚合物的黏度相差不大，甚至更低。当界面活性聚合物溶液的质量浓度达到临界质量浓度时，界面活性聚合物分子在溶液中通过节点、链束彼此联结在一起，组成比聚合物分子庞大、复杂很多的多层次网状结构，流体力学体积大幅增大，黏度相应得到了快速提升。界面活性聚合物溶液黏浓曲线也表明，界面活性聚合物的增黏效果是相当明显的。

2.1.2 界面活性聚合物黏弹性能

图 2、图 3 和图 4 分别是质量浓度为 1000mg/L 的 SP1、SP2 及普通聚合物 AP-P4 三种驱油剂弹性模量、黏性模量的频率扫描曲线。

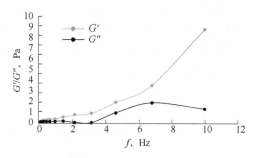
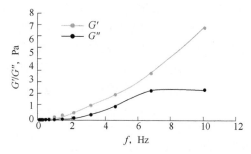

图2　SP1弹性模量和黏性模量随频率的变化情况　图3　SP2弹性模量和黏性模量随频率的变化情况

可以看出，在高频率下，三种驱油剂的弹性模量都大于黏性模量，聚合物主要以弹性为主；当频率较低时，普通聚合物的黏性模量大于弹性模量，表现出以黏性为主，而在低频率时界面活性聚合物的弹性模量仍然大于黏性模型，表现出以弹性为主。以上结果说明界面活性聚合物偏弹性，具有强度高，在孔隙介质盲端拖拽油能力强。在相同的频率下，三种驱油剂的弹性由大到小分别为SP1、SP2和AP-P4。

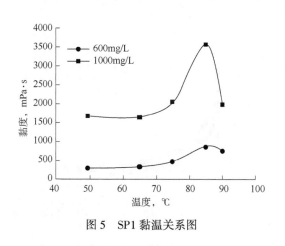

2.1.3　界面活性聚合物耐温性能

质量浓度为600mg/L和1000mg/L的SP1

图4　AP-P4弹性模量和黏性模量随频率的变化情况

黏温曲线如图5所示。由图5可知，在一定温度范围内，随温度的增加，SP1黏度也随之增加，与常规聚丙烯酰胺不同，主要与加入的耐温功能基团有关；而当温度达到90℃后，黏度迅速下降，破坏了SP1高分子在水溶液条件下分子内和分子间的聚集，使得增黏性能下降，总体上渤海Z油田65℃左右温度范围内表现出良好的耐温性能。

图6所示为600mg/L的SP2溶液黏温关系图。与SP1不同的是，SP2高分子黏度随温度增加呈减小趋势，但耐温性较强，90℃时黏度为30.5mPa·s，黏度保留率大于50%。

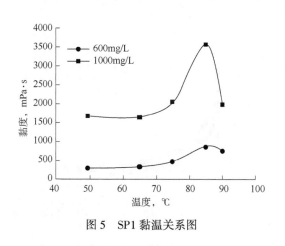

图5　SP1黏温关系图

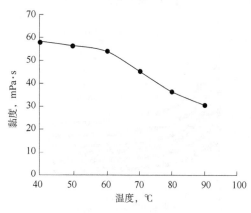

图6　500mg/L的SP2黏温关系图

2.1.4　交联聚合物耐温性能

在30℃下配制聚合物、有机醛SG-2交联剂不同配比的调驱体系(聚交质量浓度比为

2000/2000、2500/1500、2500/2000），将不同聚交比的调驱体系放入 65℃、75℃、85℃ 恒温箱内放置 75 天，用黏度计分别测量上述目标质量浓度点在 65℃、75℃、85℃ 条件下溶液黏度[4-6]，结果见表 2，交联聚合物溶液跟普通线性聚合物一样，黏度随着温度的上升而逐渐降低，且交联体系在 65℃，甚至远高于油藏温度的 75℃、85℃ 温度下，黏度均能保持较高水平，满足渤海 Z 油田油藏条件对药剂的要求。

表 2　不同温度下的聚合物与有机醛交联剂的交联体系成胶黏度

聚合物，mg/L	交联剂，mg/L	交联体系在不同温度下老化 75 天后的黏度，mPa·s		
		65℃	75℃	85℃
2000	2000	2135	845	489
2500	1500	3005	1650	1210
2500	2000	4635	3665	2935

2.1.5　界面活性聚合物流变性能

图 7、图 8 和图 9 分别是不同质量浓度的 SP1、SP2 和 AP-P4 黏度随剪切频率的变化曲线。

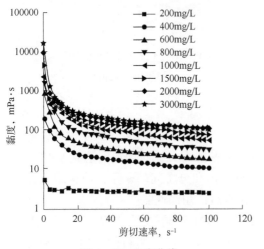

图 7　SP1 流变曲线

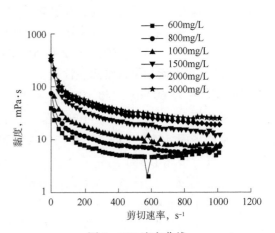

图 8　SP2 流变曲线

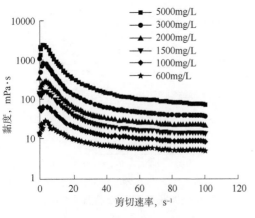

图 9　AP-P4 的流变曲线

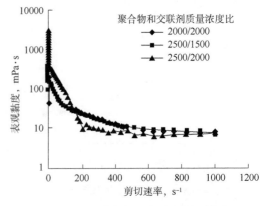

图 10　Z 油田条件下有机醛调驱体系
的剪切流变曲线(75 天)

随着质量浓度的增加，三种驱油剂的黏度都增加；随着剪切速率的增加，SP1 和 SP2 黏度随之下降，而 AP-P4 在初期随着剪切速率的增加黏度略有增加，之后随着剪切速率的增加黏度开始下降。

2.1.6　交联聚合物流变性能

配制聚合物、交联剂质量浓度比分别为 2000/2000、2500/1500、2500/2000 的调驱剂，并将其置于恒温箱中，静置 75 天保持温度 63℃；在 65℃ 下使用流变仪测定剪切速率为 $0.01 \sim 1000s^{-1}$ 下的流变性能[7-10]。从图 10 剪切流变曲线可以看出，体系的黏度随剪切速率变大而降低，具有剪切变稀特性。在渤海 Z 油田渗流的剪切速率范围内（前段曲线：$0.01 \sim 100s^{-1}$），固定剪切速率及交联剂质量浓度情况时，交联聚合物黏度随质量浓度增长而升高；在渤海 Z 油田渗流的剪切速率范围内（前段曲线：$0.01 \sim 100s^{-1}$），固定剪切速率及聚合物质量浓度情况时，交联聚合物黏度随交联剂质量浓度增长而升高。

2.1.7　界面活性聚合物界面活性测试

两种界面活性聚合物体系对比后发现 SP1 各方面溶液性能要优于 SP2，因此选用 SP1 进行界面活性测试并开展后续实验，图 11 是不同质量浓度下 SP1 溶液与 Z 油田原油界面张力依时间关系曲线。

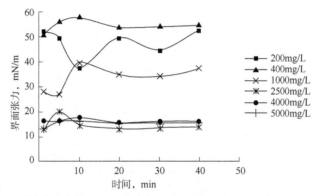

图 11　不同质量浓度下 SP1 溶液与 Z 油田原油界面张力依时间关系曲线

随着时间的增加，SP1 高分子的动态表面张力趋于平稳，说明界面、表面膜比较稳固。且随着质量浓度的增加，表面张力降低，活性增强。当质量浓度高于 2500mg/L 时，表面张力低于 20mN/m。

2.1.8　交联聚合物成胶性能

室温下，按照表 3 所示，配制不同聚合物质量浓度、不同交联剂质量浓度，稳定剂质量浓度为 100mg/L 的凝胶体系，将弱凝胶体系置于 65℃ 恒温箱备用，如表 3 所示定期测量体系黏度。

表 3　Z 油田条件下有机酚醛交联体系成胶性能

聚合物用量 mg/L	交联剂用量 mg/L	聚合物和交联剂比值	稳定剂质量浓度 mg/L	黏度，mPa·s								
				0d	1d	3d	6d	15d	30d	60d	90d	180d
2000	1000	2:1	100	47.9	41.9	40.7	403	2840	1550	1255	1119	1012
2000	1500	1.3:1	100	46.1	45.2	44.3	1845	4420	3160	2863	2369	1968

聚合物用量 mg/L	交联剂用量 mg/L	聚合物和交联剂比值	稳定剂质量浓度 mg/L	黏度，mPa·s								
				0d	1d	3d	6d	15d	30d	60d	90d	180d
2000	2000	1:1	100	48.5	42.5	71.9	4280	17380	10659	6959	5968	5269
2500	1000	2.5:1	100	69.1	61.3	61.5	2310	11923	3275	2823	2496	2132
2500	1500	16:1	100	66.8	64.3	142	8360	11180	7640	5426	4815	4140
2500	2000	1.3:1	100	74.9	66.1	201	9500	24940	19340	12865	8234	7079
3000	2500	1.2:1	100	412	416	1225	18659	36489	26865	23257	20169	18469

由表 3 和图 12 可知，在 Z 油田条件下，6 种不同聚合物质量浓度、不同交联剂质量浓度、不同聚合物和交联剂比值的交联体系都能有效成胶，20 天时黏度达到了最大值，40 天后黏度达到了稳定值，且 180 天内黏度均能够维持在较高水平 1000mPa·s 以上，能够满足现场施工要求。

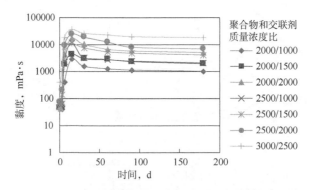

图 12　Z 油田条件下有机酚醛交联体系成胶性能

2.2　界面活性聚合物增效体系与交联聚合物增效体系的注入性

Z 油田条件下，采用均质人造胶结岩心（规格 4.5cm×4.5cm×30cm，气测渗透率 2000mD，中间带三个测压点 P1、P2、P3），进行 SP1 体系、AP-P4 体系及速溶交联聚合物体系的注入性评价实验，同时测定阻力系数及残余阻力系数[11-14]。

2.2.1　界面活性聚合物增效体系的注入性

界面活性聚合物增效体系注入过程中三个测压点随注入 PV 数的变化曲线如图 13 所示。

从图 13(a) 中可以看出，普通 AP-P4 在多孔介质中运移时，由于化学吸附、滞留及多孔介质机械捕集等的共同作用，使一些聚合物残余在孔喉之间，造成油藏孔隙度及渗透率下降，引起油藏渗流阻力的增大，使注入压力逐渐升高，直到注入聚合物 0.8 PV 左右时，压力才逐渐平稳；从 SP1 注入压力随 PV 数的变化曲线[图 13(b)]可以看出，注入界面活性聚合物 SP1 体系时，注入压力短时间内快速攀升，直到注入量近 2.39PV 时，注入压力出现缓慢下降趋势，并最终走向平稳。很明显，SP1 注入时表现出的性能不同于普通聚合物，这主

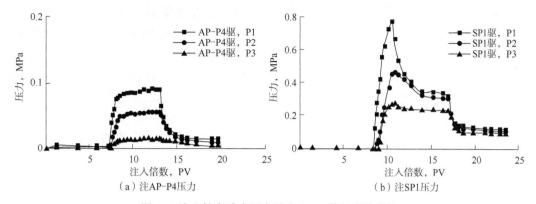

图 13 注入性实验中压力随注入 PV 数的变化规律

要是因为 SP1 在岩心中具有强吸附性，吸附于岩心孔隙壁上的聚合物严重阻碍流体的流动，压力急剧上升。随着注入 PV 数的增加，残留于孔隙介质的聚合物也达到了最大量(2.39 PV 左右)，随之注入压力也达到了高峰，聚合物会在岩心孔隙壁上形成一层聚合物膜，将流体与多孔介质隔离开，流体与孔隙介质之间的渗流转变成流体与吸附在孔隙壁上的聚合物膜之间的渗流，流动阻力相对减少，压力降低，随着注入倍数的增加，最终压力趋于稳定。AP-P4、SP1 的阻力系数及残余阻力系数见表 4，可以看出：强吸附性使得 SP1 的阻力系数和残余阻力系数要比 AP-P4 聚合物大，且两者的注入性均较好。

表 4 阻力系数和残余阻力系数计算结果

实验方案	孔隙度,%	压差, MPa			阻力系数	残余阻力系数
		水驱	聚合物驱	后续水驱		
SP1(820mg/L)	26.81	0.0035	0.324	0.114	92.57	32.57
AP-P4(1750mg/L)	28.13	0.0035	0.089	0.015	25.43	4.29

2.2.2 交联聚合物增效体系的注入性能的结果与讨论

速溶聚合物凝胶体系分别在 Z 油田油藏条件下的流动性、封堵性实验结果见表 5，注入压力随注入 PV 数的变化关系曲线如图 14 所示。

表 5 聚合物凝胶体系岩心流动性实验结果

体系编号	体系质量浓度比	油藏条件	阻力系数	残余阻力系数	封堵率,%
P03#	2000/2000	Z 油田	68.3	23	94.6

由表 5 和图 14 可知，在 Z 油田油藏条件下，水驱平稳压力为 0.003MPa，注入速溶聚合物弱凝胶体系后，平稳压力为 0.205MPa，候凝 7 天后，注入后续水，平稳压力为 0.069MPa。阻力系数与残余阻力系数分别为 68.3、23，封堵率为 94.6%，可见在 Z 油田条件下，聚合物凝胶体系的注入性良好，封堵性强。

2.3 界面活性聚合物增效体系与交联聚合物增效体系的驱油性能

2.3.1 界面活性聚合物增效体系的驱油性能

(1) 不同黏度 SP1 体系对驱油效果的影响。

表 6 为低黏 SP1 与高黏 SP1 驱油实验结果。从表 6 中可以看出，高黏(30.12mPa·s)SP1

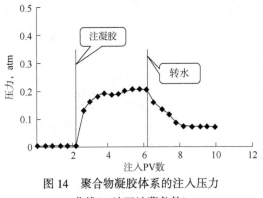

图 14　聚合物凝胶体系的注入压力
曲线(Z 油田油藏条件)

的驱油效率要高于低黏(13.28mPa·s)
SP1,这主要是因为一方面高黏 SP1 降低
了水油流度比,另一方面相同 PV 数的高
黏 SP1 的总质量要比低黏的多,驱油时
在岩心中的吸附量更大,降低岩心渗透
率的能力更强。最终高黏 SP1 扩大波及
体积的能力要比低黏 SP1 强,驱油效率
更高。

由于驱油机理一样,高、低黏 SP1 在
驱油过程中压力、含水率和采出程度变化
规律基本一致。从图 15 可以看出,高黏
SP1 注入压力要比低黏 SP1 高,间接说明其波及体积更大,最终驱油效果也更好。

表 6　高黏 SP1 与低黏 SP1 驱油效率对比

实验方案	岩心孔隙度,%	岩心含油饱和度,%	水驱阶段采收率,%	增效体系采收率,%	提高采出程度,%
方案 1:高黏 SP1 驱	28.66	71.3	44.22	64.1	19.88
方案 2:低黏 SP1 驱	27.76	69.4	43.96	56.81	12.85

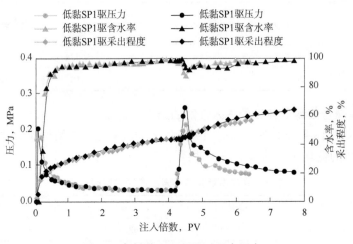

图 15　高低黏 SP1 驱油过程中压力、
含水率和采出程度变化情况

(2)同黏度 SP1 与 AP-P4 驱油效率对比实验。

从图 16 中可以看出,在 SP1 驱油方案中,水驱含水率升至 98% 时,注入压力上升至
0.034MPa,在注入 0.3 PV 的 SP1 后,开展后续水驱直至含水 98%,此时注入压力上升为
0.083MPa;在 AP-P4 驱油方案中,水驱含水率升至 98% 时,注入压力上升至 0.037MPa,
在注入 0.3PV 的 AP-P4 后,开展后续水驱直至含水 98%,此时注入压力仅为 0.02MPa。
这是由于 SP1 体系在岩心中具有强吸附性,吸附在岩心孔隙壁上的聚合物减小了高渗透
层的水流通道半径,一方面,阻碍后续体系的注入,使得注入压力增加,另一方面,降

低了岩心高渗透层渗透率，使得后续水驱时压力增加。AP-P4 主要靠其增加黏度，提高油水流度比增加波及体积，使残留于高渗层的原油更多地被采出，而其吸附性较差，也造成了与注入 SP1 体系相比注入 AP-P4 体系时后续水驱压力较低。同时，在水驱结束注入 AP-P4 时，收到了良好的驱油效果，含水率快速下降，采出程度大幅提升，但 AP-P4 结束后开展后续水驱之后含水率又很快回升到，采出程度也很快稳定。而 SP1 既具有增黏特性又具有表面活性剂特性，在增黏特性、增溶特性、乳化性能的多重作用下，增油效果不仅仅体现为仅增黏特性发挥效果的快速增长趋势，而是含水率出现降低并较长时间维持在稳定的波浪式变化，采出程度出现了较长时间的缓慢增长阶段，最终采收率要高于 AP-P4 驱。

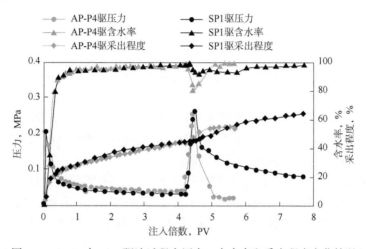

图 16 AP-P4 与 SP1 驱油过程中压力、含水率和采出程度变化情况

2.3.2 交联聚合物增效体系的驱油性能

采用与高黏 SP1 聚合物相同黏度的速溶聚合物凝胶体系在 Z 油田油藏条件下的驱油实验[14-17]，实验开采曲线如图 17 所示。

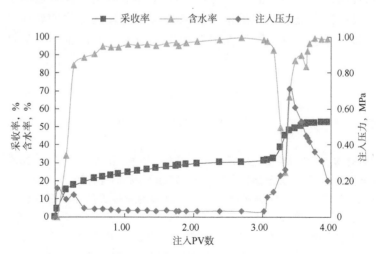

图 17 方案 4 实验开采曲线(Z 油田油藏条件)

由图 17 可见，在注水注入量达到 0.07PV 时，岩心采出端开始见水，随后含水率快速攀升，直至含水率上升到 90% 时(注入量为 0.69PV)，含水率变得比较稳定，开始缓慢上

升，采出程度曲线也由快速上升变为缓慢上升，水驱采收率为34.22%。转注体系后，含水率出现了陡降，最低点为23.85%，注入压力迅速升高，采出程度也大幅上升，体系驱(包括后续水驱)较水驱提高采收率16.38%，高黏界面活性聚合物驱较前续水驱提高采出程度19.88%，普通聚合物AP-P4驱较前续水驱提高采出程度11.22%，三种体系驱油效率从高到低依次为高黏界面活性聚合物系>交联聚合物增效体系>普通聚合物AP-P4体系。这表明速溶凝胶体系较好的封堵了高渗透带，进而注入增效体系后，更好地发挥了"深调"和"驱"的作用，使得采收率相较普通聚合物AP-P4驱有了较大幅度的提高，但由于界面活性方面的缺失相较高黏界面活性聚合物驱19.88%的采收率仍有差距，所以本研究推选高黏界面活性聚合物作为渤海Z油田聚驱中后期调驱增效技术体系。

3　结论

(1) 对比研究了界面活性聚合物、速溶聚合物交联体系、普通聚合物AP-P4三种聚驱剂的溶液性能：

① 界面活性聚合物相较普通聚合物AP-P4弹性更大，在孔隙介质盲端拖拽油能力强。且增黏效果相较普通聚合物AP-P4也更加明显，界面活性聚合物SP1的阻力系数和残余阻力系数也要比AP-P4大，两者的注入性均较好。

② 在Z油田条件下，6种不同聚合物质量浓度、不同交联剂质量浓度、不同聚合物和交联剂比值的交联体系都能有效成胶，20天时黏度达到了最大值，40天后黏度达到了稳定值，且180天内黏度均能够维持在较高水平1000mPa·s以上，注入性良好，能够满足现场施工要求。

(2) 三种体系驱油效率从高到低依次为高黏界面活性聚合物系>交联聚合物增效体系>普通聚合物AP-P4体系。速溶交联聚合物增效体系较好的封堵了高渗透带，进而注入增效体系后，更好地发挥了"深调"和"驱"的作用，使得采收率相较普通聚合物AP-P4驱有了较大幅度的提高，高黏界面活性聚合物驱既有增黏特性又具有表面活性剂特性，既具有调驱特性又具有提高洗油效率的能力，采收率较交联聚合物增效体系又有了进一步的提升，所以本研究推选高黏界面活性聚合物作为渤海Z油田聚驱中后期调驱增效技术体系。

参 考 文 献

[1] 武明鸣，赵修太，邱广敏，等. 驱油聚合物水溶液黏度稳定剂的研究[J]. 石油钻采工艺，2005，27(3)：38-40.

[2] 李兆爱. 驱油聚合物水溶液黏度稳定性研究[D]. 青岛：中国石油大学(华东)，2008.

[3] 林永红. 驱油聚合物黏度稳定剂稳定性影响因素研究[D]. 杭州：浙江大学，2003.

[4] 余元洲，李宝荣，杨广荣，等. 污水聚丙烯酰胺溶液高温稳定性研究[J]. 石油勘探与开发，2001，28(1)：66-67，71.

[5] 张磊. 驱油聚合物的降解与稳定性研究[D]. 济南：山东大学，2011.

[6] 詹亚力，杜娜，郭绍辉. 聚丙烯酰胺水溶液的氧化降解作用研究[J]. 石油大学学报：自然科学版，2005，29(2)：107-120.

[7] 吴文祥，侯吉瑞，夏惠芬. 不同分子量聚合物及其段塞组合对驱油效果的影响[J]. 油气采收率技术，1996，3(4)：1-6.

［8］ 王德民，程杰成，杨清彦．粘弹性聚合物溶液提高微观驱油效率的机理研究［J］．石油学报，2000，21（5）：45-51．

［9］ 赵方剑．胜利油田化学驱提高采收率技术研究进展［J］．当代石油石化，2016，24（10）：19-22．

［10］ 骆飞飞，金萍，钱川川，等．砾岩油藏二元复合驱注采特征及阶段效果研究——以克拉玛依油田七中区为例［J］．西部探矿工程，2015，27（6）：23-26．

［11］ 吴海燕．孤东油田二区聚驱动态特征及其见效影响因素［J］．内江科技，2008（2）：128．

［12］ 李宜强，隋新光，李斌会．聚合物驱后提高采收率方法室内实验研究［J］．石油学报，2008，29（3）：405-409．

［13］ 张慧．聚合物驱后提高采收率技术研究综述与展望［J］．中外能源，2016，21（2）：24-29．

［14］ 滕学伟．聚合物驱后提高采收率技术研究［D］．青岛：中国石油大学（华东），2009．

［15］ 高明军．聚驱后聚合物表面活性剂驱提高采收率实验研究［D］．大庆：大庆石油学院，2009．

［16］ 张志武．杏北开发区聚驱后进一步提高采收率技术研究［D］．大庆：大庆石油学院，2008．

［17］ 赵金省．聚驱后等流度泡沫驱油提高采收率技术研究［D］．青岛：中国石油大学（华东），2008．

海上稠油油田化学驱后期增效体系
性能及驱油效果研究

苑玉静　韩玉贵　赵　鹏　张晓冉　宋　鑫

[中海石油(中国)有限公司天津分公司]

摘　要：渤海油田自 2003 年开始实施化学驱，渤海 S 油田属于典型的稠油油藏，原油黏度较大，经历了长期的注聚合物之后，地层中出现了剖面反转现象，驱油剂大量进入高渗透层，进入低渗透层的驱油剂变少，驱油剂在高渗透层的突破将造成驱油剂的低效循环和含水的快速上升，使化学驱效果大打折扣。为缓解稠油油田化学驱过程中面临的上述问题，本研究设计了与渤海 S 油田相匹配的三套复合增效体系，分别为界面活性聚合物、普通聚合物、速溶凝胶与增黏型黏弹颗粒相组合，继而对三套复合增效体系进行了调堵性能评价、静态性能评价及驱油实验评价，且为了保证更好的驱油效果，在驱油实验时引入了调剖与增效前后配合的提效思路，即在复合增效段塞之前注入弱凝胶调剖体系，大幅调整注入剖面之后发挥复合增效体系的调驱作用，实现宏观扩大波及、微观加强驱油效率的双重效果，以尽量高地提高化学驱采收率，推选出适合海上稠油油田化学驱后的复合增效技术体系。最终得出：以黏弹颗粒 PG 为主剂复配的三套复合增效体系的静态性能及调堵性能，均符合渤海 S 稠油油田调驱需求；三套稠油油田化学驱后期增效体系均能够取得较好的驱油效果，相对化学驱进一步提高采出程度均达到了 10% 以上。

关键词：剖面反转；稠油油藏；含水回升；聚合物驱增效；增黏型黏弹颗粒

渤海 S 油田平均孔隙度在 22%~36% 之间，平均渗透率为 1000~5000mD，自 2003 年 9 月开展聚合物驱单井试验，共实施 24 口注聚合物井，截至目前已累计提高采收率 5.99%。在聚合物驱增效过程中，由于持续的注水开发，油藏的非均质性进一步加剧，含水上升速度加快[1-6]，严重影响聚合物驱效果，为了改善聚合物驱效果，本文拟开展海上聚合物驱增效技术研究。本文先从多种颗粒类调驱剂产品中比选出一种黏弹颗粒调驱剂作为增效主剂，再将该黏弹颗粒分别与普通聚合物、界面活性聚合物、速溶交联聚合物三种增效剂进行段塞组合形成，主要包括普通聚合物+黏弹颗粒复合体系(AP-P4+PG)、交联聚合物+黏弹颗粒复合体系(JP+PG)、活性聚合物+黏弹颗粒复合体系(SP+PG)，对这三套复合增效体系开展静态性能评价，并使用两层非均质人造胶结岩心模拟渤海 S 油田油藏条件，开展了不同增效复合体系的调堵性能评价及物理模拟驱油实验研究，通过实验对比三套不同聚合物驱增效技术的增油效果。在整个增效复合体系物理模拟驱油实验过程中，始终保持聚合物驱和聚合物增效体系总量一致，同时为了更好地保证聚合物驱增效技术的驱油效果，需要在开展聚合物驱增效技术之前进行剖面的调整，即在聚合物驱增效段塞注入之前打入弱凝胶调剖段塞，采用调剖+增效的组合方式，以进一步提高后续增效段塞的驱油效率[7-10]，为现场聚合物驱增效工艺方案设计提供技术参数。

1 颗粒类调驱剂的优选

常见的颗粒类调驱剂产品主要有黏弹颗粒、SMG 微胶、纳米颗粒等几种，其中黏弹颗粒属于微米至毫米级，具有良好的变形性、溶胀性、良好的黏弹性，可深部运移封堵中高渗透层，对于聚合物驱中后期非均质性油藏优势明显；SMG 和纳米颗粒属于纳米至微米级别，对于中高渗透非均质性调驱能力有限。渤海 S 油田渗透率为 1000～5000mD，孔隙度在 22%～36% 之间，属于中高渗透油藏，黏弹颗粒更加适合，优选为本研究用调驱剂。黏弹性高分子颗粒也称为预交联颗粒凝胶（PPG），是一种新型液流转向剂，属于高吸水性树脂类新型高分子材料，溶于水时能吸水溶胀，具有良好的黏弹性，在外力作用下能发生形变而通过多孔介质，因此具有良好的运移能力。

2 实验部分

2.1 实验准备

实验体系：界面活性聚合物 SP 溶液、AP-P4 聚合物溶液、黏弹颗粒 PG、D4、SL-3、SL-5、SL-4、速溶聚合物 JP 交联体系。

实验用岩心：三层非均质人造胶结岩心（规格 4.5cm×4.5cm×30cm，渗透率 3700mD、1600mD、600mD）。

主要设备：Brookfield LV DV-Ⅱ+数字黏度计（美国 Brookfield 公司）；MEMMERT V0400 真空干燥箱（德国）；JJ-4B 六联电动搅拌器（苏州威尔公司）；电子天平（德国赛多利斯 精确度 0.0001g）；Haaker RS-600 流变仪（德国 Haaker 公司）；恒温箱、ISCO 泵、压力传感器、真空泵、中间容器及管阀件等驱油设备。

实验温度：S 油田油藏温度（65℃）。

2.2 实验步骤

（1）对烘干后的岩心测量尺寸，称量干重，然后抽真空、饱和注入水，并称湿重，计算孔隙度、渗透率。

（2）连接实验装置，在65℃下饱和原油，计算原始含油饱和度，并将饱和好的岩心于65℃下老化 12h 以上。

（3）将饱和油后的岩心进行水驱，出口接油水分离器进行计量。水驱至综合含水率为98%时结束水驱。分别计量产液量、产油量、产水量，以及压力等数据。

（4）水驱结束后，根据实验方案要求再进行体系驱及后续水驱，实验方法同水驱实验，在实验过程中每隔20min 准确计量注入压力、产出水量和产出油量。实验结束后，先关闭岩心入口，等待岩心自动泄压，最后关闭电源，整理烘箱和实验数据。

2.3 实验方案

实验方案见表1。

表1 复合增效体系组合方式

方案序号	组合方式	驱替段塞体系组成
方案一	AP-P4	水驱至98%+0.3PV 的 AP-P4+后续水驱至98%
方案二	AP-P4+PG (黏弹颗粒)	水驱至98% + 0.3PV 的 AP-P4+ 0.1PV 凝胶段塞Ⅰ(1500mg/L AP-P4+1500mg/L JLJ)+ 0.1PV 复合段塞Ⅱ(1500mg/L AP-P4+300mg/L PG)+后续水驱至98%
方案三	JP(交联 聚合物)+PG (黏弹颗粒)	水驱至98% + 0.3PV 的 AP-P4+ 0.1PV 凝胶段塞Ⅰ(1500mg/L AP-P4+1500mg/L JLJ)+0.1PV 复合段塞Ⅱ(1500mg/L JP+300mg/L PG)+ 后续水驱至98%
方案四	SP(活性 聚合物)+PG (黏弹颗粒)	水驱至98%+0.3PV 的 AP-P4+0.1PV 凝胶段塞Ⅰ(1500mg/L AP-P4+1500mg/L JLJ)+ 0.1PV 复合段塞Ⅱ(1500mg/L SP+300mg/L PG)+后续水驱至98%

3 结果与讨论

3.1 增黏型黏弹颗粒的性能评价

3.1.1 黏弹颗粒与油藏孔喉的匹配性研究

根据有关黏弹颗粒不同尺寸研究[11-13]及架桥理论,可以控制黏弹颗粒的尺寸来更好地与孔隙吼道尺寸相匹配。同时,由于黏弹颗粒体系的粒径分布具有多分散性,既有大颗粒存在也有小颗粒存在,适合复杂多样的非均质油藏的封堵调剖,其中大颗粒可能会对多孔介质的小孔隙形成机械封堵,因此对于非均质油藏选择合适的黏弹颗粒粒径与之匹配需要开展深入研究,深入认识黏弹颗粒的封堵机理,确定适用于目标油藏的黏弹颗粒产品的尺寸大小,构建黏弹颗粒体系。

假设黏弹颗粒对微孔的架桥封堵机理如图1所示,当颗粒直径 d 大于微孔直径 D 时,颗粒不能通过微孔,此时颗粒在滤膜表面形成滤饼,分散体系的过滤速率很快变小;当颗粒直径 d 小于微孔直径 D 但大于 $0.46D$(3个相同直径 d 的球形外切后与1个直径为 D 的圆孔内切时,$d=0.46D$)时,除 d 等于 $0.50D$(2个直径为 d 的球形外切后与1个直径为 D 的圆孔内切时,$d=0.50D$)的特殊情况外,颗粒可能是一个或两个同时通过微孔,此时颗粒间不能形成架桥,无法形成强度较大的封堵;当颗粒直径 d 等于或小于 $0.46D$ 时,颗粒可同时3个或3个以上在微孔中架桥,形成强度较大的封堵。对需要3个以上的颗粒同时形成架桥,如果颗粒可以吸附或附着在孔壁,颗粒间可以吸引聚集,则微球可以经过积累形成架桥,最终达到架桥封堵状态。

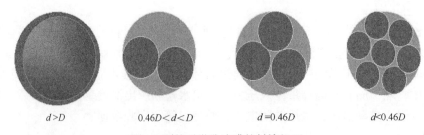

| $d>D$ | $0.46D<d<D$ | $d=0.46D$ | $d<0.46D$ |

图1 颗粒对微孔滤膜的封堵机理

浅色圆为直径为 D 的微孔,深色圆为直径为 d 的球形线团

对于可以变形的颗粒，因为颗粒直径会缩小，容易满足架桥的要求而封堵变得容易。但对于可变形的球体在流动分散体系中，可能在孔壁吸附、聚集、架桥封堵，实现架桥封堵的条件要视吸附、聚集、积累能力和球体的变形能力而定。对于具有不同粒径分布的多分散微粒的分散体系，对于具有不同孔径分布的孔隙介质，封堵情况更加复杂。总之，黏弹颗粒对孔隙介质的封堵的影响因素有孔径分布、粒径分布、孔径与粒径的匹配、微粒在孔壁的吸附能力、微粒之间的聚集能力、微粒或孔隙的变形能力等。

可由下式计算孔喉半径(范围 15~426μm)：

$$r = \sqrt{\frac{8K}{\phi}} \tag{1}$$

式中，r 为孔喉半径，μm；K 为渗透率，mD；ϕ 为孔隙度，%。

按照上文得出的"当颗粒直径 d 等于或小于 0.46D 时，颗粒可同时 3 个或 3 个以上在微孔中架桥，形成强度较大的封堵"，所需黏弹颗粒溶胀尺寸半径的最小值为 6.9μm，最大值为 195.96μm，即黏弹颗粒溶胀尺寸粒径最小值为 13.8μm，最大值为 391.92μm，粒径平均值为 202.86μm。渤海 S 油田属高孔隙度、高渗透率且经过聚合物驱长期冲刷的油田，要想达到调整剖面的目的，所需黏弹颗粒溶胀尺寸粒径范围在 13.8~391.92μm 之间。

3.1.2 增黏性能评价

采用模拟地层水配制 0.5% 的黏弹颗粒水分散体系 200mL，置于安培瓶中密封，置于油藏温度 65℃ 的恒温干燥箱中，定期取出，采用 0 号转子测定溶液黏度，结果见表 2 和图 2。

表 2 不同时间黏弹颗粒分散体系的黏度

颗粒	黏度，mPa·s							
	初始	1d	6d	8d	14d	20d	30d	60d
PG(>270 目)	3.1	3.0	5.3	5.3	7.4	7.3	11	23
PG(200~270 目)	2.1	3.9	6.2	8.2	13.4	16.6	30	46.9
PG(120~200 目)	5	6.6	5.4	4.4	8.6	7.1	12.1	25.7
D4(>270 目)	2.6	3.3	3.5	3.7	4.5	6.1	8.7	26.3
D4(200~270 目)	2.9	4.7	3.4	3.6	4.2	6.7	8.6	13.2
D4(120~200 目)	5.7	6.4	6.8	6.0	7.8	6.4	9.8	10.7
SL-3	50.3	45.9	38.3	45.2	39.1	41.9	42.6	45.5
SL-4(62 号转子)	10	12	15	10	15	12	15	10
SL-5	69.2	78.4	63.4	62.6	60.5	65.3	68.3	67.4

实验结果表明：

(1) PG 三种不同目数的产品初始时刻黏度均较小，未见明显的体相黏度，且不同目数的产品黏度相差不大，随着时间延长，黏度均有升高，在 60 天时，黏度分别为 23mPa·s、

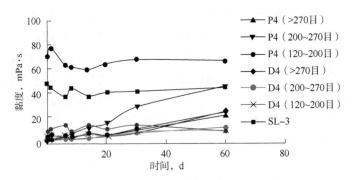

图2 不同黏弹颗粒老化不同时间的增黏性能

46.9mPa·s、25.7mPa·s，与初始黏度相比都有所增加。

（2）D4三种不同目数的产品初始黏度均较低，随着时间延长，三种产品黏度在30天前变化不大，未见明显的体相黏度，60天时黏度分别为26.3mPa·s、13.2mPa·s、10.7mPa·s。

（3）SL的三种产品中，SL-3、SL-5溶液在初始时刻就有比较明显的体相黏度，颗粒吸水溶胀快，在水中溶胀后形成的悬浮液挑动有明显拉丝，具有一定体相黏度且内含大量具有软固体内核的胶团。其中，SL-4黏弹颗粒溶解后，不能形成均一稳定的体系，部分黏弹颗粒溶胀后成小胶团状，导致黏度测定时无法形成稳定示数。

3.1.3 黏弹性能评价

配制5000mg/L的黏弹颗粒溶液，恒温静置90天后，用HAKKE RS600流变仪测试目标液的黏弹性。

动态黏弹性研究是在频率不断变化的条件下进行的，通过对溶液施加振荡应变，使其在非破坏状态下对剪切频率做出黏弹性响应，得到流体的储能模量和损耗模量，损耗模量的大小反映了黏弹流体的黏性大小，而储存模量则反映了黏弹流体的弹性大小。频率扫描范围0.1~10Hz，频率扫描时是在应力为0.1Pa下进行的，数据记录由计算机自动控制。

由图3至图11可知，PG产品在5000mg/L时具有较好的黏弹性，单一黏弹颗粒溶液的弹性大于黏性，但当剪切频率超过某一值时，其黏性模量超过弹性模量，此时体系以黏性为主，SL-4体弹性能较好，SL-5偏黏性。

根据上述各类性能评价实验结果，PG系列增黏型黏弹颗粒的性能较优，因此，以此系列产品作为后续实验样品，命名为PG。

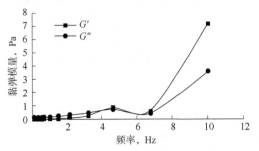

图3 PG（>270目）储能模量和
损耗模量随剪切频率的变化

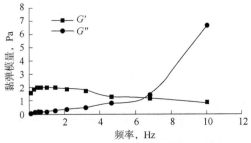

图4 PG（200~270目）储能模量和损耗
模量随剪切频率的变化

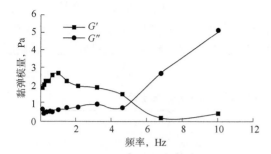

图 5　PG(120~200 目)储能模量和
损耗模量随剪切频率的变化

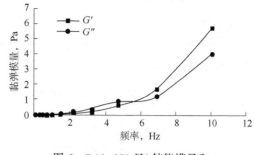

图 6　D4(>270 目)储能模量和
损耗模量随剪切频率的变化

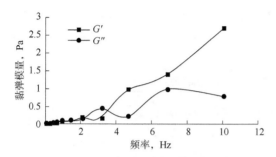

图 7　D4(200~270 目)储能模量和
损耗模量随剪切频率的变化

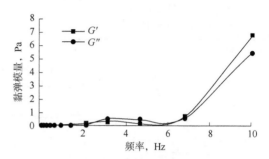

图 8　D4(120~200 目)储能模量和
损耗模量随剪切频率的变化

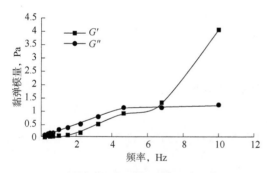

图 9　SL-3 储能模量和损耗模量随剪切频率的变化

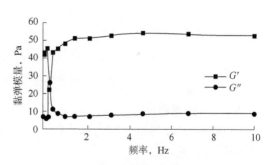

图 10　SL-4 储能模量和损耗模量随剪切频率的变化

3.2　黏弹颗粒复合体系静态性能评价

3.2.1　增黏性能

配制相应的聚合物目标溶液，在 500r/min 磁力搅拌器搅拌下，将称量准确的黏弹性高分子颗粒均匀撒入旋涡内壁，搅拌 2h 后静置，得到黏弹颗粒与聚合物的复合体系[14-17]，测量温度为 65℃ 条件下复合体系的黏度。

由表 3 和图 12 可以看出，黏弹颗粒 PG

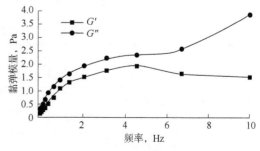

图 11　SL-5 储能模量和
损耗模量随剪切频率的变化

— 485 —

与 AP-P4 聚合物复配后，老化 30 天，其黏度不仅没有下降，反而有所增大。这是由于黏弹颗粒在老化后，其网络结构释放出部分支链，从而增大了水溶液中聚合物的流体力学体积，因此，复配体系对于增黏能力是有利的，且在低聚合物浓度时，此种现象更加明显，其黏度增加幅度达到 20% 以上。

表 3　黏弹颗粒与聚合物复配体系的增黏性能（老化 30d 后）

复合体系名称	不同黏弹颗粒 PG 加量下的黏度，mPa·s				
	0	100mg/L	200mg/L	300mg/L	500mg/L
聚合物+颗粒复合体系（1200mg/L 的 AP-P4）	95.6	102.5	109	119.5	124.8
活性聚合物+颗粒复合体系（1200mg/L 的 SP）	271	287	296	305.6	326.9

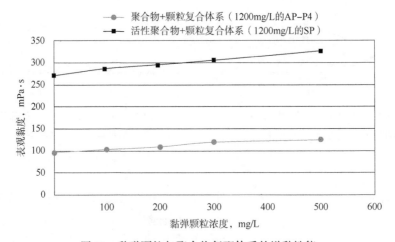

图 12　黏弹颗粒与聚合物复配体系的增黏性能

3.2.2　耐温性能

配制黏弹颗粒与聚合物的复合体系，测量温度为 30℃、55℃、65℃、75℃、85℃ 条件下复合体系的黏度。

由表 4 和图 13 可以看出，随着温度的升高，聚合物的表观黏度呈下降趋势，符合线性聚合物的温度影响规律。两种复合体系在温度不断升高的过程中，黏度仍然得到了较好的保持，在油藏温度 63℃ 时，黏度保留率仍大于 70%，适用于目标油田油藏开展调驱实验。

表 4　增黏型黏弹颗粒与聚合物复配体系的耐温性能

复合体系名称	不同温度下的黏度，mPa·s				
	30℃	55℃	65℃	75℃	85℃
聚合物+颗粒复合体系（1200mg/L 的 AP-P4 + 300mg/L 的黏弹颗粒）	179	126.9	119	98.9	72.5
活性聚合物+颗粒复合体系（1200mg/L 的 SP + 300mg/L 的黏弹颗粒）	369	329	305	286	264

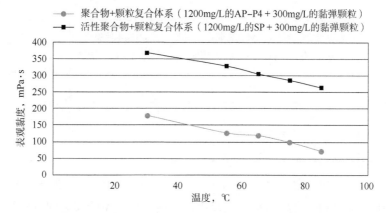

图13　增黏型黏弹颗粒与聚合物复配体系的耐温性能

3.2.3　长期稳定性

配制不同聚合物和交联剂比值的凝胶体系，其中稳定剂的浓度均为100mg/L，过程中将称量准确的黏弹性高分子颗粒均匀撒入，得到黏弹颗粒与弱凝胶的复合体系，将配制好的复合体系分别放入65℃、75℃、85℃恒温箱中180天，测量体系黏度。

由表5可见，随着温度的升高，聚合物的表观黏度呈下降趋势，符合线性聚合物的温度影响规律。交联体系在油藏温度65℃恒温箱内放置180d后，成胶黏度依然得到了较好的保持，适用于目标油田油藏开展调驱实验。

表5　不同温度下的交联体系与颗粒的复合体系长期稳定性

聚合物，mg/L	交联剂，mg/L	黏弹颗粒，mg/L	不同温度下老化180天后的黏度，mPa·s		
			65℃	75℃	85℃
2000	2000	300	2125	1958	1817
2500	1500	300	3239	3237	2898
2500	2000	300	4685	4565	4140

3.3　复合增效体系调堵性能研究

体系的注入性是保证聚合物驱增效的前提条件，为了更好地评价增效体系的注入能力和驱油效果，在模型尺寸为30cm×4.5cm×4.5cm，气测渗透率2000mD均质岩心上开展各种增效体系的注入性和传导性评价，保证增效体系能在地层中顺利运移，发挥深部调驱效果。为了保证阻力系数与残余阻力系数的实验结果更加可靠，对于四种溶液体系分别进行了两次驱替实验，通过两次实验得到的阻力系数与残余阻力系数平均值来对体系溶液的流动性能进行评价，实验结果见表6。

表6　岩心流动实验结果

体系类型	水驱稳定压差 Δp_1，MPa	聚合物驱稳定压差 Δp_2，MPa	后续水驱稳定压差 Δp_3，MPa	阻力系数	残余阻力系数
AP-P4	0.0025	0.0636	0.0107	25.44	4.28

体系类型	水驱稳定压差 Δp_1，MPa	聚合物驱稳定压差 Δp_2，MPa	后续水驱稳定压差 Δp_3，MPa	阻力系数	残余阻力系数
AP-P4+PG	0.0025	0.2428	0.1423	68.59	23.00
SP+PG	0.0027	0.1961	0.0881	72.63	32.63
JP+PG	0.0027	0.1852	0.0621	97.12	56.92

由表 6 实验结果可知，AP-P4、AP-P4+PG、SP+PG、JP+PG，加入增黏型黏弹性颗粒后，几种体系阻力系数和残余阻力系数大幅增加，说明该体系能够起到更好的吸附滞留封堵效果。

3.4　复合增效体系的驱油性能研究

根据实验方案中方案一至方案四，对四种组合方式的复合增效体系开展驱油实验，结果如图 14 至图 17 所示。

由图 14 可以看出，在含水率为 98% 时，水驱采收率为 34.6%，转注 0.3PV 聚合物（1750mg/L AP-P4）后，含水率有所上升，随后下降至 59.63%，注入压力由 0.05MPa 上升至 0.455MPa；聚合物驱结束时采收率为 40.51%。随着后续水驱的进行，含水率起初表现出迅速上升而后趋缓，后续水驱 0.4PV 时含水率上升至 92.3%，注入压力快速下降，最终采收率为 47.47%，表现出 AP-P4 的良好驱油效率。

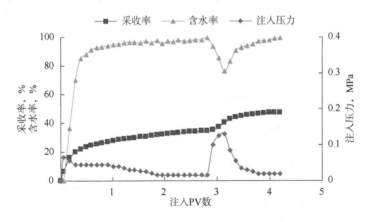

图 14　方案一驱油过程中压力、含水率和采出程度变化情况

由图 15 可以看出，水驱至 98%，采收率为 36.23%，注入 0.3PV 聚合物段塞后，注入压力由 0.015MPa 上升至 0.265MPa，含水率迅速下降至 54.8%，随后有所上升；阶段采收率也明显增大，聚合物驱阶段采收率为 42.38%；接着注入 0.1PV 的增效体系和后续水驱阶段，注入压力和含水率总体呈回升趋势，但也有所下降，采收率表现出持续上升的良好态势，到后续水驱结束时，总采收率达到 56.23%，相对聚合物驱提高采收率 13.85%，表明调剖+增效的组合方式更能有效提高聚合物驱的驱油效率。

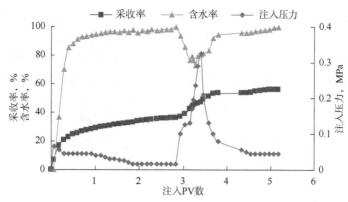

图 15　方案二驱油过程中压力、含水率和采出程度变化情况

　　由图 16 可以看出，水驱至 98%，采收率为 37.91%，注入聚合物段塞后，注入压力由 0.017MPa 上升至 0.245MPa，含水率迅速下降至 58.54%，随后有所上升；阶段采收率也明显增大，聚合物驱结束时，阶段采收率为 42.03%；接着注入 0.1PV 的调驱体系和后续水驱阶段，注入压力和含水率总体呈回升趋势，采收率表现出持续上升的良好态势，后续水驱结束时总采收率达到 54.64%，相对聚合物驱提高采收率 12.61%，表明调剖+增效的组合方式更能有效提高聚合物驱的驱油效率。

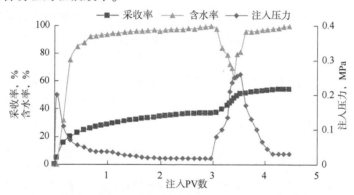

图 16　方案三驱油过程中压力、含水率和采出程度变化情况

　　由图 17 可以看出，水驱至 98%，采收率为 39.07%，注入 0.3PV 聚合物段塞后，注入压力由 0.012MPa 上升至 0.26MPa，含水率迅速下降至 58.02%，随后有所上升；阶段采收率也有了明显增大，聚合物驱结束时，阶段采收率为 43.7%；接着注入 0.1PV 的增效体系和后续水驱阶段，注入压力和含水率总体呈回升趋势，采收率表现出持续上升的良好态势，后续水驱结束时总采收率达到 52.28%，相对聚合物驱提高采收率 10.58%。

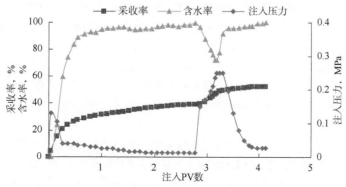

图 17　方案四驱油过程中压力、含水率和采出程度变化情况

综合对比方案一、方案二、方案三、方案四的驱油效果可以看出：方案二、方案三、方案四采用交联聚合物增效段塞Ⅰ+黏弹性复合增效段塞Ⅱ的组合增效方式，更能大幅提高聚合物驱的驱油效率，这是由于交联聚合物增效段塞Ⅰ的封堵强度较大，可以对高渗透通道或大孔道实现有效封堵，同时黏弹性复合增效段塞Ⅱ具有良好的变形通过能力，可以进入地层深部，进一步封堵油藏深部的高渗透条带，大大改善储层的非均值性，提高波及效率和驱油效率。综合对比方案二、方案三、方案四的驱油效果，对三种增效体系进行驱油效率排序，其驱油效率由高到低排序为：AP-P4增效体系>交联聚合物增效体系>界面活性聚合物增效体系。

4 结论

（1）以渤海S油田油藏条件为基础，考察了多种增黏型黏弹颗粒的静态溶液性能，优选出性能较优的黏弹颗粒PG。

（2）针对油田聚驱后出现的问题将普通聚合物、界面活性聚合物、速溶交联聚合物三种增效剂分别与黏弹颗粒PG进行复配形成的三套复合增效体系，经考察三套复合体系的静态性能，均满足目标油田调驱要求。

（3）经考察三套复合体系调堵性能可知，加入增黏型黏弹性颗粒后，几种体系阻力系数和残余阻力系数大幅增加，说明复合增效体系能够起到更好的吸附滞留封堵效果。

（4）考察了AP-P4增效体系、交联聚合物增效体系、界面活性聚合物增效体系三套复合增效体系的驱油性能，其最终采出程度最高可达到56.23%，相对聚合物驱提高采出程度分别为13.85%、10.58%和12.61%。其驱油效率由高到低为AP-P4增效体系>交联聚合物增效体系>界面活性聚合物增效体系。

参 考 文 献

[1] 付美龙，周克厚，赵林．聚合物驱溶液中溶解氧对聚合物稳定性的影响[J]．西南石油学院学报，1999，21(1)：71-74.

[2] 常胜龙．还原性物质及溶解氧对聚合物溶液性能影响研究[D]．大庆：东北石油大学，2014.

[3] 杨晶，朱焱，李建冰，等．聚合物驱剖面返转时机及其影响因素[J]．油田化学，2016，3(3)：472-476.

[4] 王锦梅，陈国，历烨，等．聚合物驱油过程中形成油墙的动力学机理研究[J]．大庆石油地质与开发，2007，26(6)：64-66.

[5] 侯巍．大庆油田三次采油提高采收率技术研究[J]．化工管理，2019(10)：222-224.

[6] 肖娜，林梅钦．疏水缔合型聚合物浓度对S油田油田油水界面性质影响研究[J]．石油天然气学报(江汉石油学院学报)，2009，31(5)：140-142.

[7] 樊驰羽，安晓，刘礼亚．胜坨油田A井区注聚特征分析[J]．石油化工应用，2018，7(10)：69-72.

[8] 何占强．港东油田一区东东断块聚合物驱提高采收率方法研究[J]．化工管理，2017(6)：1.

[9] 杜良．萨中开发区二类油层聚合物驱含水回升阶段提高采收率方法研究[D]．大庆：东北石油大学，2014.

[10] 廖海婴．双河油田437Ⅱ1-2聚驱效果评价和剩余油分布研究[D]．成都：成都理工大学，2008.

[11] 谢晓庆，冯国智，刘立伟，等．海上油田聚合物驱后提高采收率技术[J]．油气地质与采收率，2015，22(01)：93-97.

[12]金英华. 绥中 36-1 油田聚驱后提高采收率方法研究[D]. 大庆：东北石油大学，2014.

[13]张宁. 聚合物驱后提高采收率技术研究[D]. 大庆：东北石油大学，2011.

[14]孙丽艳. 海上稠油油田聚驱后提高采收率方法研究[D]. 大庆：东北石油大学，2014.

[15]耿佳梅. 储层精细分析确定聚驱后剩余油分布及进一步提高采收率技术研究[D]. 大庆：东北石油大学，2012.

[16]项海艳. 喇嘛甸油田北北块一类油层后续水驱驱替特征及控水挖潜方法研究[D]. 大庆：东北石油大学，2017.

[17]马金江. 南一区中块聚驱后剩余油分布特征及控水提效技术研究[D]. 大庆：东北石油大学 2018.